LUCIENNE FÉLIX

Elementarmathematik
in moderner Darstellung

Logik und Grundlagen der Mathematik

Herausgegeben von
Prof. Dr. *Dieter Rödding*, Münster

L. Felix
Elementarmathematik in moderner Darstellung

A. A. Sinowjew
Über mehrwertige Logik

J. E. Whitesitt
Boolesche Algebra und ihre Anwendungen

LUCIENNE FÉLIX

Elementarmathematik in moderner Darstellung

2., verbesserte und erweiterte Auflage

FRIEDR. VIEWEG & SOHN
BRAUNSCHWEIG

Übersetzung: Dr. *Ivo Steinacker*, Innsbruck

Redaktion: Oberstudienrat *Klaus Wigand*, Krefeld

ISBN 978-3-322-96093-1   ISBN 978-3-322-96227-0 (eBook)
DOI 10.1007/978-3-322-96227-0

Verlagsredaktion: *Alfred Schubert*

1969

Titel der französischen Originalausgabe:

Exposé moderne des mathématiques élémentaires

Copyright © 1962, 1966 by Dunot Éditeur, Paris

Copyright © der deutschen Ausgabe 1969 by Friedr. Vieweg & Sohn GmbH, Braunschweig

Softcover reprint of the hardcover 2nd edition 1969

Alle Rechte an der deutschen Ausgabe vorbehalten

Bestell-Nr. 8174

Aus dem Vorwort der Autorin

In unserer Zeit ist ein Gebäude der Mathematik in seinem Aufbau nur dann zufriedenstellend, wenn die Einheit dieser Wissenschaft darin zutage tritt. Wir finden in der Mathematik eine Durchgängigkeit der Methoden, die sich trotz der Verschiedenheiten der betrachteten Strukturen, von der Einführung solcher Begriffe wie der ganzen oder gebrochenen Zahlen, des Punktes oder der Geraden bis zu den am schwersten zugänglichen Vorstellungen erstreckt. Von Kindheit an wohlbekannte Begriffe finden in diesem Gebäude ihren Platz, sei er bescheiden und von untergeordneter Bedeutung oder von grundlegender Wichtigkeit. Deshalb ist es aus logischen und psychologischen Gründen unerläßlich, vor Beginn des Hochschulstudiums das ganze mathematische Wissen, das im Verlauf des Unterrichtes an höheren Schulen vermittelt wurde, in mathematisch zufriedenstellender Weise zu rekonstruieren. Die an den Schulen gelehrte Mathematik ist noch sehr von anschaulichen Elementen durchdrungen; dies wird durch die Heranziehung der physikalischen Erfahrung sowie einer rein intuitiven und noch keineswegs analysierten Vorstellung vom Raum gerechtfertigt.
Darüberhinaus werden in den verschiedenen Theorien und deren Anwendungen Sätze aus der Arithmetik, der Algebra oder der Euklidischen Geometrie verwendet, die man weder einfach übergehen noch ohne Beweis zulassen kann. Aus dem vorliegenden Buch, das die elementaren mathematischen Theorien und die unmittelbar darauf gründenden Gedankengänge behandelt, wird man einen ersten Einblick in die Begriffe, die Methoden und die Symbolik der höheren Mathematik gewinnen.
Die in diesem Werk verwendete Methode ist axiomatisch. Das bedeutet, daß es sich von Anfang an darum handelt, bereits bekannte, aber für sich stehende Begriffe in ein umfassendes System einzufügen, selbst wenn dabei vertraute Sätze in eine neue Form gekleidet werden müssen. Unsere Methode besteht somit darin, bestimmte dieser Sätze als Axiome zu wählen und aufzuzeigen, daß die Eigenschaften der daraus entstehenden Menge hinreichend sind, um alle weiteren Ergebnisse ableiten zu können, die der betreffenden Theorie angehören. Wir sehen uns dabei gezwungen, die unserer Anschauung am sichersten erscheinenden Ergebnisse als Axiome zu nehmen, ohne in jeden Falle zu versuchen, ihren Umfang auf ein Minimum zu beschränken. Die allmähliche Einführung dieser Axiome macht die zunehmende Stützung des Gesamtsystems deutlich; dies bereitet die Verallgemeinerungen über den Bereich der reellen Zahlen und den Euklidischen Raum hinaus vor.

Die auf diese Weise definierten Elemente sind durchaus abstrakter Natur. Die Begriffseinheiten, die direkt aus unserer physikalischen Erfahrung herleitbar sind, stellen nichts anderes als Modelle für diese abstrakten Elemente dar; mathematische Gedankengänge sind auf solche Elemente insoweit anwendbar, als diese den in Erscheinung tretenden Strukturbeziehungen genügen. Aus diesem Grunde ist es möglich, Vektoren durch Pfeile darzustellen, geometrische Figuren zu zeichnen oder mechanische und elektrische Modellgebilde zu konstruieren. Alle Modelle, die ein- und dieselbe Struktur aufweisen (wir nennen sie isomorphe Strukturen), sind vom mathematischen Standpunkt aus vollkommen gleichwertig. Dennoch werden wir es nicht versäumen, innerhalb des II. und III. Teiles die klassischen Modelle besonders darzustellen: das sind die Zahlen- und Punktmengen im ein-, zwei- und dreidimensionalen Raum.

Unser Ziel ist es, jene Gegenstände zu behandeln, die seit jeher den Stoff der Elementarmathematik bilden, doch in einer Form, die auf die höhere Mathematik vorbereitet. Im I. Teil geben wir eine Zusammenfassung der grundlegenden Strukturen. Die Natur der behandelten Fragen zwingt gelegentlich dazu, nicht ganz eindeutig strenge Beweise zu verwenden (insbesondere, was stetige Funktionen betrifft), die der Leser beim ersten Durchgehen des Buches überschlagen kann. Es gelingt aber auf jeden Fall, alle jene Begriffe einzuführen, die für das Folgende auch tatsächlich erforderlich sind. Jedes Kapitel des I. Teiles ist darüberhinaus Fundament selbständiger Gebäude: der Zahlentheorie, der Lehre von den Gleichungen und Funktionen, der affinen, projektiven und metrischen Geometrie. Es ist deshalb keineswegs unbedingt notwendig, diesen Teil eingehend zu studieren, bevor man sich den folgenden Kapiteln zuwendet.

Aus diesem Aufbau ergibt sich die große Freiheit, mit der dieses Werk im Mathematikunterricht der obersten Klassen der Gymnasien gehandhabt werden kann. Man ist in keiner Weise an eine bestimmte Reihenfolge der Behandlung gebunden und kann gewisse Abschnitte als Gegenstand von Ergänzungen zurückstellen und diese zum Thema einer Unterrichtsstunde machen, die man je nach dem Wissensdrang und Reifegrad der Schüler mehr oder weniger tiefschürfend anlegen wird.

Lucienne Félix

Zur vorliegenden deutschen Übersetzung

Das Bestreben, in der Mathematik zu einheitlichen Gesichtspunkten zu gelangen, ist ein so natürliches, daß es auch unter jedem anderen Phantasienamen als Bourbaki großen Einfluß auf diese Wissenschaft genommen hätte und noch nehmen wird. Die Mathematik an den höheren Schulen in allen Ländern kann und wird an dieser Entwicklung nicht vorbeigehen. Es ist daher sehr zu begrüßen, daß nun für die deutschen Sprachgebiete ein genügend einfach geschriebenes Werk vorliegt, das aus den Gedankengängen des Bourbaki-Kreises erwachsen ist, berufen, etwaige Mißverständnisse zu beseitigen und neue Freunde zu gewinnen, zum Wohle unserer Mathematik.

Das Manuskript für die deutsche Übersetzung lieferte Herr Dr. *Ivo Steinacker*, Innsbruck; dem Verlag Friedr. Vieweg & Sohn, Braunschweig, ist die freundliche Besorgung der deutschen Ausgabe zu danken.

Im August 1965 *Klaus Wigand*

Zur zweiten Auflage

Durch den erfreulichen Anklang, den das Werk gefunden hat, ist in kurzer Zeit eine zweite Auflage notwendig geworden. Sie richtet sich nach der erweiterten dritten Auflage des Originalwerkes von 1966. Neben kleineren Verbesserungen sind insbesondere vier Seiten über Zählverfahren (Kombinatorik) hinzugekommen. Eine größere Änderung hat der dritte Teil Analysis erfahren. Er ist weitgehend neu und durchsichtiger gefaßt und durch eine kurze Behandlung des Differentials und einfacher Differentialgleichungen wesentlich erweitert worden.

Im August 1968 *Klaus Wigand*

Inhaltsverzeichnis

Übersicht: Die Mathematik vom Standpunkt der Elementarmathematik . . XIII
Allgemeine Symbole XIV

Erster Teil: Fundamentale Strukturen

I. Begriffe und Symbole der Mengenlehre. Operationen 3
1. Grunddefinitionen 3
2. Äquivalenzrelationen 6
3. Ordnungsrelationen 8
4. Operationen 9

II. Die Zahlen 15
1. Die natürlichen Zahlen 15
   A. Addition 15, B. Ordnungsrelation 16, C. Wohlordnung 18, D. Multiplikation 22, E. Die Menge N der natürlichen Zahlen ist archimedisch 25
2. Relative Zahlen. Symmetrisierung 26
   A. Isomorphismus zweier Strukturen 27, B. Erweiterung durch Symmetrisierung 27
3. Brüche und rationale Zahlen 34
   A. Die Brüche 35, B. Die rationalen Zahlen 37, C. Die Menge Z der ganzen Zahlen 38
4. Begriff der reellen Zahlen 41
   A. Einführung der Quadratwurzel 42, B. Vollständigkeitsaxiom 44, C. Eigenschaften der Menge R der reellen Zahlen 46, D. Die Menge Q der rationalen Zahlen als Teilmenge der Menge R der reellen Zahlen 48

III. Vektorräume 49
   A. Vektoren. Vektoroperationen 49, B. Vektorräume 52, C. Punktraum als Bild eines Vektorraumes 58

IV. Abbildungen von Mengen aufeinander, Punkttransformationen, reelle Funktionen 62
Erster Abschnitt: Der algebraische Standpunkt 62
1. Allgemeines über den Begriff der Abbildung 62
   A. Definitionen 62, B. Die Gruppe der Abbildungen einer Menge auf sich 65
2. Punkttransformationen (Allgemeines) 67
   A. Terminologie 67, B. Klassifizierung der Punkttransformationen 69, C. Transmutation einer Punkttransformation durch eine andere Transformation 69
3. Reelle Funktionen einer Variablen (Allgemeines) 70
   A. Definitionen 70, B. Änderung einer reellen Funktion 73
Zweiter Abschnitt: Der topologische Standpunkt 75
1. Allgemeines: Umgebungen, Grenzwerte 75
   A. Der Begriff der Umgebung 75, B. Stetigkeit und Grenzwert 78

2. Das Verhalten einer reellen Funktion in der Umgebung eines Punktes. . . . 79
3. Erweiterung des Stetigkeitsbegriffs: Gleichmäßige Stetigkeit 85
   A. Grundlegende Sätze 85, B. Anwendungen auf stetige und differenzierbare Funktionen 89, C. Erweiterung des Grenzwert- und Umgebungsbegriffs 92, D. Anwendungen des Stetigkeitsbegriffes 94

V. **Einführung in die metrische Geometrie** 95
1. Definition des euklidischen metrischen Raumes 95
   A. Einführung einer Metrik 95, B. Anwendung auf den zweidimensionalen Vektorraum 99, C. Metrische Geometrie im dreidimensionalen Raum 106, D. Orientierung des zwei- und dreidimensionalen metrischen Raumes 108
2. Vektorprodukte im dreidimensionalen Raum 109
   A. Skalares Produkt 110, B. Äußeres oder vektorielles Produkt (in der dreidimensionalen Geometrie) 113, C. Die trigonometrische Darstellungsweise 116
3. Winkel 117
   A. Kosinus und Sinus eines geordneten Paares von Einheitsvektoren 117, B. Kongruenz von Vektorpaaren. Winkel 119
4. Grenzwerte bei trigonometrischen Funktionen. Bogenmaß. Berechnung von π 122
   A. Winkel und Sehnen 122, B. Grenzwert des Verhältnisses 125, C. Näherungsweise Berechnung der Zahl π 126

VI. **Boole-Algebra auf Mengen. Maße. Wahrscheinlichkeiten** 129
1. Mengenalgebra 129
2. Maße 135
   A. Definitionen 135, B. Das natürliche Maß auf der reellen Geraden 136, C. Maße im zweidimensionalen Raum 138, D. Maße im dreidimensionalen Raum 144, E. Bogenlängen und Flächeninhalte gekrümmter Flächen 145
3. Einführung in die Grundbegriffe der Wahrscheinlichkeitsrechnung 147
   A. Maße über einer Menge von Ereignissen 147, B. Wahrscheinlichkeiten (für endliche Mengen) 150, C. Stetige Wahrscheinlichkeiten für unendliche Mengen 154

Zweiter Teil: Arithmetik und Algebra

Erster Abschnitt: Zahlentheorie 157

I. **Die ganzen Zahlen** 159
1. Zählverfahren (Kombinatorik) 159
2. Die Euklid-Division 163
3. Teilbarkeit. Kongruenzen von ganzen Zahlen 166
4. Vielfache und Teiler. Primzahlen 170
   A. Vielfache und Teiler einer ganzen Zahl 170, B. Fundamentalsatz der Zahlentheorie 173, C. Anwendungen. Gemeinsame Vielfache und Teiler 174
5. Primzahlen 177
6. Zahlensysteme 179
   A. Das Prinzip des Stellenwertsystems 179, B. Praktische Rechenregeln 180, C. Teilbarkeitsgesetze 184
7. Der Euklid-Algorithmus. Verhältnisse von Größen 187
   A. Der Euklid-Algorithmus in der Menge der ganzen Zahlen 187, B. Der Euklid-Algorithmus bei Größen 191

II. Brüche. Rationale Zahlen. Dezimalzahlen 198
A. Brüche 198, B. Dezimalbrüche 199, C. Der Ring der Dezimalbrüche im Körper der rationalen Zahlen 201

III. Reelle Zahlen 208
1. Die Mächtigkeit von Teilmengen der Menge der reellen Zahlen 208
A. Abzählbare Teilmengen 208, B. Die Mächtigkeit des Kontinuums 210, C. Ergänzende Bemerkung über Kardinalzahlen 213
2. Logarithmen. Verallgemeinerte Exponenten 214

Zweiter Abschnitt: Algebraische Ausdrücke. Die Auflösung von Gleichungen 221

I. Polynome. Gebrochene rationale Funktionen 221
A. Definition des Polynoms 221, B. Zahlenwerte eines Polynoms. Teilbarkeit durch $x-a$ 227, C. Division im Polynomring 232, D. Gebrochene rationale Funktionen in einer Unbestimmten 241, E. Polynome und gebrochene rationale Funktionen mit mehreren Unbestimmten 242, F. Anmerkung über die Einführung trigonometrischer Begriffe in algebraische Probleme 245

II. Die Auflösung von Gleichungen 249
A. Definitionen 249, B. Äquivalenz von Gleichungen 250, C. Gleichungen und klassiche Systeme 254

Dritter Teil: Analysis

I. Verhalten der reellen Funktionen im Großen 260
A. Wiederholung der Definitionen 260, B. Zusammensetzung (Komposition) in der Menge der Funktionen 260, C. Die Grundfunktionen 262, D. Zusammengesetzte Funktionen 266, E. Einführung einer Körper-Struktur 268

II. Lokales Verhalten der Funktionen 270
A. Wiederholung der Definitionen 270, B. Stetigkeit und Grenzwert 271, C. Ableitung 274, D. Erweiterung der Begriffe Grenzwert und Ableitung 281

III. Vom lokalen zum globalen Verhalten der Funktionen 285
A. Wiederholung der Sätze über stetig differenzierbare Funktionen 285, B. Über das Wachsen der differenzierbaren Funktionen 286

IV. Graphen 288
A. Verlauf im Großen 288, B. Verhalten in einem Punkt 289, C. Untersuchung von unendlichen Ästen 294, D. Grundbegriffe der Differentialgeometrie ebener Kurven, Tangente-Krümmung 298

V. Anwendungen der allgemeinen Sätze 304
A. Spezielle Funktionen 304, B. Anwendung auf die Lösung von Gleichungen 311

VI. Integralfunktionen 316
A. Das unbestimmte Integral einer Funktion 316, B. Geometrische Interpretation der Integralfunktion 320, C. Logarithmusfunktion und Exponentfunktion 324, D. Differentialgleichungen 330, E. Differentiale 336

VII. Die komplexen Zahlen 340
A. Historische Einführung 340, B. Der Körper der komplexen Zahlen 345, C. Funktionentheorie: Funktionen einer komplexen Variablen 352, D. Hinweise auf Anwendungen 358

Vierter Teil: Die Geometrien

Erster Abschnitt: Affine und projektive Geometrie 365

I. Affine Geometrie 365

1. Die Grundelemente 365
   A. Ebene Geometrie (zwei Dimensionen) 365, B. Geometrie im dreidimensionalen Raum R^3 370, C. Die baryzentrische Theorie (Schwerpunktstheorie) 371

2. Affine Punkttransformationen 375
   A. Allgemeine affine Transformationen 375, B. Besondere affine Transformationen 377

3. Lineare Transformationen. Grundbegriffe der Matrizenrechnung 392

II. Grundbegriffe der projektiven Geometrie 403
   A. Perspektivität zwischen zwei Ebenen 403, B. Invarianzeigenschaften kollinearer Punkte 407, C. Projektive Koordinaten 411, D. Ebene projektive Transformationen 413, E. Harmonische Teilung. Harmonische Büschel 415, F. Versuch eines direkten axiomatischen Aufbaus der projektiven Geometrie 420

Zweiter Abschnitt: Metrische Geometrien 427

I. Euklidische metrische Geometrie 427

1. Metrische Relationen 427
   A. Längenrelationen 427, B. Analytische metrische Geometrie der Ebene 431, C. Metrische Beziehungen zur Einführung der trigonometrischen Funktionen 433

2. Kreis und Kugel 436
   A. Kreis und Winkel 436, B. Potenz eines Punktes bezüglich eines Kreises 443, C. Kreisscharen 447, D. Über die Zuordnung mittels Polarität 452

3. Punkttransformationen der metrischen Geometrie 454
   A. Affine Transformation in der metrischen Geometrie 454, B. Eigentliche und uneigentliche Bewegungen 456, C. Die Ähnlichkeit 476

II. Die Inversion. Elemente der kreistreuen Geometrie 482
   A. Die Inversion als Transformation der metrischen Geometrie 482, B. Grundbegriffe der Geometrie der Kreise und Kugeln 492

III. Grundbegriffe der nichteuklidischen metrischen Geometrien 499
   A. Vorbemerkungen 499, B. Die Geometrie von Lobatschewskij 506, C. Das Poincaré-Modell für die Geometrie von Lobatschewskij 515, D. Die sphärische Geometrie als Modell einer Riemann-Geometrie 519

Dritter Abschnitt: Die Kegelschnitte 526
   A. Definition am Drehkegel 526, B. Die Kegelschnitte in analytischer Behandlung. Der Grad 532, C. Affine Eigenschaften der Mittelpunktskegelschnitte 539, D. Die Kegelschnitte in der projektiven Geometrie 541, E. Tangenten an die Kegelschnitte 543

ANHANG 547
   Syntax: die Ordnung der Quantoren 549, Allgemeines über Mengen 549, Über die Menge der natürlichen Zahlen 553, Über Quadratwurzeln 555, Beispiel einer endlichen Gruppe 557, Beispiele von Ringen 558, Polynome und Polynomfunktionen 560, Der Begriff der Konvexität einer Teilmenge 562, Systeme numerischer Ungleichungen: Lineare Programmierung 564, Mengen, die von einem Parameter abhängen 565, Übungen zur affinen und projektiven Geometrie 567, Bemerkungen über den Begriff der Umkehrung (des Kehrsatzes) 568, Anmerkung über die Lösung von Problemen 570, Wiederholung der Kinematik und Übungen dazu 574, Mathematische Prinzipien der Zweitafelprojektion 577

Sachregister 579

Die Mathematik

vom Standpunkt der Elementarmathematik

	Arithmetik ↑	Gleichungen ↑	Funktionen ↑	Differentialgeometrie ↑	Die Geometrien ↑			
							Statistik	
							Wahrscheinlichkeitsrechnung	
						Maßtheorie		physikalische Messungen
(PHILOSOPHIE)						Metrische Räume		
		Die Zahlen				Vektorräume		
						(Allgemeine Topologie)		(PHYSIK)
		(Allgemeine Algebra)						
Innere Schau				Mengenlehre				Experimentelle Methode
(DAS DENKEN)	Logik Formalismus		(Metamathematik)		Symbolismus und Wirklichkeit			(METAPHYSIK)

Allgemeine Symbole

Logik

$\Rightarrow$	„daraus folgt"; „wenn — so". Implikations- oder Folgezeichen
$\Leftrightarrow$	„ist äquivalent zu"; logische Äquivalenz
$\forall$	„für beliebige"; „für alle". Generalisator
$\exists x$	„es existiert mindestens ein". Partikularisator

Mengenlehre

$\in$	„gehört zu". Zugehörigkeit eines Elementes zu einer Menge
$\notin$	„gehört nicht zu"
$\subseteq$	„ist enthalten in". Einschließung einer Menge in einer anderen
$\subset$	„ist echt enthalten in" oder „ist enthalten in" ohne die schärfere Forderung der echten Einschließung
$\cup$	„Bund"; „vereinigt mit". Vereinigung zweier Teilmengen
$\cap$	„Schnitt". Durchschnitt zweier Teilmengen
$\complement_A B$	„Komplement von B bezüglich A"
$\complement B$	„Komplement von B in der Bezugsmenge"
$\emptyset$	„Leere Menge"

Wichtigste Mengen

N	Menge der natürlichen Zahlen
Z, Q, R, R^+, C	Mengen der ganzen, rationalen, reellen, der positiven reellen und der komplexen Zahlen
(R) oder $(\mathfrak{R})$	die reelle Gerade
$]a, b[$	offenes Intervall in (R)
$[a, b]$	geschlossenes Intervall in (R)
$(R^2), (R^3), (R^n)$	reelle zwei-, drei- oder n-dimensionale Räume

Relationen

$\equiv$ oder $\sim$	„äquivalent zu" Zeichen für Äquivalenzbeziehungen
$=, \neq, \approx$	„gleich"; „verschieden von"; „ungefähr gleich"
$\leq$	„kleiner oder gleich". Nicht vollständig ordnende Ungleichung
$<$	„kleiner als" im vollständig ordnenden Sinne

Operationen

$\lvert x \rvert$	„Absolutwert" von $x \in R$ oder „Modul" von $x \in C$
$+, -, \cdot$	„plus", „minus", „multipliziert mit"
$\dfrac{a}{b}$ oder a/b	„a durch b". Verhältnis von a zu b
a^q	„a hoch q" oder „a zur q-ten Potenz", $a \in R^+$, $q \in Q$. Potenz von a
$\sqrt[n]{a}$	„n-te Wurzel aus a", $a \in R^+$, $n \in N$

Abbildungen von Mengen aufeinander

$x \searrow \underline{\;f\;} \nearrow y$	Bei der Abbildung f wird x auf $y = f(x)$ abgebildet.
$x \to L$	„x strebt gegen L" oder „L ist der Grenzwert von x"
$f'(x), f''(x), \ldots, f^{(n)}(x)$	erste, zweite, ..., n-te Ableitung von $f(x)$
$\Im f(x)$	„unbestimmtes Integral von $f(x)$"
$\Im_b^a f(x)$	„bestimmtes Integral von $f(x)$". Differenz $F(a) - F(b)$ der Werte einer bestimmten Integralfunktion $F(x)$

Vektoren

$\vec{v}$ oder v	„Vektor v". Element eines Vektorraumes
$\lvert \vec{v} \rvert$ oder $\lvert v \rvert$	„Länge", „Betrag" oder „Modul" des Vektors v
$\overline{AM}$	Maß(zahl) des Vektors AM bezüglich eines Einheitsvektors in der Vektorrichtung
$v \cdot w$	Inneres oder skalares Produkt von v und w
$v \times w$	Äußeres oder vektorielles Produkt von v und w

Erster Teil

Fundamentale Strukturen

Die Schulmathematik umfaßt verschiedene Gebiete, die von jeher als getrennt und mehr oder weniger selbständig angesehen worden sind: Algebra, Geometrie, Trigonometrie usw. Diese Unterscheidung ist auf den ersten Blick durchaus gerechtfertigt. Man lernt die Zahlen kennen und rechnet mit ihnen, oder man studiert geometrische Figuren, die man zeichnen und betrachten kann. Die analytische Geometrie läßt zum erstenmal den Gedanken aufkommen, daß diese Trennung keineswegs absolut ist. Aber welche logische Tragweite haben die Folgerungen hieraus?
Die moderne Mathematik befaßt sich weniger mit den Objekten der Untersuchungen selbst als mit der Struktur der Beziehungen zwischen eben diesen Objekten: nach dieser Anschauungsweise erscheint fast die gesamte traditionelle Geometrie in ihrer Definition als Theorie der Operationen als Algebra. Für die Darlegung von Beweisen werden geometrische Figuren überflüssig, wenn nicht gefährlich, obwohl es dem Leser natürlich freigestellt bleibt, seine Vorstellungsgabe durch Skizzen zu unterstützen.
Zu den algebraischen Strukturen muß man die topologischen Strukturen hinzufügen, wie sie in den Begriffen der Umgebung, des Grenzwertes, der Stetigkeit ausgedrückt werden. Man kann auf diese Weise den Grundbegriff des geometrischen Raumes erweitern und zur Analysis gelangen.
Im Teil I werden die fundamentalen Strukturen behandelt und der Ausgangspunkt für die verschiedenen Konstruktionen festgelegt, deren Gesamtheit die Elementarmathematik bildet. Darin werden auch die wichtigsten Ausdrücke der Umgangssprache genau· definiert, die von einem zu stark durch die Anschauung bestimmten Bedeutungsinhalt befreit werden müssen. Im Verlauf dieses ersten Teiles werden auch jene Symbole definiert, welche die Bedingungen festlegen, unter denen mathematische Beziehungen gültig sind. Wir verwenden diese Symbole, um Aussagen und Sätze in Formeln zu kleiden, die vom subjektiven Charakter unserer Sprache unabhängig sind, und die somit den logischen und mathematischen Inhalt dieser Sätze evident machen.

I. Begriffe und Symbole der Mengenlehre. Operationen

1. GRUNDDEFINITIONEN

In diesem einführenden Kapitel werden wir uns mit *Elementen* beschäftigen, wie Zahlen, Punkten, Vektoren, Funktionen usw., die wir häufig mit Kleinbuchstaben *a*, *b*, *x*, *f*, usw. bezeichnen werden. Aus solchen Elementen bestehende *Mengen* werden wir im Gegensatz hierzu durch Großbuchstaben kennzeichnen: Dann wird die Menge der geraden Zahlen *g* durch den Buchstaben *G* dargestellt, die Menge der linearen Funktionen *f* durch *F* und eine Kreislinie *C* als Menge der ihr angehörenden Punkte *m* definiert usw.

a) In der abgekürzten Schreibweise der mathematischen Symbolik verwendet man ein bestimmtes Zeichen, um auszudrücken, daß ein Element *a* einer Menge *A* angehört. Dieses Zeichen ist das *Zugehörigkeitszeichen* $\in$, auch Zeichen für die *Elementbeziehung* genannt. Folglich schreibt man die Aussage
„der Punkt *m* gehört der Kreislinie *C* an"
unter der Voraussetzung, daß man bereits übereingekommen ist, unter *m* einen Punkt und unter *C* einen Kreis zu verstehen, wie folgt:

$$m \in C,$$

gelesen „*m gehört zu C*" oder „*m ist Element von C*".
Eine Menge kann jedoch wieder als Element einer anderen Menge angesehen werden. Betrachtet man nämlich die Menge $\mathfrak{C}$ der Kreise der Ebene, die durch zwei Punkte gehen, so kann man schreiben

$$m \in C , \ C \in \mathfrak{C}.$$

In gleicher Weise kann man sagen, daß ein Schüler *a* seiner Klasse *A* angehört, die wiederum der Menge $\mathfrak{A}$ der Klassen des Gymnasiums angehört, das seinerseits ein Element der Menge der höheren Lehranstalten des Landes ist. Wir sagen in diesem Fall, daß wir einen Aufstieg in der *Stufenleiter der verschiedenen Arten* von Mengen vor uns haben. Das Zugehörigkeitszeichen beschreibt einen solchen Aufstieg.

b) Definieren wir nunmehr den Begriff der *Teilmenge* einer Menge. Es sei zum Beispiel *A* eine Klasse von Schülern; betrachten wir die

Menge *B* derjenigen Schüler der Klasse, die Englisch lernen: dann heißt *B* Teilmenge von *A*. Sie ist eine *echte* Teilmenge, wenn außerdem noch Schüler in der Menge *A* vorhanden sind, die nicht Englisch lernen, also nicht der Menge *B* angehören. Lernen alle Schüler der Klasse *A* Englisch, so ist *B* die Menge *A* selbst. Die Menge *B* ist in diesem Fall keine echte Teilmenge von *A*. Es kann aber auch durchaus der Fall sein, daß keiner der Schüler von *A* Englisch betreibt; dann sagt man, *B* sei eine *leere* Teilmenge. Die Leermenge ist danach Teilmenge jeder Menge, d.h. auch von sich selbst; sie ist daher keine echte Teilmenge.

Die Definition des Begriffes der Teilmenge *B* einer Menge *A* lautet also:

„*B* ist eine Teilmenge von *A*" bedeutet, daß aus „*a* gehört zu *B*" für jedes beliebiges Element *a* die Aussage „*a* gehört zu *A*" folgt.

Wir schreiben diese Bedingung mit Hilfe von zwei logischen Symbolen: $\forall$ bedeutet „für alle", bzw. „für jedes" oder „für irgendein beliebiges". Dieses Zeichen gehört zu den prädikatenlogischen Symbolen, es ist ein Quantifikator (Quantor) und heißt Generalisator (*Allquantor*). Es wird dafür häufig auch das Symbol $\wedge$ verwendet.

$\Rightarrow$ bedeutet „daraus folgt" oder „wenn — so". Dieses Zeichen ist das Folgezeichen. Es wird auch als „...hat zur Folge...", „aus...folgt..." oder „...impliziert..." gelesen.

Somit kann man für den Satz: für jedes *a* folgt aus „*a* ist in *B* enthalten" auch „*a* ist in *A* enthalten"

$$\forall a : a \in B \quad \Rightarrow \quad a \in A$$

schreiben.

Diese Beziehung zwischen *A* und der Teilmenge *B* kann unmittelbar durch ein Symbol ausgedrückt werden, ohne den expliziten Umweg über das Element *a* machen zu müssen. Das schreibt man

$$B \subseteq A,$$

was gelesen wird: „*B* ist Teilmenge von *A*" oder „*B* ist in *A* enthalten"; das Symbol $\subseteq$ beschreibt daher die *Inklusion*. Dieselbe Beziehung kann auch $A \supseteq B$ geschrieben werden, was man als „*A* enthält *B*" liest.

Will man angeben, daß *A* noch andere Elemente als jene von *B* enthält, so verwendet man das Zeichen für die *Einschließung im strengen Sinne* (oder *echte Einschließung*) $\subset$:

$$B \subset A \qquad \text{„}B \text{ ist eine } \textit{echte} \text{ Teilmenge von } A\text{".}$$

Wir finden also, daß das Inklusionszeichen im Gegensatz zur Elementbeziehung keine Aussage über einen Aufstieg in der Stufenleiter der verschiedenen Arten von Mengen darstellt.

Eine Tatsache darf nicht übergangen werden: *Die Transitivität der Einschließungsbeziehung*:

$$[C \subseteq B \text{ und } B \subseteq A] \Rightarrow [C \subseteq A].$$

Dasselbe gilt auch für die echte Einschließung. Diese Folgerung ist eines der Axiome der Mengenlehre (siehe Kapitel VI).

c) Es seien A und B Teilmengen einer Menge E. Dann sehen wir uns oft veranlaßt, die Menge J der Elemente zu betrachten, die sowohl A wie B angehören. Diese Teilmenge J heißt der *Durchschnitt* oder die *Durchschnittsmenge* von A und B, was

$$J = A \cap B$$

geschrieben und „J ist der Durchschnitt von A und B". („J gleich A Schnitt B"). gelesen wird.
Das Symbol $=$ bedeutet hier „ist dieselbe Menge wie".
Die Definition des Durchschnittssymbols $\cap$ lautet also wie folgt:

$$\forall m : [m \in A \cap B] \Leftrightarrow [m \in A \text{ und } m \in B].$$

Das Symbol $\Leftrightarrow$ deutet die *logische Äquivalenz* an: jede Seite der Beziehung folgt aus der anderen und umgekehrt.
Haben A und B kein einziges gemeinsames Element, so ist J die leere Menge oder *Leermenge*. Man schreibt dafür

$$A \cap B = \emptyset.$$

(Das Symbol $\emptyset$, das in seiner Form an die Null erinnert, ist ein in Skandinavien gebräuchlicher Buchstabe, der „Leermenge" gelesen wird.) Man sagt im obigen Fall, daß A und B *zueinander elementefremde*, (kurz: *fremde*) oder *disjunkte* Teilmengen seien.

d) In ähnlicher Weise kann man auch die *Vereinigung* oder *Vereinigungsmenge* zweier Teilmengen A und B definieren. Diese wird aus den Elementen gebildet, die A oder B oder beiden angehören. (Das Wort „oder" ist hier im nichtausschließenden Sinne gebraucht). Man schreibt dafür

$$R = A \cup B$$

„R ist A vereinigt mit B" („R gleich A B und B").
Man kann die Vereinigung mehrerer Teilmengen von E als Menge jener Elemente definieren, die jedes für sich mindestens einer dieser Teilmengen angehören. Dabei stoßen wir auf einen besonders wichtigen Fall, nämlich den, wo diese Teilmengen einzeln zueinander fremd oder

disjunkt sind; man sagt dann, sie stellten eine *Einteilung* oder *Zerlegung ihrer Vereinigung* dar (was durchaus der Vorstellung einer Aufteilung von *R* entspricht). Eine solche Vereinigung von paarweise zueinander fremden Teilmengen wird oft auch *Summe* dieser Teilmengen genannt.

e) Ist schließlich *A* eine Teilmenge von *E*, so kann man die Menge der Elemente von *E* betrachten, die *A* nicht angehören: diese bilden das *Komplement* oder die *Ergänzung* (Ergänzungsmenge von *A*), bezeichnet mit $\complement A$. Hat man dieses Symbol definiert, so folgt daraus die Notwendigkeit, auch ein Symbol für die Nichtzugehörigkeit zu definieren. Man verwendet dafür ein durchgestrichenes Zugehörigkeitszeichen. Es gilt also

$$[m \in \complement A] \Leftrightarrow [m \notin A \text{ und } m \in E].$$

f) Schließlich benötigen wir noch ein letztes Symbol, einen weiteren Quantifikator,
„es existiert mindestens ein", der mit $\exists$ bezeichnet wird.
Er heißt *Partikularisator* und wird vielfach auch mit $\vee$ bezeichnet. Um zum Beispiel auszudrücken, daß *A* und *B* nicht disjunkt sind, schreiben wir

$$\exists m : m \in A \cap B.$$

Zusammenfassung

Bisher haben wir folgende Zeichen eingeführt:
Zwei logische Symbole

$$\Rightarrow , \Leftrightarrow$$

Symbole der Mengenlehre

$$\in$$
$$\subseteq \text{ und } \supseteq , \subset \text{ und } \supset$$
$$\cap , \cup$$

Zwei Quantoren

$$\forall , \exists.$$

2. ÄQUIVALENZRELATIONEN

Wir werden gelegentlich mehrere Elemente einer Menge als äquivalent ansehen, wenn es möglich ist, eines durch das andere zu ersetzen. Interessieren wir uns zum Beispiel für Richtungen, so werden wir zwei parallele Geraden als äquivalent bezeichnen. Klassifiziert man die Zahlen nach den Resten, die bei einer Division durch 5 verbleiben, so sind die Zahlen

27 und 32 äquivalent. Befaßt man sich mit der Messung von Größen, so sind die Brüche $\frac{2}{3}$ und $\frac{4}{6}$ ebenfalls äquivalent.
Wir treffen die Übereinkunft, die Verwendung des Wortes *Äquivalenz* auf solche Fälle zu beschränken, wo die folgenden Bedingungen erfüllt sind:
1. Jedes Element ist zu sich selbst äquivalent.
2. Bei zwei äquivalenten Elementen kommt es *nicht* darauf an, welches das vorangehende und das nachfolgende ist.
3. Sind zwei Elemente jedes für sich einem dritten äquivalent, so sind sie auch untereinander äquivalent.
Wir werden im weiteren das Symbol ≡ verwenden, um eine Äquivalenz anzugeben.

Allgemeine Definition des Äquivalenzsymbols

$$\begin{cases} 1.\ \forall a,\ a \equiv a \quad (\textit{Reflexivität}); \\ 2.\ \forall a,\ \forall b : [a \equiv b] \ \Rightarrow \ [b \equiv a] \quad (\textit{Symmetrie} \text{ oder } \\ \qquad\qquad\qquad\qquad\qquad\qquad\qquad\qquad \textit{Reziprozität}); \\ 3.\ \forall a,\ \forall b,\ \forall c : [a \equiv b \text{ und } b \equiv c] \ \Rightarrow \ [a \equiv c]\ (\textit{Transitivität}). \end{cases}$$

Jede Übereinkunft, die gestattet, unter den Elementen einer Menge jene zu bezeichnen, die als äquivalent betrachtet werden können, heißt *Äquivalenzrelation*. Daraus folgt, daß jede reflexive, symmetrische und transitive Beziehung eine Äquivalenzrelation darstellt.
Es sei E eine Menge, in der eine Äquivalenzrelation erklärt ist. Jede Teilmenge, die aus Elementen besteht, die einem Element äquivalent sind, heißt *Äquivalenzklasse*; alle Elemente dieser Klasse können (dem Gesetz der Transitivität zufolge) als untereinander äquivalent betrachtet werden, und jedes Element m in E gehört zu einer und nur einer Klasse. (Dabei nimmt man stillschweigend den Fall in Kauf, daß m das einzige Element seiner Klasse ist, wenn es keine weiteren dazu äquivalenten Elemente gibt.) Auf diese Weise wird E zur Vereinigungsmenge von zueinander fremden Klassen. Das heißt, daß *eine über E erklärte Äquivalenzrelation eine Einteilung oder Zerlegung in Äquivalenzklassen über E bestimmt*.
Die Menge dieser Klassen heißt *Quotientenmenge* von E bezüglich der Äquivalenzrelation $\mathfrak{R}$. Sie wird mit $E/\mathfrak{R}$ bezeichnet.
Jede Äquivalenzklasse wird durch ein beliebiges ihrer Elemente bestimmt, das auch als Repräsentant dieser Klasse dienen kann. So bestimmt zum Beispiel das Kriterium der Teilbarkeit durch 5 eine Zerlegung der Menge der ganzen Zahlen in fünf Klassen, deren Repräsentanten die fünf möglichen Reste 0, 1, 2, 3, 4 sind. In der Menge der Geraden

der Ebene bestimmt jede Gerade einer Parallelenschar die gleiche Richtung; jede Richtung ist eine Äquivalenzklasse bezüglich der Parallelitätsbeziehung. Sie ist also eine Äquivalenzrelation.

Zur Bezeichnung einer Äquivalenzrelation werden das Zeichen = und ähnliche Zeichen verwendet. Von diesen haben wir bereits ≡ angegeben; das Zeichen ∥ ist bekanntlich ein Symbol für die Parallelität. Außerdem verwendet man oft ∼ , um eine Äquivalenz anzudeuten. Es ist festzuhalten, daß das Zeichen ≈ für „ungefähr gleich" keine Äquivalenzrelation erklärt, da es der Transitivität ermangelt. Das Zeichen ⇔ hinwieder bedeutet eine logische Äquivalenz in der Menge der Aussagen.

3. ORDNUNGSRELATIONEN

a) Im Ablauf der Zeit unterscheiden wir ein Vorher und ein Nachher. Wir wollen das Zeichen $\prec$ verwenden, um auszudrücken: *„geht voran"*. Diesem Symbol können wir rein auf Grund unserer anschaulichen Erfahrung drei Eigenschaften zuschreiben:

$\forall a, \forall b, \forall c,$
$a \in E, b \in E, c \in E$
$\begin{cases} a \prec a \quad \text{ist falsch (nicht reflexiv);} \\ a \prec b \text{ und } b \prec a \quad \text{schließen sich aus (nicht symmetrisch);} \\ a \prec b \text{ und } b \prec c \Rightarrow a \prec c \quad \text{(Transitivität).} \end{cases}$

Definitionsgemäß heißt jede Relation mit diesen Eigenschaften *strenge Ordnungsrelation*.

Beispiele

Die Beziehung „kleiner als" $<$ zwischen Zahlen. In der Menge $\mathfrak{P}$ der Teilmengen von E die echte Inklusion $\subset$.

b) Hat man zwischen den Elementen einer Menge E eine Äquivalenzrelation festgelegt, so verwendet man oft eine Ordnungsrelation, die eine *Halbordnung* erklärt und die wir mit $\leqslant$ bezeichnen. Dieses Symbol wird wie folgt definiert:

$\forall a, \forall b, \forall c,$
$a \in E, b \in E, c \in E$
$\begin{cases} a \leqslant a \quad \text{ist richtig} \quad \text{(reflexiv);} \\ [a \leqslant b \text{ und } b \leqslant a] \Rightarrow [a = b] \text{ (antisymmetrisch oder identitiv);} \\ [a \leqslant b \text{ und } b \leqslant c] \Rightarrow [a \leqslant c] \text{ (transitiv).} \end{cases}$

Beispiele

Die Beziehungen $\leqq$, $\geqq$, $\subseteq$.

In der Menge der Aussagen das Folgezeichen $\Rightarrow$.

c) Sind zwei beliebige Elemente der Menge E vergleichbar, das heißt, bestehen die Beziehungen

$$\forall a\,,\,\forall b\,,\,a\in E\,,\,b\in E \begin{cases} a \prec b \\ \text{oder} \\ a \equiv b \\ \text{oder} \\ b \prec a \end{cases} \quad \text{(Trichotomie)[1])}$$

so sagt man, E sei durch die Ordnungsrelation *total* oder *vollständig geordnet*. Haben wir den Fall, daß bestimmte Elemente nicht vergleichbar sind, so heißt die Menge *teilweise geordnet*.

Beispiele teilweise geordneter Mengen

In der Menge der ganzen Zahlen bildet die Beziehung „a ist ein Vielfaches von b" eine Ordnungsrelation (aber sie erklärt nur eine teilweise Ordnung, wenn man berücksichtigt, daß eine Zahl auch ihr eigenes Vielfaches ist). Zahlen wie 2 und 3 sind jedoch nicht vergleichbar. Eisenbahnhöfe sind dadurch geordnet, daß man sagt: „a kommt vor b, wenn der Zug aus Paris a passiert, bevor er b erreicht". Die Bahnhöfe sind aber nur dann vergleichbar, wenn sie an derselben von Paris ausgehenden Bahnlinie liegen.

4. OPERATIONEN

Es seien eine oder mehrere Mengen gegeben, etwa drei: E, E', E'', die wir als *Ausgangsmengen* (Start- Original- oder Urbildmengen) bezeichnen. Es sei eine Regel gegeben, durch die zu drei Elementen a, a', a'', die E, beziehungsweise E' und E'' angehören, ein Element x einer Menge X zugeordnet wird. Dann sagen wir, daß dadurch eine *Operation* definiert sei, und X die *Resultatmenge* (Ziel- oder Bildmenge) darstellt. a, a', a'' heißen *Glieder* (oder *Faktoren*) der Operation. Wir werden uns im folgenden besonders mit *binären* oder *zweistelligen* Operationen beschäftigen, das heißt mit solchen, die sich auf zwei Glieder beziehen.

---

[1]) Anm. d. Üb.: Trichotomie, von griechisch τρι (tri) = drei und τημνω (temno) = = schneiden, bzw. τωμοσ (tomos) = Schnitt, zu deutsch Dreiteilung.

Beispiele

1. Ausgangsmenge seien die ganzen Zahlen mit beliebigem Vorzeichen. Operation: Erheben ins Quadrat. Die Bildmenge ist ebenfalls die Menge der ganzen Zahlen, aber wir erhalten nur eine Teilmenge derselben; man kann die Bildmenge als die Menge der positiven ganzen Zahlen oder genauer als die Menge der ganzen Zahlen, die man als „Quadrate" bezeichnet, ansehen.
2. Es seien zwei Ausgangsmengen gegeben: die Menge der ganzen Zahlen und die der Brüche. Operation: die Multiplikation. Bildmenge: die Menge der Brüche.
3. Die Ausgangsmenge sei aus den Punkten einer Geraden im Raum gebildet. Operation: zu einer gegebenen Richtung die Parallele durch einen Punkt ziehen. Resultatmenge: die Geraden einer bestimmten Ebene.

a) Produkt zweier Mengen

Die grundlegende Operation, die auf mehreren Mengen aufbaut, ist das „Produkt dieser Mengen" (man sagt dafür auch *direktes Produkt* dieser Mengen).

Es seien zunächst zwei Ausgangsmengen A und B gegeben. Betrachten wir als Bildmenge die *Menge X der Paare* (a, b), die aus jedem Element a von A und jedem Element b von B gebildet werden. Diese Menge heißt *direktes Produkt*, *kartesisches Produkt* oder *Produktmenge* von A und B, und man schreibt dafür $X = A \times B$.

Beispiel

A hat die Elemente p, q und r; B hat die Elemente u und v. $A \times B$ hat die Elemente (p, u); (p, v); (q, u); (q, v); (r, u); (r, v).
Die obige Figur stellt ein *Modell* dieser Operation dar: die Menge der Kreuze ist nichts anderes als ein Bild des kartesischen Produktes der Menge der schwarzen und der Menge der weißen Punkte.

Anderes Beispiel

Es sei die Menge der Zahlenpaare betrachtet, die in der analytischen Geometrie der Ebene aus der Abszisse und der Ordinate ihrer Punkte gebildet werden. Dieses kartesisches Produkt zweier reeller Zahlenmengen hat als Bild die Menge der Punkte der Ebene, die gerade diese Zahlen als Koordinaten haben: jeweils ein Zahlenpaar ist einem Punkt zugeordnet. Wir sagen, daß zwischen der Menge der Zahlenpaare und der ebenen Punktmenge eine *umkehrbar eindeutige Zuordnung* besteht. (Man sagt dafür auch „*wechselseitig eindeutige Zuordnung*", oder „1-Isomorphismus".) Wir erkennen, daß es gerade dieser ganz grundlegende Begriff ist, der die Verwendung von Modellen bzw. Bildern erst möglich macht.

Gehören die Elemente a, b, c den entsprechenden drei Mengen A, B, C an, so besteht analog das Produkt $A \times B \times C$ aus der Menge der Tripel (a, b, c).

b) Innere Operationen

Es sei eine Menge E und die Menge der Paare (a, b) ihrer Elemente gegeben, das heißt, das Produkt von E mit sich selbst: $E \times E$. Eine zweistellige Operation, die jedem Paar (a, b) ein Element von E zuordnet, heißt eine auf E definierte *innere Operation*.

Beispiele

Die Addition und die Multiplikation auf der Menge der ganzen Zahlen.
Die Division auf der Menge der Brüche (unter Ausschluß der Null).
Die Summe auf der Vektormenge (vgl. Kapitel III).
Die Betrachtung der Vektormenge führt uns jedoch auf eine andere Art der Operation. Die Multiplikation eines Vektors mit einer Zahl ordnet jedem aus einer Zahl und einem Vektor bestehenden Paar einen anderen Vektor zu. In diesem Fall betrachtet man die Zahlenmenge als Operatorenmenge, die auf die Vektoren angewandt wird. Eine solche Operation heißt *äußere Operation*, wenn die Bildmenge eine der Ausgangsmengen ist, während die andere eine *Operatorenmenge* ist.

Betrachten wir eine innere Operation auf E. Man nennt sie auch *inneres Verknüpfungsgesetz zwischen den Elementen von E*. (Man setzt zwei Elemente von E zusammen, um ein drittes zu erhalten).
Bildet eine Operation ○ eine innere Operation auf einer Teilmenge A von E, so sagt man, A sei für diese Operation *geschlossen* (weil sie nicht aus A hinausführt).
Es sei mit ○ eine innere Operation auf E definiert. Wir wollen das Resultat der auf die Elemente a und b ausgeübten Operation

$$a \circ b = r$$

schreiben. Da nun r selbst E angehört, kann es wiederum als *Glied* (oder *Faktor*) der Operation herangezogen werden. Man hat dann zum Beispiel

$$a \circ b = r, \quad r \circ c = s.$$

Mit anderen Worten heißt das: die Operation kann wiederholt werden.

Übliche Schreibweise

$$[a \circ b = r \text{ und } r \circ c = s] \quad \Rightarrow \quad [(a \circ b) \circ c = s],$$

wobei man nach Übereinkunft die Klammer auf der linken Seite der zweiten Gleichung weglassen kann:

$$a \circ b \circ c = s \ .$$

In gleicher Weise bedeutet

$a \circ b \circ c \circ d \circ e$ nichts anderes als $\{[(a \circ b) \circ c] \circ d\} \circ e$.

Wichtige Bemerkung

Die Operationen erfolgen, wenn nicht ausdrücklich anders angegeben, von links nach rechts.

c) Eigenschaften von Operationen

Die Operationen, denen wir im folgenden begegnen werden, genügen oft den untenstehenden Bedingungen (in welchen wir die Äquivalenz von Elementen mit dem Zeichen = andeuten).

$[A]$
- $[A_1]$ $[a = a'$ und $b = b']$ $\Rightarrow$ $[a \circ b = a' \circ b']$

  „Zwei äquivalente Elemente können als Glieder der Operation ersetzt werden". — „Zwei Gleichungen kann man seitenweise gleich behandeln". Die Äquivalenz und die Operation sind miteinander verträglich.

- $[A_2]$
  - $[A_2']$ $[a \circ b = a' \circ b]$ $\Rightarrow$ $[a = a']$ rechtsseitige Kürzung
  - $[A_2'']$ $[a \circ b = a \circ b']$ $\Rightarrow$ $[b = b']$ linksseitige Kürzung

- $[A_3]$ $a \circ b \circ c = a \circ (b \circ c)$ assoziatives Gesetz für 3 Glieder

- $[A_4]$ $a \circ b = b \circ a$ kommutatives Gesetz für 2 Glieder.

Bemerkung

Nachdem die obigen Äquivalenzen definitionsgemäß symmetrisch sind, kann man sie in beiden Richtungen lesen; $[A_3]$ zum Beispiel gibt an, daß man die Klammer auf der rechten Seite weglassen kann.

Jedesmal, wenn eine innere Operation über einer Menge definiert wird, muß man untersuchen, ob diese Eigenschaften auch tatsächlich zutreffen (zum Beispiel ist die Division in der Menge der gebrochenen Zahlen offensichtlich nicht kommutativ!). Man bemerkt, daß, wenn $[A_4]$ zutrifft, $[A_2']$ und $[A_2'']$ äquivalent sind und die Bedingung für *die beidseitige Kürzung* $[A_2]$ darstellen.

Folgerungen aus den Eigenschaften [A]

[C_1] Assoziativität für aufeinanderfolgende Glieder

Jede Gruppe von aufeinanderfolgenden Gliedern kann in eine Klammer gesetzt werden.
Das ist eine Folgerung aus [A_1] und [A_3] und erfordert nicht die Gültigkeit von [A_4].
Man soll zum Beispiel durch Umformung von

$$a \circ b \circ c \circ d \circ e \circ f = s$$

zu

$$a \circ b \circ (c \circ d \circ e) \circ f$$

übergehen.
Dazu verwendet man einmal die Definition und [A_1], das andere Mal [A_3]. Dann kann man schreiben:

$$s = [(a \circ b \circ c) \circ d \circ e] \circ f = [(a \circ b \circ c) \circ (d \circ e)] \circ f$$
$$= [(a \circ b) \circ c \circ (d \circ e)] \circ f$$
$$= [(a \circ b) \circ \{c \circ (d \circ e)\}] \circ f = a \circ b \circ \{c \circ (d \circ e)\} \circ f$$
$$= a \circ b \circ \{c \circ d \circ e\} \circ f$$

C_2] Vollständige Kommutativität

Dieses Gesetz besagt, daß man die Glieder in vollständig beliebiger Reihenfolge anordnen kann.
Das ist eine Folgerung aus [A_1], [A_3] und [A_4]. Um diesen Schluß zu beweisen, gehen wir in zwei Abschnitten vor.

1. *Man kann zwei aufeinanderfolgende Glieder vertauschen.*

Beispiel

Man soll durch Umformung von

$$s = a \circ b \circ c \circ d \circ e \circ f \circ g \quad \text{zu} \quad a \circ b \circ c \circ e \circ d \circ f \circ g$$

übergehen.
Wir verwenden die Definition, sowie [A_3] und schließlich [A_4].

$$s = [(a \circ b \circ c) \circ (d \circ e)] \circ f \circ g$$
$$= [(a \circ b \circ c) \circ (e \circ d)] \circ f \circ g = a \circ b \circ c \circ e \circ d \circ f \circ g$$

(Zur Übung sei der Leser angehalten, das Verfahren, das an diesem Beispiel vorexerziert wurde, in allgemeiner Weise zu erklären.)

2. *Man kann die Glieder in beliebiger Reihenfolge anschreiben.*
Es ist durchaus möglich, aufeinanderfolgende Glieder derart zu vertauschen, daß das an die gewünschte Stelle gesetzte Glied bei weiteren Vertauschungen seinen Platz beibehält; dazu genügt es, jenes, das als erstes an einem der Randplätze stehen soll (zum Beispiel links), an seinen Platz zu bringen, dann das nächste und so weiter. Die Anzahl der notwendigen Vertauschungen ist leicht vorauszusehen.

[C_3] **Vollständige Assoziativität**
Dieses Gesetz besagt, daß man beliebige Glieder in einer Klammer zusammenfassen kann.
Das folgt aus den Bedingungen [A], weil man wegen [C_2] die gewünschten Glieder als erste nach links schaffen kann.
Im folgenden werden wir diese Schlußfolgerungen immer dann als bewiesen ansehen, wenn wir erkennen, daß die Bedingungen [A] erfüllt werden.

Definition

Neutrales Element, *Einselement* oder *Einheitselement* nennt man jedes Element n, das die folgende Eigenschaft aufweist:
$$\forall a : a \circ n = a \text{ und } n \circ a = a.$$
Ist die Operation kommutativ, so folgen diese beiden Bedingungen eine aus der anderen.
Existiert das Einheitselement, so ist es wegen [A_1] das einzige, weil
$$[n \circ n' = n \text{ und } n \circ n' = n'] \Rightarrow [n = n'].$$

Beispiele

Bei der Addition von Zahlen ist die Null das neutrale Element und bei der Multiplikation die Eins.

II. Die Zahlen

Die Elemente einer Menge werden oft *Punkte* genannt, um auszudrücken daß man sie als unzerlegbar ansieht. Sobald jedoch für eine Menge innere Operationen erklärt sind, nennt man sie eher *Zahlen*, wobei man die Bedeutung des Wortes Zahl, das ursprünglich nur für die natürlichen Zahlen gedacht war, erweitert.

1. DIE NATÜRLICHEN ZAHLEN

Wenn wir irgendwelche Objekte zählen, so verwenden wir dazu die natürlichen Zahlen; unsere Erfahrung zeigt uns, daß wir mit diesem Verfahren zum Ziel kommen, solange die zu zählenden Objekte nicht schmelzen, verfließen, sich aneinanderheften oder in Dampf auflösen. Die natürlichen Zahlen eignen sich dafür, weil sie gewisse wohlbekannte Eigenschaften haben. Wir werden sie axiomatisch durch eine Menge von Eigenschaften definieren, die genügt, um alle anderen daraus herzuleiten. (Es soll dabei bemerkt werden, daß eine gewisse Freiheit in der Wahl dieser Axiome auch andere axiomatische Darstellungen erlaubt.)

Axiomatische Definition der Menge N der natürlichen Zahlen

A. ADDITION

Wir erklären in N eine innere Operation, die wir Addition nennen wollen (Zeichen $+$) und durch die jedem Paar (a, b) von Elementen in N ein Element $a+b$ zugeordnet wird, das man *Summe* nennt.
Diese Operation genügt den Bedingungen $[A]$ aus dem ersten Kapitel, die hier in spezieller Schreibweise lauten:

$$[A] \begin{cases} [A_1] \quad [a=a' \text{ und } b=b'] \;\Rightarrow\; [a+b=a'+b'] \\ [A_2] \begin{cases} [a+b=a'+b] \;\Rightarrow\; [a=a'] \\ [a+b=a+b'] \;\Rightarrow\; [b=b'] \end{cases} \\ [A_3] \quad a+b+c = a+(b+c) \\ [A_4] \quad a+b = b+a \end{cases}$$

Daraus ergeben sich die Folgerungen $[C]$: vollständige Gültigkeit des kommutativen und assoziativen Gesetzes.

B. ORDNUNGSRELATION

Definition

Ist ein Paar (a, b) von Elementen in N gegeben, und existiert ein Element d in N, so daß $a+d = b$, so sagen wir, daß *a kleiner als b* ist, und schreiben dafür $a < b$. Es gilt also

$$[a < b] \Leftrightarrow [\exists d : a+d = b].$$

Trichotomieaxiom [0]

Für jedes Paar (a, b) von Elementen in N gilt eine der drei folgenden Beziehungen:

$$a = b \quad \text{oder} \quad a < b \quad \text{oder} \quad b < a,$$

wobei sich diese Fälle gegenseitig ausschließen.
Daraus geht hervor, daß diese Beziehung in N eine *totale Ordnung* erklärt, das heißt, daß N eine *total geordnete Menge* ist. In der Tat ist die Relation weder reflexiv noch symmetrisch. Wir können aber zeigen, daß sie transitiv ist:

$$\left.\begin{matrix} a < b \Leftrightarrow \exists d : b = a+d \\ b < c \Leftrightarrow \exists d' : c = b+d' \end{matrix}\right\} \Leftrightarrow \text{(wegen [A])} \quad \left\{c = a+(d+d'),\right.$$

und es ist daher $a < c$.

Ergebnis

Die Menge N ist durch die Relation $<$ total geordnet.
Wir vereinbaren, $b > a$ anstatt $a < b$ zu schreiben; die Relation $>$ wird als zur vorhergehenden *invers* bezeichnet; sie ist ebenfalls eine totale Ordnungsrelation und wird „ist größer als" oder „übertrifft" gelesen. Die Relation $\leq$ wird „kleiner oder gleich" (teilweise Ordnung) und das Zeichen $\geq$ „größer oder gleich" gelesen.
$a < b$ und $u > v$ heißen *gegensinnige* Ungleichungen.

Folgerungen

a) Differenz

Es sei $a < b$; wollen wir den Ausdruck $\exists d$, $b = a+d$ entsprechend umformen, so schreiben wir $\exists d$, $b-a = d$.
Die Operation, die dem Paar (a, b) die Zahl d zuordnet, heißt *Subtraktion*. Sie ist *in* N definiert, aber nicht *auf* N, weil nicht alle Paare unseren Voraussetzungen genügen: die Operation $b-a$ ist ja nur für $a < b$ definiert.

Eigenschaften der Differenz

Diese Eigenschaften folgen aus [A] und [O].

Eindeutigkeit

$$\left.\begin{array}{l}[b-a = d] \Leftrightarrow [b = a+d] \\ [b-a = d'] \Leftrightarrow [b = a+d']\end{array}\right\} \Rightarrow d = d' \quad \text{(wegen } [A_2]\text{)}.$$

Eigenschaften

Die Zahl d heißt die *Differenz* zwischen a und b.

$[D_1] \quad b-a = (b+m)-(a+m), \ \forall m \in N.$

Satz

Addiert man zu beiden Gliedern einer Differenz dieselbe Zahl, so bleibt die Differenz unverändert.

Dieser Satz kann auch noch anders formuliert werden:

$[D_1'] \quad [p < a < b] \Rightarrow [b-a = (b-p)-(a-p)].$

$[D_2] \quad a+(b-c) = a+b-c$

$[D_3] \quad a-(b+c) = a-b-c$

$[D_4] \quad a-(b-c) = a+c-b$ und auch $= a-b+c$, sofern $b < a$.

$[D_5] \quad (b-a)+(b'-a') = (b+b')-(a+a')$

Das Prinzip der Beweisverfahren

Um die Gültigkeit einer Gleichung nachzuweisen, können wir die Gültigkeit der Gleichung nachweisen, die entsteht, wenn auf beiden Seiten eine gleiche Zahl addiert wird. Dann haben wir nämlich wegen [A]

$$[u = v] \Leftrightarrow [u+k = v+k]$$

und man zeigt die Gültigkeit von

$[D_1]$, indem man $k = a+m$, und von $[D_2]$, indem man $k = c$ setzt, $[D_3]$, indem man $k = b+c$, und von $[D_4]$, indem man $k = b-c$ setzt und $[D_1]$ verwendet

$[D_5]$, indem man $k = a+a'$ setzt.

b) Eigenschaften von Ungleichungen

Satz

$[I_1] \quad [a < b] \Rightarrow [a+m < b+m], \ \forall m \in N.$

Addiert man auf beiden Seiten einer Ungleichung ein und dieselbe Zahl, so erhält man eine Ungleichung von gleichem Sinn.

Satz

$[I_1']$ $[p < a < b]$ $\Rightarrow$ $[a-p < b-p]$

$[I_2]$ $[a < b$ und $a' < b']$ $\Rightarrow$ $[a+a' < b+b']$.

Addiert man seitenweise zwei Ungleichungen vom selben Sinn, so erhält man wiederum eine Ungleichung vom selben Sinn. Beweis mit Hilfe von $[D_1]$ und $[D_5]$.

C. WOHLORDNUNG

Die Struktur, die im bisherigen durch die Axiome $[A]$ und $[O]$ erklärt worden ist, ist noch zu allgemein.

1. Deswegen müssen wir sie durch das folgende Axiom noch schärfer definieren:

[WO] Wohlordnungsaxiom

Jede nichtleere Teilmenge von N enthält ein Element, das kleiner als alle andern ist (enthält ein kleinstes Element).
Daraus folgt insbesondere das

Axiom vom ersten Element

Die Menge N hat ein kleinstes Element. Man nennt es „Eins" und stellt es durch die Ziffer 1 dar.

Folgerung

In der Teilmenge, die aus allen Elementen x besteht, für die $a < x$, (das heißt $\exists y : x = a+y$), gibt es ein kleinstes Element. Dieses ist $a+1$, weil

$[1 \leq b]$ $\Rightarrow$ $[a+1 \leq a+b]$ wegen $[I_1]$.

Daraus leiten wir die *Folge* der natürlichen Zahlen 1, 1+1, 1+1+1, usw. ab. (Das Wort *usw.*, das in der Mathematik durch das Symbol „..." ersetzt wird, gibt an, daß die fragliche Operation wiederholt werden muß. Eine *Folge* ist eine Menge, die im allgemeinen mit $u_1, u_2, u_3, \ldots$ bezeichnet wird und die eineindeutig der Menge der natürlichen Zahlen zugeordnet ist.)

2. Um einen Schluß zu erhalten, der für *jedes Element von N* gültig ist, verwenden wir das folgende Theorem, das in der ganzen Mathematik von außerordentlicher Bedeutung ist:

Prinzip des Beweises durch vollständige Induktion

In der Formulierung dieses Prinzips, das auch Schluß von n auf $n+1$ heißt, gehen wir davon aus, daß eine Eigenschaft für eine Zahl $a \in N$ entweder zutrifft oder nicht. Wir möchten nun zeigen, daß sie für jedes beliebige $a \in N$ zutrifft (oder nicht). Was müssen wir dazu voraussetzen?

Formulierung des Prinzips

Weiß man, daß
1. *die Eigenschaft für $a = 1$ zutrifft und daß*
2. *sie für $a = p+1$ gilt, wenn sie für $a = p$ zutrifft, bei beliebigem p, insbesondere für $p = 1$,*
so kann man schließen, daß die Eigenschaft für jede Zahl in N zutrifft.
Das schreiben wir

1. $\{$Gilt für $a = 1$ ....$\}$
2. $\{[\forall\, p \in N:$ Gilt für $a = p] \Rightarrow$ [gilt für $a = p+1]\}$ $\Rightarrow$
$\Rightarrow$ [gilt für $\forall\, a \in N$]

Beweis

Unterteilen wir die Elemente von N in zwei Teilmengen, deren eine, W, alle jene Elemente von N enthalten soll, für die die Eigenschaft zutrifft, und deren andere, F, alle jene natürlichen Zahlen enthält, für die die Eigenschaft nicht zutrifft, so können wir zeigen, daß F unter Zugrundelegung der Hypothesen 1) und 2) nichts anderes als die leere Menge sein kann.

Wäre F nämlich nicht leer, so würde es wegen [WO] ein kleinstes Element q enthalten. Diese natürliche Zahl q ist nach der ersten Hypothese sicher nicht gleich 1, und sie ist daher größer als 1, weswegen die Zahl $q-1$ existiert. Folglich gehört diese natürliche Zahl $q-1$ definitionsgemäß der Teilmenge W an; aus der Hypothese 2) folgt aber andererseits, daß $(q-1)+1 = q$ ebenfalls W angehören soll, was mit der Definition von q in Widerspruch steht. Daraus resultiert zwingend, daß q nicht existiert und F leer ist. Mit anderen Worten: jede natürliche Zahl gehört der Menge W an, w.z.b.w.

Dieses Theorem liefert die Rechtfertigung für den Satz: *Jede Zahl $a \in N$ ist eine Summe von Gliedern, die alle gleich 1 sind.* Gilt dies nämlich für $a = p$, so gilt es sicher auch für $a = p+1$.

Bemerkung

Dieses Theorem kann wohl zum Beweis, aber nicht zur Entdeckung einer neuen Formel dienen. Man kann damit zum Beispiel

$S_n = 1+2+ \ldots +n = \frac{1}{2} n(n+1)$

$\Sigma_n = 1^2+2^2+ \ldots +n^2 = \frac{1}{6} n(n+1)(2n+1)$ (für jedes natürliche n)

beweisen, indem man zeigt, daß

$S_1 = 1$, $\Sigma_1 = 1$, $S_{n+1} = S_n+(n+1)$, $\Sigma_{n+1} = \Sigma_n+(n+1)^2$.

3. Kardinalzahl einer Teilmenge von N

Wir haben bereits früher den Begriff einer *eineindeutigen Zuordnung zwischen zwei Mengen* definiert: dies ist eine Verknüpfung zwischen je einem Element der einen und je einem Element der anderen Menge, wobei jedem Element der einen Menge ein und nur ein Element der anderen Menge zugeordnet ist. Ist eine Menge in eineindeutiger Weise der Menge N zugeordnet, so sagt man, sie sei eine *Folge*; man kann ihre Elemente mit $u_1, u_2, u_3, \ldots, u_n, \ldots$ bezeichnen und sagt dann auch von dieser Menge, sie sei *abzählbar unendlich*. Das trifft zum Beispiel für die Menge der geraden Zahlen $a+a$ ($a \in N$) zu, weil $a+a$ in eineindeutiger Weise der Zahl a zugeordnet werden kann; man setzt dafür $u_n = 2n$.

Eine Teilmenge von N heißt *endlich*, wenn sie ein größtes Element besitzt: so ist zum Beispiel die Teilmenge der Elemente x, die durch $x < 6$ definiert ist, eine endliche Menge, deren größtes Element $6-1 = 5$ ist. Hingegen ist die Teilmenge der geraden Zahlen nicht endlich.

Es sei A eine nichtleere *endliche Teilmenge* von N. Sie ist ebenso wie N wohlgeordnet und ihre Elemente können geordnet werden:

$$a < b < c < \ldots < p < q;$$

man kann darin dem Element a die Zahl 1, dem Element b die Zahl $1+1$, c die Zahl $1+1+1$ zuordnen usw. Dem Element q entspricht sicher eine genau bestimmte Zahl n (weil man den Induktionsschluß auf die Menge der Elemente $a, b, c, \ldots, q$ anwenden kann). Man weiß dann außerdem, daß n höchstens gleich $q+1-a$ ist (wobei die Gleichheit gilt, wenn $a, b, c, \ldots, q$ in N aufeinander folgen).

Diese, dem letzten Element von A zugeordnete Zahl n heißt *die der Menge A zugeteilte Kardinalzahl*; man sagt auch, sie sei die *Anzahl der Elemente von A*.

Ist allgemein irgendeine Menge B gegeben und läßt sich eine eineindeutige Zuordnung zwischen B und einer endlichen Teilmenge A von N herstellen, so wird die Kardinalzahl von A auch Zahl der Elemente von B genannt. B wird dann eine *Sammlung* oder *Kollektion von Objekten* genannt, und n ist die *Anzahl der Objekte in der Sammlung*. Solche wichtigen Sammlungen sind die Sammlung der in unserem Zahlensystem

verwendeten Symbole, die 1, 2, 3, ... geschrieben werden, und jene der Zahlwörter beim Zählen.
Besteht zwischen zwei Mengen die Beziehung „die gleiche Kardinalzahl zu haben", so ist das eine Äquivalenzrelation (weil die Existenz einer eineindeutigen Zuordnung transitiv ist); man nennt sie *Gleichmächtigkeit* (vgl. Teil II, Kapitel III).

Anwendung auf die Vereinigung und den Durchschnitt zweier endlicher Mengen

Es seien A und B zwei endliche Teilmengen einer Menge E sowie n und m ihre Kardinalzahlen. Sind A und B elementefremd, so hat ihre Vereinigungsmenge R die Kardinalzahl $r = n+m$. (Man gebraucht dann oft noch das Wort „Summe" anstelle des Wortes „Vereinigung".) Ist im Gegensatz hierzu der Durchschnitt J von A und B nicht leer, so hat dieser ebenfalls eine Kardinalzahl j und es gilt

$$n+m = r+j.$$

Ist B in A enthalten, so ist der Durchschnitt selbst gleich B und daher $j = m$, $r = n$; die Menge D der Elemente von A, die nicht B angehören, enthält $d = n-m$ Elemente; man nennt sie den *Unterschied* oder die *Differenz der Teilmengen A und B*.
Wir haben also

$$\left.\begin{array}{l} A \subset E \\ B \subset E \end{array}\right\} \Rightarrow [n+m = r+j]$$

$$[A \cap B = \emptyset] \Leftrightarrow [j = 0,\ n+m = r]$$

$$[B \subset A] \Leftrightarrow [j = m, n = r, d = n-m].$$

Will man also die Summe zweier natürlicher Zahlen durch Operationen mit Mengen darstellen, so muß man dazu elementefremde (disjunkte) Mengen nehmen; um hingegen eine Differenz darzustellen, muß man solche Mengen nehmen, bei denen die eine in der anderen enthalten ist.

Additionstabelle

Um eine solche Tafel aufstellen zu können, bilden wir die natürlichen Zahlen auf die einzelnen Abschnitte einer Zeile und einer Spalte der Ebene ab. Das Bild des Produktes dieser Mengen ist die Menge der Kästchen des aus Quadraten gebildeten Musters. Einem Kästchen, das im Schnittpunkt der mit a bezifferten Spalte und der mit b bezifferten Zeile liegt, teilen wir die Zahl $a+b$ zu.
Man sieht ohne Schwierigkeit, wie die Axiome [*A*] auf diese Tabelle übertragen werden können.

	1	2		a
1	2	3		$a+1$
2	3	4		$a+2$
b				$a+b$

D. MULTIPLIKATION

1. Wir werden im folgenden zeigen, daß es möglich ist, in der bisher betrachteten Menge N, in der bereits die Operation der Addition und die Ordnungsrelation erklärt sind, eine zweite Operation zu definieren. Diese Operation soll den Bedingungen [A] sowie zwei Axiomen genügen, die die Beziehungen zwischen dieser neuen Operation und der Addition festlegen. Wir nennen diese Operation *Multiplikation* und deuten sie durch einen Punkt an, den man übrigens oft auch wegfallen läßt. Man schreibt dafür $a \cdot b$ oder ab. Das Resultat dieser Operation ist eine Zahl, die *Produkt* genannt wird; a und b sind die *Faktoren* des Produktes.

Multiplikationsaxiome

[A_1] $[a = a'$ und $b = b'] \Rightarrow [ab = a'b']$

[A_2] $[ab = ab'] \Rightarrow [b = b']$; $[ab = a'b] \Rightarrow [a = a']$

[A_3] $abc = a(bc)$

[A_4] $ab = ba$

[M_1] $a(b+b') = (ab)+(ab')$: *Distributivität* der Multiplikation bezüglich der Addition zweier Glieder.

[M_2] $a \cdot 1 = 1 \cdot a = a$. Für die Multiplikation ist die Zahl 1 das *neutrale* Element oder *Einselement*.

Bemerkung

$(ab)+(cd)$ kann man auch ohne Klammern schreiben, nämlich $ab+cd$, weil nach Übereinkunft Klammern, die nur ein Produkt enthalten, weggelassen werden können.

Folgerung: Allgemeines distributives Gesetz für n Glieder

$$[M_1'] \qquad a(b+c+ \ldots +k) = ab+ac+ \ldots +ak$$

Dieses Gesetz beweist man durch vollständige Induktion; gilt das Gesetz nämlich für p Glieder, so gilt es auch für $p+1$ Glieder, was aus der Assoziativität der Addition hervorgeht. Daraus folgt weiter die Formel für die Multiplikation einer Summe mit einer Summe.

2. Es bedarf noch des *Beweises der Existenz* und der *Eindeutigkeit* der Operation mit den gewünschten Eigenschaften in der Menge N. Um das Produkt ab zu erhalten, können wir b als Summe von b Gliedern, die sämtlich gleich 1 sind, betrachten und verwenden dazu $[M_1]$ sowie $[M_2]$:

$$b = 1+1+ \ldots +1 \quad \Rightarrow \quad ab = a+a+ \ldots +a.$$
$$(b \text{ Glieder}) \qquad\qquad\qquad (b \text{ Glieder})$$

Die einzige Zahl, die der Bedingung $p = ab$ genügen kann, ist also die Summe von b Zahlen, die sämtlich gleich a sind. Es verbleibt noch zu beweisen, daß diese Zahl p genau den aufgestellten Axiomen genügt. Das ist für $[A_1]$ und $[M_2]$ unmittelbar einzusehen. Das assoziative Gesetz der Addition liefert sofort $[M_1]$ und die Ordnungsrelation ergibt $[A_2]$.

$[A_3]$ folgt aus $[M_1]$, weil

$$(ab)c = ab+ab+ \ldots +ab \qquad (c \text{ Glieder}).$$
$$a(bc) = a(b+b+ \ldots +b) \qquad (c \text{ Glieder}).$$

Will man $[A_4]$ beweisen, so muß man a und b in Summen von Gliedern zerlegen, die sämtlich gleich 1 sind:

$$ab = a+a+ \ldots +a = (1+1+1 \ldots +1)$$
$$(b \text{ Glieder})$$
$$+(1+1+1 \ldots +1)+ \ldots +(1+1+ \ldots +1)$$
$$(a \text{ Glieder in jeder Klammer})$$

Eine andere Anordnung ergibt b Glieder „1" in a Klammern, also

$$b+b+ \ldots +b = ba.$$
$$(a \text{ Glieder})$$

Man kann auch hier einen Beweis durch vollständige Induktion angeben, weil man für $b = 1$ genau $a \cdot 1 = 1$ hat, und

$$[ap = pa] \quad \Rightarrow \quad [a(p+1) = (p+1)a].$$

Es ist in der Tat

$$a(p+1) = ap+a = pa+1 \cdot a =$$
$$= (p+p+ \ldots +p)+(1+1+ \ldots +1)$$
$$= (p+1)+(p+1)+ \ldots +(p+1) = (p+1)a.$$

Darstellung eines Produktes durch ein Mengenprodukt

Betrachten wir die natürlichen Zahlen a und b als die Anzahlen von Objekten zweier Mengen, zum Beispiel schwarzer und weißer Punkte. Die Anzahl von Elementen in der Produktmenge genügt dann genau den aufgestellten Axiomen. Man kann darüber hinaus zeigen, daß sie ebenso unserer die Menge erzeugenden Definition

$$ab = a+a+ \ldots +a \quad (b \text{ Glieder})$$

genügt.

Man bestätigt unmittelbar $[A_1]$, $[A_4]$, $[M_2]$.
$[M_1]$ folgt aus dem, was wir über die Vereinigung von disjunkten Mengen gesagt haben. $[A_2]$ ergibt sich aus der Ordnungsrelation.
Um $[A_3]$ zu beweisen, muß man offensichtlich nicht Paare, sondern Tripel von Elementen betrachten. Man kann eine Darstellung im Raum heranziehen: ob man $(ab)c$ oder $a(bc)$ rechnet, kommt danach darauf hinaus, daß man die räumlichen Kästchen abzählt, wenn man die Vereinigungen der disjunkten Teilmengen bildet, die entweder durch horizontale oder vertikale Schichten dargestellt werden.
Mit dieser Darstellung kann man eine umständliche Darstellung des Beweises umgehen.
Das Vorhergehende ist eine Rechtfertigung des Ausdruckes Produktmenge, weil bei endlichen Mengen die Kardinalzahl der Produktmenge gleich dem Produkt der Kardinalzahlen der Faktormengen ist.

Tafel des Pythagoras

Die Multiplikationstafel stellt ebenso wie die Additionstafel oder wie die Tafel jeder zweistelligen Operation eine Tabelle mit doppeltem Eingang dar, aus welcher man die Eigenschaften $[A]$ und $[M]$ leicht ablesen kann.

3. Die Multiplikation und die Ordnungsrelation

Aus den Eigenschaften $[I]$ der sich auf die Addition beziehenden Ungleichungen leiten wir die Eigenschaften in bezug auf die Multiplikation ab:

$[J_1]$ Ist b verschieden von 1, so gilt $a < ab$
$[J_2]$ $[a < b] \Rightarrow [am < bm, \forall m \in N]$.

(Multiplikation beider Seiten einer Ungleichung mit ein- und derselben Zahl)

[J_3]   [$a < b$ und $a' < b'$] $\Rightarrow$ [$aa' < bb'$].

(Seitenweise Multiplikation zweier gleichsinniger Ungleichungen.)

Beweise
[J_1] folgt aus den Eigenschaften der Addition und [J_2] folgt aus [I_2]. Um [J_3] zu beweisen, schreiben wir

$$\left.\begin{array}{l}[a < b] \Rightarrow [aa' < ba'] \\ [a' < b'] \Rightarrow [ba' < bb']\end{array}\right\} \Rightarrow [aa' < bb'].$$

Bemerkung
Die Addition ist bezüglich der Multiplikation nicht distributiv. Es gilt nämlich

$$(a+b) \cdot (a+c) = aa+ac+ba+bc > aa+bc \geqq a+bc.$$

E. DIE MENGE N DER NATÜRLICHEN ZAHLEN IST ARCHIMEDISCH

Nach der Definition folgt aus $b < a$ die Existenz einer Zahl d, so daß $a = b+d$. Im allgemeinen existiert jedoch keine Zahl q, so daß $a = bq$ (was man aus der Tafel des *Pythagoras* ersieht). Die Folge $b, 2b, 3b \ldots$ der *Vielfachen* von b enthält ja nicht alle natürlichen Zahlen; ist a kein Element dieser Folge, so können wir zeigen, daß es immer von ihr übertroffen wird.

Archimedische Eigenschaft

(manchmal auch *Archimedisches Axiom* genannt, weil man diese Eigenschaft in anderen Darstellungen als Axiom verwendet).
Es gibt zu jeder beliebigen Zahl a, die gleich oder größer als b ist, entweder eine Zahl q, so daß $a = bq$, oder es existiert eine Zahl q, so daß

$$bq < a < b(q+1).$$

Mit anderen Worten heißt das, daß

$$\forall a, \forall b, a \geqq b : \left[\begin{array}{l} \exists q : a = bq \\ \text{oder} \\ \exists q : bq < a < b(q+1).\end{array}\right.$$

Es ist augenscheinlich, daß sich diese beiden Fälle gegenseitig ausschließen und daß q, sofern es existiert, eindeutig ist. Wir werden durch vollständige Induktion zeigen, daß jede Zahl n von N die Eigenschaft besitzt, „von der Folge der Vielfachen von b übertroffen zu werden".

Die Zahl 1 hat sicher diese Eigenschaft, weil $1 < b+1 \leq 2b$.
Es sei nun p eine Zahl, die die fragliche Eigenschaft hat:
$$\exists k : p < bk.$$
Daraus leitet man ab
$$p+1 < bk+1 \leq bk+b = b(k+1);$$
$p+1$ hat also genau die gewünschte Eigenschaft.
Es wird daher jede natürliche Zahl a von Vielfachen von b übertroffen. Bezeichnet man das kleinste Vielfache von b, das diese Eigenschaft hat, mit bk, so gilt
$$[a > b] \Rightarrow [k > 1]$$
und
$$b(k-1) \leq a < bk.$$
Die Zahl $q = k-1$ genügt also der Bedingung
$$bq \leq a < b(q+1).$$
Dieses Theorem bildet den Ausgangspunkt für die Theorie der natürlichen Zahlen (vgl. Teil II: Arithmetik).

Bemerkung

Jede unendliche Teilmenge der Menge der natürlichen Zahlen ist archimedisch.

Definition

Ist eine Zahl m größer oder gleich jedem Element einer geordneten Menge, so heißt m eine *obere Schranke* dieser Menge. Die Menge wird durch m nach oben beschränkt. Gehört die obere Schranke der Menge an, so ist sie auch das größte Element der Menge. Wir haben im Vorhergehenden eingesehen, daß die *Folge der Vielfachen einer natürlichen Zahl keine obere Schranke hat*.

2. RELATIVE ZAHLEN. SYMMETRISIERUNG

Wir haben soeben die Eigenschaften der natürlichen Zahlen festgestellt. Es ist bekannt, daß man durch eine Art Verdoppelung, die man *Symmetrisierung* nennt, zur Betrachtung der positiven und negativen ganzen Zahlen gelangt, die zusammen mit der Null die *Menge der relativen ganzen Zahlen* bilden. Im Gegensatz hierzu werden die natürlichen Zahlen *absolute* Zahlen genannt.
Allgemeiner kann eine solche Symmetrisierung auch bei allgemeineren Mengen ausgeführt werden, sofern diese aus Elementen bestehen, die absolut genannt werden können, vorausgesetzt, daß man das

Wohlordnungsaxiom aufgibt; wir können deswegen diese Untersuchung später vornehmen, etwa nach der Einführung der rationalen Zahlen. Die Menge der positiven Zahlen ist anders definiert als die Menge der absoluten Zahlen; da aber die Strukturen beider isomorph zueinander sind, werden sie im praktischen Gebrauch oft nicht unterschieden (man sagt 4 anstatt $+4$). Ein solches Vorgehen verbietet sich natürlich am Beginn der vorliegenden theoretischen Untersuchung.

A. ISOMORPHISMUS ZWEIER STRUKTUREN

Es seien zwei Mengen gegeben, E mit den Elementen $a, b, c \ldots$ und E' mit den Elementen $a', b', c' \ldots$; weiter sei zwischen den Elementen dieser Mengen eine eineindeutige Zuordnung vorgegeben, so daß wir sagen können, a' sei das Bild von a, b' das Bild von b usw. Ist nun in E eine Operation o erklärt, so können wir in E' eine Operation o' als Bildoperation von o einführen, indem als Resultat der auf (m', p') ausgeübten Operation o' das Bild des Resultates der auf (m, p) ausgeübten Operation o definiert wird. Jede Eigenschaft von o, wie Kommutativität oder Assoziativität, wird auch auf o' übertragen. Daraus folgt, daß in den Mengen E und E' durch diese Operationen analoge Strukturen erklärt sind, deren eine das Bild der anderen ist, und die sich durch nichts anderes unterscheiden als durch die Bezeichnungsweise. Sofern dadurch nicht die Gefahr von Mißverständnissen heraufbeschworen wird, kann man die Operationen o und o' sogar mit demselben Buchstaben bezeichnen; dann sind auch alle Rechnungen in E und E' formal gleich. Man sagt, daß die beiden Operationen *isomorphe Strukturen* auf E und E' erzeugen, oder auch, daß E und E' *bezüglich der Operationen o und o' isomorph sind*.
Ist außerdem in E eine Ordnungsstruktur und in E' eine andere erklärt, so daß
„m kommt vor p" ⇔ „m' kommt vor p'",

so wird man die beiden Mengen bezüglich dieser Ordnungsrelationen isomorph nennen.

B. ERWEITERUNG DURCH SYMMETRISIERUNG

Es ist hierbei unser Ziel, eine genügend umfangreiche Menge Z so zu definieren, daß eine ihrer Teilmengen der Menge N der natürlichen Zahlen bezüglich der Addition und der Ordnungsrelation, also auch bezüglich der Multiplikation isomorph ist. Außerdem soll in ihr die Subtraktion *immer* möglich sein. Dies nennt man eine *Erweiterung von N mittels Symmetrisierung*.

Wir werden sofort die verwendeten Axiome angeben; dabei benötigen wir das Wohlordnungsaxiom erst gegen Ende der Darlegung.

Axiome, die die Menge Z definieren

a) Axiome für eine erste Operation, die wir Addition nennen (mit dem Zeichen $+$)

1. Die Axiome $[A]$ und die Folgerungen $[C]$ daraus.
2. Axiome, durch die neue Elemente erzeugt werden:
   $[S_1]$ Es gibt ein neutrales Element bezüglich der Addition, das *Null* heißt und 0 geschrieben wird, also

$$0 \in Z \; ; \; a+0 = 0+a = a \, , \, \forall a \in Z.$$

$[S_2]$ Jedem Element a von Z ist ein Element a' zugeordnet, so daß

$$a+a' = 0.$$

Bemerken wir, daß das der 0 zugeordnete Element wiederum 0 ist und daß

$$[a' = b] \;\Leftrightarrow\; [b' = a], \text{ das heißt } (a')' = a.$$

Man sagt, daß a und a' bezüglich der Addition *symmetrisch* oder auch *entgegengesetzt* seien. (Ganz allgemein gilt für eine mit o bezeichnete Operation, die ein neutrales Element v besitzt, daß zwei Elemente a und a', für die

$$a \circ a' = a' \circ a = v$$

ist, als symmetrisch bezeichnet werden. Das Wort „entgegengesetzt" hingegen ist für die als Addition bezeichnete Operation reserviert.)

Folgerung

(die die Wahl unserer Axiome rechtfertigt):
Jedem Paar (a, b) von Z entspricht eine Zahl x, so daß $a = b+x$. In der Tat genügt $x = a+b'$ wegen $[A]$ und $[S]$ dieser Bedingung.
Diese Lösung ist überdies eindeutig, weil

$$[b+x = a \text{ und } b+y = a] \;\Rightarrow\; [b+x = b+y] \;\Rightarrow\; [x = y].$$

Man schreibt $x = a-b$ und nennt die Operation *Subtraktion* und x die *Differenz* von a und b.

Theorem

Es ist $\qquad [x = b-a] \;\Rightarrow\; [a-b = x'],$
weil

$$[b = a+x \text{ und } a = b+y] \;\Rightarrow\; [x+y = 0].$$

Es existiert also in Z eine assoziative Operation, die ein neutrales Element besitzt, und es hat jedes Element ein dazu symmetrisches. Man sagt dann, eine solche Menge habe eine *Gruppenstruktur*. Da die Operation darüberhinaus kommutativ ist, handelt es sich um eine *kommutative Gruppe*, die nach dem berühmten norwegischen Mathematiker *Abel* (1802 – 1829) auch *Abel-Gruppe* genannt wird. Da diese Operation Addition genannt wird und mit dem Verknüpfungszeichen + geschrieben wird, ist sie eine *additive Gruppe*. (Wir werden dem Gruppenbegriff im Verlauf dieses Werkes immer wieder begegnen.)

b) Axiome für eine zweite als Multiplikation bezeichnete Operation

1. Hierzu müssen wir die Axiome, die sich auf die natürlichen Zahlen beziehen, etwas abändern.

Axiome [A]. Diese bleiben erhalten, mit Ausnahme von [A_2], das nicht mit dem distributiven Gesetz verträglich ist. Man ersetzt es durch

$$[A_2'''] \quad a \neq 0 : [ab = ab'] \Rightarrow [b = b']$$
$$b \neq 0 : [ba = a'b] \Rightarrow [a = a'].$$

Daher können wir durch ein von Null verschiedenes Element kürzen.

Axiome [M]

[M_1] bleibt erhalten: das heißt, es gilt die *Distributivität in bezug auf die Addition*.

[M_2] wird durch [M_2]' ersetzt: dieses besagt, *daß für die Multiplikation ein neutrales Element existiert*. Wir bezeichnen es mit μ:

$$\forall a \in Z, \exists \mu \in Z : a\mu = \mu a = a.$$

2. Multiplikationstheoreme

Theorem 1

Das Produkt jedes Elementes mit null ist gleich null.
Es ist in der Tat nach der Definition $a+0 = a$.
Daher folgt aus [A_1]:
$$a(a+0) = aa$$
und wegen [M_1]
$$aa+a0 = aa$$
oder
$$aa+a0 = aa+0,$$
woraus $a0 = 0$ folgt. Ebenso ist $0a = 0$.

Theorem 2

Ist das Produkt zweier Faktoren gleich null, so ist mindestens einer der Faktoren gleich null.
Es ist in der Tat

$$[ab = 0 \text{ und } a \neq 0] \Rightarrow [ab = a0 \text{ und } a \neq 0] \Rightarrow$$
$$\Rightarrow [b = 0] \text{ (wegen } [A_2'''])$$

Theorem 3

Vergleich zwischen ab, ab', $a'b$ und $a'b'$.

$$[b+b' = 0] \Rightarrow [a(b+b') = a0 = 0],$$

und daher $ab+ab' = 0$.
Es gilt also $(ab)' = a'b$ und ebenso

$$(ab)' = a'b \;,\; (ab')' = a'b' = ab.$$

Schließlich finden wir, daß die Produkte paarweise gleich und auch paarweise entgegengesetzt sind

$$ab = a'b' \;,\; a'b = ab' = (ab)'.$$

Theorem 4

Distributivität der Multiplikation bezüglich der Subtraktion

$$c(a-b) = c(a+b') = ca+cb' = ca+(cb)' = ca-cb.$$

Folgerung

Das Produkt ist distributiv bezüglich mehrfacher Additionen und Subtraktionen.
Die Menge Z ist mithin mit einer Gruppenstruktur bezüglich der Addition und einer zweiten Operation ausgestattet, die in bezug auf die erste distributiv ist. Diesen Sachverhalt drückt man aus, indem man sagt, daß Z die *Struktur eines Ringes* besitzt. Da die Multiplikation kommutativ ist, spricht man von einem *kommutativen Ring*. (In der Mathematik untersucht man auch Ringe allgemeinerer Art, indem man zum Beispiel auf das Kürzungsaxiom $[A_2']$ oder auf die Kommutativität des Produktes verzichtet. Wir werden späterhin einen anderen Ring kennenlernen, den Polynomring [Teil II].)
Es bleibt zu bemerken, daß die Multiplikation in der Menge Z keine Gruppenstruktur erzeugt, weil nicht vorausgesetzt wird, daß es bezüglich der Multiplikation zu jedem Element ein dazu symmetrisches (wir sagen: ein inverses) gibt.

c) Trichotomieaxiom

Mit dem oben Gesagten ist die Menge Z noch nicht genügend fest umrissen; zu diesem Zweck müssen wir zu den bisherigen noch das folgende Axiom hinzufügen.

1. Axiom [P]

Die Elemente der Menge verteilen sich auf drei Klassen:
1. Eine Klasse, die nur die Zahl 0 enthält.
2. Eine Klasse, die bezüglich der Addition und Multiplikation abgeschlossen ist. Ist P diese Teilmenge, so gilt definitionsgemäß:

$$\forall a, \forall b : \quad [a \in P \text{ und } b \in P] \quad \Rightarrow \quad [(a+b) \in P \text{ und } ab \in P].$$

3. Eine Klasse, die alle Elemente enthält, die zu jenen von P entgegengesetzt sind. Diese Teilmenge nennen wir P'.

Nennen wir die Elemente von P *positive Zahlen* und jene von P' *negative Zahlen*, und das Nullelement einfach *null*, dann lautet das Axiom:
[P]: *Jedes Element von Z ist entweder null, positiv oder negativ*, wobei sich diese drei Fälle gegenseitig ausschließen. *Von zwei zueinander entgegengesetzten Elementen, die beide verschieden von null sind, ist eines positiv und das andere negativ. Die Summe und das Produkt zweier positiver Elemente ist wiederum positiv.*

Folgerungen

(Gibt man ein Zeichen an, um die positiven, und ein anderes, um die negativen Zahlen zu kennzeichnen, so heißt diese Festlegung *Vorzeichenregel*. Wir werden diese Zeichen aber erst später angeben.)
Nach Theorem 3 der Multiplikation ist das *Produkt zweier negativer Zahlen positiv*. Allgemeiner gesagt ist ein Produkt, das den Nullfaktor nicht enthält, positiv, wenn die Anzahl der negativen Faktoren gerade, und negativ, wenn diese ungerade ist.
Insbesondere ist für jedes von null verschiedene a das Produkt aa positiv.
Das *neutrale Element* μ befriedigt $\mu\mu = \mu$, ist infolgedessen positiv.

2. Ordnungstheorem

Wir führen eine Beziehung ein, die wir $<$ schreiben, und die durch

$$a < b \quad \Leftrightarrow \quad [b-a \text{ positiv}]$$

definiert ist.
Handelt es sich dabei um eine Ordnungsrelation? Sie ist sicher nicht reflexiv und ebensowenig symmetrisch, weil

$$b = a+d \quad \Leftrightarrow \quad a = b+d';$$

ist d positiv, so ist d' zwingend negativ. Wir zeigen nun die Transitivität.

$$\left.\begin{array}{l}[a < b] \Leftrightarrow [\exists d \text{ positiv}: b = a+d] \\ [b < c] \Leftrightarrow [\exists d' \text{ positiv}: c = b+d']\end{array}\right\} \Rightarrow [c = a+(d+d')],$$

$d+d'$ ist jedoch positiv, und daher

$$[a < b \text{ und } b < c] \Rightarrow [a < c].$$

Durch die so eingeführte Beziehung *ist die Menge E vollständig geordnet*.

Folgerungen

Da $a-0 = a$, $\quad 0 < a \Leftrightarrow a$ positiv
Da $0-a = a'$, $\quad a < 0 \Leftrightarrow a$ negativ

Daraus folgt (wegen der Transitivität), *daß jede negative Zahl kleiner als jede positive Zahl ist*.

3. Definition des absoluten Betrages

Der Absolutwert $|a|$ einer Zahl a ist wie folgt definiert:

$$|a| = 0 \Leftrightarrow a = 0$$
$$|a| = a \Leftrightarrow a \text{ positiv}$$
$$|a| = a' \Leftrightarrow a \text{ negativ.}$$

$|a|$ ist infolgedessen entweder positiv oder null.

Theorem 1

$$|ab| = |a| \cdot |b|.$$

Theorem 2

$$(|a|+|b|)' \leq a+b \leq |a|+|b|.$$

(Das folgt aus $|a|' \leq a \leq |a|$ und $|b|' \leq b \leq |b|$.)

d) Nun ist noch Z als Menge der *ganzen Zahlen*, die entweder positiv negativ oder null sind, zu charakterisieren, wozu man in der Teilmenge P der positiven Zahlen ein *Wohlordnungsaxiom* einführen muß:
[*WO*]′: *Jede nichtleere Teilmenge von P hat ein Element, das kleiner als alle anderen ist.*
Insbesondere gilt:
[WO_1]′: *Die Teilmenge P hat selbst ein kleinstes Element.*

Theorem

Dieses kleinste Element von P ist das neutrale Element μ der Multiplikation.

Sei nämlich p dieses kleinste Element, so bestünde zwischen den positiven Elementen p und μ die Ordnungsrelation $p \leq \mu$ und es wäre

$$p - pp = p\mu - pp = p(\mu - p) \geq 0.$$

Das Ungleichheitszeichen kann jedoch unmöglich gelten, weil sonst die positive Zahl pp kleiner als p sein würde, was zu der Definition von p in Widerspruch steht; es gilt also das Gleichheitszeichen $p = \mu$. Die positiven Zahlen sind also μ, $\mu + \mu$, $\mu + \mu + \mu$ usw.

Ergebnis

Eine Menge Z, die diesen Bedingungen entspricht, ist derart beschaffen, daß ihre Teilmenge P der Menge der natürlichen Zahlen N bezüglich der Addition, der Multiplikation und der Ordnungsaxiome isomorph ist, das heißt bezüglich aller Eigenschaften, die N charakterisieren. *Alle Mengen Z sind daher zu jener isomorph, die wir nun konstruieren werden*: Für P nehmen wir die Menge der natürlichen Zahlen. Jeder natürlichen Zahl a ordnen wir ein Element zu, das durch ein neues Symbol a' gekennzeichnet wird [so ist zum Beispiel der Zahl 4 das Symbol $(4)'$ zugeordnet]; weiterhin führen wir das Symbol 0 ein und unterwerfen diese Symbole den oben ausgesprochenen Axiomen.
Das neutrale Element der Multiplikation ist die kleinste natürliche ganze Zahl, also 1. Die Absolutwerte sind die natürlichen Zahlen. Die Darstellungsweise, die in Wirklichkeit für das einer natürlichen Zahl zugeordnete Element a' verwendet wird, ist $-a$; es wird also mit Hilfe des Subtraktionszeichens geschrieben. Dies kann keineswegs zu Mißverständnissen führen, da für jedes beliebige Element m die Beziehung $m + a' = m - a$ gilt. Vereinbarungsgemäß schreibt man

$$m + (-a) = m - a.$$

Man hält an dieser Übereinkunft fest, selbst wenn a negativ ist: dann ist $a' = -a$ positiv.
In einer Menge, die zu jener, die wir soeben konstruiert haben, isomorph ist, werden die positiven Zahlen in eineindeutiger Zuordnung zu den natürlichen Zahlen mit dem Zeichen $+$ versehen, wobei die Vereinbarung $m + (+a) = m + a$ gilt.
Die Menge der relativen ganzen Zahlen schreibt sich also

$$\ldots, -4, -3, -2, -1, 0, +1, +2, +3, +4, \ldots$$

Wichtige Bemerkung

Die im obigen durchgeführte Erweiterung durch Symmetrisierung bleibt ebenso wie die Vereinbarungen bezüglich der Zeichen $+$ und $-$ gültig, selbst wenn wir bei dieser Symmetrisierung von Mengen ausgehen, die umfangreicher als die Menge der natürlichen Zahlen sind

(z. B. Brüche, irrationale Zahlen); aber dann müssen wir das Wohlordnungsaxiom und die daraus gezogenen Folgerungen aufgeben.

3. BRÜCHE UND RATIONALE ZAHLEN

Wir wissen bereits, daß die ganzen Zahlen, selbst wenn sie relativ sind, nicht für die Bedürfnisse der (physikalischen) Größenmessung ausreichen; man muß in der Praxis Brüche wie $\frac{3}{4}$ einführen und bei diesen Messungen $\frac{3}{4}$ als äquivalent zu $\frac{6}{8}$ betrachten. Was für neue Zahlen werden damit eingeführt? Wir werden sie durch ihre wohlbekannten Grundeigenschaften definieren, die ihr Gebrauch erfordert.

Die mathematische Problemstellung

Die Definition der natürlichen Zahlen gestattet es nicht, die Gleichung $b+d = a$ zu lösen, außer wenn a größer als b ist. Ist das nicht der Fall, so gibt es keine Zahl dieser Menge, die die Gleichung befriedigt. Wir haben gesehen, wie die Erweiterung, durch die wir eine Menge von positiven, negativen oder nullwertigen Zahlen geschaffen haben, diese Beschränkung überflüssig macht und für jedes beliebige a und b der Menge die Existenz einer Differenz d sichert. Es genügt dazu, die Null einzuführen und zu jedem Element a das bezüglich der Addition symmetrische hinzuzufügen, das heißt, das *entgegengesetzte* Element.

Bei der Multiplikation ist bekannt, daß die Gleichung $bq = a$ im allgemeinen keine Lösung hat, wenn b und a in der Menge der (natürlichen oder relativen) ganzen Zahlen gegeben sind. Die Zahl q existiert nur für bestimmte Paare (a, b). Dies meinen wir, wenn wir sagen, daß die Menge bezüglich der Multiplikation keine Gruppenstruktur besitzt.

Um die zur Multiplikation inverse Operation immer ausführbar zu machen, kann man in derselben Weise wie bei der Addition vorgehen: man führt ein neutrales Element für die Multiplikation ein und ordnet jedem Element sein dazu symmetrisches zu, das hier sein *Inverses* heißt. Das neutrale Element heißt „Einselement" und wird mit dem Buchstaben e bezeichnet. Für die ganzen Zahlen ist es die 1. Das Inverse von b heiße zum Beispiel β. Dann ist also $b\beta = e$ und die Lösung von $bq = a$ ist $q = \beta a$.

Auf diese Weise führt man die *Bruchteile* (Stammbrüche) ein: ein halb, ein drittel, ein viertel usw., wie das bereits im Altertum von den Ägyptern gemacht worden ist.

Wir streben jedoch eine bezüglich der Addition abgeschlossene Menge an. Nun ist aber die Summe von zwei (Stammbrüchen) nicht unbedingt wieder ein Stammbruch. Somit ist die Erweiterung, die wir soeben vorgeschlagen haben, nicht weit genug, und wir müssen deshalb eine umfangreichere Menge einführen: die Menge der *Brüche*. Wir werden jedoch sehen, daß diese Menge wiederum zu umfangreich ist, und wir werden schließlich zu einer weniger umfangreichen Menge geführt, die unseren Bedürfnissen entspricht, nämlich der Menge der *rationalen Zahlen*.

A. DIE BRÜCHE

Im folgenden bezeichnen wir als *Bruch jedes Paar ganzer Zahlen a, b mit beliebigen Vorzeichen* (man kann sich vorläufig auch auf die natürlichen Zahlen beschränken), *wobei die Zahl b nicht null sein darf*. Man schreibt diesen Bruch mit einem vorläufigen Symbol a/b, das man den folgenden Axiomen unterwirft.

a) Äquivalenzrelation

In der gewünschten Erweiterung muß aus $bq = a$ die Beziehung $mbq = ma$ folgen. Schreibt man nun a/b anstatt q, so gilt auch die Schreibweise ma/mb, und wenn q als a/b und a'/b' geschrieben wird, so hat man auch ab'/bb' und $a'b/bb'$.

Dies rechtfertigt anschaulich die folgende Übereinkunft:
In der betrachteten Menge existiert eine Äquivalenzrelation

$$[E] \quad [a/b \equiv a'/b'] \Leftrightarrow [ab' = a'b].$$

Wir weisen nach, daß es sich dabei sicher um eine Äquivalenzrelation handelt: Reflexivität und Symmetrie sind sofort einzusehen. Wir zeigen noch die Transitivität:

$$\left. \begin{array}{l} [a/b \equiv a'/b'] \Leftrightarrow [ab' = a'b] \\ [a'/b' \equiv a''/b''] \Leftrightarrow [a'b'' = a''b'] \end{array} \right\} \Rightarrow [aa'b'b'' = a'a''bb'].$$

Da b, b', b'' sämtlich von null verschieden sind, leitet man daraus die Beziehung $ab'' = ba''$ her, selbst dann, wenn $a' = 0$ ist, weil ja $a = a'' = 0$.

Folgerung: $\qquad a/b \equiv ma/mb$

Anwendung

Gleichnamigmachen von Brüchen (nach der bekannten Regel).

b) Addition

[Wir streben nach einer Regel, die auf $b(q+q') = a+a'$ führt.]

1. *Definition der Addition zweier Brüche* mit demselben Nenner: $a/b + a'/b = (a+a')/b$;

mit beliebigen Nennern: Nach Einführung des gemeinsamen Nenners und Ersatz eines Bruches durch einen dazu äquivalenten Bruch
$$a/b + a'/b' \equiv (ab' + ba')/bb'.$$

Satz

Jeder Bruch, der jenem äquivalent ist, der nach Einführung eines gemeinsamen Nenners der Brüche durch Addition der Zähler unter Beibehaltung des gemeinsamen Nenners erhalten wird, heißt *Summe* der gegebenen Brüche. Somit ist die Summe *bis auf eine Äquivalenz definiert*.

2. *Die hiermit eingeführte Operation befriedigt die Eigenschaften* [A], weil diese Eigenschaften nach Einführung des gemeinsamen Nenners für die ganzen Zahlen im Zähler gelten. Die Operation genügt auch $[S_1]$, jedoch gelten hier als neutrale Elemente alle untereinander äquivalenten Brüche, deren Zähler null ist und deren Nenner eine beliebige von null verschiedene Zahl ist. Die Brüche $0/p$ heißen *Nullbrüche*. Die Operation genügt auch $[S_2]$, aber die zu a/b entgegengesetzten Brüche sind $(-a)/b$, $a/(-b)$ oder die dazu äquivalenten Brüche. Daraus kann man die Regel für die Subtraktion herleiten:
$$(a/b) - (a'/b') \equiv (a/b) + [(-a')/b'] \equiv (ab' - ba')/bb'.$$

c) Multiplikation

[Wir wollen eine Regel aufstellen, die auf $(bb') \, qq' = aa'$ führt.]

1. Definition
$$(a/b)(a'/b') \equiv (aa')/(bb').$$
Jeder Bruch, der demjenigen äquivalent ist, dessen Glieder (Zähler bzw. Nenner) die Produkte der Glieder der gegebenen Brüche sind, heißt *Produkt dieser Brüche*.

2. Man beweist die Eigenschaften [A] und [M], indem man den Ausdruck auf denselben Nenner bringt. Für $[A_2]$ greift man natürlich zu $[A_2''']$: Das Kürzen ist nur durch ein von null verschiedenes Element erlaubt. $[M_2]$ behält die Form $[M_2]$: Es existiert ein neutrales Element bezüglich der Multiplikation, das hier nur bis auf eine Äquivalenz bestimmt ist: p/p für jedes beliebige von null verschiedene p.

3. Das neutrale Element als Faktor eines Produktes:

1) $(a/b)(0/q) \equiv 0/p$;

2) $[a \neq 0$ und $(a/b)(p/q) \equiv 0/n] \Rightarrow [p = 0]$.

Sätze

Das Produkt jedes Bruches mit einem Nullbruch ist ein Nullbruch. Ist das Produkt zweier Brüche ein Nullbruch, so ist mindestens einer der Brüche ein Nullbruch.

d) Theorem,

das die Einführung der Brüche rechtfertigt:
In der Menge der Brüche ist die Division als zur Multiplikation inverse Operation stets möglich, vorausgesetzt, daß der Divisor nicht ein Nullbruch ist. Es besitzt in der Tat jeder von null verschiedene Bruch einen inversen Bruch, der bis auf eine Äquivalenz definiert ist: Ist $a \neq 0$, so hat man $(a/b)(b/a) = n/n$ (neutrales Element der Multiplikation); also
$$[a' \neq 0 \text{ und } (a'/b')(u/v) \equiv a/b] \Rightarrow [u/v \equiv (a/b)(b'/a')].$$

B. DIE RATIONALEN ZAHLEN

Um eine wirkliche Eindeutigkeit bei den im Vorhergehenden erklärten Operationen zu erreichen, genügt es, anstelle der Menge der Brüche selbst die *Menge der Äquivalenzklassen* zu betrachten. Dadurch erscheint ein Bruch nur mehr als Repräsentant der Klasse, der er angehört. Umgekehrt charakterisiert man jede Klasse durch einen der ihr angehörenden Brüche. *Jede solche Klasse heißt eine rationale Zahl.*

Die Klasse der Nullbrüche ist *die rationale Zahl null*, deren Repräsentant zum Beispiel 0/1 ist.

Die Klasse der neutralen Brüche bezüglich der Multiplikation ist die neutrale rationale Zahl μ bezüglich der Multiplikation, dargestellt z.B. durch 1/1.

Sind α und β rationale Zahlen, so bedeutet $\alpha = \beta$, daß α und β ein und dieselbe Klasse äquivalenter Brüche bilden.

Hat man dies erst einmal festgelegt, so gelten alle Eigenschaften, die man für Brüche ausgesprochen hat, ebenso für die rationalen Zahlen, wobei diesmal für die Ergebnisse der Operationen Eindeutigkeit gilt.

Das wird schließlich so ausgedrückt:
Die Menge der rationalen Zahlen bildet bezüglich der Addition eine kommutative Gruppe; die Multiplikation, die bezüglich der Addition distributiv ist, verleiht ihr die *Struktur eines Ringes*. Darüber hinaus hat jedes Element, mit Ausnahme des Nullelementes ω, ein *inverses Element* (das bezüglich der Multiplikation symmetrisch ist). Diese letzte Bedingung macht die Ringstruktur zu einer *Körperstruktur*.

Bemerkung

Wir fassen hier noch einmal die allgemeinen Definitionen dieser Strukturen zusammen.

Definitionen

Eine Menge ist eine *Gruppe*, wenn in ihr eine assoziative innere Operation erklärt ist, in bezug auf welche sie ein neutrales Element und zu jedem ihrer Elemente ein symmetrisches Element besitzt.

Eine Menge ist ein *Ring*, wenn in ihr zwei innere Operationen erklärt sind, deren erste ihr die Struktur einer kommutativen Gruppe verleiht und deren zweite bezüglich der ersten Operation assoziativ und distributiv ist.

Ein Ring ist ein *Körper*, wenn die zweite Operation der Menge eine neue Gruppenstruktur verleiht, sofern man nur aus dieser Menge das neutrale Element der ersten Operation entfernt hat.

Die erste in einem Ring oder Körper definierte Operation wird additiv geschrieben; ihr neutrales Element ist die Null. Die zweite Operation wird multiplikativ geschrieben; sie kann auch nichtkommutativ sein, aber dann muß die linksseitige und rechtsseitige Distributivität bezüglich der Addition gesichert sein.

Anmerkung

Wir haben im Vorangehenden noch nicht alle Eigenschaften der ganzen Zahlen herangezogen, insbesondere nicht die Ordnungsaxiome; wir hätten ebensogut mit Elementepaaren einer Menge operieren können, die allgemeiner als die der ganzen Zahlen ist. Wir hätten dann eine Körperstruktur über einer anderen Menge als den Ring der rationalen Zahlen erhalten. Die Verwendung derartiger allgemeiner Ausdrücke rechtfertigt sich also aus der Allgemeinheit der betrachteten Erweiterung. Die Körper, die wir soeben dadurch definiert haben, indem wir eine Äquivalenzrelation zwischen den Quotienten aus den Elementen eines Ringes einführten, heißen *Quotientenkörper*. Wir werden ein weiteres Beispiel für einen solchen Körper finden, wenn wir vom Polynomring zum Körper der gebrochenen rationalen Funktionen übergehen, deren Zähler und Nenner Polynome sind.

C. DIE MENGE Z DER GANZEN ZAHLEN
ist bezüglich der Addition und der Multiplikation zu einer Teilmenge der Menge Q der rationalen Zahlen isomorph

Dies trifft in der Tat zu; wir brauchen nur die rationale Zahl, repräsentiert durch $a/1$, mit der ganzen Zahl a zu vergleichen. Die Zuordnung ist eineindeutig und verknüpft Summe und Produkt von Elementen. Ein Modell von Q erhält man also dadurch, daß man die ganze Zahl a für das Symbol $a/1$ nimmt. Dieses Modell wird auch in der Praxis verwendet, und wir schreiben deswegen 0 anstelle von ω, 1 anstelle von μ, a für die Klasse der zu $a/1$ äquivalenten Brüche, das heißt für $2a/2, 3a/3, \ldots$

Man schreibt
$$(b/1)(a/b) \equiv a/1$$

in der Form
$$b[a/b] = a,$$
wenn man mit $[a/b]$ die rationale Zahl bezeichnet, deren Repräsentant a/b ist. Daher ist also die *rationale Zahl mit dem Repräsentanten a/b der Quotient der Division von a durch b*. Man schreibt dafür auch $\frac{a}{b}$ und kommt überein, diese Schreibweise $\frac{a}{b}$ zu verwenden, um den Quotienten der Division von a durch b anzugeben und ebenso den Bruch a/b selbst. Es stellt aber im Grunde einen Mißbrauch der Bezeichnungen dar, wenn man Mengen isomorpher Struktur durcheinander wirft.

Um den Isomorphismus zwischen der Menge der ganzen Zahlen und der Menge der rationalen Zahlen $\frac{a}{1}$ auch auf die Ordnungsrelationen ausdehnen zu können, muß man auch in der zweiten Menge eine solche Beziehung definieren:
$$\frac{a}{1} < \frac{b}{1} \Leftrightarrow a < b.$$

Wir werden die Gültigkeit dieser Relation auf die gesamte Menge der rationalen Zahlen erweitern:

Die Relation der vollständigen Ordnung in der Menge Q der rationalen Zahlen

a) *Vorzeichen einer rationalen Zahl*
Sind zwei Brüche a/b und a'/b' äquivalent, so beweist die Gleichung $ab' = ba'$, die diese Äquivalenz ausdrückt, daß a' und b' das gleiche oder verschiedenes Vorzeichen haben, je nachdem, was für a und b gilt. Darüber hinaus ist die Teilmenge, die durch die rationalen Zahlen ϱ gebildet wird, deren Repräsentanten die Brüche a/b mit Gliedern gleichen Vorzeichens sind, bezüglich der Addition und Multiplikation abgeschlossen. Die zu den Zahlen ϱ entgegengesetzten werden von den Brüchen $-a/b \equiv a/-b$ gebildet, deren Glieder verschiedenes Vorzeichen tragen. Dadurch wird die folgende Definition gerechtfertigt:
Eine rationale Zahl heißt positiv, wenn Zähler und Nenner der ihr angehörenden Brüche gleiches Vorzeichen haben; auch die Brüche selber heißen in diesem Fall positiv. Die Brüche und ebenso die rationale Zahl, deren Repräsentanten sie sind, heißen *negativ*, wenn die Zähler und Nenner des Bruches entgegengesetzte Vorzeichen haben.

b) *Definition der Ordnungsrelation* $<$:
$$[a/b < c/d] \Leftrightarrow [(c/d)-(a/b) \text{ positiv}].$$
Ebenso gilt für rationale Zahlen
$$[\varrho < \sigma] \Leftrightarrow [\sigma - \varrho \text{ positiv}].$$

Man kann sofort zeigen, daß es sich dabei genau um eine Ordnungsrelation handelt: wir finden nämlich, daß sie weder reflexiv, noch symmetrisch, aber transitiv ist, wenn man die Brüche auf denselben positiven Nenner bringt. Es genügt dann offensichtlich, die Zähler zu vergleichen. Im übrigen erkennt man in gleicher Weise, daß

$$0 < \varrho \Leftrightarrow \varrho \text{ positiv}$$
$$\varrho < 0 \Leftrightarrow \varrho \text{ negativ.}$$

Eigenschaften der Menge Q

Theorem 1

Die Menge der positiven rationalen Zahlen ist archimedisch, das heißt

$$\left.\begin{array}{l}\forall \varrho, \forall \sigma, \varrho \in Q, \sigma \in Q \\ 0 < \varrho < \sigma\end{array}\right\} \Rightarrow [\exists n \in N : \varrho n > \sigma].$$

Die Existenz dieser positiven ganzen Zahl n folgt aus der entsprechenden Eigenschaft der Menge der natürlichen Zahlen, nachdem gleichnamig gemacht ist.

Wir schließen wie im Falle der natürlichen Zahlen, daß *die Folge der Vielfachen* $\varrho, 2\varrho, 3\varrho, \ldots$ *einer positiven rationalen Zahl keine obere Schranke hat*.

Theorem 2

Zwischen irgend zwei rationalen Zahlen existieren weitere rationale Zahlen (dieses Theorem steht im Gegensatz zu der bei den natürlichen Zahlen geltenden Wohlordnung).

1. *Zwischen 0 und einer beliebigen positiven rationalen Zahl r existieren weitere rationale Zahlen.* Sei etwa a/b ein Bruch, der r angehört. Nach Voraussetzung haben a und b dasselbe Vorzeichen; sie seien mithin beide positiv. Wir schreiben

$$a/b \equiv (na)/(nb).$$

Ist r' die Klasse der Brüche, die zu $a'/(nb)$ äquivalent sind, so folgt aus $a < a' < na$ die Beziehung $0 < r' < r$. Werte von a' existieren jedoch nur, wenn n größer als 1 gewählt wird.

Es existiert somit eine und nur eine Zahl r in R, die der Bedingung

$$\forall q' \in Q' \text{ und } \forall q'' \in Q'' : q'^2 < r^2 < q''^2$$

genügt. Man hat jedoch außerdem $q'^2 < a < q''^2$, also

$$0 \leq |a-r^2| < q''^2 - q'^2 < 3\varepsilon q'' \, , \, \forall \varepsilon,$$

weswegen notwendigerweise $r^2 = a$. Daher ist r die Lösung der Gleichung $x^2 = a$, und dies ist auch die einzige positive Lösung. Man schreibt $r = \sqrt{a}$. Die einzige negative Lösung ist $-\sqrt{a}$. Das Symbol $\sqrt{a}$ liest man „Quadratwurzel aus a".

c) Nachdem wir im obigen die Widerspruchsfreiheit der Axiome vorausgesetzt haben, haben wir bewiesen, daß die positive Quadratwurzel aus einer positiven ganzen Zahl existiert; daraus kann man weiter die Existenz der Quadratwurzel einer positiven rationalen Zahl herleiten. Mit ähnlichen Methoden würde man die Existenz der Quadratwurzel aus jeder beliebigen positiven reellen Zahl, aber auch die Existenz jeder dritten, vierten oder n-ten Wurzel beweisen. Außerdem haben wir noch andere Zahlen eingeführt: es sei zum Beispiel die Gleichung

$$f(x) \equiv x^7 + x - 3 = 0$$

vorgelegt, die für $0 < x < 2$ zu diskutieren sei. Dann können wir beweisen, daß $x_1 < x_2$ die Ungleichung $f(x_1) < f(x_2)$ nach sich zieht. In der Menge der reellen Zahlen zwischen 0 und 2 unterscheiden wir die Menge X' der Werte x', für die $f(x') < 0$, und die Menge X'' der Werte x'', für die $f(x'') \geq 0$. Dann sehen wir uns veranlaßt (S. 86), die Existenz einer reellen Zahl r anzuerkennen, so daß

$$f(r) = 0.$$

Eine solche Zahl, die Lösung einer Gleichung ist, die durch Nullsetzen eines Polynoms mit ganzzahligen Koeffizienten entsteht, heißt *algebraische Zahl*. Die Menge der algebraischen Zahlen enthält daher die Menge der Wurzeln jeder Ordnung, deren Indizes natürliche Zahlen sind.

Das ist aber noch nicht alles. Bei der theoretischen Untersuchung des Kreises gelangt man zur Einführung der reellen Zahl π (vgl. Teil I, Kapitel V). Der Mathematiker *Lindemann*, der an Ergebnisse von *Lambert* (1761) und *Hermite* (1872) anknüpfte, zeigte 1882, daß π keine algebraische Zahl ist. Derartige Zahlen nennt man *transzendente Zahlen*.

Man sieht also, daß durch das Axiom (Γ) schlagartig sehr verschiedene Zahlen eingeführt werden, die zur *Vervollständigung* der Menge notwendig sind. Trotzdem werden in der Mathematik noch andere Zahlen eingeführt, zum Beispiel, um der Gleichung $x^2+1 = 0$ Lösungen zuschreiben zu können. Dazu muß man gewisse Axiome aufgeben, wie zum Beispiel das Axiom der totalen Ordnung (Teil III, Kapitel VI: Komplexe Zahlen).

C. EIGENSCHAFTEN DER MENGE R DER REELLEN ZAHLEN

Wir haben die Menge R der reellen Zahlen konstruiert, die wir mit Hilfe Axioms (Γ) aus der Menge der rationalen Zahlen geschaffen haben. Dieses Axiom sprechen wir nun in voller Strenge aus:

[Γ] **Vollständigkeitsaxiom**

Jede nach oben beschränkte Teilmenge A von R hat eine kleinste obere Schranke, die obere Grenze von A heißt und sup A (oder $\overline{\text{fin}}$ A) geschrieben wird (lies: Supremum von A).
In gleicher Weise definiert man bei der Betrachtung der inversen Ordnung den Begriff der *unteren Grenze* inf A (oder $\underline{\text{fin}}$ A) jeder nach unten beschränkten Teilmenge A (inf A, gelesen Infimum von A). Diese ist gleichzeitig die größte untere Schranke.

Theorem

a) *Die Menge der reellen Zahlen ist archimedisch.* Die Folge r, $2r$, $3r, \ldots, nr, \ldots$ der Vielfachen von r kann in der Tat nicht nach oben beschränkt sein. Hätte sie nämlich eine kleinste obere Schranke s, so würde $s-r$ überschritten, und damit auch s. (Man beweist dies mittels vollständiger Induktion, d.h. mittels Schlusses von n auf $n+1$.)

b) *Theoreme der Intervallschachtelung*

Definition

Man bezeichnet als *Intervall* (a, b), wobei a und b beide R angehören, die Menge jener reellen Zahlen, die zwischen a und b liegen. Genauer unterscheidet man, wenn es erforderlich ist,
ein *abgeschlossenes Intervall* $[a, b]$ als Menge der x, für die $a \leq x \leq b$,
ein *offenes Intervall* $]a, b[$ als Menge der x, für die $a < x < b$,
ein linksseitig geschlossenes und rechtsseitig offenes Intervall $[a, b[$ als Menge der x, für die $a \leq x < b$ und ebenso ein linksseitig offenes und rechtsseitig geschlossenes Intervall. Man nennt solche Intervalle auch halboffene Intervalle.

Man bezeichnet mit $[a, +\infty[$ und $]a, +\infty[$
oder bisweilen mit $[a, \rightarrow[$ und $]a, \rightarrow[$
die Mengen, für die
$$a \leq x \quad \text{und} \quad a < x \text{ ist}$$
In gleicher Weise
$$]-\infty, a] \quad \text{und} \quad]-\infty, a[\quad \text{oder} \quad]\leftarrow, a] \quad \text{und} \quad]\leftarrow, a[$$
für
$$x \leq a \quad \text{bzw.} \quad x < a.$$

Intervallschachtelung. Hierunter versteht man eine Folge von Intervallen $(a_1, b_1), (a_2, b_2), \ldots, (a_n, b_n), \ldots$, für die
$$a_1 < a_2 < \ldots < a_n < \ldots b_n < \ldots < b_2 < b_1,$$
wobei gewisse dieser Ungleichungen zu Gleichungen werden können vorausgesetzt, daß noch Ungleichungen verbleiben, wie groß auch immer n wird.

Theorem

Ist eine Folge von abgeschlossenen geschachtelten Intervallen gegeben, deren Länge gegen null strebt, so existiert eine und nur eine reelle Zahl im Innern aller Intervalle.

Die Voraussetzungen lauten
$$\begin{cases} [a, b] \supset [a_1, b_1] \supset [a_2, b_2] \supset \ldots \supset [a_n, b_n] \supset \ldots \\ \forall \varepsilon, \exists N : n > N \Rightarrow b_n - a_n < \varepsilon. \end{cases}$$

Die Folge $a_1, a_2, \ldots, a_n, \ldots$ ist nicht abnehmend und besitzt in jeder Zahl b eine obere Schranke. Daher hat sie auch eine obere Grenze, die dem Durchschnitt aller dieser Intervalle angehört. Der Durchschnitt kann jedoch nur eine einzige Zahl enthalten (weil die Differenz zweier Zahlen immer noch von genügend kleinen Werten ε unterschritten werden könnte).

Der Durchschnitt der Intervalle reduziert sich also auf die Zahl ξ. Wir nennen die Folge der Intervalle eine Intervallschachtelung (oder einen „Pferch") und sagen, daß durch die Intervallschachtelung die Zahl ξ definiert wird.

Anwendungsbeispiele

Nachweis der Existenz von Quadratwurzeln, kubischen Wurzeln usw.

D. DIE MENGE Q DER RATIONALEN ZAHLEN ALS TEILMENGE DER MENGE R DER REELLEN ZAHLEN

Es sei r eine reelle Zahl; dann existieren für jede beliebige positive Zahl ε weitere rationale Zahlen im Intervall $(r-\varepsilon, r+\varepsilon)$. Wie klein man auch immer $\varepsilon > 0$ wählt, das heißt, wie klein man auch immer das Intervall mit dem Mittelpunkt r wählt, so enthält dieses Intervall doch immer noch rationale Zahlen.

$$\forall r \in R \, , \, \forall \varepsilon < 0 \, , \, \exists q \in Q : r-\varepsilon < q < r+\varepsilon.$$

Man beweist dieses Theorem mit Hilfe der Mengen Q' und Q'' rationaler Zahlen, die von unten und oben angenäherte Werte für r darstellen, in derselben Weise, wie das zur Bestimmung von $\sqrt{2}$ geschehen ist.

Somit enthält jedes Intervall (wie klein man es auch immer wählt) eine rationale Zahl, und darüber hinaus sogar unendlich viele rationale Zahlen. Man drückt diesen Umstand aus, indem man sagt, daß *die Menge Q der rationalen Zahlen bezüglich der Menge R der reellen Zahlen* **überall dicht** *sei*.

Obwohl die obigen Gedankengänge sehr summarisch und unvollständig sind, genügen sie doch für unsere Zwecke. Wenn wir in der Algebra, in der Analysis oder der Geometrie „eine Zahl" sagen, so meinen wir damit immer eine beliebige reelle Zahl, mindestens, solange wir nicht genauer festlegen, ob es sich um eine absolute Zahl, eine ganze Zahl mit beliebigem Vorzeichen, eine rationale oder irrationale Zahl handelt. Im Gegensatz dazu werden wir in der *Arithmetik*, bzw. in der *Zahlentheorie*, nach und nach die Eigenschaften der Elemente der Mengen N, Z, Q, R untersuchen. Damit beschäftigt sich Teil II.

III. Vektorräume

Indem wir den Körper der reellen Zahlen als Operatorenmenge betrachten, werden wir im folgenden ein Kapitel der Algebra aufbauen, dessen Modell die sogenannte affine Geometrie ist: das ist jene Geometrie, die geometrische Figuren mit Hilfe des Begriffes der Parallelität und des Verhältnisses paralleler Geradenabschnitte definiert und mittels Translationen und zentrischer Streckungen untersucht — kurz gesagt, die Geometrie des Parallelogramms und der Strahlensatzfigur.

Die Axiome zum Aufbau dieser Strukturen führen zu einer abstrakten Theorie, die mehrere Deutungen zuläßt. Wir behalten die Terminologie aus dem uns geläufigen geometrischen Modell, insbesondere die Worte „Vektor" und „Parallelität" bei; dies auch als Stütze unserer Vorstellungskraft.

A. VEKTOREN. VEKTOROPERATIONEN

Wir betrachten die Menge der reellen Zahlen R und eine Menge V von Elementen $v, v', w, \ldots$, die wir als *Vektoren* bezeichnen wollen. Um Mißverständnisse auszuschließen, zeichnen wir Größen, die Vektoren darstellen sollen, mit einem Pfeil aus und schreiben wenigstens zunächst $\vec{v}, \vec{v'}, \vec{w}, \ldots$.

(Im geometrischen Modell entspricht diesem abstrakten Begriff des Vektors als Bild das, was man als *freien Vektor* bezeichnet. In anderen Modellen können die Bilder dieser Vektoren durchaus anderer Natur sein: V kann zum Beispiel die Menge der Polynome oder die Menge der linearen Funktionen sein. Ein wesentliches Beispiel ist jenes, wo V eine Menge $\mathfrak{G}$ von physikalischen Größen, Strecken, Flächen, Massen usw. ist, für die wir $G_1 + G_2$ und rG definieren. In diesem Kapitel werden wir uns jedoch auf das geometrische Modell beschränken!)

a) Äquivalenzrelation

Es existiert eine Äquivalenzrelation, die $\equiv$ geschrieben wird (welches Zeichen wir späterhin, wenn keine Mißverständnisse mehr zu befürchten sind, durch $=$ ersetzen werden).

Die Äquivalenz $\vec{v} \equiv \vec{w}$ liest man: „Der Vektor v ist dem Vektor w äquivalent", „identisch gleich" oder „vektoriell gleich"; späterhin werden wir einfach „gleich" sagen.

(Im geometrischen Modell bezeichnet man diese Äquivalenz als geometrische Gleichheit oder *Äquipollenz*.)*)

b) **Vektoraddition**

In V sei eine innere Operation erklärt, die wir als *Addition* bezeichnen und die durch die Axiome [A] wie folgt definiert wird:

$$[A] \begin{cases} [A_1] & [\vec{v} \equiv \vec{v}' \text{ und } \vec{w} \equiv \vec{w}'] \Rightarrow [\vec{v}+\vec{w} \equiv \vec{v}'+\vec{w}'] \\ [A_2] \begin{cases} [\vec{v}+\vec{w} \equiv \vec{v}+\vec{w}'] \Rightarrow [\vec{w} = \vec{w}'] \\ [\vec{v}+\vec{w} \equiv \vec{v}'+\vec{w}] \Rightarrow [\vec{v} = \vec{v}'] \end{cases} \\ [A_3] & \vec{v}_1+\vec{v}_2+\vec{v}_3 \equiv \vec{v}_1+(\vec{v}_2+\vec{v}_3) \\ [A_4] & \vec{v}+\vec{w} \equiv \vec{w}+\vec{v} \end{cases}$$

wobei die Elemente $\vec{v}, \vec{v}', \vec{w}, \ldots$ von V ganz beliebig sind.
(Im geometrischen Modell, wo man die Vektoren als vom gleichen Ursprung A ausgehend darstellt, wird die Summe durch die Diagonale des Parallelogramms verkörpert, das aus den Vektoren AB und AC gebildet wird. [A_1] bedeutet, daß diese Diagonale ihrer Größe und Richtung nach nicht verändert wird, wenn man den Punkt A verschiebt, was ja auch ganz anschaulich aus den Eigenschaften des Parallelogramms hervorgeht. [A_2] und [A_3] sind daher unmittelbar einzusehen wie auch [A_4]. Man erkennt also, daß diese Axiome die Eigenschaften, die wir in unsere Geometrie einführen wollen, durchaus zutreffend ausdrücken.)

Folgerungen

[C]; Wie im ersten Kapitel gilt auch hier *überall das assoziative und kommutative Gesetz*. (Die Beweise lassen sich an Hand einer Figur verfolgen.)

Symmetrisierungsaxiome

Außer der Gültigkeit dieser Axiome verlangen wir noch (wie in Kapitel II, s. 28):
[S_1] Es *existiert ein neutrales Element der Addition*, das mit $\vec{0}$ bezeichnet wird:

$$\forall \vec{v}, \quad \vec{v}+\vec{0} \equiv \vec{0}+\vec{v} \equiv \vec{v}.$$

---

*) Anm. d. Üb.: Dieser Begriff stammt von dem italienischen Mathematiker *Giusto Bellavitis* (1803 bis 1880), der damit die geometrische Gleichheit von der rein algebraischen (zwischen zwei Zahlen) unterscheiden wollte. Der Stamm des Wortes geht auf lat. polleo, pollere, können, vermögen zurück.

(Anschaulich ist dies AB mit zusammenfallenden Punkten A und B.)
[S_2] *Jedem Element $\vec{v}$ mit Ausnahme von $\vec{0}$ ist ein anderes Element $-\vec{v}$ zugeordnet, so daß*

$$\vec{v}+(-\vec{v}) \equiv \vec{0}.$$

Zwei Vektoren, die sich bezüglich der Addition symmetrisch verhalten, werden als *zueinander entgegengesetzt* bezeichnet. Diese Beziehung ist symmetrisch:

$$-(-\vec{v}) \equiv \vec{v}, \quad \forall \vec{v} \in V.$$

Folgerung

Differenz zweier Vektoren. Die Vektorgleichung

$$\vec{v}+\vec{x} \equiv \vec{w}$$

läßt die Lösung

$$\vec{x} \equiv \vec{w}+(-\vec{v})$$

zu, was man auch

$$\vec{x} \equiv \vec{w}-\vec{v}$$

schreiben kann. Es gilt also die bis auf eine Äquivalenz bestimmte Eindeutigkeit.

(Anschaulich: Ist AB das Bild von $\vec{v}$, so ist BA das Bild von $-\vec{v}$.)
Somit weist die Menge V bezüglich dieser Operation die Struktur einer Abel-Gruppe auf.

c) Multiplikation eines Vektors mit einer reellen Zahl

Damit erklären wir eine äußere Operation, die jedem Paar aus einer reellen Zahl r und einem Vektor $\vec{v}$ einen Vektor $\vec{w}$ zuordnet.
Man schreibt dabei die reelle Zahl als erste: $\vec{w} \equiv r\vec{v}$.
Diese Operation soll den Axiomen

$$[m] \begin{cases} [m_1] \quad [r = r' \text{ und } \vec{v} \equiv \vec{v}'] \Rightarrow [r\vec{v} \equiv r'\vec{v}'] \\ [m_2] \begin{cases} [m_2'] . \text{ Wenn } r \neq 0, [r\vec{v} \equiv r\vec{v}'] \Rightarrow [\vec{v} \equiv \vec{v}'] \\ [m_2''] . \text{ Wenn } \vec{v} \neq \vec{0}, [r\vec{v} \equiv r'\vec{v}] \Rightarrow [r = r'] \end{cases} \text{Kürzungen} \\ [m_3] \quad (rr')\vec{v} \equiv r(r'\vec{v}) \quad \text{Assoziativität} \\ [m_4] \begin{cases} [m_4'] \quad (r+r')\vec{v} \equiv r\vec{v}+r'\vec{v} \\ [m_4''] \quad r(\vec{v}+\vec{v}') \equiv r\vec{v}+r\vec{v}' \end{cases} \text{Distributivgesetze} \end{cases}$$

$$\left[[m_5] \begin{cases} [m_5'] & \forall \vec{v} \in V : 1\vec{v} \equiv \vec{v} \\ [m_5''] & \forall \vec{v} \in V : 0\vec{v} \equiv \vec{0} \\ [m_5'''] & \forall r \in R : r\vec{0} \equiv \vec{0} \end{cases} \right\} \text{Neutrale Elemente und die Multiplikation}$$

genügen. Diese Axiome finden folgende anschauliche Rechtfertigung: Wird der Vektor $\vec{v}$ durch AB dargestellt, so stellt die Strecke AC, die aus der ursprünglichen durch zentrische Streckung im Verhältnis r mit dem Zentrum A hervorgeht, den Vektor $\vec{w} = r\vec{v}$ dar; die den obigen Sätzen entsprechenden Eigenschaften können daraus unmittelbar abgelesen werden. $[m_4]$ hat als Bild die Figur des 2. Ähnlichkeitssatzes.

Folgerungen

Die Gültigkeit des assoziativen Gesetzes für eine beliebige Anzahl von Elementen $r, r', r'', \ldots$ der reellen Zahlen leitet sich aus $[m_3]$ her; die Distributivität für beliebig viele reelle Zahlen und beliebig viele Vektoren folgt aus $[m_4]$.

Bemerkung

Wir führen in V keine Ordnungsrelation ein. Später (in Kapitel V) werden wir eine andere Äquivalenzrelation einführen, und zwischen den Äquivalenzklassen (der Länge der Vektoren) wird eine Ordnungsrelation möglich. Davon ist jedoch in diesem Kapitel nicht die Rede.

Bemerkung zur Terminologie

Wir haben soeben einen Vektorraum über dem Körper R der reellen Zahlen definiert. Viel allgemeiner *kann man einen Vektorraum über einem beliebigen Körper K definieren*; dieser wird als dem Vektorraum zugeordneter *Skalarenkörper* oder auch als *Operatorenkörper* bezeichnet. Hat die Operatorenmenge lediglich die Struktur eines *Ringes*, so definieren die Axiome $[m]$ einen *Modul*.

B. VEKTORRÄUME

Es ist bekannt, daß in der Ebene ein Vektor durch seine beiden Projektionen auf zwei Achsen definiert ist; im Raum muß man seine Projektionen auf drei Achsen angeben, die nicht alle in derselben Ebene liegen dürfen. Davon gehen wir aus, wenn wir in axiomatischer Weise einen abstrakten Vektorraum definieren, der eine beliebige Anzahl von Dimensionen aufweist.

a) Axiome des n-dimensionalen Vektorraumes

Es existiert ein System von n Vektoren $\vec{v}_1, \vec{v}_2, ..., \vec{v}_n$, so daß für keine Menge von n reellen, nicht sämtlich verschwindende Zahlen $r_1, r_2, ..., r_n$ die Vektorgleichung

$$r_1\vec{v}_1 + r_2\vec{v}_2 + ... + r_n\vec{v}_n \equiv \vec{0}$$

erfüllt werden kann (Dimensionsaxiom).

Jedes derartige Vektorsystem bildet *eine Basis* des Vektorraumes. Daraus folgt das

[β_1] Basisaxiom

$$\exists (\vec{v}_1, \vec{v}_2, ..., \vec{v}_n) : \forall (r_1, r_2, ..., r_n) , r_1\vec{v}_1 + r_2\vec{v}_2 + ... + r_n\vec{v}_n \not\equiv \vec{0}.$$

[β_2] Komponentenaxiom

Bei gegebener Basis ist jedem Vektor $\vec{v}$ mindestens eine Menge von n reellen Zahlen $x_1, x_2, ..., x_n$ zugeordnet, so daß die Vektorgleichung

$$x_1\vec{v}_1 + x_2\vec{v}_2 + ... x_n\vec{v}_n \equiv \vec{v}$$

befriedigt wird. Also

$$\forall \vec{v} \in V , \exists (x_1, x_2, ..., x_n) : x_1\vec{v}_1 + x_2\vec{v}_2 + ... + x_n\vec{v}_n \equiv \vec{v}.$$

Eindeutigkeitstheorem

$$x_1\vec{v}_1 + x_2\vec{v}_2 + ... + x_n\vec{v}_n \equiv x'_1\vec{v}_1 + x'_2\vec{v}_2 + ... + x'_n\vec{v}_n$$

ist gleichbedeutend mit

$$(x'_1 - x_1)\vec{v}_1 + (x'_2 - x_2)\vec{v}_2 + ... + (x'_n - x_n)\vec{v}_n \equiv \vec{0},$$

und daher gilt wegen [β_1]

$$x'_1 = x_1 , x'_2 = x_2 , ..., x'_n = x_n.$$

Definitionen

Jeder Vektor $x_i\vec{v}_i$ (wobei i eine ganze Zahl $\leq n$ ist) wird als Komponente von $\vec{v}$ in bezug auf bezeichnet; x_i heißt die Maßzahl oder Koordinate dieser Komponente.

Somit besitzt bei fest gewählter Basis jeder Vektor in bezug auf diese Basis ein festes System von Komponenten.

Zur Beachtung

Aus drucktechnischen Gründen werden Vektoren in Druckwerken vorwiegend durch fettgedruckte Typen anstatt durch Buchstaben mit

darübergeschriebenem Pfeil dargestellt*). Dieser Pfeil hat nur die Aufgabe, den Leser an den geometrischen oder kinematischen Ursprung des abstrakten Begriffes zu erinnern. Indem wir diesem Gebrauch folgen, werden wir in Zukunft v für $\vec{v}$ und AB für $\vec{AB}$ schreiben.
In einem handgeschriebenen Text wird man weiterhin die ursprüngliche Schreibweise verwenden, um jedes Mißverständnis auszuschließen.

b) Das Problem des Basiswechsels

Wie wir sehen werden, führt dieses Problem auf die Auflösung und Erörterung von Gleichungssystemen ersten Grades. Die einfachsten Fälle werden später in der Algebra als Anwendung der Eigenschaften der reellen Zahlen (vgl. Teil II) untersucht werden. Um Systeme mittels elementarer Rechnung behandeln zu können, beschränken wir uns auf ein- oder zweidimensionale Räume. Im Gegensatz dazu ist die Untersuchung von n-dimensionalen Vektorräumen unmittelbar eine solche von allgemeinen Systemen linearer Gleichungen. Damit beschäftigt sich die *lineare Algebra*, die wir jedoch nicht weiter verfolgen wollen; bei ihr treten Matrizen und Determinanten auf.

Bei gegebener Basis eines Vektorraumes besteht das Problem darin, herauszufinden, unter welcher Bedingung ein anderes System von n Vektoren eine Basis bildet, und ausgehend von den Komponenten eines jeden Vektors in bezug auf das alte System seine Komponenten in bezug auf diese neue Basis zu bestimmen.

1. Eindimensionaler Raum, $n = 1$

Die Basis wird durch einen einzigen Vektor v_1 gebildet. Jeder Vektor v ist in bezug auf diese Basis durch $v \equiv x_1 v_1$ bestimmt. Jeder Vektor w_1 mit Ausnahme des Nullvektors O stellt ebenfalls eine Basis dar. Aus der Beziehung

$$w_1 \equiv a_1 v_1$$

folgt in der Tat

$$v = x'_1 w_1 = a_1 x'_1 v_1.$$

Daher ist nach dem Eindeutigkeitstheorem

$$x_1 = a_1 x'_1$$

und weiter

$$x'_1 = \frac{x_1}{a_1},$$

solange a_1 nicht verschwindet.

---

*) Anm. d. Üb.: Das gilt bekanntlich nur beschränkt für die deutschsprachige Literatur, in der Vektoren oft durch Frakturbuchstaben dargestellt werden. Vgl. DIN 1303.

2. Zweidimensionaler Raum, $n = 2$

Durch das Vektorpaar (v_1, v_2) wird eine Basis aufgespannt.

α) *Bedingung, unter welcher ein Paar (w_1, w_2) eine Basis bildet.*
Wir setzen (um doppelte Indizes zu vermeiden)

$$\begin{cases} w_1 \equiv av_1 + bv_2 \\ w_2 \equiv a'v_1 + b'v_2, \end{cases}$$

was möglich ist, da (v_1, v_2) eine Basis bilden.
Wir müssen noch zum Ausdruck bringen, daß es keine von null verschiedenen Lösungen für die Vektorgleichung

$$r_1 w_1 + r_2 w_2 \equiv O$$

gibt, die sich gemäß den Axiomen wie folgt schreibt:

$$(ar_1 + a'r_2)v_1 + (br_1 + b'r_2)v_2 \equiv O.$$

Gemäß Axiom [β_1] ist diese Beziehung dem Gleichungssystem zwischen Zahlengrößen äquivalent, nämlich

$$\begin{cases} ar_1 + a'r_2 = 0 \\ br_1 + b'r_2 = 0. \end{cases}$$

Die Bedingung, daß die Lösung $r_1 = r_2 = 0$ auch die einzige ist, lautet (vgl. Teil II, Algebra)

$$\delta = ab' - a'b \neq 0.$$

Dies ist mithin auch die Bedingung, daß (w_1, w_2) eine Basis darstellt. Ist im Gegensatz dazu

$$\delta = ab' - a'b = 0,$$

so läßt das System unendlich viele von null verschiedene Lösungen der Form

$$\begin{cases} r_1 = ka' \\ r_2 = -ka \end{cases} \quad \text{und daher } a'w_1 \equiv aw_2$$

zu, woraus folgt, daß w_1 und w_2 derselben eindimensionalen Teilmenge angehören.
Man nennt die beiden Vektoren dann *kollinear (zusammenfallend)* oder auch *parallel*. In unserem zweidimensionalen Raum ist dies die Bedingung dafür, daß diese Vektoren keine Basis bilden.

β) *Bestimmung der neuen Komponenten eines Vektors.*
Es sei die neue Basis (w_1, w_2) in bezug auf die alte durch

$$\begin{cases} w_1 \equiv av_1+bv_2 \\ w_2 \equiv a'v_1+b'v_2, \end{cases} ab'-ba' \neq 0$$

festgelegt. Dann setzen wir

$$v \equiv xv_1+yv_2 \equiv Xw_1+Yw_2.$$

Die Eliminierung von w_1 und w_2 liefert

$$xv_1+yv_2 \equiv (aX+a'Y)v_1+(bX+b'Y)v_2.$$

Nach dem Eindeutigkeitstheorem muß

$$\begin{cases} x = aX+a'Y, \\ y = bX+b'Y, \end{cases}$$

gelten, woraus wegen $ab'-ba' \neq 0$

$$\begin{cases} X = \dfrac{b'x-a'y}{ab'-ba'} \\ Y = \dfrac{-bx+ay}{ab'-ba'} \end{cases}$$

folgt.

3. Dreidimensionaler Vektorraum

In diesem verläuft die Rechnung analog wie im zweidimensionalen Raum, weswegen wir sie hier nicht durchführen werden. Wir geben hier das Resultat an: Die Bedingung, daß drei Vektoren w_1, w_2, w_3 eine Basis bilden, ist die, daß ein bestimmtes Polynom Δ aus den neun Koordinaten oder Maßzahlen der Komponenten dieser Vektoren nicht verschwindet. Ist insbesondere $\Delta = 0$, so bilden sie keine Basis, und man sagt dann, daß diese Vektoren in einer Ebene liegen, d.h. *komplanar* sind.

Mit Hilfe der Determinantentheorie kann man diese Ergebnisse auf einen beliebigen *n*-dimensionalen Raum ausdehnen. Da es immer möglich ist, die Formeln für einen Basiswechsel anzugeben, so ist folglich *die Eigenschaft zweier Vektoren, äquivalent zu sein, unabhängig von der Wahl des Bezugssystems*. Man sagt, daß dies eine den Vektoren „von Natur aus" innewohnende Invarianzeigenschaft ist. Die Anzahl der Basisvektoren ist für jeden Vektorraum festgelegt: sie ist seine *Dimension*.

c) Orientierung des Vektorraumes

1. Eindimensionaler Raum

Ein Vektor $v = kv_1$ wird als gleichsinnig mit v_1 bezeichnet, wenn die Zahl k positiv ist.

Diese Beziehung ist transitiv, weil gemäß der Formel für den Basiswechsel die Multiplikationsregel von reellen Zahlen zeigt, daß v den gleichen Durchlaufsinn wie w_1 hat, wenn nur v denselben Durchlaufsinn wie v_1 und v_1 denselben wie w_1 hat.

Die Angabe eines Basisvektors ist gleichbedeutend damit, *daß die Gerade orientiert wird* und jeder Vektor, der den gleichen Durchlaufsinn wie jener hat, *positiv* genannt wird.

2. Zweidimensionaler Raum

Bei gegebener Basis (v_1, v_2) bildet das Paar

$$\begin{cases} w_1 \equiv av_1 + bv_2 \\ w_2 \equiv a'v_1 + b'v_2 \end{cases}$$

dann wiederum eine Basis, wenn $\delta = ab' - ba' \neq 0$ ist.

Nehmen wir an, daß die Größen a, b, a', b' stetig variabel sind, so bildet das Paar (w_1, w_2) auch weiterhin eine Basis, solange die Zahl $\delta = ab' - ba'$ ihr Vorzeichen beibehält. Wir sagen, daß dieses Vorzeichen die *Orientierung* der Basis kennzeichnet.

Der ursprünglichen Basis

$$\begin{cases} v_1 \equiv 1v_1 + 0v_2 \\ v_2 \equiv 0v_1 + 1v_2 \end{cases}$$

entspricht $ab' - ba' = +1$.

Wir sagen, daß alle Vektorpaare, für die $ab' - ba'$ positiv ist, *dieselbe Orientierung* wie (v_1, v_2) aufweisen.

Wir beweisen die *Transitivität dieser Beziehung*: Wir setzen voraus, daß (u_1, u_2) in gleicher Weise wie (w_1, w_2) orientiert ist, das seinerseits wie (v_1, v_2) orientiert ist. D.h.

$$\begin{cases} w_1 \equiv av_1 + bv_2 \\ w_2 \equiv a'v_1 + b'v_2 \\ ab' - ba' > 0 \end{cases} \qquad \begin{cases} u_1 \equiv Aw_1 + Bw_2 \\ u_2 = A'w_1 + B'w_2 \\ AB' - BA' > 0 \end{cases}$$

Die Formeln für den Basiswechsel ergeben

$$u_1 \equiv \alpha v_1 + \beta v_2 \equiv (aA + a'B)v_1 + (bA + b'B)v_2$$

$$u_2 \equiv \alpha' v_1 + \beta' v_2 \equiv (aA' + a'B')v_1 + (bA' + b'B')v_2.$$

Es ist jedoch $\alpha\beta' - \beta\alpha' = (ab' - ba')(AB' - BA')$ sicher ebenfalls positiv. *Es bestehen also in jedem durch eine Basis definierten zweidimensionalen*

Vektorraum zwei entgegengesetzte Orientierungen. Jede Basis, die wie die Ausgangsbasis des Vektorraumes orientiert ist, heißt *positiv.*
Die Orientierung ändert sich, wenn man *die beiden Basisvektoren vertauscht* oder wenn man einen Vektor durch seinen entgegengesetzten ersetzt.

3. Dreidimensionaler Raum

Die Rechnung zeigt, daß drei in bezug auf eine Basis gegebene Vektoren nur dann ebenfalls eine Basis darstellen, wenn ein bestimmtes Polynom Δ in den neun Koordinaten der Komponenten nicht verschwindet. Dieses Polynom, das im dreidimensionalen Raum dieselbe Rolle wie der Ausdruck $\delta = ab' - ba'$ im zweidimensionalen spielt, behält sein Vorzeichen bei, wenn die Vektoren bei einer Veränderung eine Basis bleiben. Sein Vorzeichen kennzeichnet die Orientierung der Basis. Die Rechnung, die analog wie die bereits durchgeführte verläuft, aber wesentlich länger ist, zeigt, daß die Beziehung „gleiche Orientierung haben" transitiv ist.

Wir halten dieses Ergebnis fest und gelangen weiter zu dem Schluß: *Durch die Angabe einer Basis wird gleichzeitig die Orientierung des dreidimensionalen Vektorraumes festgelegt. Jede Basis, die wie die Ausgangsbasis orientiert ist, heißt positiv.* Die Vertauschung *zweier* der drei Basisvektoren ändert die Orientierung, ebenso das Ersetzen *eines* Vektors durch seinen entgegengesetzten.

C. DER PUNKTRAUM ALS BILD EINES VEKTORRAUMES

a) Punkte und Vektoren

Wir werden im folgenden eine Menge $\mathfrak{E}$ definieren, deren Elemente wir *Punkte* nennen wollen und die dem bereits konstruierten Vektorraum V zugeordnet sein soll.

Wir nehmen an, daß dieser n-dimensional sei und betrachten ein Element, das als *Ursprungspunkt* durch den Buchstaben O bezeichnet wird, sowie n Punkte $A_1, A_2, \ldots, A_n$, die den Basisvektoren zugeordnet sind. Man schreibt dafür

$$OA_1 \equiv v_1, \ OA_2 \equiv v_2, \ldots, OA_n \equiv v_n.$$

Jedem Punkt M, der Element von $\mathfrak{E}$ ist, ordnet man einen Vektor v von V zu und schreibt $OM \equiv v$.
Schließlich ordnet man durch die folgende Übereinkunft jedem Punktepaar M, P einen Vektor aus V zu:
Ist $OM \equiv v$ und $OP \equiv v'$, so setzt man $MP \equiv v' - v$.

Das bedeutet nichts anderes als $MP \equiv OP - OM$ (*Formel von Chasles*)*).
Das Symbol MP wird in Verwechselung mit seinem Bilde in V auch im Punktraum $\mathfrak{E}$ als Vektor bezeichnet. (Denselben Sprachmißbrauch finden wir bei den Begriffen der „natürlichen" und der „positiven ganzen Zahl".) Dieser Vektor ist *der Ortsvektor von P in bezug auf den Punkt M.* Nach den Eigenschaften des Vektorraumes V ist die Äquivalenz (oder Äquipollenz) zweier Vektoren von $\mathfrak{E}$ eine diesen innewohnende invariante Beziehung, das heißt, sie ist unabhängig von der gewählten Basis oder dem Ursprung O, wie die folgende Rechnung zeigt:

$$MP \equiv OP - OM \equiv (OO' + O'P) - (OO' + O'M) \equiv O'P - O'M.$$

b) Vektorsumme; Parallelogramm

Eine Menge von 4 Punkten A, B, C, D, für die

(1) $\qquad\qquad\qquad AB \equiv DC,$

heißt *Parallelogramm ABCD*, oder wegen der Symmetrie der Äquivalenzbeziehung, Parallelogramm $DCBA$. Es ist jedoch nach der Formel von *Chasles*

(2) $\quad [AB \equiv DC] \quad \Leftrightarrow \quad [AB + BD \equiv BD + DC] \quad \Leftrightarrow \quad [AD \equiv BC].$

Man kann daher das Parallelogramm auch $ADCB$ oder $BCDA$ schreiben. Die Vertauschbarkeit von (1) und (2) ist die grundlegende Eigenschaft des Parallelogramms. Wir bezeichnen sie als *Vertauschbarkeit der inneren Punkte (Innenglieder) in der Äquivalenzbeziehung.*

Anmerkung zur Vertauschbarkeit der Innenglieder

Führen wir hier verschiedene Formeln an, denen wir im ersten Teil begegnen werden.
Aus der Zahlenmenge

$$a - b = c - d \quad \Leftrightarrow \quad a - c = b - d$$

Aus der Menge der Brüche oder Verhältnisse

$$\frac{a}{b} = \frac{c}{d} \quad \Leftrightarrow \quad \frac{a}{c} = \frac{b}{d}$$

Aus der Vektormenge

$$AB \equiv CD \quad \Leftrightarrow \quad AC \equiv BD$$

Aus der Winkelmenge (vgl. Kapitel V, 3)

$$(a, b) = (c, d) \;(\text{mod}\, 2\pi) \quad \Leftrightarrow \quad (a, c) = (b, d) \;(\text{mod}\, 2\pi)$$

und ebenso (modulo π).

---

*) Anm. d. Üb.: So benannt nach dem bedeutenden französischen Geometer Michel *Chasles* (1793 bis 1880), der großen Einfluß auf die Weiterentwicklung der synthetischen und analytischen Geometrie hatte.

c) Multiplikation mit einer Zahl. Geraden. Die Thales-Formel

1. Kollineare Punkte

Drei Punkte A, B, M werden als *auf einer Geraden liegend* bezeichnet, wenn eine Zahl k existiert, so daß $AM = kAB$. Durchläuft k die Menge R der reellen Zahlen, so wird durch die Menge der Punkte M *eine Gerade* definiert. Das will sagen, daß bei gegebenen Punkten A und B zwischen R und den Punkten einer Geraden (der *reellen Geraden*) eine eineindeutige Zuordnung besteht. A entspricht $k = 0$ und B entspricht $k = 1$. Es seien M_0 und M_1 zwei Punkte der Geraden G, die durch (A, B) definiert ist. Aus

$$AM_0 \equiv k_0 AB \;,\; AM_1 \equiv k_1 AB$$

folgt

$$\forall M \in G \;,\; M_0M \equiv h\, M_0M_1$$

mit

$$h = \frac{k-k_0}{k_1-k_0}.$$

Also: *Eine Gerade ist durch irgend zwei ihrer Punkte bestimmt.*
Jeder Vektor $v \equiv \lambda AB$ ist gemäß der eingeführten Bezeichnungsweise parallel oder kollinear zu AB und M_0M_1 für jedes Punktepaar M_0, M_1 der Geraden. Man bezeichnet ihn als *Richtungsvektor der Geraden AB*. Alle Geraden mit demselben Richtungsvektor werden als *parallel* bezeichnet; sie fallen entweder zusammen oder haben keinen Punkt gemeinsam.
Insbesondere bezeichnet man diejenigen n Geraden durch den Ursprung O, deren Richtungsvektoren die n Basisvektoren sind, als *Achsen des Koordinatensystems* oder *Koordinatenachsen*.

2. Thales-Formel

Aus der Distributivität der Multiplikation bezüglich der Addition von Vektoren folgt

$$kAB \equiv kAC + kCB.$$

Diese Formel werden wir *Thales-Formel* nennen.

3. Analytische Geometrie

Sind der Ursprung O und die n Basisvektoren gegeben, so ordnet das Axiom $[\beta_2]$ jedem Punkt M des Raumes $\mathfrak{E}$ eine Menge von n Zahlen $x_1, x_2, \ldots, x_n$ durch

$$OM \equiv x_1 v_1 + x_2 v_2 + \ldots + x_n v_n$$

zu. Diese Zahlen stellen die *n Koordinaten des betreffenden Punktes* dar. Zwischen einem Punkt des Raumes und einer derartigen Menge von *n* reellen Zahlen besteht eine eineindeutige Zuordnung in der Weise, daß sich die Betrachtung des Raumes $\mathfrak{E}$ auf die Untersuchung jener Menge aus Mengen von *n* Zahlen zurückführen läßt. Dies macht die *analytische Geometrie* aus. Wir werden die grundlegenden Theoreme für zwei- oder dreidimensionale Räume angeben.

Ergebnis

Die Untersuchung der Räume $\mathfrak{E}$ ist eine *Geometrie*. Solange man keine anderen als die soeben definierten Strukturen zuläßt, sind die einzigen grundlegenden Theoreme die Formel von *Chasles* und die *Thales*-Formel. Die zugehörige Geometrie heißt *affine Geometrie*. Diese wird im ersten Abschnitt des IV. Teiles entwickelt werden.

Bemerkung

Von nun an werden wir die Äquivalenz zweier Vektoren durch das Zeichen = angeben, in der Annahme, daß die im vorhergehenden auseinandergesetzten Begriffe genügend klar verstanden worden sind, um Mißverständnisse auszuschließen. Im Zweifelsfalle kann man immer noch auf das Zeichen $\equiv$ zurückkommen und das Symbol = für die reellen Zahlen reservieren.

IV. Abbildungen von Mengen aufeinander, Punkttransformationen, reelle Funktionen

Erster Abschnitt

DER ALGEBRAISCHE STANDPUNKT

1. ALLGEMEINES ÜBER DEN BEGRIFF DER ABBILDUNG

A. DEFINITIONEN

Es seien zwei Mengen E und F gegeben, die voneinander verschieden oder gleich sein können. Dann bezeichnet man als *Abbildung* von E *in* F ein Gesetz, durch das jedem Element von E ein und nur ein Element von F zugeordnet wird. Bezeichnet man dieses Gesetz mit L, ein beliebiges Element von E mit x, so heißt das diesem x zugeordnete Element y sein Bild. Man drücke diese Zuordnung wie folgt aus:

$$x \searrow \; L \; \nearrow y \quad \text{oder} \quad x \searrow \; L \; \nearrow y = L(x)$$

oder auch traditionell, indem man eine Verworrenheit von Funktion und Bild riskiert,

$$y = L(x) \quad (\textit{Bezeichnung einer Funktion einer Variablen}).$$

Die Bildmenge $L(x)$ der Elemente x einer Teilmenge $X \subset E$ wird mit $L(X)$ bezeichnet.

Der Bildbereich $L(E)$ ist in F enthalten. Ist $L(E) = F$, so sagt man, L sei eine Abbildung von E *auf* F. Eine solche Abbildung wird auch als *surjektive* oder *deckende Abbildung* bezeichnet.

Ein besonders wichtiger Fall ist jener, wo jedes Element von $L(E)$ das Bild eines und nur eines Elementes von E ist. Dann heißt die Abbildung *injektiv* oder auch *Injektion von E in F*. Ist $y = L(x)$ das *Bild* von x, so wird x als *Original* von y bezeichnet. Bei den Funktionen bezeichnet man die Originalmenge als *Argumentbereich* (Vorbereich) und die Bildmenge als *Wertevorrat* (Nachbereich) der Funktion.

Ist schließlich eine Injektion surjektiv, so heißt sie *bijektiv**). Sie defi-

---

*) Anm. d. Üb.: Die drei Bezeichnungen surjektiv, injektiv und bijektiv sind vom Stamm des lat. Verbums iacere, ieci, iactum (werfen) abgeleitet.

niert eine *eineindeutige Zuordnung* zwischen E und F. Umgekehrt wird durch eine eineindeutige Zuordnung eine bijektive Abbildung L von E auf F und ebenso eine bijektive Abbildung von F auf E definiert, die als *invers* zur vorhergehenden bezeichnet wird. Man schreibt sie L^{-1}, in einer Bezeichnungsweise, die wir später rechtfertigen werden:

$$x \in E \underset{L}{\overset{L^{-1}}{\rightleftarrows}} y \in F$$

Eine Injektion L von E in F ist eine bijektive Abbildung von E auf $L(E)$.

Diese Terminologie, durch die die Bedeutung des Wortes „Funktion" genau festgelegt wird, ist besonders dann nützlich, wenn es sich darum handelt, die Darlegung gewisser allgemeiner Gedankengänge theoretischer Natur zu verkürzen (vgl. z.B. Teil II, Kapitel III des ersten Abschnittes).

Einige Beispiele:

Beispiel 1

E und F sind beide die Menge der reellen Zahlen; $x \xrightarrow{L} x+3$. In diesem Fall ist $L(E) = F$.

Beispiel 2

E und F sind beide die Menge der reellen Zahlen. $x \xrightarrow{f} x^2$. Diesmal ist $f(E)$ die Menge der Zahlen, die positiv oder null sind. Jedes y mit Ausnahme von 0 ist das Bild zweier Elemente x.

Beispiel 3

$$x = y^2 \xrightarrow{\varphi} y$$

ist nur dann eine Abbildung, wenn man das Vorzeichen von y festlegt. Die Ausgangsmenge E kann nur die Menge der Zahlen, die positiv oder null sind, oder eine ihrer Teilmengen sein.

Beispiel 4

E sei die Menge der reellen Zahlenpaare (x, y). F sei die Menge der reellen Zahlen u. Die Abbildung sei durch

$$(x, y) \xrightarrow{s} u = x+y.$$

definiert.

Man kann dafür auch $u = s(x, y)$ schreiben, was der Darstellung einer Funktion von zwei Variablen entspricht.

Es ist daher
$$s(x, y) = x+y$$

Beispiel 5

E und F fallen zusammen; sie bilden beide die Punktmenge der Ebene. $x\diagdown\underline{}\mathfrak{T}\diagup y$ sei durch die Bedingung definiert, daß der Vektor xy einem gegebenen Vektor v geometrisch gleich (äquipollent) ist. Diese Abbildung heißt *Translation* des Vektors v. Sie bildet eine *punktweise Zuordnung* zwischen den Punkten der Ebene.

Beispiel 6

E sei die Menge der Punkte einer Kreislinie und F die Menge der Geraden der Ebene. Jedem Punkt x von E ordnet man die Tangente an den Kreis an eben der Stelle x zu. Die Menge $L(E)$ ist die Menge der Tangenten des Kreises, die man auch als Kreistangentenschar bezeichnet, sie ist das Bild der Kreispunkteschar E.

Produkt zweier Abbildungen

Es seien die Mengen E, E_1, E_2 gegeben. Durch eine Abbildung L_1 ergebe sich für $x \in E$ ein Bild $x_1 \in E_1$ und durch eine Abbildung L_2 ergebe sich aus x_1 ein Bild $x_2 \in E_2$. Die Abbildung L, die aus x direkt das Bild x_2 für jedes beliebige x in E ergibt, nennt man *Produkt* der Abbildungen L_1 und L_2. Wir verwenden das Schema

$$\forall x, x \in E \diagdown \underline{L_1}\diagup x_1 \in E_1 \diagdown \underline{L_2}\diagup x_2 \in E_2$$
$$\underbrace{}_{L}$$

Da $x_1 = L_1(x)$ und $x_2 = L_2(x_1)$, schreibt man $x_2 = L(x) = L_2[L_1(x)]$ (*in der Schreibweise einer zusammengesetzten oder Kettenfunktion*). Wir schreiben aber auch L als Resultat einer Operation, die wir als *Produkt* in der Menge der Abbildungen bezeichnen, $L = L_1 \times L_2$ oder $L = L_1 L_2$. Gelegentlich setzt man in Erinnerung an die Bezeichnung einer zusammengesetzten Funktion auch $L = L_2 \circ L_1$, was von rechts nach links gelesen werden muß (also beginnend mit L_1). Wir werden aber die zuletzt angegebene Schreibweise nicht verwenden.

Eigenschaften des Produktes zweier Abbildungen

Es sei zunächst bemerkt, daß wir ein Symbol $\mathrel{\mathop:}=$ verwenden, um anzugeben, daß jede der beiden Abbildungen jedes Element von E in gleicher Weise abbildet. Es muß jedoch hier hervorgehoben werden, daß sich diese Äquivalenzrelation nur auf die Urmenge bezieht: so ergeben zum Beispiel in der ebenen Geometrie, sofern E die Menge der Punkte einer Geraden a ist, die Spiegelung S an einer Geraden s und eine bestimmte Drehung D dieselben Bilder; man kann also $D = S$ setzen. Dies ist aber nicht mehr richtig, wenn man die Urmenge auf die gesamte Ebene ausdehnt.

Untersuchen wir nun die Axiome [A] in bezug auf die Bildung des Produktes. Die Rechtfertigung der folgenden Behauptungen beruht auf der Prüfung der darunterstehenden Schemata:

[A_1] $\qquad L = L'$ und $M = M' \Rightarrow L \times M = L' \times M'$

$$\forall x, \ x \underset{L'}{\overset{L}{\rightleftarrows}} x_1 \underset{M'}{\overset{M}{\rightleftarrows}} x_2$$

[A_3] Assoziativität

$$\forall x, \ x \xrightarrow{L_1} x_1 \xrightarrow{L_2} x_2 \xrightarrow{L_3} x_3 \atop \underbrace{\qquad L_2 L_3 \qquad}$$

[A''] Linksseitige Kürzung $L \times M = L \times M' \Rightarrow M = M'$

$$\forall x, \ x \xrightarrow{L} x_1 \overset{M}{\underset{M'}{\rightleftarrows}} x_2$$

Die rechtsseitige Kürzung kann jedoch nicht erlaubt sein:

[A_1''] $L \times M = L' \times M$ ist mit $L \neq L'$ verträglich.

$$\forall x, \ x \overset{L}{\underset{L'}{\rightleftarrows}} {x_1 \atop x_1'} \xrightarrow{M} x_2$$

Diese Kürzung ist erlaubt, wenn x_2 nur ein einziges Urbild in M hat, das heißt, wenn die Zuordnung $E_1 \xrightarrow{M} M(E)$ eineindeutig ist.

Beispiel

Betrachten wir in der Menge der reellen, von null verschiedenen Zahlen die Zuordnungen

$$x \xrightarrow{L} \frac{1}{x} \ ; \ u \xrightarrow{L'} -\frac{1}{u} \ ; \ v \xrightarrow{M} v^2.$$

Dann ist ohne weiteres $L \times M = L' \times M$, ohne daß $L = L'$.

Schließlich trifft das kommutative Gesetz [A_2] im allgemeinen nicht zu, wie aus den Beispielen hervorgeht.

Das Wort „Produkt" bezeichnet also hier eine Operation, die nicht alle Eigenschaften [A] besitzt.

B. DIE GRUPPE DER ABBILDUNGEN EINER MENGE AUF SICH

(Bevor wir näher auf diese Frage eingehen, erinnern wir uns, daß eine Menge, in der eine assoziative Operation erklärt ist, eine Gruppe in bezug auf diese Operation bildet, wenn: 1) das Produkt von zwei Elementen der Menge wiederum ein Element der Menge ist; 2) ein neutrales Element für die Operation existiert; 3) zu jedem Element ein dazu symmetrisches vorhanden ist, so daß das Produkt dieser beiden Elemente das neutrale Element ergibt). Bei einer Abbildung einer Menge auf sich selbst kann es vorkommen, daß ein Element mit seinem Bild zusammenfällt. Dann sagt man, daß dieses Element bei der Abbildung *invariant* (ein *Fix-* oder *Ruheelement*) ist.

Die Abbildung, bei der jedes Element invariant ist (fest bleibt), wird als *identische Abbildung* bezeichnet. Sie ist offensichtlich das neutrale Element für das Produkt von Abbildungen. Sie wird durch das Zeichen $\Im$ dargestellt.

Gemäß der Definition ist das Produkt von zwei Abbildungen wiederum eine Abbildung, und es gilt dafür das assoziative Gesetz. Schließlich haben wir noch festgestellt, daß eine Abbildung eine dazu inverse besitzt, wenn sie eine eineindeutige Zuordnung von E auf sich selbst herstellt:

$$\left[\forall x,\; x \in E,\; x \underset{L^{-1}}{\overset{L}{\rightleftarrows}} y \right] \Leftrightarrow [L \times L^{-1} = \Im]$$

Daher *bildet also die Menge der eineindeutigen Abbildungen von E auf sich selbst eine Gruppe.*

Eine Teilmenge derartiger Abbildungen kann jedoch ebenso eine Gruppe bilden: solche Teilmengen sind etwa die Menge der Translationen oder die Menge der Translationen und Streckungen in der Menge der Bewegungen des Raumes E.

Abbildung einer endlichen Menge auf sich

Indem wir die Elemente einer Menge numerieren, bilden wir daraus *eine Folge*

$$x_1, x_2, \ldots, x_n.$$

Eine Abbildung dieser Menge auf sich bewirkt nur einen Austausch der Indizes, man bezeichnet sie als *Permutation*.

Die Menge der Permutationen bildet offensichtlich eine Gruppe.

Unter den Permutationen zeichnet sich die *zyklische Permutation* aus, durch die jeder Index i in $i+1$ und der letzte Index n in den ersten, 1, verwandelt wird. Betrachten wir nun die aufeinanderfolgenden Potenzen einer zykli-

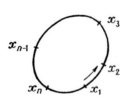

schen Permutation: die *n*-te Potenz ist offensichtlich die identische Transformation, und die Menge dieser Potenzen bildet eine Gruppe. Dieser Gruppe ist eine Anordnung der Elemente auf einer kreisförmigen Linie zugeordnet (siehe Figur!). Um die zyklische Ausgangspermutation zu definieren, muß man auf der Linie einen Umlaufsinn angeben. Da jedoch $P^{n-1} = P^{-1}$, so hat der Umlaufsinn keinen Einfluß auf die Gruppe der Potenzen. Diese Gruppe charakterisiert einen *Zyklus* der *n* Elemente. Hat man zum Beispiel 4 Elemente, so gibt es drei Zyklen. Sind diese Elemente vier Punkte der Ebene, so heißt die Menge ein Vierpunkt, oder auch, dem üblichen Sprachgebrauch folgend, jedoch nicht ganz richtig, ein *Viereck*; durch jeden der drei Zyklen wird ein *Vierseit* bestimmt. (Eine Zeichnung zeigt, was das ist: ein konvexer Polygonzug und zwei sich überkreuzende Linienzüge oder auch drei konkave Linienzüge.)

Ein anderes Beispiel einer Untergruppe der Permutationsgruppe

Die Elemente der Menge *E* seien die vier reellen Zahlen *a, b, c, d*. Wir betrachten alle Permutationen, bei denen der Wert von $ab+cd$ ungeändert bleibt. Wir finden acht solche Permutationen, einschließlich der identischen Operation: Das Bild von *a, b, c, d* kann sein

$\{a, b, c, d\}$ oder $\{a, b, d, c\}$ oder $\{b, a, c, d\}$ oder $\{b, a, d, c\}$

oder $\{c, d, a, b\}$ oder $\{d, c, a, b\}$ oder $\{c, d, b, a\}$ oder $\{d, c, b, a\}$.

(Dabei vertauscht man in der ersten Zeile entweder die ersten oder die letzten zwei Elemente; dann leitet man daraus die zweite Zeile her, indem man das erste und zweite Paar vertauscht. Diese acht Umordnungsoperationen bilden offensichtlich eine Gruppe.
Derartige Gruppen (*Galois*-Gruppen) sind für die Theorie der Gleichungen von grundlegender Wichtigkeit.

2. PUNKTTRANSFORMATIONEN (ALLGEMEINES)

A. TERMINOLOGIE

Eine *Punkttransformation* ist eine Abbildung des Punktraumes auf sich selbst, entweder in der zwei-, drei- oder *n*-dimensionalen affinen Geometrie oder in der metrischen Geometrie, auf die wir später zu sprechen kommen.
Nicht selten wendet man die Abbildung auf eine Teilmenge *F* von *E* an, die man als *Figur* bezeichnet. Das Bild von *F* ist eine Figur *F'*. Bezeichnet man die Abbildung mit $\mathfrak{T}$, so hat man

$$F \searrow \mathfrak{T} \nearrow F' \quad \text{oder auch} \quad F' = \mathfrak{T}(F).$$

Beschränken wir uns auf den Fall, wo durch die Transformation zwischen den Figuren F und F' für jedes beliebige F eine eineindeutige Zuordnung hergestellt wird. Das ist der Fall, wenn der Abbildung $\mathfrak{T}$ eine inverse Transformation $\mathfrak{T}^{-1}$ zugeordnet ist. Es ist nun immer interessant, die Menge der positiven und negativen Potenzen von $\mathfrak{T}$ zu betrachten und die dabei auftretende Folge der Bilder und Urbilder eines beliebigen Punktes A zu untersuchen:

$$\ldots A^{-2} \diagdown \underline{\mathfrak{T}} \diagup A^{-1} \diagdown \underline{\mathfrak{T}} \diagup A \diagdown \underline{\mathfrak{T}} \diagup A' \diagdown \underline{\mathfrak{T}} \diagup A'' \ldots$$

Diese Folge kann unendlich sein oder nicht: im zweiten Fall wiederholt sie sich periodisch, und es ist daher die identische Transformation eine Potenz von $\mathfrak{T}$. (Beispiel: Drehung um einen rechten Winkel mit dem Zentrum Z).

Ist die Transformation ihr eigenes Inverses, so ist ihr Quadrat die identische Transformation: die Punktfolge reduziert sich dann auf ein Punktepaar. Eine solche Transformation wird auch als *reziprok*, *symmetrisch* oder *involutorisch* bezeichnet (weil die Spiegelung an einem Punkt, einer Geraden oder Ebene ebenso wie die als Involution*) bezeichnete Beziehung die einfachsten Beispiele hierfür sind).

Es versteht sich, daß ein *invarianter Punkt* von $\mathfrak{T}$ sein eigenes Bild ist (zum Beispiel das Zentrum einer Drehung); für einen derartigen Punkt reduziert sich die Folge der Urbilder und Bilder auf eben diesen Punkt. Eine Menge invarianter Punkte bildet eine *punktweise invariante Figur* (zum Beispiel die Ebene P in bezug auf eine Spiegelung an eben dieser Ebene). Man muß diesen Begriff von jenem der *global invarianten Figur*, d.h. *als Ganzes oder innerhalb ihrer Menge invarianten Figur* unterscheiden: eine solche Figur erfährt eine Abbildung *auf* sich selbst, dabei geht jeder Punkt von F wieder in einen Punkt von F über, aber die Punkte selbst bleiben nicht invariant. (Das gilt zum Beispiel bei einer Spiegelung an der Ebene s für eine Ebene F senkrecht zu s.) Diese Abbildung von F auf sich nennt man eine *auf F beschränkte Transformation*. Eine solche Transformation erlaubt selbstverständlich eine Definition über F allein. (Im obigen Beispiel handelt es sich um die Spiegelung an einer Geraden.)

Wir sagen, daß gewisse Elemente, wie Strecken, Winkel, Volumina usw. gegenüber bestimmten Transformationen invariant sind, wenn sie dabei ihren Absolutwert beibehalten (Beispiel: Erhaltung der Winkel bei der Drehung). In gleicher Weise kann eine Beziehung zwischen Elementen invariant sein (zum Beispiel bleibt die Beziehung der Parallelität bei der Drehung erhalten.)

---

*) Anm. d. Ü.: Involution nennt man jede von der identischen Abbildung verschiedene Transformation K in einem Büschel, für die $K^2 = 1$ ist.

Die Menge aller Transformationen, bei denen irgendeine Äquivalenzrelation invariant bleibt, bilden eine Gruppe, was aus der Transitivität der Äquivalenzrelation folgt.

Schließlich müssen wir uns bei der Untersuchung einer Transformationsmenge immer fragen, ob das Produkt kommutativ ist oder nicht.

B. KLASSIFIZIERUNG DER PUNKTTRANSFORMATIONEN

In der affinen Geometrie gestatten die für Vektoren erklärten Operationen, sogenannte affine Punkttransformationen einzuführen. In der metrischen Geometrie werden wir metrische Transformationen einführen (zum Beispiel die Drehung). Gleiches gilt für die projektive und anallagmatische*) Geometrie, welche wir im folgenden nur kurz streifen werden. Die Menge aller Punkttransformationen einer Geometrie bildet eine Gruppe, die diese Geometrie charakterisiert; diese Gruppe kann daher zur Definition der betreffenden Geometrie dienen. Man untersuche zur Übung nicht eineindeutige Punkttransformationen sowie Abbildungen von nicht punktförmigen Mengen, bei denen z.B. das Bild eines Punktes etwa eine Gerade oder eine Ebene ist.

C. TRANSMUTATION einer Punkttransformation durch eine andere Transformation (oder Transformation einer Abbildung)

Es sei $\mathfrak{T}$ eine Punkttransformation, durch welche einer Figur F eine andere Figur F' desselben Raumes $\mathfrak{R}$ zugeordnet wird. Transformiert man nun den gesamten Raum $\mathfrak{R}$, oder zumindest die Vereinigungsmenge von F und F' durch eine Abbildung $\mathfrak{S}$, bei der F in Φ und F' in Φ' übergeht, so wird zwischen Φ und Φ' eine punktweise Zuordnung hergestellt, bzw. eine Transformation $\mathfrak{X}$ nach dem Schema

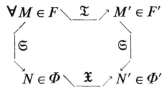

Diese Transformation $\mathfrak{X}$ heißt die durch $\mathfrak{S}$ induzierte *Transmutierte* von $\mathfrak{T}$. Das Schema zeigt jedoch, daß dabei vorausgesetzt werden muß, daß $\mathfrak{S}$ ein Inverses hat, damit N nur einem einzigen Element M entspricht; man hat

$$\mathfrak{X} = \mathfrak{S}^{-1} \times \mathfrak{T} \times \mathfrak{S},$$

---

*) Anm. d. Üb.: Das Wort anallagmatisch, im Deutschen wenig gebräuchlich, stammt von gr. αν = an und αλλαγμα = allagma = Wechsel. Anallagmatisch sind Kurven oder Flächen, die bei einer Inversion (Spiegelung am Kreis) in sich selbst übergehen.

das heißt
$$\mathfrak{X}(N) = \mathfrak{S}\{\mathfrak{T}[\mathfrak{S}^{-1}(N)]\}.$$

Gehören $\mathfrak{T}$ und $\mathfrak{S}$ ein und derselben Transformationsgruppe an, so gehört $\mathfrak{X}$ ebenfalls dieser Gruppe an.

Eine Transmutierte ist also eine Abbildung der Menge der Punkttransformationen in sich. (Beispiel: Transmutiert man in der Ebene eine Drehung um den Winkel α durch Spiegelung an einer Geraden, so erhält man eine Drehung um den Winkel −α.)

3. REELLE FUNKTIONEN EINER VARIABLEN (ALLGEMEINES)

A. DEFINITIONEN

Eine reelle Funktion einer Variablen ist eine Abbildung der Menge R der reellen Zahlen in sich. Die Menge $X \subseteq R$ der Elemente x, die jedes ein Bild besitzen, heißt *Definitionsbereich* der Funktion. Die Bildmenge Y heißt *Wertevorrat* der Funktion. Die Abbildung wird oft mit dem Buchstaben f bezeichnet. Man schreibt also

$$\forall x, x \in X, x \diagdown \underline{}\diagup y \in Y$$

oder einfacher

$$\forall x, x \in X, y = f(x),$$

wobei *x eine Variable* heißt: Sie ist das erzeugende Element der Definitionsmenge.

Das hier verwendete Zeichen = dient hier lediglich zur Bezeichnung des Bildes von x. Ist die Teilmenge X nicht näher definiert, so betrachtet man die größte Teilmenge von R, innerhalb der die Funktion definiert ist. (Haben wir zum Beispiel die Funktion „Quadratwurzel aus" vorliegen, so ist der Definitionsbereich die Menge der Zahlen, die positiv oder null sind.)

Graph

Es entspricht jedem x von X genau ein y von Y: man kann das als eine Beziehung zwischen x und y ansehen und die geordneten Paare (x, y) bilden, die dieser Relation genügen. Diese Paare können in der Ebene durch Punkte dargestellt werden, wobei x und y deren Koordinaten sind. Im allgemeinen verwendet man rechtwinklige Achsen mit gleicher Einteilung, um metrische analytische Geometrie der Ebene treiben zu können, doch ist das nicht wesentlich: nicht selten verwendet man verschiedene Einheiten auf beiden Achsen und läßt ihre Nullpunkte nicht zusammenfallen. In allen diesen Fällen aber bildet die Menge der Punkte, die diese Zahlenpaare darstellen, das *Bild* oder den *Graph* der Funktion.

Beispiele

1. Die *Fakultätfunktion* $y = 1 \cdot 2 \cdot 3 \ldots x = x!$ ist über der Menge der ganzen positiven Zahlen definiert. Ihr Graph setzt sich aus einer abzählbar unendlichen Menge von Punkten zusammen.

2. *Affine Funktionen,* deren Bild eine Gerade ist

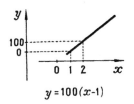
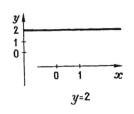
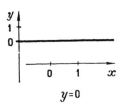

3. *Quadratwurzelfunktion.* Die Funktion ist über der Menge der reellen positiven Zahlen mit Einschluß der Null definiert. Betrachten wir als Ausgangsmenge X die Menge der positiven ganzen Zahlen, so liegt der Wertebereich der Funktion in einer anderen als der Ausgangsmenge.

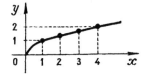
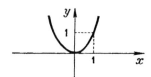

4. Schließlich betrachten wir noch die Graphen der Funktionen $y = x^2$ und $y = \sin x$:

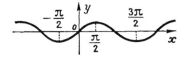

Umkehrfunktion

Auf X sei eine Funktion $\forall x \in X, x \longrightarrow y$ definiert, und es sei $Y = f(x)$ die Menge der Bilder $f(x)$. Ist jedes $y \in Y$ das Bild nur eines einzigen Elementes $x \in X$, so definiert die Funktion f eine eineindeutige Zuordnung von X und Y. Man sagt, daß f eine bijektive Funktion von X zu

Y ist; die gleiche Zuordnung könnte auch durch eine bijektive Funktion von Y zu X definiert werden.

$$\forall y \in Y, \quad y \searrow^{g} \nearrow x \qquad x \underset{f}{\overset{g}{\lessgtr}} y$$

Das bedeutet, daß das Produkt der Funktionen f und g die identische Transformation ergibt

$$f \times g = \mathfrak{J} \qquad x \searrow^{f} \nearrow y \searrow^{g} \nearrow x$$
$$\underbrace{\qquad\qquad\qquad}_{\mathfrak{J}}$$

Die Funktionen f und g heißen zueinander invers, reziprok oder umgekehrt; man schreibt $g = \overset{-1}{f}$ oder $f = \overset{-1}{g}$.

Ist der Graph C der Funktion f eine Kurve, die durch jede Parallele zur x-Achse in höchstens einem Punkte geschnitten wird, so entsteht der Graph der Funktion g durch Vertauschung der beiden Achsen, d. h. durch Spiegelung an der Achse $y = x$.

Eine Funktion, die gleich ihrer inversen Funktion ist, heißt involutiv.

Beispiel

$\forall x, \; x \searrow \nearrow y = 3 - x$, auch definierbar durch $x + y = 3$.

Eine nicht bijektive Funktion definiert eine Zuordnung von $y_0 \in Y$ zu einer Menge von Werten von x, die das Kehrbild (reziproke Bild) von y_0 genannt wird. Den Begriff der reziproken Funktion gibt es nur bei der Abbildung von Y auf die Menge der Teilmengen von X, aber man interessiert sich für den Fall, daß eine inverse Funktion zwischen Y und einer Teilmenge von X existiert.

Beispiele

1. $\quad \forall x \in R, \; x \searrow_{\text{Quadrat}} \nearrow y = x^2, \; Y \subseteq R^+$.

Man beweist oder läßt $Y = R^+$ zu und definiert

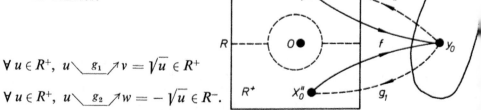

$\forall u \in R^+, \; u \searrow_{g_1} \nearrow v = \sqrt{u} \in R^+$

$\forall u \in R^+, \; u \searrow_{g_2} \nearrow w = -\sqrt{u} \in R^-$.

2. Bei den wichtigsten trigonometrischen Funktionen definiert man die Hauptwerte der reziproken Funktionen (Kehrfunktionen)*):
Umkehrung der Sinusfunktion

$$X = \left] -\frac{\pi}{2}, +\frac{\pi}{2} \right], \quad \forall u \in X, \quad u \searrow \underline{\text{Arcussinus}} \nearrow \varphi = \text{Arcsin } u$$

Umkehrung der Kosinusfunktion

$$X = [0, \pi[, \quad \forall v \in X, \quad v \searrow \underline{\text{Arcuscosinus}} \nearrow \varphi = \text{Arccos } v$$

Umkehrung der Tangensfunktion

$$X = \left] -\frac{\pi}{2}, +\frac{\pi}{2} \right[, \quad \forall t \in X, \quad t \searrow \underline{\text{Arcustangens}} \nearrow \varphi = \text{Arctan } t.$$

Bemerkung

Wir werden bei Gelegenheit in der Menge der reellen Funktionen eine Körperstruktur einführen, bei der eine als „Produkt" bezeichnete Operation, die dem Produkt der Bilder entspricht, auftritt. In diesem Fall ist eine genauere Fassung unserer Ausdrucksweisen nützlich:

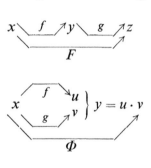

$F = f \times g = g \circ f$ zusammengesetzte Funktion, Schachtelfunktion

$F(x) = g[f(x)]$

Ist $F = \mathfrak{J}$, so heißen f und g reziprok oder umgekehrt zueinander.

$\Phi = f \cdot g$ Produktfunktion, Funktionenprodukt

$\Phi(x) = f(x) \cdot g(x)$

Ist $\Phi = \mathfrak{J}$, so werden f und g zueinander invers genannt.

B. ÄNDERUNG EINER REELLEN FUNKTION

Es sei X eine Menge, auf welcher eine Funktion $f(x)$ definiert ist. Die Funktion wird als monoton *wachsend (zunehmend)* über X bezeichnet, wenn die Abbildung anordnungstreu ist. Das heißt mit anderen Worten, wenn für jedes Paar x_1, x_2 von x-Werten, die X angehören, die Differenz $f(x_2)-f(x_1)$ dasselbe Vorzeichen wie x_2-x_1 hat. Besitzt im Gegensatz dazu bei beliebigem x_1 und x_2 von X die Differenz $f(x_2)-f(x_1)$ das Vorzeichen von $-(x_2-x_1)$, so heißt die Funktion monoton *fallend (abnehmend)* über X. Schließlich heißt die Funktion *konstant* über X, wenn $f(x_2)-f(x_1) = 0$ für beliebiges x_2 und x_1 von X.

---

*) Für die Hauptwerte verwenden wir hier die Abkürzungen Arcsin, Arccos, Arctan statt arcsin, arccos, arctan.

Im allgemeinen wird keiner der drei Fälle allein über dem ganzen Definitionsbereich erfüllt sein; dann muß man untersuchen, inwieweit sich dieser in eine endliche oder unendliche Anzahl von Teilbereichen zerlegen läßt, in denen jeweils einer der drei Fälle realisiert ist. Man sagt dann, daß die Funktion über einem solchen Teilbereich X_1 von X *monoton* ist; die Umkehrfunktion ist dann immer bestimmt, mit Ausnahme des Falles, wo die Originalfunktion konstant ist.

Im Graph zeigt sich die Zunahme einer Funktion dadurch, daß alle Sehnen M_1M_2 den Vektoren $i+kj$ mit $k > 0$ parallel sind (i und j sind dabei die Einheitsvektoren auf den Koordinatenachsen). Es gilt in der Tat

$$M_1M_2 = (x_2-x_1)i+(y_2-y_1)j = (x_2-x_1)(i+kj),$$

wo $k = \dfrac{y_2-y_1}{x_2-x_1}$ gemäß der Definition einer zunehmenden Funktion positiv ist. Diese Zahl k ist der *Richtungsfaktor* (oder die *Steigung*) *der Sehne* M_1M_2. In gleicher Weise ist die Abnahme eine Funktion über X durch den Umstand gekennzeichnet, daß alle Sehnen, die zwei Punkte der Bildkurve verbinden, eine negative Steigung haben.

Beispiele

1. k ist konstant. Dann lautet die Gleichung des Graphen

$$\frac{y-y_1}{x-x_1} = k \quad \text{oder} \quad y = kx+(y_1-kx_1),$$

was eine Gleichung erster Ordnung ist, die eine Gerade beschreibt. Die Funktion ist

$$x \searrow \;\; f \;\; \nearrow kx+(y_1-kx_1),$$

für die auch $y = kx+(y_1-kx_1)$ geschrieben wird. Man nennt sie *affine Funktion*. Auf Grund einer althergebrachten Vermengung der Begriffe „Linie" und „Gerade" bezeichnete man sie auch als lineare Funktion, also mit einem Ausdruck, der nunmehr der Bezeichnung von Funktionen der Form $y = kx$ vorbehalten ist.

2. Die Funktion $y = x^3$ ist über der Menge der reellen Zahlen monoton wachsend, weil

$$y_2-y_1 = (x_2)^3-(x_1)^3 = (x_2-x_1)[x_2^2+x_1x_2+x_1^2].$$

Die eckige Klammer kann auch $k = \tfrac{3}{4}(x_2+x_1)^2 + \tfrac{1}{4}(x_2-x_1)^2$ geschrieben werden und ist somit positiv.

3. $n \in N,\; x \searrow \underline{\qquad} \nearrow y = 1 \cdot 2 \cdot 3 \cdots n = n!$ ist in N wachsend.

Zweiter Abschnitt

DER TOPOLOGISCHE STANDPUNKT

1. ALLGEMEINES: UMGEBUNGEN, GRENZWERTE

Die Topologie ist, grob gesprochen, jener Zweig der Mathematik, der die intuitiven Formulierungen wie „ist benachbart zu", „ist wenig verschieden", „strebt gegen …", in eine mathematische Form kleidet. Diese Begriffe muß man in der Physik bei der Annäherung von Meßergebnissen und in der Geometrie bei dem intuitiven Begriff der Stetigkeit einführen.

A. DER BEGRIFF DER UMGEBUNG

1. Umgebungen in der Menge R der reellen Zahlen

Es sei eine Zahl a gegeben: dann bezeichnen wir als α-*Umgebung* von a die Zahlenmenge x, die die Bedingung

$$a-\alpha < x < a+\alpha, \quad \text{das heißt} \quad x \in \,]a-\alpha, a+\alpha[$$

befriedigt. Wir schreiben sie $U_\alpha(a)$.
Wir setzen dabei als wesentlich voraus, daß α *positiv* ist.
Das Intervall wird als *offen* angenommen, um die folgenden Eigenschaften gewährleisten zu können:
[U_1] *Für jedes beliebige b in der Umgebung von a existiert eine Umgebung von b, die innerhalb der Umgebung von a liegt.*
Es genügt, für β die kleinere der Zahlen $a+\alpha-b$ und $b-(a-\alpha)$ zu wählen und die β-Umgebung um b zu nehmen.
Es ist nicht wesentlich, daß a im Mittelpunkt des Intervalls liegt, und man nennt jedes offene Intervall $]a-\beta, a+\gamma[$ eine Umgebung von a, solange nur die Zahlen β und γ positiv sind; ein solches Intervall enthält in der Tat eine Umgebung α, wobei α die kleinere der beiden Zahlen β und γ ist.
Man nennt darüber hinaus Umgebung von a (ohne Angabe der Größe) jede Teilmenge, die ein offenes Intervall enthält, dem a angehört. Wir beschränken uns im folgenden darauf, als Umgebung ein Intervall zu verwenden und im allgemeinen a in dessen Mittelpunkt zu legen.

Wir erkennen die zwei wichtigen Eigenschaften:

[U_2] *Die Vereinigung und der Durchschnitt zweier Umgebungen von a sind beide wiederum eine Umgebung von a.*

[U_3] *Sind zwei Zahlen a und b voneinander verschieden, so existieren getrennte Umgebungen von a und b* (d.h., ohne gemeinsame Punkte). Damit wird die *Trennbarkeit* ausgesprochen. Zu ihrem Nachweis genügt es in der Tat, $U_\alpha(a)$ und $U_\alpha(b)$ so zu wählen, daß $\alpha = \dfrac{1}{3}|b-a|$.

2. Umgebungen in einer beliebigen Menge

Ist a ein Element einer Menge E, so handelt es sich hier darum, eine Menge $\mathfrak{A}$ von a enthaltenden Teilmengen $U(a)$ zu definieren, die den Eigenschaften [U_1], [U_2] und, wenn möglich, [U_3] genügen. Dann ist die Menge $\mathfrak{A}$ durch Inklusion geordnet.

a) Umgebung eines Punktes

In der Menge der reellen Zahlen haben wir unter Zugrundelegung des Begriffes des *Abstandes* zweier Punkte der reellen Zahlengeraden eine Definition gegeben: $M_1 M_2 = |x_2 - x_1|$. In der Punktmenge auf der Geraden sind die *Umgebungen eines Punktes A der Abszisse a die offenen Geradenabschnitte,* die A enthalten. Diese Abschnitte sind Bilder der offenen Intervalle, die a enthalten. Wir verwenden im allgemeinen Abschnitte mit dem Mittelpunkt A und bezeichnen die derart durch $|x-a| < \alpha$ definierten Umgebungen mit $U_\alpha(A)$ und $U_\alpha(a)$. Ersetzt man also eine Zahl a durch ein Element $x \in U_\alpha(a)$, so begeht man dabei einen *absoluten Fehler* $|x-a|$, der kleiner als α ist.

Man kann auch noch eine andere Definition der Umgebungen in der Menge der reellen Zahlen annehmen, wenn man von dem Begriff des *relativen Fehlers* ausgeht: x ist a benachbart, wenn $\dfrac{x}{a}$ nahe dem Wert 1 ist. Dann ist eine Umgebung $V_\beta(a)$ als Menge jener Werte x zu verstehen, die der Bedingung

$$0 < 1-\beta < \frac{x}{a} < 1+\beta, \quad \text{das heißt} \quad |x-a| < \beta|a|$$

genügen.

Bei gegebenem α ist dann $V_\beta(a) \subset U_\alpha(a)$, wenn $\beta < \dfrac{\alpha}{|a|}$.

Bei gegebenem β ist dann $U_\alpha(a) \subset V_\beta(a)$, wenn $\alpha < \beta|a|$, jedoch nur unter Voraussetzung eines beschränkten Intervalles (a_1, a_2), das die 0 nicht enthält. In der Menge der reellen Zahlen bzw. auf der reellen Zahlengeraden bestimmen diese beiden Definitionen *verschiedene Topologien*.

b) Punkte im 2-, 3- oder n-dimensionalen Raum

In der affinen Geometrie ist ein Punkt A durch $\boldsymbol{OA} = a\boldsymbol{i}+b\boldsymbol{j}$ bestimmt. In entsprechender Weise definieren wir eine Umgebung $U_{\alpha,\beta}(A)$ als die Punktmenge $M, \boldsymbol{OM} = x\boldsymbol{i}+y\boldsymbol{j}$, die den folgenden Bedingungen genügt:

$$x \in {]}a-\alpha, a+\alpha[\text{ und } y \in {]}b-\beta, b+\beta[$$

Der so definierte Bereich ist nichts anderes als das Innere eines Parallelogramms, dessen Form von der gewählten Koordinatenbasis abhängt; führt man jedoch einen Basiswechsel aus, so verwendet man wieder den Durchschnitt der beiden entsprechenden Parallelogramme.
In der metrischen Geometrie (vgl. das folgende Kapitel) werden wir zu einer Definition greifen, die auf dem Begriff des Abstandes zweier Punkte beruht. Eine α-Umgebung eines Punktes A ist dann die Punktmenge M, die der Bedingung $AM < \alpha$ genügt. Es ist ein *offener Kreisbereich*.
In Verallgemeinerung des Vorangehenden heißt im n-dimensionalen Raum eine solche Teilmenge ein *offener Kugelbereich*.

c) Umgebung eines Vektors

Durch $\boldsymbol{OL} = \boldsymbol{V}$ ordnet man den Vektoren einen Punktraum zu. Es ist daher $\boldsymbol{L_0 L} = \boldsymbol{V} - \boldsymbol{V_0}$. Eine Umgebung von $\boldsymbol{V_0}$ ist das Bild einer Umgebung von L_0.

d) Umgebungen einer Geraden in der Menge $\mathfrak{G}$ der Geraden g der Ebene

Die Lage einer Geraden hängt von zwei Parametern ab: man definiert sie zum Beispiel durch ihre Gleichung $y = mx+n$ und stellt so eine eineindeutige Zuordnung zwischen den Wertepaaren (m, n) des R^2 und den Geraden g her. Ebenso kann man zur Definition die Abschnitte heranziehen, die von der Geraden auf den Koordinatenachsen abgeschnitten werden, oder auch den Fußpunkt des von einem gewählten Punkt auf die Gerade g gefällten Lotes. Zwei Geraden heißen *benachbart*, wenn beide sie bestimmenden Parameter benachbarte Werte annehmen. Diese Definitionen befriedigen sicher die Bedingungen [U_1], [U_2], [U_3]. Jede Umgebung einer bestimmten Art enthält Umgebungen der anderen Arten, so daß die verschiedenen vorgeschlagenen Definitionen ein und dieselbe Topologie bestimmen.

Es soll dabei darauf hingewiesen werden, daß man für zwei benachbarte Geraden keine Zuordnung nach benachbarten Punkten vornimmt. Die Topologie der von Geraden überdeckten Ebene hängt mit jener der Punktebene nicht zusammen. Diese beiden Gesichtspunkte können aber miteinander in Verbindung gebracht werden, wenn man einen beschränkten Bereich der Ebene und nur Geradenabschnitte betrachtet.

e) Umgebungen einer Abbildung

Betrachten wir zum Beispiel die Menge der Drehungen in der ebenen Geometrie. Eine Drehung D wird durch die Lage des Drehzentrums und den Wert des Drehwinkels bestimmt; das sind drei Parameter. Zwei Drehungen D' und D'' heißen „benachbart", wenn jene drei Parameter benachbarte Werte annehmen. Die Bilder P' und P'' ein und desselben Punktes P sind aber trotzdem nur dann benachbart, wenn man einen beschränkten Bereich um die Drehzentren betrachtet.

f) Umgebungen einer Kurve

In einer Menge von Kurven werden zwei Bögen Γ und Γ', die die Punkte A und B verbinden, als benachbart bezeichnet, wenn man zwischen Γ und Γ' eine derartige Zuordnung herstellen kann, daß jeder Punkt $P \in \Gamma$ und sein Bild $P' \in \Gamma'$ einen Abstand kleiner als α haben.

Eine derartige Umgebung ist bei der Untersuchung von Flächen anwendbar. Es ist jedoch offensichtlich, daß man bei der Betrachtung von Längen mehr verlangen muß: einander zugeordnete Punkte müssen überdies Tangenten an die betreffenden Kurven aufweisen, deren Richtungen benachbart sind. Die Untersuchung muß sich nicht nur auf punktartige, sondern auch auf tangentiale Umgebungen erstrecken.

Sind die Kurven Graphen von reellen Funktionen einer reellen Variablen, so kann man die Funktionen unter mehr oder weniger strengen Bedingungen als benachbart erklären, wenn ihre Graphen punktweise oder auch tangentiell (was die Ableitungen betrifft) benachbart sind

B. STETIGKEIT UND GRENZWERT

Wir gehen von zwei Mengen E und F aus, deren Elemente x beziehungsweise y sind, und in denen die Umgebungen $U_\alpha(x_0)$ und $V_\beta(y_0)$ definiert sind. Eine Abbildung f von E in F ordnet jedem Element x ein Bild $y = f(x)$ zu, und man untersucht, inwieweit sich die beiden Umgebungen entsprechen.

Stetigkeit

Es sei $y_0 = f(x_0)$ das Bild eines x_0. Dann heißt die Abbildung f *stetig* in x_0, wenn für jede beliebige Umgebung $V(y_0)$ eine Umgebung $U(x_0)$ existiert, so daß

$$x \in U(x_0) \Rightarrow y \in V(y_0),$$

d. h. $f[U(x_0)] \subset V(y_0)$. Wir können auch sagen, daß es eine Umgebung $U(x_0)$ gibt, die in der Menge der Umkehrbilder der Elemente von V enthalten ist.

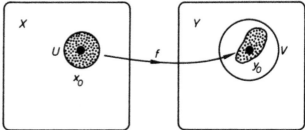

Grenzwert

Wir betrachten nun den Fall, daß die Funktion nicht in x_0 definiert ist, sondern nur in den *„punktierten"* Umgebungen $U(x_0) - \{x_0\}$. Läßt sich dann zu x_0 ein Element λ so zuordnen, daß die Funktion dort stetig wird, so heißt λ der Grenzwert von f in x_0. Man schreibt

$$\lim_{x \to x_0} f(x) = \lambda \qquad \text{oder} \qquad f(x) \to \lambda \atop x \to x_0$$

Die Eindeutigkeit des Grenzwertes ist in jedem Falle zu untersuchen.

Kreistangente in einem Punkt

(Wir verwenden die wohlbekannten Eigenschaften, die aus der Definition folgen.)
Es sei E die Menge der Punkte einer Kreislinie ($OP = r$) und ein Punkt $A \in E$ gegeben. Wir betrachten die α-Umgebungen, die durch

$$P \in U_\alpha(A) \quad \Leftrightarrow \quad \measuredangle AOP < \alpha$$

definiert sind.

Andererseits sei F die Menge der Geraden g durch A. Wir definieren eine ε-Umgebung einer bestimmten Geraden g_0 mittels

$$g \in V_\varepsilon(g_0) \quad \Leftrightarrow \quad \measuredangle g_0 g < \varepsilon.$$

Schließlich ordnen wir jedem Punkt P die Gerade g zu, die durch P hindurchgeht. Diese Gerade AP ist nur dann bestimmt, wenn P nicht mit A zusammenfällt, so daß die Abbildung in der Menge $E-\{A\}$ definiert ist (d.h. E mit Ausnahme des Punktes A, der daraus entfernt worden ist).

Das Bild von $U_\alpha(A)-\{A\}$ ist die Menge der Geraden g, die der Beziehung

$$\frac{\pi}{2} - \frac{\alpha}{2} \not\prec (AO, g) < \frac{\pi}{2}$$

genügen. Betrachtet man also die Gerade t, die im Punkt A auf dem Radius OA senkrecht steht, so sieht man, daß dieses Bild die Umgebung $V_\varepsilon(t)$ für $\varepsilon = \dfrac{\alpha}{2}$ ist, aus der man die Gerade t entfernt hat.

Umgekehrt ist für jedes beliebig gewählte $\varepsilon > 0$ die Umgebung $V_\varepsilon(t)-\{t\}$ das Bild einer Umgebung $U_\alpha(A)-\{A\}$ für $\alpha = 2\varepsilon$. (Man denkt intuitiv so: Angenommen, ich verkleinere den Winkel ε, so kann ich die Gerade AP mit der Geraden t zusammenfallen lassen, wenn nur P genügend nahe an A heranrückt.)

Dies so erscheinende Ergebnis schreibt man:

$$\forall \varepsilon > 0, \exists \alpha : [P \in U_\alpha(A)-\{A\}] \Rightarrow [g \in V_\varepsilon(t)]$$

Dieses Resultat kann in verschiedener Weise ausgedrückt werden:
„g strebt dann gegen t, wenn sich P dem Punkt A nähert";
„g besitzt dann die Grenzlage t, wenn g an A heranrückt".

Man schreibt dafür auch (mit geraden Pfeilen)

$$\text{„} g \to t, \text{ wenn } P \to A\text{''} \quad \text{oder auch} \quad g \underset{P \to A}{\to} t$$

Man bemerke, daß diese Aussagen nur als Ganzes einen Sinn haben, die einzelnen Teile der Sätze haben für sich keine Bedeutung.

2. DAS VERHALTEN EINER REELLEN FUNKTION IN DER UMGEBUNG EINES PUNKTES (LOKALES VERHALTEN)

a) Stetigkeit

Wir setzen voraus, daß die Funktion $y = f(x)$ in jedem Punkt eines Intervalls $]a, b[$ definiert ist; dieses offene Intervall ist gleichzeitig Umgebung aller seiner Punkte. Alle Umgebungen $U_\alpha(x_0)$, die wir betrachten, seien in $]a, b[$ enthalten, d.h. wir nehmen α ausreichend klein, um dieser Bedingung zu genügen.

Es sei also $x_0 \in]a, b[$; wir setzen $y_0 = f(x_0)$. Das Bild einer Umgebung $U(x_0)$ ist eine Teilmenge der reellen Zahlen, die y_0 enthält, aber es ist ohne eine Voraussetzung über die Funktion f nicht sicher, ob diese Teilmenge eine Umgebung von y_0 ist. Wir betrachten nun folgenden Fall:

Stetigkeit an der Stelle x_0

Die Funktion heißt stetig an der Stelle x_0, wenn für jedes $\varepsilon > 0$ die Bedingung $y \in V_\varepsilon(y_0)$ für jedes beliebige x aus einer Umgebung $U_\alpha(x_0)$ erfüllt ist, wobei die positive Zahl α auch noch von ε abhängen kann.

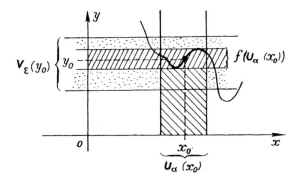

Mit anderen Worten heißt das:

Eine im Intervall $]a, b[$ definierte Funktion heißt stetig an einer Stelle x_0 dieses Intervalls, wenn man zu jeder beliebigen positiven Zahl ε eine positive Zahl α angeben kann, so daß $|y - y_0| < \varepsilon$, sobald nur $|x - x_0| < \alpha$ ist.

Das will sagen:

$$\forall \varepsilon > 0, \exists \alpha : |x - x_0| < \alpha \;\Rightarrow\; |y - y_0| < \varepsilon.$$

Wie der Graph zeigt, bedeutet dies, daß das Bild von $U_\alpha(x_0)$ in $V_\varepsilon(y_0)$ enthalten ist. Man sucht also keineswegs die kleinste Zahl α auf, die dieser Bedingung genügt.

Beispiel

Die Funktion ersten Grades (lineare Funktion) $y = mx + n$ ist an jeder Stelle stetig, weil $|y - y_0| < \varepsilon$ wird, sobald nur $|x - x_0| < \dfrac{\varepsilon}{|m|}$. Man wählt zum Beispiel $\alpha = \dfrac{\varepsilon}{2|m|}$.

Es leuchtet sofort ein, daß α von ε abhängt. Ist die Funktion nicht linear, so hängt α offensichtlich auch noch von x_0 ab.
Wir sind also nunmehr imstande, die Stetigkeit einer Funktion an einer bestimmten Stelle mit Hilfe des Grenzwertes auszudrücken. Wir haben hier den einfachen Fall, wo wir die Stelle x_0 nicht auszuschließen brauchen. Wir können sagen: *Eine auf dem Intervall* $]a, b[$ *definierte Funktion heißt „stetig an einer Stelle x_0" dieses Intervalls, wenn $f(x)$ gegen $f(x_0)$ strebt, sobald sich x der Stelle x_0 nähert.*

b) Definition

Eine Funktion heißt „definiert in der Umgebung von x_0", wenn sie für jede noch so kleine positive Zahl α in bestimmten Punkten jeder Umgebung $U_\alpha(x_0)$ mit Ausnahme von x_0 definiert ist. Es kann vorkommen, daß die Funktion an der Stelle x_0 selbst nicht definiert ist; es erhebt sich dann die Frage, ob sie einen Grenzwert L besitzt, wenn sich x der Stelle x_0 nähert; das heißt, ob L existiert, so daß

$$\forall \varepsilon > 0, \exists \alpha > 0 : [x \in X, |x - x_0| < \alpha] \Rightarrow [|f(x) - L| > \varepsilon],$$

wenn der Definitionsbereich der Funktion $f(x)$ mit X bezeichnet wird.
Der einfachste Fall, der einzige, dem wir im dritten Teil dieses Buches begegnen werden, ist jener, wo die Funktion im gesamten Intervall $]a, b[$ mit Ausnahme von x_0 definiert ist. Hat die Funktion einen Grenzwert L, wenn sich x dem Wert x_0 nähert, so kann man sie an der Stelle x_0 *definieren und stetig machen*: dazu genügt es, dem Bild von x_0 den Wert L zuzuordnen. Solche Unstetigkeiten bezeichnet man als hebbare Unstetigkeiten.

c) Ableitung an einer Stelle

Wir nehmen an, daß die Funktion über $]a, b[$ definiert und an der Stelle x_0 stetig sei. Nach Wahl von ε, womit gleichzeitig $V_\varepsilon(y_0)$ festgelegt ist, haben wir dieser Umgebung das Intervall $U_\alpha(x_0)$ zugeordnet, so daß

$$x \in U_\alpha(x_0) \Rightarrow y \in V_\varepsilon(y_0).$$

Der Punkt P des Graphen mit den Koordinaten x, y liegt also in der Umgebung des Punktes P_0 mit den Koordinaten x_0, y_0. Darüber hinaus wollen wir noch genauer ausdrücken, wann die Richtung der Geraden P_0P einer bestimmten Richtung benachbart ist. Dazu betrachten wir den Richtungsfaktor der Geraden P_0P:

$$g(x) = \frac{y - y_0}{x - x_0}$$

ist eine Funktion, die nur an der Stelle $x = x_0$ nicht definiert ist, aber an jeder anderen Stelle von $U_\alpha(x_0)$ sicher existiert.
Besitzt $g(x)$ einen Grenzwert k, wenn sich x der Stelle x_0 nähert, das heißt, wenn

$$\forall \varepsilon' > 0, \exists \alpha' : |x-x_0| < \alpha' \Rightarrow \left|\frac{y-y_0}{x-x_0} - k\right| < \varepsilon',$$

so sagt man, daß *die Funktion f an der Stelle x_0 eine Ableitung besitzt* und daß diese Ableitung den Zahlenwert k hat. Das will sagen: Die Geraden P_0P der Menge der Geraden der Ebene durch P_0 liegen in einer beliebig kleinen ε'-Umgebung der Geraden t, die ebenfalls durch P_0 hindurchgeht und den Richtungsfaktor k hat, wenn P in einer genügend kleinen α'-Umgebung von P_0 liegt. Gemäß der Definition heißt diese Gerade t *Tangente* des Graphen im Punkt P_0. Es ist folglich gleichbedeutend, zu sagen, daß die Funktion an der Stelle x_0 eine Ableitung besitzt oder daß ihre Bildkurve im Punkt P_0 eine Tangente hat. Der Zahlenwert dieser Ableitung ist gleich dem Richtungsfaktor dieser Tangente.

Wichtige Bemerkungen

1. **Eindeutigkeit des Grenzwertes; Satz**

Wir haben im vorhergehenden des öfteren vorausgesetzt, daß eine Funktion für einen bestimmten Wert x_0 des Argumentes einen Grenzwert besitzt. Wir müssen aber noch den folgenden Satz beweisen:
Besitzt eine Funktion einen Grenzwert L, wenn x gegen x_0 strebt, so ist dieser Grenzwert eindeutig.
Das heißt mit anderen Worten, daß eine Funktion nicht zwei verschiedenen Grenzwerten L und L_1 zustreben kann, wenn sich x der Stelle x_0 nähert. Dies folgt aus der Trennbarkeit $[U_3]$, die sicher für jene Umgebungen zutrifft, welche wir in der Menge der reellen Zahlen definiert haben, die den Wertevorrat der Funktion darstellt. Wäre $L \neq L_1$, so könnten wir zwei *disjunkte* Umgebungen $V_\varepsilon(L)$ und $V_\varepsilon(L_1)$ betrachten. (Dazu genügt es, $\varepsilon < \frac{1}{3}|L-L_1|$ zu wählen.) Ist somit L ein Grenzwert, so kann man eine Zahl α angeben, so daß das Bild von $U_\alpha(x_0)$ in $V_\varepsilon(L)$ enthalten ist. Dieses Bild hat also keine Punkte in $V_\varepsilon(L_1)$, und L_1 kann deswegen auch kein Grenzwert sein.

2. **Theorem**

Nehmen zwei Funktionen f und g, die in der Umgebung der Stelle x_0 definiert sind, für jedes x in $]a, b[$, höchstens mit Ausnahme von $x = x_0$, denselben Wert an, und strebt eine derselben dem Grenzwert L zu, wenn x sich x_0 nähert, so gilt dasselbe auch von der anderen Funktion.

Dieser Satz ist eine unmittelbare Folgerung aus der Definition; insbesondere gilt: Ist eine der Funktionen, zum Beispiel $g(x)$, an der Stelle x_0 stetig, so besitzt die andere dort einen Grenzwert, der ebenfalls gleich $g(x_0)$ ist.

Beispiel

Man vergleiche für $x = 3$

$$f(x) = \frac{x^2-9}{x-3} \quad \text{und} \quad g(x) = x+3.$$

Die Funktion f wird an der Stelle $x = 3$ stetig und definiert, wenn man ihr dort den Wert $g(3) = 6$ zuschreibt.

3. Bemerkung

Die Theoreme, die sich auf das Rechnen mit Grenzwerten sowie mit stetigen und differenzierbaren Funktionen beziehen, werden wir im dritten Teil dieses Buches behandeln. Trotzdem werden wir in diesem Teil bereits die Eigenschaften, die unmittelbar aus den Definitionen folgen, benötigen: Der Grenzwert der Summe von endlich vielen Funktionen, deren jede einen Grenzwert besitzt, ist gleich der Summe der Grenzwerte der einzelnen Funktionen. Gleiches gilt analog für ein Produkt von Funktionen.

4. Zunahme und Abnahme an einer Stelle

Es sei eine im Intervall $]a, b[$ definierte Funktion $f(x)$ und eine Stelle x_0 dieses Intervalls gegeben. Existiert nun eine Umgebung $U_\alpha(x_0)$, in der die Funktion der Bedingung

$$\forall x \in U_\alpha(x_0) \, , \, g(x) = \frac{f(x)-f(x_0)}{x-x_0} > 0$$

genügt, so heißt die Funktion *an der Stelle x_0 wachsend* oder *zunehmend*. (Man vergleicht also hier jeden Wert in $]a, b[$ mit dem gewählten Wert x_0 und nicht, wie zur Feststellung der monotonen Zunahme in einem Intervall, irgend zwei Werte x_1 und x_2 des Intervalls.)

Besitzt eine Funktion an einer Stelle eine *positive Ableitung k*, so ist die Funktion an dieser Stelle zunehmend, da man ja ohne weiteres α derart definieren kann, daß $|g(x)-k| < \frac{1}{2}k$ und daher $g(x) > 0$.

Umgekehrt können wir annehmen, daß $g(x) > 0$ für alle x in (a, b). Nichts beweist, daß $f(x)$ an der Stelle x_0 eine Ableitung hat; trifft dies jedoch zu, so kann diese Ableitung nicht negativ sein. Daraus folgen die

Sätze

Ist eine im Intervall (a, b) definierte Funktion an der Stelle $x_0 \in {]}a, b{[}$ stetig und besitzt sie dort eine Ableitung k, so gilt

$$k > 0 \quad \Rightarrow f(x) \text{ ist in } x_0 \text{ zunehmend}$$
$$k < 0 \quad \Rightarrow f(x) \text{ ist in } x_0 \text{ abnehmend}$$

$f(x)$ ist in x_0 zunehmend $\quad \Rightarrow \quad k \geqq 0$
$f(x)$ ist in x_0 abnehmend $\quad \Rightarrow \quad k \leqq 0.$

3. ERWEITERUNG DES STETIGKEITSBEGRIFFES: GLEICHMÄSSIGE STETIGKEIT

Im folgenden setzen wir die Funktion $f(x)$ als in einem abgeschlossenen Intervall $[a, b]$ definiert und in jedem Punkt des Intervalls als stetig voraus. Es handelt sich nun darum, mittels einer Kette von Umgebungen von einem Punkt x_1 zu einem anderen Punkt x_2 zu gelangen.

A. GRUNDLEGENDE SÄTZE

a) Satz von der gleichmäßigen Stetigkeit

Gemäß der Definition der Stetigkeit an einer Stelle kann man zu jeder beliebig gewählten positiven Zahl ε an jeder Stelle x_0 von $]a, b[$ eine Zahl α_0 angeben, so daß

$$x \in {]}x_0-\alpha_0, x_0+\alpha_0{[} \quad \Rightarrow \quad |y-y_0| < \varepsilon.$$

In jeder Umgebung $U_{\alpha_0}(x_0)$ mit der Länge $2\alpha_0$ wird der Graph der Funktion bis auf ε genau durch eine Strecke der Geraden $y = y_0$ angenähert. Um jedoch sicherzustellen, daß uns dies eine Überdeckung des Intervalls $]a, b[$ mit *endlich vielen* solchen Umgebungen liefert, muß man eine von null verschiedene untere Schranke dieser Strecken $2\alpha_0$ für die verschiedenen Punkte x_0 kennen. Dieses Erfordernis führt auf einen neuen Begriff:

Definition der gleichmäßigen Stetigkeit

Eine über einem abgeschlossenen Intervall $[a, b]$ definierte Funktion heißt *gleichmäßig stetig*, wenn man zu jeder Zahl $\varepsilon > 0$ eine Zahl $\delta > 0$ angeben kann, so daß für jedes Wertepaar x_1, x_2 des Intervalls

$$|y_1-y_2| < \varepsilon \text{ wird, sobald } |x_1-x_2| < \delta.$$

Das bedeutet:

$$\forall \varepsilon > 0, \forall x_1 \text{ und } x_2 \in [a,b], \exists \delta > 0 : |x_1 - x_2| < \delta \quad \Rightarrow \quad |y_1 - y_2| < \varepsilon.$$

Diese Bedingung scheint strenger zu sein als jene der Stetigkeit an jeder Stelle; bei näherer Betrachtung stellt sich jedoch heraus, daß für über einem Intervall reeller Zahlen definierte reelle Funktionen beide Begriffe zusammenfallen. Dies geht aus dem folgenden Satz hervor:

Satz von der gleichmäßigen Stetigkeit

Jede über einem abgeschlossenen Intervall definierte und an jeder Stelle stetige Funktion ist im gesamten Intervall gleichmäßig stetig.
(Die Beweise für die einzelnen Sätze werden wir später zusammenfassen, doch kann man diese beim ersten Lesen überschlagen.)

Folgerungen

Hat man das Intervall $[a, b]$ mit endlich vielen aufeinanderfolgenden Teilintervallen (i_k) der Länge d überdeckt, so kann man in jedem Intervall (i_k) einen Wert x_p von x so wählen, daß man die gegebene Funktion durch aufeinanderfolgende Geradenstücke, die in jedem Intervall (i_k) durch die konstanten Funktionen $y = y_k$ dargestellt werden, bis auf ε genau annähern kann. Die auf diese Weise eingeführte Funktion $g(x)$ ist „stückweise konstant" und heißt *Stufenfunktion* oder *Treppenfunktion*. Ist daher die Funktion $f(x)$ über $[a, b]$ gleichmäßig stetig, so kann sie durch unendlich viele Stufenfunktionen bis auf ε genau approximiert werden.

Existiert umgekehrt für beliebiges ε eine Unterteilung von $[a, b]$ in Intervalle, deren Länge mindestens gleich δ ist, und in jedem dieser Intervalle eine konstante Stufenfunktion, die überdies

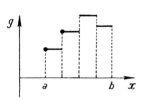

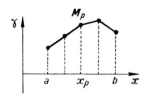

$$\forall x \in [a, b] \;,\; |f(x) - g(x)| < \frac{\varepsilon}{2}$$

genügt, so ist die Funktion $f(x)$ über $[a, b]$ gleichmäßig stetig, da

$$|x_1 - x_2| < \delta \;\Rightarrow\; |f(x) - g(x)| < \varepsilon.$$

Andere Funktionen, die die gegebene Funktion bis auf ε genau annähern und die auch „stückweise linear", aber diesmal stetig sind, sind jene Funktionen, deren Graph aus den geradlinigen Verbindungen aufeinanderfolgender Punkte

$$P_k(x_k, y_k) \text{ und } P_{k+1}(x_{k+1}, y_{k+1})$$

besteht. Eine solche Funktion sei etwa $\gamma(x)$.

b) Satz über die Grenzen

Der Wertebereich Y einer Funktion $y = f(x)$, die in einem abgeschlossenen Intervall definiert und stetig ist, ist nach oben und unten beschränkt.
Die Grenzen gehören dem Wertebereich an, das heißt, daß sie Funktionswerte an bestimmten Stellen x des Intervalls sind.

c) Zwischenwertsatz

Jeder zwischen den Grenzen von Y liegende Wert gehört Y an.
Durch diese beiden letzten Sätze wird ausgedrückt, daß ein abgeschlossenes Intervall von X wiederum in ein abgeschlossenes Intervall von Y abgebildet wird.

Beweise zu den Sätzen

Wie in Kapitel II, 4, C werden wir auch hier Elemente in der Menge der reellen Zahlen durch Intervallschachtelungen definieren, deren Länge gegen null strebt:

$$\begin{cases} [a, b] \supset [a_1, b_1] \supset [a_2, b_2] \supset \ldots \supset [a_n, b_n] \supset \ldots \\ \forall \varepsilon > 0, \exists N : n > N \Rightarrow |b_n - a_n| < \varepsilon. \end{cases}$$

Es sei ξ die durch die Folge definierte Zahl. Jede Umgebung $U_\alpha(\xi)$ von ξ enthält Intervalle aus der Folge

$$\forall \alpha > 0, \exists N : n > N \Rightarrow U_\alpha(\xi) \subset [a_n, b_n].$$

a) *Satz von der gleichmäßigen Stetigkeit*

1. Eine Funktion f, die an jeder Stelle des abgeschlossenen Intervalls $[a, b]$ mit der Länge $b - a = d$ stetig, ist, ist definitionsgemäß in diesem Intervall *gleichmäßig stetig,* wenn man zu jedem $\varepsilon > 0$ eine Zahl $\delta > 0$ angeben kann, so daß $f(x)$ in jedem in $[a, b]$ enthaltenen Intervall mindestens bis auf ε genau an eine Konstante angenähert wird, sofern die Länge dieser Intervalle kleiner als δ ist. Trifft dies zu, so kann man für $x \in [a, b]$ eine der zu $f(x)$ benachbarten Stufenfunktionen $g(x)$ einführen, die eine endliche Zahl k von Werten annehmen. Wird $[a, b]$ durch $p-1$ Zwischenwerte $a < a' < a'' \ldots < a^{(p-1)} < b$ in p Teilintervalle zerlegt, so folgt aus der gleichmäßigen Stetigkeit in jedem Teilintervall auch die gleichmäßige Stetigkeit in $[a, b]$, weil $f(x)$ durch Stufenfunktionen approximiert erscheint, die

$$k_1 + k_2 + \ldots + k_p$$

konstante Werte annehmen. (Dazu genügt es offensichtlich, eine der Funktionen g zu betrachten.)

2. Wäre also f in $[a, b]$ nicht gleichmäßig stetig, so würde man bei Unterteilung dieses Intervalls mindestens ein Teilintervall finden, in dem die Funktion nicht gleichmäßig stetig ist. Wir unterteilen nun $[a, b]$ in zwei Intervalle gleicher Länge $\frac{1}{2} d$ und bezeichnen das Intervall, in dem die Funktion nicht gleichmäßig stetig ist, mit $[a_1, b_1]$. Indem wir diese Unterteilung wiederholen, erzielen wir eine „Schachtelung"

$$[a, b] \supset [a_1, b_1] \supset \ldots \supset [a_n, b_n] \supset \ldots$$

$$b_n - a_n = \frac{d}{2^n},$$

also eine Folge von Intervallen, in denen die Funktion nicht gleichmäßig stetig ist.
Diese Folge definiert eine Zahl ξ, für welche f stetig ist:

$$\forall \varepsilon > 0, \ \exists U_\alpha(\xi): \ \forall \begin{cases} x' \\ x \end{cases} \in U_\alpha(\xi), \ |f(x') - f(x'')| < \varepsilon.$$

$U_\alpha(\xi)$ enthält aber Intervalle $[a_n, b_n]$, und die nicht gleichmäßige Stetigkeit liefert für das gleiche ε und eines dieser $[a_n, b_n]$

$$\exists \begin{cases} x_1 \\ x_2 \end{cases} \in [a_n, b_n]: \quad |f(x_1) - f(x_2)| > \varepsilon.$$

Das ergibt einen Widerspruch.
Die Stetigkeit in $[a, b]$ ist daher notwendigerweise gleichmäßig.

b) *Satz über die Grenzen*

Dank der gleichmäßigen Stetigkeit können wir nach Angabe von ε die Funktion $f(x)$ durch eine Stufenfunktion $g(x)$ approximieren. Diese nimmt lediglich k Werte an und ist mithin *begrenzt*; demzufolge gilt das gleiche auch für $f(x)$ in $[a, b]$. Die Menge der Werte in $Y \subset R$ besitzt daher eine obere Grenze M und eine untere Grenze m. Betrachten wir zum Beispiel M.
Bei der bereits ausgeführten Unterteilung von $[a, b]$ in zwei gleiche Intervalle liefert jedes Intervall eine obere Grenze; der größte dieser Werte ist gleich M. Das will sagen, daß M die obere Grenze der Funktion in mindestens einem der mit $[a_1, b_1]$ bezeichneten Intervalle ist. Indem wir diese Unterteilung wiederholen, gelangen wir zu einer Intervallschachtelung. Jedes Intervall dieser Folge hat die obere Grenze M. Es sei ξ die durch die Intervallschachtelung definierte Zahl.

Offensichtlich ist $f(\xi) \leq M$. Es ist jedoch $f(\xi) < M$ unmöglich, weil man sonst daraus eine Umgebung $U_\alpha(\xi)$ erhalten könnte, deren obere Grenze kleiner als M wäre, so daß sie Intervalle $[a_n, b_n]$ enthielte.
Setzen wir $\xi = x_M$, so haben wir also $f(x_M) = M$.
In gleicher Weise beweist man die Existenz einer Zahl $x_m \in [a, b]$, so daß $f(x_m) = m$.
Die Differenz $M - m$ heißt *Schwankung* der Funktion in $[a, b]$.

c) *Zwischenwertsatz*

Es sei μ zwischen m und M gelegen. Es sei nun etwa $x_m < x_M$ und $\mathfrak{H}$ die Menge der $x \in [x_m, x_M]$, die der Bedingung $f(x) \geq \mu$ genügen. Diese Menge, die sicher nicht leer ist, da sie x_M enthält, besitzt eine untere Schranke x_m und somit auch eine untere Grenze x_μ. Das heißt, daß

1. x_μ eine untere Schranke von $\mathfrak{H}$:

$$x \in \mathfrak{H} \Rightarrow x \geq x_\mu, \text{ und}$$

2. auch die größte untere Schranke ist:

$$\forall\, U_\alpha(x_\mu),\ U_\alpha(x_\mu) \cap \mathfrak{H} \neq \emptyset.$$

Daher ist also $f(x_\mu) > \mu$ unmöglich, da sonst eine Umgebung $U_\alpha(x_\mu) \subset \mathfrak{H}$ existieren würde, so daß $U_\alpha(x_\mu)$ Werte $x < x_\mu$ enthielte, was im Widerspruch zu 1. steht.
$f(x_\mu) < \mu$ ist jedoch ebenfalls unmöglich, da sonst eine Umgebung $U_\alpha(x_\mu)$ existieren würde, deren Elemente der Bedingung $f(x) < \mu$ genügten, so daß man hätte

$$U_\alpha(x_\mu) \cap \mathfrak{H} = \emptyset,$$

was im Widerspruch zu 2. steht.
Somit ist also $f(x_\mu) = \mu$.

Bemerkung

Man kann die Eigenschaften b) und c) auch aussprechen, indem man sagt: *Das Bild eines abgeschlossenen Intervalls $[a, b]$, welches von einer stetigen Funktion geliefert wird, ist wiederum ein abgeschlossenes Intervall.*

B. ANWENDUNGEN AUF STETIGE UND DIFFERENZIERBARE FUNKTIONEN

Setzen wir nun nicht nur voraus, daß die Funktion $y = f(x)$ über dem abgeschlossenen Intervall $[a, b]$ definiert und stetig ist, sondern auch, daß sie an jeder Stelle x_0 dieses Intervalls eine Ableitung k besitzt. Die Menge dieser Zahlenwerte k stellt die *abgeleitete Funktion $f'(x)$* dar.

Wir vervollständigen den Satz über beschränkte Funktionen, indem wir festhalten, daß $f'(x_m)$ und $f'(x_M)$ beide null sind, wenn x_m und x_M im *Innern* des Intervalls liegen, das heißt, wenn diese Werte dem offenen Intervall $]a, b[$ angehören. Das Verhältnis

$$g(x) = \frac{f(x)-m}{x-x_m}$$

hat in der Tat dasselbe Vorzeichen wie $x-x_m$, welches deswegen in der Umgebung von x_m auch wechselt. Der Grenzwert dieses Ausdrucks, $f'(x_m)$, der voraussetzungsgemäß existieren soll, kann deswegen nur null sein. Das Gleiche gilt auch für $f'(x_M)$.

Satz

Ist die Funktion $f(x)$ in $[a, b]$ definiert und dort stetig und differenzierbar und gehören ihre Grenzen an den Stellen x_m und x_M dem Intervall $]a, b[$ an, so ist die Ableitung an diesen Stellen gleich null.

Folgesatz

Satz von Rolle

Ist eine in $[a, b]$ definierte, stetige Funktion in jedem Punkt von $]a, b[$ differenzierbar und ist außerdem $f(a) = f(b)$, so gibt es immer wenigstens einen Wert
$\xi \in]a, b[$, *für den die Ableitung verschwindet.*
Ist die Funktion in $[a, b]$ konstant, so ist die Ableitung in der Tat überall null; ist sie hingegen nicht konstant, so besitzt sie entweder eine obere Grenze M, die sie innerhalb $]a, b[$, oder eine untere Grenze m, die sie ebenfalls innerhalb $]a, b[$ erreicht. Es können auch beide Fälle eintreten. Nimmt sie zum Beispiel Werte an, die größer als $f(a) = f(b)$ sind, so existiert M, woraus $x_M \in]a, b[$ und $f'(x_M) = 0$ folgt.

Folgerung

Mittelwertsatz der Differentialrechnung

Wir geben nunmehr die Voraussetzung $f(a) = f(b)$ auf; die Gerade AB, deren Punkte A und B die Koordinaten $\{a, f(a)\}$ beziehungsweise $\{b, f(b)\}$ haben, ist nun nicht mehr parallel zur x-Achse. Diese Gerade ist, wie wir gesehen haben, der Graph der Funktion

$$\varphi(x) = kx + f(a) - ka, \text{ wobei } k = \frac{f(b)-f(a)}{b-a}.$$

Die Funktion $F(x) = f(x) - \varphi(x)$ ist im betrachteten Intervall stetig, differenzierbar und null an den Randpunkten gleich null; man kann also auf diese Funktion den Mittelwertsatz von *Rolle* anwenden. Es existiert demnach eine Zahl $\xi \in \,]a, b[$ so daß

$$F'(\xi) = 0;$$

es ist jedoch

$$F'(\xi) = f'(\xi) - \varphi'(\xi) = f'(\xi) - k,$$

und daher $f'(\xi) = k$.
Somit gilt: *Es existiert unter den angegebenen Bedingungen ein Punkt in $]a, b[$, in dem die Tangente an die Bildkurve der Funktion zur Sehne AB parallel ist.* Dieses Ergebnis schreibt man

$$\exists \xi \in \,]a, b[: \quad f(b) - f(a) = f'(\xi)(b - a).$$

(Im Gegensatz zur Definition der Ableitung, wo die Differenzwerte $b - a$ und $f(b) - f(a)$ gegen null streben, handelt es sich hier um „endliche Größen".)

Untersuchung des Verhaltens einer Funktion in einem Intervall mit Hilfe der Ableitung

Wir nehmen auch weiterhin an, daß die Funktion $f(x)$ in $[a, b]$ definiert und stetig und in $]a, b[$ differenzierbar sei.

a) Ist eine Funktion in einem Intervall konstant, so ist ihre Ableitung an jeder Stelle des Intervalls bekanntlich null. Wir setzen nun umgekehrt voraus, daß die Ableitung überall in (a, b) null ist. Nach dem Mittelwertsatz der Differentialrechnung liegt dann jede Sehne der Bildkurve parallel zur x-Achse und daher ist die Funktion überall im Intervall konstant.
Daraus folgen die zwei wichtigen Sätze:
Besitzt eine Funktion in einem Intervall eine Ableitung, die durchgehend null ist, so ist sie dort konstant.
Haben zwei Funktionen in einem Intervall dieselben Ableitungen $\varphi(x)$, so unterscheiden sich diese Funktionen nur um eine additive Konstante.
(Die Rechnung mit Grenzwerten zeigt in der Tat, daß die Ableitung einer Differenz die Differenz der Ableitungen ist.) Diesen Satz werden wir in Kapitel VI dieses ersten Teils verwenden.

b) Ist eine Funktion in einem Intervall, in dem sie eine Ableitung besitzt, zunehmend, so ist sie überdies an jeder Stelle dieses Intervalls zunehmend monoton und ihre Ableitung ist positiv oder gleich null. Setzt man umgekehrt voraus, daß die Ableitung an jeder Stelle des Intervalls positiv ist, so haben nach dem Mittelwertsatz der Differentialrechnung alle Sehnen eine positive Steigung, und die Funktion ist daher im Intervall monoton zunehmend. Man gibt dieses Zunehmen durch das Zeichen $\nearrow$ an, und es gilt daher:

$$\forall x \in (a, b), f'(x) > 0 \quad \Leftrightarrow \quad f \nearrow \text{ in } (a, b).$$
$$\forall x \in (a, b), f'(x) < 0 \quad \Leftrightarrow \quad f \searrow \text{ in } (a, b).$$

Aus dem Gesagten ergibt sich, daß es zur Bestimmung der Intervalle, in denen eine stetige und differenzierbare Funktion monoton zunehmend oder abnehmend ist, genügt, das Vorzeichen der Ableitung zu beachten. In jedem Intervall, in dem dieses Vorzeichen nicht wechselt, ist die Funktion monoton wachsend (Zeichen $+$) oder monoton fallend (Zeichen $-$). In jedem der beiden Fälle heißt die Funktion im Intervall *monoton*. Die Zuordnung zwischen x und y ist dann also eineindeutig und nach dem Zwischenwertsatz ist auch die dazu inverse Funktion (Umkehrfunktion) f^{-1} über dem Intervall $[m, M]$ stetig und definiert.

Definitionen

Eine stetige Funktion erreicht an der Stelle x_0 ein *Maximum*, wenn sie im Intervall (a, x_0) zunimmt und im Intervall (x_0, b) abnimmt; $f(x_0)$ ist mithin die obere Grenze von $f(x)$ in (a, b). Ist die Funktion differenzierbar, so ist $f'(x_0) = 0$.
In entsprechender Weise definiert man ein *Minimum*.

C. ERWEITERUNG DES GRENZWERT- UND UMGEBUNGSBEGRIFFES

Wir fügen zur Menge der reellen Zahlen zwei weitere Elemente, $+\infty$ und $-\infty$, hinzu, die als obere und untere Grenze der reellen Zahlen bezeichnet werden; man gelangt dadurch von der offenen Menge R zur abgeschlossenen Menge $\overline{R}$, die auch „vollständige Zahlengerade" heißt.
In einem abgeschlossenen Intervall $[a, b]$ besitzen die Randpunkte a und b sicher keine Umgebungen, die im Intervall enthalten sind. Dies führt auf den Gedanken, einseitige Umgebungen einzuführen, also „rechtsseitige Halbumgebungen" für den Punkt a, das heißt, Intervalle der Form $[a, a+\alpha[$, und linksseitige Halbumgebungen für den Punkt

b, das heißt, Intervalle der Form $]b-\beta, b]$. In entsprechender Weise definiert man rechtsseitige Halbumgebungen für $-\infty$: das sind Intervalle der Form $[-\infty, A[$, und linksseitige Halbumgebungen für $+\infty$: das sind Intervalle der Form $]A, +\infty]$.
Daraus leitet man Definitionen eines linksseitigen oder rechtsseitigen Grenzwertes, her, eines Grenzwertes, der entweder $-\infty$ oder $+\infty$ ist. Die Aussage „$f(x)$ strebt gegen L, wenn x sich dem Wert $+\infty$ nähert", bedeutet

$$\forall \varepsilon > 0, \exists A : x > A \quad \Rightarrow \quad |f(x)-L| < \varepsilon.$$

In entsprechender Weise bedeutet der Satz „$f(x)$ strebt gegen $+\infty$, wenn x sich dem Wert x_0 nähert":

$$\forall A > 0, \exists \alpha : |x-x_0| < \alpha \quad \Rightarrow \quad f(x) > A.$$

Diese grundlegenden Sätze über stetige Funktionen gelten nur für begrenzte Intervalle (a, b), das heißt, für endliche Intervalle. In ihnen wird die Funktion als definiert, das heißt, nicht unendlich vorausgesetzt. Auch wenn die Funktion zum Beispiel für $x = b$ gegen unendlich strebt, behält der Zwischenwertsatz seine Gültigkeit.

Besitzt die Funktion an einer Stelle x_0 keine Ableitung, hat jedoch der Differenzenquotient einen rechtsseitigen Grenzwert k_1, so sagt man, daß k_1 die rechtsseitige Halbableitung ist. Es kann vorkommen, daß die Funktion an einer Stelle eine rechtsseitige und eine linksseitige Halbableitung von verschiedenem Wert hat. Dann sagt man, daß der Graph eine *Spitze mit Halbtangenten* besitzt (Beispiel: $y = |x|$ an der Stelle $x = 0$).

Wir verweisen schließlich noch darauf, daß sich die Stetigkeit an einer Stelle durch die Zusammenfassung der beiden Bedingungen

(1) $\forall \varepsilon > 0, \exists \alpha : |x - x_0| < \alpha \quad \Rightarrow \quad f(x) > f(x_0) - \varepsilon$

(2) $\forall \varepsilon > 0, \exists \alpha : |x - x_0| < \alpha \quad \Rightarrow \quad f(x) < f(x_0) + \varepsilon$

ausdrücken läßt.

Die Bedingung (1) kennzeichnet die *linksseitige Stetigkeit* und die Bedingung (2) die *rechtsseitige Stetigkeit*.

Eine Folge ist eine in N definierte Funktion $n \searrow \nearrow u_n$. Eine solche Folge hat einen Grenzwert L unter der Bedingung

$$\forall \varepsilon > 0, \quad \exists A \in N : \quad n > A \quad \Rightarrow \quad |u_n - L| < \varepsilon.$$

D. ANWENDUNGEN DES STETIGKEITSBEGRIFFES

Obwohl wir den Begriff der Stetigkeit am Beispiel der reellen Funktionen erläutert haben, läßt er sich ohne weiteres auch auf Abbildungen anderer Art ausdehnen.
In der Geometrie können die Elemente einer Punktmenge, einer Menge von Geraden oder Kreisen, ... oder einer Menge von Transformationen, Translationen, Streckungen, ... von dem Wert einer Länge oder einem Winkel ... abhängen, welche Größe man als *Parameter* bezeichnet. Dann kann man die Stetigkeit betrachten, sobald man eine Definition der Umgebung in der Bildmenge festgelegt hat; dies meint man, wenn man sagt, man habe in der Menge eine *Topologie* erklärt.
In der Kinematik ist dieser Parameter die *Zeit;* es kann sich also eine Figur im Laufe der Zeit stetig ändern. Bleibt jedoch die Figur sich selbst gleich (welcher Begriff der metrischen Geometrie angehört), so sagt man, die Figur führe eine (*starre*) *Bewegung* aus.

Sind die Koordinaten eines Punktes P stetige Funktionen eines Parameters t, der ein Intervall (t_0, t_1) der reellen Zahlenmenge durchläuft, so sagt man, daß P einen *Kurvenbogen* erzeugt. Ist die dadurch hergestellte Zuordnung zwischen t und P eineindeutig, so ist der Bogen *einfach*. (Das heißt, daß die Kurve ohne Doppelpunkt ist.) Eine Kurve, die zu einem einfachen Bogen wird, wenn man *irgendeinen* Punkt daraus entfernt, heißt *einfach zusammenhängende Kurve* oder *Jordan-Kurve*. (Beispiel: eine Kreislinie, die Umfangslinie eines Parallelogramms usw.) Entfernt man zwei Punkte aus einer einfach geschlossenen Kurve, so wird die Menge aus zwei einfachen Bögen ohne gemeinsame Punkte gebildet; sie ist *nicht mehr zusammenhängend*. Diese Begriffe sind dort von großer Wichtigkeit, wo man die Unterteilung des Raumes durch Kurven und Flächen untersucht, was wir hier nur andeuten.

Satz

Zu jeder gegebenen Geraden g und jedem nicht auf dieser gelegenen Punkt P gibt es einen Punkt P', so daß g die Mittelsenkrechte von PP' ist.
Dieser Satz besagt, daß der Mittelpunkt M von PP' der auf g gelegene Fußpunkt des Lotes von P auf g ist. Dieser Punkt M wird daher als erster bestimmt, und die Lage von P' kann daraus durch Konstruktion gefunden werden:

$$PM \perp g, \quad M \in g, \quad PP' = 2PM,$$

wobei wir das übliche Symbol $\perp$ verwenden, um die Orthogonalität anzudeuten. Die derart definierte Punkttransformation $P \searrow\!\!\!\nearrow P'$ bei gegebener Geraden g heißt *Spiegelung an g* (oder auch *Umwendung um g*; man sagt dafür auch *Umlegung um g*). g heißt *Achse der Geradenspiegelung*.

Satz

Bei einer Geradenspiegelung bleibt die Entfernung zweier Punkte invariant.
Das folgt aus dem analytischen Ausdruck für die Spiegelung: Es sei i ein Einheitsvektor in Richtung der Geraden g, j ein dazu senkrecht stehender Einheitsvektor und O ein Punkt von g. Dann wird die Zuordnung durch

$$\forall M, \quad OP = xi+yj, \quad OP' = xi-yj$$

definiert, und daher folgt für ein Punktepaar und sein Bild

$$P_1P_2 = (x_2-x_1)i+(y_2-y_1)j, \quad P_1'P_2' = (x_2-x_1)i-(y_2-y_1)j,$$

d.h. die Entfernung $\sqrt{(x_2-x_1)^2+(y_2-y_1)^2}$ bleibt erhalten. Eine Punkttransformation, bei der die Länge erhalten bleibt, heißt *Isometrie*. Wir schließen also: *Eine Geradenspiegelung ist eine Isometrie.*

d) Die Kreislinie

(1). Es sei ein Punkt O und eine positive Zahl R gegeben, wobei der Einheitsvektor in der metrischen Ebene stets festgelegt sei. Wir betrachten die Menge der Einheitsvektoren v. Die Menge der Punkte P, die durch $OP = Rv$ definiert ist, heißt *Kreislinie*. O ist ihr Mittelpunkt und R der Betrag des Radius. Analytisch gesprochen heißt das: Sind α und β die reellen Zahlenpaare, die $\alpha^2+\beta^2 = 1$ genügen, so ist die *Kreislinie* der geometrische Ort der Punkte P, die durch $OP = xi+yj = R\alpha i+R\beta j$ definiert sind, das heißt, deren Koordinaten der Bedingung $x^2+y^2 = R^2$ genügen.

Satz

Jede Gerade durch den Kreismittelpunkt ist die Achse einer Geradenspiegelung, bei der die Kreislinie als Ganzes invariant bleibt. Dies gilt in der Tat, da bei einer solchen Spiegelung jeder Vektor OP seine Länge und seinen Anfangspunkt O beibehält. Solche Achsen heißen *Durchmesser* der Kreis*linie*. *Umgekehrt gilt, daß eine Figur, die bei jeder Spiegelung an einer Achse durch einen Punkt O invariant bleibt, eine Schar von Kreislinien mit dem Mittelpunkt O ist.*
Sei nämlich P ein Punkt dieser Figur, so ist in der Tat jeder Vektor OP' von derselben Länge wie OP zu diesem bezüglich der Mittelsenkrechten durch O von PP' symmetrisch, und es ist deshalb der gesamte Kreis *durch* P mit dem Mittelpunkt O ein Teil der Figur.

(2) Betrachten wir nun einen Punkt P des Kreises mit dem Mittelpunkt O und dem Radius R:

$$OP = R(\alpha i + \beta j), \quad \alpha^2 + \beta^2 = 1;$$

sehen wir weiter α und β als Variable an, die durch die bereits angeschriebene Gleichung verknüpft sind und die sich so verändern, wie in der Tabelle angegeben ist:

α	-1 ↗	0 ↗	$+1$ ↘	0 ↘	-1
β	0 ↗	1 ↘	0 ↘	-1 ↘	0

dann erlaubt der linke Teil der Tafel, der dem Intervall $-1 \leq \alpha \leq 1$, $\beta \geq 0$ entspricht, eine eineindeutige Zuordnung zwischen den Punkten P und den reellen Zahlen λ in dem Intervall $[-1, +1]$ durch die Relation $\lambda = \alpha$.
Diese Zuordnung ist stetig, weil einer Umgebung von P auf dem Kreis stets eine Umgebung von L auf der reellen Geraden entspricht. (Eine Umgebung von P in der Ebene bedeutet hier eine Punktmenge, deren Abstand zu P kleiner als eine gegebene Zahl ist.) Man drückt diese Tatsache mit den Worten aus, daß der zugehörige Teil der Kreislinie ein *einfacher Bogen* ist. Dieser Bogen heißt *Halbkreis*, weil die Vereinigung dieses Halbkreises mit dem zu einer passenden Geraden symmetrischen Halbkreis die ganze Kreislinie ergibt. Die Gerade ist der Durchmesser, der die beiden *Endpunkte des Bogens* verbindet, welche die Bilder der Randpunkte des Intervalls $[-1, +1]$ sind.
Betrachten wir nun den rechten Teil der Tafel (ohne den Wert $+1$ für α zu verwenden):

$$+1 < \alpha \leq -1, \quad \beta \leq 0.$$

Dieser Teil gestattet, zwischen dem Intervall $]+1, +2]$ und den Zahlen λ eine eineindeutige stetige Zuordnung mittels der Beziehung

$$\lambda = \frac{3}{2} - \frac{1}{2}\alpha$$

herzustellen. Die gesamte Kurve steht mithin in stetiger eineindeutiger Zuordnung zu dem Intervall $[0, 2]$ der reellen Zahlen, vorausgesetzt, daß man die beiden Randpunkte dieses Intervalls als einen Punkt betrachtet. Dies drückt man mit den Worten aus, daß die Kreislinie eine *einfache geschlossene Kurve ist*. Es versteht sich dabei, daß das Intervall $[0, 2]$ durch jedes andere abgeschlossene Intervall ersetzt werden könnte (vgl. dazu Kapitel IV).

(3) Die Angabe einer Kreislinie (Mittelpunkt O, Radius R) bestimmt in der Ebene drei Teilmengen, deren Punktelemente durch die folgenden Angaben unterschieden werden können.

$$\left[\begin{array}{l} OP = R \;:\; \text{die Kreislinie} \\ OP < R \;:\; \text{der Bereich innerhalb der Kreislinie;} \\ OP > R \;:\; \text{der Bereich außerhalb der Kreislinie.} \end{array}\right.$$

Es seien A und B zwei im Innern der Kreislinie gelegene Punkte: dann liegt die Strecke AB vollständig innerhalb dieses Bereiches, weil sie ein Teil der Sekante ist, deren Lage durch die Gerade AB bestimmt wird. Man sagt deshalb, daß dieser Bereich *konvex* sei.

Liegen A und B beide im äußeren Bereich, so kann man sie ebenfalls durch einen einfachen Bogen verbinden, der keine Punkte mit der Kreislinie gemeinsam hat; man betrachtet dazu etwa die Strecke AC der Halbgeraden OA, wobei C auf der Kreislinie um O durch B liegt, und nimmt dann einen der Bogen CB dieser Kreislinie.

Liegt aber im Gegensatz zum Vorhergehenden ein Punkt, etwa A, im inneren und der andere, B, im äußeren Bereich, so hat jeder einfache Bogen, der A und B verbindet, mindestens einen Punkt mit dem Kreis gemeinsam. Der den Bogen erzeugende Punkt P steht nämlich in stetiger und eineindeutiger Zuordnung zu der Zahl t, wenn diese ein Intervall $[a, b]$ durchläuft. Die Koordinaten x und y von P sind infolgedessen stetige Funktionen von t, und das gleiche gilt für $d = OP$. Daher nimmt d alle zwischen OA und OB liegenden Werte an (nach dem Theorem aus Kapitel IV), insbesondere auch den Wert R.

Die beiden ersten Ergebnisse drücken die Tatsache aus, daß jeder der beiden Bereiche, sowohl der innere wie der äußere, *zusammenhängend* sind. Das dritte Ergebnis folgt aus der Tatsache, daß der Kreis eine einfache geschlossene Kurve ist.

(4) Abstand zwischen einem Punkt und einer Menge. Es sei A ein Punkt, der einer Menge E angehört oder nicht. Die Menge der Abstände AP hat eine untere Grenze d, wenn P die Menge E durchläuft (Wohlordnungsaxiom); diese Grenze heißt *Abstand von A zur Menge E.*

$$A \notin E \Rightarrow d \geq 0 \; ; \quad A \in E \Rightarrow d = 0.$$

Satz 1

Der Abstand eines Punktes A von einer Geraden g ist die Entfernung von A zum Fußpunkt des von A auf g gefällten Lotes.
Ist die Gerade definiert durch

$$P \in g \Leftrightarrow \mathbf{OP} = \lambda \mathbf{i}$$

und ist

$$\mathbf{OA} = a\mathbf{i} + b\mathbf{j} :$$

$$d^2 = \inf[(a-\lambda)^2 + b^2],$$

so ist $d = |b|$ durch $\lambda = a$ festgelegt.

Folgesatz

Die Menge der Punkte mit gegebenen Abstand von einer Geraden g ist die Vereinigung zweier zu g paralleler Geraden.

Satz 2

Die Menge der Punkte, die von zwei sich schneidenden Geraden den gleichen Abstand haben, ist die Vereinigungsmenge von zwei Geraden.
Es seien die beiden sich schneidenden Geraden g_1 und g_2 gegeben. Eine Kreislinie, deren Mittelpunkt im Punkt $g_1 \cap g_2$ liegt, schneidet g_1 in den Punkten A, A' und g_2 in B, B'. Die Mittelsenkrechte μ von AB und die von ihr verschiedene μ' von AB' sind die Achsen von zwei Spiegelungen, die g_1 und g_2 vertauschen, und somit genügen die Punkte der Vereinigung $\mu \cup \mu'$ unseren Bedingungen.
Diese Punkte sind überdies die einzigen, für welche dies zutrifft, da jedem Abstand d ein Parallelenpaar p_1, p_1' zu g_1 und ein weiteres Paar p_2, p_2' von Parallelen zu g_2 entspricht, woraus sich eine Menge von vier den Bedingungen genügenden Punkten

$$(p_1 \cup p_1') \cap (p_2 \cup p_2')$$

ergibt, die nichts anderes als die Menge der vier bekannten Punkte sein kann:

$$(p_1 \cup p_1') \cap (\mu \cup \mu').$$

(5) Metrik und Topologie. a) Wie wir bereits in Kapitel IV angegeben haben, wird die α-Umgebung eines Punktes A von der Menge jener Punkte P gebildet, die $AP < \alpha$ genügen. Eine solche Umgebung $U_\alpha(A)$ ist das Innere der Kreislinie mit dem Mittelpunkt A und dem Radius α; sie wird als *offene Kreisscheibe* bezeichnet und genügt der allgemeinen Definition einer *offenen Menge* $\mathfrak{D}$:

$$\forall P \in \mathfrak{D}, \quad \exists \alpha : U_\alpha(P) \subset \mathfrak{D}.$$

Eine *abgeschlossene Kreisscheibe* ist durch $AP \leq \alpha$ definiert. Von den Punkten der Kreislinie sagt man, sie gehörten dem *Rand* der offenen Scheibe an, was in Übereinstimmung mit der metrischen Definition steht: *Der Rand einer Menge ist die Menge jener Punkte, deren Abstand zur Menge ebenso null ist wie ihr Abstand zur Komplementmenge.*
Die Vereinigung einer Menge mit ihrem Rand ist eine *abgeschlossene Menge*, ihre Komplementmenge weist keinen einzigen Randpunkt auf; sie ist also offen.
Die Vereinigung einer offenen Menge mit einem Teil ihrer Berandung ist weder offen noch geschlossen.
Man darf nicht glauben, daß jede offene Menge und ihr Rand sich wie ein Bereich mit Umrandung verhalten, den man mit Farbe anlegen kann, wie dies die obigen elementaren Beispiele, Kreisscheibe und Kreislinie das Innere eines Dreiecks und seine gebrochene Umfangslinie, nahelegen.

b) Tangenten. Wie wir bereits gesehen haben, gestattet die Einführung einer Topologie die Definition von Tangenten an Kurven. Die Betrachtung der Kreistangenten wurde dabei unter Verwendung des Winkelbegriffes (vgl. Kapitel IV, zweiter Abschnitt, 1, B) durchgeführt. Hier greifen wir das Problem unter einem neuen Gesichtspunkt auf.

(6) Kreistangenten. a) Tangente in einem Punkt A. Wir wählen eine orthonormale Basis (i, j), so daß $OA = Ri$. Dann ist jeder Punkt P des Kreises durch $OP = R(xi+yj)$ mit $x^2+y^2 = 1$ bestimmt, woraus $AP = R[(x-1)i+yj]$ folgt. P liegt in einer α-Umgebung von A, bedeutet

$$(1-x)^2+y^2 < \alpha^2,$$

woraus folgt

$$|x-1| < \alpha \quad \text{und} \quad |y| < \alpha.$$

AP ist dem Vektor

$$w_M = \frac{x-1}{y}i+j$$

parallel und es wird

$$\left|\frac{x-1}{y}\right| = \left|\frac{-y}{x+1}\right| < \varepsilon,$$

sobald $\alpha < 3\,\varepsilon$.

Die Richtung von **AP** nähert sich jener von j, wenn P gegen A strebt, wobei j auf dem Radius OA senkrecht steht. Die im Punkt A auf OA errichtete Senkrechte t ist mithin gemäß der Definiton die Tangente an den Kreis im Punkt A.

b) Stetige Tangente in einem Punkt. Wir wählen zwei willkürliche Punkte P_1 und P_2 in der α-Umgebung von A und betrachten die Sehne P_1P_2. Gewisse Punkte dieser Geraden liegen innerhalb der Umgebung von A; andererseits ist ihre Richtung gleich der von $(x_2-x_1)\boldsymbol{i}+(y_2-y_1)\boldsymbol{j}$ oder auch gleich der von

$$\frac{x_2-x_1}{y_2-y_1}\boldsymbol{i}+\boldsymbol{j} = -\frac{y_2+y_1}{x_2+x_1}\boldsymbol{i}+\boldsymbol{j}, \quad \text{mit} \quad \left|\frac{y_2+y_1}{x_2+x_1}\right| < \frac{2\alpha}{2(1-\alpha)},$$

was kleiner als ε wird, sobald $\alpha < \dfrac{\varepsilon}{1+\varepsilon}$.

Somit gilt: *Streben P_1 und P_2 nach irgendeinem Gesetz gegen A, so hat die Gerade P_1P_2 eine Grenzlage, die mit der Lage der Tangente t in A übereinstimmt.* Man sagt, daß diese Tangente *eine stetige Tangente in A ist*. (Wird die Gerade P_1P_2 etwa um irgendeinen Punkt der Ebene gedreht, so wird diese Folgerung deutlich.)

C. METRISCHE GEOMETRIE IM DREIDIMENSIONALEN RAUM

a) Isometrie

Zwei Geraden entsprechen sich bei Isometrien auf zweifach unendlich viele verschiedene Weisen. (Dazu wähle man etwa das Bild eines Punktes einer der Geraden und die homologen Richtungen.)

Zwei Ebenen entsprechen sich bei einer Isometrie: Es sei in der Ebene E ein Bezugsystem durch einen Punkt O und eine orthonormale Basis $(\boldsymbol{i},\boldsymbol{j})$ festgelegt. Dann muß man in der Ebene E' das Bild von O und $\boldsymbol{i}$ aufsuchen und die Orientierung des dem Zweibein $(\boldsymbol{i},\boldsymbol{j})$ zugeordneten Zweibeins bestimmen. Die Zuordnung ist dann durch Gleichheit der Koordinaten gegeben: es handelt sich dabei um eine lineare Zuordnung, so daß eine orthonormale Basis wiederum in eine solche übergeführt wird. Die Zuordnung wird durch das Bild eines Punktes O, einer Halbgeraden Ox und einer Halbebene durch diese Gerade bestimmt.

b) Senkrechte Ebene

Eine auf einer Richtung senkrecht stehende Ebene. Es sei i der die gegebene Richtung bestimmende Einheitsvektor. Von einem beliebigen Punkt O des dreidimensionalen Raumes tragen wir die Vektoren

$$OS = i \quad \text{und} \quad OS' = -i$$

ab und nehmen die Vektoren j_1 und j_2 senkrecht zu i in zwei Ebenen durch die Gerade SS' an. Dann betrachten wir die Punkte A und B, die durch $OA = j_1$, $OB = j_2$ definiert sind.
In den Ebenen SAS' und SBS' ist bekanntlich

$$SA = S'A \quad \text{und} \quad SB = S'B.$$

Daher sind bei der Isometrie, die eine Zuordnung zwischen den Halbebenen ABS und ABS' herstellt, die beide von der Geraden AB begrenzt sind, die Punkte S und S' homolog.
Es sei weiter P ein beliebiger Punkt der Geraden AB. Er ist bei der Isometrie invariant; daher gilt $PS = PS'$. Dies beweist in der Ebene SPS', daß P auf der Mittelsenkrechte von SS' liegt, und daher steht OP auf i senkrecht. Der Punkt P liegt jedoch andererseits auf der Geraden AB vollständig willkürlich, und daher liegt auch der Vektor j, der die Richtung von OP angibt, in der von j_1, j_2 aufgespannten Ebene vollständig willkürlich. Daraus folgt der Satz:
Steht eine Richtung senkrecht auf zwei Vektoren, die eine Ebene aufspannen, so steht sie außerdem auf jedem Vektor senkrecht, der zu dieser Ebene parallel ist.
Umgekehrt: ein Vektor j_3 in einer nicht mit SOA oder SOB zusammenfallenden Ebene stehe auf i senkrecht. Die Gerade, deren Richtung von j_3 bestimmt ist, gehe von O aus; sie stellt in dieser Ebene das einzige Lot auf i dar und fällt deswegen mit der Geraden OP zusammen, die dieser und der Ebene OAB gemeinsam ist. Daher sind alle Vektoren senkrecht auf i zu eben jener Ebene parallel, die von zweien dieser aufeinander Senkrechten aufgespannt wird.
Die derart definierten untereinander parallelen Ebenen, deren Lage von der Wahl des Punktes O abhängt, heißen *auf der durch i definierten Richtung senkrecht stehende Ebenen.*
Wählt man in einer solchen Ebene zwei aufeinander senkrecht stehende Einheitsvektoren, etwa j und k, so stehen die Einheitsvektoren i, j, k paarweise aufeinander senkrecht. Man sagt, daß sie eine *räumliche orthonormale Basis* bilden.
Wählen wir nun einen Punkt O und Achsen als Koordinatenachsen, deren Vektoren i, j, k eine orthonormale Basis bilden, so erhalten wir ein orientiertes *Tetraeder* oder *orthonormales Dreibein*, in bezug auf

welches jeder Punkt P des Raumes durch seine Koordinaten x, y, z definiert ist:

$$OP = x\boldsymbol{i}+y\boldsymbol{j}+z\boldsymbol{k}$$

Der Betrag oder die Länge des Vektors $\boldsymbol{v} = x\boldsymbol{i}+y\boldsymbol{j}$ ist gleich $\sqrt{x^2+y^2}$. Der Vektor $\boldsymbol{v}$, der in der von $\boldsymbol{i}$ und $\boldsymbol{j}$ aufgespannten Ebene liegt, steht jedoch auf $\boldsymbol{k}$ senkrecht, und deshalb ist die Länge von OP nach dem Satz des *Pythagoras*

$$OP = \sqrt{x^2+y^2+z^2}.$$

Folgerung

Formel für die Entfernung zweier durch ihre Koordinaten gegebenen Punkte:

(𝔇) $\qquad P_1P_2 = \sqrt{(x_1-x_2)^2+(y_1-y_2)^2+(z_1-z_2)^2}$

Bemerkung

Man bezeichnet als *orthogonal zueinander* auch windschiefe Geraden, deren Richtungsvektoren aufeinander senkrecht stehen.

D. ORIENTIERUNG DES ZWEI- UND DREIDIMENSIONALEN METRISCHEN RAUMES

a) Zweidimensionaler Raum

Es sei $(\boldsymbol{i}, \boldsymbol{j})$ eine orthonormale Basis; dann weist eine andere Basis, etwa

$$\begin{cases} \boldsymbol{u} = \alpha\boldsymbol{i}+\beta\boldsymbol{j} \\ \boldsymbol{v} = \alpha'\boldsymbol{i}+\beta'\boldsymbol{j} \end{cases}$$

dieselbe Orientierung wie $(\boldsymbol{i}, \boldsymbol{j})$ auf oder nicht, je nach dem Vorzeichen des Ausdrucks $\alpha\beta'-\beta\alpha'$, der voraussetzungsgemäß von null verschieden sein muß (vgl. Kapitel III). Da die identische Transformation den Werten $\alpha = \beta' = 1$, $\beta = \alpha' = 0$ entspricht, so bleibt die Orientierung erhalten, wenn $\alpha\beta'-\beta\alpha' > 0$.

Ist ein Einheitsvektor $\boldsymbol{u} = \alpha\boldsymbol{i}+\beta\boldsymbol{j}$, $\alpha^2+\beta^2 = 1$, gegeben sowie die beiden aufeinander senkrecht stehenden Einheitsvektoren

$$\boldsymbol{v}_1 = -\beta\boldsymbol{i}+\alpha\boldsymbol{j} \,,\, \boldsymbol{v}_2 = -\boldsymbol{v}_1 = +\beta\boldsymbol{i}-\alpha\boldsymbol{j},$$

so hat die orthonormale Basis $(\boldsymbol{u}, \boldsymbol{v}_1)$ dieselbe Orientierung wie $(\boldsymbol{i}, \boldsymbol{j})$, wohingegen $(\boldsymbol{u}, \boldsymbol{v}_2)$ entgegengesetzte Orientierung aufweist. Wir sagen, daß $\boldsymbol{v}_1$ auf $\boldsymbol{u}$ bezüglich $(\boldsymbol{i}, \boldsymbol{j})$ *direkt senkrecht* steht.

Die in Kapitel III angestellten Untersuchungen beweisen, daß v_1 auch bezüglich (i', j') auf u direkt senkrecht steht, wenn (i', j') wie (i, j) orientiert ist. (Das läßt sich leicht nachrechnen.)

b) Dreidimensionaler Raum

Es sei eine orthonormale Basis (i, j, k) gegeben. Um die Orthogonalitätsbedingung für zwei Einheitsvektoren

$$u = \alpha i + \beta j + \gamma k, \quad v = \alpha' i + \beta' j + \gamma' k, \quad \begin{cases} \alpha^2 + \beta^2 + \gamma^2 = 1 \\ \alpha'^2 + \beta'^2 + \gamma'^2 = 1 \end{cases}$$

anzugeben, schreiben wir $|u+v| = |u-v|$. Auf diese Weise gelangen wir zu $\alpha\alpha' + \beta\beta' + \gamma\gamma' = 0$.

Wollen wir nun ausdrücken, daß ein dritter Einheitsvektor $w = \alpha'' i + \beta'' j + \gamma'' k$ ebenfalls auf jedem der beiden ersten senkrecht steht, so müssen wir den drei ersten Gleichungen die Beziehungen hinzufügen:

$$\alpha''^2 + \beta''^2 + \gamma''^2 = 1, \quad \alpha\alpha'' + \beta\beta'' + \gamma\gamma'' = 0, \quad \alpha'\alpha'' + \beta'\beta'' + \gamma'\gamma'' = 0$$

Daraus gewinnt man

$$\frac{\alpha''}{\beta\gamma' - \gamma\beta'} = \frac{\beta''}{\gamma\alpha' - \alpha\gamma'} = \frac{\gamma''}{\alpha\beta' - \beta\alpha'} = \pm 1 = \varepsilon \cdot 1.$$

Die zweite Basis ist mit der ersten identisch, wenn

$$\begin{cases} \alpha = 1, & \beta = \gamma = 0 \\ \beta' = 1, & \alpha' = \gamma' = 0 \\ \gamma'' = 1, & \alpha'' = \beta'' = 0. \end{cases}$$

Um diesen Fall zu erhalten, muß man $\varepsilon = +1$ setzen, und daher wird die neue orthonormale Basis wie (i, j, k) orientiert sein, wenn man

$$\alpha'' = \beta\gamma' - \gamma\beta', \quad \beta'' = \gamma\alpha' - \alpha\gamma', \quad \gamma'' = \alpha\beta' - \beta\alpha'$$

wählt.

Im folgenden werden wir darangehen, die eben eingeführten wichtigen Ausdrücke genauer zu studieren.

2. VEKTORPRODUKTE IM DREIDIMENSIONALEN RAUM

Wir haben vorher auseinandergesetzt, daß für jedes auf eine orthonormale Basis bezogene Vektorpaar

$$u = \alpha i + \beta j + \gamma k, \quad v = \alpha' i + \beta' j + \gamma' k$$

einerseits die Größe

$$\alpha\alpha' + \beta\beta' + \gamma\gamma'$$

gleich null gesetzt, die Orthogonalität der Vektoren *u* und *v* ausdrückt, und daß
andererseits ein Einheitsvektor *w*, der auf jener Ebene senkrecht steht, deren Richtung durch *u*, *v* definiert ist, durch

$$w = (\beta\gamma' - \gamma\beta')\boldsymbol{i} + (\gamma\alpha' - \alpha\gamma')\boldsymbol{j} + (\alpha\beta' - \beta\alpha')\boldsymbol{k}$$

bestimmt wird, wenn die Basis (*u*, *v*, *w*) dieselbe Orientierung wie (*i*, *j*, *k*) haben soll.
In der analytischen Geometrie kommt es nur selten vor, daß die gegebenen Vektoren Einheitsvektoren sind. Betrachten wir also zwei beliebige Vektoren, die auf eine orthonormale Basis (*i*, *j*, *k*) bezogen sind:

A mit der Länge *a*, gegeben durch $A = x\boldsymbol{i} + y\boldsymbol{j} + z\boldsymbol{k} =$
$$= a\boldsymbol{u} = a(\alpha\boldsymbol{i} + \beta\boldsymbol{j} + \gamma\boldsymbol{k})$$

B mit der Länge *b*, gegeben durch $B = x'\boldsymbol{i} + y'\boldsymbol{j} + z'\boldsymbol{k} =$
$$= b\boldsymbol{v} = b(\alpha'\boldsymbol{i} + \beta'\boldsymbol{j} + \gamma'\boldsymbol{k})$$

Sind die gegebenen Größen x, y, z, x', y', z', so kann man die Projektionen der Vektoren *u* und *v* durch Wurzeln in derselben Weise wie *a* und *b* nach dem Satz des *Pythagoras* ausdrücken. Wir werden aber solche Ausdrücke vermeiden, indem wir in eindeutiger Weise einerseits
die relative Zahl $p = xx' + yy' + zz'$,
andererseits den Vektor $Q = (yz' - zy')\boldsymbol{i} + (zx' - xz')\boldsymbol{j} + (xy' - yx')\boldsymbol{k}$ einführen.
Die Zahl *p* heißt *skalares Produkt* der beiden Vektoren (oder auch *inneres Produkt*) und wird $A \cdot B$ oder AB geschrieben.
Der Vektor *Q* heißt *vektorielles Produkt* der Vektoren (oder auch *äußeres Produkt*) und wird $A \times B$ geschrieben.

(I) $\qquad\qquad A \cdot B = ab(\boldsymbol{u} \cdot \boldsymbol{v})$
(II) $\qquad\qquad A \cdot B = xx' + yy' + zz'$

Insbesondere ist $A \cdot A = a^2$.

A. SKALARES PRODUKT

(1) Aus der Darstellung (II) geht sofort hervor, daß das betreffende Produkt *kommutativ* ist. Man bemerkt weiter, daß nur das Produkt von *zwei* Vektoren in Frage kommt, da das Produkt ein Skalar, also eine Zahl ist; es handelt sich mithin nicht um eine innere Operation, da sie aus der ursprünglichen Menge herausführt. Daher ist auch $(A \cdot B)\, C$ das Produkt eines Vektors C mit einer Zahl.

(2) Gemäß (I) folgt unmittelbar für die Multiplikation mit einer reellen Zahl m

$$(mA) \cdot B = m(A \cdot B).$$

(3) Das skalare Produkt ist *in bezug auf die Addition von Vektoren distributiv*, welche Eigenschaft von der bilinearen Form des Ausdruckes (2) herrührt, der in x, y, z und x', y', z' einzeln linear ist:

$$A \cdot (B_1 + B_2) = (A \cdot B_1) + (A \cdot B_2).$$

Daraus folgt allgemein

$$(\Sigma A_i) \cdot (\Sigma B_j) = \Sigma (A_i \cdot B_j), \quad i = 1, 2, \ldots n; \quad j = 1, 2, \ldots p.$$

(4) *Das skalare Produkt ist eine Invariante*, d. h. es ist unabhängig von der Wahl der Basis, *vorausgesetzt, daß die Maßeinheit der Länge ein für allemal festgesetzt wird*.

Man könnte zum Beweis dieser grundlegenden Eigenschaft so vorgehen, daß man die Ausdrücke für A und B nach einem Basiswechsel neu berechnet. Es ist jedoch weitaus eleganter und auch viel interessanter, dieses Ergebnis aus der Distributivität bezüglich der Addition unter Hinzunahme jener Eigenschaft abzuleiten, von der wir ausgegangen sind: *Die Orthogonalität zweier Vektoren wird dadurch ausgedrückt, daß ihr skalares Produkt gleich null ist.* Wir bemerken zunächst, daß das skalare Produkt $A \cdot B$ unverändert bleibt, wenn man B durch seine orthogonale Projektion B_1 auf A ersetzt, da dies nur darauf hinausläuft, daß man zu B einen Vektor hinzufügt, der auf A senkrecht steht.

Es ist jedoch $B_1 = \dfrac{b_1}{a} A$, wenn dabei b_1 die Maßzahl von B_1 bezüglich des Einheitsvektors u ist, der in Richtung von A liegt.

Somit ist $A \cdot B = A \cdot B_1 = ab_1$. Daraus folgt:

Das skalare Produkt zweier Vektoren ist gleich dem Produkt aus der Länge des einen Vektors und der Maßzahl der orthogonalen Projektion des anderen Vektors auf den ersten.

Wir finden also, daß dieses Produkt sicher von der Wahl der orthonormalen Basis unabhängig ist, und dies gilt nicht nur für die Lage, sondern auch für die Orientierung, wobei nur vorausgesetzt werden muß, daß die Maßeinheit der Länge ein für allemal festgelegt wird. Man sieht leicht ein, daß eine Multiplikation dieser Längeneinheit mit λ

dazu führt, daß a und b_1 durch eben dieselbe Zahl dividiert werden müssen, und mithin das skalare Produkt durch das Quadrat dieser Zahl zu dividieren ist.

Folgerung

Das Vorzeichen des skalaren Produktes gibt an, ob die Vektoren in der Ordnung A, B, A' stehen, oder ob im Gegensatz dazu A, A', B gilt, wobei A, B komplanare Vektoren sind und A' auf derselben Seite wie B auf A senkrecht steht. Diesen Sachverhalt werden wir im Abschnitt C, S. 116, wo der Winkelbegriff eingeführt wird, mit den folgenden Worten ausdrücken:
Der Winkel (A, B) ist spitz, ein rechter oder stumpf, je nachdem das skalare Produkt positiv, null oder negativ ist.

Anwendungsbeispiele aus der analytischen Geometrie

(1) Eine *Ebene* kann als Menge der Punkte P charakterisiert werden, für die nach Angabe eines Punktes A und eines Vektors V der Vektor AP auf V senkrecht steht; dafür schreibt man $V \cdot AP = 0$.

(2) Eine Kugelfläche, die durch ihren Mittelpunkt und einen Punkt A definiert ist, bildet den geometrischen Ort der Punkte P, so daß

$$OP \cdot OP = OA \cdot OA,$$

das heißt,

$$(OP \cdot OP) - (OA \cdot OA) = 0,$$

wofür man auch nach dem distributiven und kommutativen Gesetz

$$(OP - OA) \cdot (OP + OA) = 0$$

schreiben kann. Führen wir also einen Punkt A' ein, der durch $OA' = -OA$ definiert ist, so gewinnt die Definition die Gestalt $AP \cdot A'P = 0$, woraus der Satz folgt:
Jede Kugel ist der geometrische Ort aller Punkte P, für die gilt: Sind A und A' zwei sich auf der Kugel diametral gegenüberliegende Punkte, so stehen die Strecken AP und $A'P$ aufeinander senkrecht.

(3) Aus der Gültigkeit des distributiven und kommutativen Gesetzes folgt unmittelbar, daß für jede Menge von vier Punkten A, B, C, D

$$AB \cdot CD + AC \cdot DB + AD \cdot BC = 0$$

gilt. (Zum Beweis Vektoren mit dem Ursprung A einführen.)
Sind insbesondere zwei dieser skalaren Produkte null, so muß notwendigerweise auch das dritte null sein; daraus folgen die Sätze:

In der Ebene schneiden sich *die drei Höhen eines Dreiecks* in einem Punkt. (Die vier Punkte sind gleichberechtigt; sie bilden das, was man als *orthozentrisches Viereck* bezeichnet*).
Besitzt ein Tetraeder zwei Paare orthogonaler Kanten, so sind auch die beiden Kanten des dritten Paares orthogonal zueinander (ein solches Tetraeder besitzt *paarweise zueinander orthogonale Kanten*).
Man erkennt, daß die Rechenregeln für das skalare Produkt jenen für algebraische Zahlen analog sind, welche man in der eindimensionalen Geometrie als Maßzahlen der Beträge von Vektoren ansehen kann; die Interpretation hängt nur von der Dimensionszahl des Raumes ab, in dem man operiert.
In der Physik kann man den einen Vektor geometrisch und den anderen als Kraft deuten; das skalare Produkt der beiden Vektoren mißt dann die Arbeit jener Kraft in der gegebenen Richtung. Daraus folgen zahlreiche Anwendungen.

B. ÄUSZERES ODER VEKTORIELLES PRODUKT (in der dreidimensionalen Geometrie)

Es seien wie vorher zwei Vektoren

$$A = xi+yj+zk = au = a(\alpha i+\beta j+\gamma k)$$
$$B = x'i+y'j+z'k = bv = b(\alpha' i+\beta' j+\gamma' k)$$

und ihr vektorielles Produkt gegeben:

$$A \times B = (yz'-zy')i+(zx'-xz')j+(xy'-yx')k$$
$$= abw = ab[(\beta\gamma'-\gamma\beta')i+(\gamma\alpha'-\alpha\gamma')j+(\alpha\beta'-\beta\alpha')k].$$

Insbesondere ist $A \times A = O$.

(1) *Das Produkt ist nicht kommutativ*: $A \times B = -(B \times A)$
Man sagt dafür manchmal auch, es sei *antisymmetrisch*.
Insbesondere ist

$$i \times j = k \ , \ j \times i = -k \ , \ j \times k = i \ , \ k \times j = -i \ ,$$
$$k \times i = j \ , \ i \times k = -j.$$

Man sieht, daß neben der Angabe der Längeneinheit auch die Orientierung der Basis festgelegt sein muß, damit man das äußere Produkt eindeutig bestimmen kann.

---
*) Anm. d. Üb.: Der gemeinsame Schnittpunkt der Höhen in einem Dreieck heißt Höhenpunkt oder *Orthozentrum*.

(2) Für jede beliebige reelle Zahl m kann man sofort beweisen, daß
$$(mA \times B) = m(A \times B).$$

(3) *Das äußere Produkt ist in bezug auf die Addition von Vektoren distributiv.* Dies folgt aus der Tatsache, daß die Ausdrücke für die drei Maßzahlen der Komponenten sowohl in x, y, z wie auch in x', y', z' einzeln linear sind:
$$A \times (B_1 + B_2) = (A \times B_1) + (A \times B_2),$$
woraus
$$(\Sigma A_i) \times (\Sigma B_j) = \Sigma (A_i \times B_j)$$
folgt. Bei Rechnungen muß jedoch darauf geachtet werden, daß hier das kommutative Gesetz nicht gilt. Es ist zum Beispiel
$$(A-B) \times (A+B) = 2(A \times B)$$
$$(A+B) \times (A-B) = -2(A \times B).$$

Diese Rechnungen sind also von gänzlich anderer Natur als jene, die wir bisher betrachtet haben.

(4) *Das äußere Produkt ist gegenüber einer Basistransformation ebenfalls invariant,* vorausgesetzt, daß *die Länge der Einheitsvektoren und die Orientierung des Raumes erhalten bleiben.*
Wir wollen zum Beweis dieser Behauptung eine ähnliche Methode wie beim skalaren Produkt verwenden. Dank der Tatsache, daß das äußere Produkt bei der Vektoraddition distributiv ist, verschwindet das vektorielle Produkt zweier kollinearer Vektoren, *und wir können deswegen in $A \times B$ einen der Vektoren, etwa B, durch seine Orthogonalprojektion auf eine Ebene ersetzen, die auf dem anderen Vektor senkrecht steht.* Sind die beiden Vektoren A und B nicht kollinear, so sei u der Einheitsvektor in Richtung von A und u' der mit A und B komplanare Einheitsvektor derart, daß $A \times u'$ und $A \times B$ gleich orientiert sind. Dann haben wir $A = au$ und $B = b_1 u + b_2 u'$, wobei b_2 positiv ist. Daraus folgt, daß $A \times B = ab_2(u \times u') = ab_2 w$, sofern $w = u \times u'$.
Dieser Ausdruck zeigt deutlich, daß das äußere Produkt ganz unabhängig von der Basis bestimmt ist, sobald die Längeneinheit und die Orientierung des Raumes gegeben sind.
Setzen wir überdies $A' = au'$, so haben wir mit $u \cdot u' = 0$ die Beziehung $A' \cdot B = ab_2$. Daraus ergibt sich die wichtige Formel

$$\boxed{A \times B = (A' \cdot B) w}.$$

(5) Da das vektorielle Produkt zweier Faktoren wiederum ein Vektor ist, sobald nur die Längeneinheit und die Orientierung des Raumes festgelegt sind, kann man die Betrachtung ohne Schwierigkeit auf drei, vier, ..., n Vektoren ausdehnen. Es ist zum Beispiel

$$(i \times j) \times j \equiv k \times j \equiv -i.$$

Das *vektorielle Produkt mehrerer Vektoren ist jedoch nicht mehr assoziativ*. Das läßt sich aus dem vorhergehenden Beispiel leicht ablesen, weil

$$i \times (j \times j) \equiv i \times 0 \equiv 0.$$

Man kann natürlich auch ohne weiteres *gemischte Produkte* betrachten, deren eines ein skalares und das andere ein vektorielles Produkt ist. Dann ist also

$$(i \times j) \cdot k = k \cdot k = 1 \;,\; i \cdot (j \times k) = i \cdot i = 1,$$
$$(i \times j) \cdot (j \times k) = k \cdot i = 0.$$

Ein Ausdruck wie $(A \cdot B) \times C$ hat allerdings keinerlei Bedeutung, da der Klammerausdruck einen Skalar, also eine Zahl darstellt.

Anwendungsbeispiele

Das vektorielle Produkt ist nicht schlechthin ein Vektor wie andere Vektoren, da man bei einer Vektorkonfiguration überdies die Längeneinheit und die Orientierung festlegen muß. Man nennt daher ein solches Gebilde einen *polaren Vektor*. In der Physik ist er auch unter dem Namen *Momentenvektor* (etwa einer Kraft) bekannt. In der Geometrie dient er dazu, die Richtungen von Flächen und durch seine Maßzahl den Flächeninhalt ebener Flächen anzugeben. Er liefert außerdem den dritten Vektor einer orthonormalen Basis, deren beide andere Vektoren gegeben sind.

Ist eine Gerade d durch die Angabe eines Punktes A und eines Richtungsvektors u festgelegt, so ist die Richtung der Tangente in einem Punkt P an den Kreis mit der Achse d, der durch P geht, durch

$$v = u \times AP$$

gegeben.

Durchläuft der Punkt P seinen Kreis mit einer bestimmten Winkelgeschwindigkeit ω, so trägt man auf d in geeigneter Richtung einen Vektor Ω auf, dessen Betrag gleich ω ist. Die Geschwindigkeit von P beträgt dann

$$V = \Omega \times AP.$$

Diese Formel ist bei der Behandlung der Bewegung starrer Körper grundlegend.

C. DIE TRIGONOMETRISCHE DARSTELLUNGSWEISE

In jenem Zweig der Geometrie, der im Gegensatz zu der in Koordinatensystemen rechnenden analytischen Geometrie in herkömmlicher Weise als synthetische Geometrie bezeichnet wird, wird von Anfang an nicht nur der Begriff der Strecke, sondern auch der des Winkels eingeführt. In historischer Sicht läßt sich dies dadurch erklären, daß sich uns diese Begriffe einerseits aus unserer Anschauung und aus den Bewegungen unseres Körpers aufdrängen, sie aber andererseits auch aus den Erfordernissen der Astronomie und der Geodäsie erwachsen, weil die Winkelmessung in diesen Wissenszweigen von hervorragender Bedeutung ist.

Vom Standpunkt des metrischen Vektorraumes aus, den wir hier einnehmen, sind es in erster Linie das skalare und vektorielle Produkt, die unser Interesse verdienen, weil sich diese von vornherein auf Vektorpaare oder, auf dem Umweg über Richtungsvektoren, auf Richtungspaare beziehen. Bevor wir darangehen, im folgenden Abschnitt den Begriff des Winkels einzuführen, wollen wir die Definitionen des Kosinus und Sinus auf beliebige Vektorpaare ausdehnen, nachdem wir diese Begriffe bereits auf S. 99 für Einheitsvektoren festgelegt haben. Es seien zwei Vektoren $A = a \cdot u$ und $B = b \cdot v$ gegeben, wobei a und b positiv und u, v Einheitsvektoren sind. Wir setzen als Definition

$$\cos(A, B) = \cos(u, v) \quad \text{und} \quad \sin(A, B) = \sin(u, v).$$

Indem wir den zu u senkrechten Einheitsvektor u' einführen, der außerdem mit u und v komplanar ist, und weiterhin $v = \alpha u + \beta u'$ setzen, so haben wir gemäß der Definition

$$\cos(u, v) = \alpha \quad \text{und} \quad \sin(u, v) = \beta.$$

Daraus folgt

$$u \cdot v = \cos(u, v), \quad A \cdot B = ab \cos(A, B);$$
$$|u \times v| = |\sin(u, v)|, \quad |A \times B| = ab |\sin(A, B)|.$$

Aus diesem und

$$[\cos(A, B)]^2 + [\sin(A, B)]^2 = 1$$

ergibt sich

$$[A \cdot B]^2 + [|A \times B|]^2 = a^2 b^2.$$

Anwendungen

(1) *Fundamentalformel im Dreieck* (*Kosinussatz*). Wenn wir beide Seiten der Vektorgleichung $BC = AC - AB$ zum Quadrat erheben, so finden wir

$$BC^2 = AC^2 + AB^2 - 2(AC \cdot AB)$$
$$= AC^2 + AB^2 - 2AC \cdot AB \cdot \cos(AC, AB).$$

(2) *Fundamentalformel im Tetraeder (Vierflach).* Es seien u, v, w die Einheitsvektoren, durch welche die Richtungen der drei Kanten eines Tetraeders festgelegt werden, und u', u'' die Einheitsvektoren, die jeweils in den Ebenen u, v und u, w auf u senkrecht stehen. Wir bilden gliedweise das skalare Produkt von $v = \alpha u + \beta u'$ und $w = \alpha' u + \beta' u''$.

Dann finden wir unter Berücksichtigung von $u \cdot u' = u \cdot u'' = 0$, daß

$$v \cdot w = \alpha\alpha' + \beta\beta'(u' \cdot u''),$$

das heißt

$$\cos(v, w) = \cos(u, v)\cos(u, w) + \sin(u, v)\sin(u, w)\cos(u', u'').$$

Die Endpunkte U, V, W der drei Einheitsvektoren u, v, w bilden auf der Einheitskugel ein Kugeldreieck. In der dafür gebräuchlichen Schreibweise ist dies der Kosinussatz der Kugelgeometrie

$$\cos a = \cos b \cos c + \sin b \sin c \cos \alpha.$$

3. WINKEL

Wir kommen nun auf das in 1 Gesagte zurück und führen den Winkelbegriff unabhängig von den Darlegungen von 2 ein, wo wir die verschiedenen Vektorprodukte ins Auge gefaßt hatten.

A. KOSINUS UND SINUS eines geordneten Paares von Einheitsvektoren

Wir betrachten hier Vektoren in der von der orthonormalen Basis (i, j) aufgespannten Ebene. Es sei ein Vektor u und der dazu direkt senkrecht stehende Vektor v durch

(I) $$u = \alpha i + \beta j , \quad v = -\beta i + \alpha j,$$

gegeben, wobei $\alpha^2 + \beta^2 = 1$.

Es sei weiterhin w ein beliebiger Einheitsvektor, der mit den soeben erklärten komplanar ist. Wir erinnern uns der Formel für die Basistransformation

(II) $$w \equiv au + bv \equiv (\alpha a - \beta b)i + (\beta a + \alpha b)j,$$

wobei $a^2 + b^2 = 1$.

Gemäß der Definition setzen wir (wie weiter oben)

$$\begin{cases} a = \cos(u, w) \\ b = \sin(u, w). \end{cases}$$

Insbesondere ist

$$\begin{cases} \alpha = \cos(i, u) \\ \beta = \sin(i, u) \end{cases} \quad \text{und} \quad \begin{cases} \alpha a - \beta b = \cos(i, w) \\ \beta a + \alpha b = \sin(i, w). \end{cases}$$

Fundamentalsystem

Die Formel für die Basistransformation liefert

(I) $\quad \begin{cases} \cos(i, w) = \cos(i, u)\cos(u, w) - \sin(i, u)\sin(u, w) \\ \sin(i, w) = \sin(i, u)\cos(u, w) + \cos(i, u)\sin(u, w), \end{cases}$

wobei u, w für alle i komplanare Einheitsvektoren.
Der Kosinus und Sinus eines geordneten Paares von Einheitsvektoren sind mithin vollkommen eindeutig bestimmt, wenn die Ebene orientiert ist. Ändert sich die Orientierung, so bleibt der Kosinus unverändert, der Sinus jedoch wechselt das Vorzeichen (Übergang von j zu $-j$).

Unmittelbare Folgerungen:

(1) Aus den Formeln leitet man

$$\begin{cases} i \equiv \alpha u - \beta v \\ j = \beta u + \alpha v \end{cases}$$

ab und daher

$$\begin{cases} \cos(i, u) = \cos(u, i) = \cos(j, v) = \sin(i, v) = \sin(u, j) \\ \sin(i, u) = -\sin(u, i) = \sin(j, v) = -\cos(i, v) = \cos(u, j). \end{cases}$$

Insbesondere gilt

$$\begin{cases} \cos(i, i) = 1 \\ \sin(i, i) = 0 \end{cases}, \quad \begin{cases} \cos(i, -i) = -1 \\ \sin(i, -i) = 0 \end{cases},$$

$$\begin{cases} \cos(i, j) = 0 \\ \sin(i, j) = 1 \end{cases}, \quad \begin{cases} \sin(i, -j) = -1 \\ \cos(i, -j) = 0. \end{cases}$$

(2) Hat man zwei beliebige Zahlen a und b gewählt, die $a^2 + b^2 = 1$ genügen, so entspricht in der orientierten Ebene jedem Einheitsvektor u ein anderer, w, so daß $\cos(u, w) = a$, und $\sin(u, w) = b$ ist. Umgekehrt entspricht jedem Paar von Einheitsvektoren (u, v), die in dieser Reihenfolge gegeben sind, ein Zahlenpaar (a, b), das $a^2 + b^2 = 1$ genügt.

Definition

Wir sagen, daß die Vektorpaare (u, v), (u_1, v_1), denen dasselbe Zahlenpaar a, b entspricht, *kongruent* sind. Dadurch wird offensichtlich zwischen Paaren von Einheitsvektoren eine Äquivalenzrelation erklärt. Wir werden die Gültigkeit dieser Aussage im folgenden auch auf beliebige Vektorpaare ausdehnen.

B. KONGRUENZ VON VEKTORPAAREN. WINKEL

a) Gerichtete Einheitsvektoren

Wir bezeichnen als *Einheits- und Richtungsvektor eines Vektors V* den Einheitsvektor v, der durch $V = kv$ bestimmt ist; k ist eine positive Zahl und $k = |V|$.

Wir sagen, daß ein Paar (V_1, V_2) willkürlicher Vektoren zu einem anderen Paar (V_1', V_2') kongruent ist, wenn die entsprechenden Paare von Einheitsvektoren (v_1, v_2) und (v_1', v_2') kongruent sind. Wir schreiben dafür

$$(V_1, V_2) \equiv (V_1', V_2').$$

Insbesondere gilt, daß alle von zwei kollinearen Vektoren gebildeten Paare zueinander kongruent sind.

Alle Vektorpaare, deren zweiter Vektor auf dem ersten direkt senkrecht steht, sind zueinander kongruent.

Jede Äquivalenzklasse wird durch ein Zahlenpaar a, b gekennzeichnet, das den Kosinus, beziehungsweise den Sinus der Paare von Einheitsvektoren der Klasse angibt. Diese Zahlen heißen auch Kosinus und Sinus sowohl dieser Klasse wie auch eines jeden Paares dieser Klasse. Jede Äquivalenzklasse heißt *Winkel des geordneten Vektorpaares.* Der Winkel von zu (i, i) kongruenten Paaren heißt *Nullwinkel,* und jener von Paaren, die zu $(i, -i)$ kongruent sind, heißt *gestreckter Winkel.*

b) Winkeladdition

Wir gehen nun daran, zwischen den Klassen eine innere Operation zu definieren, die wir als *Addition* bezeichnen.

Es sei das Paar (V_1, V_2) der Repräsentant einer Klasse, und (V_1', V_2') der Repräsentant einer anderen Klasse.

Indem wir als Bezugsvektor zum Beispiel den Einheitsvektor i wählen, definieren wir zwei weitere Einheitsvektoren durch

$$(i, v) \equiv (V_1, V_2) \quad \text{und} \quad (v, w) \equiv (V_1', V_2').$$

Wie das Fundamentalsystem (I) zeigt, ist bei beliebigem i das Paar (i, w) bis auf eine Äquivalenz vollständig bestimmt. Dadurch wird eine Klasse, die *Summenklasse* bestimmt, und wir schreiben

$$(i, w) \equiv (V_1, V_2) + (V_1', V_2').$$

Insbesondere ist $(i, w) = (i, u) + (u, w)$ (*Formel von Chasles*).
Bezeichnen wir mit C und C' zwei Klassen, so schreibt sich das System (I) in den Form

(I') $\begin{cases} \cos(C+C') = \cos C \cos C' - \sin C \sin C' \\ \sin(C+C') = \sin C \cos C' + \cos C \sin C'. \end{cases}$

Eigenschaften der Addition

(1) Es existiert ein *neutrales Element*: Das ist jene Klasse, die wir als Nullwinkel bezeichnet haben.
Jedem Winkel ist ein dazu *entgegengesetzter* zugeordnet, weil $(U, V) + (V, U) \equiv (U, U)$. Die Eindeutigkeit der entgegengesetzten Klasse folgt aus (I') mit den Beziehungen

weil $(\cos C)^2 + (\sin C)^2 = 1, \quad (\cos C')^2 + (\sin C')^2 = 1,$

$\begin{cases} \cos(C+C') = 1 \\ \sin(C+C') = 0 \end{cases} \Leftrightarrow \begin{cases} \cos C = \cos C' \\ \sin C = -\sin C'. \end{cases}$

Die Operation genügt den Axiomen [A] *aus dem ersten Kapitel* (S.12). $[A_1]$ folgt aus der Definition, $[A_4]$ (Kommutativität) geht aus den Formeln (I) hervor; $[A_3]$ folgt unmittelbar aus der Formel von *Chasles*:

$(i, u) + (u, v) + (v, w) \equiv (i, v) + (v, w) \equiv (i, u) + (u, w) \equiv (i, w).$

$[A_2]$ kann aus den soeben dargelegten Eigenschaften und aus der Existenz des entgegengesetzten Elementes hergeleitet werden.
Ebenso leitet sich die *Subtraktion* als zur Addition inverse Operation daraus ab.

(2) Es gibt jedoch wegen der folgenden Eigenschaft keine Möglichkeit, zwischen der Menge der Klassen und der Menge der positiven und negativen Zahlen eine eineindeutige Zuordnung herzustellen: *Der gestreckte Winkel ist zu sich selbst entgegengesetzt*; es ist in der Tat

$(i, -i) + (-i, i) \equiv (i, i).$

c) Winkelmaße

Wir werden den von uns Winkel genannten Klassen positive, negative Zahlen oder die Null zuordnen, so daß der Summe von zwei Klassen die Summe der Zahlen entspricht, die den Klassen einzeln zugeteilt sind. Dies können wir mittels des folgenden Lemmas (Hilfssatzes) erreichen:

(1) Winkelhalbierende eines Vektorpaares. Es seien V_1, V_2 die gegebenen Vektoren. Es existiert eine und nur eine Richtung (das heißt, ein Einheitsvektor w und der dazu entgegengesetzte $-w$), die mit den gegebenen Vektoren entgegengesetzte Winkel bildet:

$$(w, V_1) \equiv -(w, V_2);$$

das bedeutet gemäß der Beziehung von *Chasles*
$(V_1, w)+(V_1, w) = (V_1, V_2)$.
Gibt i die Richtung von V_1 an, steht j darauf direkt senkrecht und ist

$$V_2 = |V_2|(ai+bj) , \quad w = xi+yj,$$

so liefert die Voraussetzung

$$\begin{cases} x^2-y^2 = a \\ 2xy = b, \end{cases} \text{mit} \quad \begin{cases} a^2+b^2 = 1 \\ x^2+y^2 = 1, \end{cases}$$

woraus folgt

$$2x^2 = a+1, \quad 2xy = b,$$

wodurch zwei entgegengesetzte Vektoren bestimmt werden.
Wir können einen dieser Vektoren, w, durch die Bedingung herausgreifen, daß x positiv sein soll; dann hat y, sofern es verschieden von null ist, dasselbe Vorzeichen wie b. Ist der Winkel (V_1, V_2) gleich null, so fällt der Vektor w mit i zusammen. Wir nennen w den *Vektor der Hauptwinkelhalbierenden* von (V_1, V_2).

(2) Es erhebt sich nun die Frage, ob es möglich ist, jedem Winkel eine Zahl so zuzuordnen, daß entgegengesetzte Zahlen auch entgegengesetzten Winkeln und eine Zahlensumme einer Winkelsumme entsprechen soll?
Dazu müssen wir dem Nullwinkel die Zahl 0 zuteilen, da dieser das neutrale Element der Winkeladdition ist. Bezeichnen wir weiterhin den gestreckten Winkel mit p; dann muß diesem auch die Zahl $-p$ zugeordnet werden. Man muß ferner auch die Zahl $2p$ dem Nullwinkel zuordnen, so daß einem Winkel nicht nur die Zahl Θ, sondern auch $\Theta+2kp$ zugeschrieben werden kann, wobei k eine positive oder negative ganze Zahl ist. Wir finden also, *daß Winkel nur bis auf $2p$ genau bestimmt werden können.*

Wir wählen p positiv und schreiben die Zahl $+\dfrac{p}{2}$ dem Winkel (i,j) zu, wenn j in der orientierten Ebene direkt auf i senkrecht steht.

(3) Nach dem Satz von *Chasles* genügt es, die Einheitsvektoren $u = ai+bj$ zu betrachten, für welche a und b positiv sind, und den entsprechenden Paaren (i, u) die innerhalb 0 und $\frac{p}{2}$ liegenden Zahlen zuzuschreiben.

Wir teilen also den rechten Winkel (i, j) durch den Vektor der Hauptwinkelhalbierenden in zwei Teile und verfahren mit jedem derart erhaltenen Winkel in gleicher Weise usw., wobei wir den bei jedem Schritt auftretenden kongruenten Winkeln die Zahlen

$$\frac{p}{2}, \frac{p}{2^2}, \frac{p}{2^3} \ldots$$

zuschreiben.

Jedem gegebenen Winkel (i, u) kann also ein genauer oder genäherter Wert der Form

$$\frac{p}{2}\left(\frac{n_1}{2} + \frac{n_2}{2^2} + \ldots + \frac{n_q}{2^q}\right)$$

zugeschrieben werden, wobei die Zähler $n_1, n_2, \ldots, n_q$ gleich 0 oder 1 sind; umgekehrt entspricht jeder derartigen Zahl ein Winkel (i, u). Nimmt man die Zahl q als genügend groß an, so stellt der Klammerausdruck einen Näherungswert für jede Zahl zwischen 0 und 1 dar; die Näherung kann beliebig weit fortgesetzt werden. Es handelt sich hier in Wirklichkeit um eine im dyadischen Zahlsystem (Zahlsystem mit der Basis 2) hingeschriebene Zahl, deren ganzzahliger Teil 0 und deren Ziffernzahl rechts vom Komma gleich q ist. Gehen wir nun zur Grenze ($q \to \infty$) über, *so können wir jedem Winkel eine zwischen* 0 *und* $\frac{p}{2}$ *liegende Zahl Θ zuschreiben und umgekehrt.* Wir schreiben dafür

$$\Theta = (j, u).$$

Für jeden beliebigen Winkel heißt die zwischen $-p$ und $+p$ liegende Zahl *Hauptwert*. Die anderen Werte ergeben sich daraus durch Zufügen eines beliebigen Vielfachen von $2p$.

Winkelgleichungen sind mithin bis auf einen additiven Summanden $2p$ bestimmt; sie sind in Wirklichkeit *Kongruenzen* modulo $2p$ (vgl. Teil II, Kapitel I, 2; S. 162).

4. GRENZWERTE BEI TRIGONOMETRISCHEN FUNKTIONEN
Bogenmaß. Berechnung von π

A. WINKEL UND SEHNEN

In einem Kreis mit dem Radius 1 sei eine orthonormale Basis

$$OA = i, \; OB = j$$

gegeben. Dann ist
$$(i, u) = \varphi, \quad OC = U = ai+bj,$$
woraus folgt
$$AC = u-i = (a-1)i+bj$$

(I) $\begin{cases} a^2+b^2 = 1 \\ c^2 = (a-1)^2+b^2 = 2(1-a). \end{cases}$

Betrachten wir nunmehr den halbierten Winkel
$$\frac{\varphi}{2} = (i, u), \quad OD = V = xi+yj.$$

V ist bestimmt durch
$$2x^2 = a+1, \quad 2xy = b,$$
woraus folgt:

(II) $\begin{cases} x^2 = 1 - \dfrac{c^2}{4} \\ AD^2 = c'^2 = 2(1-x) = 2\left(1 - \sqrt{1 - \dfrac{c^2}{4}}\right) \\ = 2\dfrac{1-x^2}{1+x} = \dfrac{c^2}{2(1+x)} < \dfrac{c^2}{2}. \end{cases}$

Die Sehne c', die dem halben Zentriwinkel entspricht, befriedigt
$c' < \dfrac{c}{\sqrt{2}}$

Dem Winkel $\dfrac{p}{2}$ entspricht jedoch eine Sehne der Länge $\sqrt{2}$, und somit wird dem durch $\dfrac{p}{2} \cdot \dfrac{1}{2^q}$ gemessenen Winkel eine Sehne entsprechen, deren Länge kleiner als $\left(\dfrac{1}{\sqrt{2}}\right)^{q-1}$ ist. Wir finden also, *daß im selben Maße, wie der Winkel im Einheitskreis gegen null strebt, sich auch die Länge der Sehne dem Wert null nähert.*

Unter sonst gleichen Bedingungen gilt nach dem Satz des *Pythagoras*
$$(1-a)^2+b^2 = c^2,$$
daß die Zahlen $1-a = 1-\cos\varphi$ und $b = \sin\varphi$ ebenfalls gegen null streben, so daß *die Funktionen* $\cos\varphi$ *und* $\sin\varphi$ *in der Umgebung von* $\varphi = 0$ *stetig sind.* Die Formeln

$$\cos(\Theta_0+\varphi) = \cos\Theta_0\cos\varphi - \sin\Theta_0\sin\varphi$$
$$\sin(\Theta_0+\varphi) = \sin\Theta_0\cos\varphi + \cos\Theta_0\sin\varphi,$$

in denen wir den Winkel φ gegen null gehen lassen, zeigen *die Stetigkeit der Funktionen* $\cos\Theta$ *und* $\sin\Theta$ *für alle Werte von* Θ.
Um die *Ableitungen* der Kosinus- und Sinusfunktion nach dem Winkel zu erhalten, dividieren wir die Differenzen

$$\cos(\Theta_0+\varphi)-\cos\Theta_0 = \frac{\cos\Theta_0}{1+\cos\varphi}(-\sin^2\varphi) - \sin\Theta_0\sin\varphi$$

$$\sin(\Theta_0+\varphi)-\sin\Theta_0 = \frac{\sin\Theta_0}{1+\cos\varphi}(-\sin^2\varphi) + \cos\Theta_0\sin\varphi$$

durch φ. Geht φ gegen null, so strebt $\cos\varphi$ gegen 1 und $\sin\varphi$ gegen 0; die Frage ist also, wie man den Grenzwert von $\dfrac{\sin\varphi}{\varphi}$ findet. (Wir werden hier die Sätze über Grenzwerte heranziehen, die im Dritten Teil bewiesen werden sollen.) Im Einheitskreis hat die dem Winkel φ entsprechende Sehne, wobei $\cos\varphi = a$ und $\sin\varphi = b$, die Länge c, die gemäß (I)

$$c^2 = 2(1-a) = 2\frac{b^2}{1+a}$$

genügt; daher strebt $\dfrac{c}{b} = \sqrt{\dfrac{2}{1+a}}$ gegen 1, wenn φ sich dem Wert 0 nähert. *Im Einheitskreis gilt also, daß das Verhältnis der Sehne, die einem gegen 0 strebenden Winkel entspricht, zum Sinus dieses Winkels gegen 1 strebt.*

Daraus folgt jedoch, daß der Grenzwert des Verhältnisses $\dfrac{\sin\varphi}{\varphi} = \dfrac{b}{\varphi}$ jenem des Verhältnisses $\dfrac{c}{\varphi}$ gleich ist.

Dieser Grenzwert, sofern er existiert, hängt offensichtlich von der Zahl ab, die wir p genannt und dem gestreckten Winkel zugeordnet haben, nicht aber von der Längeneinheit, da die Maßzahl c nicht von dieser abhängt.

Wir werden zeigen, daß der Grenzwert existiert und von null verschieden ist. *Man kann infolgedessen p derart wählen, daß dieser Grenzwert den Wert 1 annimmt.*

Mit dieser Wahl von p wird $-\sin\Theta$ *die Ableitung von* $\cos\Theta$ *und* $+\cos\Theta$ *die Ableitung von* $\sin\Theta$.

B. GRENZWERT DES VERHÄLTNISSES der Länge c der Sehne im Einheitskreis zur Maßzahl des Zentriwinkels φ

Wir greifen zunächst auf Formel (II) $c'^2 = 2\left(\sqrt{1-\dfrac{c^2}{4}}\right)$ zurück und untersuchen die Zuordnung, die durch diese Formel zwischen den sukzessiven halbierten Winkeln und den zugehörigen Sehnen hergestellt wird.

Wir ergänzen die Figur, die aus den drei Radien OA, OC, OD gebildet wird, durch welche die Winkel $(OA, OC) = \varphi$ und $(OA, OD) = \dfrac{\varphi}{2}$ bestimmt werden, indem wir in den Punkten A und C die Tangenten an den Kreis zeichnen. Diese schneiden sich im Punkt T' auf der Verlängerung von OD. Wir hatten bereits $AC = c$, $AD = c'$ gesetzt, und wir setzen nun weiter $AT' = t'$. Der Vergleich liefert

$$\frac{c}{2} < c' < t' < \frac{t}{2},$$

und wir haben deshalb, wenn wir die Halbierung der Winkel fortsetzen:

$$c < 2c' < 2^2 c'' < \ldots < 2^n c^{(n)} < \ldots < 2^n t^{(n)} < \ldots < 2^2 t'' < 2t' < t.$$

Dividieren wir ferner alle Glieder durch $\varphi = 2^n \varphi^{(n)}$

$$\frac{c}{\varphi} < \frac{c'}{\varphi'} < \ldots < \frac{c^{(n)}}{\varphi^{(n)}} < \ldots < \frac{t^{(n)}}{\varphi^{(n)}} < \ldots < \frac{t'}{\varphi'} < \frac{t}{\varphi}.$$

Daraus geht hervor, daß der Ausdruck $\dfrac{c^{(n)}}{\varphi^{(n)}}$ einen Grenzwert λ besitzt, wenn n gegen unendlich strebt (vgl. Kapitel II, C).
Wovon hängt nun λ ab? Offensichtlich von der als Maßzahl des gestreckten Winkels gewählten Zahl p. Die Zahl λ hängt nicht von der Längeneinheit ab, weil wir ja im Einheitskreis operieren. Schließlich hängt λ nicht von dem ursprünglich gewählten Winkel φ ab, da c als eine stetige Funktion von $\cos\varphi$ auch eine stetige Funktion von φ ist, derart, daß der Grenzwert λ, der nichts anderes als die Ableitung von c nach φ für $\varphi = 0$ ist, nicht mehrere Werte annehmen kann. Das Verhältnis $\dfrac{\lambda}{p}$ ist mithin eine absolute Konstante, eine bestimmte Zahl der metrischen Geometrie. Man nennt sie $\dfrac{1}{\pi}$, so daß π jene Maßzahl ist, die man dem gestreckten Winkel zuschreiben muß,

damit der Grenzwert des Verhältnisses der Sehne zum zugehörigen Zentriwinkel im Einheitskreis zu eins wird, wenn dieser Winkel sich dem Wert null nähert. Die derart bestimmte Einheit des Winkels heißt *Radiant*. Gemäß (2) gilt, *daß* $\cos \Theta$ *und* $\sin \Theta$ *die Ableitungen* $-\sin \Theta$ *und* $+\cos \Theta$ *besitzen, sofern nur der Winkel* Θ *in Radiant angegeben ist.*

C. NÄHERUNGSWEISE BERECHNUNG DER ZAHL π

Dazu verwenden wir die Formel (II). Daraus erhalten wir Werte von $\dfrac{c^{(n)}}{\varphi^{(n)}}$ und weiterhin von unten angenäherte Werte für die Zahl π.

Rechnung ausgehend von		Näherungswerte für π
$\varphi = \dfrac{\pi}{3}$	$c = 1$	3
$\varphi' = \dfrac{\pi}{3} \cdot \dfrac{1}{2}$	$c' = \sqrt{2-\sqrt{3}}$	$3 \cdot 2 \sqrt{2-\sqrt{3}}$
$\varphi'' = \dfrac{\pi}{3} \cdot \dfrac{1}{2^2}$	$c'' = \sqrt{2-\sqrt{2+\sqrt{3}}}$	$3 \cdot 2^2 \sqrt{2-\sqrt{2+\sqrt{3}}}$
$\varphi''' = \dfrac{\pi}{3} \cdot \dfrac{1}{2^3}$	$c''' = \sqrt{2-\sqrt{2+\sqrt{2+\sqrt{3}}}}$	$3 \cdot 2^3 \sqrt{2-\sqrt{2+\sqrt{2+\sqrt{3}}}}$

Das Bildungsgesetz wird deutlich sichtbar.

Rechnung ausgehend von		Näherungswerte für π
$\varphi = \dfrac{\pi}{2}$	$c = \sqrt{2}$	$2\sqrt{2}$
$\varphi' = \dfrac{\pi}{2^2}$	$c' = \sqrt{2-\sqrt{2}}$	$2^2 \sqrt{2-\sqrt{2}}$
$\varphi'' = \dfrac{\pi}{2^3}$	$c'' = \sqrt{2-\sqrt{2+\sqrt{2}}}$	$2^3 \sqrt{2-\sqrt{2+\sqrt{2}}}$
$\varphi''' = \dfrac{\pi}{2^4}$	$c''' = \sqrt{2-\sqrt{2+\sqrt{2+\sqrt{2}}}}$	$2^4 \sqrt{2-\sqrt{2+\sqrt{2+\sqrt{2}}}}$

Man erhält auf diese Weise

$$\pi = \lim_{n \to \infty} 2^n \sqrt{2-\sqrt{2+\sqrt{2+\ldots+\sqrt{2}}}}.$$

(insgesamt n Wurzeln).

Ein anderes Verfahren zur Berechnung von π

Dazu verwenden wir die trigonometrischen Formeln, um einen Ausdruck für
$$c^{(n)} = 2 \sin \frac{\varphi}{2^n}$$
zu bilden, bevor wir durch $\varphi^{(n)} = \dfrac{\varphi}{2^n}$ dividieren:

$$\sin \varphi = 2 \sin \frac{\varphi}{2} \cos \frac{\varphi}{2} \qquad\qquad \cos \frac{\varphi}{2} = \sqrt{\frac{1}{2} + \frac{1}{2} \cos \varphi}$$

$$= 2^2 \sin \frac{\varphi}{2^2} \cos \frac{\varphi}{2} \cos \frac{\varphi}{2^2} \qquad \cos \frac{\varphi}{2^2} = \sqrt{\frac{1}{2} + \frac{1}{2} \sqrt{\frac{1}{2} + \frac{1}{2} \cos \varphi}}$$

$$= \ldots\ldots\ldots\ldots\ldots\ldots\ldots\ldots$$

$$= 2^n \sin \frac{\varphi}{2^n} \cos \frac{\varphi}{2} \cos \frac{\varphi}{2^2} \ldots \cos \frac{\varphi}{2^n} \qquad \cos \frac{\varphi}{2^n}$$

$$= \sqrt{\frac{1}{2} + \frac{1}{2} \sqrt{\frac{1}{2} + \frac{1}{2} \sqrt{\ldots + \frac{1}{2} \sqrt{\frac{1}{2} + \frac{1}{2} \cos \varphi}}}}$$

(mit n Wurzeln).

Somit haben wir

$$\frac{\varphi^{(n)}}{c^{(n)}} = \frac{\varphi}{2 \cdot 2^n \sin \dfrac{\varphi}{2^n}} = \frac{\varphi}{2 \sin \varphi} \cos \frac{\varphi}{2} \cos \frac{\varphi}{2^2} \ldots \cos \frac{\varphi}{2^n}$$

Indem wir $\varphi = \dfrac{\pi}{2}$, $\cos \varphi = 0$ setzen, erhalten wir

$$\frac{\pi}{2} = \lim_{n \to \infty} \left[\sqrt{\frac{1}{2}} \cdot \sqrt{\frac{1}{2} + \frac{1}{2} \sqrt{\frac{1}{2}}} \cdot \sqrt{\ldots} \right.$$

$$\left. \ldots \sqrt{\frac{1}{2} + \frac{1}{2} \sqrt{\frac{1}{2} + \frac{1}{2} \sqrt{\ldots + \frac{1}{2} \sqrt{\frac{1}{2} + \frac{1}{2} \sqrt{\frac{1}{2}}}}}} \right]$$

Dieses Produkt hat n Faktoren und der k-te Faktor hat k Wurzeln. Diese Formel stammt nach *H. Lebesque* von *Vieta* (1540/1603).
Die bisher erhaltenen Formeln sind für die näherungsweise Berechnung

von π nur wenig geeignet. Ohne die Frage weiter zu verfolgen, geben wir hier die bemerkenswerte Formel von *Wallis* (1616/1703) an:

$$\frac{\pi}{2} = \lim_{n\to\infty} \frac{2^2}{1\cdot 3}\cdot\frac{4^2}{3\cdot 5}\cdots\frac{(2n)^2}{(2n-1)(2n+1)}$$

und ferner jene, die von dessen Freund Lord *Brouncker* (1620/1684) stammt:

$$\frac{4}{\pi} = \lim_{n\to\infty}\left[1+\cfrac{1}{2+\cfrac{3^2}{2+\cfrac{5^2}{2+\cdots\cfrac{(2n+1)^2}{2}}}}\right]$$

Man beachte die Verschiedenheit der Struktur der obigen Ausdrücke. Mit Hilfe moderner Rechenmaschinen ist es bekanntlich gelungen, die ersten zehntausend Dezimalen der Zahl π zu bestimmen, die nicht allein irrational (*Lambert*, 1761), sondern auch nichtalgebraisch (*Lindemann*, 1882) ist. Sie ist folglich eine *transzendente Zahl*.

VI. Boole-Algebra auf Mengen. Maße. Wahrscheinlichkeiten

Wir greifen zunächst auf das zurück, was wir am Beginn des Buches über Operationen mit Mengen dargelegt haben, sodann werden wir einige der Maßbegriffe einführen, die man Mengen zuschreiben kann.

1. MENGENALGEBRA

Wir betrachten eine Menge, *Grund-* oder *Bezugsmenge* genannt, und ihre Teilmengen $A, B, \ldots$. Wir haben bereits früher die *Inklusions-* oder *Einschließungsbeziehung* definiert:

$$A \subseteq B \Leftrightarrow [\forall a, a \in A \Rightarrow a \in B]$$

Diese Einschließung ist echt, d.h. es gilt $A \subset B$, wenn es auch zu B gehörige Elemente gibt, die nicht A angehören. Die Menge dieser Elemente wird oft $B-A$ geschrieben.

In der Menge $\mathfrak{P}$ der Teilmengen von E werden drei Operationen eingeführt:

a) *Die Durchschnittsmenge* $A \cap B$ („*A Schnitt B*") ist die Menge jener Elemente, die gleichzeitig A und B, d.h. sowohl A als auch B, angehören.

b) *Die Vereinigungsmenge* $A \cup B$ („*A Bund B*") ist die Menge jener Elemente, die entweder A oder B oder beiden angehören (*nichtausschließendes oder*).

c) *Das Komplement* $\complement A$ ist die Menge jener Elemente der Bezugsmenge, die A nicht angehören. Man bezeichnet sie oft mit A'. Man kann auch das Komplement von A in bezug auf eine Teilmenge B definieren, in der A enthalten ist ($A \subset B$). Es ist die Menge jener Elemente von B, die nicht in A enthalten sind; man schreibt diese Menge $\complement_B A$; es handelt sich dabei aber um keine neue Operation, weil $\complement_B A = A' \cap B$.

Um die Operation der Durchschnittsbildung immer möglich zu machen, ist man genötigt, die leere Menge $\emptyset$ als zu $\mathfrak{P}$ gehörend einzuführen.

Es soll bemerkt werden, daß man in der Ordnung aufsteigt (dies wird durch das Zugehörigkeitszeichen $\in$ deutlich gemacht), wenn man von einem Element zu einer Teilmenge oder zu E und von dort zu $\mathfrak{P}$ übergeht. Im Gegensatz dazu bleibt bei der Beziehung $\subset$ und den Operationen $\cap$ und $\cup$ der Mengentypus erhalten.

Eigenschaften der Operationen

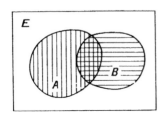

Einfache Beispiele (Mengen von Objekten oder Punkten) führen uns zu jenen Eigenschaften, die Axiome der Theorie bilden. Diese Eigenschaften lassen sich an einem Diagramm *veranschaulichen,* das auch *Euler-Diagramm* genannt wird: Darin wird jede Teilmenge durch eine Punktmenge verdeutlicht, die im Innern einer einfach geschlossenen Linie (d.h. einer Linie ohne mehrfachen Punkt) der Ebene liegt. Dann wird A durch das Innere einer solchen Linie und $\complement A$ durch das Äußere derselben dargestellt. $A \cap B$ wird durch den kreuzweise schraffierten Teil dargestellt, wohingegen $A \cup B$ der gesamte schraffierte, also nicht weiß bleibende Bereich ist. Man erkennt ohne Schwierigkeit die Gebiete, die jeweils

$$(A \cup B)' \,, \; \complement_A(A \cap B) \,, \; \complement_B(A \cap B)$$

darstellen.

Die zu Axiomen gewählten Eigenschaften sind die folgenden

	Durchschnitt
(1)	$A \cap A = A$
(2)	$A \cap B = B \cap A$
(3)	$A \cap (B \cap C) = (A \cap B) \cap C$

(1) und (1'): *Idempotenz**
(2) und (2'): *Kommutativität*
(3) und (3'): *Assoziativität*

	Vereinigung
(1')	$A \cup A = A$
(2')	$A \cup B = B \cup A$
(3')	$A \cup (B \cup C) = (A \cup B) \cup C$

(4) und (4') *Doppelte Distributivität*

(4) $\qquad A \cap (B \cup C) = (A \cap B) \cup (A \cap C)$

(4') $\qquad A \cup (B \cap C) = (A \cup B) \cap (A \cup C)$

Wir haben bereits früher (Kapitel I) erkannt, wie man aus diesen Formeln das kommutative, assoziative und distributive Gesetz für eine beliebige gegebene Anzahl von Gliedern herleitet. Die Gesetze geben

---

*) Anm. d. Üb.: In der Ringtheorie heißt ein Ring dann idempotent, wenn für jedes seiner Elemente $a \cdot a = a$ gilt.

aber noch keine Möglichkeit, die Operationen der Durchschnittsbildung und Vereinigung voneinander zu unterscheiden. Dieser Unterschied wird erst dann deutlich, wenn man die Menge E und die leere Menge durch die Axiome

(5) $\qquad \forall A \in \mathfrak{P}, \quad A \cup E = E$

und

(6) $\qquad A \cap \emptyset = \emptyset$

einführt. Die Definition der Komplementbildung lautet

(7) $\qquad A \cup A' = E,$

wobei

(8) $\qquad A \cap A' = \emptyset.$

Ist $A \cap B = \emptyset$, so sind A und B zueinander *elementefremd* oder *disjunkt*.

Die Theorie, die sich auf der Grundlage dieser Axiome entwickeln läßt, heißt die *Boole-Algebra*. Die Frage ist jedoch, wie sich diese Gleichungen beweisen lassen. Betrachten wir etwa (4): die linke Seite wird von jenen Elementen von E gebildet, die entweder A *und* B oder C oder beiden angehören; es sind dieselben Elemente wie die, die A und B *oder* A und C angehören, wobei das „oder" nicht ausschließend gemeint ist. Bei diesem Beweis wird die Verwendung der Worte *und*, *oder* in Zeichen festgelegt. Das ausschließende Oder wird in

$$(A' \cap B) \cup (A \cap B')$$

übertragen. Indem man die Negation hinzufügt, die zur Einführung des Komplementes notwendig ist, gelangt man zur klassischen Logik, so daß die angeschriebenen Gleichungen nichts anderes als eine Kodifizierung dieser Logik sind. Man erkennt daraus die Möglichkeit eines logischen Kalküls, der der Behandlung durch Rechenmaschinen zugänglich gemacht werden kann.

Folgerungen

Die einfachsten Folgerungen aus diesen Axiomen sind selbstverständlich genau so anschaulich einzusehen wie die Axiome selbst; wir werden aber dennoch einige Beweise anführen, um eine Vorstellung davon zu vermitteln, daß das angeschriebene Axiomensystem für die Zwecke unserer Theorie ausreichend ist.

Beweis einer Gleichheit

Nach Definition sind zwei Teilmengen gleich, wenn sie die gleichen Elemente besitzen, aber wir müssen die Gleichheit durch eine Bedingung in bezug auf die Operationen $\cap$ und $\cup$ kennzeichnen. Dazu führen wir ein Zusatzaxiom ein, z. B.

(I) $\boxed{X \cup Y = X \cap Y \;\Rightarrow\; X = Y}$.

Bemerkung: Die Operationen lassen sich nicht weiter vereinfachen. Weder aus $A \cup X = A \cup Y$ noch aus $A \cap X = A \cap Y$ folgt $X = Y$.

Grundformeln (sie können in anderen Darstellungen als Axiome dienen)

(5') $\qquad\qquad\qquad A \cap E = A,$

denn nach (3), (1), (1') und (5) gilt

$$(A \cap E) \cap A = A \cap E$$
$$\text{und}\quad (A \cap E) \cup A = (A \cup A) \cap (A \cup E) = A \cap E$$

(6') $\qquad\qquad\qquad A \cup \emptyset = A$

Zum Beweis werden (3'), (1'), (1), (5') benutzt.

Verschmelzungsgesetz

Es seien $X = A \cap (A \cup B)$ und $Y = A \cup (A \cap B)$, dann gilt nach (4) und (1)

$$X = (A \cap A) \cup (A \cap B) = A \cup (A \cap B) = Y.$$

Daraus folgt sofort $X \cap A = X$ und $Y \cup A = Y$, also $X = Y = A$. Das ergibt die Formel

(9) $\qquad \forall B,\quad A \cap (A \cup B) = A \cup (A \cap B) = A.$

Gesetze der Komplementarität

Vorbemerkung

(II) $\qquad \begin{Bmatrix} X' \cup Y = E \\ X' \cap Y = \emptyset \end{Bmatrix} \Rightarrow \boxed{X = Y}$

In der Tat läßt sich (II) nach (5') und (6') in der Form

$$X \cup Y = (X \cup Y) \cap (X' \cup Y) = (X \cap Y) \cup Y = Y$$
$$X \cap Y = (X \cap Y) \cup (X' \cap Y) = (X \cup Y) \cap Y = Y$$

schreiben und (I) anwenden.

Symmetrie der Komplementbeziehung

(10) $\qquad\qquad\qquad (A')' = A.$

Setzen wir $(A')' = Y$, so ergibt sich nach (7) und (8)

$\begin{cases} A' \cup Y = E \\ A' \cap Y = \emptyset \end{cases}$, was nach (II) $A = Y$ liefert.

Komplemente einer Vereinigungs- und einer Durchschnittsmenge

(11) $\qquad (A \cup B)' = A' \cap B'$

(12) $\qquad (A \cap B)' = A' \cup B'$

Man bestätigt (II), indem man

$$A \cup B = X'$$
$$A' \cap B' = Y$$

setzt. Wegen der Assoziativität erhält man folgenden allgemeinen Satz:
Das Komplement eines Boole-Ausdrucks ergibt sich, indem jede Teilmenge durch ihr Komplement ersetzt und die Zeichen $\cup$ und $\cap$ umgekehrt werden.

Kanonische Form

Die Existenz einer eindeutigen kanonischen Form ist von bedeutender theoretischer Wichtigkeit, weil es danach möglich wird, zu erkennen, ob zwei Boole-Ausdrücke gleich sind, analog wie bei einem Koeffizientenvergleich für Polynome.

a) Jeder n-stellige Ausdruck (d.h. jeder Ausdruck in n Größen $A, B, \ldots$ $\ldots, L$, die auch als ihre Komplemente $A', B', \ldots, L'$ erscheinen können) kann als Vereinigung von Durchschnitten geschrieben werden, wobei jeder Durchschnitt die n Größen in gestrichener oder ungestrichener Form enthält; eine Ausnahme von dieser Regel bildet nur $\emptyset$.
Hat man drei Größen, so handelt es sich um die Vereinigung von Gliedern $A \cap B \cap C$, $A \cap B' \cap C$, $A \cap B' \cap C'$ usw. (insgesamt sind acht Ausdrücke möglich).
Wir beweisen die Möglichkeit, jeden beliebigen Ausdruck in einer solchen Form schreiben zu können. Dazu beseitigt man zunächst jede gestrichene Klammer mittels der Komplementbeziehungen, dann die Klammern mit Vereinigungen mit Hilfe der Formel (4). Es verbleiben dann nur jene Klammern, die Durchschnitte umfassen, die wir als *Terme* der Vereinigung auffassen; damit ist der Ausdruck zu einem *Boole-Polynom* geworden. Man muß nun noch die Terme vervollständigen, die nicht alle Buchstaben enthalten: Heißt ein solcher Term T und der darin einzuführende Buchstabe K, so verwenden wir die Formel $T = (T \cap K) \cup (T \cap K')$. Damit hat der Ausdruck die kanonische Form angenommen.

Beispiel

Es ist zu zeigen, daß

$[(A \cup B) \cap (A' \cup C)] \cup (A \cup B')' =$
$(A \cap B \cap C) \cup (A \cap B' \cap C) \cup (A' \cap B \cap C) \cup (A' \cap B \cap C').$

b) Es bleibt zu beweisen, daß untereinander gleiche Ausdrücke dieselbe kanonische Form haben. Der Kürze halber geben wir hier mittels des Euler-Diagramms einen anschaulichen Beweis: Die Teilmengen $A, B, \ldots$

$\ldots, L$ und ihre Komplemente bestimmen eine Einteilung über E; jeder der erhaltenen disjunkten Bereiche ist genau die Darstellung eines der Terme in kanonischer Form, die mit Hilfe dieser Buchstaben gebildet werden. Zwei gleiche Ausdrücke werden durch denselben Bereich dargestellt, dessen Teile die Terme der kanonischen Form sind.

Inklusion

$A \subseteq B$ läßt sich in den Formeln

$$A \cap B = A \quad \text{oder} \quad A \cup B = B$$

ausdrücken, die nach dem Verschmelzungsgesetz äquivalent sind.

Anwendungsbeispiel

Es ist zu beweisen, daß für $P' = \complement P$

$$\forall P, \quad A \cap B \subseteq (A \cap P) \cup (B \cap P').$$

Dies ist bekanntlich äquivalent zu

$$(A \cap B) \cap [(A \cap P) \cup (B \cap P')] = A \cap B.$$

Beide Seiten haben jedoch die gleiche kanonische Form:

$$(A \cap B \cap P) \cup (A \cap B \cap P').$$

Indem wir die Beziehung durch eine evidente Inklusion ergänzen, erhalten wir

$$\forall P, \quad A \cap B \subseteq (A \cap P) \cup (B \cap P') \subseteq A \cup B,$$

wobei die doppelte Inklusion nützlich erscheint.

Der Eindeutigkeitssatz der kanonischen Form dient dazu, in verwickelter Form vorgelegte Beziehungen in klarer und einfacher Weise darzustellen, insbesondere in der Statistik.

Beispiel

Wir verfügen über Kugeln, die teilweise weiß (Menge B) und teilweise verschieden gefärbt sind und die einerseits aus Glas (Menge V), andererseits aus verschiedenen Substanzen bestehen. Einige davon liegen in einer Urne (Menge P), die anderen nicht. Wir versuchen nun den folgenden Satz zu verdeutlichen: ,,Man nehme die weißen Glaskugeln aus jenen Kugeln, die verbleiben, wenn man die weißen Kugeln entfernt hat, die nicht in der Urne liegen". Dies übersetzen wir: man muß $B \cap V \cap (B \cap P')'$ nehmen, was nach Kürzung $B \cap V \cap P$ liefert. Mit anderen Worten: man muß also die weißen Kugeln aus Glas nehmen, die sich in der Urne befinden.

Die Mengenalgebra wird uns besonders dort zustatten kommen, wo für die Teilmengen eine Maßbestimmung erklärt ist.

2. MASZE

A. DEFINITIONEN

Man sagt, einer Familie $\mathfrak{F}$ von Teilmengen von E, die gegenüber der Durchschnitts- und der Vereinigungsbildung abgeschlossen ist, sei ein *Maß* zugeordnet, wenn

α) jeder Teilmenge eine positive reelle Zahl oder null zugeordnet ist.

β) der Vereinigung zweier disjunkter Teilmengen jene Zahl zugeordnet ist, die aus der Summe der jedem Term der Vereinigung zugeordneten Zahlen besteht. Insbesondere ist der leeren Menge die Zahl null zugeordnet, da wir andernfalls die Eindeutigkeit verlieren würden. Die leere Menge ist ja das neutrale Element bei der Vereinigung.

Um Grenzübergänge zu ermöglichen, muß man β) nicht nur auf eine endliche Menge von Teilmengen ausdehnen, sondern auch auf eine abzählbar unendliche Menge von Teilmengen.

Folgerung

Das Maß einer in kanonischer Form dargestellten Teilmenge (die $\mathfrak{F}$ angehört), ist gleich der Summe der Maße jedes Terms des betreffenden Boole-Polynoms, weil diese Terme paarweise disjunkt sind. Dies erlaubt die Berechnung des Maßes einer Vereinigung; wir haben etwa für zwei Terme

$$A \cup B = (A \cap B) \cup (A \cap B') \cup (A' \cap B),$$

$$A = (A \cap B) \cup (A \cap B') \quad \text{und} \quad B = (A \cap B) \cup (A' \cap B)$$

Daraus folgt $m(A \cup B) = mA + mB - m(A \cap B)$, wenn ,,m" im Sinne von ,,Maß von" gesetzt wird.

Man findet in gleicher Weise

$m(A \cup B \cup C)$

$= mA + mB + mC - m(A \cap B) - m(B \cap C) - m(C \cap A) + m(A \cap B \cap C).$

Auf Formeln dieser Art beruht die Wahrscheinlichkeitsrechnung, deren Anfangsgründe wir in Nr. 3 behandeln werden.

Die Richtigkeit der grundlegenden Axiome α), β) läßt sich in zahlreichen Fällen bestätigen. Die Zuordnung von Zahlen zu Mengen kann nach sehr verschiedenen Gesichtspunkten erfolgen, und daher stammen auch die verschiedenen Arten von Maßbegriffen. Wir werden uns im folgenden mit den einfachsten befassen.

Solange es sich um Mengen mit einer endlichen Anzahl von Elementen handelt, ist eben diese Anzahl das *natürliche Maß* der Menge. Dieses ist dann eine natürliche Zahl, die offensichtlich beiden Axiomen genügt. Aber dies trifft nicht mehr zu, wenn man unendlichen Mengen eine Kardinalzahl zuordnet. Wir haben bereits früher einige Worte über *abzählbare* Mengen gesagt, aber die Vereinigung zweier abzählbarer Mengen ist wiederum abzählbar; wir haben deswegen kein Maß im eigentlichen Sinne. Auf diese Fragen werden wir am Ende des zweiten Teiles dieses Buches zurückkommen, deren Behandlung für eine sorgfältige Untersuchung des Maßbegriffes unerläßlich ist, weil sich dieser in erster Linie mit Mengen mit unendlich vielen Elementen beschäftigt.

Wir werden dazu *geometrische* (oder *natürliche*) Maße einführen müssen, die sich auf die einfachsten Teilmengen des Raumes beziehen (Strekken, Flächeninhalte, Volumina), sowie solche, die man in der Physik als *Größen* bezeichnet (Wärmemengen, elektrische Ladungsmengen usw., die in einem bestimmten Bereich enthalten sind) und die wir ganz allgemein *Massen* nennen, ob es nun physische Massen sind oder nicht. Die ersten sind den Bereichen selbst zugeordnet, wohingegen die anderen eher einer Funktion gleichen, die in jedem Element des Bereiches definiert ist und die in den einfachen Fällen als die *in jedem Punkt bestimmte Dichte* aufgefaßt werden kann (in terminologischer Anlehnung an das Wort Masse).

B. DAS NATÜRLICHE MASZ AUF DER REELLEN GERADEN

Die reelle Zahlengerade wird durch die Menge jener Punkte P gebildet, die dann definiert sind, wenn der Ursprung O, ein positiver Richtungssinn und der Einheitsvektor $\boldsymbol{u}$ bestimmt sind:

$$x \in R, \quad \boldsymbol{OP} = x\boldsymbol{u}$$

(1) Jedem offenen *Intervall*]a, b[teilen wir die Zahl
$$m(a, b) = |b-a|$$
zu. Dem abgeschlossenen Intervall, das sich auf einen Punkt zusammenzieht, ordnen wir die Zahl null zu: $m[a, a] = 0$, wodurch die Unterscheidung zwischen offenem und abgeschlossenem Intervall gegenstandslos wird. Die auf diese Weise eingeführte Zahl heißt *Länge* des Intervalls.

Für die Familie der Intervalle genügt diese Zahl offensichtlich den Axiomen:

α) *Sie ist eine positive Zahl oder null*;

β) *Das Maß der Vereinigung von disjunkten Mengen ist gleich der Summe der Maße der einzelnen Terme.* Das gilt wohlbemerkt nicht nur für endlich viele Terme, sondern auch für *abzählbar unendlich viele Terme*. Somit ist hier die Familie $\mathfrak{F}$ von Teilmengen gleich der Menge der Vereinigungen von endlich oder abzählbar unendlich vielen Intervallen.

Eine grundlegende Eigenschaft des Maßbegriffes, wie er hier für die Elemente von $\mathfrak{F}$ eingeführt worden ist, stellt die Invarianz gegenüber Translationen (*Eigenschaft γ*) dar. Darüber hinaus gilt, daß bei einer Streckung im Verhältnis k das Maß mit k multipliziert wird.

Folgerungen

Das Maß des Intervalles (a, ∞) ist unendlich; *wir einigen uns daher, der Menge der Maße das Symbol* $+\infty$ *hinzuzufügen*.

Das Maß einer abzählbaren Punktmenge ist null. Man darf aber deswegen nicht glauben, daß dies eine abzählbare Menge erschöpfend charakterisiert. Als Beispiel dafür kann man eine nicht abzählbare Punktmenge (triadische *Cantor*-Menge) im Intervall (0, 1) angeben, die dennoch kein einziges Intervall enthält (Teil II, Kap. III, 1). Selbst wenn man sich auf die Gerade beschränkt, führt die Festlegung eines allgemeinen Maßbegriffes auf große Schwierigkeiten. Wir werden uns im folgenden daher darauf beschränken, die *Lebesgues*sche Maßbestimmung für einige Mengen einzuführen.

(2) Nachdem die Inklusionsbeziehung eine Ordnungsrelation darstellt, werden wir die Familie der einer Maßbestimmung zugänglichen Bereiche durch das folgende Verfahren erweitern:

Es sei A eine gegebene Teilmenge auf der reellen Zahlengeraden, $\mathfrak{H}$ die Menge der bereits mit Maßen ausgestatteten Teilmengen H_i, die A überdecken, und $\mathfrak{K}$ die Menge der mit Maßen behafteten Teilmengen K_j, die in A enthalten sind, das heißt

$$\forall i, \forall j, \ K_j \subseteq A \subseteq H_i.$$

Dann hat man
$$mK_j < mH_i.$$
Wenn A ein Maß besitzen kann, muß man offensichtlich eine Definition so geben, daß
$$\forall i, \forall j, mK_j \leq mA \leq mH_i.$$
Nach dem Vollständigkeitsaxiom der reellen Zahlen ist jedoch bekannt, daß die Zahlenmenge (mH_i), für die (mK_j) untere Schranken darstellen, auch eine untere Grenze $h = \inf (mH_i)$ besitzt; ebenso hat die Zahlenmenge (mK_j) eine obere Grenze $k = \sup (mK_j)$, wobei $k \leq h$ ist. *Ist A derart beschaffen, daß $k = h$, so ordnet man der Menge A eben diese Zahl zu.* Diese Zahl genügt in der Tat gemäß den Eigenschaften von Grenzwerten den Axiomen α) und β).
Sind insbesondere B und C meßbar und ist C in B enthalten, so ist die Menge $A = B - C = \complement_B C$ ebenfalls meßbar; sie hat das Maß
$$mA = mB - mC.$$

C. MASZE IM ZWEIDIMENSIONALEN RAUM

Im zweidimensionalen Raum ist ein Punkt P in bezug auf die Basis (u, v) und den Ursprung O definiert durch
$$\boldsymbol{OP} = x\boldsymbol{u} + y\boldsymbol{v}.$$

I. Natürliche Maße in der affinen Geometrie

Dem Parallelogramm $U\{0 < x < 1, \ 0 < y < 1\}$ wird die Zahl 1 zugeschrieben.
Einer Strecke $\{a < x < b, \ y = c\}$ oder auch $\{x = a, \ b < y < c\}$ teilen wir die Zahl 0 zu; wir werden also nicht zwischen offenen oder abgeschlossenen Parallelogrammen unterscheiden. (Diese Unterscheidung bleibt einem Theorem vorbehalten, das einem genaueren Axiomensystem angehört.)
Die Axiome α), β) und das Axiom γ) *der Invarianz gegenüber Translationen* werden beibehalten. Wir gelangen so zum Maßbegriff für *jedes Parallelogramm P_1, dessen Seiten zu den Basisachsen parallel sind*: $\{a < x < a+q, \ b < y < b+q'\}$, wo q und q' rationale Zahlen sind. Ist nämlich $q = \dfrac{p}{n}$; $q' = \dfrac{p'}{n'}$, so enthält U insgesamt n^2 und P_1 insgesamt pp' kleine Parallelogramme, die sich alle durch Translation ineinander überführen lassen, ohne daß dabei die Randstrecken mit dem Maß null gezählt werden. Daher ist $mP_1 = qq'$.

Wenn wir die Familie der meßbaren Bereiche erweitern wollen, verfahren wir in gleicher Weise wie im eindimensionalen Fall. Ist eine Teilmenge A der Ebene gegeben, so betrachten wir die Menge $\mathfrak{H}$ aller Vereinigungen H_j von Parallelogrammen P_1, die eine Überdeckung von A bilden, sowie die Menge $\mathfrak{K}$ aller Vereinigungen K_j von disjunkten Parallelogrammen P_1, die in A enthalten sind. Ist nun inf $H_i = $ sup K_j, so ist diese Zahl der Menge A zuzuschreiben. Wir geben im folgenden einige Bereiche an, die *durch dieses Verfahren* meßbar geworden sind:

a) Beliebige Parallelogramme mit achsenparallelen Seiten

Es sei $P_2\{a < x < a+r,\ b < y < b+r'\}$ gegeben, wobei r und r' zwei beliebige reelle positive Zahlen seien. Um die Mengen H_i und K_j passend wählen zu können, betrachten wir die rationalen Näherungswerte für r und r'

$$s_n = \frac{p_n}{n},\ s'_n = \frac{p_n+1}{n} \quad \text{und} \quad t_n = \frac{q_n}{n},\ t'_n = \frac{q_n+1}{n},$$

die für jeden Wert von n durch $s_n \leq r < s'_n$, $t_n \leq r' < t'_n$ bestimmt sind, und wählen H_n zu

$$\{a < x < a+s'_n,\quad b < y < b+t'_n\},$$

K_n zu

$$\{a < x < s_n,\quad b < y < t_n\}.$$

Dann haben wir

$$\mathrm{m}H_n - \mathrm{m}K_n = \frac{(p_n+1)(q_n+1)}{s^2} - \frac{p_n q_n}{s^2} = \frac{p_n+q_n+1}{n^2} < \left(r+r'+\frac{1}{n}\right)\frac{1}{n},$$

welcher Wert gegen null strebt, wenn n ins Unendliche wächst; daher ist P_2 meßbar und

$$\mathrm{m}P = \inf(\mathrm{m}H_i) = \sup(\mathrm{m}K_j) = \lim_{n \to \infty}(\mathrm{m}K_n) = rr'.$$

b) Dreiecke mit zwei achsenparallelen Seiten

Es sei das Dreieck OAB gegeben, wobei $\boldsymbol{OA} = a\boldsymbol{u}$ und $\boldsymbol{OB} = b\boldsymbol{v}$ ist. Die Gleichung der Seite AB lautet $y = -\frac{b}{a}(x-a)$. Wir setzen a und b als positiv voraus (Figur).

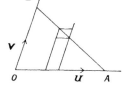

Jeder ganzen Zahl n ordnen wir eine Unterteilung von OA in n gleiche Teile mit der Länge $\frac{a}{n}$ zu. Jeder dieser Geradenabschnitte

$$a - \frac{p}{n}a < x < a - \frac{p-1}{n}a$$

wird als Basis von zwei Parallelogrammen des Typs P_2 gewählt, von denen eines die Strecke $\frac{pb}{n}$ als zweite Seite hat, das andere die Strecke $\frac{(p-1)b}{n}$. Die Vereinigung der Parallelogramme des ersten Typs liefert H_n und die der Parallelogramme des zweiten Typs K_n. Es ist jedoch

$$mH_n = \frac{ab}{n^2}(1+2+\ldots+p+\ldots+n) = \frac{ab}{2}\left(1+\frac{1}{n}\right)$$

$$mK_n = \frac{ab}{n^2}[1+2+\ldots+(p-1)+\ldots+(n-1)] = \frac{ab}{2}\left(1-\frac{1}{n}\right).$$

Strebt n gegen unendlich, so ist der gemeinsame Grenzwert dieser Ausdrücke gleich $\frac{1}{2}ab$. Somit ist

$$\inf(mH_i) = \sup(mK_j) = \frac{1}{2}ab.$$

Damit ist das Maß eines Dreiecks bestimmt.

c) Beliebiges Polygon, insbesondere beliebiges Dreieck

Zieht man, von den Eckpunkten des Polygons ausgehend, Parallelen zu den Basisvektoren, so kann man ein Polygon als Vereinigung von endlich vielen Dreiecken T_1 ansehen; ein solches Polygon ist daher meßbar.

Diese Maße sind einer Translation gegenüber invariant; sie werden mit k^2 multipliziert, wenn der ganze Bereich einer Streckung im Verhältnis k unterworfen wird. Sie sind also nur in bezug auf die gewählte Basis definiert.

d) Erweiterung auf andere Bereiche (vom Standpunkt des Riemann-Integrals)

Ausgehend von einer gewählten Basis betrachten wir *den Graph AB einer im Intervall (a, b) positiven und stetigen Funktion*. Eine derartige Funktion kann bekanntlich innerhalb (a, b) durch eine Stufenfunktion angenähert werden: Zu jeder beliebig gewählten positiven Zahl ε kann man eine ganze Zahl n angeben, so daß bei einer Unterteilung von (a, b) in n gleiche Teile y innerhalb des Abschnittes (x_p, x_{p+1}) zwischen den Werten h_p und k_p von y liegt, wobei $k_p - h_p < \varepsilon$ ist. Der Bereich D ($aABb$) wird derart durch Vereinigungen H_n von

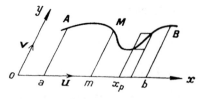

Parallelogrammen mit dem Maß $\left(\frac{b-a}{n}\right)h_p$ und durch Vereinigungen K_n von Parallelogrammen mit dem Maß $\left(\frac{b-a}{n}\right)k_p$ approximiert. Das Maß
$$mH_n - mK_n < (b-a)\varepsilon$$
strebt jedoch mit ε gegen 0. Daher ist inf $(mH_i) = \sup (mK_j)$, und der Bereich besitzt sicher ein Maß.

Bestimmung dieses Maßes: Dabei geht man von der als positiv vorausgesetzten Funktion $y = f(x)$ aus.

Um von der gegebenen Funktion Gebrauch machen zu können, durch die der Bereich definiert wird, müssen wir sie als Funktion der Abszisse b betrachten; das heißt mit anderen Worten: Wir betrachten jenen Bereich $D(x)$ mit der Basis am, der durch die Parallelen aA und mM zu dem Vektor v begrenzt wird. $D(x)$ besitzt ein Maß $\mu(x)$ und dieses genügt in einer Umgebung von x der Bedingung

$$|\Delta x| \cdot \inf y < |\Delta \mu(x)| < |\Delta x| \cdot \sup y.$$

Dabei werden die Grenzen inf y und sup y innerhalb des Intervalls Δx genommen; $mD(x)$ ist jedoch eine mit x zunehmende Funktion und es gilt daher unter Berücksichtigung der Vorzeichen

$$\inf y < \frac{\Delta \mu(x)}{\Delta x} < \sup y.$$

Strebt Δx gegen null, so nähert sich sowohl der links wie der rechts stehende Ausdruck dem Funktionswert $f(x)$ und daher besitzt $y(x) = mD(x)$ eine *Ableitung, die gleich der Funktion $f(x)$ ist*.

Damit haben wir bewiesen, daß eine im Intervall (a, b) positive und stetige Funktion $f(x)$ die Ableitung einer Funktion $F(x)$ darstellt, mithin auch die Ableitung von unendlich vielen Funktionen $\Phi(x) = F(x) + C$ (vgl. Teil III, Kapitel V), wobei C eine willkürliche Konstante ist. $\Phi(x)$ heißt *Stammfunktion* oder *unbestimmtes Integral* von $f(x)$, wohingegen $F(x)$, welche man nach Festsetzung von C erhält, *bestimmte Integralfunktion* heißt. Bezüglich $mD(x)$ ist zu sagen, daß dies jenes bestimmte Integral ist, das für $x = a$ verschwindet, wodurch die Konstante C bestimmt wird. Es gilt also $\Phi(x) - \Phi(a) = F(x) - F(a)$, wofür man oft auch $\mathfrak{P}_a^x f(x)$ schreibt. (Es handelt sich hier um nichts anderes als um das bestimmte Riemann-Integral, welches man in der Integralrechnung $\int_a^x f(x) \, dx$ schreibt.)

Der so eingeführte Maßkalkül kann demzufolge auf den inversen Kalkül der Differentialrechnung zurückgeführt werden: auf die Rechnung mit Stammfunktionen (oder unbestimmten Integralen).

II. Anwendungen in der metrischen Geometrie
1. Der Inhalt ebener Flächen

Der vorher eingeführte Maßbegriff hängt von der Basis des Vektorraumes ab. Im Gegensatz dazu ist aber der Begriff des Flächeninhaltes, der physikalischen Ursprungs ist, invariant. Man definiert ihn in dem mit R^2 bezeichneten *metrischen Raum*. Wir setzen also eine fest gewählte *orthonormale Basis* voraus und müssen dann zeigen, daß der vorher definierte Maßbegriff nicht von der Wahl dieser Basis abhängt, oder mit anderen Worten, daß *das Maß invariant ist, wenn der gesamte Bereich einer Bewegung unterworfen wird*.

Es genügt dazu, den Beweis für ein Quadrat mit der Seitenlänge 1 zu führen, dessen eine Seite OA einen Winkel Θ mit u einschließt. Man könnte dazu Rechnungen anstellen, es genügt jedoch, die Zerlegung zu betrachten, die in unserem Quadrat durch die Parallelen zu u und v durch die Eckpunkte hergestellt wird. Diese zerlegen das Quadrat in vier Dreiecke mit dem Maß $\frac{1}{2} \cos \Theta \sin \Theta$ und ein Quadrat mit dem Maß $(\cos \Theta - \sin \Theta)^2$. Dann ist das Maß des Quadrates (dessen Existenz wir sicher sind)

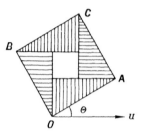

$$2 \cos \Theta \sin \Theta + (\cos \Theta - \sin \Theta)^2 = 1.$$

Das im zweidimensionalen Vektorraum R^2 definierte Maß bleibt in bezug auf jede orthonormale Basis das gleiche, sofern die Längeneinheit einmal gewählt ist; das Maß ist der *Flächeninhalt* des Bereiches. Jeder polygonale, beziehungsweise konvexe Bereich, dessen Begrenzungslinie von endlich vielen Bögen gebildet wird, die in bezug auf passend gewählte Bezugssysteme Bildkurven von stetigen Funktionen sind, hat einen Flächeninhalt, den wir bestimmen können, wenn wir die Stammfunktion berechnen können. (Es gibt natürlich auch gewisse nicht konvexe Bereiche, die einen Flächeninhalt besitzen, sofern man sie durch einfache Durchschnittsbildungen definieren kann.)

Beispiel

Man kann die Fläche ObB berechnen, die unter *der Parabel* $y = ax^2$ liegt, da $\mathfrak{P}_o^x ax^2 = \frac{1}{3} ax^3$. Somit ist der Inhalt der Fläche $ObB = \frac{1}{3} Ob \cdot bB$.

Um jedoch den *Flächeninhalt eines Kreises* berechnen zu können, müßte uns das allgemeine Integral von $\sqrt{R^2 - x^2}$ bekannt sein, welches nicht in elementarer Form darstellbar ist. Man muß also auf die Mengen

H_i und K_j zurückgreifen. Hat man sich einmal der Existenz des Flächeninhaltes versichert, so nimmt man für H_i und K_j etwa die regelmäßigen n-seitigen Polygone, die man dem Kreis ein-, beziehungsweise umschreiben kann. Die Flächeninhalte dieser Polygone sind

$$2nR^2 \sin\frac{\pi}{2n} \frac{1}{\cos\frac{\pi}{2n}} \quad \text{bzw.} \quad 2nR^2 \sin\frac{\pi}{2n}\cos\frac{\pi}{2n},$$

deren gemeinsamer Grenzwert gleich πR^2 ist, da $\dfrac{\sin\frac{\pi}{2n}}{\frac{\pi}{2n}} \to 1$, wenn n gegen $+\infty$ strebt.

Alle einfachen Formeln über ebene Flächen werden so erhalten.

2. Die Masse einer Strecke. Dichte

(Wir sehen hier die Masse als Beispiel für eine physikalische Größe an). Die Physik bestimmt mittels einer Waage die Masse von Stäbchen, die man sich aus einer Reihe von Geradenstücken zusammengefügt denken kann. Es sei ein Punkt x^0 eines solchen Stückes und eine Umgebung U dieses Punktes gegeben. Der Fall, den wir betrachten wollen, ist jener, wo das Verhältnis $\dfrac{\text{Masse von } U}{\text{Länge von } U}$ einem Grenzwert $f(x_0)$ zustrebt, wenn die Länge der Umgebung gegen 0 geht, wobei $f(x)$ eine positive und stetige Funktion von x ist. Dann ist die Masse des Geradenstückes (a, x) das Integral $\mathfrak{P}_a^x f(x)$. Sie wird durch die Fläche des ebenen Bereiches dargestellt, der durch die Bildkurve der Funktion $f(x)$ begrenzt wird. Somit werden die einem eindimensionalen Bereich zugeordneten Massen durch die Flächeninhalte von zweidimensionalen Bereichen dargestellt. Wir verstehen nun, daß die Masse eines ebenen Bereiches, die durch eine Dichtefunktion $f(x, y)$ ausgedrückt wird, als Volumen interpretiert werden kann.

Der Physiker führt auch Massen (oder Maßbegriffe) ein, die nicht Dichten entsprechen; so ist etwa das Dirac-Maß gleich null für jeden Bereich, der einen gewissen Punkt A nicht umschließt, und gleich eins für jeden Bereich, der diesen Punkt enthält. Dabei handelt es sich aber sicher um ein Maß, weil diese Zahl den Axiomen α) und β), [jedoch nicht dem Axiom γ) der Translation!] genügt. Die Distributionstheorie (*Laurent Schwartz*) ist speziell zu dem Zweck geschaffen worden, um solche Gegebenheiten mathematisch erfassen zu können.

Die Länge einer Strecke erscheint als seine Masse, wenn die Dichte in jedem Punkt der Strecke gleich 1 ist.

D. MASZE IM DREIDIMENSIONALEN RAUM

Man verfährt auch hier grundsätzlich in derselben Weise. Jedem meßbaren Bereich, in dem eine der Koordinaten konstant bleibt, schreibt man den Wert 0 zu. Wir ersetzen bei unseren Untersuchungen nur Parallelogramme durch Parallelepipede. Das unter b), S. 138, für ein Dreieck dargelegte Verfahren läßt sich hier auf ein Tetraeder übertragen, dessen drei Kanten OA, OB, OC den Basisvektoren parallel sind. Zur Wahl von H_n und K_n empfiehlt es sich, etwa die Kante OC in n gleiche Teile zu zerlegen und die Schnittflächen zu betrachten, die durch die Teilungspunkte zu OAB parallel gelegt werden. Diese Schnittflächen sind Dreiecke, deren ebene Maße aus dem Maß der Grundfläche OAB durch zentrische Streckung hervorgehen. Die zu berechnende Summe lautet also

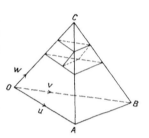

$$mH_n = \frac{1}{2} \frac{abc}{n^3} (1 + 2^2 + 3^2 + \ldots + p^2 + \ldots + n^2)$$
$$= \frac{1}{2} \frac{abc}{n^2} \left(\frac{n(n-1)(2n-1)}{6} \right),$$

welche mit gegen unendlich gehendem n den Grenzwert $\frac{1}{6} abc$ erreicht. Dieses Maß des Tetraeders wird zu seinem *Volumen,* wenn im metrischen Raum die Basis orthonormal ist. Das Volumen ist Bewegungen gegenüber invariant, was sich daran zeigt, daß es sich durch ein gemischtes Produkt von Vektoren ausdrücken läßt: $\frac{1}{6}(u \times v)w$.

Für einen beliebigen Bereich zieht man zur Definition der H_i und K_j zur Ebene xOy parallele Schnittflächen heran. Besitzen diese Schnitte einen Flächeninhalt $\mathfrak{A}(z)$, welchen Fall wir hier als einzigen betrachten, so erscheint das Volumen als das Integral $\mathfrak{P}_0^h \mathfrak{A}(z)$.

Betrachtet man Prismen, deren Basisflächen Umgebungen von Punkten x, y der Basisebene sind, und deren Höhe von den Koten $z(x, y)$ angegeben wird, so erscheint das Volumen in neuer Sicht, nämlich als Masse des ebenen Bereiches, wobei die Funktion $z(x, y)$ als Flächendichte gedeutet werden kann. (Es ist das Doppelintegral einer Funktion von zwei Variablen, über einen ebenen Bereich erstreckt.)

Die Masse eines dreidimensionalen räumlichen Bereiches kann so als Maß eines vierdimensionalen Bereiches angesehen werden. (Dreifaches Integral einer Funktion von drei Variablen, über einen räumlichen Bereich erstreckt.)

E. BOGENLÄNGEN UND FLÄCHENINHALTE GEKRÜMMTER FLÄCHEN

Dieses neue Problem, auf das wir in der Physik stoßen, ist schwieriger als das vorhergehende, weil man weder eine Translation verwenden kann, wenn man auf der Kurve oder Fläche bleiben will, noch eine durch Einschließung festgelegte Ordungsrelation einführen kann, wenn man benachbarte Kurven oder Flächen betrachtet. Obwohl zwei punktweise benachbarte Bereiche auch benachbarte Flächen- oder Rauminhalte haben, gilt das für die Längen von Linien nicht: *Eine gebrochene Linie kann mit allen ihren Punkten in der unmittelbaren Nachbarschaft einer anderen liegen, ohne daß man ihr dieselbe Länge zuschreiben könnte.* (Der Grenzwert des Verlaufes der *gebrochenen* Linie AB in der Abbildung

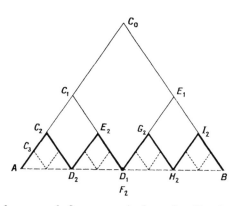

ist gleich der Strecke AB, wenn die Anzahl ihrer Stücke gegen unendlich strebt, obwohl die Länge der Linie weiterhin der Strecke AC_0B gleich bleibt.) Dieselbe Schwierigkeit tritt auch bei gekrümmten Flächen auf, die punktweise benachbart sind.

Um zu einer allgemein brauchbaren Definition der Bogenlänge eines Bogens AB zu gelangen, betrachten wir alle gebrochenen Linien AB mit geradlinigen Stücken, so daß man zwischen den Punkten beider Linien eine eineindeutige und wechselseitig stetige Zuordnung herstellen kann. Dann vergleicht man in diesen Punkten die Richtung der gebrochenen Linie und jene der Tangente an die Kurve. Da die Anzahl der Stücke der gebrochenen Linie gegen unendlich strebt, wenn *sowohl die einander zugeordneten Punkte als auch die Richtungen in Umgebungen liegen, die dabei gegen null streben,* so kann man zeigen, daß die Länge aller dieser gebrochenen Linien demselben Grenzwert zustrebt: diesen wählt man als *Bogenlänge der gegebenen Kurve.* Das Theorem verlangt nicht nur, daß die Kurve überall eine Tangente besitzt, sondern darüber hinaus, daß sich die Richtung dieser Tangente in stetiger Weise ändert, wenn der Punkt die Kurve durchläuft.

Folglich kann man, um die Länge einer Kurve, wie etwa eines Kreisbogens, zu bestimmen, diesem eingeschriebene gebrochene Linien betrachten. Die Länge der Abschnitte der gebrochenen Linie strebt gegen null, da sich die Anzahl derselben dem Wert unendlich nähert; die der Kurvenrichtung auferlegte Bedingung ist erfüllt. Im Fall des Kreises verwendet man als Stücke des Polygonzuges genau die Basislinien jener

Dreiecke mit der Spitze im Kreismittelpunkt, aus denen man den Flächeninhalt berechnen konnte:

$$\text{Flächeninhalt} = \text{Länge} \cdot \frac{R}{2}.$$

Da der Flächeninhalt πR^2 ist, beträgt der Umfang $2\pi R$.

Um den Inhalt einer gekrümmten Fläche bestimmen zu können, verwendet man in ähnlicher Weise Flächen, die aus Vereinigungen von ebenen Flächenstücken gebildet werden. Im vorliegenden Fall muß man den *Umgebungen* eineindeutig und wechselseitig stetig *einander zugeordneter Punkte* die Bedingung auferlegen, daß *sowohl die Richtungen jedes ebenen Teilflächenstückes wie auch die Tangentenebenen in allen einander zugeordneten Punkten benachbart sein müssen*. Das Grenzwerttheorem verlangt, daß die Tangentenebene an die Oberfläche sich stetig ändert, wenn der Berührungspunkt auf der Fläche wandert. Zur Bestimmung des Flächeninhaltes genügt es mithin nicht, eine eingeschriebene polyedrische Fläche zu wählen, deren Teilflächen gegen null streben, weil dies nicht hinreicht, um die Bedingung zu erfüllen, die für die Richtungen der Teilstücke gilt. Dies kann man an Hand einiger Paradoxa wie etwa des folgenden zeigen:

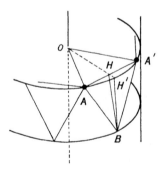

Es sei die Mantelfläche eines Drehzylinders mit der Höhe h und dem Radius R zu untersuchen. Betrachten wir die Schnittkreise jener basisparallelen Ebenen mit der Mantelfläche, die h in p gleiche Abschnitte einteilen. Jedem Schnittkreis schreiben wir ein regelmäßiges n-seitiges Polygon ein, wobei die Öffnungen der Zentriwinkel von einem Schnittkreis zum anderen um den Winkel $\frac{\pi}{n}$ verschoben werden. Die Fläche eines Dreiecks, wie etwa ABA', ist dann

$$s = \frac{1}{2} AA' \cdot BH = R \sin \frac{\pi}{n} \sqrt{\frac{h^2}{p^2} + 4R^2 \sin^4 \frac{\pi}{2n}}$$

und die Fläche des Polygons ist mithin

$$S = 2nps = 2R \left(n \sin \frac{\pi}{n} \right) \sqrt{h^2 + 4R^2 \frac{p^2}{n^4} \left(n^4 \sin^4 \frac{\pi}{2n} \right)}.$$

Nähern sich n und p dem Wert unendlich, so nähern sich die dreieckigen Facetten unbegrenzt der Mantelfläche. Dennoch hat die Fläche S nur dann einen Grenzwert, wenn $\frac{p}{n^2}$ einen Grenzwert λ besitzt; er hängt überdies von λ ab, weil

$$\lim S = 2R\pi \sqrt{h^2 + \frac{R^2\pi^4}{4}\lambda^2}.$$

Der einzige Fall, wo die Ebene, in der das Dreieck ABA' liegt, einen gegen null strebenden Winkel mit der Tangentialebene bildet, ist jener, wo

$$\frac{HH'}{BH'} \to 0 \quad \text{und daher} \quad \frac{2R}{h} p \sin^2 \frac{\pi}{2n} \to 0.$$

Somit geht $\frac{p}{n^2} \to 0$. Nur in diesem Fall erhält man $\lim S = 2\pi Rh$, was genau das zu erwartende Ergebnis ist.

Die Betrachtung der Massenbelegung auf einer Linie oder gekrümmten Fläche, die einer linearen oder flächenhaften Dichteverteilung entspricht, führt auf die Behandlung von Kurven- oder Flächenintegralen.

Man muß an dieser Stelle hinzufügen, daß der Mathematiker oder Physiker auch in vier- oder n-dimensionalen Vektorräumen operiert, ja selbst in Räumen mit unendlich vielen Dimensionen! *Ein Maß ist jedoch stets eine reelle Funktion, deren Argument eine Teilmenge der ursprünglich definierten Familie $\mathfrak{F}$ ist.*

3. EINFÜHRUNG IN DIE GRUNDBEGRIFFE DER WAHRSCHEINLICHKEITSRECHNUNG

Wir werden auf die Ergebnisse der Mengenalgebra, insbesondere auf den Begriff der kanonischen Form zurückkommen; wir werden die allgemeine Definition des Maßbegriffes, wie er in 2, A eingeführt wurde, sowie jene Formeln verwenden, die sich auf die Maße eines Durchschnittes und einer Vereinigung beziehen. Alle eingeführten Maße sind wesentlich positiv.

A. MASZE ÜBER EINER MENGE VON EREIGNISSEN

1. Einführungsbeispiel

Peter, Paul und Hans spielen Karten. Bei jeder Partie zieht jeder eine Karte (rot oder schwarz). Im Verlauf von 50 Partien hat Peter 35mal,

Paul 25mal und Hans 28mal rot gezogen. Bei 15 Partien haben Peter und Paul, bei 13 Partien Paul und Hans zugleich rot gezogen. Welche Aussage läßt sich nun über jene Anzahl von Partien sagen, in denen alle drei Spieler Karten derselben Farbe gezogen haben?
Bezeichnen wir mit A, B, C jene Mengen von Partien, bei denen Peter. beziehungsweise Paul oder Hans eine rote Karte gezogen haben. Die Angaben lauten dann

$$n = 50, \ \mathrm{m}A = 35, \ \mathrm{m}B = 25, \ \mathrm{m}C = 28,$$
$$\mathrm{m}(A \cap B) = 15, \ \mathrm{m}(B \cap C) = 13.$$

Das sind sechs voneinander unabhängige Angaben, was nicht ausreicht, um die Maße der acht fundamentalen Terme in der kanonischen Form zu bestimmen.

Für eine systematische Untersuchung führen wir die folgenden acht Unbekannten ein:

$$x = \mathrm{m}(A \cap B \cap C), \quad z = \mathrm{m}(A \cap B \cap C'),$$
$$t = \mathrm{m}(A \cap B' \cap C), \quad u = \mathrm{m}(A' \cap B \cap C)$$
$$y = \mathrm{m}(A' \cap B' \cap C'), \quad z' = \mathrm{m}(A' \cap B' \cap C);$$
$$t' = \mathrm{m}(A' \cap B \cap C'), \quad u' = \mathrm{m}(A \cap B' \cap C'),$$

woraus sich die sechs Gleichungen

$$\begin{cases} x+y+z+z'+t+t'+u+u' = 50 \\ x+z = 15, \ x+u = 13 \\ x+z+t+u' = 35, \ x+z+t'+u = 25, \ x+z'+t+u = 28 \end{cases}$$

ergeben. Um die gestellte Frage beantworten zu können, lösen wir dieses System auf, indem wir als Hauptunbekannte die Größen x und y nehmen. Dann ergibt sich

$$\begin{cases} z = 15-x & t = 10+y \\ u = 13-x & u' = 10-y \\ t' = x-3 & z' = 5-y. \end{cases}$$

Es ist bekannt, daß die acht Unbekannten unabhängig und lediglich der einen Bedingung unterworfen sind, sämtlich positive Werte anzunehmen. Man sieht also, daß x und y nur den Ungleichungen

$$3 \leq x \leq 13, \ y \leq 5$$

genügen müssen.

Antwort

Die Anzahl der Partien, in denen alle drei Spieler rot gezogen haben, liegt zwischen drei und 13. Die Anzahl der Partien, bei denen sie alle drei schwarz gezogen haben, ist höchstens gleich fünf.
Für den Fall, daß man keine notwendigen und hinreichenden Bedingungen für diese Größen, die unbestimmt bleiben, sucht, sondern nur einige Teilresultate, kann man notwendige Bedingungen durch ein einfacheres Verfahren aufsuchen. Es sei etwa

$$x = m(A \cap B \cap C) = m(A \cap B) \cap (B \cap C),$$

was in der Berechnung von $m[(A \cap B) \cup (B \cap C)]$ vorkommt, das durch

$$m(A \cap B) \cup (B \cap C) = 15 + 13 - x = 28 - x.$$

gegeben ist.
Die linke Seite ist jedoch höchstens gleich $mB = 25$, weswegen

$$28 - x \leq 25;$$

das bedeutet $x \geq 3$.
In gleicher Weise ergibt sich aus $y = m(A' \cap B' \cap C')$

$$50 - y = m(A \cup B \cup C),$$

was mindestens gleich $m(A \cup B)$ und $m(B \cup C)$ ist.
Dann rechnet man

$$m(A \cup B) = mA + mB - m(A \cap B) = 35 + 25 - 15 = 45$$
$$m(B \cup C) = mB + mC - m(B \cap C) = 25 + 28 - 13 = 40.$$

woraus folgt, daß $50 - y \geq 45$ und daher $y \leq 5$.
Man richtet die Rechnung je nach dem gewünschten Ergebnis ein.
Diese Betrachtungen bilden die Grundlage der *Berechnung statistischer Häufigkeiten*.

2. Andere endlichen Mengen zugeordnete Maße

Wir werden hier mit U in Anlehnung an die in der Wahrscheinlichkeitsrechnung gebräuchliche Schreibweise die Bezugs- oder Grundmenge (Universalmenge) bezeichnen. Ordnet man darüber hinaus jedem Element einen positiven Koeffizienten oder Zahlenwert zu, so können wir jeder Teilmenge eine Zahl zuschreiben, die der Summe der Koeffizienten der sie bildenden Elemente gleich ist. Damit definieren wir ein Maß dieser Teilmenge. Häufig nennt man den einem Element zugeordneten Koeffizenten *Gewicht eines Elementes,* und *Gewicht der Teilmenge* die Summe der Gewichte ihrer Elemente (wobei das Wort „Gewicht" hier allerdings nicht in seinem physikalischen Sinn zu nehmen ist).

B. WAHRSCHEINLICHKEITEN (FÜR ENDLICHE MENGEN)

1. Einführungsbeispiele und Definitionen

Beispiel 1

Die Menge U wird von n Kugeln gebildet, die weiß, rot, braun oder grün sein können: wir haben also vier disjunkte Teilmengen W, R, B, G, denen wir die Anzahlen w, r, b, g ihrer Elemente zuordnen:

$$w+r+b+g = n.$$

Es wird vorausgesetzt, daß sich die Kugeln lediglich durch ihre Farbe unterscheiden. Sind sie lange genug in einer Urne gemischt und geschüttelt worden, so gibt es keinen Grund, beim rein dem *Zufall* überlassenen Herausgreifen einer Kugel anzunehmen, daß eine Kugel gegenüber der anderen bevorzugt wird. Nehmen wir zum Beispiel an, daß $w = 60$, $r = 20$, $b = g = 10$ sei. Dann ist es *wahrscheinlicher*, eine weiße Kugel zu ziehen als eine andersgefärbte Kugel. Unser Experiment bestehe nun darin, daß wir eine große Anzahl von Ziehungen durchführen, nach denen wir aber jedesmal die Kugel in die Urne zurücklegen und die Kugeln gut vermischen. Dann können wir berechtigterweise erwarten, daß nach 20 oder 30 Ziehungen die Anzahl der gezogenen weißen Kugeln deutlich größer als jene der andersfarbigen Kugeln ist. Diese Überzeugung gewinnen wir offensichtlich aus der Erfahrung.

Führt man tatsächlich eine große Anzahl von Ziehungen aus, etwa 100 oder 1000, so erhält man erfahrungsgemäß eine Häufigkeitstabelle, aus der ein *Wahrscheinlichkeitsgesetz* zu erkennen ist: die Häufigkeiten sind für jede Farbe *ungefähr* den Anzahlen w, r, b, g der Kugeln jeder Farbe proportional. Dieses Ergebnis wird um so deutlicher erscheinen, je höher die Zahl der Ziehungen wird. Man drückt diesen Sachverhalt mit Worten aus, indem man sagt: *die Wahrscheinlichkeit, eine weiße Kugel zu ziehen, ist* $p_w = \dfrac{w}{n}$, die Wahrscheinlichkeit, eine rote Kugel zu ziehen, ist $p_r = \dfrac{r}{n}$, usw.

Sind die experimentellen Erfahrungen verschieden von jenen, die wir soeben beschrieben haben, so können wir sagen, daß die Möglichkeiten, die eine oder andere Kugel zu ziehen, nicht gleichwahrscheinlich sind (weil zum Beispiel die roten Kugeln rauher sind als die anderen, oder weil die Kugeln in der Urne nicht gut gemischt waren). Deswegen verstehen wir nun, daß unsere Überlegungen eigentlich nicht der Menge der Kugeln gegolten haben, sondern der Menge der Möglichkeiten von als gleichwahrscheinlich vorausgesetzten Ziehungen. Eine solche Menge nennt man *Menge von gleichwahrscheinlichen Ereignissen*.

Definitionen

Gehen wir nun zu einer allgemeineren Betrachtungsweise über:
Es sei U die Menge der betrachteten Ergebnisse, die hier als endlich vorausgesetzt wird, und ein Maß $m(x)$ definiert, das der Menge der Teilmengen x zugeordnet sei. Der Bruch $p(x) = \dfrac{m(x)}{m(U)}$ ist wiederum ein Maß, weil er den Bedingungen (α) und (β) genügt. Er wird durch die neue Bedingung charakterisiert:

(π) $\qquad\qquad p(U) = 1$

Ein solches Maß heißt *Wahrscheinlichkeitsmaß* oder *Wahrscheinlichkeit*.
Diese Definition gilt sinngemäß auch für den Fall, daß U unendlich viele Ereignisse umfaßt.
Wir werden hier einige Fälle behandeln, in denen sich die Wahrscheinlichkeit leicht bestimmen läßt.

Beispiel 1. Menge nicht gleichwahrscheinlicher Ereignisse

Wir haben bisher Ereignisse betrachtet, die wir als von erster Art bezeichneten und die gleichwahrscheinlich waren, wie etwa das Ereignis, eine bestimmte Kugel zu ziehen. Aber nehmen wir nun an, es würde uns die Frage nach der Wahrscheinlichkeit gestellt, mit der man aus der in Beispiel 1 beschriebenen Urne eine Kugel ziehen würde, die *entweder weiß oder rot ist,* wenn $w = 60$, $r = 20$, $b = g = 10$ ist. Wir betrachten vier verschiedene Ereignisse der zweiten Art:

W: Ziehung einer weißen Kugel. Wahrscheinlichkeit $p(W) = \dfrac{60}{100} = 0{,}6$.

R: Ziehung einer roten Kugel. $p(R) = 0{,}2$.

B und G: Ziehung einer braunen oder grünen Kugel. $p(B) = p(G) = 0{,}1$.

Das als *günstig* angesehene Ereignis ist W oder R, das heißt $W \cup R$. Zählt man die Ereignisse erster Art, so findet man $60+20$ davon als günstig, und es ist daher $p(W \cup R) = 0{,}6 + 0{,}2 = 0{,}8$.
Deswegen gilt hier $p(W \cup R) = p(W) + p(R)$.

Das ist offensichtlich richtig, weil ein- und dieselbe Kugel nicht gleichzeitig weiß und rot sein kann. Man hat mithin

$$W \cap R = \emptyset \, , \, p(W \cap R) = 0.$$

Beispiel 2

Um in unser Modell *nichtleere Durchschnittsmengen* einführen zu können, nehmen wir zusätzlich an, daß bestimmte Kugeln aus Stein und andere aus anderen Materialien angefertigt sind: 30 seien aus Stein, davon 10 weiß.

Bezeichnen wir mit S ein Ereignis zweiter Art: Ziehung einer Kugel aus Stein. Wenn wir die Ereignisse erster Art zählen, so erhalten wir

$$p(W) = 0{,}6; \quad p(S) = 0{,}3; \quad p(W \cap S) = 0{,}1;$$
$$p(W \cup S) = 0{,}6 + 0{,}3 - 0{,}1 = 0{,}8.$$

Die Formel lautet also $p(W \cup S) = p(W) + p(S) - p(W \cap S)$.

2. Grundlegende Formeln

a) Vereinbarkeit

Man sagt, daß die Ereignisse, die die Teilmengen A und B von U bilden, *unvereinbar* oder unverträglich seien, wenn $A \cap B = \emptyset$.
Die Formel $p(A \cup B) = p(A) + p(B)$ ist somit ein Ausdruck für das *Theorem von den totalen Wahrscheinlichkeiten*.
Sind die A und B darstellenden Ereignisse hingegen *miteinander vereinbar*, so lautet die allgemeine Formel

$$p(A \cup B) = p(A) + p(B) - p(A \cap B).$$

Ist insbesondere $B \subset A$, so folgt dies aus $A \cap B = B$ und $A \cup B = A$.

b) Bedingte Wahrscheinlichkeiten; Unabhängigkeit bei Wahrscheinlichkeiten

Setzen wir voraus, daß

$$A \cap B \neq \emptyset.$$

Da A und B nicht unvereinbar sind, kann man die Wahrscheinlichkeit ins Auge fassen, daß ein Ereignis zu B gehört, wenn gleichzeitig bekannt ist, daß es A angehört. Diesmal ist A die Universalmenge und $A \cap B$ die Menge der günstigen Ereignisse. Die gesuchte Wahrscheinlichkeit, die wir mit $p_A(B)$ bezeichnen, ist mithin

$$p_A(B) = \frac{\mathrm{m}(A \cap B)}{\mathrm{m}(A)} = \frac{p(A \cap B)}{p(A)}.$$

Um zu einer präziseren Schreibweise zu gelangen, können wir statt $p(A)$ auch $p_U(A)$ schreiben, so daß die Formel unter Berücksichtigung der Symmetrie zwischen A und B geschrieben wird:
$$p_U(A \cap B) = p_U(A) \cdot p_A(B) = p_U(B) \cdot p_B(A)$$
Kehren wir zu Beispiel 2 zurück: Dort betrug die Wahrscheinlichkeit, daß eine weiße Kugel aus Stein ist, $\dfrac{0{,}1}{0{,}6} = \dfrac{1}{6}$. Umgekehrt beträgt die Wahrscheinlichkeit, daß eine steinerne Kugel weiß ist, $\dfrac{0{,}1}{0{,}3} = \dfrac{1}{3}$.

Man sagt, daß die A und B bildenden Ereignisse *unabhängige Wahrscheinlichkeiten* aufweisen, wenn
$$p_U(B) = p_A(B),$$
woraus folgt
$$p_U(A) = p_B(A).$$
Diese Beziehung ist folglich in A und B symmetrisch. Sie drückt aus, daß man die gleiche Chance hat, ein Element des Typs B vorzufinden, wobei man nur weiß, daß B in U vorkommt, als auch ein Element des Typs B zu finden, wobei man wiederum nur weiß, daß es außerdem vom Typ A ist.

Im gegenteiligen Fall handelt es sich um eine *bedingte Wahrscheinlichkeit*; der *Koeffizient der relativen Abhängigkeit* ist
$$\frac{p_A(B)}{p_U(B)} = \frac{p_B(A)}{p_U(A)}.$$
In unserem Beispiel ist dieser Koeffizient gleich $\dfrac{5}{9}$.

Man kann ohne weiteres entsprechende Definitionen für 3, 4, ... Teilmengen angeben.

c) Wahrscheinlichkeit eines Produktes von Mengen

Es seien zwei Mengen U_1 und U_2 gegeben. Wir erinnern uns, daß man die Menge U von geordneten Paaren (x_1, x_2), $x_1 \in U_1$, $x_2 \in U_2$ als direktes Produkt oder schlechthin als *Produkt* $U_1 \times U_2$ bezeichnet. Daraus folgt, daß eine Teilmenge von U im allgemeinen kein Produkt $E_1 \times E_2$, $E_1 \subset U_1$, $E_2 \subset U_2$ ist, weil dazu jedes Element x_1 von E_1 allen Elementen von E_2 zugeordnet sein müßte. Wir betrachten also hier nur solche Teilmengen, die selbst Produkte sind. Trifft dies nicht zu, so muß man versuchen, sie in eine Vereinigung disjunkter Produkte zu zerlegen.

Beispiel

Eine Urne enthalte 100 Kugeln: 60 davon seien weiß, 20 rot, 10 braun und 10 grün. Eine andere Urne enthalte 80 Kugeln: 40 weiße, 30 rote und 10 braune. Aus jeder Urne ziehe man jeweils eine Kugel. Wie groß ist die Wahrscheinlichkeit, gleichzeitig zwei weiße zu ziehen?
Die Menge U umfaßt $100 \cdot 80 = 8\,000$ Ereignisse. Die Menge E der günstigen Ereignisse ist $E = B_1 \times B_2$, deren Maß

$$60 \cdot 40 = 2400$$

ist. Somit haben wir:

$$p_U(E) = \frac{60 \cdot 40}{100 \cdot 80} \quad \text{oder} \quad p_{U1}(B_1) = \frac{60}{100} \quad \text{und} \quad p_{U2}(B_2) = \frac{40}{80}.$$

Die Formel lautet $p_U(B_1 \times B_2) = p_{U1}(B_1) \cdot p_{U2}(B_2)$.
Wie groß ist nun die Wahrscheinlichkeit, gleichzeitig eine weiße und eine rote Kugel zu ziehen? Diesmal ist die Menge der günstigen Ereignisse gleich

$$E' = (W_1 \times R_2) \cup (R_1 \times W_2), \quad \text{wobei} \quad (W_1 \times R_2) \cap (R_1 \times W_2) = \emptyset.$$

Daher gilt

$$p(E') = p(W_1 \times R_2) + p(R_1 \times W_2).$$

Diese wenigen Beispiele sollen nur andeutungsweise zeigen, wie man auch verwickeltere Fälle behandeln kann.

Bei den Anwendungen benötigt man Zählverfahren, von denen die einfachsten am Anfang des zweiten Teils behandelt werden.

C. STETIGE WAHRSCHEINLICHKEITEN FÜR UNENDLICHE MENGEN

Die Maßtheorie, ganz gleich, ob sie sich auf Maße von Strecken, Flächen oder Volumina bezieht, gestattet, bestimmten Bereichen positive Zahlen oder die Null zuzuordnen, so daß sich der Vereinigung zweier Bereiche die Summe ihrer Maße zuordnen läßt. Man kann daraus Wahrscheinlichkeiten herleiten, die jedoch nicht mehr so einfach zu berechnen sind wie im Falle endlich vieler Elemente, weswegen hier die Integralrechnung (insbesondere die Integrale gegebener Funktionen) notwendig wird. Es ist jedenfalls möglich, den Kalkül bedeutend zu vereinfachen, wenn man dazu Betrachtungen über Homogenität und Symmetrie heranzieht. Diese werden uns auch in den Stand versetzen, als Abschluß dieser Einführung das berühmte Nadelproblem zu behandeln.

Buffonsches Nadelproblem

Auf einer horizontalen Ebene seien in gleichem Abstand voneinander parallele Geraden gezogen (Abstand d). Wirft man nun eine Nadel der Länge a, die kleiner als d ist, irgendwie auf diese Ebene, so kann man nach der Wahrscheinlichkeit fragen, mit der der Fall eintritt, daß die Nadel eine der Geraden schneidet.

Die Aussage, daß die Nadel vollkommen willkürlich geworfen wird, bedeutet, daß dabei keine Richtung bevorzugt wird. Die Wahrscheinlichkeit, daß die Nadel eine Gerade schneidet, kann also nur von deren Länge a abhängen; wir bezeichnen sie mit p_a.

(1) Man kann sich aber auch vorstellen, daß man anstelle der Nadel eine polygonale Linie L der Gesamtlänge b (die auch größer als d sein kann) über die Ebene wirft, wobei die einzelnen Seiten des Polygonzuges die Länge $a = \dfrac{b}{k}$ haben. Bei jedem Wurf von L kann *jede Seite* eine Gerade schneiden oder nicht. Die Wahrscheinlichkeit für einen Schnitt ist p_a; bei ein und demselben Wurf können jedoch auch mehrere Seiten gleichzeitig schneiden, und wir können deswegen die Wahrscheinlichkeit dafür, ob L schneidet, nicht feststellen. Die Menge der Ereignisse „Schnitt einer gewählten Seite" und die dazu analoge Menge für eine andere Seite sind nicht disjunkt und deswegen kann man nicht mittels einfacher Addition verfahren.

Um diese Schwierigkeit zu überwinden, teilen wir den Ereignissen „Wurf der Linie L" einen Koeffizienten zu, den wir Gewicht nennen. Dieses Gewicht ist gleich null, wenn L nicht schneidet, und es ist gleich einer Zahl m, wenn eine Seite von L schneidet, $2m$, wenn zwei Seiten schneiden usw.

Die Gewichte addieren sich: das Gewicht P der Menge von Ereignissen „Wurf der Linie L" ist die Summe der Gewichte der Mengen „Wurf einer gewählten Seite", wenn man nacheinander alle Seiten berücksichtigt. Vom Standpunkt der Wahrscheinlichkeit aus spielen jedoch alle Seiten dieselbe Rolle, so daß wir für eine genügend große Anzahl von Würfen die Gewichte der Mengen „Wurf einer gewählten Seite" als für alle Seiten gleich ansehen müssen. Dieses Gewicht sei P_a, das nur von a abhängt.

Dann folgt daraus
$$P = kP_a = \frac{b}{a} P_a.$$

Dieselbe Überlegung zeigt jedoch, daß das Gewicht jeder Seite ihrer Länge a proportional ist. Haben nämlich zwei Strecken a und a' einen gemeinsamen Teiler c, so daß $a = hc$ und $a' = h'c$, so hat man
$$P_a = hP_c, \quad P_{a'} = h'P_c,$$

und weiter
$$\frac{P_{a'}}{P_a} = \frac{h'}{h} = \frac{a'}{a}.$$

Sind a und a' inkommensurabel, so erzielen wir unser Ergebnis mittels eines Grenzüberganges, da P_a offensichtlich gegen null strebt, wenn auch a sich null nähert.

Somit ist $\frac{P_a}{a}$ eine Konstante λ:
$$P_a = \lambda \cdot a,$$
und daher $P = \lambda \cdot b$.

Bestimmen wir λ: Dazu genügt es, P für einen bekannten Wert von b zu kennen. Da das Gewicht P des Polygonzuges lediglich von b abhängt und keinesfalls von den Winkeln oder der Seitenanzahl, so bleibt das Gewicht unverändert, wenn wir L durch eine gekrümmte Linie derselben Länge b mit beliebigem Aussehen ersetzen. Ein Fall ist jedoch evident: wenn der Polygonzug in einen Kreis mit dem Durchmesser d entartet, weil es dann bei jedem Wurf zwei deckende Punkte gibt; jeder Wurf hat das Gewicht $2m$ und das Gesamtgewicht für N Würfe ist für die Länge $b = \pi d$ insgesamt $P = 2mN$. Somit ist

$$\lambda = \frac{2mN}{\pi d} \quad \text{und} \quad P_a = \frac{2mN}{\pi} \frac{a}{d}.$$

(2) Es ist noch das Gewicht P_a mit der Wahrscheinlichkeit p_a in Beziehung zu bringen. Nun haben die günstigen Ereignisse „Schnitt der Nadel mit einer Geraden" jedes das Gewicht m (weil es wegen $a < d$ sicher nur einen Schnittpunkt gibt), wohingegen die anderen Ereignisse das Gewicht null haben. Die Anzahl der günstigen Ereignisse ist also $n = P_a : m$ und die Wahrscheinlichkeit ist

$$p_a = \frac{P_a}{mN},$$

woraus das Ergebnis $p_a = \frac{2a}{\pi d}$ folgt.

Dieses Ergebnis kann man experimentell bestätigen; wählt man $a = \frac{d}{2}$, so erhält man $p_a = \frac{1}{\pi}$.

Zweiter Teil

Arithmetik und Algebra

Erster Abschnitt

ZAHLENTHEORIE

I. Die ganzen Zahlen

1. ZÄHLVERFAHREN (Kombinatorik)

Jeder endlichen Menge von Elementen ist eine Kardinalzahl n zugeordnet, und es ist $n \in N$. Werden aus diesen Elementen verschiedene Teilmengen gebildet, so entstehen Probleme, wie diese zu zählen sind, sei es, daß es sich einfach um Teilmengen, die durch ihre Elemente gegeben sind, oder um Folgen, d. h. total geordnete Teilmengen, handelt. Um das Zählen zu erleichtern, verwendet man vorteilhafterweise Schemata, im allgemeinen in Form von Baumdiagrammen.

a) Anzahl der Folgen von p Elementen,
die sich aus n Elementen der Menge E bilden lassen. Jede dieser Folgen heißt eine Anordnung von p aus n Elementen oder auch eine „Variation" von n Elementen zur p-ten Klasse. Die Anzahl dieser Anordnungen sei A_n^p. Ist insbesondere $n = p$, so heißt jede derartige Folge eine Permutation von n Elementen; die Anzahl der Permutationen wird mit P_n bezeichnet.

Übung 1

Wie sind die Anordnungen von p aus n Elementen zu bilden?

Man wählt ein erstes Element aus, dazu bieten sich n Möglichkeiten. Bei der Wahl des zweiten Elementes bestehen dann noch $(n-1)$ Möglichkeiten, beim dritten Element hat man $(n-2)$ Möglichkeiten der Wahl usw. Das ergibt

(I) $\qquad A_n^p = n(n-1)(n-2)\ldots(n-p+1)$

(II) $\qquad P_n = n(n-1)(n-2)\ldots 2 \cdot 1 = n!$

Die zugehörige Figur zeigt das Schema für $n = 4$. In jeder Stufe des Gerüstes kann man die Anzahl der Anordnungen A_4^1, A_4^2, A_4^3 ablesen, am unteren Ende die Anzahl $A_4^4 = P_4$ der Permutation.

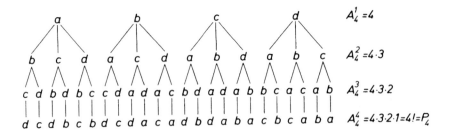

Übung 2

Wir setzen $p = n$, geben aber n nacheinander immer größere Werte. Jede Permutation von k Elementen gibt $k + 1$ Plätze für ein $(k + 1)$tes Element (siehe Figur). Die Zahl der Permutationen beträgt daher nacheinander

$$P_1 = 1, \quad P_2 = 1 \cdot 2, \quad P_3 = 1 \cdot 2 \cdot 3, \quad \ldots, \quad P_{k+1} = P_k \cdot (k + 1),$$
$$P_n = 1 \cdot 2 \cdot 3 \cdot \ldots \cdot n = n!$$

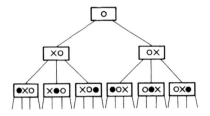

b) Anzahl der Teilmengen von p aus n Elementen

Jede dieser Teilmengen heißt eine Kombination von p aus n Elementen oder auch eine p-weise Kombination aus n Elementen. Die Anzahl dieser Kombinationen wird mit C_n^p oder mit $\binom{n}{p}$ bezeichnet.
Aus jeder dieser Kombinationen entstehen durch Permutation sämtliche Anordnungen ihrer Elemente. Das bedeutet, daß die Menge der Kombinationen von p Elementen die Quotientenmenge der Menge der Anordnungen von p Elementen ist, die durch die Äquivalenzrelation „dieselben Elemente besitzen" bzw. „Gleichheit der Teilmengen" erzeugt wird.
Jede Kombination umfaßt also P_p Anordnungen, und es ist

$$\text{(III)} \qquad C_n^p = \frac{A_n^p}{P_p} = \frac{n(n-1)\ldots(n-p+1)}{p!} = \frac{n}{p!\,(n-p)!} \quad (p < n)$$

Andere Begründung

Die Kombinationen sind die Elemente von $\mathfrak{P}(E)$, der Menge der Teilmengen von E. Wir denken uns nun die Teilmengen der Menge $E_k = \{a, b, \ldots, r\}$ von k Elementen gebildet. Man erhält dann die der Menge $E_{k+1} = \{a, b, \ldots, r, s\}$, indem man zu $\mathfrak{P}(E_k)$ die Menge Π_k hinzufügt, die sich ergibt, wenn jeder der Teilmengen von $\mathfrak{P}(E_k)$ das Element s hinzugefügt wird. Es ist daher

$$\text{card } \mathfrak{P}(E_{k+1}) = 2 \text{ card } \mathfrak{P}(E_k);$$

unter Einbeziehung der leeren Teilmenge liefert dies (Figur)

card $\mathfrak{P}(E_0) = 1$, card $\mathfrak{P}(E_1) = 2$, card $\mathfrak{P}(E_2) = 2^2, \ldots,$ card $\mathfrak{P}(E_n) = 2^n$.

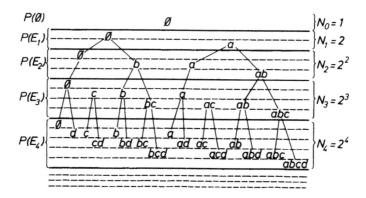

Aber welche unter den Teilmengen von $\mathfrak{P}(E_{k+1})$ haben gerade p Elemente?

Es sind die Teilmengen, die in $\mathfrak{P}(E_k)$ gerade p Elemente hatten, und die von Π_k, die in $\mathfrak{P}(E_k)$ gerade $(p-1)$ Elemente hatten, d. h.

(IV) $\qquad\qquad C_{k+1}^p = C_k^p + C_k^{p-1}.$

Wir können so zeilenweise die Tafel der C_k^p aufstellen:
$C_n^0, C_n^1, C_n^2, \ldots, C_n^p, \ldots, C_n^n$. Es ergibt sich das Pascal-Dreieck:

$C_k^{p-1} \searrow \swarrow C_k^p$
$\downarrow$
C_{k+1}^p

```
                    1                       n = 1
                  1   1                     n = 2
                1   2   1                   n = 3
              1   3   3   1                 n = 4
            1   4   6   4   1
          1   5  10  10   5   1
        1   6  15  20  15   6   1
      1   7  21  35  35  21   7   1
```

Man bestätigt, daß die Zahlen nach Formel (III) die Gleichung (IV) erfüllen, aber wir erhalten so keinen neuen Beweis für (III). Es gilt

$$\text{card } \mathfrak{P}(E_n) = C_n^0 + C_n^1 + \ldots + C_n^p + C_n^n,$$

d. h.

(V)
$$2^n = 1 + n + \frac{n(n-1)}{1 \cdot 2} + \ldots + \frac{n(n-1)\cdots(n-p+1)}{1 \cdot 2 \ldots p} + \ldots + n + 1.$$

Wir werden dieser Formel wieder begegnen. Im Augenblick liefert uns die Kombinatorik interessante Beziehungen zwischen den natürlichen Zahlen.

Anwendung: Die binomische Formel

Die Koeffizienten der Entwicklung von $(x + a)^n$ genügen der Formel (IV); in der Tat hat der Term $a^{k-p} x^{p+1}$ der Entwicklung von $(x + a)^{k+1}$ als Koeffizient die Summe der Koeffizienten von $a^{k-p} x^p$ und $a^{k-p-1} x^{p+1}$ von $(x + a)^k$. So erhält man die binomische Formel

(VI) $(x + a)^n = x^n + nax^{n-1} + C_n^2 a^2 x^{n-2} + \ldots + C_n^q a^q x^{n-q} + \ldots + a^n.$

Wir gewinnen daraus wieder die Formel (V), indem wir $x = a = 1$ setzen. Andere Zahlenwerte führen zu einer Menge von Formeln gleicher Art, die man als Summenformeln bezeichnet: Sie liefern $f(n)$ in expliziter Form als Wert einer Summe von $n + 1$ Termen.

Beispiel von Problemen

Es sollen die *Folgen* von p Elementen gezählt werden, die genau α Elemente a, genau β Elemente b, ..., genau ϱ Elemente r der Menge $\{a, b, \ldots, r\}$ besitzen. Offensichtlich ist $p = \alpha + \beta + \ldots + \varrho$. Die betrachtete Menge ist der Quotient der Menge der Permutationen von p Buchstaben, der durch die Äquivalenzrelation erzeugt wird, die α Buchstaben gleich a, dann β Buchstaben gleich b usw. werden läßt. Die gesuchte Anzahl beträgt also

$$\frac{P_p}{P_\alpha \cdot P_\beta \ldots P_\varrho} = \frac{(\alpha + \beta + \ldots + \varrho)!}{\alpha!\,\beta!\ldots\varrho!}$$

Derartige Zahlen treten als Koeffizienten in der Entwicklung von $(a + b + \ldots + r)^p$ auf, $p \in N$.

2. DIE EUKLID-DIVISION

Im Ersten Teil (Fundamentale Strukturen) haben wir den Begriff der positiven oder negativen ganzen Zahl eingeführt. Vom Standpunkt der Addition aus sind diese Zahlen alle gleichberechtigt, vom Standpunkt der Multiplikation aus sind sie es jedoch nicht mehr. Damit werden wir uns nun hauptsächlich beschäftigen und dabei von den Ergebnissen im Ersten Teil, Kapitel II, 1 ausgehen.

Sind zwei ganze Zahlen a und b gegeben, so daß

$$0 < b \leq a,$$

so gibt es eine und nur eine positive ganze Zahl q, die durch

$$bq \leq a < b(q+1)$$

definiert wird. Diesen Sachverhalt haben wir dadurch ausgedrückt, daß wir die Menge archimedisch genannt haben.

Wir führen weiter die positive ganze Zahl r ein, die definiert ist durch

$$r = a - bq.$$

Durch das System

(1) $\quad \begin{cases} bq \leq a < b(q+1), \\ r = a - bq \end{cases}$

wird jedem Paar (a, b), $(a \geq b)$ ein Paar (q, r) zugeordnet. Diese Operation heißt *Euklidische Division der ganzen Zahlen*. a ist dabei der Dividend, b der Divisor, q der Quotient und r der Rest.

Wir verwenden auch noch andere, dem System (1) äquivalente Systeme

(2) $\quad \begin{cases} a = bq + r \\ 0 \leq r < b \end{cases}$ (3) $\quad \begin{cases} a = bq + r \\ 0 \leq r \leq b - 1 \end{cases}$

Bestimmung des Quotienten und des Restes

Es sei q_1 eine ganze Zahl, so daß bq_1 kleiner als a ist. Dann setzen wir

$$a - bq_1 = r_1.$$

Ist r_1 kleiner als b, so sind q_1 und r_1 die gesuchten Zahlen. Ist jedoch im Gegensatz hierzu $r_1 \geqq b$, so spricht man von einer *partiellen Division*; q_1 und r_1 sind dann der partielle Quotient, beziehungsweise Rest. Wir verwenden diese, um die Operation fortzusetzen, indem wir weiter durch b dividieren:

$$r_1 = bq_2 + r_2,$$

welche Operation einfacher ist, weil $r_1 < a$.
So erhält man

$$r_2 < r_1 \quad \text{und} \quad a = b(q_1 + q_2) + r_2.$$

Ist r_2 nicht kleiner als b, so setzt man die Operation weiter fort:

$$r_2 = bq_3 + r_3 \, , \, r_3 < r_2,$$

woraus folgt

$$a = b(q_1 + q_2 + q_3) + r_3 \quad \text{usw.}$$

Die Folge der partiellen Reste $r_1, r_2, r_3, \ldots$ ist abnehmend, sie bleiben positiv ganz oder verschwinden. Es kann deshalb nur eine endliche Anzahl von Resten geben, und die Operation bricht daher nach einer endlichen Anzahl von Schritten ab. Sie kann jedoch so lange fortgesetzt werden, als sich ein Rest ergibt, der größer oder gleich b ist, bis man schließlich notwendigerweise einmal einen Rest erhält, der kleiner als b ist.

Wir möchten die Aufmerksamkeit des Lesers hier auf diesen Gedankengang lenken, auf den wir später noch zurückkommen werden. Man nennt dieses Verfahren *Fermatsche Abstiegsmethode,* nach dem berühmten Mathematiker *Fermat* (1601/1665), der diese Methode formuliert und systematisch angewendet hat.

Ist also r_n kleiner als b, so erhält man

$$q = q_1 + q_2 + \ldots + q_n \, , \, r = r_n.$$

Bemerkungen

(1) Sind a und b ganze Zahlen beliebigen Vorzeichens, so setzt man $0 \leqq r < |b|$.

(2) Der Gebrauch eines negativen Restes

Oft ist es deutlicher und praktischer,

$$76 = 11 \cdot 7 - 1$$
$$75 = 11 \cdot 7 - 2$$
anstelle von
$$76 = 11 \cdot 6 + 10,$$
$$75 = 11 \cdot 6 + 9$$

zu schreiben. Man nennt die Zahl r', die durch
$$a = bq' + r' \qquad |2r'| \leq |b|$$
definiert wird, den *kleinsten absoluten Rest*.
Es gibt zwei Lösungen, wenn
$$|2r'| = |b| \;;$$
man nimmt dann $r' > 0$.

Satz

*Der Quotient der Division einer ganzen Zahl a durch das Produkt $b_1 b_2 b_3 \ldots$
$\ldots b_n$ von ganzen Zahlen ist gleich dem letzten Quotienten, den man erhält, wenn man den nach Division von a durch b_1 erhaltenen Quotienten durch b_2 dividiert usw.*

Wir schreiben nun diese sukzessiven Divisionen in der Form (3) an und führen einerseits in den Gleichungen, andererseits in den Ungleichungen die lineare Kombination durch, die die Zwischen-Quotienten eliminiert. Wählen wir z.B. $n = 3$, dann erhalten wir

$$\begin{cases} a = (b_1 b_2 b_3) q_3 + (r_1 + b_1 r_2 + b_1 b_2 r_3) \\ 0 \leq r_1 + b_1 r_2 + b_1 b_2 r_3 \leq (b_1 - 1) + b_1(b_2 - 1) + b_1 b_2 (b_3 - 1) \\ \leq b_1 b_2 b_3 \end{cases}$$

Es ist also q_3 der Quotient der Division von a durch $b_1 b_2 b_3$ und der Rest ist
$$r = r_1 + b_1 r_2 + b_1 b_2 r_3.$$

Man erkennt, daß das System (2) uns keine Möglichkeit gegeben hätte, zu einem Abschluß zu gelangen. Dazu müßten wir nachweisen, daß man etwa aus $r_1 < b_1$ herleiten kann, daß die Differenz $b_1 - r_1$ mindestens gleich 1 ist.

Sonderfall

Ist der Rest der Division von a durch b gleich null, so sagt man, a sei ein *Vielfaches* von b oder durch b *teilbar*, oder, daß b die Zahl a *teile*, beziehungsweise ein *Teiler* von a sei, was bedeutet
$$\exists q, \; a = bq.$$

Dafür schreibt man auch: $b|a$, was gelesen wird: b *teilt* a oder b ist Teiler von a.

Diesen Begriff kann man verallgemeinern, wenn a und b beliebigen Mengen angehören, vorausgesetzt allerdings, daß q *eine ganze Zahl ist.*

3. TEILBARKEIT. KONGRUENZEN VON GANZEN ZAHLEN

Sprechen wir von der Teilbarkeit, so meinen wir dabei die Untersuchung der Reste der Division, wobei es auf den Wert der Quotienten nicht ankommt. Wir wählen ein- für allemal eine positive ganze Zahl d als Divisor. Dividieren wir alle aufeinanderfolgenden ganzen Zahlen durch die Zahl d, so finden wir in periodischer Wiederholung dieselben Reste: wir können jeweis d aufeinanderfolgende Zahlen in einer Zeile notieren. Die erste Zeile gehört also zu den Resten $0, 1, 2, \ldots, d-1$, und die Zahlen, die darunter in ein- und derselben Kolonne stehen, entsprechen demselben Rest. Somit wird die Menge E der ganzen Zahlen durch die *Äquivalenzrelation* „liefern nach Division durch d denselben Rest" in d Klassen eingeteilt. (Es ergibt sich sofort, daß diese Beziehung sicher reflexiv, symmetrisch und transitiv ist.) Jede Äquivalenzklasse heißt *Restklasse* nach dem Teiler d, und die Äquivalenzrelation heißt *Kongruenz mit dem Modul d.* (Man sagt dafür auch: *modulo d.*) Eine solche Beziehung schreiben wir

$$a \equiv b \pmod{d}$$

„a ist kongruent zu oder restgleich b modulo d".

Beispiel: $d = 4$

0	1	2	3
4	5	6	7
8	9	10	11
12	13	14	15
.	.	.	.
.	.	.	.
.	.	.	.
$4q$	$4q+1$	$4q+2$	$4q+3$
.	.	.	.
.	.	.	.

Gemäß der Definition bedeutet dies also, daß a und b bei der Division durch d denselben Rest ergeben:

$$\exists r, q, q' : a = dq+r , \; b = dq'+r , \; 0 \leq r < d$$

Richtet man jedoch seine Aufmerksamkeit nicht auf den Wert des gemeinsamen Restes, so verwendet man die folgenden logischen Äquivalenzen:

$$a \equiv b \pmod{d} \;\Leftrightarrow\; \exists q, \, a-b = dq \;\Leftrightarrow\; a-b \equiv 0 \pmod{d}.$$

Kongruenzen

Im folgenden setzen wir d immer als positiv voraus; es ist jedoch vorteilhaft, als Dividenden und Reste auch ganze Zahlen mit beliebigem Vorzeichen zuzulassen. Die Aussagen, zu denen wir gelangen werden, sind in allen Fällen gültig. Anstatt mit dem Rest zu operieren, also einer zwischen 0 und $d-1$ liegenden Zahl, erscheint es oft angebracht, als Repräsentanten jeder Restklasse die Zahl mit dem kleinsten Absolutwert einzuführen; dies ist zufolge einer bereits gemachten Bemerkung, wenn d eine gerade Zahl, $d = 2d'$ ist, eine Zahl der Folge

$$-d'+1, \ -d'+2, \ \ldots, \ -2, \ -1, 0, 1, 2, \ \ldots, d'-1, d';$$

wenn jedoch d ungerade ist, also $d = 2d'+1$, eine Zahl der Folge

$$-d', \ -d'+1, \ \ldots, \ -1, 0, +1, \ \ldots, +d'.$$

Eigenschaften von Kongruenzen

Es sei d der gegebene Modul

Satz 1 $\quad a \equiv b \pmod{d} \quad \Leftrightarrow \quad \forall m : a+m \equiv b+m \pmod{d}$

Satz 2 $\quad a \equiv b \pmod{d} \quad \Rightarrow \quad \forall m : \ am \equiv bm \pmod{d}$

(Die Beweise hierfür sind offensichtlich, wenn man mittels $a-b = dq$ die Zahl q einführt und die den Gleichungen entsprechenden Eigenschaften verwendet.)

Satz 3 $[a \equiv b \pmod{d}$ und $a' \equiv b' \pmod{d}] \ \Rightarrow \ a+a' \equiv b+b' \pmod{d}$

Satz 4 $[a \equiv b \pmod{d}$ und $a' \equiv b' \pmod{d}] \ \Rightarrow \ aa' \equiv bb' \pmod{d}$

Diese Sätze gestatten es, die Summe und das Produkt zu betrachten, die aus einer Restklasse und einer ganzen Zahl gebildet werden (die für die Menge der Klassen äußere Operationen sind), sowie die Summe und das Produkt zweier Klassen (innere Operationen). Diese beiden letzten Operationen sind jede kommutativ; das Produkt ist überdies bezüglich der Addition distributiv. Das will sagen, daß die Menge der Restklassen bezüglich eines gegebenen Moduls die Struktur eines *kommutativen Ringes* aufweist. Das neutrale Element der Addition ist jene Klasse, die 0 enthält, und das neutrale Element der Multiplikation ist die Klasse, die $+1$ enthält.

Dieser Ring unterscheidet sich jedoch grundlegend vom Ring der ganzen Zahlen: zunächst enthält er nur eine endliche Anzahl von Elementen. Des weiteren kann die Nullklasse von null verschiedene Divisoren haben: so ist etwa

$5 \not\equiv 0 \pmod{10}$ und $8 \not\equiv 0 \pmod{10}$, aber $5 \cdot 8 = 40 \equiv 0 \pmod{10}$. Wir werden später sehen, daß diese Schwierigkeit dann verschwindet, wenn der Modul eine Primzahl ist, woraus auch die Bedeutung dieser Zahlen erhellt.

Umkehrung von Satz 2

Schreiben wir den Beweis für den Satz 2 im einzelnen aus:

$$a \equiv b \pmod{d} \Leftrightarrow \exists q : a-b = dq$$
$$\Leftrightarrow \exists q : ma - mb = mdq = d(mq) = (dm)q$$

Daraus leiten wir

(2) $\qquad\qquad ma \equiv mb \pmod{d}$

ab, aber ebenso

(2') $\qquad\qquad ma \equiv mb \pmod{md}$.

Umgekehrt kann man aus (2') herleiten:

$$\exists q : ma - mb = mdq \text{ und daher } \exists q : a-b = dq.$$

Das heißt

$$a - b \equiv 0 \pmod{d},$$

woraus

Satz 2' folgt:

$$a \equiv b \pmod{d} \Leftrightarrow ma \equiv mb \pmod{md}$$

(Wechsel des Moduls).
Es ist jedoch unmöglich, aus (2) irgendwelche Aussagen über $a-b$ modulo md zu gewinnen. *Man kann die beiden Seiten einer Kongruenz nicht durch einen ihrer gemeinsamen Teiler dividieren, so daß dabei gleichzeitig der Modul erhalten bleibt. Bei Kongruenzen gibt es also kein Kürzen.*

Beispiel: $\qquad\qquad 48 \equiv 18 \pmod{15}$.

Nach Division durch 3 ergibt sich jedoch

$$16 \not\equiv 6 \pmod{15}.$$

Satz 2''

$$a \equiv b \pmod{md} \Rightarrow a \equiv b \pmod{d}.$$

Die Umkehrung ist jedoch falsch.

Dieser Satz ist trotz seiner Einfachheit sehr wichtig und wird oft in der verneinenden Form angegeben (Kontrapositionsschluß):

$$a \not\equiv b \pmod{d} \quad \Rightarrow \quad a \not\equiv b \pmod{md}.$$

Nullrestklassen

Setzen wir in den Formeln (2) und (2″) $b = 0$.

Satz 2a.
$$a \equiv 0 \pmod{d} \quad \Rightarrow \quad ma \equiv 0 \pmod{d},$$
das heißt
$$d|a \quad \Rightarrow \quad d|ma$$
oder auch
$$[d|a \quad \text{und} \quad a|a'] \quad \Rightarrow \quad d|a'.$$

Satz 2b.
$$a \equiv 0 \pmod{md} \quad \Rightarrow \quad a \equiv 0 \pmod{d},$$
das heißt
$$md|a \quad \Rightarrow \quad d|a$$
oder auch
$$[d|d' \quad \text{und} \quad d'|a] \quad \Rightarrow \quad d|a.$$

Hierin drückt sich die *Transitivität* der Beziehungen „Teiler von ..." oder „ein Vielfaches von ..." aus, die zueinander inverse *Ordnungsrelationen* sind.

Es sei $\mathfrak{A}$ die Nullrestklasse des Moduls a, das heißt die Menge der Vielfachen von a.

$$a' \in \mathfrak{A} \quad \Leftrightarrow \quad a' \equiv 0 \pmod{a} \quad \Leftrightarrow \quad a|a'$$

und ebenso $\mathfrak{D}$ die Nullrestklasse des Moduls d. Dann läßt sich der Satz so formulieren:

$$a \in \mathfrak{D} \quad \Rightarrow \quad \mathfrak{A} \subset \mathfrak{D}$$

oder auch

$$d|a \quad \Rightarrow \quad \mathfrak{A} \subset \mathfrak{D}.$$

$\mathfrak{A} \subset \mathfrak{D}$ bedeutet jedoch insbesondere, daß $d|a$.
Schließlich gilt
$$d|a \quad \Leftrightarrow \quad \mathfrak{A} \subset \mathfrak{D}.$$

Es *besteht also zwischen der Beziehung „ein Vielfaches von ..." und der Ordnungsrelation der Einschließung der Nullrestklassen ein Isomorphismus.* Es handelt sich dabei um Teilordnungen; zwei Nullklassen sind im allgemeinen nicht vergleichbar, da keine in der anderen eingeschlossen ist. In gleicher Weise bildet die Beziehung „Teiler von ..." eine Teilordnung in der Menge der ganzen Zahlen; eine solche gestattet nicht, lineare Schemata aufzustellen, wie wir es im folgenden sehen werden.

3. VIELFACHE UND TEILER, PRIMZAHLEN

A. VIELFACHE UND TEILER EINER GANZEN ZAHL

I. Vielfache einer ganzen Zahl

Die Vielfachen einer ganzen Zahl a sind die Zahlen $m = aq$, wobei q eine ganze Zahl ist. Ist $q = 1$, so ist $m = a$: jede Zahl ist ihr eigenes Vielfaches.
Ist $q = 0$, so ist $m = 0$; 0 ist ein Vielfaches jeder Zahl.
Man sagt daher oft, m sei ein *echtes Vielfaches* von a, wenn es weder gleich null noch gleich a ist. Wir setzen im allgemeinen voraus, daß q positiv und verschieden von null ist.

(1) Die Vielfachen von a, wobei a eine positive ganze Zahl ist, bilden eine geordnete Folge, die zu der Folge der ganzen Zahlen $a, 2a, 3a, \ldots, ka, \ldots$ isomorph ist und die durch Symmetrisierung vervollständigt wird, wenn man auch die negativen Vielfachen betrachtet. Diese Menge nennen wir $\mathfrak{A}$. Sie besitzt die folgende Eigenschaft: Sind a_1 und a_2 zwei Elemente der Menge, so gehört außerdem jede andere Zahl

$$\alpha = x_1 a_1 + x_2 a_2 \text{ mit ganzzahligen } x_1 \text{ und } x_2$$

ebenfalls der Menge an. Durch diese Eigenschaft wird über dem Ring der ganzen Zahlen ein *Ideal* charakterisiert. Man nennt *Ideal eines Ringes A* eine Teilmenge $\mathfrak{J}$, die einerseits selbst ein Ring ist (das heißt, daß die Summe und das Produkt zweier Elemente von $\mathfrak{J}$ ebenfalls $\mathfrak{J}$ angehören) und andererseits gegenüber der Multiplikation mit einem beliebigen Element von A abgeschlossen ist (das heißt, das Produkt eines Elementes von $\mathfrak{J}$ mit einem beliebigen Element aus A gehört wiederum $\mathfrak{J}$ an:

$$\forall i_1, i_2 \in \mathfrak{J}, i_1 + i_2 \in \mathfrak{J} \text{ und } i_1 \cdot i_2 \in \mathfrak{J}.$$
$$\forall i \in \mathfrak{J} \text{ und } \forall a \in A, i \cdot a \in \mathfrak{J}.$$

Wenn das Ideal wie hier von den Vielfachen einer einzigen Zahl a gebildet wird, so nennt man es *Hauptideal*. Wir werden uns mit diesem Begriff auch späterhin noch beschäftigen, wenn wir ihm im Polynomring begegnen.

(2) Vom Standpunkt der Ordnungsrelation „*Teiler von ...*" ist die Struktur von $\mathfrak{A}$ nicht so einfach. Stellen wir zum Beispiel die Tabelle der Vielfachen von 4 bis zu $4 \cdot 25 = 100$ auf. Die Kommutativität des Produktes weist Ketten wie etwa 4|8|24 oder 4|12|24 auf.

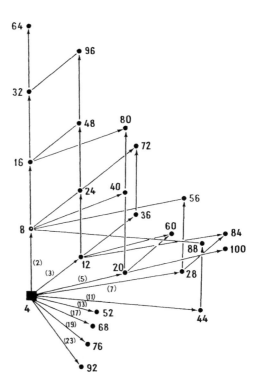

Wir wollen nun jede Operation wie „mit zwei multiplizieren" oder „mit drei multiplizieren" durch Translationen im Raum versinnbildlichen. Dann entspricht der Assoziativität des Produktes die Assoziativität der Translation, und es ist daher zum Beispiel überflüssig, die Translation, die die Multiplikation mit 6 darstellt, gesondert zu betrachten, da $6 = 2 \cdot 3$.

Die primären Multiplikatoren sind also solche, die keinen Divisor haben (außer 1 und sich selbst). Man nennt sie *Primzahlen*.

Im gewählten Beispiel ist der Faktor 11 unbedingt notwendig, um die Produkte 44 und 88 zu bilden; die Struktur des Schemas wird jedoch nur dann deutlich, wenn wir die Ketten herausheben, die im allgemeinen Fall zu einem beliebigen Vielfachen von a führen. Dies wird eine Folgerung aus der Untersuchung der Primzahlen sein.

II. Teiler einer ganzen Zahl

Es sei a eine positive ganze Zahl; betrachten wir ihre ganzzahligen positiven Teiler. Der kleinste Teiler ist 1 und der größte ist a selbst. Alle anderen Teiler werden, sofern sie existieren, als „echte Teiler" bezeichnet. Ihre Anzahl ist endlich.

(1) *Teilerliste.* Da wir eine solche Teilmenge der geordneten Zahlenmenge suchen, die a nicht überschreitet, genügt es, die Zahlen eine nach der anderen in ihrer natürlichen Ordnung als Teiler zu versuchen: 2, 3, ... Wir finden jedoch, daß jeder Teiler d durch die Beziehung $a = dd'$ einem anderen Teiler d' assoziiert ist, so daß die Zahlen d'

zunehmen, wenn die Zahlen d abnehmen. Demzufolge ist die Liste vollständig, wenn im Verlaufe des Versuchs eine Zahl auftritt, die größer als der Quotient der versuchsweise ausgeführten Division ist. Man bemerkt, daß die Anzahl der Teiler im allgemeinen gerade ist; sie ist ungerade, wenn a das Quadrat einer ganzen Zahl ist.
Beispiele:
$$72 = 1 \cdot 72 = 2 \cdot 36 = 3 \cdot 24 = 4 \cdot 18 = 6 \cdot 12 = 8 \cdot 9$$
$$84 = 1 \cdot 84 = 2 \cdot 42 = 3 \cdot 28 = 4 \cdot 21 = 7 \cdot 12$$

(2) *Vom Standpunkt der Ordnungsrelation „Teiler von ..."* aus wollen wir die Struktur der beiden Schemata untersuchen, die den Zahlen 72 und 84 entsprechen. Wir sehen, daß von 1 Ketten von Vielfachen ausgehen, die an der gegebenen Zahl enden. Zwei beliebige Zahlen des

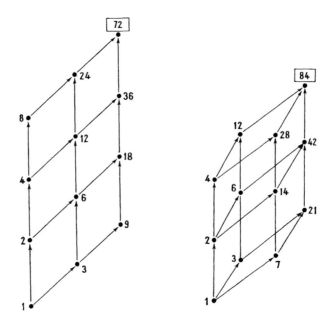

Schemas verfügen über mindestens ein gemeinsames Vielfaches und einen gemeinsamen Teiler. Dies entspricht bekanntlich der Ordnungsrelation der Inklusion in der Vielfachenmenge jeder Zahl. Man sagt, die Menge besäße die *Struktur eines Verbandes*, und wir bezeichnen mit $\mathfrak{T}_a$ den Verband der Teiler von a. Wir haben $\mathfrak{T}_{72}$ und $\mathfrak{T}_{84}$ in Figuren dargestellt.

Im allgemeinen Fall sind alle Zahlen, die 1 ohne Zwischenwert übertreffen, Primzahlen (gemäß Satz 2b über Kongruenzen). Daher *hat jede Zahl a mindestens einen Primteiler* (auch sich selbst, wenn die

Zahl eine Primzahl ist). Es gilt weiter: *Jede Zahl ist als Produkt von Primfaktoren darstellbar.*
Ist a prim, so haben wir in der Tat $a = a \cdot 1$. Ist a hingegen nicht prim, so greifen wir zu einer beliebigen Produktdarstellung von a und zerlegen weiter jeden nicht primen Faktor (dank der Assoziativität des Produktes). Da die Anzahl der von 1 verschiedenen Teiler endlich ist und die Faktoren nur endlich viele Male vorkommen können, so bricht die Zerlegungsoperation ab, und zwar dann, wenn alle Faktoren des Produktes Primzahlen sind.
In unseren Schemata bedeutet das, daß man nur die den Primfaktoren entsprechenden Translationen betrachtet und deswegen auch nur solche Ketten zuläßt, die zu der gegebenen Zahl a führen.
Es erhebt sich jedoch die Frage, ob alle diese Ketten, die von 1 zu der Zahl a führen, sich *nur* durch die Ordnung der Translationen unterscheiden. Dies trifft für unsere beiden Beispiele zu. Man muß dies nun auch allgemein untersuchen.
Somit zeigen uns diese beiden einführenden Kapitel über die Vielfachen und Teiler einer Zahl, daß wir nicht umhin können, die Primzahlen genauer zu untersuchen.

B. FUNDAMENTALSATZ DER ZAHLENTHEORIE

Jede ganze Zahl ist auf genau eine Weise als Produkt von Primfaktoren darstellbar.
In der Menge der ganzen Zahlen betrachten wir die Teilmenge $\mathfrak{M}$, die von den ganzen Zahlen gebildet wird, die mehr als eine Zerlegung in Primfaktoren gestatten: wir wollen zeigen, daß diese Teilmenge leer ist.
Die Zahl 1 ist eine untere Schranke von $\mathfrak{M}$, ebenso wie alle Primzahlen, die direkt untersucht worden sind. Daher hat die Menge $\mathfrak{M}$ nach den Ordnungseigenschaften der Menge der ganzen Zahlen (wenn sie nicht leer ist) ein kleinstes Element $m > 1$, dessen Doppelzerlegung wir schreiben:

$$m = p^\alpha p_1^{\alpha_1} \ldots p_k^{\alpha_k} = s^\beta s_1^{\beta_1} \ldots s_l^{\beta_l},$$

wobei die p_i und s_j alle verschieden sind (wäre dies nicht der Fall, so würde die Eigenschaft nach Kürzung für ein kleineres Element als m zutreffen).
Betrachten wir insbesondere einen Primfaktor auf jeder Seite, etwa p und s; dann gewinnt die Gleichung die Form

$$m = pP = sS,$$

wobei P und S die anderen Faktoren enthalten.

Da p und s nicht gleich sind, sei etwa $p > s$; dann können wir die Division

$$p = sq+r \ , \ r < s \ , \ r \neq 0$$

ausführen, da p prim ist.
Daraus folgt, daß

$$m' = m - sqP$$

die Doppelform

$$m' = s(S-qP) = rP < m$$

hat.
Die Primzahl s, die in der ersten Zerlegung von m' vorkommt, fehlt jedoch in der zweiten: sie fehlt voraussetzungsgemäß sowohl in jener von P als auch in jener von r, das kleiner als s ist. Somit gäbe es für ein m', das kleiner als m ist, zwei verschiedene Zerlegungen, was einen Widerspruch darstellt. Daher ist $\mathfrak{M}$ leer.
Zusammenfassend können wir sagen, daß man jedem Element von $\mathfrak{M}$ ein anderes, kleineres Element von $\mathfrak{M}$ zuordnen kann, was mit der Struktur einer Menge von ganzen Zahlen nicht vereinbar ist. Wir erkennen hier die bereits genannte *Fermatsche Abstiegsmethode*; sie stellt in der einen oder anderen Form zusammen mit dem Schluß von der vollständigen Induktion die in der Zahlentheorie vorzüglich verwendete Schlußweise dar.

C. ANWENDUNGEN. GEMEINSAME VIELFACHE UND TEILER

(1) Die Strukturen des Hauptideals $\mathfrak{A}$ und des Verbandes $\mathfrak{T}$ sind vollständig geklärt: demnach beziehen sich in unseren Schemata die einzigen anzubringenden Translationen auf Primzahlen; die verschiedenen Ketten, die zwei Zahlen verbinden, unterscheiden sich nur durch die Abfolge dieser Translationen.

(2) Gemeinsames Vielfaches mehrerer Zahlen

Es seien $a, b, ..., v$ endlich viele ganze Zahlen. Ihre gemeinsamen Vielfachen bilden den Durchschnitt $\mathfrak{A} \cap \mathfrak{B} \cap ... \cap \mathfrak{V}$ der Vielfachenmengen. Die Zerlegung dieser gemeinsamen Vielfachen in Primfaktoren erhält man, wenn man *mindestens* alle jene Primfaktoren nimmt, die in *mindestens einer* der Zerlegungen mit einem Exponenten vorkommen, der *mindestens* gleich jenem ist, der in diesen Zerlegungen auftritt. Daraus folgt, daß die betrachtete Menge genau die Menge der Vielfachen des kleinsten gemeinsamen Vielfachen ist. Daher *ist der Durchschnitt der Hauptideale $\mathfrak{A}, \mathfrak{B}, ..., \mathfrak{V}$ gleich dem Hauptideal $\mathfrak{M}$, das vom kleinsten gemeinsamen Vielfachen m gebildet wird.*

(3) Gemeinsame Teiler mehrerer Zahlen

Die Menge der gemeinsamen Teiler der Zahlen $a, b, \ldots, v$ ist gleich dem Durchschnitt der Verbände $\mathfrak{T}_a, \mathfrak{T}_b, \ldots, \mathfrak{T}_v$. Die Zerlegung dieser gemeinsamen Teiler in Primfaktoren erhält man, wenn man *höchstens* jene Primfaktoren nimmt, die in *allen* Zerlegungen mit einem Exponenten vorkommen, der *höchstens* jenem gleich ist, der in diesen Zerlegungen vorkommt. Daraus folgt, daß die betrachtete Menge gleich der Teilermenge des größten Teilers ist. *Somit ist der Durchschnitt der Verbände $\mathfrak{T}_a, \mathfrak{T}_b, \ldots, \mathfrak{T}_v$ gleich dem auf den größten gemeinsamen Teiler bezogenen Verband $\mathfrak{T}_d$.*

Wie bei jeder Durchschnittsbildung sind die Bildungsoperationen für das kleinste gemeinsame Vielfache und den größten gemeinsamen Teiler *kommutativ* und *assoziativ*.

Bemerkung

Im Falle zweier Zahlen a, b zeigt sich aus den Bildungsregeln für das kleinste gemeinsame Vielfache und den größten gemeinsamen Teiler, daß das Produkt dieser beiden Größen gleich dem Produkt der beiden gegebenen Zahlen ist, also $m \cdot d = a \cdot b$.

(4) Das Ideal $\mathfrak{M}$

existiert immer; es hat als Teilmenge das Hauptideal, das durch das Produkt der Zahlen gebildet wird; der Verband $\mathfrak{T}_d$ hingegen kann auf die einzige Zahl 1 reduziert werden. Dann sagt man, daß die gegebenen Zahlen *innerhalb ihrer Menge zueinander teilerfremd oder prim sind*; sie brauchen nicht paarweise zueinander prim zu sein, in welchem Fall jeder Primfaktor nur in der Zerlegung einer der Zahlen vorkommt. Paarweise zueinander prime Zahlen haben Eigenschaften, die jenen der Primzahlen vergleichbar sind, etwa:
Damit eine Zahl ein Vielfaches eines Produktes von paarweise zueinander primen Faktoren ist, ist es notwendig und hinreichend, daß sie ein Vielfaches jeder der Faktoren ist.
(Dies ist offensichtlich notwendig, und es ist hinreichend, da die Vielfachen jenes Ideal darstellen, das durch das Produkt dieser Zahlen ohne gemeinsame Primfaktoren gebildet wird.)
Wir können nun einen Satz formulieren, der eine unmittelbare Folgerung aus dem Fundamentalsatz ist und oft angewendet wird:
Teilt eine Zahl das Produkt zweier Faktoren und ist sie zu einem der Faktoren prim, so teilt sie die andere Zahl.

Anwendung des Fundamentaltheorems auf Kongruenzen modulo einer Primzahl

Satz

Ist d eine Primzahl, so verlangt $a \cdot b \equiv 0 \pmod{d}$, daß $a \equiv 0$ oder $b \equiv 0$.

In der Tat bedeutet dies: Ist a zu d prim, so ist es kein Vielfaches von d; es muß also b ein Vielfaches von d sein.

Umkehrung des zweiten Satzes über Kongruenzen

[m ist prim zu d und $ma = mb \pmod{d}$] $\Rightarrow$ [$a = b \pmod{d}$].

Das bedeutet in der Tat nichts anderes als das Folgende: Teilt d den Term $ma - mb = m(a-b)$ und ist d prim zu m, so teilt es $a-b$.
Das heißt mit anderen Worten: *Man kann beide Seiten einer Kongruenz durch eine Zahl dividieren, die bezüglich des Moduls prim ist.* Ist insbesondere der Modul eine Primzahl, so genügt es, sich zu vergewissern, daß man nicht durch ein Vielfaches des Moduls dividiert. Daher kann man *beide Seiten einer Kongruenz modulo einer Primzahl durch eine Zahl dividieren, die der Zahl null nicht kongruent ist.*
Somit haben die Kongruenzen modulo einer Primzahl dieselben Eigenschaften, wie sie Gleichungen bezüglich der Addition, der Multiplikation und der Division aufweisen (wobei der Divisor natürlich beide Seiten teilt).

(5) Satz

In der Menge der ganzen Zahlen ist jedes von n Zahlen $a_1, a_2, \ldots, a_n$ gebildete Ideal $\mathfrak{J}$ ein Hauptideal.
Das heißt mit anderen Worten, daß die Zahlenmenge

$$i = x_1 a_1 + x_2 a_2 + \ldots + x_n a_n$$

mit der Menge der Vielfachen einer Zahl zusammenfällt.
Vor allem ist jede Zahl i ein Vielfaches des größten gemeinsamen Teilers d der gegebenen Zahlen, woraus sich die Einschließung $\mathfrak{J} \subseteq \mathfrak{D}$ ergibt. Wir müssen hier jedoch die dazu inverse Einschließung beweisen.
Unter den positiven Elementen von $\mathfrak{J}$ betrachten wir das kleinste von null verschiedene Element, etwa j. Es sei nun $j = X_1 a_1 + X_2 a_2 + \ldots + X_n a_n$ das kleinste positive Element von $\mathfrak{J}$. Dieses ist kleiner als a_1 (oder in strengem Sinne höchstens gleich a_1), das $\mathfrak{J}$ angehört, und man kann daher dividieren

$$a_1 = jq + a_1' \, , \quad 0 \leqq a_1' < j.$$

Es gehört aber

$$a_1' = a_1 - jq = (1 - X_1 q) a_1 - X_2 q a_2 - \ldots - X_n q a_n$$

$\mathfrak{J}$ an und ist kleiner als j; somit kann es nicht positiv sein. Es ist also gleich null, und daher ist j ein Teiler von a_1.
Derselbe Gedankengang ist auf $a_2, \ldots, a_n$ anzuwenden, und dann ergibt sich, daß j ein gemeinsamer Teiler, also ein Teiler des größten gemeinsamen Teilers d ist.

Da man weiß, daß d alle Elemente i, insbesonders j teilt, so erhält man $j = d$, und man hat, da die Vielfachen von j der Menge $\mathfrak{J}$ angehören, $\mathfrak{D} \subseteq \mathfrak{J}$.
Aus zwei zueinander inversen Einschließungen folgt $\mathfrak{J} = \mathfrak{D}$.
Somit *ist das von n ganzen Zahlen gebildete Ideal das Hauptideal, das vom größten gemeinsamen Teiler dieser Zahlen erzeugt wird.*
Schließen wir diese Betrachtung mit der Bemerkung, daß wir auch hier die totale Ordnung der Menge der ganzen Zahlen verwendet haben und die Tatsache, daß die untere Grenze einer Menge von ganzen Zahlen, die nach unten beschränkt ist, der Menge angehört.
Diesen Eigenschaften werden wir im Polynomring nicht begegnen. Trotzdem bleiben einige der hier bewiesenen Eigenschaften erhalten. Aus diesem Grund nehmen wir unsere Untersuchung in einer Form wieder auf, die auch auf Polynome anwendbar ist. Dies ist das Ziel der Nr. 6.

5. PRIMZAHLEN

(1) Die Primzahlen, aus denen alle Zahlen gebildet werden können, sind also definitionsgemäß jene, die verbleiben, wenn man aus der Menge der natürlichen Zahlen jene entfernt, die echte Teiler haben. Diese Definition scheint nun einen etwas negativen Charakter zu tragen, wodurch wir vermuten, daß wir über keine Methode verfügen, die Eigenschaften dieser Zahlen zu entdecken. Wir wissen eher, was sie nicht sind, als das, was sie sind. Das einzige Verfahren, das sich zu ihrer Untersuchung eignet, ist die *Siebmethode des Eratosthenes.*
Betrachten wir zu diesem Zweck die unendliche Folge der natürlichen Zahlen $1, 2, 3, \ldots, n, n+1, \ldots$
Die Zahl 1 darf nicht als Primzahl betrachtet werden.
2 ist eine Primzahl und gleichzeitig die einzige gerade Primzahl. Wir halten sie fest und streichen alle ihre Vielfachen, das heißt, von nun an jede zweite Zahl.
3 ist eine Primzahl. Wir streichen alle Vielfachen von drei, das heißt von nun an jede dritte Zahl.
4 ist als Vielfaches von 2 bereits gestrichen, und daher sind auch alle weiteren Vielfachen von 4 getilgt. Wir gelangen mithin zu der Feststellung, daß *es genügt, die Vielfachen von Primzahlen zu streichen.*
5 ist noch nicht gestrichen, und daher ist sie eine Primzahl, sonst wäre sie bei der Betrachtung einer ihrer Teiler gestrichen worden. Daraus leiten wir die zweite Bemerkung her: *die erste nicht gestrichene Zahl, die auf die letzte betrachtete Primzahl folgt, ist wieder eine Primzahl.*
Dann folgt die 6, die wegen 2 und 3 gestrichen ist, dann die 7, die nicht gestrichen, also eine Primzahl ist; wir halten sie fest und streichen ihre

Vielfachen, also von nun an jede siebte Zahl. Wir sehen aber, daß die ersten Vielfachen bereits gestrichen sind; daher genügt es, erst von $7^2 = 49$ an jede siebte Zahl zu streichen. Es ist also *bei der Betrachtung einer Primzahl p die erste zu streichende Zahl ihr Quadrat p^2.*
Nach 7 folgen 8, 9, 10, die sämtlich bereits gestrichen sind, dann 11, die noch nicht gestrichen ist; deswegen streichen wir jede elfte Zahl ab $11^2 = 121$. Suchen wir die Liste der Primzahlen unter 120 aufzustellen, so ist unsere Aufgabe hiermit erledigt: Sämtliche erhalten gebliebenen Zahlen (die nicht gestrichen wurden), sind die gesuchten Primzahlen. Wir stellen die Regel auf: *Um die Liste der unter N gelegenen Primzahlen zu erhalten, genügt es, die Operation des Aussiebens bis zu jener Primzahl fortzusetzen, deren Quadrat N gerade übertrifft.*

(2) Die Menge der Primzahlen

Wie groß auch immer N sein mag, so erschöpft die Liste jener Primzahlen, die kleiner als N sind, wie wir sie soeben erhalten haben, doch keineswegs die Menge aller Primzahlen. Hat man nämlich schrittweise jede zweite, dritte usw. bis p-te Zahl gestrichen, so sind die Zahlen, die der gestrichenen Zahl $2 \cdot 3 \cdot 5 \ldots p$ vorausgehen oder ihr folgen, sicher nicht gestrichen. Somit sind also etwa die Zahlen $2 \cdot 3 \cdot 5 \ldots p \pm 1$ nicht gestrichen, wobei p die größte Primzahl ist, die kleiner als N ist, das heißt, die letzte betrachtete Primzahl. Diese Zahlen sind sicher für $p > 2$ wesentlich größer als p. Entweder sind sie nun selbst Primzahlen, dann bleiben sie beim weiteren Sieben stehen, oder sie sind keine Primzahlen, dann werden sie erst beim Sieben mit Primzahlen größer als p bzw. N gestrichen. Dies beweist in jeder Weise die Existenz mindestens einer (und sogar von zwei) Primzahlen, die N übertreffen, wie groß auch immer N ist.
Es gibt also unendlich viele Primzahlen.
Dieses Ergebnis ist bereits seit dem Altertum bekannt (*Eratosthenes,* etwa 200 Jahre vor Christus; einen Beweis enthalten die Elemente des *Euklid*). Es führt ganz natürlich auf die Frage, welches Gesetz die Aufeinanderfolge der Primzahlen regelt und aus welchen Formeln, wenn nicht alle, so doch nur Primzahlen erhalten werden können. Diese Probleme sind aber bis heute noch nicht gelöst.
Eines der wichtigsten Ergebnisse ist das Theorem von *Lejeune-Dirichlet*: Jede arithmetische Folge, deren Differenz und erstes Glied zueinander prim sind, enthält unendlich viele Primzahlen.
Sehr weit geführte Tafeln (bis zu einigen Millionen Primzahlen!) zeigen, daß es aufeinanderfolgende ungerade Zahlen gibt, die beide prim sind (wie zum Beispiel 881 und 883) und die man „Primzahlzwillinge" nennt. Gibt es nun unendlich viele solche Paare? Man kennt nur einige Sätze der folgenden Art darüber: Es gibt unendlich viele Paare $n, n+2$

von Zahlen, die weniger als 9 Primfaktoren haben (*Viggo Brun*, Oslo, 1920). Derselbe Wissenschaftler hat gezeigt, daß es für beliebiges n zwischen n und $n+\sqrt{n}$ Zahlen gibt, die weniger als 11 Primfaktoren haben.

Dieses Problem, das eines der geheimnisvollsten ist, dem der Forscher in der elementaren Mathematik begegnet, kann auch mit ganz anderen, der Analysis entlehnten Methoden angegangen werden.

6. ZAHLENSYSTEME

Die Eigenschaften der ganzen Zahlen, die wir soeben auseinandergesetzt haben, gestatten es, ein System zu vereinbaren, in dem man eine bestimmte ganze Zahl anschreiben und auch aussprechen kann, wie groß auch immer sie sein mag.

A. DAS PRINZIP DES STELLENWERTSYSTEMS

Es sei a eine ein- für allemal gewählte natürliche Zahl, die *Basis* des Zahlensystems genannt wird.

$$a \geq 2.$$

Satz

Jede natürliche Zahl N kann man in einer und nur einer Weise in der Form

$$N = x_n a^n + x_{n-1} a^{n-1} + \ldots + x_k a^k + \ldots + x_1 a + x_0$$

schreiben, wobei die Zahlen x_k positive ganze Zahlen mit

$$0 \leq x_k \leq a-1$$

oder null sind. Um dies zu beweisen, setzen wir

$$R_k = x_k a^k + x_{k-1} a^{k-1} + \ldots + x_1 a + x_0$$
$$N - R_k = x_n a^n + x_{n-1} a^{n-1} + \ldots + x_{k+1} a^{k+1} = Q_k a^{k+1}$$

unter der Voraussetzung, daß der Ausdruck existiert. Q_k und R_k sind der Quotient und der Rest der Division von N durch a^{k+1}, weil

$$R_k \leq (a-1)a^k + (a-1)a^{k-1} + \ldots + (a-1)a + (a-1) = a^{k+1} - 1.$$

Danach können wir Schritt für Schritt die Koeffizienten x_k nach fallenden Indizes definieren, indem wir

für x_n den Quotienten der Division von N durch a^n,
für $x_n a + x_{n-1}$ den Quotienten der Division von N durch a^{n-1},

für $x_n a^2 + x_{n-1} a + x_{n-2}$ den Quotienten der Division von N durch a^{n-2} usw. nehmen.

Auf diese Weise erhalten wir die einzig mögliche Lösung, sofern eine existiert. Die eingeführten Zahlen x_k sind jedoch sicher kleiner als a, weil man n durch

$$a^n \leq N < a^{n+1}$$

definiert hat; denn lautet eine der Divisionen $N = Q_k a^{k+1} + R^k$, so ist die nachfolgende

$$N = (Q_k a + x_k) a^k + R_{k-1},$$

woraus folgt

$$R_k = x_k a^k + R_{k-1} < a^{k+1} \text{ und daher } x_k < a.$$

Die letzte Division durch a ergibt schließlich x_0, was beweist, daß der erhaltene Ausdruck sicher N darstellt.

Somit *gibt es eine eineindeutige Zuordnung zwischen den Zahlen N, die $a \leq N < a^{n+1}$ genügen und den Folgen von $n+1$ Zahlen x_i mit $0 \leq x_i < a$.*

Um eine Verwechslung mit einem Produkt zu vermeiden, überstreichen wir das Ganze und schreiben

$$N = \overline{x_n x_{n-1} \ldots x_k \ldots x_1 x_0}.$$

Bemerkung

Wir hätten ebensogut zuerst x_0, den Rest der Division von N durch a bestimmen können, dann $x_1 a + x_0$ als Rest der Division von N durch a^2 und weiter nach steigenden Indizes.

Übereinkunft bezüglich der Schreibweise

Man wählt für die unterhalb a liegenden Zahlen mit Einschluß der Null bestimmte Zahlzeichen; sie genügen, um die x_k und folglich auch N anzuschreiben. Diese Symbole nennt man Ziffern. (Im praktischen Gebrauch werden sie nicht mehr überstrichen). Üblicherweise verwendet man dafür die Zeichen 0, 1, 2, 3, 4, 5, 6, 7, 8, 9, weil unsere Basis zehn ist.

B. PRAKTISCHE RECHENREGELN

Eine Zahl, die in einem Zahlensystem mit der Basis a angeschrieben wird, ist ein Polynom in a. Die Rechenregeln werden also jene sein, die für Polynome zutreffen, wenn die den Koeffizienten auferlegte Bedingung, positiv und kleiner als a zu sein, nicht zu den folgenden Überträgen nötigt:

$(a+b)a^n$ muß $a^{n+1}+ba^n$ geschrieben werden, wenn $0 < b < a$.
Wir wählen $a = $ zehn.

(1) Addition

Dazu verwendet man eine bis $9+9$ geschriebene Tafel.
Man bemerke, daß bei der Addition von zwei Zahlen beliebiger Größe niemals ein größerer Übertrag als 1 auftreten kann (weil $9+9 = 18$ ist, was mit 1 als Übertrag höchstens 19 ergeben kann). Addiert man etwa 10 Zahlen, so kann der Übertrag die Zahl 9 nicht überschreiten (weil $9 \cdot 10 = 90$, was mit 9 als Übertrag nicht mehr als 99 ergibt).
Die Rechnungen sind im allgemeinen so einfach, daß man die aufeinanderfolgenden Ziffern des Ergebnisses ohne schriftliche Zwischenrechnungen sofort hinschreiben kann. Muß man aber sehr viele Posten addieren, so ist es vorteilhaft, vorerst Teilsummen zu berechnen und dann von der Assoziativität Gebrauch zu machen.

(2) Subtraktion

Wir ziehen jedes Glied der Summe, die die zweite Zahl (den Subtrahenden) darstellt, von dem entsprechenden Glied des Polynoms ab, das die erste Zahl (den Minuenden) darstellt. Um jedoch negative Koeffizienten zu vermeiden, fügen wir beiden Zahlen dieselbe Potenz von a hinzu; hat man $x_k < y_k$, so ersetzt man $(x_k a^k - y_k a^k)$ durch $(a+x_k)a^k - y_k a^k - a^{k+1}$.
Dabei sagt man, daß man 1 „leiht", wenn man $(a+x_k)-y_k$ rechnet und 1 überträgt, um $y_{k+1}+1$ zu bilden.
Man sieht, daß auch bei der Subtraktion die Überträge den Wert 1 nicht überschreiten können. Andererseits ist jedoch die Aussage, daß eine Zahl N größer als eine andere Zahl N' ist, jener Aussage äquivalent, daß die Subtraktion $N-N'$ möglich ist. Daraus leitet man die folgende Regel ab:

Regel zur Feststellung, ob eine Zahl größer als eine andere ist:

N ist dann größer als N', wenn entweder N mehr Ziffern als N' enthält, oder wenn bei gleicher Ziffernzahl die erste abweichende Ziffer von N größer als die entsprechende Ziffer von N' ist.
Diese überaus wichtige Regel kann man natürlich auch direkt bestätigen, wenn man von der Bedeutung der Termgruppen des Polynoms ausgeht, die wir mit $Q_k a^{k+1}$ bezeichnet haben.

(3) Multiplikation

Wir verwenden die Regel für die Multiplikation einer Summe mit einer anderen und führen die notwendigen Überträge aus. In der Praxis schreibt man die Teilsummen an, die der Multiplikation des Multiplikanden mit jeder einzelnen Ziffer des Multiplikators entsprechen, was die Verwendung einer Multiplikationstabelle bis $9 \cdot 9$ („kleines Einmaleins") notwendig macht; dabei operiert man nur mit Überträgen, die 8 nicht überschreiten. Diese Überträge hält man ohne Hinschreiben gleichzeitig mit der eigentlichen Multiplikation fest. Bei der Endaddition ist man, gemäß der Bemerkung bezüglich der Überträge bei der Addition, daran interessiert, so wenige Zahlen wie möglich zu addieren, und deswegen verwendet man als Multiplikator jene der beiden Zahlen, die weniger von Null verschiedene Ziffern hat.

(4) Division

Wir haben bereits angegeben, daß die Methode darin besteht, ständig Teil-Divisionen auszuführen, indem man jeden vorläufigen Rest als Dividenden verwendet, um ein weiteres Glied des Quotienten aufzusuchen. In der Praxis berechnet man den Quotienten ziffernweise, indem man Teil-Quotienten der Form $q_p 10^p$, $q_p \leq 9$ verwendet.
Die Divisionen durch 10^p, die nach dem grundlegenden Satz über das Zahlsystem sofort ausführbar sind, ergeben den größten zulässigen Wert von p, das heißt die Ziffernzahl des Quotienten.
Da nun der Quotient von der Form $q_n a^n + q_{n-1} a^{n-1} \ldots + q_1 a + q_0$ ist, wobei n bekannt ist, muß man zunächst q_n aufsuchen. Durch Probieren mittels Multiplikationen mit den Ziffern von 1 bis 9 erhält man die größte Zahl der Form $q_n a^n$, deren Produkt mit dem Divisor vom Dividenden abzuziehen ist. Man berechnet dann die Differenz zwischen dem Dividenden und diesem Produkt, und dieser partielle Rest wird als neuer Dividend verwendet, um q_{n-1} aufzusuchen, usw.
Die Methode verlangt, daß man das Produkt einer beliebigen Zahl mit einer Ziffer bilden kann. Außerdem führt man gleichzeitig Multiplikationen und Subtraktionen aus, in deren Verlauf man auf Überträge stößt, die höchstens gleich 9 sein können ($9 \cdot 9 = 81$; 81 von 90 subtrahiert ergibt 9; $81 + 9 = 90$, usw.).
Es ist allgemein üblich, die überflüssigen Nullen in den Teil-Quotienten nicht anzuschreiben, die Ziffern des Dividenden in jener Reihenfolge herunterzuholen, in der sie drankommen, und das Probieren abzukürzen, indem man die Überträge abschätzt, die sich bei den Multiplikationen bilden.

Bemerkung

Bei den sukzessiven Divisionen des Euklid-Algorithmus wird beim Aufsuchen des ggT (größten gemeinsamen Teilers) zweier Zahlen (vgl. weiter unten Nr. 6) jeder Rest seinerseits zum Divisor.

Beispiel: 1734 und 78.
Der ggT ist 6.

$$1734 : 78 = 22$$
$$\underline{1716}$$
$$78 : 18 = 4$$
$$\underline{72}$$
$$18 : 6 = 3$$

Der letzte Divisor ergibt den ggT.

(5) Ziehen der Quadratwurzel (Radizieren)

Im Gegensatz zur Divisionsregel betrachten wir nun die praktische Regel für das Ausziehen der Quadratwurzel.
Ist eine Zahl N gegeben, so sucht man jene ganze Zahl u auf, die durch

$$u^2 \leq N < (u+1)^2$$

definiert ist; dann setzt man

$$N - u^2 = r,$$

was man auch durch

$$N = u^2 + r \;,\; 0 \leq r \leq 2u$$

ausdrücken kann. Wie bei der Division müssen wir uns auch hier zunächst mit einer partiellen Operation begnügen; wir verwenden eine Zahl u_1, so daß u_1^2 kleiner als N ist, und bestimmen dann den vorläufigen Rest

$$N - u_1^2 = r_1.$$

Hat man $r_1 < 2u_1$, so muß man die Operation fortsetzen, aber der nun auszuführende Rechenschritt hat keineswegs mehr denselben Charakter wie der erste: es handelt sich nicht mehr darum, ein Quadrat zu bilden, sondern darum, *das ursprüngliche Quadrat zu ergänzen*. Dazu suchen wir eine Zahl v_1, so daß $s_1 = 2u_1v_1 + v_1^2$ in r_1 enthalten ist. Die neue vorläufige Wurzel ist $u_2 = u_1 + v_1$, und der neue vorläufige Rest wird zu

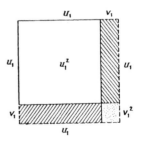

$$r_2 = r_1 - (2u_1v_1 + v_1)^2 = N - (u_1 + v_1)^2.$$

Man beginnt nun von neuem, indem man r_1 durch r_2 und u_1 durch u_2 ersetzt.
Die folgende Feststellung erlaubt die Rechnung zu vereinfachen: Ist v_1 klein gegenüber u_1, so kann man das kleine Quadrat v_1^2 in erster

Näherung vernachlässigen; dann gibt $s_1 \approx 2u_1v_1$ an, daß v_1 der Quotient der Division von s_1 durch $2u_1$ ist. Man läuft dabei lediglich Gefahr, eine Zahl v_1 zu finden, die etwas zu groß ist, und man muß deswegen versuchen, so zu rechnen:

$$s_1-(2u_1v_1+v_1^2) = s_1-v_1(2u_1+v_1).$$

Praktische Rechnung

Ist N in Dezimalschreibweise gegeben, so sucht man die Wurzel in der Form

$$u = x_n a^n + x_{n-1} a^{n-1} + \ldots + x_0$$

auf (wobei a die Basis zehn darstellt). Es ist nun natürlich, nacheinander

$$u_1 = x_n a^n, \quad v_1 = x_{n-1} a^{n-1}, \quad v_2 = x_{n-2} a^{n-2}, \ldots$$

zu suchen. n ist aus der Ziffernzahl von N durch die Ungleichung

$$a^{2n} \leq N < a^{2n+2}$$

bestimmt.

Schließlich lassen sich Ausdrücke wie

$$2u_1 v_1 = 2x_n x_{n-1} a^{2n-1} \text{ und } v_1(2u_1+v_1) = (2x_n a + x_{n-1}) x_{n-1} a^{2n-2}$$

unmittelbar berechnen, weil die x_i Ziffern sind und sich die Multiplikationen mit a^j einfach ausführen lassen, indem man rechts an die Zahlen Nullen schreibt.

Man kann schließlich die Niederschrift abkürzen, indem man überflüssige Nullen ausläßt (wie bei der Division) und „gleichzeitig zwei Ziffern herunterholt" (anstatt die Ziffern einzeln herunterzuholen).

Es soll noch ergänzend bemerkt werden, daß man bei der Ausführung von Rechnungen, die mehrere Operationen umfassen, unter anderen das Ausziehen von Quadratwurzeln, numerische Tafeln oder auch Instrumente verwendet (Rechenstab). Die vorstehenden Darlegungen sind jedoch in einfachen Fällen brauchbar. Ihr Hauptzweck ist, zu zeigen, wie ein Kalkül im Dezimalsystem sich die Struktur der auszuführenden Operation zunutze macht.

C. TEILBARKEITSGESETZE

Darunter verstehen wir die Regeln, die uns die bei der Division einer Zahl auftretenden Reste ohne Bestimmung des Quotienten liefern. Die Zahl sei in einem System zur Basis a geschrieben (für uns $a = 10$) und die Divisoren ebenfalls. Dazu verwenden wir die bekannten Sätze über Kongruenzen und Teilbarkeit, welche vom Zahlensystem unabhängig sind.

(1) Der Divisor ist eine Potenz der Basis: $d = a^n$

Es sei N die gegebene Zahl; dann ist der Rest R_n bekanntlich die Zahl, die aus den n rechten Ziffern von N gebildet wird.
Ist der Divisor d' ein Teiler von a^n, so folgt aus

$$N \equiv R_n \pmod{a^n},$$

daß

$$N \equiv R_n \pmod{d'},$$

so daß es genügt, R_n durch d' zu teilen.

Beispiele

$a =$ zehn; $10 = 2 \cdot 5$. Dividiert man eine Zahl durch 2 oder 5, so ist der Rest gleich dem Rest der letzten Ziffer.
$10^2 = 4 \cdot 25 = 2 \cdot 50 = 5 \cdot 20$. Der Rest der Division einer Zahl durch 2, 4, 5, 25 oder 50 ist gleich dem Rest der Zahl aus den beiden letzten Ziffern. Die Regel ist nur für 4 und 25 von praktischem Wert, da uns für 2, 5, 10, 20 und 50 einfachere zur Verfügung stehen.

(2) $d = a-1$ **oder ein Teiler von** $a-1$

(Für $a =$ zehn ist d neun oder drei).
Aus

$$a \equiv 1 \pmod{d}$$

bildet man

$$a^k \equiv 1 \pmod{d},$$

woraus

$$x_k a^k \equiv x_k \pmod{d}$$

folgt. Indem man die Kongruenzen, die sich auf die verschiedenen Werte von k beziehen, gliedweise addiert, gelangt man zu dem Ergebnis: *Eine Zahl ist* (mod d) *der Quersumme ihrer Ziffern kongruent.*
In der Praxis bedeutet das, daß man bei der Berechnung der Quersumme jede Zahl, die die Basis übertrifft, durch ihre Quersumme ersetzt und jene Ziffern vernachlässigt, die Vielfache von d sind.

(3) Teilbarkeit durch eine Zahl der Form $d = a^n - 1$ **und durch die Teiler solcher Zahlen**

Dazu muß man N in Abschnitte von n Ziffern zerlegen.

Beispiel

$n = 2$.

$10^2 - 1 = 99$. Man kann also für d die Werte 99 oder 11 oder jeden anderen Teiler von 99 nehmen.

Es sei $N = 38\,956$. Wir schreiben

$$\left.\begin{array}{r}3 \cdot 10^4 \equiv 3 \\ 89 \cdot 10^2 \equiv 89\end{array}\right\}$$

und daher

$$N \equiv (3+89+56) = 148 \equiv 1+48 = 49.$$

Der Rest der Division durch 99 ist mithin 49; jener der Division durch 11 ist $49 - 44 = 5$.

Da $a^2 - 1 = (a+1)(a-1)$, liefert uns dies stets eine für $a+1$ gültige Regel; wir sind jedoch in der Lage, eine noch einfachere Regel aufzustellen:

(4) Teilbarkeit durch $d = a+1$

Aus $a \equiv -1 \pmod{d}$ folgt

$$\begin{cases} a^{2k} \equiv +1 & a^{2k+1} \equiv -1 \\ x_{2k}a^{2k} \equiv +x_{2k} & x_{2k+1}a^{2k+1} \equiv -x_{2k+1}, \end{cases}$$

daher ist N zu jener Zahl kongruent, die man erhält, wenn man die Summe ihrer Ziffern an den geraden Stellen von der Summe ihrer Ziffern an den ungeraden Stellen abzieht, die Stellen von rechts aus gezählt.

Allgemeine Bemerkung

In Wirklichkeit ist nur der Rest null für die Vereinfachung gewisser Kalküle von praktischem Interesse, insbesondere für das Kürzen von Brüchen. Aus diesem Grunde beschäftigen wir uns auch nicht mit den Resten der Division durch $a+2 = 12$, weil sich dieser Fall ohne Schwierigkeiten erledigen läßt, wenn man von $10 \equiv -2$ ausgeht. Wir können auch leicht voraussehen, unter welchen Bedingungen der Rest *null* sein wird, wenn wir die Zerlegung $12 = 3 \cdot 4$ verwenden. Dies ist auch der einzige in der Praxis beschrittene Weg.

Bemerkung

Wir werden nach der Untersuchung der Brüche erkennen, daß das Zahlensystem eine überragende theoretische Bedeutung hat, die noch weit über seine praktische hinausgeht und die man gar nicht hoch genug einschätzen kann; „Die Erfindung des dekadischen Zahlensystems ist vielleicht das wichtigste Ereignis in der Geschichte der Wissenschaften" (*H. Lebesgue*).

7. DER EUKLID-ALGORITHMUS. VERHÄLTNISZE VON GRÖSZEN

A. DER EUKLID-ALGORITHMUS IN DER MENGE DER GANZEN ZAHLEN

Wir greifen zunächst auf das in Nr. 1 und 2 über die Division Gesagte zurück. Wir werden einen Algorithmus, das heißt ein Operationsverfahren einführen, das auf alle Mengen anwendbar ist, in denen eine Division mit *ganzzahligem Quotienten erklärt ist*:

$$a = bq+r$$

und in denen eine Ordnungsrelation der Ungleichung $r < b$ einen Sinn verleiht.

Wendet man dies auf die Menge der ganzen Zahlen an, so gelangen wir zu neuen Beweisen für die Sätze Nr. 3.

Indem wir dies auf (physikalische) Größen anwenden, führen wir Verhältnisse von Größen ein. In einem späteren Kapitel werden wir dieses Prinzip auf Polynome in einer Variablen übertragen.

Der Algorithmus besteht darin, daß man aufeinanderfolgende Divisionen derart ausführt, daß man das Paar Dividend-Divisor durch das Paar Divisor-Rest ersetzt:

$$\begin{aligned} a &= bq+r, & r &< b \\ b &= rq_1+r_1, & r_1 &< r \\ r &= r_1q_2+r_2, & r_2 &< r_1 \\ &\cdots\cdots\cdots\cdots \\ r_{n-1} &= r_n q_{n+1}+r_{n+1}, & r_{n+1} &< r_n \\ &\cdots\cdots\cdots\cdots \end{aligned}$$

Die Frage ist nun die, ob der Algorithmus nach einem bestimmten Schritt abbricht. Der einzige Umstand, der zu seiner Beendigung führen kann, ist das Auftreten eines Restes null. Ist $r_{p+1} = 0$, so lautet die letzte Division

$$r_{p-1} = r_p q_{p+1}.$$

Im Fall positiver ganzer Zahlen ist die abnehmende Folge

$$b > r > r_1 > r_2 > \ldots > r_n > \ldots$$

notwendigerweise endlich; die Operation bricht daher ab und man findet auch einen Rest null; es sei $r_{p+1} = 0$. Wir interessieren uns für den letzten von null verschiedenen Rest $r_p = d$.

(1) Die vollständige Liste der gemeinsamen Teiler von a und b ist gleichlautend mit jener der Teiler von b und r und daher auch mit jener von r und r_1; dasselbe gilt schrittweise immer weiter bis für r_{p-1} und $r_p = d$, woraus wir schließen:
Der letzte von null verschiedene Rest im Euklid-Algorithmus ist auch der größte gemeinsame Teiler, und die gemeinsamen Teiler sind auch Teiler dieses größten gemeinsamen Teilers (abgekürzt ggT).
Ist der größte gemeinsame Teiler 1, so heißen die Zahlen a und b *zueinander prim* oder *teilerfremd*.

(2) Eigenschaften des größten gemeinsamen Teilers

Da man d mittels einer Folge von linearen Beziehungen erhält, so werden *nach Multiplikation von a und b mit ein- und derselben Zahl λ auch alle aufeinanderfolgenden Reste mit λ multipliziert*, folglich auch der größte gemeinsame Teiler d. Dividiert man im Gegenteil a und b durch einen ihrer gemeinsamen Teiler, so werden auch alle Reste unter Einschluß von d durch diese Zahl dividiert. Dividiert man insbesondere zwei Zahlen durch ihren größten gemeinsamen Teiler, so sind die Quotienten zueinander prim oder teilerfremd, woraus der wichtige Satz folgt: *Der größte gemeinsame Teiler ist dadurch unter den gemeinsamen Teilern ausgezeichnet, daß die Quotienten aus diesen Zahlen und diesem Teiler zueinander prim oder teilerfremd sind.*

Anwendung. Fundamentalsatz

Teilt eine Zahl das Produkt von ZWEI Faktoren und ist sie zu einem von beiden teilerfremd, so teilt sie den anderen.

$$\left.\begin{array}{l}\text{Voraussetzung 1: } d|ab \\ \text{Voraussetzung 2: ggT } (d, a) = 1 \quad \Leftrightarrow \quad \text{ggT } (db, ab) = b\end{array}\right\} \Rightarrow d|b.$$

da d, das db und ab teilt, auch ihren ggT b teilt.

Folgerung 1. Gemeinsame Vielfache von a und b

Es sei $\mu = aa' = bb'$ ein gemeinsames Vielfaches und d der größte gemeinsame Teiler von a und b:

$$a = da'' \, , \, b = db'' \, , \, \text{ggT } (a'', b'') = 1.$$

Indem man dies in die Ausdrücke für μ einsetzt, erhält man

$$\mu = da'a'' = db'b'' \text{ und daraus } a'a'' = b'b''.$$

a'' ist jedoch zu b'' teilerfremd, und daher teilt es b'.
$$\exists q, \; b' = a''q,$$
woraus
$$a' = b''q$$
und weiter
$$\mu = da''b''q$$
folgt. Umgekehrt ist jede Zahl μ, die eine solche Gleichung befriedigt, in der q eine beliebige ganze Zahl ist, sicher ein gemeinsames Vielfaches, da man schreiben kann:
$$\mu = ab''q = ba''q$$
Somit *ist das kleinste gemeinsame Vielfache $m = da''b'' = ab'' = ba''$, und die gemeinsamen Vielfachen sind Vielfache dieser Zahl m.*
Da nun darüber hinaus die Quotienten der Division von m durch a und b die Zahlen b'' und a'' sind, *so ist das kleinste gemeinsame Vielfache von zwei Zahlen unter den gemeinsamen Vielfachen dadurch ausgezeichnet, daß die beiden Quotienten aus dem kleinsten gemeinsamen Vielfachen und den Zahlen a und b zueinander teilerfremd sind.*

Folgerung 2. Eindeutigkeit der Primfaktorenzerlegung

a) Teilt eine *Primzahl* das Produkt von zwei Primfaktoren und ist sie nicht gleich dem einen Faktor, so ist sie zu diesem teilerfremd und daher gleich dem anderen.
Es sei nun ein Produkt von n Primfaktoren $p_1 p_2 \ldots p_n$ gegeben, von dem vorausgesetzt wird, daß es ein Vielfaches einer Primzahl p ist. Ist $p \neq p_1$, so teilt p das restliche Produkt $p_2 p_3 \ldots p_n$. Ist p jedoch verschieden von p_2, so teilt es $p_3 \ldots p_n$ und so weiter gemäß der Assoziativität des Produktes. Ist schließlich p nicht einem der $n-1$ Primfaktoren gleich, so ist p dem n-ten gleich. *Teilt daher eine Primzahl ein Produkt von Primfaktoren, so ist sie einem dieser Faktoren gleich.*

b) Es existiere eine doppelte Zerlegung einer Zahl in Primfaktoren
$$p_1 p_2 \ldots p_n = q_1 q_2 \ldots q_k.$$
p_1, das diese Zahl teilt, kommt auf der rechten Seite vor, was eine Kürzung möglich macht. Auf diese Weise kürzt man alle Primfaktoren, und da 1 nicht einem Produkt von ganzen Zahlen $\neq 1$ gleich sein kann, so bleibt schließlich kein Faktor mehr übrig; somit sind die Produktdarstellungen identisch. Die Eindeutigkeit ist damit bewiesen.
Die Folgerungen aus der Eindeutigkeit haben wir bereits im vorhergehenden Kapitel auseinandergesetzt, wir kommen hier nicht mehr darauf zurück.

(3) Untersuchung des Ideals $\mathfrak{J}$ als Menge der Zahlen $xa+yb$, wobei x und y beliebige ganze Zahlen sind.

a) Der Euklid-Algorithmus liefert eine Lösung der Gleichung $xa+yb=d$, wobei d der größte gemeinsame Teiler von a und b ist. Es ist nämlich in der Tat möglich, aus den Gleichungen des Algorithmus $r, r_1, \ldots r_{p-1}$ zu eliminieren. Man beginnt mit $r_p = d$, woraus folgt:

$$d = (-q_{p-1})r_{p-1}+r_{p-2}, \quad \text{aber} \quad r_{p-1} = (-q_{p-2})r_{p-2}+r_{p-3}$$

und daher

$$d = x_{p-2}r_{p-2}+y_{p-3}r_{p-3}, \quad \text{aber} \quad r_{p-2} = (-q_{p-3})r_{p-3}+r_{p-4}$$

sowie

$$d = x_{p-3}r_{p-3}+y_{p-4}r_{p-4}$$

und so weiter, wobei die x und y nur von den Quotienten q_i herrühren. Schließlich findet man rückwärtsgehend

$$d = x_0 a + y_0 b.$$

Sind insbesonders a und b teilerfremd, so ergibt der Algorithmus ein Paar ganzer positiver oder negativer Zahlen x_0, y_0, so daß

$$1 = x_0 a + y_0 b.$$

Somit hat jedes Vielfache von d die Form $xa+yb$; es ist aber auch jede Zahl dieser Form ein Vielfaches von d, da a und b von d geteilt werden. Daher *fällt das Ideal $\mathfrak{J}$ mit der Menge der Vielfachen von d zusammen.* Das ist derselbe Satz, der im vorhergehenden Kapitel direkt für beliebig viele Glieder $a, b, \ldots, v$ bewiesen wurde.

b) Ganzzahlige Lösung der Gleichung $xa+yb = c$ (Diophant-Gleichung)

Wir haben gesehen, daß das Problem nur dann lösbar ist, wenn c ein Vielfaches des größten gemeinsamen Teilers von a und b ist. Dividieren wir durch diese Zahl d, so folgt $xa'+yb' = c'$, wobei a' und b' teilerfremd sind. Der Euklid-Algorithmus liefert ein Paar X_0, Y_0, das den Beziehungen

$$X_0 a' + Y_0 b' = 1 \quad \text{genügt, woraus} \quad (X_0 c')a' + (Y_0 c')b' = c'$$

folgt. Wir kennen also eine partikuläre Lösung

$$x_0 = X_0 c', \quad y_0 = Y_0 c'$$

der Gleichung $xa'+yb' = c'$.

Aufsuchen der allgemeinen Lösung
Dazu eliminieren wir die rechten Seiten der Gleichungen $xa'+yb' = c'$ und $x_0 a'+y_0 b' = c'$. Dann folgt

$(x-x_0)a' = -(y-y_0)b'$, wobei a' und b' teilerfremd sind.

Wir können weiterhin nach dem Fundamentalsatz daraus herleiten:
$$\exists k : x-x_0 = kb' , y-y_0 = -ka'.$$
Umgekehrt ergeben diese Formeln für jedes beliebige (ganzzahlige) k eine Lösung, und daher liefern sie auch die allgemeine Lösung.

Ergebnis

Die Diophant-Gleichung hat nur dann eine Lösung, wenn c ein Vielfaches des ggT von a und b ist; diese Lösungen werden durch die Formeln

$$x = x_0+kb' , y = y_0-ka'$$

angegeben, wobei k eine beliebige ganze Zahl ist und x_0, y_0 eine partikuläre Lösung bilden (die etwa durch den Euklid-Algorithmus ermittelt wurde); a', b' sind dabei die Quotienten von a und b durch ihren ggT.

Bemerkung

In einer anderen Form lautet die Diophant-Gleichung $ax \equiv c \pmod{b}$. Ist der Modul b eine Primzahl, so erhält man eine eindeutige Lösung modulo b. Ist insbesonders b eine Primzahl und das gegebene a verschieden von null, so besitzt die Kongruenz $ax \equiv 1 \pmod{b}$ eine Lösung $\pmod{b}$ in x. Das will sagen, daß *der Restklassenring des Primzahlmoduls b ein Körper ist*. Dieser Körper hat endlich viele, nämlich b, Elemente.

B. DER EUKLID-ALGORITHMUS BEI GRÖSZEN

Wir definieren eine Euklid-Division in einer Menge von Größen gegebener Art. Dann sind die Quotienten positive ganze Zahlen.

Beispiel 1

Länge von Strecken. Die physikalische Operation „aneinanderfügen" definiert die *Addition $G = G_1+G_2$, woraus die Multiplikation mit einer ganzen Zahl folgt*. Das Gleichheitszeichen = symbolisiert die Äquivalenzrelation „haben dieselbe Länge", die aus der Erfahrung des Aufeinanderlegens definiert ist. Die Ordnungsrelation $G > G_1$ „größer als", die hier „länger als" heißt und die eine *totale Ordnung* erklärt, wird durch die Erfahrung definiert, die gleichzeitig die Differenz $G-G_1$, die zur Addition inverse Operation liefert. Sie führt zur Einführung der Größe null (oder der Länge null), die wir mit O bezeichnen. Die Physik bestätigt, daß diese Operationen die üblichen Eigenschaften der Kommutativität und Assoziativität haben.

Beispiel 2

Masse eines Körpers. Die Anwendungen der Waage ergeben das „Wörterbuch": $G = G_1$: die Körper üben auf die Waagschalen dieselbe Wirkung aus, das heißt, sie bringen die Waage ins Gleichgewicht.
$G = G_1 + G_2$: G übt dieselbe Wirkung wie G_1 und G_2 aus, wenn diese gleichzeitig auf eine Schale gelegt werden, usw.
Eine physikalische Größe wird mittels der Beschreibung eines Verfahrens definiert, durch welches ein System von derartigen Wortgleichungen aufgestellt wird. Werden dabei die gewünschten Eigenschaften gesichert, so wird aus der Menge der Größen G ein *Modul* mit dem Ring der ganzen Zahlen als Operatorenmenge. Zu der Hypothese der Existenz einer totalen Ordnungsrelation fügen wir noch die folgende Hypothese hinzu: *Die Menge genüge dem Archimedes-Axiom.*
Wir erinnern uns an die Bedeutung dieses Axioms: Für eine beliebige gegebene Größe G übertrifft die Folge $2G_1, \ldots, nG_1, \ldots$ der Vielfachen von G_1 den Wert G für jede beliebige Größe G_1. Daraus folgt, daß für jedes beliebige Paar $G, G_1 (G > G_1)$ die Euklid-Division definiert ist:

$\exists q_1$ (positive ganze Zahl): $q_1 G_1 \leq G < (q_1+1)G_1$.

Der Rest ist
$$G_2 = G - q_1 G_1.$$
Die Division ist außerdem definiert durch

(i) $\qquad G = q_1 G_1 + G_2, \quad G_2 < G_1.$

Wir verwenden weiter die Ungleichung
$$G_2 \leq G - G_1,$$
die aus $q_1 \geq 1$ folgt, weswegen

(i') $\qquad 2G_2 < G.$

Ausgehend von G und G_1 mit $G > G_1$ leitet man also den Euklid-Algorithmus her:

$G = q_1 G_1 + G_2$
$G_1 = q_2 G_2 + G_3$
$\ldots\ldots\ldots\ldots\ldots\ldots \qquad G > G_1 > G_2 > \ldots > G_n > \ldots$
$\ldots\ldots\ldots\ldots\ldots\ldots$
$G_n = q_{n+1} G_{n+1} + G_{n+2}$
$\ldots\ldots\ldots\ldots\ldots\ldots$

Die Folge der Operationen bricht nur dann ab, wenn man einen Rest null findet, sofern man überhaupt einen findet.

Unterbrechen wir die Rechnung bei dem Auftreten von G_p. Wie wir bei den ganzen Zahlen gesehen haben, existiert ein Paar von negativen oder positiven ganzen Zahlen x_p, y_p, so daß $x_p G + y_p G_1 = G_p$. Wir wollen aber hier die Rechnung nochmals und genauer verfolgen. (Die Kleinbuchstaben stellen *positive ganze Zahlen dar*.)

Es ist jedoch
$$G_p = -q_{n-1} G_{p-1} + G_{p-2}.$$

und daher
$$G_{p-1} = -q_{p-2} G_{p-2} + G_{p-3}$$

$$G_p = +(q_{p-1} q_{p-2} + 1) G_{p-2} - q_{p-1} G_{p-3}$$
$$= +s_{p-2} G_{p-2} - t_{p-3} G_{p-3}.$$

Doch ist auch
$$G_{p-2} = -q_{p-3} G_{p-3} + G_{p-4},$$

und daher
$$G_p = -(s_{p-2} q_{p-3} + t_{p-3}) G_{p-3} + s_{p-4} G_{p-4}$$
$$= -s_{p-3} G_{p-3} + t_{p-4} G_{p-4}$$

und so weiter, so daß
$$G_p = +s_{p-2k} G_{p-2k} - t_{p-2k-1} G_{p-2k-1},$$
$$G_p = -s_{p-2k-1} G_{p-2k-1} + t_{p-2k-2} G_{p-2k-2}.$$

Wir erhalten, je nachdem p gerade oder ungerade ist,
$$G_p = a_p G - b_p G_1 \quad \text{oder} \quad G_p = -a_p G + b_p G_1.$$

Wählt man darüber hinaus die Indizes p zunehmend, so *nehmen auch die durch Addition von positiven ganzen Zahlen konstruierten Zahlen a_p und b_p zu und streben gegen unendlich,* wenn p sich diesem Wert nähert, wenigstens, solange sich nicht ein Rest null einstellt.

Andererseits genügt die Folge der Reste wegen der Ungleichungen der Form (i') den Bedingungen

$$G > 2 G_2 > 2^2 G_4 > \ldots > 2^k G_{2k} > \ldots$$
$$G_1 > 2 G_3 > 2^2 G_5 > \ldots > 2^k G_{2k+1} > \ldots$$

Gibt es also keinen verschwindenden Rest, so strebt der Rest G_p gegen 0, wenn p gegen unendlich geht. In der Tat, blieben alle G_p größer als eine bestimmte Größe Γ, so existiert nach dem Archimedes-Axiom eine ganze Zahl k, so daß

$$2^k G_k > 2^k \Gamma > G,$$

was im Widerspruch zu den angeschriebenen Ungleichungen steht.
Hiernach müssen wir offensichtlich bei einer theoretischen Untersuchung, wenn kein G_k vernachlässigt werden soll, zwei Fälle unterscheiden:

Erster Fall: Ein Rest ist null.
$G_p = 0$. Der Euklid-Algorithmus bricht ab; es existiert folglich ein Zahlenpaar a_p, b_p, das wir der Einfachheit halber a und b schreiben, so daß $aG = bG_1$.
Dies können wir noch schärfer fassen, wenn wir die Rechnung in umgekehrter Richtung durchführen:

$$G = q_1 G_1 + G_2 = (q_1 q_2 + 1) G_2 + G_3 = \ldots = c_n G_n + G_{n+1} =$$
$$\ldots = c G_{p-1},$$

da G_p gleich null ist.
In gleicher Weise ist

$$G_1 = q_2 G_2 + G_3 = \ldots = d G_{p-1}.$$

Somit sind G und G_1 Größen, die ein Vielfaches von $G_{p-1} = \Gamma$, also des letzten von null verschiedenen Restes sind. Man sagt dann, daß *Γ ein G und G_1 gemeinsames Maß ist*. Zwei Größen, die ein solches gemeinsames Maß haben, heißen *kommensurabel*.
Man hat also

$$cd\,\Gamma = dG = cG_1.$$

Wir hatten jedoch $aG = bG_1$ gesetzt, und daher ist

$$ac\,G = bd\,G = bc\,G_1,$$

so daß

$$ac = bd.$$

Dies schreibt man nach der üblichen Übereinkunft

$$\Gamma = \frac{1}{c} G = \frac{1}{d} G_1.$$

Wie bei den ganzen Zahlen zeigt sich jedoch, daß bei beliebiger ganzer Zahl λ die λG und λG_1 auf $\lambda \Gamma$ mit denselben Quotienten führen und mithin auch auf dieselben Zahlen c und d; man hat also

$$G = c\Gamma = \frac{1}{d}(cG_1) = c\left(\frac{1}{d} G_1\right),$$

wofür man $(c/d)G_1$ schreibt.

Um $c/d = b/a$ als Folgerung von $ac = bd$ setzen zu können, muß $(1/b)G$ eine Größe Γ'' sein, ebenso wie bei der Einführung von c/d. Dann kann man für diese Größen das *Stetigkeitsaxiom* aussprechen: *Für jede beliebige Zahl n existiert eine Größe Γ'', so daß $n\Gamma'' = G$.*
Somit haben die eingeführten Symbole c/d und b/a dieselben Eigenschaften, die die Brüche und die rationalen Zahlen definieren (Teil I). *Die Größen bilden also einen Vektorraum mit dem Körper der rationalen Zahlen als Operatorenmenge.*
Die durch c/d und a/b dargestellte rationale Zahl nennt man *das Verhältnis* von G zu G_1. Das Verhältnis von G_1 zu G ist gleich d/c.
(In der geschichtlichen Entwicklung war es natürlich so, daß der Begriff des Verhältnisses kommensurabler Zahlen zum Begriff des Bruches geführt hat.)
Oft schreibt man auch
$$\frac{G}{G_1} = \frac{c}{d}, \quad \frac{G_1}{G} = \frac{d}{c}.$$
Aus drucktechnischen Gründen schreiben wir auch G/G_1.
Der Euklid-Algorithmus führt im betrachteten Fall auf das gemeinsame Maß Γ, das auch das größte ist, da jedes gemeinsame Maß von G und G_1 auch allen Resten G_n bis zum Rest null (diesen ausschließlich) angehört; das sind also alles gemeinsame Maße von Γ und mithin
$$\Gamma, \frac{1}{2}\Gamma, \frac{1}{3}\Gamma, \ldots, \frac{1}{n}\Gamma, \ldots$$
Zweiter Fall: Der Rest G_p ist für beliebiges p immer von null verschieden. Dann *haben G und G_1 kein gemeinsames Maß*, da für genügend großes p die Zahl $G_p = \pm(a_p G - b_p G_1)$ kleiner als jede gewählte Größe wird; sie wäre sonst ein Vielfaches des gemeinsamen Maßes, sofern ein solches existierte.
Kann man in diesem Fall ebenfalls ein „Verhältnis von G zu G_1" durch Vervollständigung definieren? Das Stetigkeitsaxiom bleibt offensichtlich erhalten, so daß wir schreiben können
$$\frac{1}{a_p} G_p = \pm \left(G - \frac{b_p}{a_p} G_1\right).$$
Wir wissen, daß a_p gegen unendlich und G_p gegen null geht, wenn p gegen unendlich strebt. Hat also $f_p = b_p/a_p$ unter diesen Bedingungen einen Grenzwert ϱ, so muß man $G = \varrho G_1$ setzen; das Verhältnis von G zu G_1 ist dann eine reelle, nicht rationale Zahl. Geben wir nun genauer an, wie sich f_p in Abhängigkeit von p ändert:
$$\frac{1}{a_p} G_p = G - f_p G_1, \quad \frac{1}{a_{p+1}} G_{p+1} = -G + f_{p+1} G_1$$

und
$$\frac{1}{a_{p+2}} G_{p+2} = G - f_{p+2} G_1.$$

Daraus folgt
$$\frac{1}{a_p} G_p + \frac{1}{a_{p+1}} G_{p+1} = (f_{p+1} - f_p) G_1$$

$$\frac{1}{a_p} G_{p+1} + \frac{1}{a_{p+2}} G_{p+2} = (f_{p+1} - f_p) G_1$$

$$\frac{1}{a_p} G_p - \frac{1}{a_{p+2}} G_{p+2} = (f_{p+2} - f_p) G_1, \quad \text{mit} \quad \begin{cases} G_{p+2} < G_p \\ a_{p+2} > a_p \end{cases}$$

und somit hat man
$$f_p < f_{p+2} < f_{p+3} < f_{p+1}$$
für beliebiges ganzzahliges p.

Die rationalen Zahlen f_p bestimmen also Intervallschachtelungen, deren Länge gegen null strebt. Wir finden, daß ihre Folge einen Grenzwert hat, nämlich die reelle Zahl ϱ, wobei diese Brüche von unten und oben angenäherte Werte von ϱ darstellen.

Man trifft daher die Übereinkunft, $G = \varrho G_1$ und $G/G_1 = \varrho$ zu schreiben. Da ϱ *irrational* ist, sind G und G_1 zueinander *inkommensurable Größen*. Somit liefert der Euklid-Algorithmus bei jedem Schritt rationale Näherungswerte für das Verhältnis von zwei Größen, ob sie nun kommensurabel sind oder nicht.

Da nun das Symbol G/G_1 in jedem Fall eine genau bestimmte Bedeutung hat, können wir schreiben:

$$\frac{G}{G_1} = q_1 + \frac{G_2}{G_1} = q_1 + \frac{1}{G_1/G_2} = q_1 + \cfrac{1}{q_2 + \cfrac{1}{G_2/G_3}} =$$

$$= q_1 + \cfrac{1}{q_2 + \cfrac{1}{q_3 + \cfrac{1}{G_3/G_4}}} \text{ usw.}$$

Der hier auftretende Ausdruck
$$q_1 + \cfrac{1}{q_2 + \cfrac{1}{q_3 + \ldots}},$$
heißt, gleichgültig, ob es abbricht oder nicht, *Kettenbruch*.

Es ist verständlich, daß diesem Ausdruck bei der Untersuchung von solchen Zahlen eine beträchtliche Bedeutung zukommt, deren Irrationalität man vermutete, insbesondere bei der Zahl π (Lord *Brouncker*, 1620/1684; *Lambert*, 1728/1777). Zu diesem Problem siehe auch etwa *H. Lebesgue*, Les constructions géométriques (Gauthier-Villars) Vom Standpunkt der Praxis — im Gegensatz zu jenem der Theorie — kann man sagen, daß jede Messung von Größen mit einer gewissen Näherung geschieht; die Reste G_n, die abnehmen und gegen null gehen, werden schließlich von derselben Größenordnung wie die Meßfehler. Man beendet dann die Operation nach dem letzten Rest, der größer als die experimentellen Fehler ist; dieser dient dann auch als Näherungswert für das gemeinsame Maß. Nur dann, wenn G und G_1 einer theoretischen Definition entstammen und beide Größen in ein Verhältnis gesetzt werden, kann man die Frage aufwerfen, ob sie kommensurabel sind oder nicht. Nicht kommensurabel sind bekanntlich die Seite und die Diagonale eines Quadrates. Der Euklid-(oder eigentlich Eudoxos)-Algorithmus gestattet es, das irrationale Verhältnis (das die Alten als nicht existent betrachteten) beliebig angenähert durch eine Folge von rationalen Zahlen zu ersetzen.

Bemerkung. Messung von Grössen im Dezimalsystem

Der Begriff des Bruches hat seit der Einführung des Dezimalsystems viel von seiner Bedeutung eingebüßt. Jede genügend kleine Größe U kann als angenähertes gemeinsames Maß jeder Größe G dienen, weil bei der Division $G = qU + G'$ die Zahl G' kleiner als U ist und daher praktisch vernachlässigt werden kann. Man verwendet daher eine Schar von Einheiten

$$U_0 \ , \ \frac{1}{10} U_0 \ , \ \frac{1}{10^2} U_0 \ , \ \ldots \ , \ \frac{1}{10^n} U_0 = U_n, \ \ldots$$

Die in den Grundeinheiten U_0 ausgedrückte Maßzahl für G wird mithin eine Dezimalzahl; so daß ein Wechsel der Einheit lediglich zur Abtrennung eines Dezimalteiles im ganzzahligen Verhältnis G/U_n führt.

II. Brüche. Rationale Zahlen. Dezimalzahlen

Wir haben bereits früher die rationale Zahl als *Äquivalenzklasse* eingeführt (vgl. 1. Teil, Fundamentale Strukturen), wonach zwei Brüche $\frac{a}{b}$ und $\frac{a'}{b'}$ dann als äquivalent betrachtet werden, wenn die Bedingung $ab' = ba'$ erfüllt ist.

A. BRÜCHE

Vom Fundamentalsatz der Zahlentheorie gelangen wir zum grundlegenden Satz der Theorie der Brüche:

Grundlegender Satz

Sind die Glieder eines Bruches teilerfremde Zahlen, so bestehen die Glieder jedes dazu äquivalenten Bruches aus gleichen Vielfachen der ursprünglichen Glieder.

Aus den Hypothesen

(1) $\begin{cases} ab' = ba' \\ a \text{ und } b \text{ sind teilerfremd} \end{cases}$

folgt nach dem Fundamentalsatz der Zahlentheorie in der Tat, daß a' von a geteilt wird, weil auch ba' von a geteilt wird, b und a jedoch teilerfremd sind:

$$\exists k : a' = ak$$

woraus wegen (1)

$$b' = bk$$

folgt. Ein Bruch, dessen Glieder teilerfremd sind, heißt *irreduzibler Bruch. Jede rationale Zahl hat einen und nur einen Repräsentanten, der ein irreduzibler Bruch ist.* Diesen erhält man, wenn man von einem beliebigen Bruch der Klasse ausgeht und seine beiden Glieder durch ihren größten gemeinsamen Teiler dividiert.

In einer theoretischen Untersuchung geht man immer davon aus, daß man sich eine rationale Zahl durch einen irreduziblen Bruch dargestellt denkt. In gleicher Weise verfährt man, wenn man Brüche auf den *kleinsten gemeinsamen Nenner* bringen möchte. Dazu nimmt man an, daß die einzelnen Brüche von vornherein reduziert sind. Der gesuchte Nenner ist dann das kleinste gemeinsame Vielfache der Nenner der einzelnen Brüche.

Bemerkung

Bei der Einführung der irrationalen Zahlen (Teil I) haben wir bei der Behandlung eines speziellen Falles den folgenden Satz verwendet:
Das Quadrat einer nicht ganzen rationalen Zahl ist ebenfalls keine ganze Zahl. Dieser Satz gilt ganz allgemein; sei nämlich $\frac{a}{b}$ der irreduzible Bruch, der die gegebene Zahl darstellt, wobei b verschieden von 1 ist, so ist in der Tat das Quadrat $\frac{a^2}{b^2}$ ebenfalls irreduzibel, da dessen Glieder ebenso wie a und b keine gemeinsamen Primfaktoren besitzen; da außerdem der Nenner verschieden von 1 ist, ist auch der Bruch verschieden von einer ganzen Zahl. Daher nimmt der Satz die Form an:
Jede ganze Zahl, die nicht das Quadrat (oder eine höhere Potenz) *einer ganzen Zahl ist, kann auch nicht das Quadrat* (oder eine höhere Potenz) *einer rationalen Zahl sein.*
Eine rationale Zahl ist dann und nur dann das Quadrat (oder eine höhere Potenz) *einer anderen rationalen Zahl, wenn die beiden Glieder des irreduziblen Bruches, der diese Zahl repräsentiert, selbst Quadrate* (oder höhere Potenzen) *von ganzen Zahlen sind.*

B. DEZIMALBRÜCHE

Nachdem wir uns auf das dekadische oder dezimale System festgelegt haben, sind die Potenzen von 10 ausgezeichnete Zahlen. Man vervollständigt die Folge $10, 10^2, 10^3, \ldots$ dieser Potenzen mit positivem Exponenten durch die Folge der Potenzen mit negativem Exponenten, die definiert sind durch

$$10^{-1} = \frac{1}{10}, \; 10^{-2} = \frac{1}{10^2} = \frac{1}{100}, \; 10^{-3} = \frac{1}{10^3} = \frac{1}{1\,000}, \ldots$$

und fügt noch hinzu

$$10^0 = 1.$$

Aus der Konvention über die Anordnung der Stellenwerte, derzufolge die Multiplikationen einer Zahl mit 10^n darauf hinausläuft, daß man die Ziffern um n Stellen nach links verschiebt, ergibt sich, daß man Ziffern rechts von den „Einern" anschreibt, wenn man durch 10^n dividert, das heißt, mit $\frac{1}{10^n}$ multipliziert. Daraus folgt die Schreibweise

$$10^{-1} = \frac{1}{10} = 0{,}1 \;,\; 10^{-2} = \frac{1}{10^2} = 0{,}01 \;, \ldots$$

Ein Bruch, dessen Nenner eine Potenz von 10 ist, heißt *Dezimalbruch*.
Es sei ein Dezimalbruch $\varrho = \dfrac{N}{10^p}$ gegeben, wobei N im dekadischen System durch den Ausdruck

$$N = x_n 10^n + x_{n-1} 10^{n-1} + \ldots + x_1 10 + x_0.$$

dargestellt ist.
Dann erhält der Bruch die Dezimaldarstellung

$$f = x_n 10^{n-p} + x_{n-1} 10^{n-p-1} + \ldots + x_1 10^{-p+1} + x_0 10^{-p}$$

Ist f keine ganze Zahl, so ist wenigstens einer der Exponenten der letzten Glieder (zur Rechten) sicher negativ, wohingegen die links stehenden positiv, negativ oder null sein können. Man trennt die Ziffern, die negativen Exponenten entsprechen, durch ein Komma ab, und setzt links des Kommas eine Null, wenn es keine Glieder mit Exponenten gibt, die positiv oder null sind:

$n \geqq p$ $f = \overline{x_n x_{n-1} \ldots x_k , x_{k-1} \ldots x_1 x_0}$ Beispiel: 342,504

$n = p-1$ $f = \overline{0, x_n x_{n-1} \ldots x_1 x_0}$ Beispiel: 0,342

$n < p-1$ $f = \overline{0,00 \ldots 0 x_n x_{n-1} \ldots x_1 x_0}$ Beispiel: 0,0034

Die Ziffern rechts des Kommas heißen *Dezimalziffern*. Sie bilden den *Dezimalteil* von f, während die Menge der zur Linken des Kommas stehenden Ziffern den *ganzzahligen* Teil von f darstellen. In dieser Form wird der Dezimalbruch f in seiner Dezimalform angeschrieben. *Die Rechenregeln* für Dezimalformen leiten sich ebenso wie die Regeln für ganze Zahlen, die in dekadischer Form geschrieben sind, aus den kommutativen, assoziativen und distributiven Gesetzen ab, soweit diese die Addition, die Subtraktion und die Multiplikation betreffen; deswegen werden wir bei den Einzelheiten dieser Regeln nicht länger verweilen. Wir stellen lediglich fest, daß *die Dezimalbrüche* ebenso wie die ganzen Zahlen *einen Ring bilden*.
Geht man aber zur Betrachtung der *Division* über, der zur Multiplikation inversen Operation, so sieht man, daß dieser Ring ebensowenig wie jener der ganzen Zahlen ein Körper ist; es ist in der Tat

$$q = \frac{N}{10^p} : \frac{N'}{10^{p'}} = \frac{N}{10^p} \cdot \frac{10^{p'}}{N'} = \frac{N}{N'} 10^{p'-p}$$

im allgemeinen kein Dezimalbruch. In diesem Ring ist die Division nicht ausführbar, und dies führt darauf, daß man eine neue Operation definiert, die der Euklid-Division entspricht (mit Quotient und Rest), wie wir sie im Ring der ganzen Zahlen eingeführt haben. Sind A und B ganze Zahlen, so war der Quotient Q durch

$$BQ \leq A < B(Q+1).$$

definiert. Wir behalten diese Definition

$$bQ \leq a < b(Q+1)$$

für die Dezimalbrüche a und b bei, deren Quotient $\frac{a}{b} = q$ ist; die ganze Zahl Q ist dann durch $Q \leq q < Q+1$ definiert.
(Man bemerke, daß der Quotient hier definiert ist, was bei der Untersuchung der ganzen Zahlen nicht der Fall war.)
q ist jedoch eine beliebige rationale Zahl; die Frage ist nun, ob es möglich ist, eine rationale Zahl zwischen den ganzen Zahlen unterzubringen, oder wie man auch sagt, *aus einer rationalen Zahl die Ganzen herauszuziehen*. Allgemeiner stoßen wir auf das Problem, *die rationalen Zahlen zwischen den Dezimalzahlen unterzubringen*, nachdem die ganzen Zahlen nur als Spezialfall der Dezimalzahlen erscheinen.

C. DER RING DER DEZIMALBRÜCHE IM KÖRPER DER RATIONALEN ZAHLEN

(1) Dezimalzahl

Eine rationale Zahl heißt *Dezimalzahl*, wenn einer der Brüche, der sie repräsentiert, ein Dezimalbruch ist. Ein- und dieselbe Klasse umfaßt also unendlich viele Dezimalbrüche, weil man beide Glieder des Bruches mit einer beliebigen Potenz von 10 multiplizieren kann. Eine Dezimalzahl ändert ihren Wert nicht, wenn man rechts Nullen anhängt oder wegläßt, ebensowenig, wie sich eine ganze Zahl ändert, wenn man links von den geltenden Ziffern Nullen anschreibt. Die einfachste Form eines Dezimalbruches ist (eindeutig) jene, bei der der Zähler nicht mit einer Null endet; seine Dezimalform endet auch rechts nicht mit einer Null.

Unter welcher Bedingung ist eine rationale Zahl eine Dezimalzahl?

Eine rationale Zahl ist durch einen Bruch bestimmt, der ihr Repräsentant ist. Wir setzen voraus, daß dieser Bruch irreduzibel ist, unter Umständen nach einer Kürzung. Es sei also die rationale Zahl durch den Bruch dargestellt:

$$\frac{a}{b}, \text{ wobei } a \text{ und } b \text{ teilerfremd sind.}$$

Jeder diesem gleiche Bruch muß als Glieder Zahlen haben, die aus
a und b durch Multiplikation mit ein- und derselben Zahl hervorgehen.
Die notwendige und hinreichende Bedingung dafür, daß die rationale
Zahl auch dezimal ist, besteht also darin, daß b unter seinen Vielfachen
eine Potenz von 10 aufweist, was bedeutet, *daß b keine anderen Primfaktoren als 2 und 5 hat.*

(2) Angenäherte Dezimalwerte für eine rationale Zahl

Die Menge der Dezimalzahlen liegt im Intervall $(0, +\infty)$ überall dicht,
da $\frac{1}{10^n}$ gegen null strebt, wenn n sich unendlich nähert, so daß die
Intervalle

$$\left(0, \frac{1}{10^n}\right), \left(\frac{1}{10^n}, \frac{2}{10^n}\right), \ldots \left(\frac{p}{10^n}, \frac{p+1}{10^n}\right), \ldots$$

das Intervall $(0, A)$ bei beliebigem A bedecken, wobei die Länge
jedes Intervalls kleiner als ε wird, wenn man nur n genügend groß
wählt.

a) Ist n einmal gewählt, so kann man jede rationale Zahl r mindestens
auf $\frac{1}{10^n}$ genau durch die beiden einschließenden Dezimalbrüche annähern,
nämlich durch

$$\frac{p}{10^n} \leq r < \frac{p+1}{10^n},$$

welche man als *von oben und von unten bis auf $\frac{1}{10^n}$ genau angenäherte
Dezimalwerte für r* bezeichnet. Man kann p auf Grund der folgenden
Überlegung bestimmen.

Ist r durch einen Bruch $\frac{a}{b}$ gegeben, so gewinnt die Definition

$$\frac{p}{10^n} \leq \frac{a}{b} < \frac{p+1}{10^n}$$

die Form

$$bp \leq a \cdot 10^n < b(p+1),$$

wodurch ausgedrückt wird, daß p der ganzzahlige Quotient der Division
der ganzen Zahl $a \cdot 10^n$ durch b ist.

b) Lassen wir nun n die Werte der ganzen Zahlen durchlaufen: dann
erhalten wir zwei Folgen von dezimalen Näherungswerten für r, deren

eine, S, den Wert von unten und deren andere, S', ihn von oben annähert.

Betrachten wir zunächst S:

$$\left\{ p_0 \text{ ganze Zahl}; \; \frac{p_1}{10}, \frac{p_2}{10^2}, \ldots, \frac{p_n}{10^n}, \ldots \right\}$$

p_n berechnet sich bekanntlich aus der Division

$$bp_n \leqq a \cdot 10^n < b(p_n+1)$$

oder wenn man den Rest angibt, aus

$$a \cdot 10^n = bp_n + r_n, \; r_n < b.$$

Daraus leiten wir her

$$a \cdot 10^{n+1} = b(10p_n) + 10r_n.$$

Um p_{n+1} zu erhalten, genügt es mithin, $10r_n$ durch b zu dividieren:

$$10r_n = bs + r_{n+1}, \; r_{n+1} < b, \; s < 10.$$

Dann zeigt

$$a \cdot 10^{n+1} = b(10p_n + s) + r_{n+1} \text{ mit } r_{n+1} < b,$$

daß

$$p_{n+1} = 10p_n + s,$$

welche Zahl angeschrieben wird, indem man die Ziffer s rechts von den Ziffern setzt, die p_n bilden.

Mit anderen Worten bedeutet das: Hat man die Division der ganzen Zahlen angesetzt, die p_n ergibt, so schreibt man eine Null rechts an r_n und führt die Division weiter fort, um p_{n+1} zu erhalten. Hat man das Komma bereits gesetzt, um anzudeuten, daß man den Näherungswert für $\frac{p_n}{10^n}$ in Dezimalform schreiben will, so behält das Komma seinen Platz bei und man erhält $\frac{p_{n+1}}{10^{n+1}}$, indem man rechts eine weitere Dezimalziffer schreibt. Daher ist *die von unten annähernde Folge S zunehmend*, wenigstens, solange alle anzuschreibenden Ziffern von einer bestimmten Stelle an verschieden von null sind. Diese Frage müssen wir noch näher untersuchen.

Erster Fall

Für einen bestimmten Wert von n findet man $r_n = 0$. Die Operation bricht ab; der erhaltene Wert $\frac{p_n}{10^n}$ ist gleich $\frac{a}{b}$, wodurch also eine Dezimalzahl dargestellt wird.

Zweiter Fall

r_n *verschwindet für keinen Wert von n.* Das bedeutet, daß es keinen Dezimalbruch gibt, der gleich $\frac{a}{b}$ wäre. In diesem Fall findet man bei einer Weiterführung der Operation notwendigerweise von null verschiedene Dezimalziffern, deren Stellenwert höher als n ist, wie groß auch immer n sein mag; hängt man nun eine genügende Anzahl von Nullen rechts an einen von null verschiedenen Rest, so erhält man partielle Dividenden, die schließlich zwangsläufig den Divisor b übertreffen. Die Operation kann also unbegrenzt fortgesetzt werden. Die Folge S besteht aus unendlich vielen zunehmenden Dezimalzahlen, die man erhält, wenn man rechts Ziffern anschreibt, die nicht alle null sind. Diese Folge ist nach oben durch jene rationale Zahl $\frac{a}{b}$ begrenzt, die nach der Definition den Grenzwert der Folge darstellt (vgl. Teil I, Kapitel IV, 3.).

Beispiel:

$$\frac{a}{b} = \frac{214}{65} \qquad 214 : 65 = 3{,}2\overline{923076}$$

```
      190
   →  600
      150
      200
       50
      500
      450
   →  600
      150
       20
        ·
        ·
```

Wir können an diesem Beispiel feststellen, daß wir den Rest 60 finden, der durch Herunterholen einer Null den partiellen Dividenden 600 ergibt. Fährt man in der Operation fort, so stößt man wiederum auf den Rest 60; von diesem Punkt an wiederholen sich die Schritte. Sowohl die Folge der Ziffern im Quotienten wie auch die aufeinanderfolgenden Reste kehren wieder. Ist das Gesetz, das die Ziffern des Quotienten liefert, einmal bekannt, so können wir das symbolisch dadurch ausdrücken, indem wir drei Fortsetzungspunkte anfügen, die als „und so weiter" gelesen werden. Die Zahl 923076 ist die *Periode* (sie wird auch durch Überstreichen gekennzeichnet), die Zahl 3,2, die der

Periode vorangeht, bildet den *unregelmäßigen Teil.* Diese Ziffern heißen auch *Vorziffern* (Vorperiode). Wir erhalten auf diese Weise ein „*unendliches*" oder *nichtabbrechendes Dezimalsymbol* (eine *unendliche, besser unendlich lange Dezimalzahl*).
Der allgemeine Fall ist folgender:

Satz

Ist ein Bruch $\frac{a}{b}$ *nicht gleich einem Dezimalbruch, so erzeugt er ein nichtabbrechendes Dezimalsymbol.*
Die Reste, die sämtlich kleiner als der Divisor sind, kommen nur in beschränkter Anzahl vor, so daß man die Operation nicht unbegrenzt fortsetzen kann, ohne daß man nicht irgendwann einmal auf einen Rest stößt, der bereits einmal aufgetreten wäre.
Wir bemerken, daß gemäß der für die Elemente der Folge S gültigen Definition alle untereinander gleichen Brüche dieselbe Folge bilden; somit *bestimmt jede nicht dezimale rationale Zahl eine Folge, deren Grenzwert sie ist. Die Elemente dieser Folge sind die Zahlen, die man erhält, wenn man* $1, 2, \ldots, n, \ldots$ *linke Ziffern eines unendlichen periodischen Dezimalsymbols beibehält, dessen Bildungsgesetz bekannt ist. Die unendliche Folge wird als der erzeugenden Zahl gleich betrachtet.*
Umgekehrt *stammt jedes nichtabbrechende periodische Dezimalsymbol von einer rationalen Zahl mit Ausnahme des Falles, daß die Periode von der Ziffer 9 gebildet wird.*
Es seien nämlich die Vorziffern (a_i, b_k bedeuten Ziffern)

$$\alpha = \overline{a_1 a_2 \ldots a_k, b_1 b_2 \ldots b_n} ,$$

und das Symbol für die Periode

$$\pi = \overline{c_1 c_2 \ldots c_p} , \quad c_p \neq b_n \quad \text{(wobei } \alpha \text{ gleich null sein kann).}$$

Dann sind die sich auf a und b beziehenden notwendigen und hinreichenden Bedingungen die folgenden:
Die erste Periode beginnt dann, wenn man die ganze Zahl $10^h a$ durch b dividiert hat, was einen Rest R ergibt. Die zweite Periode beginnt dann mit jenem partiellen Dividenden, der wieder aus demselben Rest R gebildet wird, diesmal aber, indem man die ganze Zahl $10^{h+p} a$ durch b dividiert. Die Quotienten dieser Divisionen sind jedoch $10^h \alpha$ und $10^{h+p}\alpha + \pi$. Das wird durch

$$\begin{cases} 10^h a = b(10^h \alpha) + R \\ 10^{h+p} a = b(10^{h+p}\alpha + \pi) + R \end{cases}$$

ausgedrückt, woraus
$$(10^{h+p}-10^h)a = b[10^{h+p}\alpha+\pi-10^h\alpha],$$
und
$$\frac{a}{b} = \frac{(10^{h+p}\alpha+\pi)-10^h\alpha}{10^h(10^p-1)} = \alpha + \frac{\pi}{(10^p-1)10^h}$$
$$= \frac{\overline{a_1 a_2 \ldots b_1 b_2 \ldots c_1 c_2 \ldots c_p} - \overline{a_1 a_2 \ldots b_1 b_2 \ldots b_p}}{10^h \cdot 99 \ldots 9}\,^*)$$

(p Ziffern 9)

folgt. Die gesuchte rationale Zahl ist daher die Klasse der Brüche, die gleich $\frac{a}{b}$ sind, sofern $\frac{a}{b}$ nicht dezimal ist. Dieser Fall kann aber nur dann eintreten, wenn alle Ziffern von π gleich 9 sind, das heißt, wenn $p = 1$, $\pi = 9$. Eine derartige nichtabbrechende Form stellt die *uneigentliche Form* einer Dezimalzahl dar, die man ebensogut als nichtabbrechend mit der Periode null ansehen kann. Somit ist etwa

$$1{,}99\ldots = 1{,}\overline{9} = 2 = 2{,}00\ldots = 2{,}\overline{0};$$
$$5{,}399\ldots = 5{,}3\overline{9} = 5{,}4 = 5{,}400\ldots = 5{,}4\overline{0}$$

Ergebnis

Zwischen der Menge der rationalen Zahlen und der Menge der periodischen nichtabbrechenden Dezimalzahlen besteht eine eineindeutige Zuordnung, sofern man nur eine aus der Ziffer 9 gebildete Periode ausschließt (oder allgemeiner, eine aus der um eins verminderten Basisziffer gebildete Periode).

Dieses Ergebnis wird durch den folgenden Satz vervollständigt:

Satz

Zwischen den reellen Zahlen und den nichtabbrechenden periodischen oder nicht periodischen *Dezimalformen besteht eine eineindeutige Zuordnung*, jedoch mit der angegebenen Ausnahme.

(1) Jedem nichtabbrechenden Dezimalsymbol lassen wir die Folge jener Dezimalzahlen entsprechen, die man erhält, wenn man die Form auf $1, 2, \ldots, n, \ldots$ Dezimalziffern beschränkt. Sind diese Ziffern von einer bestimmten Stelle an nicht alle null, so ist die Folge zunehmend und hat eine obere Schranke in den Zahlen, die man durch Hinzufügung

---

*) Wie schon früher, so soll der darübergesetzte Strich hier nicht die Periode andeuten, sondern den Umstand, daß es sich nicht um ein Produkt, sondern um eine aus den betreffenden Ziffern zusammengesetzte Zahl handelt.

von 1 zu einer der Ziffern erhält (nach den Regeln für die Ordnungsrelation im Stellenwertsystem). Daher existiert der Grenzwert und ändert sich, wenn mindestens eine Ziffer im Symbol geändert wird.

(2) Umgekehrt ist jede reelle Zahl der Grenzwert einer Folge, die durch ein nichtabbrechendes Dezimalsymbol definiert ist. In der Tat, da die Menge der reellen Zahlen total geordnet und archimedisch ist, so ist bei gegebenem r eine ganze Zahl p_n vollständig definiert durch

$$\frac{p_n}{10^n} \leq r < \frac{p_n+1}{10^n},$$

das heißt

$$p_n \leq 10^n r < p_n + 1.$$

Man kann also die reellen Zahlen mit Hilfe der Eigenschaften der nichtabbrechenden Dezimalformen untersuchen.

Es versteht sich von selbst, daß im Vorhergehenden der Umstand, daß die gewählte Basis des Zahlensystems *zehn* ist, vollständig bedeutungslos bleibt. Die bemerkenswerteste Basis ist *zwei* (dyadisches Zahlensystem); dann sind nur zwei Zahlen 0 und 1 einzuführen, was ein sehr einfaches Arbeitsprinzip für Rechenmaschinen liefert. Ein in der Lochkarte perforiertes Feld (oder das Fließen eines elektrischen Stromes) stellt die Ziffer 1 dar, und ein nicht gelochtes Feld (oder die Unterbrechung des Stromes) ist ein Zeichen für 0. Bei der extrem großen Arbeitsgeschwindigkeit solcher Maschinen darf man die Länge dyadischer Formeln vernachlässigen. Die Zahl *hundert* erscheint etwa als 1 100 100. Die Wahl der Basis *zwei* — oder manchmal auch der Basis *drei*, die wir in Kapitel III, 1, B verwenden werden — drängt sich aus theoretischen Überlegungen auf.

III. Reelle Zahlen

1. DIE MÄCHTIGKEIT VON TEILMENGEN DER MENGE DER REELLEN ZAHLEN

Es ist uns bereits bekannt, daß man einer Menge mit endlich vielen Elementen eine Kardinalzahl zuteilen kann, die gleich der Anzahl der Elemente ist. Im folgenden werden wir einige Teilmengen der Menge der reellen Zahlen betrachten, die unendlich viele Elemente haben.

A. ABZÄHLBARE TEILMENGEN

Wir haben schon früher (Teil I; II, 1) eine Menge mit unendlich vielen Elementen als *abzählbar* bezeichnet, wenn zwischen ihren Elementen und jenen der Menge der natürlichen Zahlen $1, 2, 3, \ldots, n, \ldots$ eine eineindeutige Zuordnung besteht, das heißt, wenn sie numeriert werden können; in diesem Fall bilden sie *eine Folge*.

Beispiele

Die Menge der geraden Zahlen: darin trägt die Zahl $2k$ die Nummer k.
Die Menge der Quadrate ganzer Zahlen: darin trägt die Zahl k^2 die Nummer k.
Die Menge der ganzen Zahlen (mit beliebigem Vorzeichen): ist k eine positive ganze Zahl, so teilen wir der Zahl $+k$ die Nummer $2k$ und der Zahl $-k$ die Nummer $2k+1$ zu.
Die Menge der Primzahlen: Wir sind in der Lage, die Primzahlen mit Hilfe der Siebmethode des Eratosthenes eine nach der anderen zu bestimmen, und wir können sie deshalb in aufsteigender Ordnung numerieren. Es gibt jedoch keine Formel, nach der sich eine Primzahl mit gegebener Nummer finden ließe; wir können auch hier sagen, daß die Menge der Primzahlen abzählbar ist, aber nicht in gleicher Weise wie die vorhergehenden Mengen.
Grundlegende Ergebnisse, die nicht ganz so evident erscheinen, sind folgende:

Satz 1

Die Menge aller Paare von ganzen Zahlen ist abzählbar.
In graphischer Form können wir diese Zahlenpaare durch die Punkte der Ebene mit ganzzahligen Koordinaten darstellen. Versuchen wir, sie zu numerieren, indem wir zu diesem Zweck zur Achse Ox parallele

Geraden heranziehen, so ist es offensichtlich, daß wir bereits für eine solche Linie alle Zahlen verbrauchen. Wir können jedoch noch in anderer Weise vorgehen, indem wir etwa den Quadraten folgen, deren Mittelpunkt im Ursprung liegt, wie es in unserem Schema angegeben ist. Demnach hat jeder Punkt eine Nummer und umgekehrt. (Man kann zum Beispiel zur Übung beweisen, daß die Punkte auf der x-Achse als Nummern die Quadrate der aufeinanderfolgenden ungeraden Zahlen tragen.)

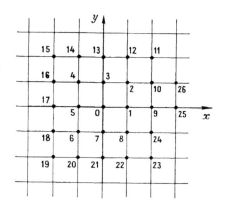

Man kann daher nicht behaupten, daß es in der Ebene „mehr Punkte" gäbe als auf der Achse Ox; ebensowenig wie man sagen kann, daß eine Menge E' „weniger Elemente" als E'' hätte, wenn beide Mengen unendlich viele Elemente haben und die Inklusionsbeziehung $E' \subset E''$ gilt.

Betrachtet man in gleicher Weise 3, 4, ..., n-dimensionale Räume, so sieht man ebenso, daß die Vereinigung einer endlichen Anzahl von abzählbaren Teilmengen wiederum eine abzählbare Teilmenge ist. Man kann sogar zeigen, daß dies auch für die Vereinigung von abzählbar unendlich vielen abzählbaren Teilmengen zutrifft.

Satz 2

Die Menge der rationalen Zahlen ist abzählbar.

(1) Beginnen wir mit der Betrachtung der Menge der positiven Brüche. Wir bilden die Folge der Nenner auf die x-Achse und die zugehörigen Zähler darüber in eine zur y-Achse parallelen Geraden ab, so daß jeder Bruch durch einen Knoten des Gitters dargestellt wird; dann können wir die Knoten numerieren, indem wir den Quadraten folgen, von deren Seiten zwei auf der x- beziehungsweise y-Achse liegen.

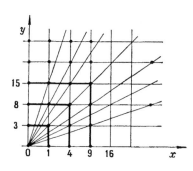

(2) *Um die positiven rationalen Zahlen numerieren* zu können, muß man solche Punkte als äquivalent ansehen, die paarweise mit dem Ursprung kollinear liegen. Dann kommt man überein, nur solche Punkte zu numerieren, die man

bei der Numerierung der Brüche in jeder Reihe als erste findet: diese stellen die irreduziblen Brüche als Repräsentanten der zugehörigen rationalen Zahl dar.

Bemerken wir hier noch, daß dies sehr wohl mit dem bereits ausgesprochenen Satz übereinstimmt: es gibt abzählbar unendlich viele Brüche, die als Repräsentanten einer rationalen Zahl gelten können und die Vereinigung aller dieser Mengen ist wiederum abzählbar.

Durch eine entsprechende Aufteilung leitet man das analoge Ergebnis für die Menge der rationalen Zahlen mit beliebigem Vorzeichen her (indem man die geraden Zahlen zur Numerierung der positiven und die ungeraden zur Numerierung der negativen Zahlen heranzieht). Ebenso gut hätte man zunächst nur jene Brüche numerieren können, die kleiner oder gleich 1 sind, und dann diesen als Doppel die inversen Brüche zuordnen können.

Es ist wesentlich zu bemerken, daß bei dieser Numerierung die natürliche Ordnungsbeziehung der rationalen Zahlen nicht erhalten bleibt. Eine andere Bemerkung ist folgende: Eine Teilmenge B einer abzählbaren Menge A enthält endlich viele Elemente oder ist ebenfalls abzählbar (dazu genügt es, bei der Numerierung von A jene Elemente auszulassen, die dem Komplement von B angehören).

B. DIE MÄCHTIGKEIT DES KONTINUUMS

(1) Satz

Die Menge der reellen Zahlen zwischen 0 *und* 1 *ist nicht abzählbar.*

Wir wissen, daß diese reellen Zahlen durch nichtabbrechende Dezimalzahlen darstellbar sind, deren ganzzahliger Teil null ist, und umgekehrt (mit der in Kapitel III angegebenen Ausnahme). Man könnte also darangehen, zunächst alle Zahlen mit *einer* Dezimalziffer zu numerieren, dann jene mit zwei, drei, ... Dezimalziffern. In Wirklichkeit gelangt man auf diese Weise nur zu jenen Zahlen, die endlich viele Dezimalziffern haben, daß heißt, zu einer Menge von Dezimalzahlen als Teilmenge der rationalen Zahlen, die abzählbar ist. Wir müssen deswegen die Menge jener Zahlen betrachten, die unendlich viele Dezimalziffern haben.

Um den Gedankengang zu vereinfachen, erscheint es angebracht, die Zahlendarstellung im dyadischen Zahlsystem zu verwenden; die Zahlen werden also $\overline{0, \lambda_1 \lambda_2 \ldots \lambda_n \ldots}$ geschrieben, wobei die α_j gleich 0 oder 1 sind.

Man erhält das angekündigte Ergebnis in der folgenden Form: *Zu jeder betrachteten beliebigen* Folge *von reellen Zahlen kann man eine reelle Zahl konstruieren, die nicht dieser Folge angehört.*

Es sei eine Folge gegeben:
$$u_1 = \overline{0, \lambda_{1;1}\, \lambda_{1;2}\, \lambda_{1;3} \ldots \lambda_{1;n} \ldots}$$
$$u_2 = \overline{0, \lambda_{2;1}\, \lambda_{2;2}\, \lambda_{2;3} \ldots \lambda_{2;n} \ldots}$$
$$\ldots \ldots \ldots$$
$$u_p = \overline{0, \lambda_{p;1}\, \lambda_{p;2}\, \lambda_{p;3} \ldots \lambda_{p;n} \ldots}$$

Bei den $\lambda_{p;n}$ gibt der erste Index die Nummer des Gliedes der Folge und der zweite die Stelle der Ziffer an. Ist λ' jene Ziffer, die von λ verschieden ist (das heißt, daß eine von ihnen den Wert 0 und die andere den Wert 1 hat). Dann kommt die Zahl

$$v = \overline{0, \lambda'_{1;1}\, \lambda'_{2;2}\, \lambda'_{3;3} \ldots \lambda'_{n;n} \ldots}$$

nicht in der Folge vor, da sich für jedes beliebige n die Zahl v von u_n in der n-ten Ziffer unterscheidet.

Es ist daher unmöglich, daß irgendeine abzählbare Folge die reellen Zahlen zwischen 0 und 1 erschöpft, das heißt, jene Menge, die wir als *Intervall* (0, 1) bezeichnet haben (wobei es hier gleichgültig ist, ob das Intervall offen oder abgeschlossen ist). Man sagt daher, daß diese Menge die *Mächtigkeit des Kontinuums* habe.

Eine eineindeutige Zuordnung zwischen Mengen ist eine Äquivalenzrelation, die man als *Gleichmächtigkeit* bezeichnet. Man sagt dann, daß Mengen ein- und derselben Klasse *dieselbe* Mächtigkeit oder *dieselbe Kardinalzahl* haben.

Jede Menge, die man dem Intervall (0, 1) eineindeutig zuordnen kann, hat demnach ebenfalls die Mächtigkeit des Kontinuums; das gilt auch für die Menge der reellen Zahlen, die größer als 1 sind, wie es die Zuordnung der Kehrwerte zeigt:

$$y = \frac{1}{x}; \quad [0 < x < 1] \quad \Rightarrow \quad [y > 1]$$

Das gleiche trifft ebenfalls für die Menge aller reellen Zahlen zu, wie etwa die Zuordnung

$$y = \frac{2x-1}{x(1-x)},$$

ergibt, die eine Abbildung von $0 < x < 1$ auf $-\infty < y < +\infty$ erklärt.

Ein beliebiges Intervall (a, b) kann man aus $(0, 1)$ durch eine Streckung im Verhältnis $b-a$ herleiten. Man kann ebenso Vereinigungen von endlich vielen Intervallen in eine eineindeutige Zuordnung zum Intervall (0, 1) setzen, das man als Vereinigung von ebensovielen Intervallen ansieht.

(2) Man darf aber deswegen nicht glauben, daß in der Menge der reellen Zahlen „nicht abzählbar" dasselbe wie „Vereinigung von Intervallen" bedeutet. Das erhellt aus einem berühmten Beispiel, das man die *triadische Cantor-Menge* nennt (*Georg Cantor*, der Begründer der Mengenlehre, hat seine Arbeiten in den Jahren von 1872 bis 1897 veröffentlicht).

In diesem Beispiel verwendet man mit Vorteil das triadische Zahlsystem, also die Ziffern 0, 1, 2. Indem man von dem Intervall $0 \leq x \leq 1$ ausgeht, streicht man daraus das Intervall $0{,}1 \leq x < 0{,}2$, so daß nur die beiden Intervalle

$$0 \leq x < 0{,}1 \quad \text{und} \quad 0{,}2 \leq x \leq 1$$

verbleiben. Des weiteren streichen wir

$$0{,}01 \leq x < 0{,}02 \quad \text{und} \quad 0{,}21 \leq x < 0{,}22$$

und schließlich die vier Intervalle, die in der Mitte der verbleibenden Intervalle liegen

$$0{,}001 \leq x < 0{,}002 \, , \, 0{,}021 \leq x < 0{,}022,$$

$$0{,}201 \leq x < 0{,}202 \, , \, 0{,}221 \leq x < 0{,}222$$

und verfahren weiter in dieser Weise.

Alle gestrichenen Zahlen enthalten mindestens eine Ziffer 1 unseres Zahlensystems, und daher sind in der verbleibenden Menge A selbst nach (abzählbar) unendlich vielen Operationen alle Zahlen enthalten, die ausschließlich mit Hilfe der Ziffern 0 und 2 geschrieben werden. Die Menge dieser Zahlen steht jedoch in eineindeutiger Zuordnung zur Menge aller Zahlen, die im dyadischen Zahlsystem geschrieben sind, weil es dazu genügt, das Symbol 2 durch das Symbol 1 zu ersetzen und das Symbol 0 beizubehalten. Somit *enthält die betrachtete Menge A eine Teilmenge, die die Mächtigkeit des Kontinuums hat.*
Trotzdem enthält die Menge A kein einziges Intervall: In der Tat hat jedes Intervall, das nach den einzelnen Schritten erhalten bleibt, die Länge

$$\frac{1}{3}, \left(\frac{1}{3}\right)^2, \ldots, \left(\frac{1}{3}\right)^n, \ldots,$$

welche Folge gegen 0 strebt. Darüber hinaus ist die Summe der Längen dieser Intervalle, die nach jedem Schritt erhalten bleiben,

$$\frac{2}{3}, \left(\frac{2}{3}\right)^2, \ldots, \left(\frac{2}{3}\right)^n, \ldots,$$

die ebenfalls gegen null strebt.

Man erkennt hieraus, wie wenig man sich bei solchen schwierigen Fragen auf die Intuition verlassen kann.

C. ERGÄNZENDE BEMERKUNG ÜBER KARDINALZAHLEN

Um unter den unendlichen Mengen jene herausheben zu können, die gleichmächtig sind, bedient man sich der folgenden Methode:
Es seien zwei Mengen A und B gegeben, so daß eine bijektive Zuordnung von A in B besteht, das heißt, daß jedem Element $a \in A$ ein Element $b = f(a) \in B$ zugeordnet ist, wobei die Zuordnung zwischen A und $f(A) = B'$ eineindeutig ist. Sind wir auf Grund einer Theorie imstande, A und B Kardinalzahlen zuzuschreiben, so haben wir gemäß der Definition

$$\text{Kard. } A = \text{Kard. } B',$$

wofür wir schreiben wollen

$$\text{Kard. } A \leq \text{Kard. } B.$$

Um jedoch dies zu rechtfertigen, muß man sich vergewissern, ob dies eine Ordnungsrelation definiert. Dazu muß man die Antisymmetrie zeigen:

$$\left.\begin{array}{l}\text{Kard. } A \leq \text{Kard. } B \\ \text{Kard. } B \leq \text{Kard. } A\end{array}\right\} \Rightarrow \text{Kard. } A = \text{Kard. } B.$$

An einem Beispiel kann man zeigen, daß eine solche Situation auftreten kann. Nehmen wir für A die Menge der geraden Zahlen und für B die Menge der Vielfachen von 3. Die Funktion „mal zwei" ist dann eine injektive Abbildung φ von B in A. Die Funktion „mal drei" ist eine injektive Abbildung f von A in B:

$A \searrow \overset{f}{\underline{\quad}} \nearrow f(A) \subset B$
$B \searrow \overset{\varphi}{\underline{\quad}} \nearrow \varphi(B) \subset A$

A und B sind jedoch beide gleichmächtig mit N und daher auch untereinander gleichmächtig; dies gilt gemäß der Zuordnung:

$$2n \searrow \underline{\quad} \nearrow 3n.$$

Bernsteinscher Äquivalenzsatz

Existiert eine injektive Abbildung f von A in B und eine injektive Abbildung φ von B in A, so existiert zwischen A und B eine eineindeutige Zuordnung, was bedeutet, daß A und B gleichmächtig sind.

Definitionsgemäß wird durch f eine eineindeutige Abbildung zwischen A und $f(A) = B' \subset B$ erklärt. Das Gleiche gilt für φ zwischen B und $\varphi(B) = A' \subset A$.

Es sei A'' das Komplement zu A' in A. Ist A'' leer, so ist das Problem mit der Angabe von φ gelöst. Daher müssen wir voraussetzen, daß A'' nicht leer ist. Gehen wir also von einem Element $a_0 \in A''$ aus und betrachten wir die Folge

$$a_0 \xrightarrow{\varphi} a_1 = \varphi(b_0) \xrightarrow{\varphi} a_2 = \varphi(b_1) \quad \ldots \quad a_n = \varphi(b_{n-1}) \ldots$$
$$\quad\searrow f\; b_0 = f(a_0) \quad\searrow f\; b_1 = f(a_1) \quad \ldots \quad \searrow f\; b_n = f(a_n) \ldots$$

Diese Folge ist unendlich, da es auf Grund der bijektiven Eigenschaft von f und φ unmöglich ist, einem Element ein zweites Mal zu begegnen. Aus demselben Grund sind jene Folgen, die aus verschiedenen Elementen von A'' hervorgehen, zueinander fremd.

Betrachten wir daher alle Folgen, die von den Elementen von A'' erzeugt werden. Die Funktion f bestimmt eine bijektive Abbildung zwischen der Menge A_1, die innerhalb von A erreicht wird, und der Menge B_1 der innerhalb der Menge B erreichten Elemente.

Es verbleibt mithin nur die Aufgabe, die Komplemente miteinander in Beziehung zu setzen:

$$A_2 = \complement_A A_1 \quad \text{und} \quad B_2 = \complement_B B_1.$$

Es ist jedoch

$$A_1 \supset A'' \Rightarrow A \supset A'$$

und es ist daher A_2 das durch φ erzeugte Bild einer Teilmenge von B, von der kein einziges Element B_1 angehört; es ist also B_2 selbst, da jedes Element β von B_2 ein Bild $\alpha = \varphi(\beta)$ besitzt, das in A' liegt, ohne A_1 anzugehören. Also ist $A_2 = \varphi(B_2)$.

Wir haben also die gesuchte eineindeutige Zuordnung durch

$$A_1 \diagdown f \diagup B_1 \quad \text{und} \quad A_2 \diagdown \varphi \diagup B_2.$$

definiert.

Wir erkennen mithin, daß die Beziehung Kard. $A \leq$ Kard. B nur eine teilweise Ordnung bestimmt. Es weist auch nichts auf eine totale Ordnung hin. Überdies haben wir in der Menge der Kardinalzahlen keine Operation definiert. Daher wird das Wort „Zahl" besser vermieden. Das Vorhergehende erlaubt es nicht, die Kardinalzahlen als eine Erweiterung der Menge der natürlichen Zahlen anzusehen.

2. LOGARITHMEN. VERALLGEMEINERTE EXPONENTEN

In der Menge der reellen Zahlen weisen die beiden Operationen Addition und Multiplikation Strukturen auf, die den im Ersten Teil auseinandergesetzten analog sind. Obwohl die zur Addition inverse Operation, die Subtraktion $a-a'$, für alle Paare von reellen Zahlen definiert ist, ist die Division $\dfrac{b}{b'}$ nur dann definiert, wenn b' verschieden von null ist. Die Menge der reellen Zahlen, in der die additive Operation erklärt ist (additive Gruppe) und die Menge der reellen Zahlen unter Ausschluß der Null, in der eine multiplikative Operation erklärt ist (multiplikative Gruppe), sind in bezug auf diese Operationen isomorph. Die neutralen Elemente 0, beziehungsweise 1, entsprechen sich dabei offensichtlich.

a) Richten wir unsere Aufmerksamkeit auf jene Untergruppen der obigen, die durch eine einzige Zahl erzeugt werden:

Additive Gruppe

$$\ldots, -na, \ldots, -3a, -2a, -a, 0, a, 2a, 3a, \ldots, na, \ldots$$

Multiplikative Gruppe

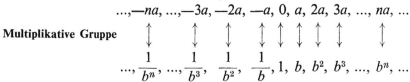

$$\ldots, \frac{1}{b^n}, \ldots, \frac{1}{b^3}, \frac{1}{b^2}, \frac{1}{b}, 1, b, b^2, b^3, \ldots, b^n, \ldots$$

In der ersten Gruppe bleibt die natürliche Ordnung erhalten, wenn a positiv ist, und sie kehrt sich um, wenn a negativ ist; in der zweiten Gruppe bleibt die natürliche Ordnung erhalten, wenn b größer als 1 ist, und sie kehrt sich um, wenn $0 < b < 1$. Wir beschränken uns auf den üblichen Fall, wo $a > 0$, $b > 1$. Daraus lassen sich leicht die anderen Fälle herleiten, wo a negativ oder auch b kleiner als 1 ist, indem man die Ordnungsrelation umkehrt. Wesentlich ist dabei jedoch, *daß b positiv ist.*

Ist n eine natürliche Zahl und sind $a > 0$ und $b > 1$ gegeben, so ordnet man na und b^n zu. Dem Isomorphismus beider Gruppen zufolge, vom Standpunkt der Operationen und der vollständigen Ordnung aus gesehen, ordnet man zu

$$-na \quad \text{und} \quad \frac{1}{b^n}.$$

Sind weiterhin p und q zwei positive ganze Zahlen, so wird zugeordnet

$$\frac{p}{q}a \quad \text{und} \quad \sqrt[q]{b^p} = (\sqrt[q]{b})^q$$

und in gleicher Weise

$$-\frac{p}{q}a \quad \text{und} \quad \frac{1}{\sqrt[q]{b^p}}.$$

Es sei nun $\mathfrak{A}$ die Menge der Zahlen $\frac{p}{q}a$, wobei p eine ganze Zahl mit beliebigem Vorzeichen und q eine positive ganze Zahl ist, und $\mathfrak{B}$ die Menge der zugeordneten reellen Zahlen; der Isomorphismus zeigt, daß der Summe zweier Elemente von $\mathfrak{A}$ das Produkt der entsprechenden Elemente in $\mathfrak{B}$ zugeordnet ist.

Es verbleibt noch die Aufgabe, die Zuordnung auf den Fall zu erweitern, wo $\mathfrak{A}$ die Menge $\mathfrak{R}$ aller reellen Zahlen und $\mathfrak{B}$ die Menge $\mathfrak{R}^+$ aller positiven reellen Zahlen ist.

Die Schwierigkeit ist folgende: Die Einschließung durch Umgebungen, mit deren Hilfe sich die Elemente r von R durch Elemente von Q definieren lassen, sind auf Grund einer additiven Struktur definiert. Es sei nun eine Intervallschachtelung (α_n, α_n') so beschaffen, daß $\alpha_n' - \alpha_n$ gegen null strebt. Gilt dies dann auch für die Differenz $\beta_n' - \beta_n'$ von Bildern in $\mathfrak{R}^+$, in der die betrachtete Struktur multiplikativ ist?

Diese Frage wird an anderer Stelle behandelt und geklärt (Dritter Teil, Kap. V), so daß der Leser den folgenden Beweis auslassen kann: er gelingt dank einer geschickten Wahl der α_n, α_n'.

b) Beweis. Wir schließen die als positiv angenommene Zahl r zwischen die Vielfache einer Zahl $a > 0$ von $\mathfrak{A}$ ein. Da diese Folge von Vielfachen archimedisch ist, sind α und α' durch

$$\alpha = ka, \quad \alpha' = (k+1)a$$

bestimmt. Die Idee besteht darin, nacheinander für a die durch $a_n = \frac{a_0}{2^n}$ gegebenen Werte zu nehmen, wobei a_0 fest gewählt ist. So hat man

$$\alpha_n = k_n \frac{a_0}{2^n}, \quad \alpha_n' = (k_n + 1)\frac{a_0}{2^n}; \quad \alpha_n' - \alpha_n = \frac{a_0}{2^n}.$$

Wir übertragen dies auf $\mathfrak{B}$, wobei $b_0 > 1$ dem a_0 entsprechen soll:

$$\beta_n = \sqrt[2^n]{b_0^{k_n}}, \quad \beta_n' = \sqrt[2^n]{b_0^{k_n+1}}, \quad \frac{\beta_n'}{\beta_n} = \sqrt[2^n]{b_0} > 1$$

Setzen wir nun $\dfrac{\beta_n'}{\beta_n} = 1 + u_n$, $u_n > 0$, so erhalten wir, indem wir die beiden ersten Ausdrücke der Entwicklung hinschreiben,

$$b_0 = (1 + u_n)^{2^n} > 1 + 2^n u_n, \quad \text{d.h.} \quad u_n < \frac{b_0 - 1}{2^n},$$

$$\frac{\beta_n'}{\beta_n} - 1 < \frac{b_0 - 1}{2^n}, \quad \beta_n' - \beta_n < \beta_n \frac{b_0 - 1}{2^n}$$

Nun geben wir n zwei Werte $n_1 < n_2$ und erhalten

$$\boxed{n_1 < n_2} \Rightarrow \boxed{\alpha_{n_1} \leq \alpha_{n_2} < \alpha_{n_2}' < \alpha_{n_1}'} \Rightarrow \boxed{\beta_{n_2} < \beta_{n_1}'},$$

woraus

$$\beta_{n_2}' - \beta_{n_2} < \beta_{n_1}' \frac{b_0 - 1}{2^{n_2}}$$

folgt. Es genügt jetzt, n_1 konstant zu wählen und n_2 gegen unendlich gehen zu lassen: da 2^{n_2} gegen unendlich strebt, geht sein Kehrwert gegen null, also auch die Differenz $\beta_{n_2}' - \beta_{n_2}$.

c) Die Folgen der β_n und β_n' bilden somit geschachtelte Intervalle, deren Länge gegen null strebt. Das sind die Schachtelungen, durch die eine reelle Zahl ϱ bestimmt wird, die wir r zuordnen müssen, wenn wir den Isomorphismus nach der Erweiterung aufrechterhalten wollen. Umgekehrt kann man jede positive reelle Zahl ϱ auf Grund von Intervallschachtelungen (β_n, β_n') mit Hilfe der in $\mathfrak{B}$ gewählten Zahlen erhalten, da $\mathfrak{R}^+$ vollständig geordnet ist, woraus sich in $\mathfrak{R}$ das Bild r von ϱ ergibt. Schließlich ist ein eineindeutige Zuordnung zwischen $\mathfrak{R}$ und $\mathfrak{R}^+$ erklärt, die ein Isomorphismus ist zwischen der Menge $\mathfrak{A}$, d. h. der Menge $\mathfrak{R}$, die mit einer geordneten additiven Gruppenstruktur ausgestattet ist, und $\mathfrak{B}$, d. h. der Menge $\mathfrak{R}^+$, die mit einer geordneten multiplikativen Gruppenstruktur ausgestattet ist.
Insbesondere entspricht der Zahl $1 \in \mathfrak{A}$ eine Zahl $\beta \in \mathfrak{B}$. Die Zuordnung

ist durch das Paar der neutralen Elemente (0; 1) und das Paar (1; β) definiert. Man sagt, daß β die *Basis der Logarithmen ist* und schreibt dafür

$$a = \log_\beta b.$$

Ist andererseits n eine positive ganze Zahl, so ist $a = n$ der Zahl $b = \beta^n$ zugeordnet. Nach Übereinkunft dehnen wir diese Schreibweise weiter aus:

Ist $a = -n$ (n positive ganze Zahl), so wird $b = \dfrac{1}{\beta^n}$ geschrieben: $b = \beta^{-n}$

Ist $a = \dfrac{p}{q}$ (p und q positive ganze Zahlen), so wird $b = \sqrt[q]{\beta^p}$ geschrieben: $b = \beta^{\frac{p}{q}}$.

Ist $a = -\dfrac{p}{q}$, so wird $b = \dfrac{1}{\sqrt[q]{\beta^p}}$ geschrieben: $b = \beta^{-\frac{p}{q}}$

Ist schließlich r eine beliebige reelle Zahl, so schreibt man gemäß Übereinkunft die zugeordnete Zahl

$$\varrho = \beta^r,$$

(was „β hoch r" gelesen wird).

Somit hat man für jede beliebige reelle Zahl x und die ihr zugeordnete Zahl y aus $\mathfrak{R}^+$ die beiden äquivalenten Schreibweisen eingeführt:

$$x = \log_\beta y \;,\; y = \beta^x.$$

Der Isomorphismus wird durch

$$\log_\beta (y_1 y_2) = \log_\beta y_1 + \log_\beta y_2 \quad \text{und} \quad \beta^{x_1+x_2} = \beta^{x_1}\beta^{x_2}$$

ausgedrückt.

Man hat also zwei zueinander inverse Funktionen eingeführt; die erste heißt *Logarithmusfunktion zur Basis β*, die zweite wird als *Exponentfunktion zur Basis β* bezeichnet.

Wahl der Basis

Die Basis β kann ganz beliebig positiv und verschieden von 1 angenommen werden. Im allgemeinen wird sie größer als 1 gewählt, um zu erreichen, daß die daraus abgeleiteten Logarithmus- und Exponentfunktionen (Exponentialfunktionen) wachsend sind.

a) Vom Standpunkt des Kalküls ist unter Berücksichtigung unseres Zahlensystems die einzige brauchbare Basis 10. Fügt man zu x eine ganze Zahl hinzu, so entspricht das in y lediglich einer Versetzung des Kommas; daher ist in den Tafeln nur der Dezimalteil von x angegeben. Da man in der Tafel für die Zahl 34 als entsprechenden genäherten Wert die Ziffernfolge 53 148 findet, und da

$$\log 1 = 0, \ \log 10 = 1, \ \text{so gilt}$$
$$\log 3{,}4 = 0{,}53\,148 \ , \ \log 34 = 1{,}53\,148 \ , \ \log 340 = 2{,}53\,148$$

und weiter
$$\log 0{,}34 \ = -1 + 0{,}53\,148,$$
$$\log 0{,}034 = -2 + 0{,}53\,148 \ \text{usw.}$$

Es ist offensichtlich bequem, die erhaltenen negativen Logarithmen in der ursprünglich auftretenden Form stehen zu lassen, ohne die Subtraktion auszuführen, bei der die Vorteile des dekadischen Systems verloren gehen.

Die Durchführung von Rechnungen in der Menge $\mathfrak{A}$ anstelle der Menge $\mathfrak{B}$ führt zu einer Vereinfachung, die besonders dann ins Gewicht fällt, wenn in $\mathfrak{B}$ Wurzeln höherer Ordnung gezogen werden sollen. Man muß aber immer danach streben, in $\mathfrak{B}$ bei allen Rechnungen nur multiplikative Operationen zu erhalten. Ausdrücke, die dieser Regel genügen, nennt man „logarithmisch berechenbar". Dieses Ziel läßt sich dadurch erreichen, daß man mittels der trigonometrischen Funktionen Hilfswinkel einführt und die Anpassungsfähigkeit der trigonometrischen Formeln ausnützt, mit deren Hilfe Summen durch Produkte ersetzt werden können.

In der Vergangenheit hat es die Einführung der Logarithmen durch *Neper* (1550/1618) und die Aufstellung von Logarithmentafeln durch *Briggs*, der ein Freund Nepers war (11-stellige Logarithmentafeln für die Zahlen von 1 bis 100 000), kurz nach der Ausdehnung der dekadischen Schreibweise auf die Dezimalbrüche, die auf *Stevin* (1585) zurückgeht, den Astronomen gestattet, die mit der praktischen Anwendung des Newtonschen Gesetzes (*Newton*, 1642/1727) zusammenhängenden Rechnungen mit der notwendigen Genauigkeit auszuführen. In der heutigen Zeit werden solche Rechnungen von Rechenmaschinen erledigt. Rechenstäbe und Rechenscheiben beruhen ebenfalls auf dem Prinzip der logarithmischen Zuordnung.

b) Vom theoretischen Standpunkt aus stößt man bei der Untersuchung der *Logarithmus- und Exponentfunktionen* auf eine ausgezeichnete Zahl. Von dem Gedankengang, der es uns erlaubte, $y = \beta^x$ für jeden Wert von x zu definieren, wissen wir, daß y gegen β^{x_0} strebt, wenn sich x dem Wert x_0 nähert, und daher

$$\beta^{x-x_0} \to 1, \quad \text{wenn} \quad x - x_0 \to 0.$$

Das Verhältnis
$$\frac{\beta^{x-x_0}-1}{x-x_0}$$
besitzt jedoch unter diesen Bedingungen einen Grenzwert, der von β abhängt. Wir werden sehen, daß es einen bestimmten Wert von β gibt, der mit e bezeichnet wird, für den das obige Verhältnis gegen 1 strebt. Daher ist die Ableitung der Exponentfunktion zur Basis e an der Stelle $x = x_0$, das heißt der Grenzwert von

$$\frac{y-y_0}{x-x_0} = \frac{e^x-e^{x_0}}{x-x_0} = e^{x_0} \cdot \frac{e^{x-x_0}-1}{x-x_0}, \text{ sobald } x \to x_0$$

genau $y_0 = e^{x_0}$.

In gleicher Weise ist die Ableitung der Logarithmusfunktion zur Basis e, $x = \log_e y$, das heißt der Grenzwert von $\frac{x-x_0}{y-y_0}$, gleich $\frac{1}{y_0}$.

Daher ist

$$(e^x)' = e^x \quad \text{und} \quad (\log_e x)' = \frac{1}{x}$$

Diese Formeln, die eine Lösung der „Differentialgleichungen"

$$f'(x) = f(x) \quad \text{und} \quad g'(x) = \frac{1}{x}$$

liefern, rechtfertigen die Einführung dieser Zahl e in die Analysis. Es bleibt noch zu bemerken, daß diese Zahl, ebenso wie π, transzendent ist. Ihr Wert ist angenähert

$$e \approx 2{,}71\,828.$$

Wir werden dies auch auf anderem Wege finden (Dritter Teil, Kap.VI,C).

Zweiter Abschnitt

ALGEBRAISCHE AUSDRÜCKE
DIE AUFLÖSUNG VON GLEICHUNGEN

I. Polynome. Gebrochene rationale Funktionen

Bedeutet x eine reelle Zahl, so ermöglichen es die Rechenregeln, jeden *ganzen rationalen Ausdruck*, der also nur aus Summen, Differenzen, Produkten aufgebaut ist, in die *entwickelte Form* einer Summe von Produkten zu bringen.
Beispiel:

$$(x+1)^2+2x-3(x-2)^2-(5x+1) = 4x^2-13x+12$$

Wir werden solche Ausdrücke betrachten, ohne x als Zahl vorauszusetzen. Jedoch werden wir im folgenden axiomatisch Definitionen von Operationen geben, die für den Fall gelten, daß x eine Zahl darstellt. Auf diese Weise werden wir auf abstraktem Wege den Begriff der *Struktur von Polynomen mit einer Unbestimmten* einführen.

A. DEFINITION DES POLYNOMS

Wir gehen von zwei Mengen aus: eine davon wird von einem Element x gebildet, das als *Unbestimmte* (*oder Variable*) bezeichnet wird, und von weiteren Elementen, die sich aus diesem mittels einer multiplikativ geschriebenen Operation herleiten lassen: diese Elemente sind also

$$x^1 = x, \ x^2, \ldots x^p, \ldots, \quad (p \text{ positive ganze Zahl}),$$

wobei

$$x^m \cdot x^n = x^{m+n}.$$

Zu diesen fügen wir noch ein neutrales Element hinzu, das wir mit x^0 bezeichnen; die derart gebildete Menge nennen wir $\mathfrak{H}$.
Die zweite Menge ist eine Zahlenmenge. In bestimmten Abschnitten der Theorie müssen wir voraussetzen, daß diese Teilmenge aus der

Zahlenmenge ein Körper ist (das heißt, daß in ihm die Division möglich ist, sobald nur die Null ausgeschlossen ist), oft genügt es aber, einen Ring anzunehmen, etwa den Ring der ganzen Zahlen. Die *Koeffizienten* werden aus dieser Menge genommen. Sofern nicht ausdrücklich anders gesagt, nehmen wir dafür die Menge $\mathfrak{R}$ aller reellen Zahlen, und definieren *die Polynome in einer Unbestimmten über dem Körper der reellen Zahlen*.

(1) Wir führen eine *multiplikativ geschriebene Operation* ein:

$$ax^p, \ a \in \mathfrak{R}, \ x^p \in \mathfrak{H},$$

mit den assoziativen Gesetzen:

$a(bx^p)$ ergibt $(ab)x^p$; dies wird abx^p geschrieben. $(ax^p)(bx^q)$ ergibt $(ab)(x^p x^q)$ und daher abx^{p+q}.

Das neutrale Element ist $1x^0$. Wir werden sehen, daß man dafür (der Einfachheit halber) nur 1 schreibt, ebenso wie man statt $1x^m$ nur x^m und statt ax^0 nur a schreibt. Wir werden jedoch diese Abkürzungen zu Beginn dieser Untersuchung nicht verwenden.

Die auf diese Weise eingeführten Ausdrücke werden als *Monome* bezeichnet; in ax^m bezeichnet man a als *Koeffizienten* und den Exponenten m der Potenz von x als *Grad des Monoms*. Monome mit demselben Exponenten heißen *von gleichem Grade* oder *gleichgradig*.

(2) Wir führen zwischen den Monomen eine *additiv geschriebene Operation* ein:

$$ax^p + bx^q.$$

Diese Operation ist für $p = q$ distributiv, das heißt

$ax^p + bx^p$ liefert das Monom $(a+b)x^p$.

Somit gelangen wir zu dem Ergebnis, daß wir als neutrales Element ox^p nehmen müssen, wobei p beliebig ist. Wir schreiben dafür anfänglich Ω (späterhin nur mehr 0, null).

Sind die Monome nicht von gleichem Grade, also $p \neq q$, so werden durch die Addition neue Elemente eingeführt, die keine Monome mehr sind und die man als *Polynome* bezeichnet: ein Polynom besteht aus der Summe von beliebig endlich vielen Monomen verschiedenen Grades (wobei wir immer voraussetzen, daß alle *gleichgradigen Glieder zusammengefaßt sind*); ein Monom erscheint dann als Polynom mit einem Glied.

Wir setzen voraus, daß die Addition assoziativ und kommutativ ist, wodurch die Zusammenfassung von gleichgradigen Gliedern und auch die Addition von Polynomen erst möglich wird. Es ist aber auch durchaus denkbar, daß alle Koeffizienten eines Polynoms null werden; dieses ist dann das neutrale Element der Addition. Wir nennen es *Nullpolynom*, wofür wir Ω schreiben. (Späterhin werden wir der Einfachheit halber nur noch 0 schreiben).

(3) Schließlich führen wir die *Multiplikation eines Polynoms mit einer Zahl* ein, die wir mittels der Distributivität von Monomen bezüglich der Addition definieren:

$$k(ax^p + bx^q) \quad \text{liefert} \quad kax^p + kbx^q.$$

Die Menge $\mathfrak{P}$ der Polynome erscheint nunmehr als *Vektorraum*, dessen Basis die Menge $x^0, x^1, x^2, \ldots, x^h, \ldots$ ist, wobei $\mathfrak{R}$ die Operatorenmenge darstellt. (Ist die Koeffizientenmenge hingegen nur ein Ring, so erscheint sie als *Modul*.) Dieser Vektorraum hat also unendlich viele Dimensionen. Beschränkt man sich jedoch auf Exponenten, die kleiner oder gleich einer gegebenen ganzen Zahl p sind, so handelt es sich um einen Vektorraum mit $p+1$ Dimensionen (vgl. Teil I, Kapitel III). Nach Vereinbarung soll das Glied mit dem höchsten Exponenten einen von null verschiedenen Koeffizienten haben. [In entsprechender Weise hat eine dreistellige Zahl, die im dekadischen Zahlsystem angeschrieben wird, an erster Stelle (der Hunderterstelle) eine von der Null verschiedene Ziffer stehen]. Dieser höchste auftretende Exponent wird als *Grad* des Polynoms bezeichnet. Heißt das Polynom P, so schreibt man dessen Grad $d(P)$. Gelegentlich ist es auch von Interesse, das Glied mit dem niedersten Exponenten zu betrachten, dessen Koeffizient von null verschieden ist; dieser Exponent wird mit $\delta(P)$ bezeichnet. Es folgt bereits aus dieser Definition, daß $d(P) \geq \delta(P)$, wobei das Gleichheitszeichen nur für ein Monom zutrifft.
Der Fall $d(P) = \delta(P) = 0$ entspricht dem Monom ax^0.
Das Nullpolynom Ω hat keinen bestimmten Grad.
Eine Multiplikation mit einer von null verschiedenen Zahl läßt $d(P)$ und $\delta(P)$ unverändert. Bei einer Addition ist $d(P_1+P_2)$ höchstens dem höheren der Grade $d(P_1), d(P_2)$ gleich, wohingegen $\delta(P_1+P_2)$ mindestens der niedrigeren der beiden Zahlen $\delta(P_1)$ und $\delta(P_2)$ gleich ist. Dafür schreibt man

$$d(P_1+P_2) \leq \sup \, [d(P_1), \, d(P_2)]$$
$$\delta(P_1+P_2) \geq \inf \, [\delta(P_1), \, \delta(P_2)].$$

Die Menge der Monome ax^0 bildet einen eindimensionalen Vektorraum, der zur Menge der reellen Zahlen isomorph ist: aus diesem Grund schreibt man für das Element ax^0 im allgemeinen einfach a.
Mit der aus x^0 und x^1 bestehenden Basis erzeugt man einen zweidimen-

sionalen Raum, jenen der Binome ersten Grades
ax^1+bx^0, wofür man allgemein $ax+b$ schreibt.
Mit x^0, x^1, x^2 bildet man die Gruppe der Trinome zweiten Grades $ax^2+bx^1+cx^0$, wofür man im allgemeinen ax^2+bx+c schreibt, usw.

Basisänderung

Vom Standpunkt der Darstellung im Vektorraum aus gesehen sind zwei Polynome dann voneinander unabhängig, wenn es kein von null verschiedenes Zahlenpaar r_1, r_2 gibt, so daß $r_1P_1+r_2P_2$ das Nullpolynom Ω liefert; das heißt, sie sind unabhängig, wenn die Koeffizienten der Polynome P_1 und P_2 nicht einander proportional sind. Das trifft immer zu, wenn sie von verschiedenem Grade sind. Die einzige wirklich einfache Basis wird von jenen Monomen gebildet, deren Koeffizienten gleich Eins sind; wir nennen sie *Fundamentalbasis* oder *Fundamentalsystem*, auf welchen Begriff wir später noch zurückkommen werden.

(4) Der Polynomring

Wir führen in der additiven Gruppe der Polynome noch eine multiplikativ geschriebene Operation ein, indem wir von der Multiplikation von Monomen und der Distributivität dieser Operation bei der Addition von Monomen ausgehen. Dies wird durch die folgende Formel ausgedrückt, in der das Symbol $\sum$ die Summe bedeutet:

Aus
$$\left(\sum_{i=p}^{i=n} a_i x^i\right)\left(\sum_{j=p'}^{j=n'} b_j x^j\right)$$
ergibt sich
$$\sum a_i b_j x^{i+j},$$

wobei als selbstverständlich vorausgesetzt wird, daß im resultierenden Ausdruck gleichgradige Glieder zusammengefaßt sind, das heißt jene, denen derselbe Wert von $i+j$ zukommt. Diese Zusammenfassung wird jedoch nur bei jenen Gliedern durchgeführt, die nicht den höchsten oder niedrigsten Grad haben, denn das Glied mit dem höchsten Grad ist genau
$$a_n b_{n'} x^{n+n'},$$
und das Glied mit dem niedrigsten Grad lautet $a_p b_{p'} x^{p+p'}$.
Daraus ergeben sich die wichtigen Formeln
$$d(P_1 P_2) = d(P_1)+d(P_2)$$
$$\delta(P_1 P_2) = \delta(P_1)+\delta(P_2),$$
die einfacher als jene sind, die sich auf die Summe von Polynomen beziehen.

Folgerung

Das Produkt von zwei Polynomen ist nur dann gleich dem Nullpolynom, wenn einer der Faktoren das Nullpolynom ist. Dies ist auch der einzige Fall, wo das Produkt keinen Grad hat.
Ein Produkt mehrerer Polynome wird in bekannter Weise definiert und man kann zeigen (etwa durch vollständige Induktion), daß es assoziativ, kommutativ und distributiv bezüglich der Addition ist. Die Polynome bilden also einen kommutativen Ring. Wegen der Assoziativität kann man ebenso wie für Zahlen zeigen, daß *ein Produkt von Polynomen dann und nur dann das Nullpolynom Ω ergibt, wenn (mindestens) einer der Faktoren das Nullpolynom ist.*

Praktische Berechnung des Produktes

Dazu sucht man alle Monome desselben Grades auf, wobei der Grad nacheinander alle Werte zwischen $d(P_1)+d(P_2)$ und

$$\delta(P_1)+\delta(P_2)$$

annimmt. Man führt die Zusammenfassung nach Maßgabe der vorhandenen Glieder durch.

Wichtiger Sonderfall. Potenzen eines Binoms $ax+b$.

Wie durch vollständige Induktion gezeigt werden kann, sind die Glieder des Polynoms, das bei der Entwicklung des Ausdruckes $(ax+b)^n$ entsteht, sämtlich Monome der Form

$$c_{n,p}a^p b^{n-p} x^p, \ 0 \leq p \leq n.$$

Die Zahlen $c_{n,p}$ werden dabei aus der Tafel genommen, die man als *Pascal-Dreieck* bezeichnet:

```
n = 1..............         1    1
n = 2..............       1    2    1
n = 3..............     1    3    3    1
n = 4..............   1    4    6    4    1
n = 5.............. 1    5   10   10    5    1
n = 6..........1    6   15   20   15    6    1
.....                ........................
```

wobei die Koeffizienten nach der Formel

$$c_{n+1,p+1} = c_{n,p}+c_{n,p+1}$$

gebildet werden.

Betrachtet man bei $(ax+b)^k$ und $(ax+b)^{k+1}$, $k > p$, die Glieder mit dem Grad p, so kann man mittels vollständiger Induktion die folgende Formel beweisen:

$$c_{n,p} = \frac{n(n-1)(n-2)\ldots(n-p+1)}{1 \cdot 2 \cdot 3 \cdot \ldots \cdot p}$$

Diese Zahlen, die als „Binomialkoeffizienten" bezeichnet werden, schreibt man C_n^p oder $\binom{n}{p}$, was „n über p" gelesen wird.

Diese so bestätigte Formel haben wir bereits bei der Behandlung der Zählverfahren erhalten (2. Teil, 1. Abschnitt, I, 1).

(5) Änderung des Fundamentalsystems

Wir wollen als Basis des Vektorraumes nicht nur das Fundamentalsystem x^0, x^1, x^2, ..., x^n, ..., sondern auch das System

$$(1x^1 - \alpha x^0)^0, (1x^1 - \alpha x^0)^1, (1x^1 - \alpha x^0)^2, \ldots, (1x^1 - \alpha x^0)^n, \ldots$$

zulassen, was abgekürzt geschrieben wird

$$(x-\alpha)^0, (x-\alpha)^1, (x-\alpha)^2, \ldots, (x-\alpha)^n, \ldots$$

wo α eine beliebige Zahl aus dem Koeffizientenkörper ist. Entwickelt man diese Binome, so liefern sie Polynome mit vollständig verschiedenem Grad, die daher sicher voneinander unabhängig sind. Bezeichnen wir das Binom $x-\alpha$ mit X, dann sind die anderen Polynome der Basis Potenzen von X. *Der neue Ausdruck für ein Polynom P wird dann gefunden, indem man in P statt der Potenzen von x die Potenzen von $X+\alpha$ einführt, dann diese Potenzen entwickelt und jene Glieder des neuen Ausdrucks, die den gleichen Grad aufweisen, zusammenfaßt. Der neue Ausdruck wird als Polynom in X angesehen.*

Beispiel

P ist das Polynom $2x^2 - 3x + 1$.
Wir erhalten
$$2(X+\alpha)^2 - 3(X+\alpha) + 1,$$
woraus sich das Polynom in X ergibt:
$$2X^2 + (4\alpha - 3)X + (2\alpha^2 - 3\alpha + 1).$$
Schließlich ergibt sich für die gesuchte Form
$$2(x-\alpha)^2 + (4\alpha - 3)(x-\alpha) + (2\alpha^2 - 3\alpha + 1).$$

Man begnügt sich indessen meist damit, die Lösung in der Form des Polynoms in X zu geben. Die Eindeutigkeit des Ergebnisses folgt aus den Eigenschaften des Vektorraums; wir werden die Eindeutigkeit übrigens weiter unten direkt beweisen. Für uns ist hier wichtig, daß diese Rechenoperation ohne Ausnahme immer möglich ist.

Aus dem Gesagten gelangen wir sofort zu zwei Feststellungen: 1. Die Polynome in x und X haben denselben Grad und die Glieder mit dem höchsten Grad haben sogar gleiche Koeffizienten. 2. Das Glied mit dem Grad 0 wird immer die Zahl, die man erhält, wenn man in P die Unbestimmte x durch die Zahl α ersetzt und an den Monomen die angegebenen Operationen ausführt. Die derart berechnete Zahl bezeichnet man als *numerischen Wert des Polynoms* für $x = \alpha$. Diese Zahl wird symbolisch $P(\alpha)$ geschrieben. Diese eng mit den Polynomen verknüpften Zahlenwerte sind so wichtig für die Kenntnis der Polynome, daß wir sie näher betrachten müssen, ehe wir die Untersuchung des Polynomringes fortsetzen und innerhalb desselben die Division definieren.

B. ZAHLENWERTE EINES POLYNOMS. TEILBARKEIT DURCH $x-\alpha$

Wir haben im Vorstehenden den Zahlenwert $P(\alpha)$ eines Polynoms P für den Fall definiert, daß man darin die Unbestimmte durch $\alpha \in \Re$ ersetzt. Diesen Wert bezeichnet man auch einfacher als den „Wert des Polynoms für $x = \alpha$". Gemäß den gewählten Axiomen hat man bei beliebigem α für die Summe S und das Produkt Π zweier Polynome

$$S(\alpha) = P_1(\alpha) + P_2(\alpha)$$

und

$$\Pi(\alpha) = P_1(\alpha) P_2(\alpha)$$

(Zahlenwertgleichungen).

Bezeichnet man beim Übergang von einer Basis zu einer anderen das Binom $x-\alpha$ mit X und das Polynom, das nach den oben angegebenen Regeln gebildet wird, mit $T(X)$, so folgt aus der Analogie des Rechnens mit Polynomen und des Rechnens mit Zahlen, daß

$$\forall \beta \in \Re : P(\beta) = T(\beta - \alpha).$$

Insbesondere wird, wenn man

$$\beta = \alpha \quad \text{nimmt}, \quad P(\alpha) = T(0).$$

Dieses Ergebnis ist genau jenes, das wir nach der Rechnung gefunden haben, da im Polynom T der Koeffizient des Terms mit dem Grad null gleich $T(0)$ ist. Es ist jedoch gleichbedeutend, zu sagen, daß dieser

Koeffizient gleich null ist oder daß nach dem Übergang zur anderen Basis der Faktor $x-\alpha$ ausgeklammert werden kann: *Die Bedingung $P(\alpha) = 0$ ist gleichbedeutend damit, daß ein Polynom Q existiert, so daß P die Entwicklung von $(x-\alpha)Q$ darstellt.* Wir vereinbaren das Zeichen ≡ (gelesen: „äquivalent" oder „identisch gleich"), um anzugeben, daß Ausdrücke mit der Unbestimmten x nach Entwicklung und Zusammenfassung von gleichgradigen Gliedern ein und dasselbe Polynom darstellen. Auf diese Weise wird dieses Zeichen deutlich von dem Gleichheitszeichen = zwischen Zahlen unterschieden. Darüber hinaus geben wir die Bezeichnung für die Unbestimmte an, indem wir sie in Klammern setzen: $P(x)$ ist ein Polynom, wenn x die Unbestimmte ist; durch dasselbe Symbol wird eine Zahl gekennzeichnet, wenn x eine Zahl ist. Unser Satz lautet also:

Satz 1

(1) $\qquad [P(\alpha) = 0] \Leftrightarrow [\exists Q(x)\ ;\ P(x) \equiv (x-\alpha)Q(x)].$

Wir sagen, daß die Bedingung $P(\alpha) = 0$ notwendig und hinreichend dafür ist, daß das Polynom $P(x)$ in ein Produkt von Linearfaktoren *zerlegt werden kann*, unter denen $x-\alpha$ vorkommt. Wir sagen dann, das Polynom $P(x)$ sei *durch das Binom $x-\alpha$ teilbar*.
Eine Zahl r, für die $P(r) = 0$ ist ergibt, heißt *Nullstelle des Polynoms*; man nennt sie auch eine *Wurzel der Gleichung $P(x) = 0$*, und die Unbestimmte x erscheint hier als die *Unbekannte der Gleichung*.
Die Gleichung aufzulösen, heißt ihre Wurzeln bestimmen. Schließlich heißt eine Gleichung eine *ganze rationale Gleichung*, wenn eine Seite null und die andere ein Polynom ist.
Wir erkennen so, daß zwischen den drei Aufgaben, nämlich, ganze rationale Gleichungen zu lösen, die Nullstellen eines Polynoms aufzusuchen und ein Polynom in Linearfaktoren zu zerlegen, ein enger Zusammenhang besteht.
Es ist noch das folgende zu bemerken: Ist das oben eingeführte Polynom Q selbst so beschaffen, daß

$$Q(\alpha) = 0,$$

so existiert ein Polynom Q_1, so daß

$$Q(x) \equiv (x-\alpha)Q_1(x),$$

woraus

$$P(x) \equiv (x-\alpha)^2 Q_1(x)$$

folgt. Man erhält schließlich

(2) $\qquad P(x) \equiv (x-\alpha)^m \Pi(x)$

mit

$$\Pi(\alpha) \neq 0.$$

Man sagt dann, daß α eine *Nullstelle m-ter Ordnung* von P und eine *Wurzel m-ter Ordnung* der Gleichung $P(x) = 0$ ist; sowohl Nullstellen wie Wurzeln werden als „einfach" bezeichnet, wenn $m = 1$, und als „mehrfach", wenn m größer als eins ist.

Unser Verfahren der Basisänderung liefert uns nun direkt (2), ohne daß wir den Umweg über (1) und die Zwischenform des Polynoms $T(X)$ nehmen müssen.

Rechenbeispiel:
Es sei $P(x) = x^5 - 3x^4 - 7x^3 + 34x^2 - 36x + 8$. Dann ist $P(2) = 0$.
Wir setzen nun anstelle von x das Polynom $X+2$. Die Koeffizienten von $P(x)$ erscheinen in der letzten Spalte der Tabelle:

$(X+2)^5 \equiv$	X^5 +10	X^4 +40	X^3 +80	X^2 +80	X +32	+1
$(X+2)^4 \equiv$		+1 +8	+24	+32	+16	−3
$(X+2)^3 \equiv$			+1 +6	+12	+8	−7
$(X+2)^2 \equiv$				+1 +4	+4	+34
$X+2 \equiv$					+1 +2	−36
$1 \equiv$					+1	+8
$T(X) \equiv$	X^5 +7	X^4 +9	X^3 +0	X^2 +0	X +0	

woraus
$$P(x) \equiv (x-2)^3[(x-2)^2 + 7(x-2) + 9]$$
$$\equiv (x-2)^3[x^2 + 3x - 1]$$

folgt. Wir bemerken, daß das Polynom $Q(x)$ in Formel (1) bei der Division von Polynomen als Quotient von $P(x)$ und $x-\alpha$ erscheint. Dies werden wir bei der direkten Rechnung sehen.

Satz 2

Verschwindet ein Polynom P für paarweise untereinander verschiedene Werte $\alpha_1, \alpha_2, \ldots, \alpha_k$, so ist es durch das Produkt
$$(x-\alpha_1)(x-\alpha_2) \ldots (x-\alpha_k)$$
teilbar.

Es gilt in der Tat, daß
$$[P(\alpha_1) = 0] \Leftrightarrow [\exists Q_1 : P(x) \equiv (x-\alpha_1)Q_1(x)].$$
Daraus leitet man her
$$P(\alpha_2) = (\alpha_2 - \alpha_1)Q_1(\alpha_2).$$
Es ist jedoch
$$\alpha_2 - \alpha_1 \neq 0$$
und daher
$$[P(\alpha_2) = 0] \Leftrightarrow [Q_1(\alpha_2) = 0] \Leftrightarrow [\exists Q_2 : Q_1(x) \equiv (x-\alpha_2)Q_2(x)],$$
woraus wegen der Assoziativität des Produktes von Polynomen
$$P(x) \equiv (x-\alpha_1)(x-\alpha_2)Q_2(x)$$
folgt. Daraus leitet man
$$P(\alpha_3) = (\alpha_3-\alpha_1)(\alpha_3-\alpha_2)Q_2(\alpha_3).$$
her. Es ist jedoch
$$\alpha_3-\alpha_1 \neq 0 \quad \text{und} \quad \alpha_3-\alpha_2 \neq 0$$
und daher
$$[P(\alpha_3) = 0] \Leftrightarrow [Q_2(\alpha_3) = 0] \Leftrightarrow [\exists Q_3 : Q_2(x) \equiv (x-\alpha_3)Q_3(x)],$$
woraus folgt
$$P(x) \equiv (x-\alpha_1)(x-\alpha_2)(x-\alpha_3)Q_3(x).$$
Man verfährt in dieser Weise weiter, bis man
$$P(x) \equiv (x-\alpha_1)(x-\alpha_2)\ldots(x-\alpha_k)Q_k(x)$$
erhält.

Grundlegende Schlußfolgerungen

(1) *Ein Polynom n-ten Grades kann für höchstens n Werte von x verschwinden, d.h. den Zahlenwert null annehmen.*
Ein Polynom, das für unendlich viele verschiedene Werte von x verschwindet, ist notwendig das Nullpolynom Ω, das keinen bestimmten Grad hat.

(2) *Ein Polynom n-ten Grades mit den Nullstellen $\alpha_1, \alpha_2, \ldots, \alpha_n$ wird durch die folgende Entwicklung dargestellt:*
$$a(x-\alpha_1)(x-\alpha_2)\ldots(x-\alpha_n) \equiv ax^n - a(\alpha_1+\alpha_2+\ldots+\alpha_n)x^{n-1} +$$
$$+\ldots+(-1)^n a\alpha_1\alpha_2\ldots\alpha_n$$

Das Polynom laute in geordneter Form
$$P(x) \equiv ax^n + a_1 x^{n-1} + \ldots + a_p x^{n-p} + \ldots + a_n x^0.$$
Bezeichnen wir mit s_p die Summe der Produkte von jeweils p Wurzeln, so erhalten wir
$$a_1 = -as_1, \ldots, \quad a_p = (-1)^p as_p, \ldots, \quad a_n = (-1)^n as_n.$$
Somit sind die Koeffizienten symmetrische Ausdrücke in den Wurzeln.

Ergänzung

Nehmen zwei Polynome, P_1 mit dem Grad n_1 und P_2 mit dem Grad n_2, für k Werte von x, wobei k größer als n_1 oder n_2 ist, dieselben Zahlenwerte an, so bestehen sie aus denselben Monomen (das gilt insbesondere, wenn $n_1 = n_2$).
Es ist in der Tat $P_1 - P_2$ ein Polynom, dessen Grad höchstens gleich dem größeren der Werte n_1 oder n_2 ist und das für k verschiedenen Werte von x verschwindet.

Anwendungen

Es existiert nur ein einziges Polynom $(n-1)$-ten Grades, das für n gegebene Werte von x genau n Zahlenwerte annimmt.
Ein solches Polynom findet man leicht: für $n = 2$ etwa bildet man
$$p_1 \frac{x - \alpha_2}{\alpha_1 - \alpha_2} + p_2 \frac{x - \alpha_1}{\alpha_2 - \alpha_1}.$$
Setzt man $x = \alpha_1$, so erhält man p_1, und setzt man $x = \alpha_2$, so ergibt sich p_2.
Für $n = 3$ lautet die Entwicklung
$$p_1 \frac{(x-\alpha_2)(x-\alpha_3)}{(\alpha_1-\alpha_2)(\alpha_1-\alpha_3)} + p_2 \frac{(x-\alpha_1)(x-\alpha_3)}{(\alpha_2-\alpha_1)(\alpha_2-\alpha_3)} + p_3 \frac{(x-\alpha_1)(x-\alpha_2)}{(\alpha_3-\alpha_1)(\alpha_3-\alpha_2)}$$
In dieser Weise verfährt man weiter. Der oben bewiesene Satz zeigt uns, daß die angeschriebenen Lösungen die einzigen sind. Sie existieren, wenn der Koeffizientenring ein Körper ist.

Folgerung

Zwei Polynome, die mindestens für einen Wert der Variablen verschiedene Zahlenwerte annehmen, sind nicht aus denselben Monomen zusammengesetzt und umgekehrt. Man bezeichnet nun in allgemeiner Redeweise als *Identität* eine „Buchstabengleichung", deren beide Seiten für *alle* Werte, die man für die Buchstaben, d. h. Variablen, einsetzt, denselben Zahlenwert annehmen; beide Seiten werden als *identisch gleich* bezeichnet. Wir haben also gezeigt, daß *zwei identische Polynome aus denselben Monomen bestehen*, was wir durch das Symbol ≡ ausdrücken. Um festzustellen, ob eine Gleichung in bezug auf einen Buchstaben eine Identität ist, genügt es, die beiden Seiten zu ordnen und die Gleichheit der Koeffizienten der Polynome in dieser Unbestimmten zu bestätigen.

Bemerkung

Bei dieser Betrachtung muß man voraussetzen, daß der Koeffizientenring genügend reich ist. Wird er zum Beispiel nur durch das vollständige Restsystem nach dem Modul 2 dargestellt (worin die einzigen voneinander verschiedenen Zahlen 0 und 1 sind), so ist das Polynom x^2+x immer gleich null für jedes beliebige x. Es sei noch bemerkt, daß der Grad 2 hier nicht derselben Menge angehört, aus der die Koeffizienten genommen wurden.

C. DIE DIVISION IM POLYNOMRING

1. Exakter Quotient

Es seien zwei Polynome $A(x)$ und $B(x)$ gegeben; existiert nun ein Quotientenpolynom $Q(x)$, so daß $A \equiv BQ$? Hier unterscheidet sich nun die Behandlung der Frage grundlegend von dem Vorgehen beim Ring der ganzen Zahlen, da nunmehr keine totale Ordnung vorhanden ist. Man kann wohl Polynome nach ihrem wachsenden Grad klassifizieren; aber es gibt nichtabzählbar unendlich viele Polynome eines bestimmten Grades, wenn die Koeffizienten aus dem Körper der reellen Zahlen genommen werden, was wir hier voraussetzen.

Ohne die Existenz oder Nichtexistenz des Polynoms Q vorerst zu beweisen, suchen wir zunächst mittels der notwendigen Bedingungen die aufeinanderfolgenden Monome auf.

Existiert Q, so hat man zunächst

$$d(Q) = d(A)-d(B) \text{ , etwa } = n$$
$$\delta(Q) = \delta(A)-\delta(B) \text{ , etwa } = p;$$

also ist eine notwendige Bedingung:

$$0 \leq \delta(A)-\delta(B) \leq d(A)-d(B), \text{ woraus } 0 \leq p \leq n \text{ folgt.}$$

Die Zahl der Glieder in Q (wobei die Glieder zwischen jenen höchsten und niedrigsten Grades verschwindende Koeffizienten haben können) ist bekannt, nämlich gleich $n-p+1$. Wir setzen mithin

$$Q \equiv q_n x^n + q_{n-1} x^{n-1} + \ldots + q_{p+1} x^{p+1} + q_p x^p.$$

Nun können wir die Koeffizienten schrittweise berechnen.

a) *Verfahren wir zunächst nach fallenden Potenzen,* wobei wir stets voraussetzen, daß Q existiert. Wir setzen
$$Q \equiv q_n x^n + Q_1 \;,\; d(Q_1) \leqq n-1.$$
Gemäß der Definition für Q gilt
$$A \equiv q_n x^n B + Q_1 B \;,\; d(Q_1 B) < n + d(B) = d(A)$$
und daher ist q_n, der Quotient aus dem Koeffizienten des Gliedes mit dem höchsten Grad in A und jenem des Gliedes mit dem höchsten Grad in B, bekannt.

Somit genügt Q_1 der Bedingung
$$A_1 \equiv A - q_n x^n B \equiv Q_1 B \;,\; d(A_1) < d(A).$$
Wollen wir das Glied höchsten Grades in Q_1 d.h. des zweiten Gliedes in Q berechnen, so müssen wir dazu in derselben Weise wie vorher verfahren usw.

Da sich der Grad der partiellen Dividenden $A, A_1, A_2, \ldots$ verringert, bricht die Operation notwendigerweise ab; dieser Fall tritt aber erst dann ein, wenn der Grad des partiellen Dividenden
$$A_i \equiv A_{i-1} - q_j x^j B$$
geringer als $d(B)$ ist.

Es sind nur zwei Fälle möglich: entweder ist dieses A_i nicht das Nullpolynom Ω, dann geht die Division nicht auf, weil die verwendeten Bedingungen notwendig sind, oder aber A_i ist das Nullpolynom; addiert man dann die verwendeten Identitäten gliedweise, so hat man
$$A \equiv q_n x^n B + A_1$$
$$A_1 \equiv q_{n-1} x^{n-1} B + A_2$$
$$\cdots\cdots\cdots\cdots\cdots$$
$$A_{i-1} \equiv q_j x^j B + \Omega.$$
Wir erhalten
$$A \equiv (q_n x^n + q_{n-1} x^{n-1} + \ldots + q_j x^j) B,$$
woraus zu ersehen ist, daß das gliedweise berechnete Polynom genau das gesuchte ist: die Bedingungen sind also auch hinreichend. Geht die Division auf, so sind wir auch imstande, das einzige Polynom aufzusuchen, das den gestellten Bedingungen genügt.

b) *Verfahren wir nun nach steigenden Potenzen,* so verläuft die Rechnung in entsprechender Weise. Ist die Operation ausführbar, so setzt man
$$Q \equiv q_p x^p + Q_1' \;,\; \delta(Q_1') \geqq p+1$$

und schließt daraus

$$A_1' \equiv A - q_p x^p B \equiv Q_1' B, \quad \delta(Q_1' B) > \delta(A),$$

wobei q_p hier der Quotient der Glieder niedrigsten Grades von A und B ist. Auch weiterhin verfährt man in entsprechender Weise. Diesmal nehmen die Zahlen $\delta(A_i)$ dauernd zu. Bricht nun auch in diesem Fall die Operation ab? Existiert das Polynom Q, so liefern unsere Bedingungen, die notwendig sind, daraus die Koeffizienten. Haben wir dann alle Glieder von Q gefunden, so ist der letzte partielle Dividend das Nullpolynom. Geht die Division nicht auf, so bricht die Operation nicht ab, da $\delta(A_i)$, das größer und größer wird, natürlich auch größer als $\delta(B)$ ist.

Rechenbeispiel für den Fall, daß Q existiert:

$$
\begin{array}{l}
\quad\quad\quad\quad\quad\quad\quad\quad B \quad\quad\quad\quad Q \\
A \equiv (x^5+3x^4+0x^3+5x^2-7x+2):(x^2+3x-2) = x^3+2x-1 \\
 -x^5-3x^4+2x^3 \\
\hline
A_1 \equiv +2x^3+5x^2-7x+2 \\
 -2x^3-6x^2+4x \\
\hline
A_2 \equiv -x^2-3x+2 \\
 +x^2+3x-2 \\
\hline
A_3 \equiv \Omega
\end{array}
$$

Verfahren wir nach wachsenden Potenzen, so haben wir in gleicher Weise

$$
\begin{array}{l}
\quad\quad\quad\quad\quad\quad\quad\quad B \quad\quad\quad\quad Q \\
A \equiv (x^5+3x^4+0x^3+5x^2-7x+2):(x^2+3x-2) = -1+2x+x^3 \\
 +x^2+3x-2 \\
\hline
A_1' \equiv x^5+3x^4+0x^3+6x^2-4x \\
 -2x^3-6x^2+4x \\
\hline
A_2' \equiv x^5+3x^4-2x^3 \\
 -x^5-3x^4+2x^3 \\
\hline
A_3' \equiv \Omega
\end{array}
$$

Beispiel für eine nichtaufgehende Division

Obwohl die Bedingung

$$0 \leq \delta(A) - \delta(B) \leq d(A) - d(B)$$

erfüllt ist, finden wir

$$A \equiv (x^3+5x^2 \quad -x \quad +1) : \overset{B}{(3x^2+x-2)} = \frac{1}{3}x + \frac{14}{9}$$

$$-x^3 - \frac{1}{3}x^2 + \frac{2}{3}x$$

$$A_1 \equiv \quad +\frac{14}{3}x^2 - \frac{1}{3}x + 1$$

$$-\frac{14}{3}x^2 - \frac{14}{9}x + \frac{28}{9}$$

$$A_2 \equiv \qquad -\frac{17}{9}x + \frac{37}{9}$$

Die Rechnung bricht ab, da $d(A_2) < d(B)$.

Nach steigenden Potenzen:

$$A \equiv (x^3 + 5x^2 - x + 1) : \overset{B}{(3x^2+x-2)} = -\frac{1}{2} + \frac{1}{4}x - \frac{25}{8}x^2$$

$$+\frac{3}{2}x^2 + \frac{1}{2}x - 1$$

$$A'_1 \equiv x^3 + \frac{13}{2}x^2 - \frac{1}{2}x$$

$$-\frac{3}{4}x^3 - \frac{1}{4}x^2 + \frac{1}{2}x$$

$$A'_2 \equiv +\frac{1}{4}x^3 + \frac{25}{4}x^2$$

$$+\frac{75}{8}x^4 + \frac{25}{8}x^3 - \frac{25}{4}x^2$$

$$A'_3 \equiv +\frac{75}{8}x^4 + \frac{29}{8}x^3$$

Die Rechnung kann unbegrenzt fortgesetzt werden, da das Glied mit x^{k+1} von A_k nicht verschwinden kann.

Bemerkungen

(1) Für die Rechnung nach fallenden Potenzen ist $d(A) \geq d(B)$ vorauszusetzen, für die Rechnung nach steigenden Potenzen $\delta(A) \geq \delta(B)$.

(2) Die Quotienten der Koeffizienten, die im Verlauf der Rechnung erscheinen, müssen existieren; deswegen setzen wir voraus, daß die Koeffizienten einem Körper angehören. Trotzdem verfährt man bei der Division nach fallenden Potenzen derart, daß man nur durch den Koeffizienten der höchsten Potenz von x, die in B auftritt, dividiert:

ist dieser Koeffizient Eins, so können die Koeffizienten einem Ring angehören (Beispiel: Division durch $x-\alpha$). Das gleiche gilt bei der Division nach steigenden Potenzen, wenn man den Koeffizienten des Gliedes mit der niedrigsten Potenz betrachtet, das in B auftritt.
Diese beiden Rechnungsarten führen zu zwei grundlegend verschiedenen Betrachtungen, die nun folgen.

2. Euklid-Division von Polynomen

Die Rechnung nach fallenden Potenzen liefert uns unter der Bedingung $d(A) \geqq d(B)$ ein Paar von Polynomen Q und R, so daß

$$A \equiv BQ+R \, , \, d(R) < d(B),$$

wobei R der letzte erhaltene partielle Dividend ist; er ist gleich Ω, wenn A ein Vielfaches von B ist, das heißt, wenn die Division, die zur Multiplikation inverse Operation, aufgeht.
Die Eindeutigkeit des Paares Q, R folgt nach dem Vorangehenden aus der Feststellung, daß in $A-R$ alle Glieder, deren Grad höher als $d(B)$ ist, genau jene von A sind. Wir können die Eindeutigkeit überdies direkt beweisen, wobei uns die soeben durchgeführte Rechnung nur dazu dient, um die Existenz eines Lösungspaares zu zeigen:

$$\left. \begin{array}{l} A \equiv BQ+R \, , \, d(R) < d(B) \\ A \equiv BQ'+R' \, , \, d(R') < d(B) \end{array} \right\} \Rightarrow B(Q-Q')+(R-R') \equiv \Omega$$

Ist nun $Q-Q'$ nicht das Nullpolynom Ω, so ist der Grad des ersten Gliedes größer oder gleich $d(B)$, wohingegen $d(R-R')$ kleiner als $d(B)$ ist; die Summe kann nicht Ω sein. Es ist daher $Q \equiv Q'$, woraus folgt, daß $R \equiv R'$.
Wie bei der Division von ganzen Zahlen werden Q und R als *Quotient*, beziehungsweise als *Rest* der Operation bezeichnet, die den Namen *Euklid-Division* trägt; es handelt sich hier in der Tat um den Euklid-Algorithmus. Wir betrachten die Folge von Divisionen

$$A \equiv BQ \;\;+R \, , \, d(R) < d(B)$$
$$B \equiv RQ_1+R_1 \, , \, d(R_1) < d(R)$$
$$R \equiv R_1Q_2+R_2 \, , \, d(R_2) < d(R_1) \text{ usw.}$$

Da sich der Grad der aufeinanderfolgenden Reste verringert, bricht der Algorithmus notwendigerweise ab; die Ungleichung zwischen den Graden ist genau die hinreichende Bedingung dafür, daß die Operation ausführbar ist! Der einzige Fall, wo die Division nicht möglich ist,

ist daher jener, wo man Ω als Rest erhält. Dieser Fall tritt also nach endlich vielen Operationen auf, und der Algorithmus endigt immer mit

$$R_{n-1} \equiv RQ_{n+1}+R_{n+1},$$
$$R_n \equiv R_{n+1}Q_{n+2}.$$

Bezeichnen wir den letzten von null verschiedenen Rest R_{n+1} mit D, so kann man genau so wie bei den ganzen Zahlen zeigen, daß (mindestens) ein Paar von Polynomen X und Y existiert, so daß $XA+YB \equiv D$. Diese Analogien führen uns zur Untersuchung der folgenden Frage:

Teilbarkeit von Polynomen

Ein Polynom A heißt teilbar durch ein Polynom B, wenn die Division $R \equiv \Omega$ liefert, das heißt, wenn Q existiert, so daß

$$A \equiv BQ.$$

Wir bemerken dazu jedoch, daß

$$A \equiv BQ \quad \Leftrightarrow \quad A \equiv (\lambda B)\left(\frac{1}{\lambda}Q\right),$$

wobei λ eine beliebige von null verschiedene Zahl ist.

Beispiel

$$x^2-4 \equiv (x-2)(x+2) \equiv \left(\frac{1}{3}x-\frac{2}{3}\right)(3x+6)$$

Für eine annehmbare Theorie der Teilbarkeit müssen wir solche Polynome als äquivalent zu betrachten, deren Koeffizienten einander proportional sind (d. h., Polynome, die vom Standpunkt des Vektorraums nicht voneinander unabhängig sind). Das neutrale Element der Multiplikation ist folglich nicht nur $1x^0$ (wofür man 1 schreibt), sondern auch λx^0, wofür man λ schreibt), also eine beliebige von null verschiedene reelle Zahl.

Wie bei den ganzen Zahlen ist die Beziehung „A ist ein Vielfaches von B" oder „B ist ein Teiler von A" eine Ordnungsrelation, da das transitive Gesetz zutrifft:

$$\left.\begin{array}{l}\exists Q : A \equiv BQ \\ \exists S : B \equiv CS\end{array}\right\} \quad \Rightarrow \quad [\exists T : A \equiv CT].$$

Ist darüber hinaus ein Polynom der Teiler zweier anderer Polynome, so teilt es auch ihre Summe. Alle Folgerungen aus dem Euklid-Algorithmus sind also weiterhin gültig, einschließlich des Schlusses: Ist D der letzte von null verschiedene Rest, so ist die Menge der Polynome, die gemeinsame Teiler von A und B sind, gleichzeitig auch die Menge der Teiler von D. Dieses Polynom ist das gemeinsame Divisorpolynom mit dem höchsten Grad (da seine Teiler, wenn es solche gibt, von niedrigerem Grade sind als es selber). Man bezeichnet es in Analogie zu den ganzen Zahlen als *größten gemeinsamen Teiler von A und B*. A und B werden als *teilerfremd* bezeichnet, wenn ihr größter gemeinsamer Teiler das neutrale Element der Multiplikation ist, das heißt in unserem Fall λx^0. Der im Algorithmus sich ergebende Rest ist notwendigerweise Ω.

Wie bei den ganzen Zahlen kann man auch hier den Fundamentalsatz beweisen: *Teilt ein Polynom das Produkt zweier Polynome und ist es zu einem derselben teilerfremd, so teilt es das andere Polynom.*

Es verbleibt jetzt nur noch die Aufgabe, eine vollständige Liste der Teiler eines Polynoms aufzustellen. Hier verschwindet jedoch die Analogie mit den ganzen Zahlen: wir sind niemals imstande, alle Polynome eines niedrigeren Grades zu untersuchen, weil es eine nicht abzählbare unendliche Anzahl von Polynomen eines gegebenen Grades gibt.

Wie kann man nun entscheiden, ob ein gegebenes Polynom zerlegbar ist, und wie kann man, wenn dies zutrifft, alle seine Zerlegungen finden? Man muß sich dabei von vornherein darüber klar werden, daß *die Möglichkeit einer Zerlegung von der Art des Körpers abhängt, aus dem die Koeffizienten gewählt werden*: Ist a etwa eine *positive* Zahl, so hat man in

$$x^2 - a \equiv (x - \sqrt{a})(x + \sqrt{a})$$

eine Zerlegung, die immer möglich ist, wenn der Koeffizientenkörper die Menge der reellen Zahlen ist; sie ist aber nicht immer möglich, wenn es sich um die Menge der rationalen Zahlen handelt.

Ist a positiv, so ist $x^2 + a$ nicht zerlegbar. Aus dem Koeffizientenvergleich in

$$x^2 + a \equiv (ux + v)(u'x + v') \equiv uu'x^2 + (uv' + u'v)x + vv'$$

folgt in der Tat, daß

$$uu' = 1 > 0 \;,\; vv' = a > 0 \;,\; uv' + u'v = 0,$$

welche Bedingungen innerhalb des Körpers der reellen Zahlen nicht miteinander verträglich sind.

Die einzigen Polynome, die unter keinen Umständen in Linearfaktoren zerlegt werden können, sind jene ersten Grades; sie lassen sich mit den Primzahlen vergleichen. Aber auch die über dem Körper der reellen Zahlen gebildeten Polynome sind nicht alle in ein Produkt von Faktoren ersten Grades zerlegbar. Ergänzend sei hier gesagt, daß man durch Erweiterung einen Zahlenkörper geschaffen hat, der umfangreicher als jener der reellen Zahlen ist und den man als *Körper der komplexen* (oder imaginären) *Zahlen* bezeichnet. Die über diesem Körper gebildeten Polynome können alle in Produkte von Linearfaktoren zerlegt werden.

Von diesem Standpunkt aus gesehen ist die Analogie mit den ganzen Zahlen durchaus vollständig (vgl. Dritter Teil, Kapitel VI).
Das bisher Gesagte liefert kein hinreichendes Kriterium dafür, ob ein Polynom zerlegbar ist oder nicht. Wir können nur erkennen, ob ein Polynom durch ein *gegebenes* anderes teilbar ist oder nicht, indem wir die Division durchführen; im einfachsten Fall ist dieses gegebene Polynom vom ersten Grad (Teilbarkeit durch $x-\alpha$).

3. Division nach steigenden Potenzen

Hier verläuft die Untersuchung vollkommen anders als im vorhergehenden Fall, wo wir nur einen einzigen ausgezeichneten Rest betrachtet haben: den letzten der Division; die dazwischenliegenden Reste waren die Dividenden der Zwischendivisionen. Hier aber schreitet die Operation unbegrenzt fort und deswegen müssen wir sie Schritt für Schritt verfolgen. (Das darf nicht mit dem Euklid-Algorithmus verwechselt werden; wir sprechen hier von einer echten Division, bei der der Divisor immer unverändert bleibt).
Wir erinnern uns, daß die Rechnung wie folgt verläuft:
Wir setzen voraus, daß die Polynome A und B so gewählt werden, daß $\delta(A)-\delta(B) = p$ positiv sei. Dann bestimmt man
q'_p derart, daß $A'_1 \equiv A - q'_p x^p B$ der Bedingung $\delta(A'_1) > p$ genügt;
q'_{p+1} derart, daß $A'_2 \equiv A'_1 - q'_{p+1} x^{p+1} B$ der Bedingung $\delta(A'_2) > \delta(A'_1)$ genügt, und verfährt in entsprechender Weise weiter.
Klammert man in B das Glied mit dem niedrigsten Grad aus, so kann man den Fall $\delta(B) = 0$ wieder herstellen oder sogar voraussetzen, daß das Glied niedrigsten Grades in B durch $1x^0 = 1$ dargestellt wird. Somit drücken die angeschriebenen Bedingungen aus, daß q'_p so gewählt wird, daß das Glied mit dem Grad p aus A'_1 verschwindet; q'_{p+1} wird dann so gewählt, daß das Glied mit dem Grad $p+1$ aus A'_2 verschwindet usw.
Ist Q'_i also die Menge jener Glieder, die bis zum Erreichen des

$$Q'_i \equiv q'_p x^p + q'_{p+1} x^{p+1} + \ldots + q'_{p+i} x^{p+i},$$
$$A'_{i+1} \equiv A'_i - q'_{p+i} x^{p+i} B, \quad \delta(A'_{i+1}) > p+i$$

ergebenden Schrittes auftreten, so erhält man

$$A \equiv BQ'_i + A'_{i+1}, \quad \delta(A'_{i+1}) > d(Q').$$

Gehen wir also daran, die Operation zu definieren: Es seien A und B gegeben, wobei $\delta(B) = 0$ und n eine natürliche Zahl. Dann definiert man die Polynome Q' und A' durch

$$A \equiv BQ' + A', \quad d(Q') = n, \quad \delta(A') > n.$$

Die Eindeutigkeit der Lösung folgt aus den angeführten notwendigen Bedingungen. Wir können aber dennoch einen direkten Beweis angeben: Es sei ein Paar $\{Q'', A''\}$ gegeben, das denselben Bedingungen bezüglich derselben Zahl n genügt; durch Subtraktion erhält man:

$$B(Q'-Q'')+(A'-A'') \equiv \Omega \, , \, d(Q'-Q'') \leq n.$$

Dann folgt aus
$$\delta(B) = 0,$$
daß
$$\delta[B(Q'-Q'')] \leq n$$
und daher ist
$$\delta(A'-A'') \leq n.$$

Dies ist jedoch unverträglich mit
$$\delta(A') > n \, , \, \delta(A'') > n,$$
wenn nicht
$$A' \equiv A''$$
und infolgedessen
$$Q' \equiv Q''.$$

Diese Operation liefert sehr wichtige Identitäten, denen wir beim Studium der gebrochenen rationalen Funktionen wieder begegnen werden. Die wichtigsten darunter sind jene, in denen der Divisor von der Form $\lambda x+1$ ist.

Beispiel

$A \equiv 1, B \equiv -x+1$.

$$
\begin{array}{r}
1 : (1-x) = 1+x+x^2 \\
-1+x \\
\hline
A'_1 \equiv +x \\
-x+x^2 \\
\hline
A'_2 \equiv x^2 \\
-x^2+x^3 \\
\hline
A'_3 \equiv x^3
\end{array}
$$

$1 \equiv (1-x)(1)+x \, , \, n = 0$
$1 \equiv (1-x)(1+x)+x^2 \, , \, n = 1$
$1 \equiv (1-x)(1+x+x^2)+x^3 \, , \, n = 2$
. . . .
$1 \equiv (1-x)(1+x+x^2+ \ldots +x^n)+x^{n+1}. \quad \forall n \in N$

Das Gesetz für die Koeffizientenbildung erscheint jedoch bei einem beliebigen Divisorpolynom keineswegs in so einfacher Form!

D. GEBROCHENE RATIONALE FUNKTIONEN IN EINER UNBESTIMMTEN

In gleicher Weise, wie sich eine rationale Zahl durch Paare ganzer Zahlen auf Grund der Äquivalenzrelation

$$\frac{a}{b} \equiv \frac{a'}{b'} \quad \Leftrightarrow \quad ab' = ba'$$

definieren läßt, kann man den Begriff der *algebraischen gebrochenen rationalen Funktion* definieren, indem man von Polynompaaren ausgeht:

$$\frac{A}{B} \equiv \frac{A'}{B'} \quad \Leftrightarrow \quad AB' \equiv BA'.$$

Aus drucktechnischen Gründen schreiben wir dafür auch oft A/B. Ist insbesondere A ein Vielfaches von B, das heißt, existiert ein Polynom Q, so daß $A \equiv BQ$, so hat man $A/B \equiv Q$.
Ist A kein Vielfaches von B, so liefert die Division

$$A \equiv BQ + R, \quad d(R) < d(B)$$

die Beziehung

$$\frac{A}{B} \equiv Q + \frac{R}{B}, \quad d(R) < d(B).$$

Eine solche Identität (also eine Gleichung, die für jeden Wert von x gilt) ist bei der Untersuchung von Funktionen und ihrer Graphen wichtig. Aus der Ungleichung in den Graden folgt, daß der Wert des zweiten Gliedes auf der rechten Seite der Gleichung für genügend große absolute Werte von x so klein wird, daß das Polynom $Q(x)$ genügend angenäherte Werte für A/B liefert.
Die Division nach steigenden Potenzen liefert, wenn man sie bei dem Schritt abbricht, wo der Quotient den Grad n erreicht,

$$A \equiv BQ_n + R_n, \quad \delta(R_n) > d(Q_n).$$

Setzt man

$$\delta(B) = 0$$

voraus, so folgt

$$\frac{A}{B} \equiv Q_n + \frac{R_n}{B}, \quad \delta(R_n) > d(Q_n).$$

folgt. Die Identität gewinnt mithin die Form

(1) $\quad \dfrac{A}{B} \equiv (c_0 + c_1 x + \ldots + c_n x^n) + \dfrac{x^{n+1}(\gamma_0 + \gamma_1 x + \ldots + \gamma_k x^k)}{b_0 + b_1 x + b_2 x^2 + \ldots b_p x^p}$,

wobei $b_0 \neq 0$.

Gibt man für x einen Wert α vor, der nur wenig von 0 verschieden ist, so ergibt die gebrochene rationale Funktion auf der rechten Seite für genügend großes n nur kleine Beträge (dies wegen des Faktors x^{n+1}), so daß das Polynom Q_n einen ausreichend angenäherten Wert für das Verhältnis $A(\alpha)/B(\alpha)$ liefert.

Dies wird im Anschluß an die Behandlung der Grenzwerte noch schärfer formuliert. Eine gebrochene rationale Funktion in der Form (1) schreiben ist gleichbedeutend damit, *„daß man die gebrochene rationale Funktion nach Potenzen von x bis zur Ordnung n entwickelt"*.

Die Theorie der Teilbarkeit von Polynomen liefert eine Reihe von wichtigen Eigenschaften der gebrochenen rationalen Funktionen: Sie beantwortet die Frage, wie man gebrochene rationale Funktionen vereinfachen kann, indem man sowohl Zähler wie Nenner durch einen gemeinsamen Divisor teilt. Sie gestattet es auch, Transformationen durchzuführen, die in der Analysis von großem Nutzen sind; bezeichnet man mit A und B zwei teilerfremde Polynome, so haben wir gesehen, daß der Euklid-Algorithmus zwei Polynome X und Y liefert, so daß $AX + BY \equiv 1$, d.h.: daß man die folgende Zerlegung in eine Summe vornehmen kann:

$$\frac{1}{AB} \equiv \frac{Y}{A} + \frac{X}{B}, \quad \text{voraus} \quad \frac{N}{AB} = \frac{N_1}{A} + \frac{N_2}{B} \quad \text{folgt.}$$

E. POLYNOME UND GEBROCHENE RATIONALE FUNKTIONEN MIT MEHREREN UNBESTIMMTEN

Ein Polynom mit mehreren Unbestimmten ist ein Ausdruck, der auch in bezug auf jede einzelne Unbestimmte ein Polynom ist, wobei man die Koeffizienten aus dem Ring jener Polynome nimmt, die mit den anderen Unbestimmten gebildet werden. Es handelt sich mithin um eine Summe von Monomen, das heißt eine Summe von Produkten der Form

$$a x_1^{\alpha_1} x_2^{\alpha_2} \ldots x_n^{\alpha_n},$$

wobei $\alpha_1, \alpha_2, \ldots, \alpha_n$ positive ganze Zahlen oder null sind. Die Zahlen a sind die *Koeffizienten des Polynoms*. Der *Grad* des Polynoms setzt sich aus der größten Zahl $\alpha_1 + \alpha_2 + \ldots + \alpha_n$ zusammen, die einem von null verschiedenen Koeffizienten entspricht.

Satz

Nimmt ein Polynom P den Wert 0 an, unabhängig davon, welche Werte man den Unbestimmten vorgibt, so müssen alle seine Koeffizienten null sein. Dieses Theorem gilt sicher für eine Unbestimmte und kann rückschreitend bewiesen werden, indem man die Koeffizienten des nur als Funktion von x_1 angesehenen Polynoms als Polynome in $n-1$ Unbestimmten betrachtet; diese Polynome verschwinden dann auch für alle Werte, die jene annehmen.

Mithin bleibt die Gültigkeit des Fundamentalsatzes über identische Polynome erhalten.

Was die Teilbarkeit betrifft, so wollen wir hier nur den folgenden Satz beweisen, den wir vorläufig für zwei Unbestimmte x und y aussprechen:

Satz

Besitzt ein Polynom mit zwei Unbestimmten x und y sowohl für $x = \alpha$, $\forall y$, wie auch für $y = \beta$, $\forall x$ den Wert 0, so ist es durch $(x-\alpha)(y-\beta)$ teilbar.

Wir haben in der Tat bereits festgestellt, daß die Division eines Polynoms mit einer Variablen durch $x-\alpha$ in keiner Weise eine Division der Koeffizienten notwendig macht. Betrachtet man also P als Polynom in x, wobei seine Koeffizienten dem Ring der Polynome in y angehören, so geht die Division auf. Nachdem dieses Polynom für $x = \alpha$ verschwindet, ergibt diese Division

$$P(x, y) \equiv (x-\alpha)Q_1(x, y).$$

$P(x, \beta)$ verschwindet für jeden beliebigen Wert von x, insbesondere für $x \neq \alpha$, und daher ist $Q_1(x, \beta)$ gleich null für beliebiges x, was in gleicher Weise wie oben beweist, daß $Q_1(x, y)$ durch $y-\beta$ teilbar ist:

$$\exists Q_2(x, y): \quad Q_1(x, y) \equiv (y-\beta)Q_2(x, y)$$

Daraus leitet man her

$$P(x, y) \equiv (x-\alpha)(y-\beta)Q_2(x, y).$$

Dieser Gedankengang läßt sich ohne Schwierigkeit auf beliebig viele Unbestimmte erweitern. Es soll dabei noch bemerkt werden, daß in dem soeben auseinandergesetzten Beweis die Koeffizienten der betrachteten Polynome in x und y aus dem Ring jener Polynome genommen werden können, die sich auf andere Unbestimmte $z_1, z_2, \ldots, z_n$ beziehen.

Die Theorie, die auf der Division und dem Euklid-Algorithmus basiert, trifft hier jedoch keineswegs mehr zu, wie das folgende Beispiel zeigt:

die beiden Polynome in zwei Unbestimmten $P \equiv x$ und $Q \equiv y$ müssen offensichtlich als teilerfremd betrachtet werden; es existiert nun in der Tat kein Polynompaar $X(x, y)$, $Y(x, y)$, so daß

$$xX(x, y) + yY(x, y) \equiv 1,$$

da auf der linken Seite kein Glied nullten Grades vorkommen kann. Die gebrochenen rationalen Funktionen mit mehreren Variablen werden in gleicher Weise wie jene mit einer Variablen definiert, indem man von den entsprechenden Polynomen ausgeht.

Methode der unbestimmten Koeffizienten

Das Theorem über die Identität von Polynomen kann bei Problemen der folgenden Art nutzbringend herangezogen werden:
Unter welcher Bedingung ist das Polynom

$$P \equiv x^4 + ax^2y^2 + by^4 + cx^2 + dy^2 + e \quad \text{durch} \quad x^2 + 3y^2 - 1 \quad \text{teilbar?}$$

Eine Überprüfung der auftretenden Grade zeigt, daß der Quotient, sofern er existiert, von der Form $ux^2 + vy^2 + w$ sein muß; seine Koeffizienten sind die Unbekannten. Wir bestimmen sie, indem wir P und das Produkt

$$(x^2 + 3y^2 - 1)(ux^2 + vy^2 + w)$$

identisch gleich setzen und die Koeffizienten entsprechender Glieder *vergleichen*.

$$\begin{cases} u = 1 \\ 3u + v = a \\ 3v = b \\ w - u = c \\ 3w - v = d \\ -w = e \end{cases} \Leftrightarrow \begin{cases} \begin{cases} u = 1 \\ v = \dfrac{b}{3} \\ w = -e \end{cases} \\ \begin{cases} a = 3 + \dfrac{b}{3} \\ c = e - 1 \\ d = -\left(3e + \dfrac{b}{3}\right) \end{cases} \end{cases}$$

Wir sehen, daß zwei Koeffizienten willkürlich bleiben, etwa b und e. Daraus leitet man die notwendigen Werte von a, c, d her; der Quotient wird somit

$$x^2 + \frac{b}{3} y^2 - e.$$

F. ANMERKUNG ÜBER DIE EINFÜHRUNG TRIGONOMETRISCHER BEGRIFFE IN ALGEBRAISCHE PROBLEME

Die Gültigkeit der Formeln für Polynome und gebrochene rationale Funktionen ist deswegen so wertvoll, da ihnen zufolge kein Polynom einfach durch ein anderes ersetzt werden kann; die Identität von Polynomen wird bewiesen, indem man beide Seiten gliedweise vergleicht, *vorausgesetzt, daß die Größen, die in ihnen vorkommen, voneinander unabhängig sind*, das heißt, daß sie nicht durch irgendeine Beziehung verknüpft sind, die gewissen Größen Werte vorschreibt, wenn die Werte anderer Größen gegeben sind. (Um eine Identität zu beweisen, darf man darin keine anderen als unabhängige Größen zulassen.) Im Gegensatz dazu gestattet es die Anpassungsfähigkeit der trigonometrischen Formeln, den Rechnungsgang zweckentsprechend einzurichten: Vermeidung von Wurzeln, Zerlegung in Linearfaktoren, Herabsetzung des Grades usw. Man sieht sich daher sehr oft veranlaßt, in algebraischen Rechnungen *Hilfswinkel* einzuführen, ganz unabhängig von irgendwelchen geometrischen Interpretationen, die bisweilen ihre Einführung rechtfertigen.

(1) Eine einzige Variable

Man kann jeder Zahl a immer einen Winkel α zuordnen, indem man $a = \tan \alpha$ setzt; die Zuordnung wird eineindeutig, wenn man noch fordert, daß $-\frac{\pi}{2} < \alpha < \frac{\pi}{2}$.

Liegt a zwischen -1 und $+1$, so kann man setzen

$$a = \cos \alpha \,, \; 0 \leq \alpha < \pi \; \text{oder} \; a = \sin \alpha \,, \; -\frac{\pi}{2} < \alpha \leq \frac{\pi}{2}.$$

Dies läßt sich insbesondere dann anwenden, wenn man das Auftreten von Quadratwurzeln vermeiden will, was man mittels der Formeln

$$1 + \tan^2 \alpha = \frac{1}{\cos^2 \alpha} \,, \; 1 - \cos^2 \alpha = \sin^2 \alpha \,, \; \frac{1}{\cos^2 \alpha} - 1 = \tan^2 \alpha$$

bewerkstelligt; man kann auf diese Weise Wurzeln aus den Polynomen

$$1 + x^2 \,, \; 1 - x^2 \,, \; x^2 - 1$$

umgehen. Dies läßt sich leicht auf jedes Polynom zweiten Grades ausdehnen, da $ax^2 + bx + c$ als Summe oder Differenz von Quadraten dargestellt werden kann, von denen nur eines x enthält.

(2) Zwei Variable

Eine eineindeutige Zuordnung zwischen den Paaren (a, b) reeller Zahlen und den Paaren (r, α) aus einer Zahl und einem Winkel läßt sich mit Hilfe der Formeln

$$a = r \cos \alpha \, , \; b = r \sin \alpha \, , \; \text{wobei } 0 \leq \alpha < \pi \text{ sei,}$$

herstellen, sofern $r \geq 0$, $0 \leq \alpha < 2\pi$.

Es gilt immer $\tan \alpha = \dfrac{a}{b}$; dann bestimmt man r aus einer der angeschriebenen Gleichungen; im ersten Fall ist jedoch α gegeben und das Vorzeichen von r daraus herleitbar; im zweiten Fall muß man α so wählen, daß $\cos \alpha$ dasselbe Vorzeichen wie a hat (wodurch gleichzeitig gesichert ist, daß $\sin \alpha$ dasselbe Vorzeichen wie b hat).
Es gilt selbstverständlich immer $r^2 = a^2 + b^2$.

Anwendungsbeispiele

Es sei

$$P(x, y) \equiv ax + by.$$

Führen wir $r, \alpha, \varrho, \varphi$ ein, indem wir

$$\begin{cases} a = r \cos \alpha \\ b = r \sin \alpha \end{cases} \quad \begin{cases} x = \varrho \cos \varphi \\ y = \varrho \sin \varphi \end{cases}$$

setzen. Dann gewinnt $P(x, y)$ die Form

$$r\varrho \cos (\varphi - \alpha).$$

In gleicher Weise wird

$$a(x^2 - y^2) + 2bxy$$

zu

$$r\varrho^2 \cos (2\varphi - \alpha).$$

Homogene Polynome in x und y (das heißt jene, deren Glieder alle vom selben Grad sind) und gebrochene rationale Funktionen, die aus solchen Termen bestehen, können durch Einführung der Vielfachen eines Bogens transformiert werden, wodurch ihr Grad herabgesetzt wird.

Beispiel

$$E \equiv ax^2 + bxy + cy^2$$

wird durch

$$x = \varrho \cos \varphi \, , \; y = \varrho \sin \varphi$$

zu
$$E = \frac{\varrho^2}{2}[(a-c)\cos 2\varphi + b\sin 2\varphi + (a+c)].$$
Setzt man nun
$$a-c = r\cos\alpha, \quad b = r\sin\alpha,$$
so erhält man
$$E = \frac{r\varrho^2}{2}\left[\cos(2\varphi-\alpha) + \frac{a+c}{r}\right].$$
Ist $\frac{a+c}{r} < 1$, so kann man weiterhin $\frac{a+c}{r} = \cos\beta$ setzen und erhält dann
$$E = r\varrho^2 \cos\left(\varphi - \frac{\alpha-\beta}{2}\right)\cos\left(\varphi - \frac{\alpha+\beta}{2}\right).$$
Man wird im allgemeinen die für den beabsichtigten Zweck beste Form wählen.

(3) Einführung des Tangens

Liegen gebrochene rationale Funktionen in $\cos\alpha$ und $\sin\alpha$ vor, deren Zähler und Nenner homogene Polynome desselben Grades sind, so führt man nach Division des ganzen Bruches durch eine passende Potenz von $\cos\alpha$ die Funktion $\tan\alpha$ ein. Dies ist jedoch auch in allgemeineren Fällen möglich, wenn man die gebrochene rationale Funktion mit Hilfe der Identität
$$\cos^2\alpha + \sin^2\alpha = 1$$
homogen vom selben Grad machen kann. Sie gestattet es, ihren Grad um eine gerade Zahl herabzusetzen.

Beispiele

$$\frac{\cos^3\alpha - \sin\alpha}{2\cos^5\alpha + \sin^3\alpha} = \frac{[\cos^3\alpha - \sin\alpha(\cos^2\alpha + \sin^2\alpha)](\cos^2\alpha + \sin^2\alpha)}{2\cos^5\alpha + \sin^3\alpha(\cos^2\alpha + \sin^2\alpha)}$$
$$= \frac{[1 - \tan\alpha(1 + \tan^2\alpha)](1 + \tan^2\alpha)}{2 + \tan^3\alpha(1 + \tan^2\alpha)}$$

Setzt man nun $\tan\alpha = t$, so gelangt man wieder zur Algebra zurück.

(4) Fall von Symmetrie oder Pseudosymmetrie

Besteht zwischen x und y Symmetrie, so kann man in gleicher Weise wie in der Algebra die Summe und das Produkt $x+y = s$, $xy = p$

einführen und x und y als Wurzelpaar einer Gleichung $u^2-su+p=0$ ansehen. Handelt es sich hingegen um zwei Winkel φ und ψ, die ebenfalls symmetrisch vorkommen, so führt man die Summe und die Differenz (oder häufiger die Halbsumme und die halbe Differenz) ein; die Differenz erscheint dabei als Kosinus, um die Symmetrie nicht zu stören. Wir sprechen von einer *Pseudo-Symmetrie*, wenn die Symmetrie lediglich durch einige Vorzeichenwechsel gestört ist, so daß man die Summe und die Differenz von Winkeln einführen kann, wobei die Differenz nicht nur als Kosinus, sondern auch als Sinus erscheinen kann.

Sonderfall. In $\sin\varphi$ und $\cos\varphi$ symmetrischer Ausdruck

Dieser ist sowohl in φ und $\frac{\pi}{2}-\varphi$ symmetrisch, so daß man $\varphi-\frac{\pi}{4}$ einführen kann, indem man

$$\cos\varphi+\sin\varphi = \sqrt{2}\cos\left(\varphi-\frac{\pi}{4}\right)$$

und

$$\cos\varphi\sin\varphi = \tfrac{1}{2}\sin 2\varphi = \tfrac{1}{2}\cos 2\left(\varphi-\frac{\pi}{4}\right)$$

verwendet. (Dies läuft darauf hinaus, daß man die Bezugsrichtung der Winkel derart ändert, daß man als neue Bezugsrichtung die Winkelhalbierende im ersten und dritten Quadranten verwendet.)
Man kehrt zur Algebra zurück, indem man

$$u = \cos\left(\varphi-\frac{\pi}{4}\right)$$

setzt, woraus

$$\cos\varphi+\sin\varphi = \sqrt{2}\,u, \quad \cos\varphi\sin\varphi = u^2-\tfrac{1}{2}$$

folgt. Behält man $\varphi-\frac{\pi}{4} = \psi$ bei, so erhält man

$$\cos\varphi+\sin\varphi = \sqrt{2}\cos\psi,\ \cos\varphi\sin\varphi = \tfrac{1}{2}\cos 2\psi$$

und ebenso

$$\cos\varphi-\sin\varphi = -\sqrt{2}\sin\psi.$$

Nur eine ausreichende Erfahrung in trigonometrischen Rechenmethoden gestattet es, diese Verfahren mit einiger Virtuosität zu handhaben.

II. Die Auflösung von Gleichungen

A. DEFINITIONEN

Im folgenden sollen Buchstaben wie $P, Q, \ldots$, wenn nicht ausdrücklich das Gegenteil behauptet wird, Polynome oder gebrochene rationale Funktionen bedeuten, oder allgemeiner, algebraische oder sogar trigonometrische Ausdrücke, für die die verwendeten Operationen definiert sind. Von diesen Ausdrücken wird vorausgesetzt, daß sie für jedes Wertesystem $x_0, y_0, z_0, \ldots$ der Unbestimmten $x, y, z, \ldots$, die in ihnen vorkommen, genau bestimmte reelle Zahlenwerte annehmen. Um die Schreibweise zu vereinfachen, beschränken wir uns auf drei Unbestimmte. Dann schreiben wir für $P(x_0, y_0, z_0)$ einfach P_0.

Die Koeffizienten dieser Ausdrücke werden aus einer Teilmenge $\mathfrak{E}$ der reellen Zahlen genommen; die den Unbestimmten zugeschriebenen Werte werden aus jener Menge $\mathfrak{E}$ der reellen Zahlen genommen, die entweder $\mathfrak{E}$ oder eine Erweiterung von $\mathfrak{E}$ sein kann: setzt man z. B. ganzzahlige Koeffizienten voraus, so läßt man für die Unbestimmten rationale Werte oder Werte von der Forum $a+b\sqrt{c}$ mit rationalem a, b, c oder einfach reelle Zahlen zu.

Wir setzen also voraus, das $\mathfrak{E} \subseteq \mathfrak{E} \subseteq \mathfrak{R}$.

Identität

Gilt für jedes beliebige Wertesystem $\{x_0, y_0, z_0\}$ von Werten aus $\mathfrak{E}$, die die Unbestimmten annehmen, $P(x_0, y_0, z_0) = Q(x_0, y_0, z_0)$, so sagt man, daß die Ausdrücke $P(x, y, z)$ und $Q(x, y, z)$ über $\mathfrak{E}$ *identisch* sind. Ist $\mathfrak{E}$ definiert, so schreibt man dafür $P(x, y, z) \equiv Q(x, y, z)$.

Beispiel

Bedeutet $\mathfrak{E}$ die Menge der positiven reellen Zahlen, so ist $x \equiv \sqrt{x^2}$; über der Menge der reellen Zahlen mit beliebigem Vorzeichen ist dies hingegen falsch.

Gleichung

Im allgemeinen sind zwei Ausdrücke nicht identisch; es erhebt sich daher die Frage, für welche Wertesysteme der Unbestimmten die Polynome P und Q denselben Zahlenwert annehmen. Die Bestimmung aller Mengen

$\{x_0, y_0, z_0\}$, für die $P_0 = Q_0$, bedeutet, daß man die Gleichung
$$P(x, y, z) = Q(x, y, z)$$
löst. Jede Menge $\{x_0, y_0, z_0\}$ heißt *eine Lösung der Gleichung*.
In gleicher Weise bedeutet *das Auflösen eines Gleichungssystemes*
$$\begin{cases} P = Q \\ R = S \\ \cdots \cdots \\ L = M, \end{cases}$$
daß man alle Mengen von Werten (x_0, y_0, z_0) aufsucht, die Lösungen dieser Gleichungen sind. Jede dieser Mengen heißt *eine Lösung des Systems*.
Im folgenden setzen wir voraus, daß die Menge $\mathfrak{E}$, aus der die Koeffizienten genommen werden, ein *Körper* ist (d.h., daß in ihm die Division mit Ausnahme der durch null möglich ist). Die den Unbestimmten, die hier *Unbekannte* heißen, zugeschriebenen Werte werden aus der Menge $\mathfrak{E}$ genommen, wie sie im folgenden angegeben wird: auf diese Weise untersucht man die Existenz und die Anzahl von Lösungen etwa der Gleichungen

$$2x+3 = 0, \quad x^2-4 = 0, \quad x^2-3 = 0, \quad x^2+3 = 0$$

in den Mengen N, Z, R^+, Q oder R. Die letzte Gleichung hat zwei Lösungen, wenn $\mathfrak{E}$ die Menge der komplexen Zahlen ist (Teil III, Kapitel VI).

B. ÄQUIVALENZ VON GLEICHUNGEN

Zwei Gleichungen werden bezüglich ein- und derselben Menge $\mathfrak{E}$ als äquivalent bezeichnet, wenn sie in dieser Menge dieselben Lösungen aufweisen. Das gleiche gilt entsprechend für Gleichungssysteme.

Bemerkung

Betrachtet man die folgenden Gleichungen von diesem mengentheoretischen Standpunkt aus, so sind

$x^2-4 = 0$ und $x-2 = 0$ in R^+, und

$x-2 = 0$ und $(x-2)^2 = 0$ in R äquivalent.

Hingegen entsprechen in der Geometrie der algebraischen Kurven, wenn diese an Hand ihrer Gleichungen untersucht werden, den Systemen

$$\begin{cases} y = 0 \\ y = x-2, \end{cases} \quad \begin{cases} y = 0 \\ y = (x-2)^2, \end{cases} \quad \begin{cases} y = 0 \\ y^3 = (x-2)^2 \end{cases}$$

verschiedene Situationen, wenn man vom *Standpunkt der Multiplizität* oder *Vielfachheit* (vgl. Teil II, 2. Abschnitt, Kap. I) und der *Berührungseigenschaften* (vgl. Teil III, Kap. IV) ausgeht. Es ist mithin der weiter unten dargelegte Satz IV der einzig hierzu passende.
Im folgenden legen wir den mengentheoretischen Standpunkt zugrunde. Wir setzen also $\mathfrak{E}$ derart gegeben voraus, daß $P, Q, \ldots$ definiert sind und für alle Werte der Unbestimmten in $\mathfrak{E}$ die bestimmten Werte P_0, Q_0 annehmen. Kommt also irgend ein Wurzelausdruck vor, so darf der Radikand für keine Elemente von $\mathfrak{E}$ negativ werden. Ebenso darf ein Nenner niemals verschwinden. Solche verbotenen Werte schließt man vor Beginn der Untersuchung aus.

Satz I
Für jeden beliebigen Ausdruck R sind die Gleichungen $P = Q$ und $P+R = Q+R$ äquivalent.
Die Operationen mit solchen Ausdrücken sind in der Tat von derselben Struktur wie die Operationen mit Zahlen, so daß
$$[P_0 = Q_0] \Leftrightarrow [P_0+R_0 = Q_0+R_0].$$

Satz II
Es gilt
$$[P_0 = Q_0] \Rightarrow [P_0 R_0 = Q_0 R_0].$$
Die Umkehrung dieses Schlusses *zerfällt jedoch in*
$[P_0 R_0 = Q_0 R_0] \Rightarrow [R_0 = 0$ oder (nichtausschließend) $P_0 = Q_0]$.
(Mit dem Ausdruck „nichtausschließendes oder" wollen wir ausdrücken, daß sich beide Fälle nicht notwendigerweise ausschließen; sie können beide gleichzeitig eintreten.)
Daraus ergeben sich die Sätze:

(1) *Die Gleichung $PR = QR$ zerfällt in $R = 0$ und $P = Q$.* Das heißt mit anderen Worten, daß die Menge der Lösungen von $PR = QR$ gleich der Vereinigung der Lösungsmengen von $R = 0$ und von $P = Q$ ist.

(2) Nimmt R auf $\mathfrak{E}$ niemals den Wert 0 an, so sind die Gleichungen $PR = QR$ und $P = Q$ einander äquivalent.

Satz III
Es gilt bekanntlich der Schluß
$$P_0^2 = Q_0^2 \Leftrightarrow [P_0 = Q_0 \text{ oder } P_0 = -Q_0],$$
woraus die Sätze folgen:

(1) *Die Gleichung $P^2 = Q^2$ zerfällt in $P = Q$ und $P = -Q$.*

(2) Die Gleichungen $P^2 = Q^2$ und $P = Q$ sind dann äquivalent, wenn P_0 und Q_0 über einer Menge dasselbe Vorzeichen haben.

Anwendungen dieser Sätze

Diese Sätze sind bei der Behandlung folgender Aufgaben dienlich:

1. Aufsuchen einer zu einer gegebenen Gleichung äquivalenten Gleichung, deren rechte Seite gleich null ist (d.h., „alle Glieder auf eine Seite schaffen").

2. Umformung einer Nenner enthaltenden Gleichung in eine solche ohne Nenner. Sind beide Seiten der ursprünglichen Gleichungen gebrochene rationale Funktionen, so bestehen jene der neu gebildeten Gleichung aus Polynomen; diese heißt dann *ganze rationale Gleichung*. Man schreibt dafür $P = 0$, wobei P ein Polynom ist.

3. Untersuchung einer Gleichung auf ihre Zerlegbarkeit in Linearfaktoren.

4. Umformung einer Gleichung, die eine oder zwei Quadratwurzeln enthält, in eine solche ohne Wurzelausdrücke. Zu diesem Zweck löst man die Gleichung nach einer Wurzel auf und quadriert anschließend beide Seiten; war ursprünglich nur eine Wurzel vorhanden, so verschwindet diese. Lag noch eine andere vor, so verbleibt noch eine und man wiederholt die Operation. Waren jedoch ursprünglich drei Wurzeln vorhanden, so verbleiben im allgemeinen auch wiederum drei. Aus der Notwendigkeit, die Vorzeichenverhältnisse untersuchen zu müssen, die oft sehr verwickelt sind, rechtfertigt sich die folgende *praktische Anweisung*: *In Probleme der Elementarmathematik soll man niemals Wurzelausdrücke aus den Unbekannten einführen.*

Schreibt man zum Beispiel $x > 3$, $\sqrt{x-3} = x+a$ an (in der Absicht, diese Gleichung zu lösen), so läuft das nur darauf hinaus, daß man eine schlechte Methode gewählt hat, um das System

$$\begin{cases} y^2 = x-3 \\ y = x+a \\ y > 0 \end{cases} \quad \text{zu lösen, das man umformt in} \quad \begin{cases} x = y-a \\ y^2 = y-a-3 \\ y > 0. \end{cases}$$

Man bemerke, daß $x > 3$, $\sqrt{x-3} = x+a$ äquivalent ist zu

$$x+a \geqq 0 \, , \, (x-3) = (x+a)^2,$$

ohne daß es nötig wäre, die Bedingung $x > 3$ aufrechtzuerhalten, deren Einhaltung durch die Gleichung selbst gewährleistet ist.

Satz IV: Satz von der Linearkombination

$\begin{cases} P = 0 \\ Q = 0 \end{cases}$ *ist äquivalent zu* $\begin{cases} P = 0 \\ aP+bQ = 0 \end{cases}$ *unter der Bedingung, daß* $b \neq 0$.

Damit wird ausgedrückt, daß Q auch tatsächlich in der Kombination auftritt.
Der Beweis ist in gleicher Weise wie oben sofort einzusehen.

Satz V: Satz von der Substitution

(I) $\begin{cases} x = F(y, z) \\ P(x, y, z) = 0 \\ Q(x, y, z) = 0 \\ \dots\dots\dots \\ S(x, y, z) = 0 \end{cases}$ ist äquivalent zu (II) $\begin{cases} x = F(y, z) \\ P[F(y, z), y, z] = 0 \\ Q[F(y, z), y, z] = 0 \\ \dots\dots\dots \\ S[F(y, z), y, z] = 0. \end{cases}$

Die Umformung von (I) in (II) bedeutet die *Elimination von x aus diesen Gleichungen* oder die Bildung eines äquivalenten Systems, in dem nur eine einzige Gleichung x enthält, während x aus den übrigen Gleichungen entfernt ist. Auch Satz IV dient zur Ausführung von solchen Eliminationen.
Umgekehrt bedeutet die Umformung von (II) in (I) die *Einführung einer Hilfsunbekannten* oder *Hilfsvariablen*.
Will man eine Hilfsunbekannte $x = F(y, z)$ einführen, so muß man vorher dafür sorgen, daß der Ausdruck F in den Gleichungen in y, z auch auftritt.

Beispiel

$ax^2+bx+c = 0$, $a \neq 0$. Die linke Seite kann man auch schreiben:

$$a\left(x+\frac{b}{2a}\right)^2 + c - \frac{b^2}{4a}$$

Man kann also hier die Hilfsunbekannte u einführen, indem man $u = x+\dfrac{b}{2a}$ definiert und davon Gebrauch macht, daß

$\begin{cases} ax^2+bx+c = 0 \\ u = x+\dfrac{b}{2a} \end{cases}$ äquivalent ist zu $\begin{cases} x = u-\dfrac{b}{2a} \\ u^2 = \dfrac{b^2-4ac}{4a^2}. \end{cases}$

Bemerkung

Die Einführung einer Hilfsunbekannten u, die durch $u = x+h$ gegeben ist, kann dadurch bewirkt werden, daß man x durch das Binom $u-h$ ersetzt. Ganz entsprechend kann man eine Hilfsunbekannte u durch $x = f(u)$ einführen; dann können jedoch verschiedene Werte von u denselben Wert von x liefern. Daher definiert man den Wertebereich von u genau, um zu einer *eineindeutigen Zuordnung zwischen u und x* zu gelangen. Führt man etwa den Winkel u durch $x = \cos u$ ein, so verlangt man $0 \leq u < \pi$.

C. GLEICHUNGEN UND KLASSISCHE SYSTEME

I. Grundgleichungen

($\mathfrak{E}$ bedeutet hier die Menge der reellen Zahlen.)

1. Lineare Gleichung mit einer Unbekannten: $ax+b = 0$

$$a \neq 0 \left[x = -\frac{b}{a} \quad \text{eine Lösung} \right.$$

$$a = 0 \begin{bmatrix} b \neq 0 & \text{keine Lösung (unlösbar)} \\ b = 0 & \text{jedes } x_0 \text{ ist eine Lösung (Unbestimmtheit).} \end{bmatrix}$$

2. Binomialgleichung: $x^n = k$, n positive ganze Zahl

$$k > 0 \begin{bmatrix} n \text{ ungerade} & x = \sqrt[n]{k} & \text{eine Lösung} \\ n \text{ gerade} & \begin{cases} x' = \sqrt[n]{k} \\ x'' = -\sqrt[n]{k} \end{cases} & \text{zwei Lösungen} \end{bmatrix}$$

$$k < 0 \begin{bmatrix} n \text{ ungerade} & x = -\sqrt[n]{-k} & \text{eine Lösung} \\ n \text{ gerade} & & \text{keine Lösung} \end{bmatrix}$$

$$k = 0 \qquad\qquad\qquad x = 0 \qquad \text{eine Lösung}$$

3. System von zwei linearen Gleichungen mit zwei Unbekannten

$$\begin{cases} ax+by+c = 0 \\ a'x+b'y+c' = 0 \end{cases}$$

Ist hier einer der Koeffizienten der Unbekannten von null verschieden, etwa $a \neq 0$, so kann man unter Verwendung des Satzes IV oder des Satzes V die Unbekannte x eliminieren und eine Gleichung in y herstellen, die entweder eine Lösung besitzt, unlösbar oder unbestimmt ist. Sind alle vier Koeffizienten der Unbekannten gleich null, so ist das System offensichtlich unlösbar, mit Ausnahme des Falles $c = c' = 0$, in dem vollständige Unbestimmtheit vorliegt.

Geometrisch kann man das System als zwei durch ihre Gleichungen gegebene Geraden interpretieren, deren gemeinsame Punkte aufzusuchen sind. Existieren die Geraden, so können sie sich entweder schneiden, parallel laufen oder zusammenfallen.

Die Existenz einer eindeutigen Lösung drückt sich durch $\delta = ab' - ba' \neq 0$ aus.

Für drei Gleichungen mit drei Unbekannten lautet diese Bedingung

$$\Delta = ab'c'' + bc'a'' + ca'b'' - ac'b'' - ba'c'' - cb'a'' \neq 0.$$

δ und Δ heißen Koeffizienten-*Determinanten*.

Allgemein kann man sagen, daß ein System von p Gleichungen mit p Unbekannten sich durch sukzessive Eliminationen auf eine Gleichung oder auf ein lineares Gleichungssystem mit einer Unbekannten zurückführen läßt. Es ist immer möglich, den Rechengang in den einzelnen Beispielen durchzuführen. Wir verzichten hier auf den allgemeinen Fall und dessen Diskussion, zu der man die Determinantentheorie nötig hat.

4. Symmetrisches System

$$\begin{cases} x + y = s \\ xy = p \end{cases}$$

Existiert die Lösung eines solchen Systems, so setzt sie sich aus dem Lösungspaar der Gleichung $u^2 - su + p = 0$ zusammen. Weist diese Gleichung zwei Wurzeln u' und u'' auf, so besitzt auch das System zwei Lösungen

$$\begin{cases} x = u' \\ y = u'' \end{cases} \text{ und } \begin{cases} x = u'' \\ y = u' \end{cases}.$$

Verschwindet hingegen die Diskriminante der Gleichung in u, so hat diese Gleichung nur eine Lösung und auch das System hat nur eine Lösung $x = y = u_0$. Das System ist schließlich unlösbar, wenn die Gleichung in u keine Lösung hat.

Zwischen dem Paar

$$\{x, y\}, \ x \leq y$$

und dem Paar

$$\{s, p\}, \ s^2 \geq 4p$$

besteht eine eineindeutige Zuordnung.

II. Gleichungen, die sich durch Substitution der Unbekannten auf die obigen zurückführen lassen

1. Häufig verwendete Hilfsunbekannte:

$u = x - \alpha$ kann verwendet werden, um bestimmte Glieder zum Verschwinden zu bringen, etwa das Glied ersten Grades in einer Gleichung zweiten Grades.

$u = x^2$ ist vorteilhaft in einer Gleichung, in der nur gerade Potenzen von x vorkommen (*biquadratische Gleichungen*).

$u = x + \dfrac{1}{x}$ kann in Polynome eingeführt werden, deren zur Mitte spiegelbildlich liegende Glieder gleiche Koeffizienten aufweisen (*reziproke Gleichungen*), da man dann den Ausdruck $x^n + \left(\dfrac{1}{x}\right)^n$ als Funktion der Potenzen von u für steigende Werte von n berechnen kann.

Schließlich haben wir bereits darauf hingewiesen, daß man auch Hilfswinkel einführen kann, um bestimmte Ausdrücke mit Hilfe trigonometrischer Formeln umzuformen.

Eine trigonometrische oder irrationale algebraische Formel gestattet nur numerische Näherungsrechnungen: Ist es das Ziel der Rechnung, solche Näherungswerte aufzufinden, so kann es überflüssig sein, exakte Formeln zu bestimmen (vgl. Teil III, Analysis). Das Problem, das uns hier beschäftigt, ist jedoch das folgende:

Ist ein Gleichungssystem (oder eine einzige Gleichung) gegeben, deren Koeffizienten voneinander unabhängige Größen sind, so sollen alle Lösungen in Form von Ausdrücken gefunden werden, in denen diese Koeffizienten sowie bereits bekannte Zahlen auftreten.

Solche Gleichungen des betrachteten Typs heißen *allgemeine*. Die außer den Unbekannten in ihnen auftretenden Größen heißen *Parameter*. Die Lösung heißt *algebraisch*, wenn die sie darstellenden Ausdrücke algebraisch sind. Bisher haben wir nur Gleichungen ersten und zweiten Grades mit einer Unbekannten gelöst.

2.) Lösung von Gleichungen dritten Grades. $ax^3 + bx^2 + cx + d = 0$.

a) Algebraische Lösung

Führt man die Hilfsunbekannte $X = x + \dfrac{b}{3a}$ ein, so verschwindet dadurch das Glied zweiten Grades und man gelangt so zu

$$X^3 + pX + q = 0.$$

Führen wir weiter noch zwei Hilfsunbekannte u und v mittels $X = u + v$ ein, wobei wir uns vorbehalten, noch eine zweite Bedingung aufzustellen,

um u und v miteinander in Beziehung zu setzen. Dann erhalten wir
$$u^3+v^3+(3uv+p)(u+v)+q = 0,$$
woraus der Gedanke erwächst, $3uv+p = 0$ zu setzen.
Schließlich reduziert sich das zu lösende System auf

(I) $\begin{cases} X = u+v \\ uv = -\dfrac{p}{3}, \\ u^3+v^3 = -q \end{cases}$ was äquivalent ist zu (II) $\begin{cases} X = u+v \\ u^3v^3 = -\dfrac{p^3}{27} \\ u^3+v^3 = -q. \end{cases}$

Die beiden letzten Gleichungen drücken aus, daß (u^3, v^3) ein Wurzelpaar von $Z^2+qZ-\dfrac{p^3}{27} = 0$ ist.

Man erhält mithin, falls

$\Delta = q^2+\dfrac{4p^3}{27} \geqq 0$, die Lösung $X = \sqrt[3]{-\dfrac{q}{2}+\dfrac{\sqrt{\Delta}}{2}} + \sqrt[3]{-\dfrac{q}{2}-\dfrac{\sqrt{\Delta}}{2}}$

(*Formel von Cardano und Tartaglia.*)
Ist Δ negativ, so liefert die Methode keine Lösung.

Ist die gefundene Lösung die einzige Lösung, wenn man eine findet, und, gibt es keine Lösungen, wenn man keine findet? Diese Frage ist zu verneinen, weil die Methode nur solche Lösungen liefern kann, für die $X^2 \geqq -\dfrac{4p}{3}$ ist, welche Bedingung die Voraussetzung für die Existenz von u und v ist. Sie liefert wenigstens alle Lösungen, die der obigen Bedingung genügen.

b) *Trigonometrische Lösung*

Dabei führen wir die Hilfsunbekannte φ mittels $X = \lambda \cos \varphi$, $\lambda \geqq 0$, $0 \leqq \varphi < \pi$ ein, wobei wir uns die endgültige Wahl von λ vorbehalten. Damit wird die Gleichung zu

$$\lambda^3 \left(\cos^3 \varphi + \dfrac{p}{\lambda^2} \cos \varphi\right) + q = 0$$

(wobei zu bemerken ist, daß $\lambda = 0$ nur in dem uninteressanten Fall $q = 0$ zulässig ist).
Vergleicht man dies mit der Identität $4\cos^3\varphi - 3\cos\varphi = \cos 3\varphi$, so liefert der Koeffizientenvergleich $\lambda^2 = -\dfrac{4p}{3}$; das somit erhaltene System lautet

$$\begin{cases} X = \lambda \cos\varphi \\ \lambda^2 = -\dfrac{4p}{3} \\ \lambda^3 \cos 3\varphi = -4q, \end{cases} \quad \text{das heißt} \quad \begin{cases} X = 2\sqrt{\dfrac{-p}{3}} \cos\varphi \\ \cos 3\varphi = \dfrac{3\sqrt{3}\,q}{2(-p)\sqrt{-p}} \\ 0 < \varphi < \pi. \end{cases}$$

Im Fall $p < 0$, $\dfrac{27 q^2}{-4 p^3} < 1$ findet man für $\cos 3\varphi$ drei Werte und daher ebenfalls drei Werte für $\cos\varphi$ und mithin für X.
Die Bedingungen lassen sich in einer einzigen Bedingung

$$\varDelta = q^2 + \frac{4 p^3}{27} < 0$$

zusammenfassen. Hier liefert die erste Methode kein Ergebnis.
Beachten wir, daß wir hier keine Formel hergeleitet haben, die jede Wurzel oder mindestens eine solche als einen algebraischen Ausdruck in p und q liefert. Vom Standpunkt der Algebra aus kann das Problem also nicht als gelöst betrachtet werden.

3. Gleichung vierten Grades $ax^4 + bx^3 + cx^2 + dx + e = 0$

Man beweist leicht: 1. daß das Glied dritten Grades durch eine Transformation der Unbekannten, nämlich $X = x + \dfrac{b}{4a}$, zum Verschwinden gebracht werden kann. 2. Führt man eine neue Unbekannte y mittels $x = ky + h$ ein, so kann man die Bedingungen dafür angeben, daß die Gleichung in y eine reziproke Form annimmt (und mithin durch Gleichungen zweiten Grades gelöst werden kann) und daß schließlich nach Eliminierung von k die verbleibende Gleichung in h nur noch vom dritten Grad ist.
Die Gleichung vierten Grades wird somit sukzessive auf Gleichungen zweiten und dritten Grades zurückgeführt.
Schließen wir, indem wir auf die Tatsache hinweisen, daß wir das Problem der Gleichungen dritten und vierten Grades keineswegs vollständig gelöst und die allgemeine Frage kaum gestreift haben. Wir werden späterhin einen weiteren Versuch in dieser Richtung unternehmen, können aber schon jetzt sagen, daß wir das Problem nur ein wenig beleuchten können, ohne es zu lösen. Das hat seinen guten Grund. Der junge Norweger *Abel* (1802/1829) hat mit 19 Jahren gezeigt, daß es unmöglich ist, eine Gleichung 5. Grades durch Wurzeln zu lösen, und *Galois* (1811/1832) hat mit Hilfe seiner genialen Gruppentheorie gezeigt, daß die allgemeine Gleichung von höherem als viertem Grad nicht durch Wurzelausdrücke lösbar ist.

Dritter Teil

ANALYSIS

Die Grundlagen für die Behandlung des Verhaltens reeller Funktionen in einem Punkte und im Großen sind in Teil I, Kap. IV, auseinandergesetzt. Wir werden uns hier darauf beschränken, daraus die wesentlichen Sätze zu zitieren, bevor wir aus ihnen weitere Schlußfolgerungen ziehen und diese Begriffe auf einige spezielle Funktionen anwenden.

I. Verhalten der reellen Funktionen im Großen

A. WIEDERHOLUNG DER DEFINITIONEN

Eine reelle Funktion f ordne jedem Element $x \in X$ eines Definitionsbereichs $X \subseteq R$ ein Bild in R zu. Durchläuft das erzeugende Element x die Menge X, so ergibt y eine Teilmenge $Y = f(X)$ von R:

$$\forall x \in X, \quad x \searrow \underline{\quad f \quad} \nearrow y = f(x)$$

(Aus drucktechnischen Gründen findet man auch in Büchern die Schreibweise $f: x \to y$, was aber die Aufstellung von Schemata unmöglich macht.) Im Falle $Y = R$ ist f *surjektiv*. Die Funktion ist in R *injektiv*, wenn jedes Element von Y das Bild genau eines einzigen Elementes von X ist, d. h., wenn f auf Y *bijektiv* ist. Dann ist zu f eine *reziproke Funktion* (Umkehrung, Kehrfunktion) g vorhanden, die auf Y definiert ist und Werte aus X abnimmt. Mit anderen Worten: Jedes durch f erhaltene y hat nur ein einziges Element als reziprokes Bild. Man schreibt

$$g = f^{-1} \quad \text{oder} \quad g = \overset{-1}{f}.$$

Eine Funktion, die die natürliche Ordnung in R beläßt, heißt (monoton) *wachsend* oder *zunehmend*; sie ist (monoton) *fallend* oder *abnehmend*, wenn sie diese Ordnung umkehrt. Bei der Untersuchung des Funktionsverlaufs wird im allgemeinen eine Aufteilung von X in Teilmengen nötig werden, in denen die Funktion monoton ist. Die Ergebnisse werden in einer „Übersicht über den Funktionsverlauf" niedergelegt, die das Zeichnen des Graphen vorbereitet.

Die von uns betrachteten Funktionen sind meistens auf einer Vereinigung von *Intervallen* definiert, von denen einige auch aus isolierten Punkten bestehen können. Der Inhalt dieses Kapitels läßt sich jedoch auch auf *Folgen* übertragen, d. h. auf Funktionen, die auf der Menge N der natürlichen Zahlen oder der Menge Z der ganzen Zahlen definiert sind.

Beispiele:

$$\forall p \in N, \quad n \searrow \underline{\quad\quad} \nearrow y = 1 \cdot 2 \cdot 3 \cdot \ldots \cdot n = n! \quad \text{(Fakultät)}$$

$$\forall m \in Z, \quad m \searrow \underline{\quad\quad} \nearrow y = a\, q^m \quad \text{(Glieder einer geometrischen Folge)}$$

B. ZUSAMMENSETZUNG (KOMPOSITION) IN DER MENGE DER FUNKTIONEN

Das Produkt $f = g \times h$ wird durch folgendes Schema definiert:

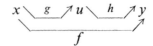

Die aufeinanderfolgenden Bilder von x sind
$$u = g(x), \quad y = h(u) = h[g(x)],$$
was die Bezeichnung $f = h \circ g$ rechtfertigt, wobei in diesem einzigen Falle die Operation in der Reihenfolge von rechts nach links vorzunehmen ist. Bei der Verwendung der Schemata wird man die Produktschreibweise vorziehen.

a) Bestimmung des Definitionsbereichs

Es sei X der Definitionsbereich von g und U der von h. Der Definitionsbereich von f ist die größte Teilmenge X_1 von X, für die $g(X_1) \subseteq U$ ist. Sie ist damit die Menge der durch g erzeugten reziproken Bilder von U.

Beispiel:

$$x \searrow \overset{g}{\nearrow} u = \frac{x^2(x-1)}{x+1} \searrow \overset{h}{\nearrow} y = \sqrt{u}$$
$$x \neq -1 \longleftarrow$$
$$x \in X_1 \longleftarrow u \geq 0 \longleftarrow$$

$$X =]-\infty, -1[\ \cup \ ]-1, +\infty[, \quad U = [0, +\infty[$$
$$X_1 =]-\infty, -1[\cup \{0\} \cup [+1, +\infty[.$$

b) Eigenschaften der Zusammensetzung von Funktionen

Die Zusammensetzung oder Komposition von Funktionen ist offenbar assoziativ und im allgemeinen nichtkommunitativ. Nur in dem Falle, in dem alle Komponenten bijektiv sind, erhält die Menge der Funktionen infolge der Existenz der inversen (reziproken) Funktionen Gruppenstruktur.

Wachstum. Aus der Definition folgt: Ist jede der Komponenten des Produktes entweder wachsend (steigend) oder fallend, wenn x eine Teilmenge $X_0 \subseteq X_1$ durchläuft, so ist die Produktfunktion (zusammengesetzte Funktion) wachsend oder fallend, je nachdem die Anzahl der im Produkt zusammengesetzten fallenden Funktionen gerade oder ungerade ist.
Der Sonderfall reziproker Funktionen. Eine bijektive Funktion f ist monoton. Dann gilt dasselbe von g, und beide Funktionen sind entweder wachsend oder fallend:

$$x \searrow \overset{f}{\nearrow} y \searrow \overset{g}{\nearrow} x$$
$$\underset{\Im}{\diagdown \qquad \diagup}$$

c) Anwendung

Wir wenden das Gesagte bei der Aufstellung der Übersichten zum Verlauf der Funktionen an. Zur Vereinfachung geben wir anstelle des Wachsens der Einzelfunktionen (Vertikalpfeile in Tafel I) das Wachsen der Produkte $g \times h$, $g \times h \times j$ in den Zeilen an, die für die Bilder vorgesehen sind (Schrägpfeile in Tafel I) und zwar in der Weise, daß die Pfeile angeben, ob die Werte von links nach rechts wachsen, oder fallen, wenn x von links nach rechts wächst.

Beispiel

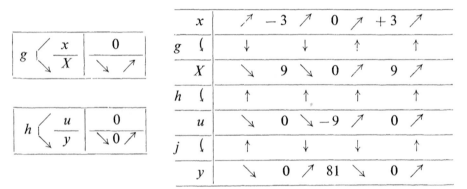

Tafel I

	x	↗	-3	↗	0	↗	$+3$	↗
g (		↓		↓		↑		↑
	X	↘	9	↘	0	↗	9	↗
h (		↑		↑		↑		↑
	u	↘	0	↘	-9	↗	0	↗
j (		↑		↓		↓		↑
	y	↘	0	↗	81	↘	0	↗

Übliche Form der Übersicht

x	↗	-3	↗	0	↗	$+3$	↗
X	↘	9	↘	0	↗	9	↗
u	↘	0	↘	-9	↗	0	↗
y	↘	0	↗	81	↘	0	↗

$y = (x^2 - 9)^2$

C. DIE GRUNDFUNKTIONEN

Ausgehend von direkt zu untersuchenden Grundfunktionen

(1) Konstante Funktion mit dem Wert k $\quad \forall x \in R, \; x \searrow \underline{} \nearrow y = k$

(2) Identische Funktion $\quad \forall x \in R, \; x \searrow \underline{\mathfrak{J}} \nearrow y = x$

(3) Verschiebungsfunktion $\quad \forall x \in R, \; x \searrow \underline{\mathfrak{T}} \nearrow y = x + a$

(wachsende Funktion, da $\quad \forall x_1, \forall x_2, \; y_2 - y_1 = x_2 - x_1$)

können wir nach dem Vorhergehenden auch verwickeltere Funktionen untersuchen.

(4) Proportionalität $\quad k \neq 0 \ldots \forall x \in R, \; x \searrow \underline{\mathfrak{L}} \nearrow y = kx$

$y_2 - y_1 = k(x_2 - x_1)$, also $\quad k > 0 \Leftrightarrow \mathfrak{L} \nearrow$
$\phantom{y_2 - y_1 = k(x_2 - x_1), \text{ also }} k < 0 \Leftrightarrow \mathfrak{L} \searrow$

Eigenschaft

Die Proportionalität oder Verhältnisgleichheit läßt die Addition unverändert:

$$\forall x_1, \forall x_2, \; x_1 + x_2 \searrow \underline{} \nearrow y_3 = y_1 + y_2$$

Diese Eigenschaft ist charakteristisch. Es sei f eine Funktion, für die

$$\forall x_1, \forall x_2, \; f(x_1 + x_2) = f(x_1) + f(x_2)$$

gilt. Das neutrale Element 0 entspricht notwendigerweise $f(0) = 0$. Wir setzen nun $k = f(1)$ mit $k > 0$ und konstruieren die Funktion punktweise. Der Gleichung $2 = 1 + 1$ entspricht

$$f(1) + f(1) = k + k = 2k.$$

In gleicher Weise ergibt sich für $n \in N$ der Wert $n \cdot k$. Für $\frac{1}{2} + \frac{1}{2} = 1$ erhalten wir $f\left(\frac{1}{2}\right) + f\left(\frac{1}{2}\right) = k; \; f\left(\frac{1}{2}\right) = \frac{1}{2} k$. Ebenso ergibt sich

$$f\left(\frac{1}{q}\right) = \frac{1}{q} k, \quad f\left(\frac{p}{q}\right) = \frac{p}{q} k$$

und schließlich noch wegen

$$\left(-\frac{p}{q}\right) + \frac{p}{q} = 0$$

$$f\left(-\frac{p}{q}\right) = -f\left(\frac{p}{q}\right) = -\frac{p}{q} k.$$

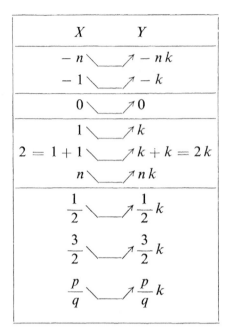

Also haben wir

$$\forall x \in Q, \quad x \searrow \underline{}^{f} \nearrow y = x \cdot k = kx.$$

Um dies für $\forall x \in R$ zu schließen, müssen wir auf die Topologie zurückgreifen. Die Zahl $r \in R$ ist durch eine Intervallschachtelung in Q definiert. Da die Funktion monoton ist, entspricht dem Intervall (a_n, b_n) das Intervall $[f(a_n), f(b_n)]$ und

$$|f(b_n) - f(a_n)| = |k| \cdot |b_n - a_n| < \varepsilon$$

ist durch $\quad |b_n - a_n| < \dfrac{\varepsilon}{|k|}$

gesichert. Nach der Definition der Multiplikation in R ist daher $f(r) = k \cdot r$.

Bemerkung

Die Menge dieser Funktionen bildet eine Gruppe in bezug auf die eben erklärte Komposition, wobei das neutrale Element $\mathfrak{J}$ durch $k = 1$, zueinander inverse Funktionen durch die Kehrwerte k und $\dfrac{1}{k}$ gegeben sind.

(5) Die umgekehrte Proportionalität

$$\forall x \in R \setminus \{0\}, \quad x \searrow \underline{\phantom{\mathfrak{H}}}^{\mathfrak{H}} \nearrow y = \frac{1}{x}$$

Der Wert null ist verboten.

$$y_2 - y_1 = \frac{-(x_2 - x_1)}{x_1 x_2}$$

x	$\nearrow$	0	$\nearrow$
y	$\searrow$	$\|$	$\searrow$

Die Änderung des Funktionswertes wird in jedem der Intervalle untersucht, die zusammen den Definitionsbereich ausmachen. In jedem von ihnen ist $x_1 x_2$ positiv, die Funktion also abnehmend.

Eigenschaft

Die Funktion läßt das Doppelverhältnis invariant, was bei ihr von der Geometrie her (Vierter Teil, 1. Abschnitt, II) den Namen homographische Funktion rechtfertigt.

(6) Potenzfunktion mit $n \in N$ $\quad \forall x \in R, \; x \searrow \mathfrak{P} \nearrow y = x^n$

$$y_2 - y_1 = x_2^n - x_1^n = (x_2 - x_1)(x_2^{n-1} + x_2^{n-2} x_1 + \ldots + x_2^{n-p} x_1^p$$
$$+ \ldots + x_1^{n-1})$$

Über R^+ ist die Funktion zunehmend. Für den Bereich R^- kommt es darauf an, ob n gerade oder ungerade ist.

n gerade

$$\begin{array}{c} x \searrow \nearrow u = -x \searrow \nearrow \nearrow v = u^n \searrow \nearrow \nearrow y = v, \\ x \in R^- \qquad u \in R^+ \qquad\qquad \text{also } f \searrow \text{ über } R^- \end{array}$$

n ungerade

$$\begin{array}{c} x \searrow \nearrow u = -x \searrow \nearrow \nearrow v = u^n \searrow \nearrow \nearrow y = -v, \\ x \in R^- \qquad u \in R^+ \qquad\qquad \text{also } f \nearrow \text{ über } R^- \end{array}$$

Eigenschaft.
Die Potenzfunktion eines Produktes ist gleich dem Produkt der Potenzfunktionen der einzelnen Faktoren:

$\forall x_1, \forall x_2 \; P(x_1 x_2) = P(x_1) \cdot P(x_2)$ und daher auch $P(x^k) = [P(x)]^k$.

(7) Andere Grundfunktionen. Die vorstehenden Funktionen sind mit Hilfe algebraischer Ausdrücke gegeben. Wir werden weiter folgende Funktionen einführen.

a) Die Funktionen des Logarithmus und des Exponenten (darüber später in Kap. VI, D)

b) Die Funktion „absoluter Betrag von" $\forall x \in R, \; x \searrow \nearrow y = |x|$, definier durch

$$\begin{cases} \forall x \in R^+ \\ x \searrow \mathfrak{J} \nearrow y = x \end{cases} \quad \begin{cases} x = 0 \\ 0 \searrow \nearrow 0 \end{cases} \quad \begin{cases} \forall x \in R^- \\ x \searrow \nearrow y = -x \end{cases}$$

c) Die durch das folgende Schema definierten Funktionen Sinus und Kosinus der Geometrie:

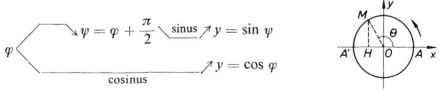

In dem orientierten Einheitskreis, in dem die Winkel in Radiant gemessen werden, gilt (Figur)

$$\theta \searrow \nearrow M \searrow \nearrow H \searrow \diagup \begin{matrix} X = \overline{OH} = \cos\theta \\ Y = \overline{HM} = \sin\theta \end{matrix}$$
$$\theta \in R \qquad M \in \mathfrak{C} \qquad H \in A'A$$

φ	$-\pi$		$-\dfrac{\pi}{2}$		0		$\dfrac{\pi}{2}$		π
$\sin\varphi$	0	$\searrow$	-1	$\nearrow$	0	$\nearrow$	1	$\searrow$	0
$\cos\varphi$	-1	$\nearrow$	0	$\nearrow$	1	$\searrow$	0	$\searrow$	-1

Wir haben im ersten Teil, Kap. V, gesehen, daß diese Funktionen die Periode 2π haben. Sie bilden die Grundlage für die Bildung periodischer Funktionen, an deren Definition wir erinnern. Die Zahl p heißt die Periode einer Funktion, wenn sie die kleinste Zahl ist, für welche

$$\forall x, \quad f(x+p) = f(x)$$

gilt.

D. ZUSAMMENGESETZTE FUNKTIONEN

Durch Zusammensetzen der vorstehenden Grundfunktionen erhält man beliebig viele Arten von Funktionen, von denen wir die einfachsten angeben werden.

(1) Die lineare Funktion

$$\forall x \in R, \quad x \searrow \underline{\mathfrak{A}} \nearrow y = ax + b, \ a \neq 0.$$

Nach der Identität $ax + b = a\left(x + \dfrac{b}{a}\right)$ brauchen wir dazu

$$x \searrow \underline{\mathfrak{L}} \nearrow u = ax \searrow \underline{\mathfrak{T}} \nearrow y = u + b$$
oder
$$x \searrow \underline{\mathfrak{T}'} \nearrow v = x + \dfrac{b}{a} \searrow \underline{\mathfrak{L}} \nearrow y = av \qquad \begin{cases} a > 0 \\ \mathfrak{A} \nearrow \end{cases} \quad \begin{cases} a < 0 \\ \mathfrak{A} \searrow \end{cases}$$

(2) Die gebrochene rationale Funktion (homographische Funktion)

$$x \searrow \underline{f} \nearrow y = \dfrac{ax+b}{a'x+b'} \qquad a' \neq 0.$$

Nach der Identität

$$\dfrac{ax+b}{a'x+b'} = \dfrac{a}{a'} + \dfrac{h}{x + \dfrac{b'}{a'}}, \qquad h = \dfrac{ba' - ab'}{a'^2},$$

verwenden wir

$$x \searrow \nearrow u = x + \frac{b'}{a} \searrow \downarrow \nearrow v = \frac{1}{u} \searrow \mathfrak{A} \nearrow y = \frac{a}{a'} + hv$$

$$x \neq -\frac{b'}{a'} \leftarrow u \neq 0 \leftarrow$$
(verbotener Wert)

$$\begin{cases} h > 0 \\ f \searrow \end{cases} \begin{cases} h < 0 \\ f \nearrow \end{cases} \begin{cases} h = 0 \\ y = \frac{a'}{a} \end{cases}$$

(3) Die quadratische Funktion $\quad x \searrow \mathfrak{S} \nearrow y = ax^2 + bx + c, a \neq 0$

Nach der Idendität $\quad ax^2 + bx + c = a\left(x + \frac{b}{2a}\right)^2 + d, \quad d = c - \frac{b^2}{4a}$,

setzen wir zusammen

$$x \searrow \nearrow u = x + \frac{b}{2a} \searrow g \nearrow v = u^2 \searrow h \nearrow w = av + d$$

$$x = -\frac{b}{2a} \leftarrow u = 0 \leftarrow$$
(bemerkenswerter Wert)
$\quad \begin{cases} a > 0 \\ h \nearrow \end{cases} \begin{cases} a < 0 \\ h \searrow \end{cases}$

$a > 0$	x	$\nearrow$	$-\frac{b}{2a}$	$\nearrow$
	y	$\searrow$	d	$\nearrow$

$a < 0$	x	$\nearrow$	$-\frac{b}{2a}$	$\nearrow$
	y	$\nearrow$	d	$\searrow$

Zur Übung kann man Funktionen untersuchen, die durch $f = g \times \mathfrak{S}$

$$x \searrow g \nearrow u = g(x) \searrow \mathfrak{S} \nearrow y = au^2 + bu + c$$

mit bekannter Funktion g gegeben sind, z. B. $g(x) = x^2$, was für f eine biquadratische Funktion ergibt.

(4) Die Potenzfunktionen mit Exponenten $m \in Q$. Der Definitionsbereich ist hier R^+. Wir wissen nur, daß die Funktion $x \searrow \mathfrak{P} \nearrow y = x^n$ für natürliche Zahlen n zunehmend ist.

Einführung negativer ganzer Exponenten

Wir setzen $\left(\frac{1}{x}\right)^n = x^{-n}$; dann ist $x \searrow f \nearrow y = x^{-n}$ definiert durch

$$\forall x \in R^+, \quad x \searrow \mathfrak{H} \nearrow u = \frac{1}{x} \searrow \mathfrak{P} \nearrow y = u^n, \text{ also } f \searrow.$$

Einführung gebrochener Exponenten

Da die Funktion $\mathfrak{P}$ zunimmt, besitzt sie eine durch $Y = \mathfrak{P}(R^+)$ definierte reziproke Funktion. Der Fall $Y = R^+$ ist bereits früher bei der Behandlung der reellen Zahlen besprochen worden (II. Teil, 1. Abschnitt, III), so daß

$$x \searrow \mathfrak{P}_n \nearrow y = x^n \searrow \mathfrak{P}_{n'} \nearrow z = y^{n'} = x^{nn'}$$

auf

$$x \searrow \mathfrak{P}_n \nearrow y = x^n \searrow \mathfrak{P}_{n^{-1}} \nearrow z = x = x^1$$

erweitert werden kann, indem man $n' = \dfrac{1}{n}$ setzt. So ist

$$u \searrow \nearrow v = u^{\frac{1}{n}} \quad \text{die zu} \quad x \searrow \nearrow y = x^n$$

inverse Funktion.

In dieser Weise ist für $q \in Q$ die Funktion $x \searrow \nearrow y = x^q$ definiert.

Beispiel

$$x \searrow f \nearrow y = x^{-\frac{3}{4}} \quad \text{ist durch}$$

$$\forall x \in R^+, \quad x \searrow \nearrow u = \frac{1}{x} \searrow \nearrow v = u^3 \searrow \nearrow y = v^{\frac{1}{4}}$$

definiert, also gilt $f \searrow$.

Irrationale Exponenten werden wir nicht verwenden.

E. EINFÜHRUNG EINER KÖRPER-STRUKTUR IN DER MENGE DER FUNKTIONEN

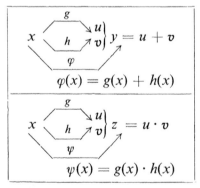

Die beiden nebenstehenden Übersichten definieren zwei Funktionen φ und ψ, die als Bilder die Summe bzw. das Produkt der durch g und h gegebenen Bilder liefern. Es handelt sich um zwei Operationen in der Menge der Funktionen, die wir natürlich als die Summe und das Produkt

$$\varphi = g + h \quad \text{und} \quad \psi = g \cdot h$$

bezeichnen.

(Dieses Produkt darf nicht mit der auch oft als Produkt bezeichneten Zusammensetzung von Funktionen verwechselt werden. In Zweifelsfällen nennen wir letzteres eine Komposition von Funktionen und sprechen von einer zusammengesetzten Funktion $F = h \circ g$ oder $F(x) = h[g(x)]$).

Additive Struktur

Das neutrale Element v ist die konstante Funktion der Werte 0. Das zu g symmetrische (d. h. inverse) Element ist die Funktion

$$x \searrow \underline{\quad g \quad} \nearrow u \searrow \underline{\cdot (-1)} \nearrow v = -u.$$

Die additive Gruppe ist also kommutativ.

Multiplikative Struktur

Das neutrale Element μ ist die konstante Funktion vom Werte 1. Das zu g symmetrische und von v verschiedene Element ist die Funktion

$$x \searrow \underline{\quad g \quad} \nearrow u \searrow \underline{\mathfrak{H}} \nearrow v = \frac{1}{u}.$$ Schließt man die Funktion v aus, so ist die multiplikative Gruppe kommutativ.

Distributivität

Sie folgt aus der numerischen Beziehung

$$[g(x) + h(x)] \cdot f(x) = g(x) \cdot f(x) + h(x) \cdot f(x).$$

(Der Beweis an Hand eines Schemas sei dem Leser überlassen.)
Es liegt also ein **kommutativer Körper** vor. Es sind nun die Eigenschaften von Interesse, die durch diese Körperstruktur nicht beeinträchtigt werden (z. B. die Stetigkeit und die Differenzierbarkeit). Für das Anwachsen von Funktionen gelten zwei besondere Sätze:

Satz 1.

Die Funktion „Summe von zwei wachsenden (abnehmenden) Funktionen" ist wachsend (abnehmend).

Satz 2.

Die Funktion „Produkt von zwei positivwertigen wachsenden (abnehmenden) Funktionen" ist wachsend (abnehmend).

Dies folgt aus der numerischen Gleichung

$$g(x_2) h(x_2) - g(x_1) h(x_1) = [g(x_2) - g(x_1)] h(x_2) + g(x_1) [h(x_2) - h(x_1)].$$

Schlußbemerkungen

Trotz dieser wichtigen Ergebnisse entziehen sich selbst sehr einfache Funktionen einer Behandlung, so z. B. $x \searrow \underline{\qquad} \nearrow y = x^3 - x$, die wir nur auf R^- untersuchen können. Erst die mächtigeren Hilfsmittel der Analysis werden zum Ziele führen.

II. Lokales Verhalten der Funktionen

A. WIEDERHOLUNG DER DEFINITIONEN

Wir haben die Begriffe Stetigkeit, Grenzwert, Ableitung bereits im ersten Teil, Kap. IV, Abschnitt 2, eingeführt. Ihre Definitionen seien vor ihrer Anwendung auf reelle Funktionen wiederholt.
Eine Funktion f bildet eine Menge X in eine Menge Y ab; in jeder dieser Mengen sei eine Topologie erklärt, d. h. eine Menge von Umgebungen.

a) Stetigkeit

Die Funktion f sei in x_0 durch $f(x_0) = y_0$ definiert. Dann heißt die Funktion f in x_0 stetig, wenn es für jede beliebige Umgebung $V(y_0) \subset Y$ eine Umgebung $U(x_0) \subset X$ gibt, deren Bild in $V(y_0)$ enthalten ist (Figur).

$$\forall V(y_0), \exists\, U(x_0): \quad f[U(x_0)] \subset V(y_0).$$

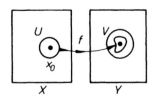

Grenzwert. Die Funktion kann in x_0 nicht definiert werden, aber sie ist in einer „punktierten" Umgebung $U(x_0) \setminus \{x_0\}$ definiert. Gibt es dann ein Element λ, so daß die Funktion in x_0 stetig wird, wenn man $f(x_0) = \lambda$ setzt, so heißt λ der *Grenzwert von f in x_0*. Man sagt auch, daß „$f(x)$ gegen λ strebt, wenn x gegen x_0 geht", und schreibt

$$\lim_{x \to x_0} f = \lambda \quad \text{oder} \quad \lim_{x \to x_0} f(x) = \lambda \quad \text{oder} \quad f(x) \to \lambda \;\; x \to x_0$$

b) Ableitungen

Dieser Begriff kommt herein, wenn für die Teilmengen V und U Maße definiert werden. Dann ist die Ableitung, wenn sie existiert, der Grenzwert des Verhältnisses

$$\frac{\text{Maß}\, f[U(x_0)]}{\text{Maß}\, U(x_0)} \quad \text{für} \quad U(x_0) \to 0.$$

(Ist z. B. X die Menge der Volumina und Y die der Massen, so heißt die Ableitung in x_0 die *Dichte* in diesem Punkt.)

c) Reelle Funktionen

heißen Funktionen, die auf R definiert sind und ihre Werte in R annehmen. Als Umgebungen werden Intervalle um die betrachtete Stelle x_0 als Zentrum verwendet, deren Mengen also durch $|x - x_0| < \alpha$ und $|y - y_0| < \beta$ usw. definiert sind. In diesem Kapitel werden wir $x - x_0 = \Delta x$, $y - y_0 = \Delta y$ usw. setzen. Dann ist die Stetigkeit in x_0 durch

$$\forall \varepsilon > 0, \exists \alpha: \quad |\Delta x| < \alpha \Rightarrow |\Delta y| < \varepsilon$$

definiert, und falls es eine Ableitung gibt, so ist diese

$$y_0' = \lim_{\Delta x \to 0} \frac{\Delta y}{\Delta x}.$$

(Man beachte, daß die hier auftretenden Maße orientiert sind.) Ist die Funktion in jedem Punkt x_0 eines Intervalls differenzierbar, so definiert die Menge der Werte y_0' eine abgeleitete Funktion oder Ableitung $y' = f'(x)$.

d) Im Falle einer Vektorfunktion $x \in R \searrow \nearrow V(x) \in \mathfrak{V}$ können wir nach dem ersten Teil, Kap. III, wegen der Struktur des Vektorraumes

$$\Delta V = V - V_0 \quad \text{und} \quad U = \frac{1}{\Delta x} \Delta V$$

schreiben. Besitzt dieser Vektor U für Δx gegen 0 einen Grenzvektor, so ist dieser die Ableitung V_0' der Vektorfunktion. Indem man x_0 variiert, erhält man die abgeleitete Vektorfunktion $x \searrow \nearrow V'(x)$.

B. STETIGKEIT UND GRENZWERT

a) Lokales Verhalten bei der Komposition von Funktionen

$f = g \times h$, d. h. $f = h \circ g$. Die Funktion g sei in x_0, die Funktion h in $y_0 = g(x_0)$ stetig. Da die Umgebungen durch Inklusion geordnet sind, trifft dies auch für ihre Bilder zu, was die folgenden Schlüsse erlaubt:

Annahme 1, $\forall V_1(y_0), \exists U_1(x_0): \quad g(U_1) \subset V_1$

Annahme 2, $\forall W_2(z_0), \exists V_2(y_0): \quad h(V_2) \subset W_2$

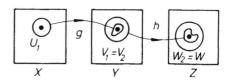

Nachdem $W(z_0)$ gewählt ist, genügt es infolgedessen, um $z \in W$ zu erhalten, wenn wir $W_2 = W$ setzen, dann daraus V_1 herleiten, $V_1 = V_2$ setzen und daraus U_1 gewinnen. Dann ist $x \in U_1 \Rightarrow z \in W$, was die Stetigkeit beweist.

Grenzwert

Ist die Funktion g in x_0 nicht definiert, besitzt dort aber einen Grenzwert λ, so spielt dieser die Rolle von y_0 im vorhergehenden und f hat den Grenzwert $h(\lambda)$ in x_0. Ist h gleichfalls nicht in $y = \lambda$ definiert, besitzt dort aber einen Grenzwert μ, so hat die Funktion f in x_0 den Grenzwert μ.

b) Lokales Verhalten im Körper der reellen Funktionen

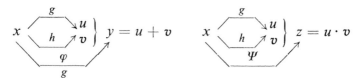

Stetigkeit

Die beiden Funktionen g und h seien in x_0 stetig; es gilt also

$$\forall \varepsilon_1 > 0, \quad \exists \alpha_1 : \quad |\Delta x| < \alpha_1 \Rightarrow |\Delta u| < \varepsilon_1$$
$$\forall \varepsilon_2 > 0, \quad \exists \alpha_2 : \quad |\Delta x| < \alpha_2 \Rightarrow |\Delta v| < \varepsilon_2$$

Summe

$$\Delta y = \Delta u + \Delta v$$

Es sei ε gewählt. Um $|\Delta y| < \varepsilon$ zu erreichen, genügt es,

$$|\Delta u| + |\Delta v| < \varepsilon$$

sicherzustellen. Man wird dazu $\varepsilon_1 = \varepsilon_2 = \dfrac{1}{2}\varepsilon$ wählen, woraus man α_1 und α_2 herleitet. Es sei nun α die kleinere der beiden Zahlen, die man mit $\alpha = \inf(\alpha_1, \alpha_2)$ bezeichnet. Dann gilt

$$|\Delta x| < \alpha \Rightarrow |\Delta y| < \varepsilon.$$

Produkt

Es ist

$$\Delta z = (u_0 + \Delta u)(v_0 + \Delta v) - u_0 v_0 = v_0 \Delta u + (u_0 + \Delta u)\Delta v$$

also

$$|\Delta z| < |v_0||\Delta u| + |u_0 + \Delta u| \cdot |\Delta v|.$$

Um bei vorgegebenem ε die Bedingung $|\Delta z| < \varepsilon$ zu erreichen, setzen wir
$$\varepsilon_1 = \frac{\varepsilon}{2|v_0|} \quad \text{und} \quad \varepsilon_2 = \frac{\varepsilon}{2(|u_0| + \varepsilon_1)}.$$
Daraus gewinnt man α_1 und α_2. Es genügt nun $\alpha = \inf(\alpha_1, \alpha_2)$ zu nehmen.
Hierbei wird $u_0 \neq 0$ und $v_0 \neq 0$ vorausgesetzt; die Betrachtung kann aber auch analog durchgeführt werden, wenn u_0 oder v_0 oder beide gleich null sind.

Ergebnis
Die Summe und das Produkt von zwei stetigen Funktionen sind ebenfalls stetig.

Grenzwert
Sind g oder h oder beide Funktionen nicht in x_0 definiert, besitzen dort aber Grenzwerte λ bzw. μ, so genügt es, im Vorhergehenden u_0 und v_0 durch λ und μ zu ersetzen.
Besitzen die Funktionen Grenzwerte, so ist der Grenzwert der Summe bzw. des Produktes der Funktionen gleich der Summe bzw. dem Produkt der Grenzwerte der Funktionen.

Quotient

Dafür benötigen wir die Ergebnisse in bezug auf $x \searrow f \nearrow t = \dfrac{1}{u}$. Es genügt $x \searrow F \nearrow y = \dfrac{1}{x}$ zu betrachten, denn F ist zerlegbar in
$$x \searrow \nearrow u \searrow f \nearrow w = \frac{1}{u}.$$

Nun ist
$$\Delta y = \frac{1}{x_0 + \Delta x} - \frac{1}{x_0} = \frac{-\Delta x}{(x_0 + \Delta x)x_0}.$$

Für $x_0 \neq 0$ kann man die Betrachtung auf $|\Delta x| < \dfrac{1}{2}|x_0|$ beschränken, woraus
$$\frac{|\Delta x|}{\frac{3}{2}|x_0|^2} < |\Delta y| < \frac{|\Delta x|}{\frac{1}{2}|x_0|^2}$$

folgt. $|\Delta y| < \epsilon$ ist durch $|\Delta x| < \dfrac{1}{2}|x_0|^2 \epsilon$ gesichert, woraus die Stetigkeit von f und damit auch von F folgt, wenn u stetig ist. Ist u in x_0 nicht definiert, besitzt dort jedoch den Grenzwert λ, so hat $F(x)$ in x_0 den Grenzwert $\dfrac{1}{\lambda}$, wenn $\lambda \neq 0$ ist.

18 Felix

Ergebnis

Besitzen zwei Funktionen in x_0 Grenzwerte, so ist der Grenzwert ihres Quotienten gleich dem Quotient der Grenzwerte der Funktionen.

C. ABLEITUNG

Wir verwenden die Bezeichnungen der vorhergehenden Seiten.

a) Ableitung einer zusammengesetzten Funktion $f = g \times h$, d. h. $f = h \circ g$.
Wir haben

$$r_1 = \frac{\text{Maß } g(U_1)}{\text{Maß } U_1} \quad \text{und} \quad r_2 = \frac{\text{Maß } h(V_2)}{\text{Maß } V_2}$$

gesetzt und nehmen g und h als differenzierbar an:

$$\lim_{\text{Maß } U_1 \to 0} r_1 = g_0' \quad \text{und} \quad \lim_{\text{Maß } V_2 \to 0} r_2 = h_0'.$$

Nach der Grenzwertdefinition können wir nun als Umgebung V_2 die Umgebung $g(U_1)$ wählen, da ihr Maß wegen der Stetigkeit von g gegen null strebt, wenn U_1 gegen null geht. Es ist nun

$$h(V_2) = f(U_1) \quad \text{und} \quad r = \frac{\text{Maß } f(U_1)}{\text{Maß } U_1} = r_1 r_2.$$

Nach dem Satz über den Grenzwert eines Produktes von Funktionen besitzt r den Grenzwert $g_0' h_0'$, wenn das Maß U_1 gegen null strebt. *Die Funktion $f = g \times h$ besitzt daher in x_0 eine Ableitung, die gleich dem Produkt der Ableitungen der Funktionen g und h ist.*
Bei reellen Funktionen $x \searrow g \nearrow y \searrow h \nearrow z$ schreibt man für die abgeleiteten Funktionen $z_x' = z_y' \, y_x'$, wobei die Indizes die Variablen angeben, nach denen differenziert wird. Es sei bemerkt, daß z_y' mit Hilfe von y ausgedrückt ist; die Formel lautet daher vollständig

$$z_x'(x) = z_y'\,[y(x)]\, y_x'(x) \quad \text{oder} \quad f_x'(x) = h_y'\,[g(x)] \cdot g_x'(x).$$

Ableitung der Umkehrfunktion (reziproken Funktion) einer bijektiven reellen Funktion.

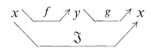

Für x_0 sei $f(x_0) = y_0$. Die beiden Zunahmen Δx und Δy sind einander eineindeutig zugeordnet. Angenommen, $r_1 = \dfrac{\Delta y}{\Delta x}$ besitzt den Grenzwert f_0', wenn Δx gegen 0 strebt, so hat $r_2 = \dfrac{\Delta x}{\Delta y}$ den Grenzwert $\dfrac{1}{f_0'}$.

Die Ableitung der zu f reziproken Funktion ist gleich dem Kehrwert der Ableitung von f:

$$\left(\overset{-1}{f(x)}\right)^{-} = \frac{1}{f'(x)}$$

b) Ableitungsformeln im Körper der reellen Zahlen

$x \searrow f \nearrow u$ und $x \searrow g \nearrow v$ seien in x_0 differenzierbar.

α) Ist

$$x \searrow \varphi \nearrow y = u + v, \Delta y = \Delta u + \Delta v, \text{ also } \frac{\Delta y}{\Delta x} = \frac{\Delta u}{\Delta x} + \frac{\Delta v}{\Delta x},$$

so haben wir

$$r_1 = \frac{\Delta u}{\Delta x}, \; r_2 = \frac{\Delta v}{\Delta x}, \; r = \frac{\Delta y}{\Delta x}, \quad r = r_1 + r_2.$$

Nach dem Satz über den Grenzwert einer Summe besitzt φ eine Ableitung $\varphi' = f' + g'$.
Die Ableitung einer Summe von differenzierbaren Funktionen ist gleich der Summe ihrer Ableitungen. (Dieses Ergebnis kann sofort auf eine beliebige Anzahl von Funktionen erweitert werden.)
Sind α, β, γ Konstanten, so hat $y = \alpha u_1(x) + \beta u_2(x) + \gamma u_3(x)$ die Ableitung

$$y' = \alpha u_1' + \beta u_2' + \gamma u_3'.$$

Das Differenzieren läßt die Vektorraum-Struktur der Menge der Funktionen invariant.

β) $x \searrow \psi \nearrow z = uv$. Aus der Formel

$$\Delta z = v_0 \Delta u + (u_0 + \Delta u) \Delta v$$

ergibt sich also für $\frac{\Delta z}{\Delta x} = \varrho$

$$\varrho = v_0 r_1 + (u_0 + \Delta u) r_2.$$

Für $x \to x_0$, $\Delta u \to 0$, $r_1 \to u_0'$, $r_2 \to v_0'$ besitzt ϱ nach den Sätzen über die Grenzwerte von Summen und Produkten dann einen Grenzwert

$$\lim \varrho = z_0' = v_0 u_0' + u_0 v_0'.$$

Fassen wir nun x_0 als das erzeugende Element eines Intervalles auf, so lautet das Ergebnis in bezug auf die Ableitungen:
$z = uv$ besitzt die Ableitung $z' = u'v + uv'$.
Man erhält die Ableitung eines Produktes differenzierbarer Funktionen, indem man die Summe der Produkte bildet, bei denen jeweils ein Faktor durch seine Ableitung ersetzt ist.

Dieser Satz läßt sich nach und nach auch für ein Produkt von 3, 4, ..., n Faktoren aussprechen; so ist z. B.
$$(uvw)' = (uv)\,w' = (uv)'w + (uv)w' = (u'v + uv')w + uvw'$$
$$= u'vw + uv'w + uvw'.$$
Der Beweis vereinfacht sich, wenn man $z' = u'v + uv'$ in
$$\frac{z'}{z} = \frac{u'}{u} + \frac{v'}{v}$$
umformt. Wir werden sehen, daß $\frac{y'}{y}$ die Ableitung von $\ln y$ ist. Diese Funktion werden wir von nun an als die *logarithmische Ableitung* von y bezeichnen. Dann können wir sagen:
Die logarithmische Ableitung eines Produktes von differenzierbaren Funktionen ist gleich der Summe der logarithmischen Ableitungen der Faktoren.

γ) Ableitung der Funktion $x \searrow F \nearrow t = \frac{1}{u}$. Wir betrachten zunächst $x \searrow \nearrow y = \frac{1}{x}$. Nach der Formel
$$\Delta y = \frac{-\Delta x}{(x_0 + \Delta x)\,x_0}$$
ist
$$\frac{\Delta y}{\Delta x} = \frac{-1}{(x_0 + \Delta x)\,x_0},$$
und der Grenzwert beträgt $\frac{-1}{x_0^2}$.

$y = \frac{1}{x}$ besitzt also für $x \neq 0$ die Ableitung $y' = \frac{-1}{x^2}$.

Da nun F in $\quad x \searrow g \nearrow u \searrow f \nearrow \frac{1}{u}$

zerlegt werden kann, so besitzt F die Ableitung
$$F'(x) = -\frac{1}{u^2} \cdot u'_x, \quad \text{und es ist} \quad \frac{F'}{F} = -\frac{u'}{u}.$$

Anwendungen

Mit Hilfe der vorhergehenden Formeln können wir die Ableitungen der üblichen Funktionen berechnen, indem wir von zwei elementaren Funktionen ausgehen.

Konstante Funktion: $\forall x, \quad y = k; \quad \forall x \Delta, \quad \Delta y = 0; \quad \forall x, \quad y' = 0$.

Identische Funktion: $\forall x, \quad y = x; \quad \Delta y = \Delta x, \quad \forall x, \quad y' = 1$.

Die durch algebraische Ausdrücke gegebenen Funktionen sind die

Polynom-Funktionen. $n \in N$, $y = x^n$ gibt $y' = n x^{n-1}$.
$$y = a_0 x^n + a_1 x^{n-1} + \ldots + a_p x^{n-p} + \ldots + a_{n-1} x + a_n$$
liefert
$$y' = n a_0 x^{n-1} + (n-1) a_1 x^{n-2} + \ldots + (n-p) a_p x^{n-p-1} + \ldots + a_{n-1}$$

Potenzfunktion. Wir betrachten $y = x^q$, $q \in Q$, definiert auf R^+. Zur Vereinfachung führen wir die logarithmischen Ableitungen ein, beginnend mit

$$y = x \quad \diagdown\!\!\!\diagup \quad y' = 1 \quad \diagdown\!\!\!\diagup \quad \frac{y'}{y} = \frac{1}{x}.$$

Es seien m und n natürliche Zahlen. Dann haben wir

$$u = x^n \quad \diagdown\!\!\!\diagup \quad \frac{u'}{u} = \frac{n}{x} \quad \text{und} \quad u' = n x^{n-1}$$

und da $v = x^{\frac{1}{m}}$ die reziproke Funktion von $x \diagdown\!\!\!\diagup v^m$ ist,

$$v' = \frac{1}{m \cdot v^{m-1}} = \frac{1}{m} v^{1-m} = \frac{1}{m} x^{\frac{1}{m}-1} \quad \text{und} \quad \frac{v'}{v} = \frac{\frac{1}{m}}{x}$$

$$w_1 = x^{\frac{n}{m}} = v^n \quad \diagdown\!\!\!\diagup \quad \frac{w'}{w} = \frac{nv'}{v} = \frac{\frac{n}{m}}{x} \quad \text{und} \quad w' = \frac{n}{m} x^{\frac{n}{m}-1}$$

$$y = x^{-\frac{n}{m}} = \frac{1}{w} \quad \diagdown\!\!\!\diagup \quad \frac{y'}{y} = -\frac{w'}{w} = \frac{-\frac{n}{m}}{x} \quad \text{und} \quad y' = -\frac{n}{m} x^{-\frac{n}{m}-1}.$$

Wir erhalten so für $\forall q \in Q$ auf R^+

$$y = x^q \quad \diagdown\!\!\!\diagup \quad \frac{y'}{y} = \frac{q}{x} \quad \text{und} \quad y' = q x^{q-1}.$$

Beispiel:

$$y = \sqrt[3]{x^2} = x^{\frac{2}{3}} \quad \diagdown\!\!\!\diagup \quad \frac{y'}{y} = \frac{\frac{2}{3}}{x} \quad \text{und} \quad y' = \frac{2}{3} \frac{1}{\sqrt[3]{x}}$$

$$y = \frac{1}{\sqrt[3]{x^2}} = x^{-\frac{2}{3}} \quad \diagdown\!\!\!\diagup \quad \frac{y'}{y} = \frac{-\frac{2}{3}}{x} \quad \text{und} \quad y' = -\frac{2}{3} \frac{1}{x\sqrt[3]{x^2}}$$

Folgerung:
$$y = u^q \searrow_{(u>0)} \nearrow \frac{y'}{y} = q\frac{u'}{u} \quad \text{und} \quad y' = qu^{q-1}u'$$

Beispiel:
$$y = \sqrt{u} \searrow \nearrow \frac{y'}{y} = \frac{1}{2}\frac{u'}{u} \quad \text{und} \quad y' = \frac{u'}{2\sqrt{u}}$$

Funktion mit multiplikativer Struktur. Wir machen hier vom logarithmischen Differenzieren Gebrauch.

Beispiel:
$$y = \sqrt{\frac{x^2(x-1)}{x+1}} \searrow \nearrow \frac{y'}{y} = \frac{1}{2}\left(\frac{2}{x} + \frac{1}{x-1} - \frac{1}{x+1}\right) = \frac{x^2+x-1}{x(x^2-1)}.$$

Trigonometrische Funktionen. Wir bilden sie, indem wir von der Sinusfunktion ausgehen. Wir ziehen sie der Kosinusfunktion vor, weil sich alle Grenzwertbetrachtungen auf der folgenden Tatsache aufbauen:

Die Funktion $\frac{\sin x}{x}$ besitzt in $x = 0$ den Grenzwert 1, wobei x in rad (Radiant, Bogenmaß) zu messen ist.

$$\lim_{x \to 0} \frac{\sin x}{x} = 1$$

Wir knüpfen an den ersten Teil, Kap. V, an, aber in mehr geometrischer Art.

α) Die Funktionen Sinus und Kosinus sind in jedem Punkt stetig. Dies folgt aus den Eigenschaften der Kreise und der Zuordnung der Umgebungen von K_0, von M_0 und von $\sphericalangle AOM_0 = x$ (Figur).

β) In der Umgebung von $x = 0$ haben $\sin x$ und x dasselbe Vorzeichen, also ist

$$\frac{\sin x}{x} = \frac{|\sin x|}{|x|}.$$

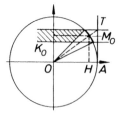

Für die Flächeninhalte ergeben sich folgende Inklusionen
$$\triangle OHM_0 \subset \text{Sektor}(0\,\widehat{AM_0}) \subset \triangle OAT$$

und daraus folgt $\quad |\sin x| < |x| < |\tan x|$

und $\quad\quad\quad\quad \cos x < \left|\dfrac{\sin x}{x}\right| < 1.$

Wegen der Stetigkeit der Kosinusfunktion bei $x = 0$ ist

$$\lim_{x \to 0} (\cos x) = 1, \quad \text{also} \quad \lim_{x \to 0} \frac{\sin x}{x} = 1.$$

γ) Ableitung von $y = \sin x$

$x_0 \searrow \nearrow y_0 = \sin x_0, \quad \text{also} \quad y = \sin(x_0 + \Delta x) - \sin x_0,$

$\Delta y = \sin(x_0 + \Delta x) - \sin x_0 = 2 \cos\left(x_0 + \dfrac{\Delta x}{2}\right) \cdot \sin \dfrac{\Delta x}{2}.$

$$\frac{\Delta y}{\Delta x} = \cos\left(x_0 + \frac{\Delta x}{2}\right) \cdot \left(\frac{2}{\Delta x} \sin \frac{\Delta x}{2}\right)$$

hat also einen Grenzwert und dieser beträgt

$$y'_0 = \cos x_0.$$

Die Funktion $y = \sin x$ besitzt daher die Ableitung $y' = \cos x$. In entsprechender Weise zeigt man, daß

$$z = \cos x \quad \text{die Ableitung} \quad z' = -\sin x$$

hat. Dazu gebraucht man die Zerlegung

$x \searrow \nearrow \varphi = x + \dfrac{\pi}{2} \searrow \nearrow z = \sin \varphi \quad \text{mit} \quad \cos \varphi = -\sin x.$

Bemerkung

$\cos\left(x_0 + \dfrac{\Delta x}{2}\right)$ ist hier ein regulärer Faktor: er hat einen von null verschiedenen Grenzwert und macht keinerlei Schwierigkeiten.

Daraus bildet man die Ableitung von

$$y = \tan x = \frac{\sin x}{\cos x}$$

und von

$$z = \cot x,$$

welche

$$y' = \frac{1}{\cos^2 x} = 1 + \tan^2 x$$

und
$$z' = -\frac{1}{\sin^2 x} = -(1+\cot^2 x)$$

lauten. Allgemeiner sind die Ableitungen von $\sin \varphi(x)$ und $\cos \varphi(x)$ gleich

$$\cos \varphi(x) \cdot \varphi'_x \quad \text{beziehungsweise} \quad -\sin \varphi(x) \cdot \varphi'_x.$$

wenn φ im Bogenmaß gemessen wird.

Bei der Untersuchung periodischer Vorgänge begegnet man häufig den Funktionen

$$\begin{cases} u = \sin(\omega t + \alpha) \\ v = \cos(\omega t + \alpha) \end{cases} \text{mit den Ableitungen} \begin{cases} u'_t = \omega \cos(\omega t + \alpha) \\ v'_t = -\omega \sin(\omega t + \alpha), \end{cases}$$

wobei t die Zeit ist, ωt sowie α im Bogenmaß ausgedrückt werden und ω und α Konstante sind.

Umkehrung der Funktionen Sinus, Kosinus und Tangens

Um diese Umkehrfunktionen genau definieren zu können, muß man den Definitionsbereich derart beschränken, daß die betrachtete Funktion innerhalb desselben monoton ist.

Es sei

$$y = \sin x, \quad x \in \left[-\frac{\pi}{2}, +\frac{\pi}{2}\right], \quad y'_x = \cos x.$$

Die Umkehrfunktion dazu heißt

$$\varphi = \text{Arc sin } \lambda.$$

(wobei φ den Bogen bedeutet, dessen Sinus λ ist).
Wir können davon die Ableitung bilden:

$$\varphi'_\lambda = \frac{1}{\cos \varphi} = +\frac{1}{\sqrt{1-\sin^2 \varphi}} = +\frac{1}{\sqrt{1-\lambda^2}}$$

Ohne Großbuchstaben schreibt man

$$\varphi = \text{arc sin } \lambda,$$

eine Funktion, die durch eine andere Bedingung, etwa

$$\frac{\pi}{2} < \varphi < 3 \cdot \frac{\pi}{2}$$

bestimmt wird, wobei sich das Vorzeichen des Wurzelausdruckes daraus bestimmt. Für das gewählte Beispiel ist

$$\varphi'_\lambda = \frac{1}{\cos \varphi} = -\frac{1}{\sqrt{1-\lambda^2}}.$$

Für die Funktion arc cos entspricht der Hauptwert Arc cos dem Bogen zwischen 0 und π:

$$\Phi = \text{Arc cos } \lambda, \quad \Phi' = \frac{1}{\sin \Phi} = +\frac{1}{\sqrt{1-\lambda^2}}.$$

Man versteht nun das Ergebnis $\varphi' = \Phi'$, weil die Differenz $\Phi - \varphi$ konstant ist und $\frac{\pi}{2}$ beträgt.

Schließlich findet man für jeden Wertebereich, daß $(\text{arc tan } t)' = \frac{1}{1+t^2}$.

Bemerken wir hier, daß die Bildung des Differentialquotienten dieser zu den trigonometrischen inversen Funktionen auf algebraische Funktionen führt: Obwohl nun jede algebraische Funktion eine algebraische Ableitung besitzt, trifft dies für den umgekehrten Fall nicht immer zu.

D. ERWEITERUNG DER BEGRIFFE GRENZWERT UND ABLEITUNG

Bereits früher (Teil I, Kapitel IV) hat es sich als angezeigt erwiesen, dem Wertebereich einer Funktion eine Zahl hinzuzufügen, um sie dadurch stetig zu machen: Ist $f(x)$ im Intervall (a, b) mit Ausnahme der Stelle x_0 definiert und strebt sie einem Grenzwert λ zu, wenn x sich x_0 nähert, so vervollständigen wir die Definition, indem wir dem Funktionswert $f(x_0)$ den Wert λ zuordnen.

Es sei zum Beispiel

$$f(x) = \frac{x^2+x}{x}$$

und daher

$$f(x) = x+1$$

für $x \neq 0$. Wir setzen $f(0) = 1$.

Eine solche Erweiterung der Definition mit dem Ziel, eine Ausnahme zum Verschwinden zu bringen, ist in der Mathematik durchaus üblich; wir finden dafür in der Geometrie zahlreiche Beispiele. Der auf diese Weise für $f(x_0)$ eingeführte Wert wird oft als „wahrer Wert" von f an der Stelle x_0 bezeichnet.

Betrachten wir nun jedoch die Funktion

$$x \diagdown \diagup f(x) = \frac{1}{x - x_0}$$

in der Umgebung von x_0. Hier kann man $f(x_0)$ überhaupt keinen Wert zuschreiben, der die Stetigkeit gewährleisten würde. In einem solchen Fall tritt an die Stelle der Existenz eines Grenzwertes der Satz:

$$\forall A > 0, \; \exists \delta : |x - x_0| < \delta \;\Rightarrow\; |f(x)| > A.$$

(Für jedes beliebige positive A existiert eine Zahl δ, so daß $|f(x)|$ die Zahl A übertrifft, wenn nur x genügend nahe an x_0 heranrückt.)
Diesen Sachverhalt drückt man auch mit den Worten aus, daß „$f(x)$ gegen unendlich strebt, wenn x sich x_0 nähert", wofür man schreibt

$$f(x) \underset{x \to x_0}{\to} \infty \quad \text{oder} \quad \lim_{x \to x_0} f(x) = \infty$$

Kurz gesagt, bedeutet dies nichts anderes, als daß man zur Menge der reellen Zahlen eine weitere Zahl hinzufügt, die größer als jede reelle Zahl ist. Die Umgebungen jenes Punktes sind die Mengen der y-Werte, für die $0 < |A| < y$ ist.
Auf Grund der graphischen Darstellung betrachten wir die beiden Halbumgebungen $0 < A < y$ und $y < -A < 0$ getrennt. Somit zerfällt der im Unendlichen der y-Achse liegende Punkt in zwei getrennte Punkte, die man mit $-\infty$ und $+\infty$ bezeichnet. Wir können also in unserem Beispiel die folgenden zwei Fälle unterscheiden:

$x < x_0$, $f(x) \to -\infty$, wenn x von links an x_0 heranrückt;

$x > x_0$, $f(x) \to +\infty$, wenn x von rechts an x_0 heranrückt.

In gleicher Weise vervollständigen wir die x-Achse durch zwei Punkte $+\infty$ und $-\infty$, deren jeder eine Halbumgebung besitzt. Die Aussage „$f(x)$ strebt gegen L, wenn x gegen $+\infty$ geht" bedeutet dann

$$\forall \varepsilon, \; \exists B > 0 : B < x \;\Rightarrow\; |f(x) - L| < \varepsilon.$$

Dafür schreibt man

$$f(x) \underset{x \to +\infty}{\to} L.$$

Die Aussage „$f(x)$ strebt gegen $+\infty$, wenn x gegen $-\infty$ geht" bedeutet

$$\forall A > 0, \; \exists B > 0 : x < -B \;\Rightarrow\; A < f(x).$$

Man schreibt dafür

$$f(x) \underset{x \to -\infty}{\to} +\infty.$$

(Die Absolutstriche verschwinden, weil wir nur die Halbumgebungen betrachten.)
Um diese Erweiterung des Grenzwertbegriffes auch nutzbringend verwerten zu können, müssen wir uns nochmals mit den Beweisen der Sätze über die Operationen mit Grenzwerten beschäftigen. Kommt man überein, die Bedeutung des Zeichens ∞ durch die folgenden Konventionen festzulegen, so erhält man ohne Schwierigkeit Sätze, die den bereits bewiesenen vollständig analog sind:

$\forall L: +\infty + L = L + \infty = +\infty \; ; \; -\infty + L = L - \infty = -\infty$

$L > 0 : (+\infty) \cdot L = L \cdot (+\infty) = +\infty \; ; \; (-\infty) \cdot L = L \cdot (-\infty) = -\infty$

$L < 0 : (+\infty) \cdot L = L \cdot (+\infty) = -\infty \; ; \; (-\infty) \cdot L = L \cdot (-\infty) = +\infty$

Die letzte Aussage zum Beispiel wird so gelesen: „Besitzen zwei Funktionen als Grenzwerte eine negative Zahl L beziehungsweise $-\infty$, wenn x sich x_0 nähert, so strebt ihr Produkt gleichzeitig gegen $+\infty$. In gleicher Weise hat man $(+\infty)(-\infty) = -\infty$,.

Wir können auch eine symbolische Schreibweise einführen, indem wir etwa $\frac{1}{\infty} = 0$ setzen; dies hat die Bedeutung: „Streben die Werte einer Funktion gegen unendlich, wenn x sich x_0 nähert, so streben ihre Kehrwerte unter sonst gleichen Bedingungen gegen 0". In gleicher Weise bedeutet

$$\frac{1}{0} = \infty.$$

Die Gefährlichkeit dieser Ausdrucksweise wird aber sofort deutlich, weil man aus ihr nicht $0 \cdot \infty = 1$ ableiten kann. Es ist falsch, zu sagen, daß das Produkt zweier Funktionen, die gegen null, beziehungsweise unendlich streben, immer gegen eins geht. Um sich darüber Rechenschaft abzulegen, genügt es zum Beispiel, die Funktionen x, x^2, x^3, $5x^3$ in der Umgebung von $x = 0$ zu betrachten, die gegen 0 streben, und die Funktionen

$$\frac{4}{x}, \; \frac{-1}{x^2}, \; \frac{+4}{3x^3}, \; \frac{2}{x^3},$$

die sämtlich gegen unendlich streben. Bildet man das Produkt einer Funktion der ersten Art und einer solchen der zweiten Art, so findet man mit den obigen Beispielen den Wert 0 oder unendlich oder einen beliebigen Zahlenwert. Es ist aber auch durchaus möglich, daß man überhaupt keinen Grenzwert findet. Um dies zu zeigen, betrachten wir

$$u = x \sin \frac{1}{x} \quad \text{und} \quad v = \frac{1}{x}.$$

Geht $x \to 0$, so strebt bekanntlich $u \to 0$ und $v \to \infty$. Das Produkt

$$uv = \sin\frac{1}{x}$$

jedoch schwankt zwischen -1 und $+1$, ohne einen bestimmten Grenzwert zu haben.

Es ist mithin unmöglich, den Symbolen

$$0\cdot\infty \;,\; \frac{0}{0} \;,\; \frac{\infty}{\infty} \;,\; (+\infty)(-\infty)$$

eine bestimmte Bedeutung zuzuschreiben.

Stößt man bei der Untersuchung von Grenzwerten, die man nach den allgemeinen Regeln anstellt, auf solche Symbole, so muß man jedes Beispiel gesondert behandeln. Einige solche Fälle werden wir bei der Erörterung spezieller Funktionen getrennt vornehmen.

Ableitung

Man führt den Begriff der links- oder rechtsseitigen Ableitung (Halbableitung links oder rechts) ein und auch den der unendlichen Ableitung, was am Graphen bedeutet, daß die Tangente oder die Halbtangente parallel zur y-Achse verläuft.

III. Vom lokalen zum globalen Verhalten der Funktionen
A. WIEDERHOLUNG DER SÄTZE ÜBER STETIG DIFFERENZIERBARE FUNKTIONEN
a) Stetigkeit

Ist eine Funktion f für jeden Wert x_0 eines Intervalles $[a, b]$ stetig, so heißt sie in (oder auf) diesem Intervall stetig.
Wir wiederholen nun die Sätze über das Verhalten der Funktion im ganzen Intervall $[a, b]$.

Satz von der gleichmäßigen Stetigkeit

$$\forall\, \varepsilon > 0,\ \exists \delta: \quad \forall_{x_2}^{x_1} \in [a, b], |x_2 - x_1| < \delta \Rightarrow |f(x_2) - f(x_1)| < \varepsilon$$

Man kann demzufolge das endliche Intervall (a, b) in $n + 1$ Abschnitte mit der Höchstlänge δ unterteilen, so daß

$$n\delta \leq b - a < (n + 1)\delta.$$

Grenzen

Der Wertebereich einer stetigen Funktion im Intervall $[a, b]$ hat eine obere und eine untere Grenze; die Funktion nimmt beide Werte für x-Werte in $[a, b]$ an.

Zwischenwertsatz

Die Funktion nimmt jeden zwischen den Grenzen enthaltenen Wert mindestens für ein $x \in [a, b]$ an.

b) Differenzierbarkeit

Ist eine Funktion f für jeden Wert x_0 eines Intervalles $]a, b[$ differenzierbar, so heißt sie in (bzw. auf) dem Intervall differenzierbar.

Mittelwertsatz der Differentialrechnung

Ist eine Funktion f in $[a, b]$ stetig und in $]a, b[$ differenzierbar, so gilt

$$\exists\, \xi \in\,]a, b[: \quad f(b) - f(a) = (b - a) f'(\xi).$$

Obwohl dieser Satz keine genauen Angaben über den Wert ξ enthält, erlaubt er recht bedeutende Folgerungen. Es sei nur an **Näherungsrechnungen** gedacht.
Ändert sich in der betrachteten Nachbarschaft von x_0 die Ableitung einer Funktion f wenig, so läßt sich $f(x)$ mit Hilfe von $f(x_0)$ durch den Näherungswert

$$f(x) \approx f(x_0) + f'(x_0)\, \Delta x$$

berechnen.

Andererseits, ist x_0 nicht genau bekannt, wohl aber ein benachbarter Wert x_1, der um höchstens α davon abweicht, $|\Delta x| < \alpha$, so ist der Fehler, der entsteht, wenn man $f(x_0)$ durch $f(x_1)$ ersetzt,

$$|\Delta y| = |f'(\xi)| \cdot |\Delta x|.$$

Ist k eine obere Schranke von $|f'(x)|$ für die in der betrachteten Umgebung von x_0 befindlichen Werte x, so ist der Fehler beschränkt durch

$$|\Delta y| < k \cdot \alpha.$$

B. ÜBER DAS WACHSEN DER DIFFERENZIERBAREN FUNKTIONEN

Hilfssatz

Ist φ eine Funktion, die für beliebige Werte x der Umgebung von x_0 nur positive Werte $\varphi(x) > 0$ annimmt, und besitzt φ in x_0 einen Grenzwert λ, so kann λ nicht negativ sein.
In der Tat können $\lambda < 0$ und 0 durch zwei disjunkte Umgebungen $U(\lambda)$ und $U(0)$ getrennt werden. Eine Funktion mit einem solchen Grenzwert λ würde dann entgegen der Annahme Werte $y_1 \in U(\lambda)$ mit $y_1 < 0$ haben.

Folgerung in bezug auf das Vorzeichen der Ableitung

f wächst auf (a, b) $\quad\quad r = \dfrac{\Delta y}{\Delta x} > 0 \quad \Rightarrow \quad \forall x_0, f'(x_0) \geqq 0,$

f nimmt auf (a, b) ab $\quad\quad r < 0 \quad\quad\quad \Rightarrow \quad \forall x_0, f'(x_0) \leqq 0,$

Wir fügen noch hinzu: f ist konstant $\quad\quad\quad\quad \Rightarrow \quad \forall x_0, f'(x_0) = 0.$

Die vorstehenden Sätze, die von Annahmen über das globale Verhalten zu Schlüssen über das lokale Verhalten führen, ergeben sich unmittelbar. Um dagegen die unendliche vielen Annahmen für das Verhalten in allen Punkten zu verwenden, benutzen wir den Mittelwertsatz.

Behauptungen:

(1) $\quad\quad \forall x_0 \in (a, b), f'(x_0) = 0 \quad \Rightarrow \quad f(x) = k$ in (a, b)
(2) $\quad\quad \forall x_0 \in (a, b), f'(x_0) > 0 \quad \Rightarrow \quad f \uparrow$
(3) $\quad\quad \forall x_0 \in (a, b), f'(x_0) < 0 \quad \Rightarrow \quad f \downarrow$

Wir beweisen dazu die entgegengesetzten Behauptungen, die ihnen logisch äquivalent sind. Es gilt

| $f(x)$ nicht konstant | $\Rightarrow$ | $\exists_{x_2}^{x_1}: f(x_1) \neq f(x_2)$ | $\Rightarrow$ | $\exists \xi : f'(\xi) \neq 0$ |

| $f(x)$ nicht wachsend | $\Rightarrow$ | $\exists_{x_2}^{x_1}: \dfrac{f(x_2)-f(x_1)}{x_2-x_1} \leq 0$ | $\Rightarrow$ | $\exists \xi : f'(\xi) \leq 0$ |

und entsprechend für (3).

Anwendung

Die Untersuchung des Verhaltens einer Funktion wird dieserart auf die Untersuchung des Vorzeichens ihrer Ableitung zurückgeführt. Bei algebraischen Funktionen bedeutet dies, daß sich ein Problem der Analysis auf ein algebraisches reduzieren läßt, was wenigstens theoretisch einfacher ist. In der Praxis gibt die angenäherte Auflösung der Gleichung $f'(x) = 0$ genügend Auskünfte für das Zeichnen des Graphen und für praktische Zwecke.

Das Ergebnis der Untersuchung des Verhaltens einer Funktion läßt sich in einer Tabelle zusammenfassen, die man als *Tafel des Funktionsverlaufs (Variationstafel, frz.: Tableau de Variation)* bezeichnet. Der Definitionsbereich wird dabei in Intervalle zerlegt, innerhalb derer die Funktion monoton ist. Der Funktionswert oder sein Grenzwert wird für jeden ausgezeichneten Punkt angegeben; auch das etwaige Fehlen eines Grenzwertes wird darin festgehalten, ebenso wie die Werte oder Grenzwerte der Ableitung, die zur genaueren Festlegung der Bildkurve nützlich sind.

Beispiel: $\quad y = x^2 \sqrt{1-x^3}; \quad y' = \dfrac{-7x\left(x^3 - \dfrac{4}{7}\right)}{2\sqrt{1-x^3}}$

x	$-\infty$		0		$\sqrt[3]{\dfrac{4}{7}}$		1		$+\infty$
y'	$-\infty$	$-$	0	$+$	0	$-$	$-\infty$		
y	$+\infty$	↘	0	↗	M	↘	0		

$$M = 2^{\frac{4}{3}} \cdot 3^{\frac{1}{2}} \cdot 7^{-\frac{7}{6}} \approx 0{,}45; \quad \sqrt[3]{\dfrac{4}{7}} \approx 0{,}82$$

Zu den genauen, in der Tabelle angegebenen Werten fügt man die Näherungswerte hinzu, die zum Zeichnen der Punkte der Bildkurve und für etwaige praktische Anwendungen benötigt werden.

IV. Graphen

A. VERLAUF IM GROSZEN

Die Untersuchung des Verhaltens einer Funktion wird durch die Zeichnung und Diskussion ihres Graphen abgeschlossen. Die Tafel liefert einen allgemeinen Eindruck vom Verlauf der Kurve, da aus ihr das Vorzeichen der Steigungen der Sehnen zu entnehmen ist, die Punkte ein- und desselben Intervalls verbinden. Im allgemeinen Fall, wo man die Art des Kurvenverlaufes nicht kennt, muß man mehr oder weniger viele Koordinaten berechnen, die man in einer *Wertetafel* zusammenfaßt, um die Kurve zeichnen zu können.

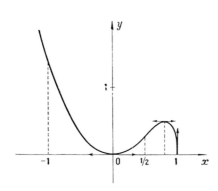

Für das am Ende des Kapitels II gegebene Beispiel nimmt man einfach die Werte

x	-2	-1	$0{,}5$
y	12	$\sqrt{2}$	$0{,}23$

um den Kurvenverlauf genauer bestimmen zu können.

Die Untersuchung kann gegebenenfalls vereinfacht werden, wenn die folgenden Feststellungen zutreffen.

a) Die Einheitsvektoren auf den Achsen seien durch (i, j) gegeben. Dann leitet sich die Kurve aus der Bildkurve von $y = g(x)$ her
durch Translation aj, wenn $f(x) = g(x)+a$;
durch Translation bi, wenn $f(x) = g(x-b)$;
durch eine Affinität mit der Achse $x'x$ und dem Streckungsverhältnis k, wenn $f(x) = kg(x)$;
durch eine Affinität mit der Achse $y'y$ und dem Streckungsverhältnis h, wenn $f(x) = g\left(\dfrac{x}{h}\right)$.

Weder bei der axialen Inversion $\quad \forall x, \quad f(x) = \dfrac{1}{g(x)}$

noch bei $\quad \forall x, \quad f(x) = [g(x)]^m$

gehen Geraden in Geraden über.

Mittels dieser Transformationen leiten sich die Graphen der algebraischen Funktionen aus der Geraden $y = x$ her, dem Graphen der identischen Funktion.

Man bemerkt außerdem, daß $f(x) = |g(x)|$ lediglich die Kurvenbögen von $y = g(x)$, die unterhalb von $x'x$ liegen, mittels einer Spiegelung an $x'x$ transformiert.

b) Die Betrachtung kann vereinfacht werden, wenn irgendwelche Symmetriebeziehungen auftreten:
Symmetrie bezüglich einer Geraden $x = x_0$, wenn

$$\forall x, f(x_0+x) = f(x_0-x).$$

Symmetrie bezüglich eines Punktes $x = x_0$, $y = a$, wenn

$$\forall x, f(x_0+x)+f(x_0-x) = 2a.$$

c) Liegt eine trigonometrische Funktion vor, so sucht man ihre *Periode* auf, d. h. die kleinste positive Zahl p, so daß

$$\forall x, f(x+p) = f(x).$$

Die Untersuchung beschränkt sich dann auf ein Intervall (x_0, x_0+p); der dabei bestimmte Bogen liefert die gesamte Bildkurve, wenn man ihn Translationen unterwirft, deren Bestimmungsvektoren Vielfache von *pi* sind.

B. VERHALTEN IN EINEM PUNKT

Die punktweise Konstruktion einer Bildkurve wird durch die Konstruktion der Tangenten und eine Untersuchung der Krümmung vervollständigt.

1. Tangente

Satz

Besitzt die Funktion an der Stelle x_0 eine Ableitung, so hat die Bildkurve im Punkte (x_0, y_0) eine Tangente, deren Steigung gleich $f'(x_0)$ ist.
Mit diesem Satz beziehen wir lediglich die Definiton der Tangente an eine Kurve in einem bestimmten Punkt und jene der Ableitung einer Funktion an dieser Stelle aufeinander.
Das Interessante an dieser Wechselbeziehung ist die Tatsache, daß die Tangente in der Umgebung des Berührpunktes die Kurve sehr stark annähert und innerhalb der Zeichengenauigkeit praktisch mit ihr zusammenfällt: das hiermit aufgeworfene Problem der Berührung müssen wir nun noch genauer behandeln.

2. Einführung des Berührungsbegriffes

Man sagt von zwei Kurven, die einen Punkt (x_0, y_0) gemeinsam haben und die in der Umgebung dieses Punktes die Graphen der beiden Funktionen $y_1 = f(x)$ und $y_2 = g(x)$ sind, daß diese *einen Berührpunkt von mindestens erster Ordnung haben*, wenn $\dfrac{f(x)-g(x)}{x-x_0}$ gegen 0 strebt, sobald x sich x_0 nähert. Das will sagen, daß man innerhalb einer genügend kleinen Umgebung δ erreichen kann, daß

$$|f(x)-g(x)| < \varepsilon |x-x_0|.$$

In der Umgebung des gemeinsamen Punktes liegen die Kurven also eng benachbart.

Insbesondere lautet die Gleichung der Tangente im Punkte (x_0, y_0) (vorausgesetzt, daß sie nicht zu Oy parallel ist)

$$y = g(x) \equiv f_0' \cdot (x-x_0) + f(x_0)$$

Wir bilden das Verhältnis

$$\frac{f(x)-g(x)}{x-x_0} = \frac{f(x)-f(x_0)}{x-x_0} - f_0'.$$

Strebt x gegen x_0, so ist der Grenzwert dieses Verhältnisses gleich $f_0' - f_0' = 0$.

Daher *haben eine Kurve und ihre Tangente im Berührpunkt eine Berührung von mindestens erster Ordnung.*

Dieser Punkt ist mindestens von zweiter Ordnung, wenn auch $\dfrac{f(x)-g(x)}{(x-x_0)^2}$ gegen null strebt, und er ist mindestens von dritter Ordnung, wenn $\dfrac{f(x)-g(x)}{(x-x_0)^3}$ gegen null strebt usw.

Beispiel

Man untersuche den Graph von $y = x^3 + x$ an der Stelle $x = 0$:

$$f'(x) = 3x^2+1 \; , \; f_0' = 1 \; , \; g(x) = x,$$

$$\frac{f(x)-g(x)}{x^2} = x \to 0, \quad \text{aber} \quad \frac{f(x)-g(x)}{x^3} = 1.$$

Die Kurve und die an sie gelegte Tangente haben im Ursprung einen Berührpunkt zweiter Ordnung; die Kurve wird von der Tangente geschnitten, und der Punkt heißt deswegen *Wendepunkt*.
Man sieht ebenso, daß die Bildkurve von $y = x^4 + x$ und die daran im

Ursprung gelegte Tangente dort einen Berührpunkt dritter Ordnung haben; die Kurve wird von der Tangente nicht durchsetzt, sie hat jedoch in der Umgebung des betrachteten Punktes eine sehr schwache Krümmung. Es sei bemerkt, daß wir den Begriff der „Krümmung" bisher in einem rein intuitiven Sinn verwendet haben. Erst die Theorie der Berühreigenschaften vermag diesem einen mathematischen Sinn zu unterlegen.

3. Krümmungssinn

Ohne die Untersuchung der Berühreigenschaften fortzusetzen, werden wir nun den Begriff des *Krümmungssinnes* des Graphs einführen, indem wir bestimmen, auf welcher Seite der Tangente der Graph in der Umgebung eines Punktes (x_0, y_0) liegt.
Die Gleichung einer Tangente lautet

$$y = g(x), \quad \text{wobei} \quad g(x) = f'_0 \cdot (x-x_0) + f(x_0).$$

Der Graph liegt oberhalb seiner Tangente (das heißt auf der Seite zunehmender y-Werte), sofern die Bedingung

$$f(x) - g(x) > 0, \quad \text{das heißt} \quad f(x) - f(x_0) - f'_0(x-x_0) > 0 \quad (1)$$

erfüllt ist. Nach dem Mittelwertsatz der Differentialrechnung existiert zwischen x_0 und x ein Wert ξ von x, so daß

$$f(x) - f(x_0) = f'(\xi)(x-x_0).$$

Die Bedingung lautet also mithin

$$[f'(\xi) - f'(x_0)] \cdot (x-x_0) > 0. \quad (2)$$

Setzen wir nun voraus, daß die abgeleitete Funktion $f'(x)$ selbst auch stetig und differenzierbar ist, und nennen wir deren Ableitung $f''(x)$, dann existiert eine weitere Zahl zwischen ξ und x_0, etwa x_1, so daß

$$f'(\xi) - f'(x_0) = f''(x_1) \cdot (\xi - x_0).$$

Damit wird die Bedingung zu

$$f''(x_1)(\xi - x_0)(x - x_0) > 0. \quad (3)$$

$\xi - x_0$ hat jedoch das gleiche Vorzeichen wie $(x-x_0)$, und daher ist die Bedingung sicher erfüllt, wenn $f''(x)$ an jeder Stelle der betrachteten Umgebung von x_0 positiv ist.
Ist umgekehrt eine Funktion $y = f(x)$ derart beschaffen, daß ihre Ableitung ebenfalls differenzierbar ist, sie also eine zweite Ableitung

$f''(x)$ besitzt, so liegt die Kurve in diesem Intervall oberhalb ihrer Tangente, wenn $f''(x)$ positiv ist. Die Funktion $f'(x)$ ist in der Tat zunehmend, weswegen (2) und weiterhin auch (1) gelten. Man sagt dann auch, daß die Kurve *nach oben offen* (konkav nach oben) *ist*.
Die Untersuchung verläuft für ein Intervall, wo $f''(x)$ negativ ist, analog. Die Krümmung kann ihren Sinn in einem Intervall, wo $f''(x)$ existiert und stetig ist, nur an Stellen ändern, wo $f''(x) = 0$ ist.
Somit *kann man den Krümmungssinn eines Graphs untersuchen, indem man das Vorzeichen der zweiten Ableitung $f''(x)$ betrachten*.

4. Krümmung

Das Ausmaß der Krümmung hängt von der mehr oder weniger starken Zunahme der Ableitung ab, die die Richtung der Tangente bestimmt; ihre Änderung wird nun von $f''(x)$ bestimmt, und deshalb ist hier nicht nur das Vorzeichen von f''(x) von Wichtigkeit, sondern auch der Betrag. *Der Krümmungsradius R* in einem Punkt ist gleich dem Radius des Kreises, der in diesem Punkt mit der Kurve den Berührpunkt der höchsten möglichen Ordnung besitzt. $\dfrac{1}{R}$ ist daher ein *Maß für die Krümmung*.

Beispiel

Der Krümmungsradius der Parabel, die der Graph der Funktion

$$f(x) = \frac{1}{2p} x^2 + x$$

ist, soll im Ursprung bestimmt werden.

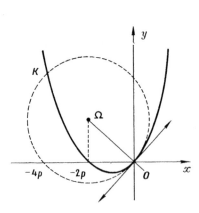

Da $f'(x) = \dfrac{x}{p} + 1$, ist $f'(0) = 1$ und die Tangente gleich der Winkelhalbierenden im ersten und dritten Quadranten. Die Gleichung des Berührkreises, der auf derselben Seite der Tangente wie die Kurve selbst liegt, lautet (siehe Bild)

$$(y-a)^2 + (x+a)^2 = 2a^2, \ a > 0,$$

und sein Radius ist $r = a\sqrt{2}$.
In der Umgebung des Ursprunges ist der Kreisbogen der Graph der Funktion $y = g(x)$, wobei $g(x) = a - \sqrt{a^2 - 2ax - x^2}$.

Um $f(x)-g(x)$ in der Umgebung von $x=0$ zu untersuchen, verwenden wir eine zu dem irrationalen Ausdruck konjugierten Größe. Es ist

$$f(x)-g(x) = \frac{1}{2p} x^2 + (x-a) + \sqrt{a^2-2ax-x^2}$$

$$= \frac{1}{2p} x^2 + \frac{2x^2}{(x-a)-\sqrt{a^2-2ax-x^2}},$$

und damit strebt

$$\frac{f(x)-g(x)}{x^2} \text{ gegen } \frac{1}{2p} - \frac{1}{a},$$

wenn x gegen null strebt.

Daraus folgt, daß der Kreis im allgemeinen mit der Parabel einen Berührpunkt erster Ordnung besitzt, aber für $a=2p$ ist die Berührung mit dem Kreis von zweiter Ordnung. Der Krümmungsradius der Parabel im Punkt O ist somit $R=2p\sqrt{2}$.

Den Wert a hätte man durch die Bedingung $f''(0)=g''(0)$ bestimmen können.

Der Kreis, dessen Radius gleichzeitig der Krümmungshalbmesser ist und dessen Mittelpunkt natürlich auf der konkaven Seite der Kurve liegt, heißt *Krümmungskreis* der Kurve in dem betrachteten Punkt.

Bevor man die Figur zeichnet, sucht man alle Punkte auf, die die Parabel und ihr Berührkreis im Punkt O gemeinsam haben. Man findet für die Gleichung der Abszissen der Schnittpunkte

$$x^3(x+4p) = 0,$$

so daß $x=0$ als dreifache und $x=-4p$ als einfache Wurzel erscheint. Daraus folgt, daß der Kreis die Parabel an der Stelle $x=-4p$ schneidet, so daß er *die Parabel im Punkte O, wo er sie berührt, durchsetzt.* Das gilt ganz allgemein für Berührkreise, ebenso wie in einem Wendepunkt die Tangente die Kurve durchsetzt.

Diese einführende Behandlung des Berühr-Problems werden wir in Abschnitt D ergänzen.

Um die oben festgelegten Definitionen der Berührung und der Krümmung zu rechtfertigen, ist es unerläßlich zu zeigen, daß die Eigenschaften gegenüber einer Koordinatentransformation invariant sind, das heißt, daß es sich um den definierten Gebilden innewohnende Eigenschaften handelt. Diese Frage werden wir am Ende des Kapitels wieder aufgreifen.

C. UNTERSUCHUNG VON UNENDLICHEN ÄSTEN

1. Hauptfälle

Eine Kurve hat einen ins Unendliche reichenden Ast, wenn wenigstens eine der Koordinaten des sie erzeugenden Punktes M gegen unendlich strebt. Innerhalb der Tafel einer Funktion können die folgenden Fälle auftreten:

1) *$f(x)$ strebt gegen unendlich, wenn x sich x_0 nähert.* Wir sagen dann, daß die Gerade mit der Gleichung $x = x_0$ die *Asymptote* dieses Astes darstellt. Im allgemeinen Fall strebt y mit verschiedenem Vorzeichen gegen unendlich, je nachdem x von links oder von rechts gegen x_0 geht $\left(\text{Beispiel: } y = \dfrac{1}{x}\right)$.

2) *$f(x)$ strebt dem Grenzwert L zu, wenn x gegen unendlich geht.* Dann ist die Gerade mit der Gleichung $y = L$ die Asymptote des in Frage stehenden unendlichen Astes. Im allgemeinen liegt die Kurve über oder unter dieser Geraden, je nachdem, mit welchem Vorzeichen x gegen unendlich strebt.

3) Es kann auch der Fall eintreten, daß $f(x)$ bei nach unendlich strebendem x keinen bestimmten Grenzwert hat oder daß es ebenfalls gegen unendlich strebt (Beispiel: $f(x) = \sin x$; $f(x) = x^2$). Man muß daher zwischen den beiden folgenden Fällen unterscheiden:

a) Asymptotische Richtung eines unendlichen Astes (Affingeometrie)

Die einzuführenden Begriffe gehören der Affingeometrie an. Wir werden daher keine Winkel einführen und in der analytischen Geometrie irgendeine Basis eines Koordinatensystems zugrundelegen.
Es sei $\mathfrak{C}$ eine Kurve mit einem unendlichen Ast. Wir verbinden den erzeugenden Punkt M mit irgendeinem Punkt O und betrachten den Fall, in dem die Richtung OM einer Grenzrichtung zustrebt, wenn M ins Unendliche wandert. Die Punkte seien mit ihren Koordinaten $O(0|0)$, $M(x|y)$ und $A(a|b) \neq O$. Es wird angenommen, daß $m = \dfrac{y}{x}$ einem Grenzwert δ zustrebt, wenn x gegen unendlich geht. Dann besitzt AM die Richtung (den Richtungsfaktor)

$$m_1 = \frac{y - b}{x - a} = \frac{\dfrac{y}{x} - \dfrac{b}{x}}{1 - \dfrac{a}{x}}$$

mit demselben Grenzwert δ.

Der Grenzwert der Richtung von OM, wenn M sich ins Unendliche entfernt, heißt, falls er existiert, die **asymptotische Richtung** des Kurvenastes.

Zur Bestimmung der asymptotischen Richtung eines Kurvenastes des Graphen einer Funktion $x \searrow f \nearrow y = f(x)$ hat man also den Grenzwert von

$$m = \frac{f(x) - b}{x - a}$$

zu ermitteln, wobei b und a möglichst günstig gewählt sein können.

Beispiele

$y = 3(x - 1) + \dfrac{1}{x}$: Der Richtungsfaktor δ ist gleich 3.

$y = \sin x$: Die asymptotische Richtung liegt parallel zu Ox.

$y = x^2$: Die asymptotische Richtung liegt parallel zu Oy.

$y = x \sin x$: Keine asymptotische Richtung.

b) Asymptote

Liegt ein unendlicher Kurvenast mit der asymptotischen Richtung Δ vor, so können wir nach der Lage dieses Astes bezüglich der zu Δ parallelen Geraden D fragen. Wir projizieren den erzeugenden Punkt M von $\mathfrak{C}$ auf eine dieser Geraden D parallel zu einer von Δ verschiedenen Richtung Δ' mit dem Richtungsvektor $\boldsymbol{j}$. Besitzt $\boldsymbol{KM} = \mu\boldsymbol{j}$ einen Grenzwert $k\boldsymbol{j}$, so gibt es eine durch die Verschiebung $\boldsymbol{KK_0} = k\boldsymbol{j}$ aus D entstehende Gerade D_0, so daß K_0M gegen O strebt. Diese Gerade D_0 hängt weder von der Wahl der Geraden D der Richtung Δ ab, noch von der Wahl der Richtung Δ'. Wir erhalten so die Definition:

Strebt die Entfernung des erzeugenden Punktes M einer Kurve von einer Geraden D_0, gemessen längs einer festen Parallelenrichtung, gegen null, wenn M ins Unendliche wandert, so heißt D_0 Asymptote (asymptotische Gerade) der Kurve. (Das bedeutet natürlich nicht, daß die Gerade die Kurve nicht schneidet! So ist z. B. die x-Achse Asymptote des Graphen zu $y = \dfrac{1}{x} \sin x$, die sie in allen Punkten mit der Abszisse $x = k\pi$ schneidet.)

Gewöhnlich benutzt man bei der Untersuchung eines Graphen als Projektionsrichtung die Richtung einer der beiden Koordinaten-Achsen, im allgemeinen die der y-Achse für alle Asymptotenrichtungen, deren Richtungen nicht die der y-Achse sind.

In der metrischen Geometrie projiziert man meistens senkrecht zur Richtung Δ. Die betrachtete Entfernung ist dann der (senkrechte) Abstand zur Geraden D_0.

Beispiele

(1) $$y = 3x + 2 + \frac{1}{x}.$$

Die schräge Asymptote ist, wie sofort ersichtlich, die Gerade mit der Gleichung $y = 3x + 2$.

(2) $\quad y = 2x + \sqrt{\dfrac{x(x^2 + 4)}{x - 1}}$

definiert für $]-\infty, 0] \cup]1, +\infty[$

$$y = 2x + \sqrt{x^2 \dfrac{x + \dfrac{4}{x}}{x - 1}}$$

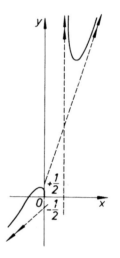

Nebenrechnungen:

$$R = \frac{x + \dfrac{4}{x}}{x - 1} = \frac{1 + \dfrac{4}{x^2}}{1 - \dfrac{1}{x}}$$

$$\lim_{x \to \infty} R = 1$$

$$R - 1 = \frac{\dfrac{1}{x} + \dfrac{4}{x^2}}{1 - \dfrac{1}{x}}$$

$$\lim_{x \to \infty} x(R - 1) = 1$$

Erster Ast: $\boxed{x > 0}$

$$y = 2x + x\sqrt{R}$$

$$\frac{u}{x} = 2 + \sqrt{R} \to 3$$

Gerade D: $y = 3x$

$$KM = y - 3x = x(\sqrt{R} - 1) = \frac{x(R - 1)}{\sqrt{R} + 1} \to \frac{1}{2}$$

Asymptote $\qquad y = 3x + \dfrac{1}{2}$

Zweiter Ast: $\qquad \boxed{x < 0}$

$$y = 2x - x\sqrt{R}$$

$$\dfrac{y}{x} = 2 - \sqrt{R} \to 1 \qquad \text{Gerade } D: \quad y = x$$

$$KM = y - x = x(1 - \sqrt{R}) \to \dfrac{1}{2}$$

Asymptote $\qquad y = x - \dfrac{1}{2}$

Verallgemeinerung

Allgemeiner kann man sagen, daß zwei Kurven zueinander asymptotisch sind, wenn es sich um zwei einander zugeordnete unendliche Äste handelt, bei denen der Schnitt mit Geraden einer gegebenen festen Richtung d (etwa jener der Achse Oy) zwischen beiden eine punktweise Zuordnung $M \diagdown\!\!\!\diagup P$ herstellt, so daß der Abstand MP gegen null strebt, wenn sich beide Punkte ins Unendliche entfernen. Besitzt die eine Kurve eine Asymptote, so gilt das gleiche auch offensichtlich für die andere. Die Wahl der Richtung d ist mit Ausnahme jener der Asymptote vollständig freibleibend.

Ist der Graph komplizierter, so sucht man mangels einer geradlinigen Asymptote eine einfache asymptotische Kurve für jeden unendlichen Ast auf. Für $y = x^2 + 2 + \dfrac{1}{x}$ nimmt man zum Beispiel $z = x^2 + 2$, wenn man jenen Ast in der Nachbarschaft von x unendlich betrachtet.

2. Unendliche Äste vom projektiven Standpunkt

Die projektive Geometrie der Ebene (vgl. Teil IV, Kap. II des ersten Abschnitts) führt dazu, jede Gerade durch einen unendlichfernen Punkt zu ergänzen; die Menge dieser Punkte bildet die unendlichferne Gerade der Ebene p. Sagt man, daß eine Kurve c der Ebene p einen Punkt im Unendlichen besitzt, so heißt dies, daß durch Zentralprojektion auf eine nicht zu p parallele Ebene P die Bildkurve C von c einen Punkt K mit der Geraden U gemeinsam hat, deren Bild in p die unendlichferne Gerade ist.

Um in *p* die asymptotische Richtung δ zu erhalten, verbinden wir den erzeugenden Punkt *m* mit einem beliebigen Punkt *a* und betrachten die Grenzlage der Geraden *d*, die durch *m* parallel zu δ verläuft. Bei der Zentralprojektion hat δ die Richtung von *SK* und die Asymptote ist das Bild t_0 von T_0. Die Asymptote erscheint also als Tangente im unendlichfernen Punkt der Kurve.

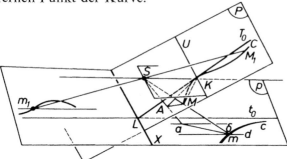

Die Figur ist für den allgemeinen Fall gezeichnet, in dem die Tangente T_0 in *K* von *U* verschieden ist und *C* in der Nachbarschaft von *K* auf derselben Seite von T_0 bleibt. Daher liegen die beiden Bogen von *c* auf verschiedenen Seiten der Asymptote. Man wird auch Fälle betrachten, in denen *K* ein Wendepunkt oder eine Spitze ist.

Ist *U* die Tangente in *K* an *C*, so ist die Tangente an *c* die unendlichferne Gerade; man sagt dann, daß *c* einen parabolischen Ast besitzt (weil dies bei der Parabel zutrifft).

D. GRUNDBEGRIFFE DER DIFFERENTIALGEOMETRIE EBENER KURVEN. TANGENTE — KRÜMMUNG

Um die charakteristischen Eigenschaften einer Kurve in einem Punkt zu erfassen, genügt es nicht, diese als Bildkurve einer Funktion *f(x)* zu definieren. Wir definieren eine Kurve als Menge der Punkte *M*, die als Endpunkte der Vektoren *OM* erscheinen; diese Vektoren hängen in stetiger Weise von einem Parameter *t* ab. Ist *t* ein Maß für die Zeit, so heißt die Kurve die *Trajektorie* oder *Bahn* des Punktes *M*. Eine Behandlung dieses Problems werden wir in der metrischen Geometrie vornehmen. Sie läßt sich ohne Mühe ins Affine übertragen.

Bezieht man sich auf eine feste orthonormale Basis und einen Ursprung *O*, so hat man

$$OM = x\mathbf{i} + y\mathbf{j},$$

wobei *x* und *y* Funktionen von *t* sind.

Es erweist sich überdies als zweckmäßig, auf der die Strecke OM tragenden Geraden einen Einheitsvektor u einzuführen. Dazu setzen wir
$$(i, u) = \Theta \pmod{2\pi}, \quad OM = ru.$$
Θ und r sind die *Polarkoordinaten* von M, welche ebenso Funktionen von t sind wie die kartesischen Koordinaten x und y.

a) Tangente. Geschwindigkeit

Einem bestimmten Wert t_0 von t entspricht ein Punkt M_0, in dessen Umgebung wir die Kurve untersuchen wollen. Zur Vereinfachung der Schreibweise verzichten wir auf die Indizes 0, da sich die Rechnung auf alle Punkte bezieht, in denen die eingeführten Grenzwerte existieren. Die Ableitung nach t (zeitliche Ableitung) des Vektors OM ist definitionsgemäß gleich dem Grenzwert des Vektors

$$\frac{1}{\Delta t} \cdot \Delta(OM) = \frac{1}{\Delta t} M_0 M = \frac{\Delta x}{\Delta t} i + \frac{\Delta y}{\Delta t} j = \frac{\Delta r}{\Delta t} u + r \frac{\Delta u}{\Delta t}.$$

Prüfen wir nun, was der Grenzwert von $\dfrac{\Delta u}{\Delta t}$ ist. Nach der Definition haben wir
$$u = \cos \Theta i + \sin \Theta j$$
und daher besitzt $\dfrac{\Delta u}{\Delta t}$ einen Grenzwert
$$u' = \Theta'_t [-\sin \Theta i + \cos \Theta j] = \Theta'_t w,$$
wobei w der durch $(u, w) = +\dfrac{\pi}{2} \pmod{2\pi}$ definierte Einheitsvektor ist.

Die Ableitung nach der Zeit ist wiederum ein Vektor, den wir V nennen, da dieser, wenn t die Zeit bedeutet, der *Geschwindigkeitsvektor* der Bewegung ist, der durch

$$(OM)' = V = x'i + y'j = r'u + r\Theta'w. \tag{1}$$

gegeben ist.

Gemäß der Definition von V und jener der Tangente an der Stelle M_0 ist die den Vektor V tragende Gerade gleichzeitig die Tangente der Kurve an der Stelle M_0. Legen wir auf der Kurve einen positiven Richtungssinn fest, wodurch auf der Tangente ein Einheitsvektor T bestimmt wird, und setzen wir

$$\begin{cases} (i, T) = \varphi \pmod{2\pi} \\ x' = v \cos \varphi, \quad y' = v \sin \varphi, \end{cases}$$

so ist v das algebraische Maß von V auf der orientierten Tangente.
Dann haben wir
$$T = \cos\varphi\, i + \sin\varphi\, j, \tag{2}$$
und
$$V = vT. \tag{3}$$

Anwendungen

Kreis

r ist konstant, setzen wir also $r = R$. Dann gilt
$$OM = Ru, \quad T = w, \quad v = R\varphi'T,$$
da hier $\varphi = \Theta + \dfrac{\pi}{2}$.

Parabel

Diese ist der geometrische Ort aller Punkte, die von einem bestimmten Punkt O und einer Geraden den gleichen Abstand haben. Schreiben wir dieser Geraden die Gleichung $x = d < 0$ zu; dann wird die obige Definition ausgedrückt durch $r = x - d$, und daher ist $r' = x'$.

Die Beziehung (1) gibt an, daß die orthogonalen Projektionen von V auf i und u einander gleich sind: das heißt, daß *die Tangente zur Halbierenden des Winkels (i, u) parallel ist*.

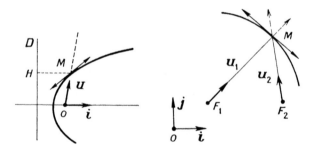

Ellipse

Diese Kurve ist dadurch definiert, daß man von zwei festen Punkten F_1 und F_2 (den Brennpunkten) ausgeht, und die Ellipse als geometrischen Ort jener Punkte M definiert, für welche die Summe der Entfernungen von diesen zwei Punkten konstant gleich $2a > F_1F_2$ ist.
Dafür schreiben wir
$$F_1M = r_1 u_1, \quad F_2M = r_2 u_2, \quad r_1 + r_2 = 2a.$$

Bilden wir
$$OM = OF_1 + F_1M = OF_2 + F_2M,$$
so folgt
$$V = r'_1 u_1 + r_1 \Theta'_1 w_1 = r'_2 u_2 + r_2 \Theta'_2 w_2, \quad \text{wobei} \quad r'_1 = -r'_2;$$

daher sind die orthogonalen Projektionen von V auf u_1 und u_2 dem Betrage nach gleich, dem Vorzeichen nach aber verschieden; *die Tangente ist die Winkelhalbierende des Außenwinkels von* (F_1M, F_2M).

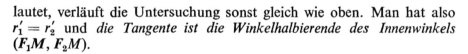

Hyperbel

Mit dem Unterschied, daß die Definition hier
$$|r_1 - r_2| = 2a > F_1 F_2$$
lautet, verläuft die Untersuchung sonst gleich wie oben. Man hat also $r'_1 = r'_2$ und *die Tangente ist die Winkelhalbierende des Innenwinkels* (F_1M, F_2M).

Bemerkung

Transformiert man den Parameter mittels $t = h(\lambda)$, so werden alle Ableitungen, sowohl von reellen Funktionen wie von Vektoren, mit $h'(\lambda)$ multipliziert; die Basisvektoren bleiben dabei natürlich erhalten, ebenso die Winkel. In der Kinematik wählt man von vornherein die Zeit als den Parameter, nach dem man differenziert. Sie ist dort die unabhängige Variable, wohingegen man in der Geometrie oft noch die Wahl hat: man verwendet Θ oder auch φ; weitaus interessanter ist es jedoch, den Parameter so zu wählen, daß $|V| = 1$, das heißt, daß $x'^2 + y'^2 = 1$ oder auch
$$\lim \frac{1}{\Delta \lambda} M_0 M = 1.$$

Dieser Parameter hat die Dimension einer Länge; man nennt ihn *Bogenlänge* von M auf der orientierten Kurve und bezeichnet ihn mit s. Die Definitionsbeziehung
$$\lim \frac{M_0 M}{\Delta s} = 1,$$
das heißt
$$\lim_{M \to M_0} \frac{\text{Sehne } M_0 M}{\text{Bogen } M_0 M} = 1$$
stimmt mit dem überein, was von einer Bogenlänge gefordert wird.

b) Krümmung

Die Krümmung hängt mit der Änderung des Winkels $\varphi = (i, T)$ zusammen, der die Richtung von T bestimmt. Wir bilden die Ableitung des Vektors T, wofür wir wegen (2) finden:

$$T' = \varphi'(-\sin \varphi\, i + \cos \varphi\, j) = \varphi' \cdot N. \tag{4}$$

Hier ist N ein auf T senkrecht stehender Vektor, also die *Kurvennormale*. Er ist ein Einheitsvektor und durch $\measuredangle\,(T, N) = +\dfrac{\pi}{2}$ (mod 2π) definiert.

Bedeutet t die Zeit, so heißt die Ableitung des Vektors V *Beschleunigung* der Bewegung des Punktes; es ist üblich, sie mit Γ zu bezeichnen. Aus (3) folgt wegen (4), daß

$$\Gamma = v'T + v\varphi' N. \tag{5}$$

Der Betrag der Tangentialkomponente der Beschleunigung auf der orientierten Tangente ist gleich der zeitlichen Ableitung des Betrages der Geschwindigkeit.

Wie kann man jedoch die *Normalkomponente* $v\varphi'$ erklären? Im Falle einer Kreisbewegung haben wir gefunden:

$$V = R\varphi' T \quad \text{und daher} \quad v = R\varphi', \quad \text{woraus} \quad v\varphi' = \frac{v^2}{R} \quad \text{folgt.}$$

Führen wir in Analogie zu dem obigen für eine beliebige Kurve den folgenden Begriff ein:

$$R = \frac{v}{\varphi'}$$

R besitzt die Dimension einer Länge; es ist außerdem mit einem Vorzeichen behaftet; da man

$$R^2 = \frac{v^2}{\varphi'^2} = \frac{x'^2 + y'^2}{\varphi'^2}$$

hat, so ist R einer Transformation des Parameters $t = h(\lambda)$ gegenüber invariant. Darüber hinaus ist R auch einem Wechsel des orthonormalen Bezugssystems gegenüber invariant, da aus

$$\begin{cases} x = a + X \cos \alpha - Y \sin \alpha \\ y = b + X \sin \alpha + Y \cos \alpha \end{cases} \quad \text{folgt, daß} \quad x'^2 + y'^2 = X'^2 + Y'^2.$$

Auch φ, vergrößert um den konstanten Winkel α, hat eine invariante Ableitung.

So bedeutet R eine Strecke, die jedem Punkt der Kurve in invarianter Weise zugeordnet und mit einem Vorzeichen behaftet ist. Man bezeichnet diese Größe als *Krümmungsradius der Kurve.* Dann ist die Beschleunigung gegeben durch
$$\mathbf{\Gamma} = x''\mathbf{i} + y''\mathbf{j} = v'\mathbf{T} + \frac{v^2}{R}\mathbf{N}. \tag{5'}$$
Man kann auch erreichen, daß R positiv wird, indem man die bezüglich des Richtungssinnes des Normalen-Einheitsvektors $\mathbf{N}$ getroffene Übereinkunft abändert. Dieser muß nur von der Kurve selbst abhängen und nicht von dem durch die Basis definierten positiven Richtungssinn. Erinnern wir uns, daß $v = 1$ ist, wenn als Variable s gewählt wird. Das will sagen, daß $R = \dfrac{1}{\varphi'_s}$. Der Kehrwert $\dfrac{1}{R} = \varphi'_s$ heißt die *Krümmung*; sie ist ein Maß für die Geschwindigkeit, mit der sich die Tangente als Funktion der Bogenlänge dreht.

Beziehung zur Theorie der Berührung

Wählen wir wie früher in B, 4, die Abszisse x als Parameter. Dann gewinnen die Formeln die Form
$$\begin{cases} x'_t = 1 = v \cos \varphi \\ y'_t = y' = v \sin \varphi \end{cases}, \quad R = \frac{v}{\varphi'}, \quad y'' = \varphi'_x(1+\tan^2\varphi) = \varphi'_x(1+y'^2),$$
woraus
$$|R| = \frac{(1+y'^2)^{3/2}}{|y''|}$$
folgt, wobei die Ableitungen nach x gebildet werden.

Zwei Graphen $y_1 = f(x)$ und $y_2 = g(x)$, die für $x = x_0$ in demselben Punkt dieselbe Tangente besitzen [$f(x_0) = g(x_0)$ und $f'(x_0) = g'(x_0)$] und für die außerdem $f''(x_0) = g''(x_0)$ ist, haben genau denselben Krümmungsradius. Mit anderen Worten: zwei Kurven, die einen gemeinsamen Berührpunkt mindestens zweiter Ordnung haben, weisen im Sinne der vorliegenden Untersuchung denselben Krümmungsradius auf. Insbesondere ist der Berührkreis der Kreis mit dem Radius R, der die Kurve von der passenden Seite berührt.

Bemerkung

Für Raumkurven verläuft die kinematische Untersuchung in entsprechender Weise, nur daß hier ein Winkel nicht mehr genügt, um die Richtung des Einheitsvektors $\mathbf{T}$ der Tangente festzulegen. In diesem Fall muß man die drei Kosinus der von $\mathbf{T}$ mit den Koordinatenachsen gebildeten Winkel einführen. Die zweiten Ableitungen liefern die *Krümmung*, die dritten die *Torsion* oder *Windung*, welche, bezogen auf die Länge, ein Maß für die Abweichung der Kurve aus einer Ebene ist. In der klassischen Mechanik sind nur die Ableitungen bis zu den zweiten verwertbar.

V. Anwendung der allgemeinen Sätze

A. SPEZIELLE FUNKTIONEN

Zum besseren Verständnis des Vorhergehenden haben wir für zahlreiche Beispiele Übersichten des Verlaufs der Funktionen aufgestellt und ihre Graphen gezeichnet. Es verbleibt uns nur noch die Aufgabe, einige allgemeine Bemerkungen über Funktionen des klassischen Typs anzufügen.

1. Polynomfunktion

$$\forall x \searrow \nearrow P(x) = a_0 x^n + a_1 x^{n-1} + \ldots + a_{n-1} x + a_n$$

Funktionen dieser Art sind für jedes x definiert, stetig und differenzierbar. Die Bildkurve kann in einem Zug gezeichnet werden: sie verläuft *unikursal* (*in einzügiger Weise*). Eine Kurve als geometrischer Ort aller Punkte M heißt *unikursal*, wenn der Vektor **OM** eine ganze *rationale Funktion* eines Parameters t ist, so daß M die Kurve in vollständiger und stetiger Weise beschreibt, wenn t ein begrenztes oder nicht begrenztes Intervall der Menge der reellen Zahlen durchschreitet. Der Parameter heißt hier einfach x.

Der Grad der sukzessiven Ableitungen nimmt ständig ab; es gibt nicht mehr als $n+1$ nicht identisch verschwindende. Ihre konstanten Glieder werden einfach mit Hilfe der sukzessive auftretenden Koeffizienten von $P(x)$ gebildet, wenn man diese nach wachsenden Potenzen ordnet; das letzte konstante Glied eines Polynoms ist jedoch gleich dem Wert des Polynoms für $x = 0$. Damit gelangt man zu einer interessanten Darstellung eines Polynoms:

$$P(x) = P(0) + \frac{x}{1} P'(0) + \frac{x^2}{1 \cdot 2} P''(0) + \ldots + \frac{x^k}{1 \cdot 2 \ldots k} P^{(k)}(0) + \ldots$$
$$+ \frac{x^n}{1 \cdot 2 \ldots n} P^{(n)}(0).$$

Nach einer Variablentransformation $X = x - x_0$ und nachfolgender Anwendung der Formel auf dieses Polynom in X erhalten wir

$$P(x) = P(x_0) + \frac{x - x_0}{1} P'(x_0) + \ldots + \frac{(x - x_0)^k}{1 \cdot 2 \ldots k} P^{(k)}(x_0) + \ldots$$
$$+ \frac{(x - x_0)^n}{1 \cdot 2 \ldots n} P^{(n)}(x_0).$$

Diese Formel heißt *Taylor-Formel für das Polynom*. Ihre Verallgemeinerung auf andere Funktionen ist für die Theorie der Berührbedingungen von grundlegender Wichtigkeit, da in ihr die Werte der sukzessiven Ableitungen an einer Stelle x_0 vorkommen. Mit dieser Theorie werden wir uns jedoch nicht weiter beschäftigen, sie ist hier nur vorbereitet.

Die Untersuchung des Polynoms für gegen unendlich strebendes x kann man auf Grund des folgenden Satzes vornehmen:

Satz

Das Verhältnis eines Polynoms zu dem darin vorkommenden Glied höchsten Grades strebt gegen 1, wenn x gegen unendlich geht.

Man kann in der Tat schreiben:

$$\frac{P(x)}{a_0 x^n} = 1 + \frac{1}{x}\left[\frac{a_1}{a_0} + \frac{a_2}{a_0}\frac{1}{x} + \ldots + \frac{a_n}{a_0}\frac{1}{x^{n-1}}\right]$$

Darin bleibt die eckige Klammer beschränkt; da sie mit $\frac{1}{x}$ multipliziert wird, strebt der Ausdruck gegen null; die rechte Seite strebt deshalb insgesamt gegen den Wert 1.

Nähert x sich jedoch dem Wert unendlich, so wird das Verhalten eines Monoms $z = ax^p$ in der folgenden Tabelle wiedergegeben:

		$x \to +\infty$	$x \to -\infty$
p gerade	$a > 0$	$z \to +\infty$	$z \to +\infty$
	$a < 0$	$z \to -\infty$	$z \to -\infty$
p ungerade	$a > 0$	$z \to +\infty$	$z \to -\infty$
	$a < 0$	$z \to -\infty$	$z \to +\infty$

Nach dem oben ausgesprochenen Satz verhält sich $P(x)$ wie sein Glied höchsten Grades, welches man aus diesem Grund als *Hauptterm* bezeichnet: $P(x)$ strebt gegen $+\infty$ oder $-\infty$, je nachdem, ob der betreffende Hauptterm gegen $+\infty$ oder $-\infty$ strebt.

Bemerkung

Die Beziehung „*das Verhältnis der Grenzwerte strebt gegen 1, wenn x sich dem Wert unendlich nähert*" bedeutet eine Äquivalenzrelation zwischen Funktionen, was aus den folgenden Sätzen über Grenzwerte hervorgeht:

Reflexivität: $\dfrac{f(x)}{f(x)} \to 1$

Symmetrie: $\left[\dfrac{f(x)}{g(x)} \to 1\right] \Rightarrow \left[\dfrac{g(x)}{f(x)} \to 1\right]$

Transitivität: $\left[\dfrac{f(x)}{g(x)}\right] \to 1$ und $\left[\dfrac{g(x)}{h(x)} \to 1\right] \Rightarrow \left[\dfrac{f(x)}{h(x)} \to 1\right]$

Diese Relation kann man auch $f(x) \sim g(x)$ schreiben.
Andererseits sind wir bei der Untersuchung von asymptotischen Kurven einer anderen Äquivalenzrelation begegnet, nämlich: *„Die Differenz strebt gegen null, wenn x sich unendlich nähert"*.

Reflexivität: $f(x) - f(x) \to 0$

Symmetrie: $[f(x) - g(x)] \to 0 \Rightarrow [g(x) - f(x)] \to 0$.

Transitivität:

$\{[f(x) - g(x)] \to 0 \text{ und } [g(x) - h(x)] \to 0\} \Rightarrow [f(x) - h(x)] \to 0$

Diese beiden Äquivalenzrelationen sind jedoch verschieden voneinander, und man darf sie deshalb nicht verwechseln. Da nun

$$\dfrac{f(x) - g(x)}{g(x)} = \dfrac{f(x)}{g(x)} - 1,$$

so folgt die erste Beziehung aus der zweiten, sofern $g(x)$ nicht verschwindet (und insbesondere, wenn $g(x)$ gegen unendlich strebt); die Umkehrung ist jedoch nicht richtig: die zweite Beziehung folgt nur dann aus der ersten, wenn $g(x)$ endlich bleibt. Es wird deshalb immer ein schwerer Fehler sein, bei der Berechnung eines Grenzwertes eine Funktion unbesehen durch eine im Sinne der ersten Beziehung „äquivalente" Funktion zu ersetzen.

Das Vorangehende läßt sich unverändert auf die Betrachtung von Grenzwerten anwenden, wenn x sich einem Wert x_0 nähert, anstatt gegen unendlich zu streben.

2. Gebrochene rationale Funktionen

$$f(x) = \dfrac{Z(x)}{N(x)} = \dfrac{a_0 x^n + \ldots + a_n}{b_0 x^p + \ldots + b_p}.$$

a) Die Nullstellen des Nenners (das heißt, solche x-Werte, die den Nenner null machen) sind, sofern sie existieren, die einzigen Werte, für welche die Funktion nicht definiert ist. An allen anderen Stellen ist sie definiert, stetig und differenzierbar.

Wir werden im folgenden voraussetzen, daß diese Nullstellen von $N(x)$ nicht gleichzeitig Nullstellen von $Z(x)$ sind. Trifft dies jedoch zu, so kann man die Funktion vereinfachen, indem man Zähler und Nenner durch eine passende Potenz von $(x-\alpha)$ kürzt, wobei α eine gemeinsame Nullstelle ist. Wir haben bereits früher gesagt, daß man die Definition der Funktion dahingehend ergänzen muß, daß man ihr für $x = \alpha$ jenen Wert zuschreiben muß (der auch null oder unendlich sein kann), der aus der gekürzten Funktion hervorgeht und den man den „wahren Wert" der gegebenen Funktion an dieser Stelle nennt. Nach dem Kürzen ist jede Nullstelle des Nenners, die man auch *Pol* der Funktion nennt, für die Bildkurve die Abszisse einer zu Oy parallelen Asymptoten. Der Vorzeichenwechsel des Nenners im Falle des Auftretens von Wurzeln ungerader Ordnung und die Beibehaltung des Vorzeichens für Wurzeln gerader Ordnung bestimmen die Lage der Kurve in bezug auf die Asymptote.

b) Die Untersuchung für gegen unendlich strebendes x führt man mit Hilfe des folgenden Satzes durch:

Satz

Strebt x gegen unendlich, so ist der Grenzwert der gebrochenen rationalen Funktion gleich dem Grenzwert des Verhältnisses der Hauptterme des Zählers und Nenners. Dies folgt unmittelbar aus dem Theorem über Polynome, da man schreiben kann:

$$f(x) = \frac{Z(x)}{N(x)} = \frac{a_0 x^n}{b_0 x^p} \cdot \frac{Z(x)}{a_0 x^n} : \frac{N(x)}{b_0 x^p}$$

Strebt x gegen unendlich, so gilt also:

$n > p$	$f(x) \to \infty$
$n < p$	$f(x) \to 0$
$n = p$	$f(x) \to \dfrac{a_0}{b_0}$

c) Der Richtungsfaktor der asymptotischen Richtung der Bildkurve wird durch den Grenzwert $\dfrac{f(x)}{x}$ für gegen unendlich strebendes x dargestellt. Dieser Grenzwert stimmt mit jenem von $\dfrac{a_0 x^n}{b_0 x^{p+1}}$ überein, woraus folgt:

$n < p+1$ Asymptotenrichtung Ox.

$\begin{bmatrix} n = p & f(x) \to \dfrac{a_0}{b_0}\,;\ \text{Asymptote}\ y = \dfrac{a_0}{b_0} \\ n < p & f(x) \to 0;\ \text{Asymptote}\ Ox \end{bmatrix}$

$n = p+1$ Asymptotenrichtung mit dem Richtungsfaktor $\dfrac{a_0}{b_0}$.

Die Asymptote existiert und ist durch die Division von $Z(x)$ durch $N(x)$ gegeben; der dabei auftretende Koeffizient ist vom ersten Grad:

$$\frac{Z(x)}{N(x)} = \frac{a_0}{b_0}\,x+k+\frac{R(x)}{N(x)}\ ,\ \mathrm{d}(R) < \mathrm{d}(N).$$

Die Asymptote ist die Gerade mit der Gleichung

$$y = \frac{a_0}{b_0}\,x+k.$$

Im allgemeineren Fall $n > p+1$ liefert die Division eine Asymptotenkurve als Bildkurve eines Polynoms $y = Q(x)$; sie ist definiert durch

$$\frac{Z(x)}{N(x)} = Q(x)+\frac{R(x)}{N(x)}\ ,\ \mathrm{d}(R) < \mathrm{d}(N).$$

$n > p+1$ Asymptotenrichtung Oy; Parabolischer Zweig.

3. Implizite Funktionen

a) In der analytischen Geometrie bezeichnet man eine Kurve dann als algebraisch, wenn sie zu einer ganzen rationalen Gleichung $F(x, y) = 0$ gehört. Eine solche Kurve ist aber im allgemeinen nicht einfach die Bildkurve einer Funktion $y = f(x)$, sondern sie besteht aus der Vereinigung von Kurvenbögen, die ihrerseits Bildkurven sind: Man grenzt die einzelnen Bildkurven voneinander ab, indem man die Anzahl der Wurzeln der Gleichung $F(x_0, y) = 0$ in Abhängigkeit von x_0 diskutiert und die Wurzeln, so wie es die Stetigkeit verlangt, trennt (Bild). Das Problem, das hier auftaucht, ist jenes der Behandlung *impliziter Funktionen*: man kann im allgemeinen solche Funktionen nicht in expliziter Form angeben, wie sie in der Bildkurve durch Formeln der Art $y = f(x)$ angegeben werden. Sei umgekehrt eine explizite algebraische Funktion $y = f(x)$ vorgelegt, in der also nur die Operationen Addition, Multiplikation, Division und Wurzelziehen vorkommen, so kann man zeigen, daß ihr Graph als Teil einer algebraischen Kurve $F(x, y) = 0$ betrachtet werden kann.

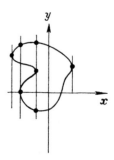

So führt zum Beispiel
$$y = x + \sqrt{x-1} \quad \text{auf} \quad \begin{cases} (y-x)^2 - (x-1) = 0 \\ y-x \geq 0. \end{cases}$$

Zur Bildung von $F(x, y)$ multipliziert man die Differenz $y-f(x)$ und die konjugierten irrationalen Ausdrücke miteinander, um die Wurzeln zum Verschwinden zu bringen.

Dieses Verfahren gestattet in einfachen Fällen, die Art der Kurve zu erkennen, ob es sich um einen Kreis, eine Parabel usw. handelt, und damit die Bildkurve richtig zu zeichnen. Darüber hinaus gibt der Grad des Polynoms $F(x, y)$ die höchste Anzahl von Schnittpunkten der Kurve mit einer beliebigen Geraden $y = ux+v$ an. Dieser Grad heißt auch *Grad der algebraischen Kurve*. Der Grad einer Kurve beschränkt von vornherein die „Gewundenheit" derselben; eine Kurve niedrigen Grades kann nur eine einfache Form aufweisen, eine wertvolle Kenntnis für das Zeichnen der Kurve.

Man kann zeigen (vgl. Teil IV, Dritter Abschnitt), daß Kurven zweiten Grades nur dreierlei verschiedene Gestalt annehmen können: Ellipse (oder Kreis), Parabel und Hyperbel, deren Formen sämtlich bekannt sind. Daraus leitet man die Form der Funktionsgleichung der Bildkurven $y = \alpha x + \beta + \sqrt{ax^2+bx+c}$ her.

In gleicher Weise bezeichnet man die Kurven $y = \dfrac{ax^2+bx+c}{a'x^2+b'x+c'}$ als *Kubiken*. Besitzt der Nenner zwei Wurzeln, so genügt es, die beiden zu Oy parallelen Asymptoten und die zu Ox parallele Asymptote zu legen, so daß die Angabe der Kurvenlage bezüglich dieser Asymptoten genügt, um den Kurvenverlauf zu bestimmen. Man bemerke, daß die zu Ox parallele Asymptote, die gleichzeitig Tangente im Unendlichen ist, die Kurve in einem und nur einem Punkt ein zweites Mal schneidet.

b) Dieser Begriff des Grades einer Kurve kann offensichtlich nicht auf die trigonometrischen oder transzendenten Funktionen angewendet werden, wie zum Beispiel auf $y = x \sin x$. Solche Funktionen liefern Beispiele dafür, daß es notwendig sein wird, für Grenzwerte noch exaktere Beweise zu führen. Es folgen hier einige klassische Beispiele, in denen es sich um die Umgebung eines Punktes handelt, der zum Koordinatenursprung gewählt wurde:

Übungsbeispiele

Man konstruiere die Bildkurven der Funktionen:

$y = \sin \dfrac{1}{x}$. Kein Grenzwert, wenn x gegen null strebt.

$y = x \sin \dfrac{1}{x}$. Dieser Funktion weist man für $x = 0$ als „wahren

$y = x^2 \sin \dfrac{1}{x}$ · Wert" 0 zu. Sie ist mithin in O stetig, aber dort ohne Ableitung.

In Fortsetzung des obigen ist die Ableitung in O definitionsgemäß der Grenzwert von x, also 0; die Ableitung

$$y' = 2x \sin \dfrac{1}{x} - \cos \dfrac{1}{x} \text{ ist jedoch in } O \text{ nicht stetig.}$$

$y = x^3 \sin \dfrac{1}{x}$ Für y' verschwindet die Schwierigkeit; sie tritt jedoch für y'' und die höheren Ableitungen auf.

4. Lineare Funktionen mehrerer Variablen

Im bisherigen haben wir ausschließlich reelle Funktionen einer Variablen betrachtet. Eine Funktion zweier Variablen wird durch $\{x_1, x_2\} \searrow f \nearrow y$ oder $y = f(x_1, x_2)$ bezeichnet. Wird das Paar $\{x_1, x_2\}$ in einem zweidimensionalen Punktraum mit der Basis (e_1, e_2) dargestellt und y parallel zu einem dritten Vektor einer Basis (e_1, e_2, e_3) eines dreidimensionalen Raumes aufgetragen, so wird die Funktion durch eine Fläche dargestellt. Wir können sie mit Hilfe der Schnittlinien untersuchen, die sie mit den Zylindern einer gewählten Basis

$$x_1 = \varphi_1(t), \quad x_2 = \varphi_2(t),$$

bilden, da y dann eine Funktion der Variablen t ist:

$$y = f[\varphi_1(t), \varphi_2(t)].$$

Eine Funktion von n Variablen $x_1, x_2, \ldots, x_n$ hat in entsprechender Weise ein Bild in einem $n+1$-dimensionalen Raum.
Die wichtigsten Funktionen unter ihnen sind die *linearen Funktionen*

$$y = a_1 x_1 + a_2 x_2 + \ldots + a_n x_n.$$

Betrachten wir $x_1, x_2, \ldots, x_n$ als Komponenten eines Vektors V im n-dimensionalen Raum R^n, so erscheint y als reelle Funktion dieses Vektors, etwa als $y = f(V)$. Da der Vektor den beiden Operationen gehorcht, durch welche die Struktur des Vektorraumes charakterisiert wird, so transformiert sich die Funktion nach den Gesetzen

$$f(k \cdot V) = k \cdot f(V) \quad \text{und} \quad f(V_1 + V_2) = f(V_1) + f(V_2).$$

Untersuchung in einem konvexen Bereich

Verfolgen wir das Verhalten von y, wenn $V = At + B$, das heißt entlang einer Geraden im R^n. Der Definitionsbereich heißt *konvex*, wenn er der Menge jener V entspricht, die der Bedingung $t_0 \leq t \leq t_1$ für jedes Paar (A, B) genügen. Das Innere des Bereiches ist mithin durch $t_0 <$

$< t < t_1$ definiert; seine Grenze ist die Menge, die durch $t = t_0$ und $t = t_1$ gegeben ist. Auf dem Geradenabschnitt ist y eine lineare Funktion $y = at+b$ von t; sie ist daher von t_0 bis t_1 monoton. Daraus folgt, daß *die Funktion im Innern eines konvexen Bereiches kein Extremum* (Maximum oder Minimum) *haben kann. Im Fall eines polyhedralen konvexen Bereiches* (polygonal für $n = 2$) *mit endlich vielen Ecken werden die Extrema in einer Ecke erreicht.*

Bemerkung

Dieser Satz gilt für eine inhomogene lineare Funktion

$$y = a_1 x_1 + a_2 x_2 + \ldots + a_n x_n + k,$$

die sich durch Verschiebung des Ursprungs auf eine homogene lineare Funktion zurückführen läßt (Ursprungsfunktion).

Sind die Komponenten $y_1, y_2, \ldots, y_p$ eines Vektors U in einem p-dimensionalen Raum lineare Funktionen von V, so ist U *eine lineare Vektorfunktion von V*. Im Gegensatz dazu nennt man $y_1, y_2, \ldots, y_p$ *lineare Skalarfunktionen von V.*

Multilineare Funktionen

Es seien in einem n-dimensionalen Vektorraum zwei variable Vektoren $V\{x_1, x_2, \ldots, x_n\}$ und $W\{y_1, y_2, \ldots, y_n\}$ gegeben. Die aus ihren Komponenten gebildete skalare Funktion

$$f(V, W) = a_1 x_1 y_1 + a_2 x_2 y_2 + \ldots + a_n x_n y_n$$

heißt Bilinearfunktion. Sie ist in V und W einzeln linear. In gleicher Weise definiert man multilineare Funktionen, ob sie nun skalar oder vektoriell sind.

Bei der Untersuchung der Vektorräume stoßen wir auf multilineare Funktionen, die *Determinanten* heißen und die wir früher mit δ und Δ bezeichnet haben.

In der Geometrie begegnen wir als grundlegenden Beispielen im dreidimensionalen metrischen Raum dem skalaren und vektoriellen Produkt zweier Vektoren (vgl. Teil I, Kapitel V).

In der Physik werden Vektorfelder eingeführt, das heißt, Bereiche, in denen jedem Punkt ein Vektor angeheftet ist; ebenso betrachtet man skalare und vektorielle Funktionen mehrerer Variablen, die selbst wieder Skalare oder Vektoren sein können.

B. ANWENDUNG AUF DIE LÖSUNG VON GLEICHUNGEN

Um eine Gleichung $f(x) = 0$ zu untersuchen, das heißt, um ihre Wurzeln zu bestimmen und eine Methode zu ihrer näherungsweisen Berechnung zu finden, ist es angezeigt, die besonderen Eigenschaften der Bildkurve der Funktion $y = f(x)$ zu verwenden. Wir beschränken uns hier auf einige wichtige Bemerkungen.

In einem Intervall (a, b), wo die Funktion stetig und differenzierbar ist, sind zwei Wurzeln der Gleichung, das heißt zwei Nullstellen der Funktion, durch mindestens eine Nullstelle der Ableitung voneinander getrennt (Satz von *Rolle*).

Nach dem Zwischenwertsatz gilt: Liefern zwei Werte x_1 und x_2 zwei Werte von $f(x)$ mit verschiedenem Vorzeichen, so sind diese durch mindestens eine Nullstelle von $f(x)$ getrennt. Ist weiter die Funktion in (x_1, x_2) monoton, so ist die darin liegende Nullstelle die einzige. Ist schließlich $f(x)$ ein Polynom n-ten Grades oder eine gebrochene rationale Funktion, deren Zähler vom Grade n ist, so kann $f(x)$ nicht mehr als n Wurzeln haben.

Gewinnen wir die Anzahl der Wurzeln lediglich aus der Kenntnis der Form der Kurve, so können wir keine Rechenschaft über die Ordnung von mehrfachen Wurzeln geben. Wir müssen dazu auf den Berührbegriff zurückgreifen: Ist für die betrachtete Wurzel a nicht nur $f(a) = 0$, sondern auch $f'(a) = 0$, so ist Ox eine Tangente der Kurve in a. Die Berührung ist mindestens von erster Ordnung, die zugehörige Wurzel mindestens doppelt. Ist darüber hinaus $f''(a) = 0$, so ist die Berührung mindestens von zweiter Ordnung, die Wurzel mindestens dreifach usw. Schließlich gilt, wie bereits festgestellt, daß bei einer algebraischen Gleichung eine Asymptotenrichtung Ox einer unendlichen Wurzel und eine zu Ox parallele Asymptote (mindestens) zwei unendlichen Wurzeln entspricht.

Beispiel

Man beweise, daß die Ableitung n-ter Ordnung von $y = \dfrac{1}{x^2+1}$ n Wurzeln besitzt.

Mittels eines Induktionsschlusses zeigt man, daß diese Ableitung die Form

$$y^{(n)} = \frac{P_n}{(x^2+1)^{n+1}}$$

hat, wobei P_n ein Polynom n-ten Grades ist; dies schließt man schrittweise mit Hilfe der nachstehenden Tabelle:

x	$-\infty$			$+\infty$
y	0			0
y'	0	0		0
y''	0	0	0	0
..	....			

Obwohl bei der Abzählung der Nullstellen jeder Funktion nach ihrem Grad jene Nullstellen, die im Unendlichen liegen, nicht in Rechnung gestellt werden (vom Standpunkt der Algebra der Polynome aus gesehen), so berücksichtigen wir diese hier doch, um die Existenz jener Grenzwerte zu beweisen, die für $x \to \infty$ null sind.

Diskussionsbeispiele für die Existenz von Wurzeln

Es sei die Gleichung $x^3+px+q = 0$ vorgelegt.
Wir betrachten die Funktion

$$y = x^3+px+q, \quad \text{woraus} \quad y' = 3x^2+p \text{ folgt.}$$

Der Funktionstabelle entnehmen wir die Angaben zur näherungsweisen Zeichnung der Bildkurve:

1) $p \geqq 0$
$$\begin{array}{c|cc} x & -\infty & +\infty \\ \hline y & -\infty \searrow & +\infty \end{array}$$ eine Wurzel

2) $p \leqq 0$
$$\begin{array}{c|cccc} x & -\infty & -x_0 & +x_0 & +\infty \\ \hline y & -\infty \nearrow & M \searrow & m \nearrow & +\infty \end{array}$$

$$x_0 = \sqrt{\frac{-p}{3}}, \quad M = -\frac{2}{3}p\sqrt{\frac{-p}{3}}+q, \quad m = \frac{2}{3}p\sqrt{\frac{-p}{3}}+q$$

$$M \cdot m = \frac{4p^3}{27}+q^2.$$

Unsere Ergebnisse (die beide Fälle beinhalten) lauten also:

$4p^3+27q^2 > 0$ Eine Wurzel.

$4p^3+27q^2 < 0$ Drei Wurzeln.

$4p^3+27q^2 = 0$ Zwei Wurzeln, von denen eine doppelt ist.

Es ist uns mithin gelungen, alle Wurzeln mit den im Teil II, Abschnitt 2, Kap. I auseinandergesetzten Methoden zu finden.
Die soeben gewonnenen Ergebnisse werden wir bei der Einführung der komplexen Zahlen (Kapitel VI) verwenden.

Methode der Hilfskurven

Es sei die transzendente Gleichung $2x+1-3x \sin x = 0$ zu diskutieren. Dazu konstruieren wir innerhalb desselben Koordinatensystems die

Graphen der Funktionen

$$u = \sin x \quad \text{und} \quad z = \frac{2x+1}{3x}.$$

Die gesuchten Wurzeln sind die Abszissen der Punkte, die bei den Kurven gemeinsam sind. (Man muß hierbei oft mit großer Sorgfalt jene Kurvenbögen bestimmen, deren Verlauf nicht von vornherein offensichtlich ist.) Die in diesem Beispiel betrachteten Kurven können auch bei der Untersuchung des Verhaltens der Funktion

$$y = x^2 + x + 3(x \cos x - \sin x)$$

verwendet werden, deren Ableitung gleich der linken Seite der oben vorgelegten Gleichung ist.

Näherungsweise Berechnung von Wurzeln

Setzen wir voraus, daß wir eine Wurzel als innerhalb des Intervalls (x_1, x_2) liegend isoliert haben und daß $f(x_1)$ und $f(x_2)$ entgegengesetztes Vorzeichen aufweisen. Dann kann man einen genügend genäherten Wert für die Wurzel gewinnen, indem man den Bogen $M_1 M_2$ durch die Sehne ersetzt; die Abszisse des Punktes, wo diese die x-Achse schneidet, läßt sich sofort angeben (Interpolationsmethode). Es sei x_3 der gefundene Wert. Die Berechnung von $f(x_3)$ zeigt, ob man x_1 oder x_2 durch x_3 ersetzen muß, und man beginnt dann mit dem derart gefundenen Intervall von neuem.

Im allgemeinen kombiniert man diese Methode mit der Newtonschen Interpolationsmethode, die darin besteht, daß man den Kurvenbogen durch die Tangente in einem seiner Endpunkte ersetzt. Kennt man den Krümmungssinn der Kurve, so kann man leicht entscheiden, welche der Tangenten vorteilhafter zu verwenden ist.

Schließlich geben wir hier noch das Prinzip einer *Iterationsmethode* an, da diese bei Verwendung von Rechenmaschinen von Interesse ist. Es sei die Gleichung

$$x^3 + 5x - 4 = 0$$

näherungsweise zu lösen. Dazu betrachten wir die Kurve Γ und die Gerade Δ, d.h. die Graphen von $y = x^3$ und $z = -5x + 4$.

Beginnen wir etwa beim Werte $x = 1$. Diesem entspricht auf der Kurve der Punkt C_1, dessen Ordinate auf der Geraden dem Punkt D_1 entspricht; dessen Abszisse hinwieder entspricht dem Punkt C_2 auf der Kurve usw. Diese Punktfolge nähert sich dem Schnittpunkt, dessen Abszisse wir suchen.

Diese Methode verdient deswegen Beachtung, weil es bei ihrer Anwendung in Rechenmaschinen genügt, diese ein- für allemal einzustellen

(hier auf die Berechnung der dritten Potenz einer Zahl und die Ausrechnung des Ausdrucks $x_i = 0{,}8 - 0{,}2 z_i$.)
Die Maschine zeigt von selbst an, ob die Folge der x_i-Werte gut konvergiert. Die Methode besitzt auch großes theoretisches Interesse, vor-

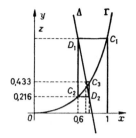 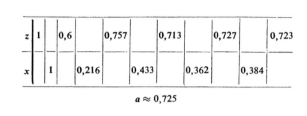

z	1	0,6	0,757	0,713	0,727	0,723
x	1	0,216	0,433	0,362	0,384	

$a \approx 0{,}725$

ausgesetzt, daß diese Konvergenz auf die gesuchte Wurzel hin zutrifft. Schließlich verweisen wir noch, zusätzlich zu den Rechenmaschinen, auf die Verwendung numerischer Tabellen und Kurvenscharen (Nomogrammen) zur Lösung numerischer Probleme.

VI. Integralfunktionen

In Kap. VI des Teiles I hat uns die Maßtheorie auf den Begriff der Stammfunktion oder des unbestimmten Integrals geführt, was die Einführung des Flächenmaßes ermöglichte. Im folgenden werden wir diese Betrachtung wieder aufnehmen, wobei wir aber unsere Aufmerksamkeit weniger auf den Begriff des Bereiches und des Maßes als auf jenen des allgemeinen Integrals als reeller Funktion richten wollen.

A. DAS UNBESTIMMTE INTEGRAL EINER FUNKTION

1. Unbestimmtes Integral. Eine Funktion $F(x)$ heißt *unbestimmtes Integral* oder *Stammfunktion* einer Funktion $f(x)$ in einem Intervall, wenn $f(x)$ die Ableitung von $F(x)$ darstellt.

Satz

Sind zwei Funktionen $F(x)$ und $G(x)$ Stammfunktionen ein- und derselben Funktion $f(x)$ in einem Intervall, so ist die Differenz $G(x)-F(x)$ konstant.
Diese Differenz hat in der Tat an jeder Stelle des Intervalls eine verschwindende Ableitung; wir haben bereits früher mit Hilfe des Mittelwertsatzes der Differentialrechnung gezeigt, daß daraus die Konstanz der Differenz folgt (vgl. Teil I, Kap. IV).
Da nun umgekehrt $F(x)$ und $F(x)+C$ dieselbe Ableitung haben, welchen Wert die Konstante C auch immer annimmt, so kann man daraus schließen: Bezitzt eine Funktion $f(x)$ eine *partikuläre* oder *bestimmte Integralfunktion* $F(x)$, so wird die Familie ihrer Stammfunktionen von den Funktionen $G(x) = F(x)+C$ gebildet. Diese Familie bezeichnet man als das *unbestimmte Integral* von $f(x)$:

$$\Im f(x) = F(x)+C.$$

C bedeutet eine *willkürliche Konstante*; durch jeden ihrer Werte wird eine bestimmte Integralfunktion festgelegt.

2. Integrationsmethoden: Berechnung des unbestimmten Integrals, sofern dieses existiert.

a) Die Tabelle, in der die Ableitungen der gebräuchlichen Funktionen angegeben sind, liefert ebenso die unbestimmten Integrale.
Es ist also

$f(x) = x^n$, n positive ganze Zahl	$\Im f(x) = \dfrac{1}{n+1} x^{n+1} + C$
$f(x) = \dfrac{1}{x^n}$, n positive ganze Zahl $\neq 1$	$\Im f(x) = \dfrac{1}{-n+1} \dfrac{1}{x^{n-1}} + C$
$f(x) = x^{\frac{p}{q}}$, $(x > 0)$, $\dfrac{p}{q} \neq -1$	$\Im f(x) = \dfrac{1}{\frac{p}{q}+1} x^{\frac{p}{q}+1} + C$

Die erste Zeile dieser Tabelle gilt also für jede rationale Zahl $n \neq 1$. Unter den Funktionen dieser Art ist $f(x) = \dfrac{1}{x}$ die einzige, deren unbestimmtes Integral nicht mit Hilfe der angegebenen Formeln gefunden werden kann. Wir dürfen aber daraus nicht schließen, daß dieses unbestimmte Integral nicht existiert, wie die Betrachtung der folgenden Ergebnisse zeigt:

$f(x) = \sin x$	$\Im f(x) = -\cos x + C$
$f(x) = \cos x$	$\Im f(x) = \sin x + C$
$f(x) = \dfrac{1}{\sqrt{1-x^2}}$	arc sin $x+C$ und arc cos $x+C$
$1+\tan^2 x$	tan $x+C$
$\dfrac{1}{1+x^2}$	arc tan $x+C$

Wir erkennen, daß aus der Unkenntnis der inversen trigonometrischen Funktionen auch die Unkenntnis der Existenz der unbestimmten Integrale der algebraischen Funktionen

$$\dfrac{1}{\sqrt{1-x^2}} \quad \text{und} \quad \dfrac{1}{1+x^2}$$

folgen würde. Wir werden späterhin zeigen, daß auch $\dfrac{1}{x}$ ein allgemeines Integral besitzt.

b) Erscheint eine Funktion nicht in der obigen Tabelle, so muß man versuchen, einen der Sätze anzuwenden, die aus den Eigenschaften der abgeleiteten Funktion folgen:

Erster Satz

Ist $F(x)$ eine bestimmte Integralfunktion von $f(x)$, so ist $kF(x)+C$ das unbestimmte Integral von $kf(x)$.

Zweiter Satz

Das unbestimmte Integral einer gegebenen Summe von (endlich) *vielen Funktionen ist gleich der Summe der unbestimmten Integrale der gegebenen Funktionen.*

Aus diesem Grunde wird man sich bemühen, die Funktion, deren unbestimmtes Integral man sucht, in eine Summe von einfachen Funktionen zu zerlegen, insbesondere, wenn es sich um eine gebrochene rationale Funktion handelt. Ein wichtiges Kapitel der Algebra ist dem Problem der Auffindung solcher Zerlegungen gewidmet; es bildet die Ergänzung dessen, was wir über die Division von Polynomen gesagt haben.

3. Satz von der Variablentransformation (Substitutionsmethode)

Dieser Satz ist, von der Umkehrung aus betrachtet, nichts anderes als der Satz über die Ableitung einer Funktion von einer Funktion (Kettenregel).

Man sucht $F(x)$ so zu bestimmen, daß $F'(x) = f(x)$. Betrachtet man x als Funktion einer Hilfsvariablen u, so kann man das folgende System verwenden:

$$\begin{cases} x = g(u) \text{ als gegebene differenzierbare Funktion: } x'_u = g'(u); \\ F'_u = F'_x \cdot x'_u. \end{cases}$$

Beispiel

Es ist das unbestimmte Integral von $f(x) = \dfrac{1}{\sqrt{1-x^2}}$ aufzusuchen. Dazu führt man die Variable u mittels $x = \sin u$, $-\dfrac{\pi}{2} < u < \dfrac{\pi}{2}$ ein. Dann haben wir

$$F'_u = \frac{1}{\cos u} \cdot \cos u = 1$$

und daher

$$F = u + C = \arcsin x + C.$$

Zur Übung verfahren wir ebenso mit

$$f(x) = \sqrt{1-x^2}.$$

Dieselbe Variablensubstitution liefert die Funktion

$$F'_u = \cos^2 u = \tfrac{1}{2}(1+\cos 2u),$$

deren unbestimmtes Integral wir kennen:
$$F = \tfrac{1}{2}(u+\tfrac{1}{2}\sin 2u)+C = \tfrac{1}{2}(\arcsin x+x\sqrt{1-x^2})+C.$$
Bei dieser Methode kommt es darauf an, die passenden Variablensubstitutionen auszuwählen. Hieraus erwachsen Probleme von großem praktischen Interesse, die wir aber nicht weiter verfolgen.

4. Partielle Integration

Aus der Produktregel für die Ableitung
$$(u \cdot v)' = u'v+uv'$$
folgt
$$uv = \Im(u'v)+\Im(uv')+C.$$
Ist in der obigen Formel eines der Integrale bekannt, so läßt sich das andere sofort daraus herleiten.

Beispiel:

Es sei
$$f(x) = x \arctan x.$$
Dann hat man
$$f(x) = u'v,$$
wenn man die Substitutionen
$$u = \frac{x^2}{2}, \quad v = \arctan x$$
wählt. Das Integral von
$$uv' = \frac{1}{2} x^2 \cdot \frac{1}{1+x^2} = \frac{1}{2}\left[1-\frac{1}{1+x^2}\right]$$
ist
$$\Im(uv') = \tfrac{1}{2}(x-\arctan x)+C,$$
das gesuchte Integral ist mithin
$$uv-\Im(uv') = \tfrac{1}{2}(x^2+1)\arctan x-\tfrac{1}{2}x+C.$$
Die im Vorhergehenden auseinandergesetzten Gedankengänge mögen vielleicht bruchstückhaft und sehr knapp gehalten erscheinen. Weiß man diese Hilfsmittel jedoch mit Geschick zu handhaben, so stellen sie ein durchaus zureichendes Handwerkszeug dar, um die Integrale elementarer Funktionen aufzusuchen.

B. GEOMETRISCHE INTERPRETATION DER INTEGRALFUNKTION

Es sei $x \searrow f \nearrow y = f(x)$ eine auf dem Intervall $[a, b]$ definierte und dort stetige Funktion. Ihr Graph ist ein Kurvenbogen AB. Wir haben gezeigt (erster Teil, Kap. IV), daß die Fläche $aAMm$, begrenzt durch die x-Achse, die Kurve und die beiden Strecken aA und mM mit den Abszissen a und x, einen Inhalt besitzt und daß $\mathfrak{A}(x)$ eine Integralfunktion der Funktion f ist. Siehe auch Figur S. 324.
Wir knüpfen daran an, indem wir hier die Existenz des Flächeninhalts mit den genannten Eigenschaften annehmen.

Grundlegender Satz

Die Funktion $\mathfrak{A}(x)$ ist ein bestimmtes Integral von $f(x)$.
Rein intuitiv entspricht einem Zuwachs $x - x_0 = \Delta x$ ein Zuwachs $\Delta \mathfrak{A}$, der das Flächenmaß des gemischtlinigen Rechtecks ist, das fast gleich $f(x_0) \Delta x$ ist, so daß $\dfrac{\Delta \mathfrak{A}}{\Delta x}$ fast gleich $f(x_0)$ ist.
Diesen Gedanken muß man noch in mathematische Form kleiden: Die stetige Funktion liegt im Intervall $(x_0, x_0 + \Delta x)$ zwischen den Grenzen M und m, die beide gegen $f(x_0)$ streben, wenn Δx gegen 0 geht.

a) Setzen wir zunächst $f(x)$ in (a, b) *positiv* voraus. Nach der Definition des Flächenmaßes hat man

$$m|\Delta x| < |\Delta \mathfrak{A}| < M|\Delta x| \quad \text{und daher} \quad m < \left|\frac{\Delta \mathfrak{A}}{\Delta x}\right| < M.$$

$\Delta \mathfrak{A}$ hat jedoch dasselbe Vorzeichen wie Δx, und daher ist

$$m < \frac{\Delta \mathfrak{A}}{\Delta x} < M.$$

Geht Δx gegen 0, so streben m und M wegen der Stetigkeit der Funktion gegen $f(x_0)$ und daher besitzt $\dfrac{\Delta \mathfrak{A}}{\Delta x}$ einen Grenzwert, der gleich $f(x_0)$ ist.
Somit ist $\mathfrak{A}(x)$ *eine* bestimmte Integralfunktion von $f(x)$. Um diese zu bestimmen, beachte man, daß das Flächenmaß für $x = a$ verschwindet. Kennt man also eine bestimmte Integralfunktion $F(x)$ von $f(x)$, so beträgt der Flächeninhalt von $aAPP'$

$$\mathfrak{A}(x) = F(x) - F(a).$$

$\mathfrak{A}(x)$ hängt natürlich nicht von jener unbestimmten Integralfunktion ab, die wir mit $F(x)$ bezeichnet haben; diese Differenz schreibt sich

$$\mathfrak{A}(x) = \mathfrak{J}_a^x f(x).$$

Somit wird insbesondere der Flächeninhalt von $aABb$

$$\mathfrak{A}(b) = \mathfrak{J}_a^b f(x) = F(b) - F(a). \tag{1}$$

Dies ist nun eine Zahl und keine Funktion, wenn a und b gegeben sind (bestimmter Integralwert oder kurz bestimmtes Integral).

Fassen wir b als veränderlich auf, so wird der Flächeninhalt eine Funktion

$$X \diagdown \diagup \mathfrak{J}_a^X f(x) = F(X) - F(a),$$

mit der Ableitung $f(X)$. Denken wir uns im Gegensatz hierzu a als veränderlich, so ist die Fläche eine Funktion

$$X \diagdown \diagup \mathfrak{J}_X^b f(x) = F(b) - F(X)$$

mit der Ableitung $-f(X)$.

Beispiel (Archimedische Formel)

Die Fläche des Parabelabschnittes, der zwischen der Parabel und einer zu ihrer Achse senkrechten Sehne AB liegt.

Berechnen wir zunächst jene Fläche, die zwischen der Parabel mit der Gleichung $y = \dfrac{x^2}{2p}$, der x-Achse und den Geraden $x = a$, $x = b$ liegt; dafür finden wir

$$b = -a > 0, \ f(a) = f(b) = \frac{b^2}{2p} = h$$

$$F(x) = \frac{1}{6p} x^3,$$

$$F(b) - F(a) = 2F(b) = \frac{1}{3p} b^3 = \frac{1}{3}(2b)\left(\frac{1}{2p} b^2\right) = \frac{1}{3}(2b)h.$$

Das gesuchte Flächenmaß ist also $\dfrac{2}{3}$ der Fläche des Rechteckes $aABb$.

b) Ist $f(x)$ im Intervall negativ, so muß man bei der Berechnung des Flächenmaßes den Absolutwert von $f(x)$, M und m heranziehen. Bekanntlich zieht ein Vorzeichenwechsel von $f(x)$ auch einen solchen von $F(x)$ nach sich. Um die angeschriebenen Formeln zu verallgemeinern, sieht man sich veranlaßt, dem Flächenmaß ein Vorzeichen zuzuschreiben: $+$ für Intervalle, in denen der Graph oberhalb der x-Achse, und das Vorzeichen $-$, wo dieser unterhalb liegt.

Die Formel (1) gilt also ohne Berücksichtigung des Vorzeichens von $f(x)$, sie liefert also eine Summe, in welche die einzelnen Flächen mit positivem oder negativem Vorzeichen eingehen, je nach dem Vorzeichen von $f(x)$. Um eine Summe von positiven Flächenmaßen zu gewinnen, muß man nacheinander jene Flächen berechnen, die den Intervallen entsprechen, in welchen $f(x)$ sein Vorzeichen beibehält, was zunächst die Bestimmung der Wurzeln der Gleichung $f(x) = 0$ erfordert.

c) Flächenmaß eines nicht beschränkten Bereiches

Strebt x gegen unendlich und gleichzeitig $f(x)$ gegen 0, so kann trotzdem $\mathfrak{A}(x)$ einem festen Grenzwert zustreben: Nach der Definition wird man diesen Grenzwert als Flächeninhalt des nicht begrenzten Bereiches bezeichnen, der sich zwischen aA, der besagten Kurve und der x-Achse erstreckt.

Beispiel

$$f(x) = \frac{1}{x^2} , \quad F(x) = -\frac{1}{x}.$$

In einem Intervall, wo x positiv ist, wird $\mathfrak{J}_a^x = \frac{1}{a} - \frac{1}{x}$, was gegen $\frac{1}{a}$ strebt, wenn x gegen $+\infty$ geht.

Mit ähnlichen Überlegungen erledigt man den Fall, wo $f(x) \to \infty$, wenn $x \to b$.

Volumenberechnungen

Wir sehen die Existenz des Rauminhalts ebenso als erwiesen an, wie wir dies bei dem Flächeninhalt ebener Figuren getan haben, und betrachten ebene Schnitte in der Höhe z mit dem Flächeninhalt $\mathfrak{A}(z)$ (Figur!).

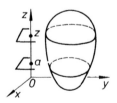

Hat das Volumen v der Scheibe zwischen den Schnitten s_0 und s_1 mit den Höhen z_0 und $z_0 + \Delta z$ die untere Grenze $m|\Delta z|$ und die obere Grenze $M|\Delta z|$, wobei m und M gegen $\mathfrak{A}(z_0)$ streben für $\Delta z \to 0$, so erhalten wir nach der von den Flächenberechnungen bekannten Methode für das Volumen zwischen $z = a$ und $z = b$ den Wert $\mathfrak{J}_a^b \mathfrak{A}(x)$.

Zur Bestimmung von m und M projiziert man die beiden Schnitte s_0 und s_1 auf eine Ebene und wählt

$$m = \text{Fläche } (s_0 \cap s_1) \text{ und } M = \text{Fläche } (s_0 \cup s_1).$$

Gibt es diese Flächeninhalte und haben sie für Δz gegen 0 einen Grenzwert $\mathfrak{A}(z_0)$, so ist die Methode anwendbar.

Sonderfälle

Pyramide: (1) Bei einer dreiseitigen Pyramide (Figur!) ergibt die Projektion parallel zu einer der Achsen zwei Prismen, für die

$$\left(\frac{h-z_0}{h}\right)^2 B\,\Delta z < v < \left(\frac{h-(z_0+\Delta z)}{h}\right)^2 B\,\Delta z$$

gilt. Wir erhalten schließlich

$$\mathfrak{V} = \mathfrak{J}_a^b\left[\frac{B}{h^2}(h-z_0)^2\right] = \frac{B}{3h^2}[(h-a)^3 - (h-b)^3]$$

und für $a = 0, b = h$

$$\mathfrak{V} = \frac{h}{3} B.$$

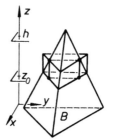
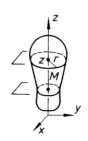

(2) Eine Pyramide mit beliebiger Grundfläche und von definierbarem $\mathfrak{A}(x)$ läßt sich als Vereinigung von Pyramiden mit Dreiecksgrundflächen auffassen.

Rotationsvolumen. Ist die Meridiankurve, die die Fläche erzeugt, durch $z \searrow f \nearrow r = f(z)$ gegeben, so hat die Schnittfläche s den Inhalt $\mathfrak{A}(z) = \pi r^2$ (Figur).
Die Funktion f wird als stetig angenommen. Sie besitzt dann in $[x_0, x_0 + \Delta x]$ ein Minimum r_1 und ein Maximum r_2. Man wird $m = \pi r_1^2$ und $M = \pi r_2^2$ setzen, die beide gegen $A(z_0)$ streben.

Das gesuchte Volumen beträgt also $\pi \mathfrak{J}_a^b [r(x)]^2$.

Beispiel

Bei der Kugel ist $r = \sqrt{R^2 - z^2}$, und das Volumen eines Kugelabschnitts (Figur) beträgt

$$\pi(b-a)\left[R^2 - \frac{1}{3}(b^2 + ab + a^2)\right].$$

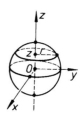

Daraus erhält man das Volumen der Kugel, indem man $a = -R$ und $b = +R$ setzt:

$$\mathfrak{V} = \frac{4}{3}\pi R^3.$$

C. LOGARITHMUSFUNKTION UND EXPONENTFUNKTION
(1) Durch Integrale definierte Funktionen
Es sei eine Funktion $x \searrow f \nearrow y = f(x)$ auf dem Intervall $[\alpha, \beta]$ definiert und dort stetig. Können wir nun eine Funktion $F(x)$ untersuchen, die uns als Integralfunktion von f bekannt ist?
Im Intervall $[\alpha, \beta]$ sei a ein Ausgangswert und x das erzeugende Element. Der Inhalt (das Maß) der Fläche $aAMm$ sei $\mathfrak{A}(x)$. Dann gibt es eine Konstante C, so daß

$$F(x) = \mathfrak{A}(x) + C.$$

Hierin muß C noch bestimmt werden, z. B. aus der „Anfangsbedingung" $F(a) = C$.
Da wir die Ableitung f von F kennen, wissen wir auch über das Wachsen oder Abnehmen der Funktion F Bescheid. Näherungswerte von F sind von der genäherten Berechnung von $\mathfrak{A}(x_0)$ mit Hilfe von Vereinigungen von Rechtecken und Trapezen für verschiedene x_0 bekannt. Nur bei Bereichen, die sich ins Unendliche erstrecken, ergeben sich Schwierigkeiten. Wir werden hierzu die Funktion $f(x) = \dfrac{1}{x}$ betrachten.

(2) Integralfunktion von $x \searrow f \nearrow y = \dfrac{1}{x}$

Die Funktion f ist in jedem Intervall, das nicht 0 enthält, definiert und dort stetig. Wir betrachten das Intervall $[\alpha, \beta]$ mit $0 < \alpha < \beta$ und nehmen als Anfangsbegrenzung der Flächen die Strecke aA mit der Abszisse 1 (Figur). Den Inhalt der Fläche $aAMm$ bezeichnen wir mit $L(x)$. Dann ist

$$y = L(x) > 0 \quad \text{für} \quad x > 1$$
$$y = L(x) < 0 \quad \text{für} \quad x < 1.$$

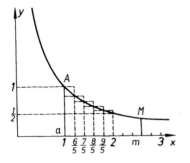

Da $L(x)$ eine wachsende Funktion ist, berechnen wir einige Werte mit Hilfe von Rechtecken.

x	1	$\frac{6}{5}$	$\frac{7}{5}$	$\frac{8}{5}$	$\frac{9}{5}$	2	$\frac{11}{5}$	$\frac{12}{5}$	$\frac{13}{5}$	$\frac{14}{5}$	3
y	1	$\frac{5}{6}$	$\frac{5}{7}$	$\frac{5}{8}$	$\frac{5}{9}$	$\frac{1}{2}$	$\frac{5}{11}$	$\frac{5}{12}$	$\frac{5}{13}$	$\frac{5}{14}$	$\frac{1}{3}$

$$\left(\frac{1}{6}+\frac{1}{7}+\frac{1}{8}+\frac{1}{9}+\frac{1}{10}\right) < L(2) < \left(\frac{1}{5}+\frac{1}{6}+\frac{1}{7}+\frac{1}{8}+\frac{1}{9}\right)$$

$$\left(\frac{1}{6}+\frac{1}{7}+\ldots+\frac{1}{15}\right) < L(3) < \left(\frac{1}{5}+\frac{1}{6}+\ldots+\frac{1}{14}\right)$$

Mit Hilfe von Tafeln erhält man daraus angenähert

$0{,}6457 < L(2) < 0{,}746$

$1{,}034 < L(3) < 1{,}169$

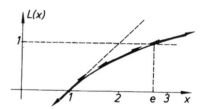

Mit Hilfe von *Linienelementen* (Punkten mit den Tangenten in diesen Punkten) können wir nun die Kurve skizzieren (Figur).

Theoretische Betrachtung

Der Graph von $y = \dfrac{1}{x}$ geht bei dem Produkt der beiden Affinitäten

$$A_1 \begin{cases} x_0 \searrow \nearrow x_1 = kx_0 \\ y_0 \searrow \nearrow y_0 \end{cases} \qquad A_2 \begin{cases} x_1 \searrow \nearrow x_1 \\ y_0 \searrow \nearrow y_1 = \frac{1}{k} y_0 \end{cases}$$

in sich über. Wir denken uns nun mit der Kurve auch die Flächen transformiert, deren Inhalt wir berechnen. Bei dem Produkt der beiden Affinitäten sind die Flächeninhalte invariant (Multiplikation, dann Division durch k). So ergibt sich (Figur)

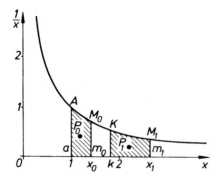

Fläche (aAM_0m_0) = Fläche (kKM_1m_1),

d. h.
$$L(x_0) = L(kx_0) - L(k)$$
oder auch
$$L(kx_0) = L(k) + L(x_0).$$

Diese Formeln gelten für alle positiven Werte von k und x_0, auch für solche kleiner als 1 (man fertige die dazugehörige Zeichnung).
Nach Änderung der Bezeichnungen erhalten wir
$$L(x_1 x_2) = L(x_1) + L(x_2),$$
was die Beziehung $L(1) = 0$ beinhaltet.

Wir erkennen, daß zumindest für die rationalen Werte $x \in Q^+$ die Funktion $x \searrow\!\!\!\nearrow L(x)$ die Logarithmusfunktion ist. Die Basis e ist definiert durch $L(e) = 1$. Die vorherigen Berechnungen zeigen, daß e etwas unterhalb 3 liegt. Eine genaue Rechnung ergibt $e = 2{,}71828$. Aus theoretischen Betrachtungen folgt, daß e nicht nur irrational, sondern sogar transzendent ist (*Hermite* 1972; Erster Teil, Kap. II, 4).

Da die Funktion $L(x)$ differenzierbar ist, ist sie auch stetig, und wir schließen
$$x \in R^+, \quad L(x) = \log_e x = \ln x.$$

Für $L(x)$ schreibt man auch Lx und liest „Neper-Logarithmus von x" (nach dem schottischen Mathematiker *Neper*, 1620) oder „natürlicher Logarithmus von x" (Abkürzung $\ln x$). Die Funktion ist bijektiv und erlaubt daher eine Umkehrung
$$X \searrow\!\!\!\nearrow Y = e^X,$$

die als Exponent- oder Exponentialfunktion bezeichnet wird. Wir können nun die Eigenschaften nach zwei Gesichtspunkten zusammenstellen:

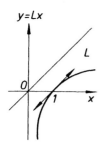

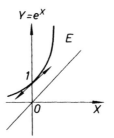

$$x \searrow^{f} \nearrow y = Lx$$
$$L\,1 = 0$$
$$L\,e = 1$$
$$L(x_1 x_2) = L x_1 + L x_2$$
$$L\frac{1}{x} = -Lx$$
$$f'_x = \frac{1}{x}$$
$$(Lx)' = \frac{1}{x}$$

Das heißt auch
$$\lim_{x \to x_0} \frac{Lx - Lx_0}{x - x_0} = \frac{1}{x_0}$$
insbesondere
$$\lim_{k \to 1} \frac{Lx}{x - 1} = 1$$
oder auch
$$\lim_{h \to 0} \frac{L(1+h)}{h} = 1$$
und
$$\lim_{t \to \infty} t L\left(1 + \frac{1}{t}\right) = 1$$

$$y = X \searrow^{g} \nearrow Y = e^X = x$$
$$e^0 = 1$$
$$e^1 = e$$
$$e^{X_1} e^{X_2} = e^{X_1 + X_2}$$
$$\frac{1}{e^X} = e^{-X}$$
$$g'_X = \frac{1}{f'_x} = x = e^X$$

Die Exponentfunktion ist ihre eigene Ableitung
$$(e^X)' = e^X$$

$$\lim_{X \to X_0} \frac{e^X - e^{X_0}}{X - X_0} = e^{X_0}$$

$$\lim_{X \to 0} \frac{e^X - 1}{X} = 1$$

$$\lim_{h \to 0} (1 + h)^{\frac{1}{h}} = e$$

$$\lim_{t \to \infty} \left(1 + \frac{1}{t}\right)^t = e$$

Das Verhalten der beiden Kurven im Unendlichen

a) $Lx < x$ folgt aus dem Wachstum der Funktion; für $x > 1$ gilt

$$Lx - L1 = \frac{x-1}{\xi}, \quad 1 < \xi < x, \text{ also } Lx < x - 1.$$

b) *Lx geht gegen unendlich, wenn x gegen unendlich strebt.* Wir können in der Tat die Fläche zwischen der Hyperbel $y = \frac{1}{x}$ und der x-Achse von $x = 1$ aus durch senkrechte Strecken mit den Abszissen $k > 1$, $k^2, k^3, \ldots$ in Bogentrapeze gleichen Flächeninhalts aufteilen.
Also $\quad x > k^n \Rightarrow Lx > nLk$, was gegen unendlich geht.

Aus Gründen der Symmetrie der beiden Kurven L und E in bezug auf die Winkelhalbierende des ersten Quadranten erhalten wir eine entsprechende Aussage für E (siehe Figur).
e^x geht für $x \to \infty$ ebenfalls gegen unendlich.

c) *Asymptotische Richtung*

Zur Untersuchung von $\frac{Lx}{x}$ wenden wir einen Kunstgriff an. Wir setzen $x = u^2 > 0$; dann ist $Lx = 2 Lu$ und

$$\frac{Lx}{x} = 2 \cdot \frac{Lu}{u} \cdot \frac{1}{u} < \frac{2}{u},$$

was gegen 0 strebt. Also ist

$$\lim_{x \to \infty} \frac{Lx}{x} = 0.$$

Die asymptotische Richtung ist daher die der x-Achse; es gibt aber keine Asymptote.

Wir übertragen dies auf die Exponentfunktion:

$$\lim_{x \to \infty} \frac{x}{e^x} = 0, \text{ d. h. } \lim_{x \to \infty} \frac{e^x}{x} = \infty$$

d) Wir setzen allgemeiner $x = u^{\alpha+1}$, $u > 0$, $\alpha > 0$:

$$\frac{(Lx)^\alpha}{x} = (\alpha + 1)^\alpha \left(\frac{Lu}{u}\right)^\alpha \cdot \frac{1}{u} < \frac{(\alpha+1)^\alpha}{u},$$

was gegen 0 strebt. Also ist

$$\lim_{x \to \infty} \frac{(Lx)^\alpha}{x} = 0.$$

In dieser Formel setzen wir $x = u^\beta$ mit $\beta > 0$:

$$\frac{Lx}{x} = \beta \frac{Lu}{u^\beta}.$$

Nach Änderung der Bezeichnungen ergibt dies

$$\forall \alpha > 0, \quad \lim_{x \to \infty} \frac{Lx}{x^\alpha} = 0.$$

Setzen wir $x = \frac{1}{v^\gamma}$ mit $\gamma > 0$, so erhalten wir entsprechend wegen

$$\frac{Lx}{x} = -\gamma v^\gamma Lx$$

$$\forall \alpha > 0, \ x > 0 \qquad \lim_{x \to \infty} (x^\alpha Lx) = 0.$$

Alle drei Fassungen der Limes-Formel sind nützlich. Bei der ersten für große positive α wirkt der unendlich werdende Nenner entscheidend, bei den beiden anderen für kleine α wird der Term so „gedrückt", daß er gegen null strebt. Man kann anschaulich auch sagen, daß die Potenz x^α selbst bei kleinen positiven Exponenten gegenüber dem gegen ∞ strebenden Lx den Ausschlag gibt.

Wir übertragen dies auf die Exponentfunktion:

$$\forall \alpha > 0, \qquad \lim_{x \to \infty} \left(\frac{x^\alpha}{e^x}\right) = 0,$$

$$\lim_{x \to \infty} \left(\frac{x}{e^{\alpha x}}\right) = 0 \quad \text{und} \quad \lim_{x \to \infty} (e^{\alpha x} x) = 0.$$

für große α bzw. für kleine α.

Zusammenfassend ergibt sich für das Integral von $\frac{1}{x}$:

In $\quad]0, +\infty[\quad \mathfrak{J}\left(\frac{1}{x}\right) = Lx + C = L(kx), \ k > 0$

In $\quad]-\infty, 0[\quad \mathfrak{J}\left(\frac{1}{x}\right) = L(-x) + D = L(hx), \ h < 0$

also

$x \in R - \{0\}, \mathfrak{J}\left(\frac{1}{x}\right) = L|x| + C = L(kx)$, wobei k das gleiche Vorzeichen wie x besitzt.

Übungen

(1) $(xLx)' = Lx + 1$, also $\mathfrak{J}(Lx) = xLx - x + C$.
(2) Berechne entsprechend $\mathfrak{J}(x^pLx)$ durch Vergleich mit $(x^kLx)'$.
(3) Wie ist analog $\mathfrak{J}[x^p(Lx)^2]$, ferner $\mathfrak{J}(xe^x)$ und $\mathfrak{J}(x^2e^x)$ zu bestimmen?
(4) Die Ableitung von $L(Lx)$ und von $L[L(Lx)]$ ist zu bilden! Welches Integral folgt daraus?

D. DIFFERENTIALGLEICHUNGEN

1. Erste Beispiele

Wir haben die unbestimmte Integralfunktion einer auf X erklärten Funktion $f(x)$ als die Menge der Funktionen $F(x)$ definiert, für die

$$\forall\, x \in X, \qquad F'(x) = f(x)$$

ist. Man schreibt $y' = f(x)$, die Menge der gesuchten Funktionen dann $y = F(x)$. Die ihrer Ableitung auferlegte Bedingung wird als Differentialgleichung bezeichnet.

Das bedeutet für die Zeichnung, daß in jedem Punkte (x_0, y_0) der Ebene, für den $x_0 \in X$ ist, die Tangente an den Graphen durch den Richtungsfaktor bekannt ist. Wir können daher eine Fülle von Linienelementen des Richtungsfeldes (Menge der Punkte mit den Tangenten in diesen Punkten) zeichnen. Dadurch entstehen Kurven, die näherungsweise die Graphen der gesuchten Funktion darstellen, so wie die Eisenfeilspäne den Verlauf der Linien eines Magnetfeldes angeben (Figur!).

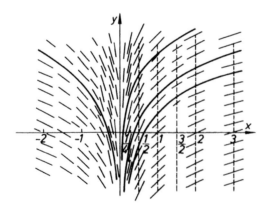

Da $f(x_0)$ nicht von y_0 abhängig ist, so sind die Tangenten auf jeder Parallelen zur y-Achse untereinander parallel. Ist daher $\mathfrak{C}$ ein Graph von $F(x)$, so ergeben sich daraus alle Graphen durch Verschiebung parallel zur y-Achse.

Die in Frage kommenden Funktionen bilden die Menge $y = \Im f(x)$, die unbestimmte Integralfunktion von $f(x)$.

Beispiel

$f(x) = \dfrac{1}{x}$ (siehe Figur). Die Lösungsfunktionen sind
$$y = L|x| + C.$$
Zu den übrigen Beispielen sind die entsprechenden Figuren anzulegen.

$y' = k$ hat das unbestimmte Integral $y = kx + C$ (Menge von parallelen Geraden),

$y' = x$ liefert $y = \dfrac{1}{2}x^2 + C$ (Familie der Parabeln),

$y' = y\, e^x$ gibt $y = e^x + C$,
$y' = y\, ku'_x + hv'_x$ gibt $y = ku(x) + h v(x) + C$,
$y' = y\, k \sin x + h \cos x$ ergibt $y = -k\cos x + h \sin x + C$,
(x im Bogenmaß gemessen!)

2. Differentialgleichungen erster Ordnung

Eine Differentialgleichung erster Ordnung ist allgemein eine Relation zwischen der Variablen x, der Funktion y und ihrer Ableitung y', geschrieben $\varphi(x, y, y') = 0$. In den einfachsten Fällen ist
$$y' = g(x, y).$$
In dem vorher behandelten Fall tritt y nicht in g auf. In jedem Punkt (x_0, y_0) des Definitionsbereichs von $g(x, y)$ beträgt der Richtungsfaktor $g(x_0, y_0)$. Die Gleichung liefert also ein Feld von Linienelementen. Wie früher liefert die Figur eine Vorstellung von der Menge der Funktionen, die das Integral bilden. Der Beweis der Existenz der Integralkurven erfordert genaue Überlegungen.

Beispiel $y' = \dfrac{1}{4} x^2 y^3$

Zu diesem recht komplizierten Beispiel können zunächst folgende Bemerkungen gemacht werden: Das Richtungsfeld ist symmetrisch zur x-Achse, d. h. wenn eine Kurve Integralkurve ist, so ist es auch ihr Spiegelbild in bezug auf die x-Achse. Die Schnittpunkte der Kurven mit der y-Achse sind Wendepunkte. Dies führt uns dazu, die zweite Ableitung zu bilden:

$$y'' = \frac{1}{4}(2xy^3 + 3x^2 y^2 y'), \quad \text{also} \quad y'' = \frac{1}{16} xy^3(8 + 3x^3 y^2)$$

Außer den durch $x = 0$ gegebenen Wendepunkten gibt es noch weitere mit negativen Abszissen (Figur!).

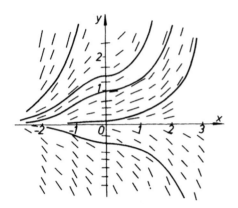

Was $x \diagdown\underline{\quad}\diagup y = 0$ betrifft, so liegt offenbar ein Integral vor. Können wir die Gleichung der Integralkurven hinschreiben, d. h. die Gleichung integrieren?

Ja, wir können es, wenn wir

$$\frac{y'}{y^3} = \frac{1}{4} x^2$$

schreiben, da wir nun jede Seite der Gleichung integrieren können:

$$-\frac{1}{2y^2} = \frac{1}{12} x^3 + C.$$

Daraus folgt

$$x\diagdown\underline{\ F_1\ }\diagup y = \frac{\sqrt{6}}{\sqrt{a^3 - x^3}} \quad \text{und} \quad x\diagdown\underline{\ F_2\ }\diagup y = \frac{-\sqrt{6}}{\sqrt{a^3 - x^3}}$$

Nach diesen Formeln besitzt jede der beiden Kurven eine Asymptote mit der Gleichung $x = a$. Für $a < 0$ gibt es einen Wendepunkt mit negativer Abszisse.

Wir wissen nicht, wie wir allgemein eine Differentialgleichung integrieren. Die geschilderte Methode kann bei einer Gleichung der Form

$$y'_x \varphi'_y(y) = g'(x)$$

angewendet werden, die das allgemeine Integral $\varphi(y) = g(x) + C$ besitzt, in dem die gesuchten Funktionen implizit enthalten sind.

Einfaches Beispiel

$y' = ky$, d. h. $\dfrac{y'}{y} = k$, woraus $L|y| = kx + C$ folgt, Es ist also

$$y = \pm e^{k(x-\alpha)} \quad \text{oder auch} \quad y = De^{kx}.$$

Die Integrationskonstante α bedeutet, daß die Integralkurven auseinander durch Verschiebungen in Richtung der x-Achse hervorgehen. In der zweiten Form bedeutet die Integrationskonstante D, daß die Kurven auseinander durch Affinitäten senkrecht zur x-Achse hervorgehen. Als *singuläres Integral* sei noch $x \diagdown\!\!\!\!\diagup y = 0$ vermerkt.

3. Differentialgleichungen n-ter Ordnung

Unter einer Differentialgleichung n-ter Ordnung versteht man eine Relation zwischen $x, y, y', \ldots, y^{(n)}$, wobei die Ableitung n-ter Ordnung darin wirklich vertreten ist.

Erster Fall. $y^{(n)} = f(x)$. Hier führt n-maliges Integrieren zum Ziel.

Beispiel

$$y^{(4)} = \sin x$$
$$\Leftrightarrow y''' = -\cos x + C_1$$
$$\Leftrightarrow y'' = -\sin x + C_1 x + C_2$$
$$\Leftrightarrow y' = \cos x + \frac{1}{2} C_1 x^2 + C_2 x + C_3$$
$$\Leftrightarrow y = \sin x + \frac{1}{6} C_1 x^3 + \frac{1}{2} C_2 x^2 + C_3 x + C_4$$

In diesem Beispiel treten vier Intergationskonstanten auf. Man kann beweisen, daß dies allgemein gilt: Das Integral einer Differentialgleichung n-ter Ordnung hängt von n Integrationskonstanten ab.

Wichtiges Beispiel $y'' = ky$

$k = 1$, d. h. $y'' = y$. Eine Lösung ist offensichtlich $y = e^x$, eine andere $y = e^{-x}$. Daraus schließen wir auf die von zwei Integrationskonstanten abhängige Lösung

$$y = C_1 e^x + C_2 e^{-x}.$$

Man kann beweisen, daß dies das allgemeine Integral ist und jedes Integral durch passende Wahl von C_1 und C_2 erhalten werden kann.

$k = -1$, d. h. $y'' = -y$. Hier erkennt man sofort die Lösungen $y = \sin x$ und $y = \cos x$, woraus man die von zwei beliebigen Konstanten abhängige Lösung

$$y = C_1 \sin x + C_2 \cos x \quad \text{bzw.} \quad y = D \sin(x - \alpha)$$

erhalten kann. Auch hier kann man zeigen, daß dies das allgemeine Integral ist.

Im allgemeinen Fall benötigen wir die Kenntnis des Vorzeichens von k.

$k = \omega^2$; $y'' = \omega^2 y$ mit dem Integral $y = C_1 e^{\omega x} + C_2 e^{-\omega x}$

$k = -\omega^2$; $y'' = -\omega^2 y$; Integral $y = C_1 \sin \omega x + C_2 \cos \omega x$

$$\text{bzw.} \quad y = D \sin(\omega x - \alpha)$$

Wir sehen als erwiesen an, daß es keine anderen Lösungen gibt.

Zur Bedeutung der Differentialgleichungen

In der *Geometrie* wird man auf Differentialgleichungen erster Ordnung geführt, wenn man eine Kurve sucht, die durch eine Bedingung für die Tangente im erzeugenden Punkt definiert ist.

Beispiel

Es sollen die Kurven bestimmt werden, deren Normalen durch einen festen Punkt O gehen. $\forall M$, $OM \perp Mt$.

Die Bedingung läßt sich in der Form $y' \dfrac{y}{x} = -1$ schreiben, also ist

$$y'y = -x \quad \Leftrightarrow \quad \frac{1}{2} y^2 = -\frac{1}{2} x^2 + C,$$

d. h.
$$x^2 + y^2 = D.$$

Es handelt sich um die Menge der Kreise mit dem Mittelpunkt O.

In der *Mechanik* tritt in der Newtonschen Formel $\boldsymbol{F} = m\boldsymbol{A}$ außer der Kraft $\boldsymbol{F}$ und der Masse m die Beschleunigung $\boldsymbol{A}$ auf, d. h. die zweite Ableitung des Vektors $\boldsymbol{OM}$ nach der Zeit. Eine solche Gleichung kann man oft unmittelbar untersuchen.

Beispiel

$\boldsymbol{F} = m\boldsymbol{A}$, wobei $\boldsymbol{A}$ ein fester Vektor ist.

Es ergibt sich
$$\boldsymbol{OM''} = \boldsymbol{A}$$
$$\boldsymbol{OM'} = \boldsymbol{A}t + \boldsymbol{B}$$
$$\boldsymbol{OM} = \frac{1}{2}\boldsymbol{A}t^2 + \boldsymbol{B}t + \boldsymbol{C}$$

Indem wir $\boldsymbol{C} = \boldsymbol{OM_0}$ setzen, erhalten wir

$$\boldsymbol{MM_0} = \frac{1}{2}\boldsymbol{A}t^2 + \boldsymbol{B}t,$$

was eine parabelförmige Bahnkurve der Bewegung in der Ebene $\boldsymbol{M_0AB}$ darstellt.
Statt der Vektorgleichungen kann man auch die Komponenten der Vektoren in bezug auf die Koordinatenachsen betrachten; dann erhält man Systeme von Differentialgleichungen im Reellen.
So ergibt die Massenanziehung $\boldsymbol{F} = -m\omega^2\,\boldsymbol{OM}$, die proportional zur Entfernung vom Zentrum O ist, nach Projektion auf jede Achse

$$x'' = -\omega^2 x,$$

woraus das allgemeine Integral

$$x = D \sin(\omega t - \alpha)$$

folgt, da x'' die zweite Ableitung von x in bezug auf die Zeit ist.
Im Raum wird die Bewegung durch Gleichungen der Art

$$\boldsymbol{OM} \begin{cases} x = D_1 \sin(\omega t - \alpha) \\ y = D_2 \sin(\omega t - \beta) \\ z = D_3 \sin(\omega t - \gamma) \end{cases}$$

angegeben, wobei noch die 6 Integrationskonstanten aus Bedingungen wie Lage und Geschwindigkeit zur Zeit $t = 0$ zu bestimmen sind. Dies sind die sogenannten *Anfangsbedingungen*.
Man kann bestätigen, daß es einen festen Vektor $\boldsymbol{U}$ gibt, so daß $\boldsymbol{U} \times \boldsymbol{OM} = 0$, $\forall t$. Das bedeutet, daß M in einer festen Ebene senkrecht zu $\boldsymbol{U}$ bleibt. Die Bahnkurve ist eine Ellipse.
Das allgemeine Massenanziehungsgesetz lautet jedoch

$$\boldsymbol{F} = -\frac{m\,\omega^2}{OM^3}\boldsymbol{OM},$$

da die Kraft umgekehrt proportional zum Quadrat der Entfernung OM ist. Die bisherigen Bemerkungen genügen aber nicht zu einer Besprechung dieser Gleichung.

E. DIFFERENTIALE

Die Mengen $X, U, V, \ldots$ sind nach nebenstehendem Schema miteinander verknüpft. In X wählen wir x_0 und Δx, was auf u_0 und Δu in U und auf v_0 und Δv in V führt.

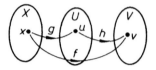

Die Funktionen g und h werden als differenzierbar angenommen; damit ist dann auch f differenzierbar. Wir setzen

$$\Delta u = g'(x_0) \Delta x + \alpha(x_0, \Delta x) \Delta x$$
$$\Delta v = h'(u_0) \Delta u + \beta(u_0, \Delta u) \Delta u.$$

Nach der Grundformel

$$g'(x_0) h'(u_0) = f'(x_0)$$

ergibt sich durch Eliminieren von Δu

$$\Delta v = f'(x_0) \Delta x + [h'(u_0) \alpha(x_0, \Delta x) + \beta(u_0, \Delta u) [g'(x_0) + (x_0, \Delta x)]] \Delta x$$
$$= f'(x_0) \Delta x + \gamma(x_0, \Delta x) \Delta x.$$

Aus der Definition der Ableitung folgt, daß mit Δx gegen 0 auch Δu, $\alpha(x_0, \Delta x)$, $\beta(u_0, \Delta u)$ und $\gamma(x_0, \Delta x)$ gegen 0 gehen. Es sei noch vermerkt, daß aus den Formeln

$$h'(u_0) \Delta u \neq f'(x_0) \Delta x$$

folgt.

Einführung der Differentiale

Wir ordnen den Mengen X, U, V „Tangenten"-Mengen X_t, U_t, V_t zu, deren Elemente dx, du, dv für jeden Wert von x wie folgt miteinander verknüpft sind

$$\left.\begin{array}{l} du = g'(x) \, dx \\ dv = h'(u) \, du \end{array}\right\} \text{ woraus } dv = f'(x) \, dx \text{ sich ergibt.}$$

Die wechselseitigen Verhältnisse sind definiert durch

$$\frac{du}{dx} = g'(x), \quad \frac{dv}{du} = h'(x), \quad \frac{dv}{dx} = f'(x).$$

Setzt man nun in einer der Mengen, z. B. X, das Differential gleich dem Zuwachs im gewählten Punkt, so ergibt sich

$$\begin{cases} \Delta x = \mathrm{d}x \\ \Delta u = \mathrm{d}u + \alpha(x_0, \Delta x)\,\Delta x \\ \Delta v = \mathrm{d}v + \gamma(x_0, \Delta x)\,\Delta x, \end{cases}$$

wobei α und γ für $\Delta x \to 0$ gegen 0 streben.
$\mathrm{d}u$ und $\mathrm{d}v$ sind die *Hauptteile* von Δu und Δv. Es gilt

$$\frac{\Delta u - \mathrm{d}u}{\Delta x} \to 0,\; \frac{\Delta v - \mathrm{d}v}{\Delta x} \to 0.$$

Die Bedeutung der Differential-Schreibweise besteht nun aber gerade darin, daß man nicht die Wahl einer „unabhängigen Veränderlichen" nötig hat, d. h. einer Menge wie etwa $\Delta x = \mathrm{d}x$, die eine Sonderrolle spielt. Um die Vorteile der Schreibweise auszunutzen, wird neben $\frac{\mathrm{d}u}{\mathrm{d}x}$, $\frac{\mathrm{d}v}{\mathrm{d}u}$ auch $\frac{\mathrm{d}x}{\mathrm{d}u}$, $\frac{\mathrm{d}u}{\mathrm{d}v}$ eingeführt. Das heißt, daß man die Funktionen als bijektiv annehmen muß, was bei der Definition der Funktionen im allgemeinen eine Aufteilung der Definitionsbereiche erfordert.

Die Differentiale und der Körper der Funktionen

(1) *Die Differentiation läßt die Struktur des Vektorraumes unverändert.*

Es seien $x \searrow f_1 \nearrow u$ und $x \searrow f_2 \nearrow v$.

Sind α und β Konstanten, so gibt die Formel

$$(\alpha f_1 + \beta f_2)' = \alpha f_1' + \beta f_2'$$

weiter $\mathrm{d}(\alpha u + \beta v) = \alpha\,\mathrm{d}u + \beta\,\mathrm{d}v.$

(2) *Differentiation und Körperstruktur*:

$$(f_1 f_2)' = f_1' f_2 + f_1 f_2' \quad \text{und} \quad \left(\frac{1}{f}\right)' = \frac{-f'}{f^2}$$

ergeben

$$\mathrm{d}(uv) = v\,\mathrm{d}u + u\,\mathrm{d}v \quad \text{und} \quad \mathrm{d}\left(\frac{1}{u}\right) = \frac{-\mathrm{d}u}{u^2}.$$

Anwendung auf die Differentialgleichung erster Ordnung

An Stelle von
$$F(x, y, y') = 0$$
schreibt man
$$F\left(x, y, \frac{dy}{dx}\right) = 0$$

und sucht eine Beziehung zwischen x und y, ohne explizit $y = f(x)$ oder $x = g(y)$ zu erhalten.

Erstes Beispiel
$$3x^3 y^2 y' + 2x^3 + 1 = 0$$

Man schreibt
$$3y^2\, dy = -\left(2 + \frac{1}{x^3}\right) dx.$$

Die Menge U wird durch
$$du = 3y^2\, dy = \varphi'(y)\, dy$$
$$du = -\left(2 + \frac{1}{x^3}\right) dx = \psi'(y)\, dy$$

eingeführt und ergibt
$$y \diagdown \underline{\quad\varphi\quad}\diagup u = y^3 + C_1$$
$$x \diagdown \underline{\quad\psi\quad}\diagup u = -2x + \frac{1}{2x^2} + C_2.$$

f und g sind also implizit durch
$$y^3 - \frac{1}{2x^2} + 2x = C$$

gegeben (linke Figur).

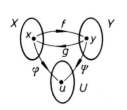 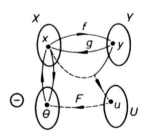

338

Zweites Beispiel (rechte Figur)
$$xy' - y = 2x^2\sqrt{1-x^2}, \quad X = [-1, +1]$$

Wir schreiben
$$\frac{x\,dy - y\,dx}{x^2} = 2\sqrt{1-x^2}\,dx$$

und führen θ durch $x = \sin\theta$, $-\dfrac{\pi}{2} < \theta \leqq \dfrac{\pi}{2}$

und u durch $u = \dfrac{y}{x}$ ein, so daß $du = \dfrac{x\,dy - y\,dx}{x^2}$ ist.

Die Gleichung lautet dann
$$du = 2\cos^2\theta\,d\theta, \quad \text{d. h.} \quad du = (1 + \cos 2\theta)\,d\theta,$$

was
$$u = \theta + \frac{1}{2}\sin 2\theta + C$$

ergibt. Die Lösung ist also

$$\theta \begin{cases} u = \theta + \dfrac{1}{2}\sin 2\theta + C \\ x = \sin\theta \end{cases} y = ux$$

oder explizit
$$y = x(\arcsin x + x\sqrt{1-x^2} + C).$$

Wir erkennen, wie geschmeidig die Differentiale angewendet werden können.

VII. Die komplexen Zahlen

Als wir, ausgehend von den natürlichen Zahlen, durch immer weiter schreitende Erweiterungen die Menge der reellen Zahlen einführten, bedurfte es dazu keiner besonderen Rechtfertigung, da die Existenzberechtigung dieser Zahlbegriffe außer Zweifel steht. Auf diesem Wege gelangten wir zu einer vollständigen Menge, die uns die Mittel lieferte, die Sätze über stetige Funktionen und insbesondere die Zwischenwertsätze zu beweisen: was die Wurzeln einer Gleichung betrifft, so herrscht Übereinstimmung zwischen dem, was uns die graphische Darstellung zeigt, und dem, was uns die Zahlenrechnung liefert.
Warum sollen wir nun eine neue Art von Zahlen einführen, und um welchem Preis? Bezüglich der zweiten Frage können wir sofort antworten, daß wir damit die Ordnungsbeziehung verlieren; wir sind mithin weit von einem eindeutigen Zahlenmaß entfernt. Bezüglich der ersten Frage werden wir durch eine historische Einführung zeigen, wie sich den Mathematikern der neue Begriff aufgedrängt hat. Einige geometrische Anwendungen geben nur einen schwachen Begriff von der Bedeutung der komplexen Zahlen in der Mathematik. Die Verwendung in der Analysis ist in der Tat augenfällig. Wir brauchen nur den Fundamentalsatz der Algebra zu nennen, der für sich allein die Entwicklung der Theorie der komplexen Zahlen rechtfertigen würde.

A. HISTORISCHE EINFÜHRUNG

Vergleichen wir zunächst die Ergebnisse, die uns die Analysis und die Algebra für die Lösung der Gleichungen zweiten und dritten Grades liefern.
Es sei die Gleichung
$$x^2 + px + q = 0$$
vorgelegt. Wir diskutieren die Existenz der Wurzeln dieser Gleichung, indem wir die Bildkurve der Funktion
$$f(x) = x^2 + px + q$$
$$f'(x) = 2x + p, \quad f\left(-\frac{p}{2}\right) = -\left(\frac{p^2}{4} - q\right) = -\Delta$$
zeichnen.

Es ergeben sich für

$\Delta > 0$: zwei Wurzeln;

$\Delta < 0$: keine Wurzel;

$\Delta = 0$: eine (doppelte) Wurzel.

Andererseits können wir die Gleichung (algebraisch) lösen und auf diese Weise die Wurzeln bestimmen, sofern diese existieren; ist dies nicht der Fall, so liefert die Methode kein Ergebnis. Dies reicht für unsere Zwecke mithin aus.

Es sei nun die Gleichung dritten Grades vorgelegt:

$$x^3+px+q = 0 \qquad (1)$$

(Die Untersuchung der Gleichung $ax^3+bx^2+cx+d = 0$ kann durch eine Transformation des Ursprungs mittels $X = x+\dfrac{b}{3a}$ auf die obige zurückgeführt werden.)

Die Frage, ob Wurzeln dieser Gleichung existieren, wird mit Hilfe der Funktion

$$f(x) = x^3+px+q$$

diskutiert.

Wir rufen uns die dabei erzielten Ergebnisse ins Gedächtnis zurück:

$\Delta = \dfrac{4p^3}{27}+q^2 < 0$: drei Wurzeln;

$\Delta > 0$: eine Wurzel;

$\Delta = 0$: zwei Wurzeln, von denen eine doppelt ist.

Andererseits können wir auf die Lösung zurückgehen, wie wir sie früher (vgl. Teil II, Abschnitt 2, Kap. II C) dargestellt haben; diese Methode wurde zu Beginn des 16. Jahrhunderts von *Tartaglia* und *Cardano* unter einem geometrischen Gesichtspunkt angewendet, bevor man Buchstaben in der Algebra verwendete.

Man führt zwei neue Unbekannte ein, indem man $x = u+v$ setzt, und behält sich vor, diesen noch eine passend gewählte Bedingung aufzuerlegen, um das System vereinfachen zu können.

Da sich die Gleichung in u und v nunmehr

$$u^3+v^3+(3uv+p)(u+v)+q = 0$$

schreibt, wählt man für diese Bedingung

$$3uv+p = 0.$$

Damit wird das System zu

$$\begin{cases} x = u+v & (2) \\ uv = -\dfrac{p}{3} & (3) \\ u^3+v^3 = -q, & (4) \end{cases}$$

d. h.

$$(I) \quad \begin{cases} x = u+v & (2) \\ u^3 v^3 = -\dfrac{p^3}{27} & (3') \\ u^3+v^3 = -q & (4) \end{cases}$$

oder auch

$$(II) \left[\quad (5)\; \begin{cases} U = u^3 \\ V = v^3 \end{cases} \quad \begin{cases} x = u+v & (2) \\ UV = -\dfrac{p^3}{27} & (3'') \\ U+V = -q. & (4'') \end{cases} \right.$$

U und V sind mithin Wurzeln der Resolvente

$$X^2 + qX - \frac{p^3}{27} = 0. \qquad (6)$$

Man stößt auch hier auf den Ausdruck

$$\Delta = \frac{4p^3}{27} + q^2$$

und dessen Diskussion

$$\Delta > 0, \quad \begin{cases} U = -\dfrac{q}{2} + \dfrac{1}{2}\sqrt{\Delta} \\ V = -\dfrac{q}{2} - \dfrac{1}{2}\sqrt{\Delta} \end{cases} \begin{cases} u = \sqrt[3]{U} \\ v = \sqrt[3]{V} \end{cases} x = u+v$$

eine Lösung;

$\Delta < 0$ keine Lösung.

Aus der Analysis wissen wir, daß drei Wurzeln vorhanden sein müssen. Was sind nun die Gründe für diesen Mißerfolg? Wegen (2) und (3) ist es tatsächlich unmöglich, mit dieser Methode andere Lösungen zu finden als solche, die der Bedingung $x^2 > \dfrac{4p}{3}$ genügen; die Berechnung von $f\left(-2\sqrt{-\dfrac{p}{3}}\right)$ und $f\left(+2\sqrt{-\dfrac{p}{3}}\right)$ zeigt jedoch, daß gerade dann, wenn wir drei Wurzeln haben, diese zwischen $-2\sqrt{-\frac{p}{3}}$ und $+2\sqrt{-\frac{p}{3}}$ liegen müssen.

Anstatt sich von dieser Methode abzuwenden, die alles geliefert hatte, was man sich von ihr erwarten konnte, schlug *Bombelli* 1572 einen etwas anderen Weg ein und umging so diese Schwierigkeit. Er erkannte, daß die Rechnung selbst dann nützlich sein würde, wenn Δ negativ ist. Nachdem es die Größe $x = u+v$ ist, für die wir uns interessieren, setzen wir

$$\begin{cases} u = \alpha+\beta, \\ v = \alpha-\beta \end{cases} \text{woraus folgt} \begin{cases} U = (\alpha^3+3\alpha\beta^2)+(3\alpha^2\beta+\beta^3) \\ V = (\alpha^3+3\alpha\beta^2)-(3\alpha^2\beta+\beta^3). \end{cases}$$

Wir wissen, daß

$$\begin{cases} U+V = -q = 2(\alpha^3+3\alpha\beta^2) \\ U-V = \sqrt{\Delta} = 2(3\alpha^2+\beta^2)\beta. \end{cases}$$

Ist Δ negativ, so setzen wir

$$\Delta = -\delta^2, \quad \sqrt{\Delta} = \delta\sqrt{-1}$$

und ebenso

$$\beta = \gamma\sqrt{-1}.$$

Die „Zahl" $\sqrt{-1}$ existiert natürlich nicht, sie ist lediglich „imaginär". Aber alle diese Schwierigkeiten verschwinden, da $\sqrt{-1}$ nicht mehr auftritt. Es ergibt sich

$$x = 2\alpha, \quad \begin{cases} -q = 2(\alpha^3-3\alpha\gamma^2) \\ \delta = 2(3\alpha^2-\gamma^2)\gamma, \end{cases} \text{woraus folgt} \quad \frac{\alpha^3-3\alpha\gamma^2}{3\alpha^2\gamma-\gamma^2} = -\frac{q}{\delta}.$$

Man erkennt hier die Gleichung, die $\tan\varphi$ als Funktion von $\tan\frac{\varphi}{3}$ ergibt, so daß man nach dem Einsetzen von $\tan\varphi = -\frac{q}{\delta}$

$$\frac{\alpha}{\gamma} = \tan\frac{\varphi}{3},$$

erhält, weswegen

$$-q = 2\alpha^3\left(1-3\cot\frac{\varphi}{3}\right),$$

woraus man α und schließlich x findet. Hier hat man nun genau drei Werte für x, da $\tan\frac{\varphi}{3}$ drei Werte für einen Wert von $\tan\varphi$ aufweist.

Diese Methode erlaubt es, Näherungswerte zu berechnen, ebenso wie mit einer Formel, die Wurzelausdrücke enthält; wir haben damit jedoch die Algebra verlassen, um uns der Trigonometrie zuzuwenden. Auf diese Weise können wir eine praktischere Lösungsmethode gewinnen, indem wir die Wurzeln in der Form $x = \varrho \cos \Theta$ aufsuchen, wobei wir die Formel gebrauchen, die $\cos 3\Theta$ als Funktion von $\cos \Theta$ liefert. Aber das Problem liegt für uns ganz anders: für uns ist wichtig, daß wir mit einer Methode Erfolg haben, bei der das imaginäre Symbol im Verlauf der Rechnung derart eingeführt wurde, daß es am Ende wieder herausfällt.

Haben wir daher die Existenz „imaginärer" Wurzeln einer Gleichung zweiten Grades anerkannt, so können wir der Gleichung $z^3 - 1 = 0$ drei Wurzeln zuschreiben, da $z^3 - 1 = (z-1)(z^2 + z + 1)$; diese Wurzeln sind $+1$ und

$$\frac{-1 \pm \sqrt{3}\sqrt{-1}}{2};$$

wir bezeichnen diese beiden imaginären Wurzeln mit j' und j''.

Mithin hat $z^3 = a$ drei Wurzeln, nämlich $z_0, j'z_0, j''z_0$.

Unsere Gleichungen liefern nun aber je drei Werte für u und v. Sollte das heißen, daß wir für x neun Werte erhalten? Sicher nicht, denn (3) und (3') sind nicht mehr äquivalent, und man muß daher die Werte für u und v so wählen daß

$$uv = -\frac{p}{3},$$

aber weder $uv = -\dfrac{pj'}{3}$ noch $uv = -\dfrac{pj''}{3}$.

Kurz, unser bisheriger Gedankengang erscheint durchaus folgerichtig, und dies führt dazu, Regeln für die Verwendung des Symbols $\sqrt{-1}$, das man auch mit i bezeichnet, aufzustellen. Nachdem bereits *Cardano* und sein Schüler *Ferrari* die Lösung einer Gleichung vierten Grades auf jene einer Gleichung dritten Grades zurückführen konnten, versteht man, daß die Heranziehung dieses einen Symbols i, das zunächst nur für die Lösung von Gleichungen zweiten Grades geschaffen scheint, die Existenz von drei Lösungen für Gleichungen dritten Grades und von vier Lösungen für Gleichungen vierten Grades sichert. Auf Grund dieser Erkenntnisse erscheint es durchaus denkbar, daß die Einführung dieses einen Symbols i die Existenz von n reellen oder imaginären Wurzeln jeder Gleichung n-ten Grades sicherstellt. Dieses Ergebnis, das von *Cauchy* mit Hilfe der Analysis angegeben wurde, hat *d'Alembert* (1717/1783) als gesichert angesehen. Er ist es auch, von dem das

berühmte Zitat stammt: „Allez de l'avant et la foi vous viendra" („Schreitet nur vorwärts; die Zuversicht stellt sich dann von selbst ein"). Dieses Theorem, der Fundamentalsatz der Algebra, wird in Frankreich oft auch d'Alembert-Satz genannt*).
Gegen 1800 begann man, einem gewissen Bedürfnis nach anschaulicher Darstellung nachzukommen, die geeignet erschien, das bisher Gefundene zu untermauern: *Wessel* und später *Argand* interpretierten die imaginären (komplexen) Zahlen als geometrische Transformationen in der Ebene. Inzwischen ist den Mathematikern ihre schöpferische Freiheit deutlicher zum Bewußtsein gekommen. Ohne die geometrischen Modelle zu vernachlässigen, werden wir in abstrakter Weise die Menge der komplexen Zahlen durch Erweiterung der Menge der reellen Zahlen schaffen.

B. DER KÖRPER DER KOMPLEXEN ZAHLEN

1. Komplexe Zahl. Wir fügen zur Menge R der reellen Zahlen (die durch Buchstaben wie a, a', b, x, y bezeichnet werden) ein Element i hinzu. Diese Menge wird mit einer Struktur ausgestattet, wie sie durch die folgenden Operationen erklärt ist:
Multiplikation von i mit einer reellen Zahl, bi oder ib geschrieben.
Eine Addition $a+b$i (oder $a+i b$).
Die Äquivalenzrelation

$$a+b\mathrm{i} = a'+b'\mathrm{i} \quad \text{bedeutet} \quad \begin{cases} a = a' \\ b = b'. \end{cases}$$

Das Element $a+b$i heißt *komplexe Zahl*. Ist $b = 1$, so schreibt man statt $a+1$i einfach $a+$i.

2. Addition usw. In der Menge der komplexen Zahlen definiert man

a) Eine Addition

$$(a+b\mathrm{i})+(a'+b'\mathrm{i}) = (a+a')+(b+b')\mathrm{i}$$

Es gilt also das kommutative Gesetz. Es existiert ein neutrales Element bei der Addition, $0+0$i.

b) Die Multiplikation mit einer reellen Zahl

$$m(a+b\mathrm{i}) = ma+mb\mathrm{i}$$

---

*) Anm. d. Üb.: Dieser Satz wurde allerdings erst von *Carl Friedrich Gauss* (1777/1855) im Jahre 1799 in seiner Dissertation in aller Strenge bewiesen. Er wird deswegen auch in erster Linie ihm zugeschrieben.

Diese beiden Operationen statten die Menge der komplexen Zahlen mit der Struktur eines Vektorraumes aus; wir können also dieser Menge verschiedene geometrische Modelle zuordnen:

a) Vektormodell

Die Basis eines zweidimensionalen Vektorraumes sei mit (u, i) bezeichnet; dann ordnen wir der komplexen Zahl $a+bi$ den Vektor $au+bi$ zu. Zwischen den beiden Mengen besteht also Isomorphismus.

b) Punktmodell

Man wählt ein Bezugssystem, bestehend aus dem Punkt O und der Basis (u, i) und ordnet der komplexen Zahl $a+bi$ den Punkt A zu, der als *zugeordneter Punkt* der komplexen Zahl bezeichnet wird und durch

$$OA = au+bi$$

definiert ist.

3. Eine Multiplikation wird durch $i \cdot i = -1$ eingeführt.

Allgemeiner verlangen wir bei der folgenden Definitionsformel die Kommutativität und die Distributivität bezüglich der Addition:

$$(a+bi)(a'+b'i) = (aa'-bb')+(ab'+ba')i.$$

Das neutrale Element bei der Multiplikation ist $1+0i$.

Im Vektormodell ist also diese Operation mit Hilfe der Multiplikationstabelle der Basisvektoren definiert:

	u	i
u	u	i
i	i	$-u$

woraus nach Multiplikation mit einer reellen Zahl die Distributivität und Kommutativität folgt:

$$(au+bi)(a'u+b'i) = (aa'-bb')u+(ab'+ba')i.$$

Eine bemerkenswerte geometrische Deutung ergibt sich, *wenn die Basis orthonormal ist*, was man bei der Darstellung der komplexen Zahlen immer voraussetzt. Die angeschriebenen Ausdrücke führen in der Tat darauf, dem Zahlenpaar a, b ein anderes Paar zuzuordnen, das aus der Zahl $r \geq 0$ und dem Winkel Θ besteht, der bis auf ganzzahlige Vielfache von 2π durch

$$a = r\cos\Theta, \quad b = r\sin\Theta$$

definiert ist. Daher gilt

$$z = a+bi = r(\cos\Theta + i\sin\Theta).$$

r ist dabei nur für $0+0i$ gleich null.

Im Punktmodell haben wir

$$OM = r \quad \text{und} \quad \angle(u, OM) = \Theta \quad (\text{mod } 2\pi).$$

Dafür schreibt man $r = |z|$. Diese Größe wird als *Modul, Betrag* oder *Absolutwert* der komplexen Zahl z bezeichnet. Der Winkel Θ (mod 2π) ist ihr *Argument*, das als arg z bezeichnet wird.

Die Multiplikationsformel ergibt also:

$$\begin{cases} z = r(\cos\Theta + i\sin\Theta) \\ z' = r'(\cos\Theta' + i\sin\Theta') \end{cases}, \quad zz' = rr'[\cos(\Theta+\Theta') + i\sin(\Theta+\Theta')]$$

Der Modul eines Produktes ist gleich dem Produkt der Moduli und das Argument eines Produktes ist gleich der Summe der Argumente.

Die additive Struktur in der Menge der Argumente entspricht so der multiplikativen Struktur der komplexen Zahlen. Dies berechtigt zu einer exponentiellen Schreibung. Bei genaueren Untersuchungen wird man auf

$$\cos\theta + i\sin\theta = e^{i\theta}, \quad \text{also} \quad z = r\,e^{i\theta}$$

geführt. Mit dieser Bezeichnung ist

$$e^{i0} = e^0 = 1, \quad e^{i\theta_1} \cdot e^{i\theta_2} = e^{i(\theta_1+\theta_2)}.$$

Wir vermerken noch die sonderbare Gleichung $e^{i\pi} = -1$, die die beiden transzendenten Zahlen e und π miteinander verknüpft.

Im Vektormodell bedeutet die Multiplikation mit

$$z = r(\cos\theta + i\sin\theta)$$

eine Drehung eines Vektors um den Winkel θ und eine Streckung im Maßstab r. Der der komplexen Zahl zugeordnete Punkt A wird also einer Drehstreckung mit dem Zentrum O um den Winkel θ im Maßstab r unterworfen.

Insbesondere ist $0+i = \cos\dfrac{\pi}{2} + i\sin\dfrac{\pi}{2}$. Daraus folgt, daß die Multiplikation mit $0+i$ einen Vektor um den Winkel $\dfrac{\pi}{2}$ dreht.

Um die Kommutativität des Produktes zu erläutern, betrachten wir gleichzeitig den der Zahl $a+ib$ zugeordneten Punkt A und den dem Multiplikator $x+iy$ zugeordneten Punkt M. Es sei U der Zahl $1+0i$ und P dem Produkt zugeordnet; dann sind die Dreiecke UOA und MOP einander gleichsinnig ähnlich, ebenso wie die Dreiecke UOM und AOP.

Der Ausdruck $r(\cos \Theta + i \sin \Theta)$ wird als *trigonometrische Form einer komplexen Zahl* oder *Polarform* bezeichnet. Sie ist mit Vorteil bei Produkten anzuwenden. Insbesondere zeigt sie, daß jede komplexe Zahl mit Ausnahme des neutralen Elementes der Addition $0+0i$ eine dazu inverse Zahl $r'(\cos \Theta' + i \sin \Theta')$ hat. Es ist in der Tat

$$zz' = 1+0i = \cos 0 + i \sin 0$$

äquivalent zu

$$rr' = 1 \ , \ \Theta + \Theta' = 0 \ (\mathrm{mod}\ 2\pi),$$

woraus als Lösung

$$r' = \frac{1}{r} \ , \ \Theta' = -\Theta (\mathrm{mod}\ 2\pi),$$

mit Ausnahme für $r = 0$, hervorgeht.

Zusammenfassend können wir sagen, daß *die Menge der komplexen Zahlen einen Körper bildet*.

Berechnung des Quotienten in kartesischer Form

Wi. lösen die Bedingung $(a+ib)(a'+ib') = 1+0i$ nach a' und b' auf.

$$\begin{cases} aa'-bb' = 1 \\ ab'+ba' = 0. \end{cases}$$

Daraus folgt

$$\frac{a'}{a} = \frac{b'}{-b} = \frac{1}{a^2+b^2}$$

und daher

$$a'+b'i = \frac{a-bi}{a^2+b^2}.$$

Man schreibt also

$$\frac{1+0i}{a+bi} = \frac{a-bi}{a^2+b^2}.$$

Vergleicht man diese Formel mit jener für irrationale Zahlen, welche eine Quadratwurzel enthält,

$$\frac{1}{a+b\sqrt{c}} = \frac{a-b\sqrt{c}}{a^2-b^2c},$$

so erkennen wir leicht die Rolle von i als $\sqrt{-1}$. Wir verbieten es uns aber ausdrücklich, *ein Wurzelzeichen über eine andere als eine positive reelle Zahl zu setzen*. Eine Wurzel beliebiger Ordnung (2., 3. oder n-ter Ordnung) darf nie aus einer negativen Zahl gezogen werden, noch weniger aus einer komplexen; eine solche Wurzel ist entweder eine positive Zahl oder null.

Schließlich stellen wir fest, daß für alle eingeführten Operationen ein Isomorphismus zwischen den reellen Zahlen und jener Untermenge besteht, die aus den komplexen Zahlen $a+0i$ besteht, das heißt aus jenen, deren Argument 0 (mod 2π) oder π (mod 2π) ist; die ersten entsprechen den positiven, die zweiten den negativen reellen Zahlen. Man kann die Schreibweise deswegen vereinfachen: für $x+0i$ schreiben wir hinfort x. In gleicher Weise kommen wir überein, anstelle von $0+iy$ nur yi zu schreiben. Damit bezeichnet man die komplexen Zahlen des Argumentes $\frac{\pi}{2}$ (mod 2π) oder $-\frac{\pi}{2}$ (mod 2π), je nachdem, ob y positiv oder negativ ist; man nennt sie *rein imaginäre Zahlen*. In einer beliebigen komplexen Zahl $a+ib$ bezeichnet man a als *Realteil* und bi als *Imaginärteil*.

Die komplexen Zahlen $a+bi$ und $a-bi$ nennt man *konjugiert komplex* (ebenso wie $a+b\sqrt{c}$ und $a-b\sqrt{c}$ als konjugierte Irrationalzahlen bezeichnet werden). Die Summe und das Produkt zweier konjugiert komplexer Zahlen sind beide reell (wenn wir die oben eingeführte vereinfachte Ausdrucksweise verwenden).

$$(a+ib)+(a-ib) = 2a+0i = 2a$$
$$(a+ib)(a-ib) = (a^2+b^2)+0i = a^2+b^2$$

Setzt man $z = a+ib$, so bezeichnet man die dazu konjugierte Zahl mit $\bar{z} = a-ib$.

Die zwei konjugiert komplexen Zahlen zugeordneten Punkte liegen symmetrisch bezüglich der Achse Ou, die man auch als *reelle Achse* bezeichnet und als Abszissenachse nimmt; die der Summe und dem Produkt dieser Zahlen zugeordneten Punkte liegen ebenfalls auf dieser Achse. *Die Achse der rein imaginären Zahlen* ist im Punktmodell die Ordinatenachse. Die dadurch aufgespannte Ebene heißt *komplexe Ebene*.

4. n-te Potenz und n-te Wurzel im Körper der komplexen Zahlen

a) Potenzen

Es sei n eine positive ganze Zahl. Die n-te Potenz einer komplexen Zahl kann leicht in ihrer trigonometrischen Form berechnet werden:

$$z = r(\cos \Theta + i \sin \Theta) \, , \quad z^n = r^n(\cos n\Theta + i \sin n\Theta)$$

(*Moivre-Formel*).

Im Fall $r = 1$ liegen die den steigenden Potenzen zugeordneten Punkte M_n auf einem Kreis mit dem Mittelpunkt O und dem Radius 1. Sie bilden die Ecken eines regelmäßigen Polygonzuges, deren Verbindungslinien mit dem Ursprung den Zentriwinkel Θ einschließen. Diese Punktfolge enthält nur dann eine endliche Anzahl von Elementen, wenn eine ganze Zahl p und eine ganze Zahl n existieren, so daß

$$n\Theta = 2p\pi, \quad \text{d.h.} \quad \Theta = \frac{2p}{n}\pi,$$

wodurch ausgedrückt wird, daß das Verhältnis der durch Θ und π gemessenen Winkel eine rationale Zahl ist. Man sagt dann, daß Θ und π *kommensurabel* sind. In diesem Fall ist die Punktfolge periodisch und bildet die Ecken eines regelmäßigen Polygons; die Anzahl der voneinander verschiedenen Potenzen von z ist begrenzt und gleich n $\left(\text{vorausgesetzt natürlich, daß der Bruch } \frac{p}{n} \text{ irreduzibel ist}\right)$.

Ist der Betrag r verschieden von 1, so ist die Potenzfolge immer unendlich, weil auch die Potenzfolge des Betrages unendlich ist; sie ist zu- oder abnehmend, je nachdem, ob r größer oder kleiner als 1 ist.

b) n-te Wurzel

In umgekehrter Weise sind die Wurzeln einer komplexen Zahl

$$z = r(\cos \Theta + i \sin \Theta)$$

durch den Ausdruck

$$u = \sqrt[n]{r}\left(\cos \frac{\Theta + 2k\pi}{n} + i \sin \frac{\Theta + 2k\pi}{n}\right)$$

gegeben. Man findet alle Werte von u, indem man der ganzen Zahl k solche Werte zuschreibt, daß die neuen Argumente voneinander verschieden sind (mod 2π). Man hat also n Werte für k zur Auswahl.

Im allgemeinen wählt man für k die Werte $0, 1, 2, \ldots, n-1$, oder man setzt bei Gerad- bzw. Ungeradzahligkeit von n

$$n = 2m : \quad -(m-1), -(m-2), \ldots -1, 0, 1, \ldots, (m-1), m$$
$$n = 2m+1: \quad -m, -(m-1), \ldots, -1, 0, +1, \ldots (m-1), m.$$

Es gibt also immer n verschiedene n-te Wurzeln.

c) Binomialgleichung

Das Vorhergehende stellt die Lösung der Gleichung dar, die man als *Binomialgleichung* bezeichnet:

$$z^n = c$$

1. Eine der Wurzeln ist immer reell, *wenn c eine positive reelle Zahl ist*; sie wird mit $\sqrt[n]{c}$ bezeichnet. Da das Argument von c null ist (mod 2π), lauten die anderen Wurzeln

$$\sqrt[n]{c}\left(\cos\frac{2k\pi}{n} + i\sin\frac{2k\pi}{n}\right); \quad k = 1, 2, \ldots, (n-1).$$

Ist n eine gerade Zahl, so ist auch eine zweite Wurzel reell: nämlich jene, die $k = \dfrac{n}{2}$ entspricht; sie ist $-\sqrt[n]{c}$.

2. *Ist c negativ reell*, so ist das Argument π (mod 2π). Unter den Wurzeln

$$\sqrt[n]{-c}\left(\cos\frac{(1+2k)\pi}{n} + i\sin\frac{(1+2k)\pi}{n}\right)$$

ist eine reell, wenn $n = 2m+1$ ungerade ist: diese entspricht $k = m$ (mod 2π). Die Wurzel lautet $-\sqrt[n]{-c}$.
Ist n gerade, so gibt es keine relle Wurzel.

3. *Ist c komplex*, so gibt es überhaupt keine n-te reelle Wurzel, was ganz offensichtlich ist, da jede ganzzahlige Potenz einer reellen Zahl auch reell ist.

Grundlegende Sonderfälle

$z^2 = 1 \quad \Rightarrow \quad z' = +1 \quad$ und $\quad z'' = -1$

$z^2 = -1 \quad \Rightarrow \quad z' = +i \quad$ und $\quad z'' = -i$

$z^2 = i \quad \Rightarrow \quad z' = \cos\dfrac{\pi}{4} + i\sin\dfrac{\pi}{4} = \dfrac{\sqrt{2}}{2}(1+i) \quad$ und $\quad z'' = -z'$

$$z^3 = 1 \quad \Rightarrow \quad z' = 1, \; z'' = \cos\frac{2\pi}{3} + i\sin\frac{2\pi}{3} = \frac{1}{2}(1+i\sqrt{3})$$

und $z''' = \tfrac{1}{2}(1-i\sqrt{3})$.

Es ist $z''z''' = 1$; bezeichnet man daher eine der imaginären kubischen Wurzeln von 1 mit j, so ist die andere gleich j^2.

$$z^3 = -1 \quad \Rightarrow \quad z' = -1, \; z'' = -j, \; z''' = -j^2.$$

C. FUNKTIONENTHEORIE: FUNKTIONEN EINER KOMPLEXEN VARIABLEN

Wir betrachten hier eine Abbildung $z \searrow \_\_\_ \nearrow Z$ der Menge der komplexen Zahlen in sich selbst. Vergleichen wir die den Zahlen z und ihren Bildern Z zugeordneten Punkte in derselben komplexen Ebene, *so hat die Funktion einer komplexen Variablen als Modell eine punktweise Zuordnung in einer Ebene.*

Beispiele

$Z = z+a$ — Translation, Verschiebung

$Z = az$ — Ähnlichkeitstransformation mit dem Zentrum O; insbesondere eine Streckung, wenn a reell ist, eine Drehung, wenn der Betrag von a gleich 1 ist.

$Z = \dfrac{1}{z}$ — Produkt einer Inversion (mit dem Pol O und der Potenz 1) und einer Spiegelung an der x-Achse.

$Z = \dfrac{az+b}{a'z+b'}$ — Wie bei den reellen Zahlen schreibt man dafür

$Z = \dfrac{a}{a'} + \dfrac{h}{z+\dfrac{b'}{a'}}$ — Produkt der vorhergehenden Transformationen.

Man bemerke, daß bei allen diesen Transformationen die Winkel erhalten bleiben (sowohl dem Betrag wie dem Vorzeichen nach). Wir werden dies sofort einsehen.

I. Topologie in der komplexen Ebene

Eine komplexe Zahl z liegt in einer α-Umgebung von z_0 (wobei α eine positive reelle Zahl ist), wenn

$$|z-z_0| < \alpha,$$

das heißt, wenn M und M_0 die z und z_0 zugeordneten Punkte sind, muß dafür gelten:

$$M_0 M < \alpha.$$

Da der Betrag $|z-z_0|$ in der metrischen Geometrie durch eine Strecke verkörpert wird, befriedigt er die Dreiecksungleichung

$$|z_1-z_0| \leq |z_1-z_2|+|z_2-z_0|.$$

In Übereinstimmung damit werden wir sagen, daß eine Funktion $Z = f(z)$ einen Grenzwert L für z gegen z_0 besitzt, wenn für $|z-z_0|$ gegen 0 auch $|Z-L|$ gegen 0 strebt. Die Ableitung einer Funktion $Z = f(z)$ an der Stelle z_0 ist, sofern sie existiert, gleich dem Grenzwert von $\dfrac{f(z)-f(z_0)}{z-z_0}$, wenn $|z-z_0|$ gegen 0 strebt. Welche Bedeutung ist aber diesen Definitionen zuzuschreiben, die sich uns so natürlich aufdrängen?

Zur Vereinfachung und größeren Klarheit wählen wir ein Beispiel: Es sei die Funktion

$$Z = z^2$$

vorgelegt; sie sei in der Umgebung von

$$z_0 = 2+i \ , \ Z_0 = (2+i)^2 = 3+4i$$

zu betrachten.

Wir nennen m_0, M_0, m, M die den Zahlen

$$z_0, Z_0, z = x+iy, Z = X+iY = (x+iy)^2 = (x^2-y^2)+2xyi$$

zugeordneten Punkte. Wir bilden

$$Z-Z_0 = z^2-z_0^2 = (z-z_0)(z+z_0),$$

woraus folgt

$$\frac{Z-Z_0}{z-z_0} = z+z_0.$$

Man bemerke, daß $|z-z_0| \to 0$, d.h. $m_0 m \to 0$

$$|z| \to |z_0| \quad \text{und} \quad \arg z \to \arg z_0, \ (\operatorname{mod} 2\pi)$$

nach sich zieht. In allgemeiner Form bedeutet das

$$\lim |z| = |\lim z| \quad \text{und} \quad \lim (\arg z) = \arg (\lim z) \ (\operatorname{mod} 2\pi).$$

Daraus folgt unmittelbar, daß $Z-Z_0$ gegen null strebt (Stetigkeit der

Funktion), wenn z sich z_0 nähert, und daß $\dfrac{Z-Z_0}{z-z_0}$ den Grenzwert $2z_0$ besitzt. Daher besitzt die gegebene Funktion an der Stelle z_0 eine Ableitung $Z_0' = 2z_0$.

Deutung

Es sei eine Kurve γ als geometrischer Ort aller Punkte m gegeben, die durch m_0 geht. Die Abbildung $z \searrow\!\!\!\!\!\nearrow Z$, das heißt $m \searrow\!\!\!\!\!\nearrow M$ bildet sie in eine Kurve Γ ab, die durch M_0 verläuft. Wir setzen voraus, daß γ in m_0 immer eine Tangente t besitzt. Mit dem Einheitsvektor u in der reellen Achse haben wir

$$\sphericalangle(u, m_0 m) = \arg(z - z_0) \quad \text{und} \quad \sphericalangle(u, M_0 M) = \arg(Z - Z_0)$$

und weiter

$$\sphericalangle(m_0 m, M_0 M) = \arg(Z - Z_0) - \arg(z - z_0) = \arg\left(\dfrac{Z - Z_0}{z - z_0}\right).$$

Aus der Annahme der Existenz der Tangente t folgt, daß die die Strecke $M_0 M$ tragende Gerade eine Grenzlage T aufweist, die die Tangente an Γ in M_0 bildet, so daß $\sphericalangle(t, T) = \arg Z_0' \pmod{\pi}$ [oder $\pmod{2\pi}$, wenn man die Tangenten entsprechend orientiert].
In unserem Beispiel gilt $\sphericalangle(t, T) = \arg(2z_0) = \arg z_0$, welcher im gewählten Punkte gleich

$$\arctan \dfrac{1}{2} = \varphi_0$$

ist. Somit gilt für jede beliebig gewählte Kurve γ, daß die Kurven γ und Γ in m_0 und M_0 Tangenten besitzen, die miteinander denselben Winkel $\sphericalangle(t, T) = \varphi_0$ einschließen. Daraus folgt unmittelbar: schneiden sich zwei Kurven γ_1 und γ_2 in m_0 unter einem gegebenen Winkel, so schneiden sich ihre Bilder Γ_1 und Γ_2 unter demselben orientierten Winkel [$\pmod{\pi}$ oder auch $\pmod{2\pi}$, je nach dem Umlaufsinn $\pmod{2\pi}$]. Das will sagen, daß bei der Transformation $m \searrow\!\!\!\!\!\nearrow M$ als Bild von $z \searrow\!\!\!\!\!\nearrow Z$ die Winkel erhalten bleiben (*winkeltreue* Abbildung).

Bei dem gewählten Beispiel transformieren wir durch $Z = z^2 = (x + iy)^2$ die beiden zueinander senkrechten Geraden

$$\begin{cases} x = 2 \\ y \text{ beliebig} \end{cases} \quad \text{und} \quad \begin{cases} x \text{ beliebig} \\ y = 1. \end{cases}$$

Dann erhält man

$$\Gamma_1 \begin{cases} X = 4 - y^2 \\ Y = 4y \end{cases} : \text{Parabel } X = 4 - \dfrac{Y^2}{16}$$

und $\Gamma_2 \begin{cases} X = x^2-1 \\ Y = 2x \end{cases}$: Parabel $X = \dfrac{Y^2}{4} - 1$.

$$-\frac{Y}{8} = -\frac{1}{2} \quad \text{und} \quad +\frac{Y}{2} = +2.$$

Die Richtungskoeffizienten bezüglich der Y-Achse werden durch die Ableitungen X'_y angegeben. Im fraglichen Punkt findet man
Die Tangenten stehen aufeinander senkrecht; die Parabeln schneiden sich also auch im rechten Winkel, ebenso wie die gegebenen Geraden. Somit gilt, *daß die Winkeltreue an die Existenz der Ableitung der Funktion geknüpft ist.*

II. Änderung des Argumentes entlang einer geschlossenen Kurve. Fundamentalsatz der Algebra

1. Im folgenden werden wir geschlossene Kurven γ ohne Doppelpunkt betrachten, die aus der Deformation eines Kreises oder eines Ovals hervorgehen; sie werden von dem z zugeordneten Punkt m einmal im Gegenuhrzeigersinn durchlaufen. Das Bild M durchläuft unter diesen Bedingungen eine *geschlossene* Kurve, da bei der Abbildung $z \diagdown\!\!\!\diagup Z$, durch welche die Funktion f definiert wird, jede Zahl z ein genau bestimmtes Bild Z besitzt. Da ein und dieselbe Zahl Z das Bild mehrerer Zahlen z sein kann, so kann die geschlossene Kurve Γ mehrfache Punkte aufweisen; es kann sogar vorkommen, daß alle ihre Punkte mehrfach sind! Betrachten wir dazu wiederum unser Beispiel $Z = z^2$. Bedeutet γ den Kreis mit dem Mittelpunkt im Ursprung O und dem Radius 2, der wie angegeben im Gegenuhrzeigersinn durchlaufen wird, so bedeutet Γ den Kreis um O vom Radius 4, der zweimal im Gegenuhrzeigersinn durchlaufen wird, da

$$\arg Z = 2 \arg z.$$

Wächst zum Beispiel $\arg z$ von 0 bis 2π, so nimmt $\arg Z$ von 0 bis 4π zu.

2. Es sei allgemein das Polynom

$$Z = a_0(z-a)^p (z-b)^q \ldots (z-u)^t$$

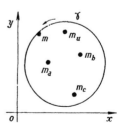

vom Grad $p+q+\ldots+t = n$ gegeben, dessen sämtliche Wurzeln evident sind. Wir wählen *eine geschlossene Kurve γ, (etwa einen Kreis), die sämtliche den Wurzeln $a, b, \ldots, u$ zugeordnete Punkte umschließt* (Bild). Nach der Gleichung

$$\arg Z = \arg a_0 + p \arg(z-a) + q \arg(z-b) + \ldots + t \arg(z-u)$$

wächst das Argument von Z um $(p+q+\ldots+t)2 = n\cdot 2\pi$, da jeder Vektor M_aM, M_bM, $\ldots$, M_uM um 2π im Gegenuhrzeigersinn gedreht wird, wenn der Punkt M zu seinem Ausgangspunkt zurückkehrt.

3. Ist $Z = f(z)$ ein beliebiges Polynom, z_0 ein Wert, der keine *Nullstelle des Polynoms ist*, und γ_0 eine m_0 sehr benachbarte Kurve. Dann liegt der Punkt M_0 nicht im Ursprung O und der Punkt M beschreibt eine Kurve Γ_0, die M_0 sehr benachbart ist. Wegen der Stetigkeit der Funktion f läßt sich eine Umgebung $U(m_0)$ von m_0 finden, so klein, daß aus $\gamma \subset U(m_0)$ zum Beispiel

$$\tfrac{1}{2}|Z_0| < |Z| < 2|Z_0|$$

und

$$|\arg Z - \arg Z_0| < a < \pi$$

folgt.

Durchläuft also m die Kurve γ, so beschreibt M die Kurve Γ in der Weise, daß nach der Rückkehr zum Ausgangspunkt wegen der Stetigkeit wiederum das ursprüngliche Argument auftritt. Die Änderung des Arguments ist null. Deformieren wir nun γ, indem wir von γ_0 ausgehen; dann wird auch die Kurve Γ deformiert. Die Änderung des Argumentes von Z, das ursprünglich für Γ_0 null war, kann nur dann nicht null werden und etwa den Wert 2π oder -2π annehmen, wenn Γ den Ursprung überquert, das heißt nur dann, wenn γ durch einen Punkt geht, der einer Nullstelle der Funktion f zugeordnet ist.

Somit gilt, daß *die Änderung des Argumentes von Z nach Rückkehr zur Ausgangslage nur dann von null verschieden sein kann, wenn die Funktion $f(z)$ mindestens eine Nullstelle hat.*

(Diese Überlegungen sollten eigentlich strenger geführt werden: wir haben von der Stetigkeit der Familie der Kurven γ und deren Bildfamilie Γ intuitiv Gebrauch gemacht.)

4. Halten wir dieses Ergebnis fest, so ist der Fundamentalsatz nun sehr leicht zu beweisen: *Jedes Polynom hat mindestens eine Nullstelle.* Dazu genügt es zu zeigen, daß man eine Kurve γ derart wählen kann, daß sich das Argument von Z ändert. In der Tat schreibt man

$$Z = f(z) = a_0 z^n + a_1 z^{n-1} + \ldots + a_n, \quad a_0 \neq 0$$

in der Form

$$Z = z^n \left[a_0 + \frac{a_1}{z} + \ldots + \frac{a^n}{z^n} \right] = z^n Q(z)$$

und daher ist
$$\arg Z = n \arg z + \arg Q(z).$$

Bedeutet γ einen Kreis etwa mit dem Mittelpunkt in O und mit genügend großem Radius, so bleibt sowohl der Betrag wie auch das Argument von $Q(z)$ so nahe an a_0, wie man will; Verfährt man nun wie in 3, so erkennt man, daß sich das Argument von $Q(z)$ nicht ändert. Nun wächst das Argument von Z um $n \cdot 2\pi$, was *die Existenz mindestens einer Nullstelle* beweist.

5. Es ist zwecklos, dieses Ergebnis nun direkt so zu erweitern, daß man die Existenz von genau n Wurzeln nachweist, was die Umkehrung von 2. darstellt. Wir gehen anders vor. Es gilt, daß *die gesamte algebraische Theorie der Polynome, die unter der Voraussetzung reeller Koeffizienten errichtet wurde, gültig bleibt, wenn die Koeffizienten dem Körper der komplexen Zahlen angehören.*

Insbesondere gilt: Besitzt ein Polynom eine Nullstelle a_1, so ist es durch $z-a_1$ teilbar. Es sei mithin a_1 eine Nullstelle des Polynoms, deren Existenz wegen 4. gesichert ist; dann existiert ein Quotient P_1 des Grades $n-1$, so daß
$$f(z) = (z-a_1)P_1(z).$$

Da $P_1(z)$ jedoch ein Polynom ist, besitzt es eine weitere Nullstelle a_2 (die natürlich auch gleich a_1 sein kann), woraus die Existenz eines Polynoms P_2 mit dem Grad $n-2$ folgt, so daß
$$f(z) = (z-a_1)(z-a_2)P_2(z) \text{ usw.}$$

Schließlich erhält man als Quotienten eine Konstante; daher besitzt $f(z)$ genau n Wurzeln, und man kann das Polynom in der Form
$$f(z) = a_0(z-a_1)(z-a_2)\ldots(z-a_n)$$
schreiben.

Dies ist der **Fundamentalsatz der Algebra:** *Jedes Polynom n-ten Grades besitzt n Wurzeln, die verschieden sind oder in ihrer Vielfachheit gezählt werden und sowohl reell wie komplex sein können.*

Die Überlegungen 3. gelten sicher auch für andere Funktionen als Polynome; dazu genügt es, daß die nötigen Stetigkeitsbedingungen erfüllt sind.

Der Fundamentalsatz liefert jedoch keineswegs irgendeine Formel, nach der die Wurzeln mit Hilfe der Koeffizienten des Polynoms tatsächlich ausgedrückt werden könnten.

D. HINWEISE AUF ANWENDUNGEN

Abgesehen von dem theoretischen Interesse und ihrer Verwendung in der Analysis stellen die komplexen Zahlen ein unerläßliches Hilfsmittel der Algebra dar, selbst wenn man nur reelle Ergebnisse zu gewinnen sucht; das gleiche gilt für die Geometrie, wenn man bestrebt ist, Theorien zu vereinen, die äußerlich verschieden erscheinen. Die Einführung der komplexen Zahlen ist im übrigen bequem bei der Lösung gewisser geometrischer Probleme.

1. In der Algebra der Polynome mit reellen Koeffizienten lautet der wesentliche Satz: *Besitzt ein Polynom mit reellen Koeffizienten eine komplexe Nullstelle, so ist auch die zu ihr konjugiert komplexe Zahl eine Nullstelle.*

Sind die Koeffizienten des Polynoms

$$P(z) = P(x+iy) = X(x, y) + iY(x, y)$$

reell, so gilt in der Tat

$$P(x-iy) = X(x, y) - iY(x, y)$$

und daher

$$P(z_0) = 0 \quad \Leftrightarrow \quad \begin{cases} X(x_0, y_0) = 0 \\ Y(x_0, y_0) = 0 \end{cases} \quad \Leftrightarrow \quad P(\bar{z}_0) = 0,$$

wobei man die zu z_0 konjugiert komplexe Zahl mit $\bar{z}_0$ bezeichnet. Dann ist das Polynom teilbar durch

$$(z-z_0)(z-\bar{z}_0) = (z-x_0)^2 + y_0^2.$$

Somit gilt, *daß jedes Polynom $P(x)$ mit reellen Koeffizienten in das Produkt einer Konstanten und Faktoren $(x-a)^\alpha$, die den reellen Nullstellen entsprechen, und Faktoren $(x^2+px+q)^\mu$, die den konjugiert komplexen Nullstellen entsprechen, zerlegt werden kann.*

Beispiel:

$$z^4+1 = 0 \quad \text{hat die Wurzeln} \quad \frac{1}{\sqrt{2}}(\pm 1 \pm i)$$

und daher ist

$$x^4+1 \equiv (x^2+\sqrt{2}x+1)(x^2-\sqrt{2}x+1).$$

Dabei haben wir die komplexen Zahlen nur als Hilfsmittel verwendet, um schließlich ein reelles Ergebnis zu gewinnen.

2. In der Trigonometrie kann man die Moivre-Formel
$$(\cos \Theta + i \sin \Theta)^n = \cos n\Theta + i \sin n\Theta$$
entwickeln und die Real- und Imaginärteile vergleichen:

$$n = 2 \begin{cases} \cos 2\Theta = \cos^2\Theta \quad -\sin^2\Theta \\ \sin 2\Theta = \quad 2 \sin \Theta \cos \Theta \end{cases}$$

$$n = 3 \begin{cases} \cos 3\Theta = \cos^3\Theta \quad -3 \cos \Theta \sin^2\Theta \\ \sin 3\Theta = \quad 3 \cos^2\Theta \sin\Theta \quad\quad\quad\quad -\sin^3\Theta \end{cases}$$

$$n = 4 \begin{cases} \cos 4\Theta = \cos^4\Theta \quad -6 \cos^2\Theta \sin^2\Theta \quad +\sin^4\Theta \\ \sin 4\Theta = \quad 4 \cos^3\Theta \sin \Theta \quad -4 \cos \Theta \sin^3\Theta \end{cases}$$

Das Verfahren läßt sich beliebig fortsetzen.
Die Koeffizienten sind dabei genau jene, die wir früher (vgl. Teil II, Abschnitt 2, Kap. I) mit $\binom{n}{p}$ bezeichnet haben.

3. In der metrischen Geometrie der Ebene kann man einen Vektor durch eine komplexe Zahl darstellen. Es ist dann möglich, die mit Vektoren auszuführenden Operationen auf die Rechnung mit komplexen Zahlen zu übertragen. Ebenso kann man in der Elektrizitätslehre eine Sinus-Funktion durch einen Vektor verkörpern (Darstellung nach *Fresnel*); dann ermöglicht die Einführung der komplexen Zahlen die Behandlung von Wechselstromproblemen mit Formeln, die den entsprechenden für Gleichstrom analog sind.

Wir haben bereits gesehen, daß die Funktion $Z = \dfrac{az+b}{a'z+b'}$ ein Ausdruck für einfache Transformationen ist, bei denen die Winkel erhalten bleiben. Eine Spiegelung an der reellen Achse ist

$$z = x+iy \diagdown\!\!\!\_\!\diagup \bar{z} = x-iy.$$

Bei diesem Übergang zur konjugiert komplexen Zahl wird der Orientierungssinn der Winkel vertauscht; sie entspricht also nicht jenen Funktionen, für welche die Ergebnisse aus (C II, 3) gelten.

Geometrisches Anwendungsbeispiel

Sollen vier Punkte *A, B, C, D* auf einem Kreis liegen, so lautet eine notwendige und hinreichende Bedingung dafür

$$\measuredangle (AC, AD) = \measuredangle(BC, BD) \quad (\mathrm{mod}\ \pi). \tag{1}$$

Dieses Chasles-Theorem macht keinen Gebrauch von den beiden anderen Seiten AB und CD des Vierecks; deswegen können wir nicht direkt daraus

$$\sphericalangle(AB, AC) = \sphericalangle(DB, DC) \quad (\mathrm{mod}\ \pi) \qquad (2)$$

trotz der Äquivalenz dieser Bedingungen herleiten.

Verwenden wir nun die komplexen Zahlen, so gelangen wir leicht zu dem gewünschten Ergebnis. Nennen wir a, b, c, d die den gegebenen Punkten zugeordneten Zahlen. Dann lautet die Bedingung dafür, daß das Viereck ein Sehnenviereck ist,

$$\arg \frac{d-a}{c-a} = \arg \frac{d-b}{c-b} \quad (\mathrm{mod}\ \pi) \qquad (1)$$

oder auch, wenn man ein Doppelverhältnis einführt (Teil IV, Abschnitt 1, Kap. II):

$$\arg \left[\frac{d-a}{c-a} : \frac{d-b}{c-b} \right] = 0 \quad (\mathrm{mod}\ \pi) \qquad (1')$$

was äquivalent zu der Aussage ist:

$$\lambda = \frac{d-a}{c-a} : \frac{d-b}{c-b} \quad \text{ist reell.} \qquad (\mathrm{I})$$

Mit Hilfe der folgenden Identität gelingt es uns, die Reihenfolge der vier Zahlen, die das Doppelverhältnis bilden, zu ändern:

$$(b-a)(d-c) + (d-a)(c-b) = (c-a)(d-b) \qquad (3)$$

Daraus leitet man ab, daß

$$\frac{b-a}{c-a} : \frac{d-b}{d-c} = 1 - \lambda \quad \text{reell ist,}$$

wodurch (2) bewiesen wird.

Wir verweisen auf den interessanten Fall, wo eines dieser Doppelverhältnisse gleich -1 ist, die anderen hingegen gleich 2 oder $\frac{1}{2}$ sind; das entsprechende Vierseit heißt *harmonisch*; es verdient, übungshalber genauer betrachtet zu werden.

Um aus den vorstehenden Gleichungen eine Beziehung zwischen Beträgen herstellen zu können, denken wir daran, daß das mit $ABCD$ bezeichnete Vierseit konvex ist. Somit gelten die angeschriebenen Gleichungen genau modulo 2π. Schreibt man jedoch

$$\arg(d-a)(c-b) = \arg(c-a)(d-b) \quad (\mathrm{mod}\ 2\pi),$$

so bedeutet dies, daß die durch die komplexen Zahlen

$$(d-a)(c-b) \quad \text{und} \quad (c-a)(d-b)$$

dargestellten Vektoren parallel und gleichgerichtet sind; das gleiche gilt auch für $(b-a)(d-c)$. Die Identität (3) liefert also für die Absolutwerte

$$AB \cdot CD + AD \cdot BC = AC \cdot DB \quad \text{(\textit{Ptolemäische Formel})}.$$

Gemäß der Dreiecksungleichung hat man, wenn das konvexe Vierseit nicht dem Kreis einschreibbar ist:

$$AB \cdot CD + AD \cdot BC > AC \cdot DB.$$

4. In der analytischen Geometrie in zwei oder drei Dimensionen gelangt man ebenfalls dazu, komplexe Werte als Koordinaten anzusehen. Die entsprechenden Punkte heißen *imaginäre Punkte*. Betrachtet man etwa in der Ebene einen Kreis und eine Gerade mit den Gleichungen

$$x^2 + y^2 = R^2, \text{ und } y = mx + p,$$

so schneiden sich diese, sofern sie sich nicht berühren, in zwei Punkten, die entweder reell oder imaginär sind, je nachdem, ob die Gleichung für die Abszissen der Schnittpunkte

$$(1+m^2)x^2 + 2mp\,x + p^2 - R^2 = 0$$

reelle oder komplexe Wurzeln hat.

Dies führt dazu, *imaginäre Kurven einzuführen*, insbesondere Kreise mit reellem Mittelpunkt, aber rein imaginärem Radius. Damit hat jedes Kreisbüschel zwei Basis- und zwei Grenzpunkte.

Die Definition des Abstandes zweier Punkte bleibt erhalten: in der Ebene ist $OM^2 = x^2 + y^2$; trotzdem können zwei verschiedene Punkte den Abstand null haben. So ist etwa der Abstand des Punktes mit den Koordinaten $x = a$, $y = ia$ vom Ursprung gleich Null, da $x^2 + y^2 = 0$. Solche Ergebnisse etwas paradoxen Aussehens zeigen, daß es einiger Vorsichtsmaßnahmen bedarf, um diese Methode zu verwenden, die wir hauptsächlich *Poncelet* verdanken. Die Theorie der algebraischen Kurven kann jedoch daran nicht vorübergehen.

Vierter Teil

Die Geometrien

Eine Geometrie befaßt sich mit der Behandlung einer Menge von Elementen, die man Punkte nennt, und bestimmter Teilmengen davon, wie etwa Geraden, Ebenen oder ganz allgemein Figuren. Zwischen diesen Elementen sind Operationen erklärt; diese erlauben es, Abbildungen einer Teilmenge auf eine andere zu definieren (zum Beispiel Punkttransformationen). Danach erscheint jede Geometrie ganz allgemein als *Modell einer Algebra*, zu der man noch *eine Topologie* hinzufügen muß, welche Stetigkeitsbegriffe einführt. Wir betrachten so die Geometrie nicht nur deswegen als algebraisiert, weil sie auf numerische Rechnungen (analytische Geometrie) zurückgeführt werden kann.
Hat man sich jedoch vorerst über die Eigenschaften bestimmter grundlegender Figuren und gewisser Abbildungen des Raumes auf sich selbst Klarheit verschafft, so ist es möglich, gestützt auf die anschauliche Erfassung des physikalischen Raumes, synthetische Schlüsse anzustellen und eine geistige Einstellung, wie sie der traditionellen Euklid-Geometrie entspricht, wiederzufinden. Die gleichen Überlegungen führen aber auch zur Konstruktion anderer Geometrien, wozu man nur von anderen axiomatischen Grundlagen auszugehen braucht; wir werden uns hier auf die Einführung jener beschränken, die der Euklid-Geometrie nahestehen.
Die mathematischen Gedankengänge, die man als „geometrische" bezeichnet, können in der folgenden Weise charakterisiert werden: Gegenstand einer geometrischen Untersuchung ist eine Situation, die zu verwickelt ist, als daß man alle Eigenschaften anführen könnte, die die Voraussetzungen bilden. Man muß unter ihnen in jedem Augenblick jene auswählen, welche Kombinationen bieten, die erwiesenermaßen zu bekannten und brauchbaren Ergebnissen führen. Anstelle der Symbolsprache eines zu transformierenden Gleichungssystems verwendet man mehr oder weniger komplizierte Schemata, in denen jede Folgerung die Ausführung zahlreicher algebraischer Operationen voraussetzt, die in der allgemeinen Theorie bereits ein- für allemal abgehandelt worden sind. Jede dieser Schlußfolgerungen nennt man ein *Theorem*; es ist

ein bereits behauener Stein, für die Errichtung des geplanten Gebäudes bereit gelegt. Was aber nun wirklich Interesse verdient, sind Anordnungen solcher Steine: die Geometrie verwendet diese Theoreme, um bestimmte *geometrische Probleme* zu studieren. Aus diesen gewinnt man wiederum kompliziertere Theoreme, die nun ihrerseits auf neue Probleme führen. In dieser Weise erweitert sich die Geometrie immer mehr und entwickelt sich zu einem unabhängigen Wissenszweig, dessen Schönheit bekannt ist.

Bemerkung

Wirklich gezeichnete Figuren sind nur in einigen Fällen unerläßlich. Wir werden meistens nur sehr allgemeine Teilmengen mit einfachen Strukturen betrachten, was Zeichnungen entbehrlich macht. Der Leser wird sich dennoch sehr oft einige Skizzen machen, um dem Text folgen zu können.

Erster Abschnitt

AFFINE UND PROJEKTIVE GEOMETRIE

I. Affine Geometrie

Wir hatten bereits in Teil I, Kap. III einerseits den Begriff des n-dimensionalen Vektorraumes und andererseits sein punktuelles Bild eingeführt, das wir nunmehr „Raum" nennen wollen. Dieser Raum ist bestimmt, sobald man einen Ursprungspunkt O und die Basis $\{u, v, w\}$ des Vektorraumes angibt. In der Geometrie der Ebene wird das *Bezugssystem* etwa durch $O; \{u, v\}$ festgelegt. In der Geometrie des Raumes (der stillschweigend als dreidimensional vorausgesetzt wird), lautet das Bezugssystem

$$O; \{u, v, w\}.$$

In der affinen Geometrie führen wir über dem Vektorraum nur jene beiden Operationen ein, die dessen Struktur charakterisieren: Addition und Multiplikation mit einer Zahl, die wir stets als reell voraussetzen (reelle affine Geometrie).

1. DIE GRUNDELEMENTE

A. EBENE GEOMETRIE (ZWEI DIMENSIONEN)

Das Bezugssystem $O; \{u, v\}$ wird als gegeben angenommen. Dann ist ein Vektor U im Vektorraum in eindeutiger Weise durch

$$U = xu + yv$$

und ein Punkt M durch

$$OM = U$$

gegeben.

a) **Der Vektorraum** ist orientiert: Das Paar U, V, das durch

$$U = xu + yv, \quad V = x'u + y'v$$

definiert ist, bildet dann eine Basis, wenn $\delta = xy' - yx'$ nicht null ist; das Vorzeichen von δ deutet an, ob $\{U, V\}$ mit einer positiven Orientierung ausgestattet ist oder nicht (das heißt, gleichsinnig mit $\{u, v\}$ orientiert ist oder nicht).

$\{U, V\}$ und $\{V, U\}$ haben entgegengesetzte Orientierung,
$\{U, V\}$ und $\{-U, -V\}$ haben gleiche Orientierung,
$\{U, V\}$ und $\{-U, V\}$, ebenso wie $\{U, V\}$ und $\{U, -V\}$ haben entgegengesetzte Orientierung.

b) Die Gerade

Eine Gerade ist nach Angabe eines Punktes A und eines Vektors U als Menge jener Punkte M gegeben ist, für die

$$AM = mU,$$

wobei m die Menge $\mathfrak{R}$ der reellen Zahlen durchläuft.
U heißt *Richtungsvektor* der Geraden.
Aus der Definition folgt sofort, daß jede Gerade als Ganzes invariant ist gegenüber
jeder Translation des Vektors aU, welchen Wert auch immer die Zahl a annimmt:

$$\forall m , \; m \searrow \underline{\quad} \nearrow m+a$$

jeder Streckung, deren Zentrum mit einem der Punkte der Geraden inzidiert:

$$\forall m , \; m \searrow \underline{\quad} \nearrow k(m-a)$$

jeder Inversion, deren Pol einer der Punkte der Geraden ist:

$$\forall m , \; m \searrow \underline{\quad} \nearrow \frac{k}{m-a}$$

jeder homographischen*) Transformation über $\mathfrak{R}$:

$$\forall m , \; m \searrow \underline{\quad} \nearrow \frac{km+h}{k'm+h'}$$

Theorem

Jede Gerade teilt die Ebene in zwei Gebiete.
Um dies zu zeigen, fügen wir zum Vektor U der Geraden einen anderen, nicht zu diesem parallelen Vektor V hinzu. Die Ebene ist dann die Menge jener Punkte, die durch $AM = xU+yV$ definiert sind. Zwei Punkte M_1 und M_2, die nicht auf der Geraden liegen, werden als *in demselben Gebiet liegend* bezeichnet, wenn y_1 und y_2 *dasselbe Vorzeichen*

---

*) Anm. d. Üb.: Jede gebrochen lineare Transformation des Parameters heißt homographisch.

haben. Dies stellt sicher eine Äquivalenzrelation dar, und man kann unmittelbar nachweisen, daß diese Einteilung in Gebiete weder von der Lage des Punktes A auf der Geraden noch vom Richtungsvektor U der Geraden abhängt. Hiermit wird eine *Zerlegung* der Ebene in zwei Gebiete ohne gemeinsame Punkte und in die Gerade selbst erreicht, also in drei Teilmengen.

Konvexität jedes Gebietes

Dazu muß gezeigt werden: Liegen zwei Punkte in ein- und demselben Gebiet, so liegt die sie verbindende Strecke ganz in diesem Gebiet. Es seien etwa
$$AM_1 = x_1U + y_1V, \quad AM_2 = x_2U + y_2V,$$
wobei y_1 und y_2 dasselbe Vorzeichen haben.
Dann ist die Strecke M_1M_2 der geometrische Ort jener Punkte, für die
$$M_1M = mM_1M_2, \quad 0 \leq m \leq 1$$
gilt, woraus
$$AM = [(1-m)x_1 + mx_2]U + [(1-m)y_1 + my_2]V$$
folgt, wobei der Koeffizient von V sicher dasselbe Vorzeichen hat, das auch y_1 und y_2 gemeinsam ist.
Liegen im Gegenteil M_1 und M_2 in verschiedenen Gebieten, das heißt, haben y_1 und y_2 verschiedenes Vorzeichen, so ist der Punkt, der
$$(1-m)y_1 + my_2 = 0,$$
das heißt $m_0 = \dfrac{y_1}{y_1 - y_2}$ entspricht, ein gemeinsamer Punkt der Strecke und der Geraden. Es sei etwa $y_2 < 0 < y_1$; dann liegen die beiden Teilstrecken, die der Bedingung $m < m_0$ und $m > m_0$ genügen, in verschiedenen Gebieten.
Man erkennt daraus, *daß jede Gerade, die nicht zu der gegebenen parallel ist, in zwei zu den beiden Gebieten gehörende Halbgeraden zerfällt.*

Die Gerade in der analytischen Geometrie

In der Ebene sei eine beliebige Basis $\{u, v\}$ und ein Ursprung O des Bezugsystems gegeben. Dann ist eine Gerade durch $A(x_0, y_0)$ mit dem Richtungsvektor
$$U = au + bv$$
der geometrische Ort aller Punkte $M(x, y)$, für die die Beziehung
$$(x - x_0)u + (y - y_0)v = m(au + bv)$$
gilt.

Die Geradengleichung erhält man mithin, wenn man m aus
$$\begin{cases} x-x_0 = ma \\ y-y_0 = mb \end{cases}$$
eliminiert. Man findet dann
$$b(x-x_0)-a(y-y_0) = 0.$$
Umgekehrt stellt jede Gleichung $ux+vy+w = 0$ eine Gerade dar, sofern u und v nicht beide gleichzeitig null sind: Man kann in der Tat $a = -u$, $b = v$ wählen und für x_0 und y_0 ein beliebiges Zahlenpaar, das die Gleichung $ux_0+vy_0+w = 0$ befriedigt.

c) Fundamentale Figuren

1. Das Parallelogramm

Vertauschung der Innenglieder:
$$[AB = CD] \quad \Leftrightarrow \quad [AC = BD]$$
Mittelpunkt des Parallelogramms:
$$\begin{cases} AB = CD \\ AO = \tfrac{1}{2}AD \end{cases} \quad \Leftrightarrow \quad [BO = \tfrac{1}{2}BC]$$

2. Die Figur der zentrischen Streckung (Figur des Thales)*

Gilt
$$OA' = k\,OA$$
und sind B und B' zwei weitere Punkte, so haben wir
$$[OB' = k\,OB] \quad \Leftrightarrow \quad [A'B' = kAB].$$

d) Anwendungen

1. Satz von Desargues (affine Form)

(oder Satz von den *homothetischen* oder *streckungsähnlichen Dreiecken*) Auf drei vorläufig noch beliebigen Geraden a, b, c, sei jeweils ein Punktepaar A, A', beziehungsweise B, B', und C, C' gegeben, so daß AB, $A'B'$ ebenso wie BC, $B'C'$ parallel sind:
$$\exists k : A'B' = k\,AB \quad \text{und} \quad \exists h : B'C' = h\,CB$$

---

*) Diese Figur enthält den Tatbestand des sogenannten zweiten Ähnlichkeitssatzes.

Dann können wir den Satz beweisen:

[a, b, c zusammenlaufend*)] ⇔ [$A'C'$ und AC sind parallel].

Schneiden sich a und b in einem Punkt O, so liefert die Figur der zentrischen Streckung in der Tat

$$OA' = k\,OA \;,\; OB' = k\,OB$$

und daher

$$OC' = h\,OC + (k-h)\,OB,$$

sowie

$$A'C' = h\,OC + (k-h)\,OB - k\,OA = k\,AC - (k-h)\,BC.$$

Die Tatsache, daß O, C, C' kollinear und $A'C'$ und AC parallel sind, wird also durch dieselbe Bedingung $k = h$ ausgedrückt.
Sind die Geraden a und b parallel, so geht die Figur des Thales in ein Parallelogramm über.
Der Beweis setzt voraus, daß die Geraden a, b, c ebenso wie AB und BC nicht zusammenfallen. Das Theorem versagt in den anderen Fällen.

2. Satz von (Pappus)-Pascal

Es seien zwei Gerade δ und δ' gegeben, auf denen jeweils drei Punkte A, B, C beziehungsweise A', B', C' liegen. Dann kann man den Satz beweisen:

[$AB' \parallel A'B$ und $BC' \parallel B'C$] ⇒ [$AC' \parallel A'C$]

(Das Zeichen $\parallel$ bedeutet Parallelität.)
Es sei O der den Geraden δ und δ' gemeinsame Punkt, seien U und U' die Richtungsvektoren dieser Geraden. Da die Punkte auf den Geraden liegen, können wir schreiben:

$$OA = aU \;,\; OB = bU \;,\; OC = cU,$$
$$OA' = a'U' \;,\; OB' = b'U' \;,\; OC' = c'U'.$$

Die Voraussetzung, daß zwei Paare von Gegenseiten in der Figur parallel sind, wird ausgedrückt durch

$$aa' = bb' \text{ und } bb' = cc'.$$

Daraus ergibt sich

$$aa' = cc',$$

wodurch die Behauptung ausgedrückt wird.
(In Kap. II werden wir auf die entsprechenden projektiven Sätze von Desargues und Pappus-Pascal stoßen.)

---

*) Anm. d. Üb.: Drei Geraden heißen **zusammenlaufend**, wenn sie gemeinsam mit einem Punkt inzidieren.

B. GEOMETRIE IM DREIDIMENSIONALEN RAUM R^3

Das Bezugssystem ist O; $\{u, v, w\}$. Wir haben bereits gesehen, daß es möglich ist, die Orientierung der Basissysteme $\{U, V, W\}$ mit Hilfe des Vorzeichens eines Ausdruckes Δ anzugeben, der aus den Komponenten der Basisvektoren gebildet wird. In unseren geometrischen Untersuchungen werden wir Folgerungen heranziehen, die durch Rechnung bewiesen werden können, insbesondere:

1. Die Orientierung von $\{U, V, W\}$ ändert sich, wenn man darin zwei Vektoren vertauscht: Daher weisen

$$\{U, V, W\}; \{V, W, U\}; \{W, U, V\}$$

dieselbe Orientierung auf, die zu jener von

$$\{U, W, V\}; \{V, U, W\}; \{W, V, U\}$$

entgegengesetzt ist.

2. $\{U, V, W\}$; $\{-U, -V, W\}$; $\{-U, V, -W\}$ und $\{U, -V, -W\}$ haben dieselbe Orientierung, die zu jener von

$$\{-U, V, W\}; \{U, -V, W\}; \{U, V, -W\} \text{ und } \{-U, -V, -W\}$$

entgegengesetzt ist.

3. Ist Z ein in bezug auf die Basis $\{U, V, W\}$ durch

$$Z = aU + bV + cW$$

gegebener Vektor, so hat $\{U, V, Z\}$ *dieselbe Orientierung wie* $\{U, V, W\}$, *wenn c positiv ist*.

Drei Vektoren U, V, W heißen dann *komplanar*, wenn zwei Zahlen m und p existieren, so daß $W = mU + pV$. Eine *Ebene* wird durch A; $\{U, V\}$ bestimmt; sie besteht aus der Menge der Punkte M, für die AM mit U und V komplanar ist.

Jede Ebene, die der geometrische Ort jener Punkte ist, für die $AM = mU + pV$, wobei m und p die Menge der reellen Zahlen durchlaufen, teilt den Raum in zwei konvexe Gebiete, die man mit Hilfe eines Vektors W unterscheidet, der die Basis $\{U, V\}$ der Ebene vervollständigt. Ist ein Vektorpaar $\{X, Y\}$ einer Basis $\{X, Y, Z\}$ komplanar mit $\{U, V\}$, so hat diese Basis dieselbe Orientierung wie $\{U, V, W\}$, wenn die in Richtung von W liegende Komponente von Z positiv ist; in diesem Fall sagt man, daß „Z auf derselben Seite der Ebene wie W liegt".

Dank dieser Bemerkungen kann man die Orientierungen der beiden beliebigen Basissysteme $\{X, Y, Z\}$ und $\{U, V, W\}$ mittels des folgenden

Verfahrens vergleichen: Man führt etwa einen zu $\{U, V\}$ und $\{X, Y\}$ komplanaren Vektor K und einen zu $\{V, W\}$ und $\{X, Y\}$ komplanaren Vektor L ein und vergleicht dann nacheinander die Orientierung von $\{U, V, W\}$; $\{K, V, W\}$; $\{K, L, W\}$; $\{X, Y, W\}$ und $\{X, Y, Z\}$.

Die grundlegenden Figuren im Raum sind das *Parallelflach* und die *Figur des Thales* (*Figur der zentrischen Streckung*; *Figur zum zweiten Strahlensatz*), aus welchen die affine Figur des Desargues folgt, in welcher die Ebenen ABC und $A'B'C'$ parallel sind.

Die Figur des Thales im Raum R^3

Es seien auf zwei windschiefen Geraden die sechs Punkte A, B, C und A', B', C' gegeben. Dann gilt

$$\frac{\overline{AC}}{\overline{AB}} = \frac{\overline{A'C'}}{\overline{A'B'}} \iff [AA', BB', CC' \text{ sind komplanar}].$$

Voraussetzungsgemäß gilt

$$\exists k, k': \quad AC = k\,AB \text{ und } A'C' = k'A'B',$$

woraus

$$AC - A'C' = k\,AB - k'A'B' = k(AB - A'B') + (k-k')A'B'$$

folgt, das heißt

$$AA' - CC' = k(AA' - BB') + (k-k')A'B'$$
$$CC' = (1-k)AA' + k\,BB' - (k-k')A'B'.$$

AA', BB', $A'B'$ bilden jedoch eine Basis, und daher gilt

$$[k = k'] \iff [\exists \lambda, \mu : CC' = \lambda\,AA' + \mu\,BB'],$$

womit der Satz bewiesen ist.

C. DIE BARYZENTRISCHE THEORIE (SCHWERPUNKTSTHEORIE)

Wir werden bereits wohlbekannte Formeln auf einen Raum mit beliebig vielen Dimensionen erweitern:

1. Ein Punktepaar

Es sei ein Punktepaar A, B gegeben. Für den Mittelpunkt G dieser Punkte gilt

$$GA + GB = O,$$

und es gilt weiter für jeden beliebigen Punkt O
$$OA + OB = 2\,OG.$$
Sind drei Punkte A, B, C gegeben, so kann man einen Punkt G bestimmen, so daß
$$GA + GB + GC = O.$$
Bedeutet A' die Mitte von BC, so lautet diese Bedingung
$$AG = GB + GC = 2\,GA'$$
und daher ist
$$AG = \frac{2}{3}\,AA'.$$
Da aber die Ausgangsgleichung in A, B, C symmetrisch ist, so hat man auch
$$BG = \frac{2}{3}\,BB' \quad \text{und} \quad CG = \frac{2}{3}\,CC'.$$
Daraus folgt der Satz: *Die Seitenhalbierenden im Dreieck schneiden sich in einem Punkt, der jede im Verhältnis $1:2$ teilt.*

Ist überdies O ein beliebiger Punkt im Raum, so gilt
$$OA + OB + OC = 3\,OG\ ,\ \forall O.$$
Dies werden wir verallgemeinern:

2. n Punkte

Betrachten wir n Punkte $A_1, A_2 \ldots, A_n$. Dann existiert ein Punkt G, so daß
$$GA_1 + GA_2 + \ldots + GA_n = O,$$
und es gilt weiter für jeden beliebigen Punkt O
$$OA_1 + OA_2 + \ldots + OA_n = n\,OG.$$
Diese Behauptungen werden wir durch Induktionsschluß beweisen: Es sei g ein Punkt, so daß
$$gA_1 + gA_2 + \ldots + gA_{n-1} = O;$$
g wird mithin als definiert vorausgesetzt. Dann ist der Punkt G nach dem Satz von *Chasles* durch
$$A_n G = (n-1)Gg$$

definiert, und es gilt

$$[OA_1 + \ldots + OA_{n-1} = (n-1)Og] \Rightarrow [OA_1 + \ldots + OA_{n-1} + OA_n = n\,OG]$$

(Ein unmittelbarer Beweis für diese Behauptung wird im folgenden für einen allgemeineren Satz gegeben.)
Der Punkt G, den wir soeben definiert haben, heißt *Massenmittelpunkt* oder *Baryzentrum der n Punkte, die sämtlich mit dem gleichen Gewichtskoeffizienten behaftet sind.*

3. Allgemeiner Schwerpunktssatz

In symbolischer Weise bezeichnen wir abkürzend die (algebraische oder geometrische) Summe $u_1 + u_2 + \ldots + u_n$ von n Zahlen oder Vektoren einfach mit $\sum u_i$.
Es seien mithin n Punkte $A_1, A_2, \ldots, A_n$ gegeben, die mit den Gewichtskoeffizienten $m_1, m_2, \ldots, m_n$ behaftet sind. Wir wollen nun zeigen, daß dann ein Punkt G existiert, so daß

$$\Sigma(m_i GA_i) = O, \qquad (1)$$

vorausgesetzt, daß $\Sigma m_i \neq 0$ und daß dieser Punkt G für jeden beliebigen Punkt O die Gleichung

$$(\Sigma m_i)OG = \Sigma(m_i OA_i) \qquad (2)$$

erfüllt.
Um dies zu beweisen, müssen wir zeigen, daß der durch (2) definierte Punkt G nicht von der Wahl des Punktes O abhängt. Dies ist hinreichend, weil man, nachdem G durch eine besondere Wahl von O festgelegt wird, sogleich G in O legen wird, womit die Beziehung (1) bewiesen ist, weil dann die linke Seite von (2) null ist.
Es seien O und O' zwei beliebige Punkte. Wir ersetzen in der rechten Seite der Beziehung (2), durch welche G definiert ist, sobald O festliegt, die gerichtete Strecke OA_i durch $OO' + O'A_i$. Dann wird die rechte Seite zu

$$(\Sigma m_i)OO' + \Sigma(m_i O'A_i),$$

so daß der Punkt G der Beziehung

$$(\Sigma m_i)O'G = \Sigma(m_i O'A_i)$$

genügt, w.z.b.w.
Tritt der Fall $\Sigma m_i = 0$ auf, so hört der Punkt G auf zu existieren, und der Beweis zeigt, daß $S = \Sigma(m_i OA_i)$ ein von O unabhängiger Vektor ist. Der Punkt G heißt, sofern er existiert, *der Schwerpunkt der mit den Gewichtskoeffizienten m_i behafteten Punkte A_i.*

Kommutativität

Die Lage des Punktes G ist offensichtlich von der Reihenfolge der Punkte unabhängig, sofern nur jeder Punkt seinen Gewichtskoeffizienten beibehält.

Assoziativität

Wir zerlegen die Punkte in zwei Klassen, wobei diese ihre Koeffizienten beibehalten. Es sei dann g der Schwerpunkt der p ersten Punkte und g' der Schwerpunkt der $n-p$ verbleibenden Punkte. Man sieht sofort, daß G der gemeinsame Schwerpunkt von g und g' ist, welche Punkte mit den Gewichtskoeffizienten $m_1+m_2+\ldots+m_p$, bzw. $m_{p+1}+\ldots+m_n$ behaftet sind.

Anwendungen

In der statischen Mechanik der Punktsysteme sind die Koeffizienten sämtlich positiv und der Masse jedes Punktes proportional; daher der Name *Schwerpunkt* des Punktsystems. Der Fall der Unlösbarkeit tritt also hier nicht auf.

Geometrisches Anwendungsbeispiel:

Der Satz des Ceva. Dieser Satz spricht die Bedingung dafür aus, daß drei Punkte A', B', C', die auf den Seiten BC, CA, bzw. AB eines Dreiecks liegen, derart angeordnet sind, daß AA', BB' und CC' sich in einem Punkte schneiden.

Schneiden sich die Geraden AA', BB' CC' in einem Punkt G, so kann man den Punkten A, B, C solche Koeffizienten α, β, γ zuteilen, daß G zum Schwerpunkt des Systems wird.

Nach dem assoziativen Gesetz muß A' der Schwerpunkt von B und C, und ebenso B' der Schwerpunkt von A und C sein, sofern die Gewichtskoeffizienten existieren. Um sicherzustellen, daß der Schwerpunkt von AA' und BB' gleichzeitig der Schwerpunkt des Systems ist, schreibt man

$$\beta\overline{A'B}+\gamma\overline{A'C} = 0 \ , \ \gamma\overline{B'C}+\alpha\overline{B'A} = 0,$$

wodurch α, β, γ bis auf einen konstanten Faktor durch

$$\frac{\beta}{\gamma} = -\frac{\overline{A'C}}{\overline{A'B}}, \quad \frac{\gamma}{\alpha} = -\frac{\overline{B'A}}{\overline{B'C}}$$

bestimmt sind.

Die Tatsache, daß der Schwerpunkt ebenfalls auf CC' liegt, drückt man durch die Bedingung

$$\frac{\alpha}{\beta} = -\frac{\overline{C'B}}{\overline{C'A}}$$

aus. Die Verträglichkeitsbedingung lautet:

$$\frac{\overline{A'C}}{\overline{A'B}} \cdot \frac{\overline{B'A}}{\overline{B'C}} \cdot \frac{\overline{C'B}}{\overline{C'A}} = -1$$

Diese Bedingung, die hinreichend und notwendig dafür ist, daß sich AA', BB', CC' in einem Punkt schneiden, heißt *Satz des Ceva*.
Im R^3 verläuft die Untersuchung in entsprechender Weise; sie bezieht sich dort auf Punkte der Flächen und Kanten eines Tetraeders.

2. AFFINE PUNKTTRANSFORMATIONEN

In Teil I, Kap. IV, haben wir bereits die allgemeinen Sätze und grundlegenden Definitionen betrachtet, die sich auf Punkttransformationen beziehen. Hier betrachten wir nun die Abbildungen des Punktraumes auf sich selbst, die sich mit Hilfe jener zwei Operationen definieren lassen, die den Vektorraum charakterisieren: Die Addition und die Multiplikation mit einer Zahl.

A. ALLGEMEINE AFFINE TRANSFORMATIONEN

1. Definition

Sind im Punktraum zwei Bezugssysteme gegeben, so ordnen wir jedem Punkt M, der im ersten Koordinatensystem festgelegt ist, jenen Punkt M' zu, der im zweiten Koordinatensystem dieselben Koordinaten hat. Es gelte etwa im dreidimensionalen Raum, daß

$$\forall M, \quad \mathbf{OM} = x\mathbf{u}+y\mathbf{v}+z\mathbf{w} \, , \, \mathbf{O'M'} = x\mathbf{u'}+y\mathbf{v'}+z\mathbf{w'}.$$

Daraus folgt unmittelbar, daß *sich die Ursprungspunkte O und O' ebenso zugeordnet sind wie die einander entsprechenden Basisvektoren. Eine affine Punkttransformation ist mithin durch ein Paar einander zugeordneter Punkte O, O' und die Abbildung des Vektorraumes auf sich selbst definiert, nämlich durch*

$$\mathbf{u} \searrow \nearrow \mathbf{u'} \, , \, \mathbf{v} \searrow \nearrow \mathbf{v'} \, , \, \mathbf{w} \searrow \nearrow \mathbf{w'},$$

welche *lineare Transformation* heißt.
Im n-dimensionalen Raum ist eine affine Transformation durch $n+1$ Punkte $O, A_1, A_2, ..., A_n$ und deren Bilder definiert, vorausgesetzt, daß das Vektorsystem $OA_1, OA_2, ..., OA_n$ und dessen Bild jedes eine Basis bilden. Die dazu inverse Transformation ist nach den Formeln für den Basiswechsel (auf Grund der eineindeutigen Zuordnung) ebenfalls definiert. Somit ist die Zuordnung in der Ebene durch drei Paare von nicht kollinearen Punkten und im Raum durch vier Paare von nicht komplanaren Punkten definiert.

2. Produkt affiner Transformationen

Nach der obigen Definition ist das Produkt von beliebig vielen affinen Transformationen wiederum eine affine Transformation, vorausgesetzt, daß man die Existenz einer identischen Transformation anerkennt, die durch zwei zusammenfallende Bezugssysteme definiert wird. Diese ist gleichzeitig das neutrale Element bei der Multiplikation. Da nun das assoziative Gesetz gilt und eine inverse Transformation existiert, so schließen wir, daß *die Menge der affinen Transformationen eines Punktraumes auf sich eine Gruppe bildet.*

Daraus folgt, daß die Transmutierte einer affinen Transformation (die affine Transformation einer affinen Abbildung) ebenfalls der Gruppe angehört.

3. Invarianten

Wir stellen uns die Frage, welche Eigenschaften einer Teilmenge F von Raumpunkten bei einer beliebigen affinen Transformation erhalten bleiben. Als Antwort finden wir, daß dies offensichtlich für jene Eigenschaften zutrifft, die ausschließlich mit Hilfe der Punktkoordinaten ausgedrückt werden; wir erkennen sofort, daß sich unter diesen die *Bedingung für die Parallelität, die Äquivalenz* und allgemeiner für *das Längenverhältnis zweier kollinearer Vektoren* befindet. Daraus folgt, daß auch die Bedingung der Kollinearität erhalten bleibt; *das Bild einer Geraden ist wiederum eine Gerade und eine* (orientierte oder nicht orientierte) *Strecke wird wiederum auf eine solche* (mit gleicher Orientierung) *abgebildet.* Das gleiche gilt sinngemäß für *eine Ebene,* ein *Parallelogramm* oder *ein Parallelflach,* ebenso wie für die Figuren des Thales, Desargues oder Pappus-Pascal. *Die Entsprechung des Schwerpunktes von n Punkten, die mit gegebenen Koeffizienten behaftet sind, ist der Schwerpunkt der Bildpunkte, die mit denselben Koeffizienten behaftet sind.*

Umkehrung

Jede eineindeutige Punkttransformation eines Punktraumes auf sich selbst, bei der die Parallelität und das Längenverhältnis von parallelen Vektoren erhalten bleibt, ist eine affine Transformation.
Stellen wir unsere Überlegungen etwa im dreidimensionalen Raum an: es seien vier nicht komplanare Punkte O', A', B', C' im Ziel- oder Bildraum gegeben; dann sind ihre Urbilder O, A, B, C ebenfalls nicht komplanar; denn schnitte OA die Strecke BC etwa in D, so läge das Bild D' dieses Punktes gleichzeitig auf $O'A'$ und $B'C'$, was nach Voraussetzung ausgeschlossen ist. Ebenso kann OA nicht zu BC parallel sein. Somit ist eine affine Transformation durch diese Punktepaare bestimmt. Diese Transformation ist jedoch die gegebene Transformation, weil bei

beiden die Operation der Schwerpunktsbestimmung erhalten bleibt und jeder Punkt M als Schwerpunkt der Punkte O, A, B, C definiert werden kann, wenn diese mit geeigneten Koeffizienten ausgestattet werden.

Bemerkung

Die soeben gegebene fundamentale Herleitung enthält überflüssige Voraussetzungen. Zu unserer Beweisführung bedürfen wir nur der Erhaltung der Kollinearität oder Inzidenz auf den durch O, A, B, C gehenden Geraden und der Erhaltung des Streckenverhältnisses auf solchen Geraden.

4. Der Standpunkt der analytischen Geometrie zu diesen Problemen wird in Nr. 3, S. 368, auseinandergesetzt, wobei wir den Matrizenbegriff einführen werden.

B. BESONDERE AFFINE TRANSFORMATIONEN

a) TRANSLATION

Die Ursprungspunkte O und O' liegen getrennt, die Basis des Vektorraumes bleibt jedoch erhalten. Aus

$$OM = x\mathbf{u}+y\mathbf{v}+z\mathbf{w} \quad \text{folgt} \quad O'M' = x\mathbf{u}+y\mathbf{v}+z\mathbf{w}.$$

Daher gilt
$$\forall M, \quad OM = O'M', \tag{1}$$
was äquivalent ist zu
$$\forall M, \quad MM' = OO'. \tag{2}$$

Der gegebene Vektor $OO' = V$ heißt *Translationsvektor*. Dieser Vektor genügt auch nach dem folgenden Theorem zur Festlegung der Translation:

Ist ein Vektor V gegeben, so definiert die Beziehung

$$\forall M, \quad MM' = V \tag{3}$$

eine Translation, oder genauer eine affine Punkttransformation, welche die Basis des Vektorraumes invariant läßt.

Um dies zu zeigen, genügt es, die Transformation auf ein beliebig gewähltes Bezugssystem anzuwenden, wobei wir darauf verweisen, daß (1) aus (3) hervorgeht.

Theorem

Bei jeder Translation wird ein Vektor auf einen dazu äquipollenten, d. h. nach Betrag und Richtung gleichen *Vektor abgebildet.*

Wendet man (3) auf M und P an, so ergibt sich

$$\forall M\ ,\ \forall P\ ,\ MP = M'P'.$$

Umkehrung

Sind zwei einander zugeordnete Punktepaare A, A' und B, B' gegeben, die der Beziehung $AB = A'B'$ genügen, so stellt die durch

$$\forall M\ ,\ A'M' \parallel AM \text{ und } B'M' \parallel BM$$

definierte Zuordnung eine Translation dar.
Diese liefert nämlich in der Tat von jedem nicht auf der Geraden AB liegenden Punkt M ein Bild, das mit dem Bild von M zusammenfällt, das bei der Translation mit dem Vektor $AA' = BB'$ entsteht. Um jedoch auch bezüglich auf AB liegender Punkte zu einem Ergebnis zu gelangen, benötigt man eine zusätzliche Voraussetzung: entweder eine Bedingung über die Stetigkeit in der Umgebung dieser Geraden oder die Bedingung der Erhaltung des Teilverhältnisses von mit AB und $A'B'$ inzidierenden Punkten.

Diese Voraussetzungen sind ohne Ausnahme hinreichend, wenn sie sich auf drei nicht kollineare Punkte A, B, C und nicht nur auf zwei Punkte beziehen.

Produkt von Translationen

Wir betrachten die identische Transformation als Translation mit dem Nullvektor. Somit *bilden die Translationen eines Punktraumes auf sich selbst eine Gruppe.*
Das Produkt mehrerer Translationen ist wiederum eine Translation, deren Verschiebungsvektor gleich der Summe der Vektoren der einzelnen Translationen ist; es gilt daher das kommutative Gesetz.
Man kann von der Translationsgruppe des dreidimensionalen Raumes die Untergruppe der zu einer gegebenen Ebene parallelen Translationen abspalten; eine zu dieser parallele Ebene ist dann als ganzes invariant und wird einer Translation unterworfen, die man als *Einschränkung der gegebenen Translation auf diese Ebene* bezeichnet. In gleicher Weise kann man die Untergruppe jener Translationen betrachten, deren Vektoren einer gegebenen Richtung angehören und die Einschränkung solcher Translationen auf eine Gerade dieser Richtung.

Vom Standpunkt der analytischen Geometrie aus ist eine Translation nach Festlegung eines Bezugssystems definiert durch

$$M(x, y, z) \longrightarrow M'(x' = x+a\ ,\ y' = y+b\ ,\ z' = z+c).$$

b) ZENTRISCHE STRECKUNG

Die als zentrische Streckung bezeichnete affine Transformation ist jene, bei der die Vektoren einer gegebenen Basis $\{u, v, w\}$ mit ein- und derselben reellen Zahl multipliziert werden. Dies gibt im dreidimensionalen Raum

$$O; \{u, v, w\} \searrow\_\_\nearrow O'; \{u' = ku, v' = kv, w' = kw\}$$

oder mit anderen Worten: es folgt aus

$$OM = xu+yv+zw, \text{ daß } O'M' = k(xu+yv+zw)$$

und daher

$$\forall M, O'M' = k\, OM \qquad (1)$$

als die Beziehung, welche eine Streckung definiert.

Die Zahl k, die man als *Streckungsverhältnis, Streckungsfaktor* oder *Maßstab* der Streckung bezeichnet, muß als verschieden von null vorausgesetzt werden. Beträgt das Streckungsverhältnis genau 1, so ist die Transformation nur eine Translation. Eine Translation ist also eine *Streckung mit dem Streckungsfaktor* 1.

Grundlegendes Theorem

Bei jeder zentrischen Streckung mit einem von 1 verschiedenen Streckungsfaktor gibt es einen Fixpunkt.

Sind O und O' verschiedene Punkte, so existiert auf der Geraden OO' ein Punkt C, der definiert ist durch

$$CO' = k\, CO, \qquad (2)$$

das heißt

$$(1-k)OC = OO'.$$

Aus (1) und (2) folgt

$$\forall M, CM' = k\, CM, \qquad (3)$$

wodurch die Fixpunkteigenschaft von C bewiesen ist.

Dieser Punkt C wird *Streckungszentrum* oder schlechthin *Zentrum* genannt. Für $k \neq 1$ ist dies wegen (3) auch der einzige Fixpunkt.

Umgekehrt gilt, *daß bei gegebenem Fixpunkt C und gegebener Zahl $k \neq 0$ die durch (3) definierte Transformation eine zentrische Streckung ist.* Um dies zu zeigen, genügt es, ein Bezugssystem mit dem Ursprung C zu betrachten, das sonst ganz beliebig ist.

Eine zentrische Streckung ist somit durch ihr Zentrum und ihren Streckungsfaktor bestimmt. In Gleichung (1) sind O und M vollständig willkürlich, woraus der Satz folgt:

Bei einer zentrischen Streckung wird jeder Vektor mit dem Streckungsfaktor multipliziert; die Richtung von Vektoren ist mithin invariant, und es folgt daraus, daß eine Gerade wiederum in eine Gerade und eine Strecke wiederum in eine solche abgebildet wird; das gleiche gilt entsprechend für ein Parallelogramm oder ein Parallelflach, die beide ihre Grundgestalt beibehalten.

Es bleibt noch zu bemerken, daß der Richtungssinn einander zugeordneter Vektoren bei der Multiplikation mit k erhalten bleibt, wenn k positiv ist, und daß er sich umkehrt, wenn k negativ ist. Wir werden in der Nr. 3, S. 360, auf diese Frage zurückkommen.

Weitere Umkehrung

Sind zwei einander zugeordnete Punktepaare A, A' und B, B' gegeben, die der Bedingung

$$A'B' = k\,AB$$

genügen, so ist die durch

$$\forall M,\ A'M' \parallel AM \text{ und } B'M' \parallel BM$$

definierte Zuordnung eine zentrische Streckung.

Um dies zu zeigen, genügt es, $k \neq 1$ vorauszusetzen und ebenso wie oben den Punkt C zu betrachten, der definiert ist durch

$$CA' = k\,CA.$$

Die zentrische Streckung mit dem Zentrum C und dem Streckungsfaktor k liefert von jedem Punkt M dasselbe Bild wie die gegebene Transformation, mit Ausnahme des Falles, wo M auf der Geraden AB liegt. Dann müssen wir unsere Voraussetzungen wie im vorhergehenden Falle der Translation vervollständigen.

1. Produkt von Streckungen

Nach der obigen Definition ist ein Produkt von zentrischen Streckungen wiederum eine solche (diese kann jedoch auch eine Translation oder die identische Transformation sein). Außerdem gibt es zu jeder zentrischen Streckung die dazu inverse: Das ist eine Streckung mit demselben Zentrum und reziprokem Streckungsfaktor; dies gilt wegen (3). Die *Menge der zentrischen Streckungen* (unter Einschluß der Translationen) *bilden eine Gruppe.* Die Translationsgruppe ist eine Untergruppe davon.

Aus der Form von (1) geht unmittelbar hervor, daß der Streckungsfaktor eines Streckungsproduktes gleich dem Produkt der Streckungsfaktoren der Teilstreckungen ist. Es verbleibt jedoch noch die Aufgabe, das Zentrum des Streckungsproduktes oder eventuell auch den Vektor

der Produkttranslation zu bestimmen. Ohne dieses Problem näher zu betrachten, können wir unmittelbar bestätigen, daß *das Produkt im allgemeinen Fall nicht kommutativ ist*.
Bezeichnen wir mit $\mathfrak{H}_1$ die Streckung mit dem Zentrum C_1 und dem Streckungsfaktor k_1 und mit $\mathfrak{H}_2$ eine entsprechende Streckung. Wir vergleichen dann die Bilder C' und C'' von C_1 in bezug auf die Produkte

$$\mathfrak{H}_1 \times \mathfrak{H}_2 : C_2 C' = k_2 C_2 C_1$$

$$\mathfrak{H}_2 \times \mathfrak{H}_1 : C_1 C'' = k_1 C_1 C'$$

Daraus geht hervor, daß C' und C'' verschieden sind, da $k_1 \neq 1$ (das bedeutet, daß $\mathfrak{H}_1$ nicht die identische Transformation ist).

Direkte Bestimmung des Produktes zweier zentrischer Streckungen

Es seien $\mathfrak{H}_1$ (mit dem Zentrum C_1 und dem Streckungsfaktor k_1) und $\mathfrak{H}_2$ (mit dem Zentrum C_2 und dem Streckungsfaktor k_2) gegeben. Die Produktbildung folgt dem Schema

$$M \searrow \underset{\mathfrak{H}_1 \times \mathfrak{H}_2}{\overset{\mathfrak{H}_1}{\nearrow}} M_1 \searrow \overset{\mathfrak{H}_2}{\nearrow} M_2.$$

Definitionsgemäß gilt

$$\forall M,\ C_1 M_1 = k_1 C_1 M \quad \text{und} \quad C_2 M_2 = k_2 C_2 M_1.$$

Die Chasles-Beziehung gestattet uns, den Zwischenpunkt M_1 zu eliminieren:

$$C_2 M_1 = C_1 M_1 - C_1 C_2.$$

Daraus folgt

$$\forall M,\ C_2 M_2 = k_2 [k_1 C_1 M - C_1 C_2]. \tag{1}$$

Somit ist der gesuchte Punkt C, sofern er existiert, durch

$$C_2 C = k_2 [k_1 C_1 C - C_1 C_2] \tag{2}$$

gegeben, das heißt

$$(1 - k_1 k_2) C_1 C = (1 - k_2) C_1 C_2. \tag{2'}$$

Allgemeiner Fall $k_1 k_2 \neq 1$

Die Gleichung (2') bestimmt einen Punkt C. Subtrahiert man die Gleichungen (1) und (2), so findet man

$$\forall M,\ CM_2 = k_1 k_2 CM, \tag{3}$$

wodurch eine Streckung mit dem Zentrum C und und dem Streckungsfaktor $k_1 k_2$ bestimmt wird.

Sonderfall $k_1 k_2 = 1$

In diesem Fall gibt es keine invarianten Punkte mehr, und die Gleichung (1) wird mit $k_1 = \dfrac{1}{k_2}$ zu

$$\forall M, \quad C_2 M_2 = C_1 M - k_2 C_1 C_2,$$

wofür wir schreiben

$$\forall M, \quad MM_2 = (1-k_2)C_1 C_2. \tag{4}$$

Damit wird eine Translation mit dem Vektor $V = (1-k_2)C_1 C_2$ definiert.

Ergebnisse

$k_1 k_2 \neq 1$ $\quad F\searrow \mathfrak{H}_1 \nearrow F_1 \searrow \mathfrak{H}_3 \nearrow F_2$ $\qquad\qquad\searrow\mathfrak{H}\nearrow$ $k = k_1 k_2$ $(1-k_1 k_2)C_1 C = (1-k_2)C_1 C_2$	$k_1 k_2 = 1$ $\quad F\searrow \mathfrak{H}_1 \nearrow F_1 \searrow \mathfrak{H}_2 \nearrow F_2$ $\qquad\qquad\searrow\mathfrak{T}\nearrow$ $V = (1-k_2)C_1 C_2$

Ebenso wie man die zu einer zentrischen Streckung oder Translation inverse Transformation bildet, liefert uns ein entsprechendes Schema für $k_1 k_2 = 1$ das Produkt einer Streckung und einer Translation oder einer Translation und einer Streckung; dieses Produkt nimmt die Form $\mathfrak{H}_1^{-1} \times \mathfrak{T} = \mathfrak{H}_2$ beziehungsweise $\mathfrak{T} \times \mathfrak{H}_2^{-1} = \mathfrak{H}_1$ an.

Man kann das Ergebnis auch so aussprechen: *Zwei durch zentrische Streckungen mit demselben Streckungsmaß aus ein- und derselben Figur (F_1) gebildete Figuren können durch eine Translation ineinander übergeführt werden.*

Bemerkung 1

Das Produkt zweier Streckungen ist nur dann kommutativ, wenn beide dasselbe Zentrum besitzen.

Bemerkung 2

Die einzigen Geraden, die bei einer zentrischen Streckung als Ganzes invariant bleiben, sind jene, die durch das Streckungszentrum gehen; bei einer Translation sind es jene, die zum Verschiebungsvektor parallel sind. Dadurch wird erklärlich, warum man gefunden hatte, daß der Punkt C auf der Strecke $C_1 C_2$ liegt oder daß V zu $C_1 C_2$ parallel ist.

2. Der Standpunkt der analytischen Geometrie

Ist ein Bezugssystem ein- für allemal festgelegt, so wird eine Zuordnung mittels zentrischer Streckung wie folgt erklärt:

$$M(x, y, z) \searrow\_\_\nearrow M'(x' = kx+a,\, y' = ky+b,\, z' = kz+c).$$

Die Aufgabe, den Fixpunkt der Zuordnung aufzusuchen, wird in der Weise erledigt, daß man den Ursprung des Koordinatensystems derart wählt, daß diese Beziehungen homogen werden (also damit, daß diese affinen Beziehungen in lineare übergeführt werden).
Durch $X = x-\alpha$ und $X' = x'-\alpha$ wird die Beziehung
$$(X'+\alpha) = k(X+\alpha)+a,$$
für $\alpha = \dfrac{a}{1-k}$ auf $X' = kX$ reduziert.

In gleicher Weise verfährt man bei der Bestimmung von β und γ. Das Problem ist dann lösbar, wenn $k \neq 1$.

Anwendung: Satz des Menelaus

Auf den drei Seiten eines Dreiecks ABC sind die Punkte A', B', C' durch die Verhältnisse der Seitenabschnitte

$$\frac{\overline{A'C}}{\overline{A'B}} = \alpha \;,\; \frac{\overline{B'A}}{\overline{B'C}} = \beta \;,\; \frac{\overline{C'B}}{\overline{C'A}} = \gamma$$

definiert. Man sucht die Bedingung dafür, daß A', B', C' *sämtlich auf einer Geraden liegen.*

Dazu betrachten wir drei zentrische Streckungen: $\mathfrak{H}_1$ mit dem Zentrum A' und dem Streckungsfaktor α, $\mathfrak{H}_2$ mit dem Zentrum B' und dem Streckungsfaktor β und schließlich $\mathfrak{H}_3$ mit dem Zentrum C' und dem Streckungsfaktor γ.

Betrachtet man B als Punkt einer Figur F, so wird er durch $\mathfrak{H}_1$ in den Punkt C abgebildet, der durch $\mathfrak{H}_2$ in den Punkt A und dieser wiederum durch $\mathfrak{H}_3$ in den Punkt B abgebildet wird. Das will sagen, daß das Produkt dieser drei Streckungen eine der Gruppe angehörende Transformation ist, in der B einen Fixpunkt darstellt; diese ist eine Streckung mit dem Zentrum B und dem Streckungsverhältnis $k = \alpha\beta\gamma$, wenn dieses Produkt verschieden von 1 ist. Ist das Produkt jedoch gleich 1, so handelt es sich um die identische Transformation.

a) Setzen wir voraus, daß A', B', C' kollinear sind. Ist das Produkt eine Streckung, so liegt deren Zentrum, also B, auf eben dieser Geraden $A'B'C'$: dann muß A' und C' mit B inzidieren, welcher triviale Fall ohne Interesse ist; er ist über die Wahl von α ausgeschlossen. Daher ist das Produkt gleich der identischen Transformation und $\alpha\beta\gamma = 1$. Daraus folgt der Satz:
Liegen A', B', C' kollinear und sind sie verschieden von den Eckpunkten des Dreiecks, so gilt die Gleichung

$$\frac{\overline{A'C}}{\overline{A'B}} \cdot \frac{\overline{B'A}}{\overline{B'C}} \cdot \frac{\overline{C'B}}{\overline{C'A}} = 1. \tag{I}$$

b) Umgekehrt kann man voraussetzen, daß diese Gleichung befriedigt ist, also $\alpha\beta\gamma = 1$. Dann ist das Produkt der drei Streckungen die identische Transformation und daher das Produkt der beiden ersten die zur dritten inverse Streckung. Dies bedeutet insbesondere, daß die drei Teilungspunkte kollinear sind. Somit *folgt aus* (I) *die Kollinearität von A', B', C'*.

Diese Beziehung (I) ist also ein Kriterium dafür, ob die Punkte A', B', C' kollinear sind. Dies ist der *Satz des Menelaus*.

Man kann diese Beziehung auch direkt erhalten, wenn man die Kollinearität von 3 Punkten mit Hilfe ihrer Projektionen in denselben Punkt beschreibt, wobei die Verhältnisse α, β, γ erhalten bleiben. In gleicher Weise kann man angeben, daß vier auf den Kanten eines Tetraeders gelegene Punkte komplanar sind.

Übungsbeispiel
Man leite aus dem Satz des Menelaus den Satz des Ceva her.

3. Die Orientierung des Raumes und das Vorzeichen des Streckungsfaktors

Jede Streckung mit negativem Streckungsfaktor kann als Produkt einer Streckung mit demselben Zentrum und positivem Streckungsfaktor desselben Absolutwertes und einer Streckung mit demselben Zentrum und dem Streckungsfaktor -1 aufgefaßt werden. Diese letzte Streckung nennt man *Spiegelung an dem Punkt,* der gleichzeitig das Streckungszentrum darstellt.

Bei einer zentrischen Streckung mit positivem Streckungsfaktor (man sagt dafür auch einfacher „positive Streckung") bleibt die Orientierung der Basissysteme erhalten, da die Vektoren ihre Lage und ihren Richtungssinn beibehalten. Daher genügt es, zu untersuchen, ob bei einer Punktspiegelung die Orientierung erhalten bleibt oder nicht.

a) *Eindimensionaler Raum*
Die homologen Vektoren v und $-v$ sind einander entgegengesetzt. Auf der Geraden tritt ein Wechsel der Orientierung ein.

b) *Zweidimensionaler Raum*
Bei einer Punktspiegelung verwandelt sich die Basis $\{u, v\}$ in die Basis $\{-u, -v\}$. Diese beiden Bezugssysteme haben bekanntlich die gleiche Orientierung.

c) *Im dreidimensionalen Raum* hingegen wechselt die Orientierung, indem $\{u, v, w\}$ zu $\{-u, -v, -w\}$ wird.
Bei einer Punktspiegelung und jeder negativen zentrischen Streckung wechselt die Orientierung im ein- und dreidimensionalen Raum, wohingegen sie im zweidimensionalen Raum erhalten bleibt.

Betrachtet man eine zentrische Streckung in der Ebene als eine auf den ganzen Raum erstreckte, aber nur in dieser Ebene gültige Streckung, so liegt der Vektor *w*, der die Basis {*u*, *v*} räumlich vervollständigt, und sein Bildvektor *w'* auf entgegengesetzten Seiten der Ebene, wodurch erklärlich wird, warum der vorhergehende Satz etwas ungewöhnlich wirkt.

4. Einige homothetische oder streckungsähnliche Figuren
(Ähnliche Figuren in ähnlicher Lage)

a) In einer Ebene gelegene Figur, das Streckungszentrum außerhalb dieser Ebene

Die betrachtete Transformation der Ebene heißt *Perspektivität einer Ebene auf eine dazu parallele Ebene*. Die Bildfigur von (*F*) ist der ebene Schnitt der Geradenmenge, die das Zentrum (oder den Aug-, bzw. Fixpunkt) mit den Punkten von (*F*) verbindet. Ist (*F*) eine Kurve oder ein Polygon, so ist (*F'*) ein Schnitt des Kegels oder der Vieleckspyramide, die durch die Perspektivität definiert sind.

b) Bedingung, unter welcher zwei Dreiecke ähnlich sind

Es seien *ABC* und *PQR* die beiden Mengen von drei Punkten. Nach den betrachteten Umkehrungen genügt es festzustellen, ob eine der sechs zwischen diesen Mengen definierten Zuordnungen die verlangten Bedingungen befriedigt: zwei Seiten parallel und verhältnisgleich [Formel (1)] oder alle drei Seiten und ihre Bilder parallel (2. Umkehrung). Besteht Ähnlichkeit und ähnliche Lage, so ist sie auch eindeutig.

c) Ähnlichkeitsbedingungen für zwei Parallelogramme *ABCD*, *PQRS*

Setzen wir voraus, daß die zwischen diesen Figuren gegebene Zuordnung eine zentrische Streckung sei. Das will zum Beispiel sagen, daß

$$PQ = -RS = kAB, \quad PS = kAD.$$

Bei dieser Streckung gehen *A* und *B* in *P* und *Q* über. Man vergewissert sich ohne Schwierigkeit, daß

$$A\searrow\underline{\quad}\nearrow Q, \quad B\searrow\underline{\quad}\nearrow P$$

nicht unseren Forderungen entspricht, da

$$QP = -k\,AB \quad \text{und} \quad QR = +k\,AD.$$

Die Zuordnung

$$A\searrow\underline{\quad}\nearrow R, \quad B\searrow\underline{\quad}\nearrow Q$$

hingegen bestimmt eine zentrische Streckung mit dem Faktor $-k$, die den aufgestellten Bedingungen genügt, wogegen

$$A \diagdown \underline{\quad} \diagup Q, \quad B \diagdown \underline{\quad} \diagup R$$

nicht zutrifft.

Sind also zwei Parallelogramme ähnlich und in ähnlicher Lage, so sind sie das auf zwei und nur auf zwei Arten.
Die beiden Mengen *PQRS* und *RQPS*, die beide zu der Menge *ABCD* mit entgegengesetztem Streckungsfaktor homothetisch sind, sind gleichzeitig symmetrisch bezüglich eines Punktes. Aus diesem Grund ist ein Parallelogramm bei einer Spiegelung am Schnittpunkt seiner Diagonalen als ganzes invariant, so daß wir eine gerade Anzahl von zentrischen Streckungen vorfinden müssen.
Allgemeiner kann man folgendes sagen: Bleibt eine Figur bei einer Streckung oder Translation als ganzes invariant, so ist jede zu ihr ähnliche Figur in ähnlicher Lage auf zwei Arten zu ihr in ähnlicher Lage. Wenn es sich dabei nicht um eine Punktspiegelung handelt, *welche die einzige* involutorische *Transformation der Gruppe der Streckungen und Translationen ist*, so ist die Figur dann bei unendlich vielen zentrischen Streckungen oder Translationen als ganzes invariant; sie kann nicht begrenzt sein.

c) AFFINITÄTEN

1. Planare Affinitäten

Betrachten wir eine spezielle affine Transformation, die durch die ähnlichen Bezugssysteme $O; \{\boldsymbol{u}, \boldsymbol{v}, \boldsymbol{w}\}$ und $O'; \{\boldsymbol{u}', \boldsymbol{v}', \boldsymbol{w}'\}$ derart definiert sind, daß O und O' zusammenfallen sowie $\boldsymbol{u}' = \boldsymbol{u}$, $\boldsymbol{v}' = \boldsymbol{v}$, $\boldsymbol{w}' = k\boldsymbol{w}$ mit $k \neq 0$ sind.
Ist $k = 1$, so ist die Transformation die identische. Daher setzen wir $k \neq 1$ voraus, wonach die Zuordnung definiert wird durch

$$\boldsymbol{OM} = x\boldsymbol{u}+y\boldsymbol{v}+z\boldsymbol{w} \diagdown \underline{\quad} \diagup \boldsymbol{OM'} = x\boldsymbol{u}+y\boldsymbol{v}+kz\boldsymbol{w}. \tag{I}$$

Die Fixpunkte sind die Punkte der Ebene p mit der Gleichung $z = 0$. Jedem Punkt M entspricht der Fixpunkt m, der definiert wird durch

$$\boldsymbol{Om} = x\boldsymbol{u}+y\boldsymbol{v}.$$

Diesen Punkt bezeichnet man als *Parallelprojektion zu* $\boldsymbol{w}$ *von* M *auf die Ebene* p.
Man hat somit

$$\boldsymbol{mM} = z\boldsymbol{w}, \quad \boldsymbol{mM'} = kz\boldsymbol{w}$$

und daher

$$\forall M, \quad \boldsymbol{mM'} = k\,\boldsymbol{mM}.$$

Umkehrung

Es sei eine Ebene p, ein nicht zu dieser Ebene paralleler Vektor w und eine reelle, von null verschiedene Zahl k gegeben. Der Punkt m sei die Projektion von M auf p, wenn parallel zu w projiziert wird. Dann werden wir die Punkttransformation betrachten, die dem Punkt M den Punkt M' mittels der Bedingung

$$mM' = k\, mM \qquad (II)$$

zuordnet.

Alle Punkte von p sind invariant. Wir wählen drei davon, etwa O, A, B aus, die nicht kollinear sein sollen. Es sei weiter ein Punkt C gegeben, der nicht in der Ebene p liege; dann wird dessen Bild C' durch $cC' = k\, cC$ bestimmt. Die in Frage stehende Transformation ist jene affine Transformation, die durch die Bezugssysteme OA, OB, OC und OA, OB, OC' definiert ist.

Eine solche Transformation nennt man *planare Affinität. Sie ist durch die Ebene p, die Richtung der Affinstrahlen w und den Affinfaktor k gekennzeichnet.* Die dazu inverse Transformation ist die Affinität mit dem Affinfaktor $\dfrac{1}{k}$.

Ist $k = -1$, so entsteht eine *zur Richtung w planare Symmetrie* oder *Schrägspiegelung an der Ebene p*; diese ist die einzige involutorische planare Affinität.

Eigenschaften

Außer den angegebenen allgemeinen Eigenschaften der affinen Transformationen verweisen wir hier noch auf einige Besonderheiten:

1. Schneidet eine Gerade die Ebene p in einem Punkt, so geht auch ihr Bild durch diesen Punkt. Dies erlaubt, *Konstruktionen mittels Schnittbildungen*, also *Inzidenzen*, durchzuführen, indem man von zwei Punkten und ihren Bildern oder von einem Punkt, seinem Bild und den zu w parallelen Affinstrahlen ausgeht. (Dies wird in der darstellenden Geometrie verwendet.)

2. Invariante Richtungen. Nach dem vorhergehenden sind es die zu w parallelen Affinitätsstrahlen und die zur Ebene p parallelen Richtungen. Eine zu w parallele Gerade geht in sich über. Eine zu p parallele Gerade wird in eine zu ihr parallele Bildgerade übergeführt.

Bemerkung

Betrachtet man die nicht in p gelegenen Punkte und ihre Bilder, so ist ihre Lage wie bei einer Streckung mit dem Maßstab k, bei der das

jeweilige Zentrum die zu w parallele Projektion des Punktes auf p ist. Mit anderen Worten heißt das, daß die *Einschränkung einer planaren Affinität auf eine zu w parallele Gerade eine Streckung darstellt.*
Die Einschränkung einer planaren Affinität auf eine zu w parallele Ebene, die p in einer Geraden d schneidet, heißt eine *zu w parallele (ebene) Affinität mit der Achse d* („Affinachse") *und dem Maßstab k.*

Das Produkt planarer Affinitäten

Dabei ergibt sich als einziger einfacher Fall jener, wo die invarianten Richtungen beider Transformationen gleich sind: dann müssen wir voraussetzen, *daß die Ebenen p_1 und p_2 parallel sind und die Richtung w beiden Transformationen gemeinsam ist.* Die Affinfaktoren nennen wir k_1 und k_2.

1. Setzen wir zunächst voraus, daß die Ebenen p_1 und p_2 zusammenfallen, dann ist das Produkt die planare Affinität mit dieser Ebene und dem Maßstab $k_1 k_2$. (Ist $k_1 k_2 = 1$, so handelt es sich um die identische Transformation.)

2. Allgemeiner Fall. p_1 und p_2 sind zueinander parallel, aber nicht zusammenfallend, w ist beiden Affinitäten gemeinsam

Ist das Produkt wiederum eine planare Affinität, so ist ihre Basisebene p zu den gegebenen Ebenen parallel (wegen der Invarianz von Richtungen) und durch einen invarianten Punkt bestimmt. Betrachten wir also einen willkürlichen Punkt M, sein durch die Affinität (p_1) hergestelltes Bild M_1 und das durch die Affinität (p_2) erhaltene Bild M_2 von M_1. Diese Punkte liegen sämtlich auf einer zu w parallelen Geraden, die die Ebenen p_1 und p_2 in den Punkten m_1 und m_2 trifft. Es gilt

$$m_1 M_1 = k_1 m_1 M \ , \quad M_2 m_2 = k_2 m_2 M_1.$$

Aus früheren Überlegungen wissen wir, wie man das Produkt zweier Streckungen bildet, die aus der Beschränkung der in Frage stehenden Transformationen auf die Gerade $m_1 m_2$ hervorgehen. Wir können daher die damals gewonnenen Ergebnisse verwenden, ohne die Rechnung im einzelnen wiederholen zu müssen.

Allgemeiner Fall: $k_1 k_2 \neq 1$

Dann existiert auf der Geraden $m_1 m_2$ ein fester Punkt m, der definiert wird durch

$$(1-k_1 k_2) m_1 m = (1-k_2) m_1 m_2,$$

weswegen die Transformation über $m_1 m_2$ definiert wird durch

$$\forall M \in M_1 M_2 \ , \quad m M_2 = k_1 k_2 m M.$$

Lassen wir nun den Punkt M verschiedene Lagen im Raum einnehmen, so bleibt die Äquipollenz zwischen $m_1 m_2$ und einem festen Vektor

$$W = \alpha w$$

erhalten, und es gilt daher ebenso

$$m_1 m = \frac{1-k_2}{1-k_1 k_2} \alpha w.$$

Der geometrische Ort der Punkte m ist mithin eine zu p_1 und p_2 parallele Ebene p. *Die Produkttransformation wird von der zu w parallelen planaren Affinität mit der Affinebene p und dem Maßstab $k_1 k_2$ gebildet.*

Sonderfall: $k_1 k_2 = 1$

In diesem Fall erhalten wir als Produkt nicht mehr eine planare Affinität, da m nicht existiert; die Transformation ist jedoch durch

$$\forall M, \ MM_2 = (1-k_2) m_1 m_2 = (1-k_2)\alpha w$$

definiert. Wir sehen, daß sie eine *Translation* ist.
Umgekehrt gilt, daß das Produkt einer planaren Affinität der Richtung w und einer zu w parallelen Translation wiederum eine planare Affinität ist.
Die planaren Affinitäten, die durch parallele Ebenen und ein- und dieselbe Strahlenrichtung gekennzeichnet sind, bilden eine Gruppe, wenn man die parallel zu w gerichteten Translationen als Affinitäten anerkennt (deren Affinebene ins Unendliche gerückt ist).
Wir werden den allgemeinen Fall des Produktes zweier planarer Affinitäten *nicht* behandeln. Die dabei auftretende affine Transformation ist in keiner Hinsicht bemerkenswert, mit Ausnahme des einen Falles, den man auch zur Übung durcharbeiten kann; nämlich desjenigen, wo die Affinebenen in einer Ebene p zusammenfallen, die Richtungen w_1 und w_2 der Affinstrahlen jedoch verschieden sind. (Im allgemeinen Fall, wo $k_1 k_2 \neq 1$ ist, kann man mit dem Satz des Menelaus zeigen, daß das Produkt eine planare Affinität desselben Typus ist.)

2. Axiale Affinität

Die Bezugssysteme, durch welche diese affine Transformation definiert wird, sind durch $O = O'$ und

$$u' = u, \quad v' = kv, \quad w' = kw$$

gekennzeichnet, woraus sich folgende punktweise Zuordnung ergibt:

$$\forall M, \ OM = xu+yv+zw \searrow \underline{\quad} \nearrow OM' = xu+k(yv+zw)$$

Der geometrische Ort der invarianten Punkte ist die durch O in Richtung von u gezogene Gerade d. Jedem Punkt M ist der Punkt m von d durch die Definition $OM = xu$ zugeordnet. Dies ist die Projektion von M auf d parallel zur Ebene Π, die durch $\{v, w\}$ aufgespannt wird. Die Transformation ist mithin definiert durch

$$\forall M,\ mM' = k\ mM.$$

Sie wird durch die Gerade d, die Lage der Ebene Π und den Maßstab k bestimmt.

Das will sagen, daß *die Einschränkung der affinen Transformation auf eine zu Π parallele Ebene P eine zentrische Streckung mit dem Streckungsfaktor k ist*, deren Zentrum der Fuß- oder Spurpunkt von d in der betrachteten Ebene P ist.

Die Einschränkung auf eine mit d inzidierende Ebene Q ist eine ebene Affinität. Daher kann eine ebene Affinität ebenso als Einschränkung einer planaren oder axialen Affinität des dreidimensionalen Raumes angesehen werden.

Ist $k = -1$, so wird die axiale Affinität zur *Spiegelung an der Geraden d parallel zu Π*.

3. Affinitäten und die Orientierung des Raumes

Bei Affinitäten mit positivem Maßstab bleibt die Orientierung des Raumes offensichtlich erhalten. Setzen wir deshalb k als negativ voraus.

Dreidimensionaler Raum:

Planare Affinität: Wechsel der Orientierung
Axiale Affintät: Erhaltung der Orientierung
Es sei bemerkt, daß man eine axiale Affinität als Produkt zweier planarer Affinitäten mit demselben Maßstab betrachten kann.

Zweidimensionaler Raum

Bei einer Affinität mit negativem Maßstab k wechselt die Orientierung der Ebene.

d) ALLGEMEINE PARALLELPROJEKTION ZWISCHEN ZWEI EBENEN (beliebiger Lage)

Es seien zwei Ebenen p und p' durch ihre Bezugssysteme $O\ \{u, v\}$ und $O'\ \{u', v'\}$ gegeben. Eine Zuordnung, bei der die Koordinaten x und y erhalten bleiben, also

$$OM = xu + yv \diagdown\underline{\quad}\diagup O'M' = xu' + yv',$$

werden wir als affine Transformation zwischen diesen beiden Ebenen bezeichnen. Es handelt sich dabei um einen Schnitt durch eine dreidimensionale Transformation, in die diese beiden Ebenen eingebettet sind; man kann nämlich beide Bezugssysteme durch zwei willkürliche Vektoren w und w' ergänzen und dann die Zuordnung definieren durch

$$\begin{cases} OM = xu+yv+zw \\ z = 0 \end{cases} \longrightarrow \begin{cases} O'M' = xu'+yv'+zw' \\ z = 0 \end{cases}$$

Als Projektion einer Ebene p parallel zu einer Richtung w auf eine andere Ebene p' bezeichnet man die Zuordnung zwischen den Spuren M und M' der zu w parallelen Geraden in den Ebenen p und p'. Wir zeigen, daß es eine affine Transformation ist.

Sind p und p' parallel, so erkennen wir eine Translation. Setzen wir deshalb voraus, daß p und p' mit einer gemeinsamen Geraden d inzidieren; als Bezugssystem verwenden wir einen gemeinsamen Ursprung O auf d, sowie einen auf d liegenden Vektor $u = OA$ derart, daß O und A invariant sind. Nachdem wir das Bezugssystem in p durch einen Vektor $v = OB$ vervollständigt haben, der nicht mit d kollinear ist, wählen wir für v' den Vektor OB', wobei B' das Bild von B ist. Setzen wir nun $BB' = w$, so bilden $\{u, v, w\}$, $\{u, v', w\}$ zwei Basissysteme im dreidimensionalen Raum; dann wird die Zuordnung definiert durch

$$\begin{cases} OM = xu+yv, \\ OM' = x'u+y'v' \end{cases}, \ v'-v = w \ , \ MM' = \lambda w.$$

Aus den drei ersten Gleichungen findet man jedoch

$$MM' = (x'-x)u+(y'-y)v+y'w$$

und weiter, da $\{u, v, w\}$ eine Basis bilden, $\begin{cases} x = x' \\ y = y' = \lambda \end{cases}$. *Die Zuordnung ist affin* und definiert durch

$$\begin{cases} OM = xu+yv \\ OM' = xu+yv'. \end{cases}$$

Umgekehrt seien zwei sich in der Geraden d schneidende Ebenen p und p' gegeben. Dann ist eine affine Zuordnung zwischen p und p', bei der zwei Punkte (O und A) von d fest bleiben, eine parallele Projektion zu der Richtung der Geraden BB', die zwei homologe, nicht auf d gelegene Punkte verbindet.

Folgerung

Inzidieren drei Ebenen p, p_1, p_2 mit einer gemeinsamen Geraden d, so ist das Produkt einer Projektion von p auf p_1 und einer Projektion von p_1 auf p_2 gleich einer Projektion von p auf p_2.

3. LINEARE TRANSFORMATIONEN

Grundbegriffe der Matrizenrechnung

Im Punktraum haben wir, ausgehend von einer Basistransformation, eine *affine Transformation* definiert, die wir nun

$$O\{i, j, k\} \quad \text{und} \quad O'\{i', j', k'\}$$

schreiben wollen. Eine solche Transformation ist also das Produkt einer Translation OO' und einer Transformation, die sich nur auf den Vektorraum bezieht und die als *lineare Transformation* bezeichnet wird. Wir werden uns im folgenden auf die Untersuchung von derartigen Transformationen beschränken, etwa im dreidimensionalen Raum.
Die Formeln, welche i', j', k' mit Hilfe der Basis $\{i, j, k\}$ definieren, bilden ein *System linearer Vektorbeziehungen*:

$$\begin{cases} i' = a_1 i + b_1 j + c_1 k \\ j' = a_2 i + b_2 j + c_2 k \\ k' = a_3 i + b_3 j + c_3 k \end{cases} \tag{1}$$

Bilden $\{i', j', k'\}$ eine Basis, so definieren wir eine Abbildung des Vektorraumes auf sich selbst, indem wir jedem Vektor

$$V = xi + yj + zk$$

sein Bild $V' = \mathfrak{T}(V) = xi' + yj' + zk'$ zuordnen.
Setzt man $V' = x'i + y'j + z'k$, so sind die alten und neuen Koordinaten des Vektors V' durch ein System *homogener linearer Gleichungen* (also Gleichungen ersten Grades) zwischen Zahlengrößen verknüpft:

$$\begin{cases} x' = a_1 x + a_2 y + a_3 z \\ y' = b_1 x + b_2 y + b_3 z \\ z' = c_1 x + c_2 y + c_3 z \end{cases} \tag{2}$$

Die derart definierte Transformation $\mathfrak{T}$ heißt *lineare Transformation des Vektorraumes auf sich selbst*.
Man sieht insbesondere, daß die Transformation durch

$$i' = \mathfrak{T}(i) \; , \; j' = \mathfrak{T}(j) \; , \; k' = \mathfrak{T}(k)$$

definiert ist.
Eine solche Transformation wird durch eine quadratische Koeffiziententabelle charakterisiert, in der alle Koeffizienten erscheinen, die in (1) und (2) vorkommen. Dabei ist aber zu bemerken, daß Zeilen und Spalten zu vertauschen sind (gestürzte oder transponierte Matrix), wenn man damit nicht Vektoren, (1), sondern Koordinaten, (2), transformiert.

Man spricht dann davon, daß zwischen diesen beiden Auffassungen der Transformation *Kontravarianz* bestehe. Wir kommen überein, die in (1) dargestellte Form des Koeffizientenschemas mit T zu bezeichnen. Ein solches Schema heißt *Matrix*, und wir schreiben dafür

$$T = \begin{pmatrix} a_1 & b_1 & c_1 \\ a_2 & b_2 & c_2 \\ a_3 & b_3 & c_3 \end{pmatrix}.$$

Eine derartige Matrix von 3 Zeilen und 3 Spalten nennen wir eine Matrix 3. Ordnung.

Vereinbarungsgemäß bedeutet das Gleichheitszeichen zwischen Matrizen, daß diese an den entsprechenden Stellen die gleichen Elemente besitzen. Die Koeffizientenmatrix (2) heißt auch die zur vorhergehenden *transponierte* Matrix. Bezeichnen wir sie mit M, so können wir schreiben:

$$M = \operatorname{tr} T$$

(Gelegentlich verwendet man dafür auch die Schreibweise A^T oder T_A.

Umgekehrt stellt aber ein quadratisches Zahlenschema von neun Zahlen durchaus nicht immer eine lineare Transformation $\mathfrak{T}$ dar, wie wir sie definiert haben, weil dazu nötig ist, daß $\{i', j', k'\}$ eine Basis bilden. Dies drückt sich darin aus, daß (1) ebenso wie (2) nach den drei Variablen auf der rechten Seite aufgelöst werden kann:

$$\begin{cases} i = A_1 i' + B_1 j' + C_1 k' \\ j = A_2 i' + B_2 j' + C_2 k' \\ k = A_3 i' + B_3 j' + C_3 k' \end{cases} \tag{1'}$$

$$\begin{cases} x = A_1 x' + A_2 y' + A_3 z' \\ y = B_1 x' + B_2 y' + B_3 z' \\ z = C_1 x' + C_2 y' + C_3 z' \end{cases} \tag{2'}$$

Dies ist nur möglich, wenn

$$\Delta = a_1 b_2 c_3 + b_1 c_2 a_3 + c_1 a_2 b_3 - a_1 c_2 b_3 - b_1 a_2 c_3 - c_1 b_2 a_3 \neq 0.$$

Die zugeordneten Matrizen, die von neun neuen Koeffizienten gebildet werden, entsprechen der zu $\mathfrak{T}$ inversen Transformation. Man nennt sie die zu den obenstehenden *inverse Matrizen* und bezeichnet sie mit T^{-1} und M^{-1}.

Erweiternd nennt man jedes rechteckige Zahlenschema *Matrix*. Jene, die wir hier betrachten, bezeichnen wir als reguläre *Matrizen*, und die zugehörigen Transformationen $\mathfrak{T}$ heißen reguläre *Operatoren*. Daher existieren auch die inversen Matrizen und inverse Operatoren.

Ist $\mathfrak{T}$ regulär, so sind ihre transponierte Matrix und die dazu inversen Matrizen regulär. Es handelt sich um quadratische Matrizen derselben *Ordnung*, wobei die Ordnung hier die Anzahl der Elemente in jeder Zeile oder Spalte ist. Somit haben wir jedem regulären Operator $\mathfrak{T}$ eine Matrix zugeordnet; diese hängt jedoch von der Basis $\{i, j, k\}$ ab, die zur Aufspannung des linearen Raumes gewählt wird, auf den die Transformation $\mathfrak{T}$ ausgeübt wird, obwohl dieser Transformation eine selbständige Bedeutung zukommt. Es drängt sich daher auf, in der Menge der regulären Matrizen eine Äquivalenzrelation zu definieren: Zwei Matrizen heißen dann *ähnlich*, wenn sie, bezogen auf zwei verschiedene Basissysteme, denselben regulären räumlichen Operator darstellen.

Beispiel

Es sei eine Transformation $\mathfrak{T}$ definiert durch

(zu k parallele Affinität): $\begin{cases} i' = i \\ j' = j \\ k' = mk \end{cases}$

Es ist daher

$$T = \begin{pmatrix} 1 & 0 & 0 \\ 0 & 1 & 0 \\ 0 & 0 & m \end{pmatrix}.$$

Wählen wir zum Beispiel als neue Basis

$\begin{cases} u = i \\ v = j \\ w = i+k, \end{cases}$ woraus $\begin{cases} u' = u \\ v' = v \\ w' = (1-m)u+mw \end{cases}$

folgt. Dann lautet die neue Matrix

$$\begin{pmatrix} 1 & 0 & 0 \\ 0 & 1 & 0 \\ 1-m & 0 & m \end{pmatrix}.$$

Diese stellt dieselbe Affinität dar, deren Strahlenrichtung nun aber nicht mehr zu einem der neuen Basisvektoren parallel ist.

Matrizenprodukte

Wir haben bereits früher das Produkt zweier Transformationen nach dem Schema

$$V \searrow \underline{\mathfrak{T}} \nearrow [(V') = \mathfrak{T}(V)] \searrow \underline{\mathfrak{T}'} \nearrow [V'' = \mathfrak{T}'[\mathfrak{T}(V)]]$$

definiert.

Bisher hatten wir das Produkt als $\mathfrak{T} \times \mathfrak{T}'$ geschrieben; berücksichtigt man jedoch, daß es sich dabei in Wirklichkeit um eine zusammengesetzte Funktion oder Kettenfunktion handelt, und will man an diese Tatsache erinnern, so erscheint es vorteilhafter, die umgekehrte Reihenfolge zu wählen: Man schreibt dann für das Produkt $\mathfrak{T}' \circ \mathfrak{T}$, wobei die Operationen von *rechts nach links* zu lesen sind.

Das Produkt zweier regulärer Operationen ist selbst wieder eine reguläre Operation. Bezeichnet T die Matrix der Transformation $\mathfrak{T}$, die bezüglich der ursprünglichen Basis erklärt ist, und T' die Matrix von $\mathfrak{T}'$, die sich auf das Bild dieser Basis bezieht, so bezeichnet man als *Produkt zweier Matrizen* die Matrix T'' des Produktes in bezug auf die Ausgangsbasis, und man schreibt $T'' = T' \circ T$.

Setzen wir dies genauer auseinander: Man hat

$$\begin{cases} i' = a_1 i + b_1 j + c_1 k \\ j' = a_2 i + b_2 j + c_2 k \\ k' = a_3 i + b_3 j + c_3 k \end{cases}$$

und weiter

$$\begin{cases} i'' = a'_1 i' + b'_1 j' + c'_1 k' \\ j'' = a'_2 i' + b'_2 j' + c'_2 k' \\ k'' = a'_3 i' + b'_3 j' + c'_3 k', \end{cases}$$

woraus folgt:

$$\begin{cases} i'' = (a'_1 a_1 + b'_1 a_2 + c'_1 a_3)i + (a'_1 b_1 + b'_1 b_2 + c'_1 b_3)j \\ \qquad\qquad\qquad\qquad\qquad + (a'_1 c_1 + b'_1 c_2 + c'_1 c_3)k \\ j'' = (a'_2 a_1 + b'_2 a_2 + c'_2 a_3)i + (a'_2 b_1 + b'_2 b_2 + c'_2 b_3)j \\ \qquad\qquad\qquad\qquad\qquad + (a'_2 c_1 + b'_2 c_2 + c'_2 c_3)k \\ k'' = (a'_3 a_1 + b'_3 a_2 + c'_3 a_3)i + (a'_3 b_1 + b'_3 b_2 + c'_3 b_3)j \\ \qquad\qquad\qquad\qquad\qquad + (a'_3 c_1 + b'_3 c_2 + c'_3 c_3)k. \end{cases}$$

Die hier auftretende Matrix erscheint als das Produkt

$$T'' = \begin{pmatrix} a'_1 & b'_1 & c'_1 \\ a'_2 & b'_2 & c'_2 \\ a'_3 & b'_3 & c'_3 \end{pmatrix} \circ \begin{pmatrix} a_1 & b_1 & c_1 \\ a_2 & b_2 & c_2 \\ a_3 & b_3 & c_3 \end{pmatrix}.$$

Die Elemente jeder Zeile von $T' \circ T$ entstehen, indem man die Zeile desselben Zeilenindexes aus T' nacheinander innen mit den Spalten von T multipliziert. Jede Spalte von $T' \circ T$ hinwieder entsteht aus den inneren Multiplikationen der Spalte von T mit demselben Index mit den aufeinanderfolgenden Zeilen von T'. Dies kann man in der kurzen Regel zusammenfassen: Zeilen links mal Spalten rechts. An diese Rechenvorschrift muß man sich durch praktische Beispiele gewöhnen. Die Umständlichkeit der expliziten Rechnung rechtfertigt die Einführung der symbolischen Schreibweise, in der man Überlegungen anzustellen lernt, ohne viel auf explizite Entwicklungen zurückgreifen zu müssen.

Eigenschaften des Produktes

Diese lassen sich aus denen der linearen Transformationen ableiten:

a) Das Produkt beliebig vieler regulärer Matrizen derselben Ordnung ist wiederum eine reguläre Matrix *derselben Ordnung*; dieses Produkt ist assoziativ, aber im allgemeinen nicht kommutativ.

b) Die Matrix der identischen Transformation ist bei gegebener Ordnung eindeutig und unabhängig von der Basis; dies aus dem einfachen Grunde, weil man $x' = x$, $y' = y$ usw. setzen muß. Ihre Elemente sind sämtlich null, mit Ausnahme jener der Hauptdiagonale, deren Elemente gleich 1 sind. Diese Matrix ist das neutrale Element der Multiplikation: $T \circ I = I \circ T = T$.

Beispiel: Für die Ordnung 3 haben wir

$$I = \begin{pmatrix} 1 & 0 & 0 \\ 0 & 1 & 0 \\ 0 & 0 & 1 \end{pmatrix}.$$

c) Eine reguläre Matrix T besitzt eine dazu inverse T^{-1}, so daß $T \circ T^{-1} = T^{-1} \circ T = I$. Dadurch wird die Bezeichnung „inverse Matrix" und die verwendete Schreibweise gerechtfertigt. Die regulären Matrizen einer gegebenen Ordnung bilden bei der Multiplikation eine Gruppe, die nichtkommutativ ist.

Transmutation einer regulären linearen Transformation $\mathfrak{T}$ mittels einer regulären Transformation $\mathfrak{S}$ derselben Ordnung

Das Schema dafür hat die Form

$$\begin{array}{ccc} i, j, k & \xrightarrow{\mathfrak{T}} & i', j', k' \\ \mathfrak{S} \downarrow & & \mathfrak{S} \uparrow \\ u, v, w & \xrightarrow{\mathfrak{X}} & u', v', w' \end{array}$$

$$\mathfrak{X} = \mathfrak{S} \circ \mathfrak{T} \circ \mathfrak{S}^{-1}$$

(von rechts nach links gelesen).

$\mathfrak{X}$ ist jedoch gleichbedeutend mit $\mathfrak{T}$. Transformieren wir einen Vektor V mittels $\mathfrak{X}$, so finden wir in der Tat

$$V = xu+yv+zw \quad \underbrace{\mathfrak{X}} \quad V' = xu'+yv'+zw'$$

Die Elemente derselben Matrix $\mathfrak{S}$ werden von den Koeffizienten der Formeln für die Basistransformation gebildet:

$$\begin{cases} u = \alpha_1 i + \beta_1 j + \gamma_1 k \\ \dots\dots\dots\dots \\ \dots\dots\dots\dots \end{cases} \text{und} \begin{cases} u' = \alpha_1 i' + \beta_1 j' + \gamma_1 k' \\ \dots\dots\dots\dots \\ \dots\dots\dots\dots \end{cases}$$

Die Rechnung ergibt also mit denselben Zahlen X, Y, Z

$$V = Xi+Yj+Zk \quad \text{und} \quad V' = Xi'+Yj'+Zk',$$

so daß der Übergang von V auf V' nunmehr als die Transformation $\mathfrak{T}$ erscheint.

Die Transformation $\mathfrak{X}$, die auf die Basis u, v, w bezogen ist, ist gleichbedeutend mit der Transformation $\mathfrak{T}$, die sich auf die Basis i, j, k bezieht. Mit anderen Worten, die *Matrizen*

$$T \quad \text{und} \quad X = S \circ T \circ S^{-1}$$

für beliebiges (reguläres) S sind ähnlich.

Damit haben wir ein Hilfsmittel, mit dem wir zu einer gegebenen Matrix die dazu ähnlichen aufsuchen können. Ein wichtiges Problem, das wir hier nicht behandeln, ist das, zu einer gegebenen Matrix die einfachste ähnliche Matrix zu finden.

Beispiel

$$\mathfrak{S} \begin{cases} u = i \\ v = k \\ w = j. \end{cases}$$

Daraus folgt

$$S = \begin{pmatrix} 1 & 0 & 0 \\ 0 & 0 & 1 \\ 0 & 1 & 0 \end{pmatrix} = S^{-1}.$$

Die direkte Rechnung liefert durch Umformung aus

$$\begin{cases} i' = a_1 i + b_1 j + c_1 k \\ \dots\dots\dots\dots \\ \dots\dots\dots\dots \end{cases} \text{das System} \begin{cases} u' = \alpha_1 i' + \beta_1 j' + \gamma_1 k', \\ \dots\dots\dots\dots \\ \dots\dots\dots\dots \end{cases}$$

Ebenso zeigt die Anwendung der Multiplikationsregel, daß sich X aus T derart ableiten läßt, daß man die letzten beiden Zeilen und Spalten vertauscht. Man kann denselben Effekt der Transmutation auch an

$$\mathfrak{S}\begin{cases} u = mi \\ v = j \\ w = k \end{cases}$$

und

$$\mathfrak{S}\begin{cases} u = i \\ v = j \\ w = j+k \end{cases}$$

studieren.

Einiges über nichtreguläre Matrizen

Wir setzen nun nicht länger voraus, daß in dem System (1), durch welches eine lineare Transformation definiert wird, $\{i', j', k'\}$ eine Basis bilden. Das will sagen, daß die Vektoren durch eine Beziehung wie etwa $k' = \alpha i' + \beta j'$ verknüpft sind.

Die Bildvektoren V' von V spannen daher höchstens einen zweidimensionalen Raum auf, und daher besitzt die Transformation kein genau definiertes Inverses. Es sei zum Beispiel $i' = i$, $j' = j$, $k' = 0$; dies entspricht einer zu k parallelen Projektion auf die Ebene ij, was keine reguläre Transformation darstellt, ebensowenig wie ihre Transmutierte mittels einer regulären Transformation. Nehmen wir zum Beispiel

$$\begin{cases} u = i \\ v = 2i+k, \\ w = j+k \end{cases} \text{woraus} \begin{cases} i = u \\ j = 2u-v+w \text{ folgt.} \\ k = -2u+v \end{cases}$$

Dann wird die nichtreguläre Matrix

$$T = \begin{pmatrix} 1 & 0 & 0 \\ 0 & 1 & 0 \\ 0 & 0 & 0 \end{pmatrix}$$

zu

$$\begin{pmatrix} 1 & 0 & 0 \\ 2 & 0 & 1 \\ 0 & 1 & 1 \end{pmatrix} \circ T \circ \begin{pmatrix} 1 & 0 & 0 \\ 2 & -1 & 1 \\ -2 & 1 & 0 \end{pmatrix}.$$

Dies ist eine neue nichtreguläre quadratische Matrix, deren dritte Zeile diesmal nicht aus lauter Nullen besteht. Die Rechnung liefert in der Tat

$$\begin{pmatrix} 1 & 0 & 0 \\ 0 & 1 & 0 \\ 0 & 0 & 0 \end{pmatrix} \circ \begin{pmatrix} 1 & 0 & 0 \\ 2 & -1 & 1 \\ -2 & 1 & 0 \end{pmatrix} = \begin{pmatrix} 1 & 0 & 0 \\ 2 & -1 & 1 \\ 0 & 0 & 0 \end{pmatrix}$$

und weiter
$$\begin{pmatrix} 1 & 0 & 0 \\ 2 & 0 & 1 \\ 0 & 1 & 1 \end{pmatrix} \circ \begin{pmatrix} 1 & 0 & 0 \\ 2 & -1 & 1 \\ 0 & 0 & 0 \end{pmatrix} = \begin{pmatrix} 1 & 0 & 0 \\ 2 & 0 & 0 \\ 2 & -1 & 1 \end{pmatrix}.$$

Man braucht sich keineswegs auf quadratische Matrizen beschränken; es ist zwecklos, $k' = 0$ zu schreiben; man kann den Bildraum einfach als zweidimensionalen Raum und nicht mehr als zweidimensionalen Unterraum eines dreidimensionalen Raumes betrachten. Die Produktregel gilt weiterhin, weswegen wir schreiben

$$\begin{pmatrix} 1 & 0 & 0 \\ 0 & 1 & 0 \end{pmatrix} \circ \begin{pmatrix} 1 & 0 & 0 \\ 2 & -1 & 1 \\ -2 & 1 & 0 \end{pmatrix} = \begin{pmatrix} 1 & 0 & 0 \\ 2 & -1 & 1 \end{pmatrix}$$

und weiter
$$\begin{pmatrix} 1 & 0 & 0 \\ 2 & 0 & 1 \\ 0 & 1 & 1 \end{pmatrix} \circ \begin{pmatrix} 1 & 0 & 0 \\ 2 & -1 & 1 \end{pmatrix} = \begin{pmatrix} 1 & 0 & 0 \\ 2 & 0 & 0 \\ 2 & -1 & 1 \end{pmatrix}.$$

Die Regel für die Berechnung des Produktes führt nur zu der Forderung, *daß die Zeilenzahl des ersten Faktores* (rechts) *gleich der Spaltenzahl des zweiten* (links) *ist.*

Somit haben wir
$$(p \quad q \quad r) \circ \begin{pmatrix} x \\ y \\ z \end{pmatrix} = (px+qy+rz)$$

Das Produkt ist hier assoziativ; da jedoch eine Matrix durchaus nicht immer eine dazu inverse besitzt, bildet die Menge der nichtregulären Matrizen bezüglich der Multiplikation keine Gruppe.

Anwendung von Matrizen zur Darstellung linearer Formen

a) Betrachten wir nun nicht mehr das System (1) zwischen den Basisvektoren, sondern das Gleichungssystem (2), das die Koordinaten von Vektoren miteinander verknüpft. Das zugehörige Koeffizientenschema ist eine Matrix M (die Transponierte der Matrix T). Stellen wir einen Vektor v durch jene Matrix v dar, die nur aus einer einzigen Spalte besteht (Spaltenmatrix), und deren Elemente die Koordinaten des Vektors bilden, so kann man für (2) schreiben:

$$\begin{pmatrix} x' \\ y' \\ z' \end{pmatrix} = M \circ \begin{pmatrix} x \\ y \\ z \end{pmatrix}$$

oder anders $v' = M \circ v$.

Diese Beziehung ist auch gültig, wenn M weder regulär noch quadratisch ist, vorausgesetzt, daß die Spaltenzahl von M gleich der Anzahl der Koordinaten von V ist, das heißt gleich der Dimensionenzahl des transformierten Raumes.

b) Vom rein algebraischen Standpunkt aus sind x', y', z' *lineare Formen* in den x, y, z (das heißt Polynome ersten Grades, die in diesen drei Größen homogen sind). Diese Formen heißen *linear unabhängig* oder *frei*, wenn die Matrix M regulär ist. Die x, y, z sind dann auch lineare Formen in den x', y', z'.

Es versteht sich dabei von selbst, daß ein Matrizenprodukt nicht mit einem Produkt linearer Formen verglichen werden kann! Diese beiden Operationen, die wohl beide den Namen Produkt tragen, verdanken ihre Einführung gänzlich verschiedenen Gesichtspunkten: Ein Produkt von Matrizen ist wiederum eine Matrix; ein Produkt linearer Formen hingegen ist ein Polynom zweiten Grades, das bezüglich der Menge der Größen x, y, z homogen ist. Ein solches Polynom nennt man eine quadratische Form. Dennoch darf man nicht glauben, daß man bei der Untersuchung quadratischer Formen ganz auf Matrizen verzichten könnte; ganz im Gegenteil: Dies erhellt aus der folgenden Bemerkung. Es sei zum Beispiel

$$P = ax^2 + 2bxy + cy^2$$

eine quadratische Form in zwei Variablen. Ein solches Polynom erhält man, wenn man in der *Bilinearform* $(ax+by)X+(bx+by)Y$ für $x=X$, $y=Y$ setzt, welche ihrerseits durch das Matrizenprodukt

$$(ax+by \ \ bx+cy) \circ \begin{pmatrix} x \\ y \end{pmatrix}$$

dargestellt wird.

Dasselbe gilt sinngemäß für eine beliebige Anzahl von Variablen (die Formen, aus denen die linke Matrix besteht, sind die partiellen Ableitungen jener quadratischen Form, die man durch aufeinanderfolgende Ableitung nach den verschiedenen Variablen erhält). Man stellt darüber hinaus fest, daß die Bilinearform (die auch *Polarform* der quadratischen Form heißt) bezüglich der Menge der mit Kleinbuchstaben geschriebenen Variablen $x, y, \ldots$ und der Menge der großgeschriebenen Variablen $X, Y, \ldots$ symmetrisch ist.

Wir haben uns hier auf einige Hinweise beschränkt, die einen Eindruck von der Nützlichkeit der Matrizenrechnung bei der Untersuchung von Kurven und Flächen zweiter Ordnung (Kegelschnitte, Quadriken) vermitteln.

c) Linearformen können auch addiert oder mit einer konstanten Zahl multipliziert werden. Stellt man sie durch eine Matrix dar, so ist es natürlich, eine *Matrizenaddition* und *die Multiplikation einer Matrix mit einer Zahl* einzuführen:
Wir beginnen mit einer Spaltenmatrix (die einen Vektor oder eine Linearform darstellt). Man setzt etwa für drei Größen

$$\begin{pmatrix}x'+x''\\y'+y''\\z'+z''\end{pmatrix} = \begin{pmatrix}x'\\y'\\z'\end{pmatrix} + \begin{pmatrix}x''\\y''\\z''\end{pmatrix} \text{ und } \begin{pmatrix}mx\\my\\mz\end{pmatrix} = m\begin{pmatrix}x\\y\\z\end{pmatrix},$$

In Erweiterung dieses Begriffes definiert man die *Summe zweier Matrizen mit derselben Zeilen- und Spaltenzahl* als jene Matrix, deren Elemente jedes die Summe der entsprechenden Elemente der gegebenen Matrizen ist. *Das Produkt einer Matrix mit einer Zahl* wird als jene Matrix definiert, die man erhält, wenn man jedes ihrer Elemente mit dieser Zahl multipliziert. Auf diese Weise gelangt man zu einem Vektorraum.
Die Nullmatrix (das neutrale Element bei der Addition) wird offensichtlich von jener Matrix gebildet, deren Elemente alle null sind.
Die Interpretation durch Vektoren zeigt, daß die Menge der quadratischen Matrizen einer gegebenen Ordnung einen *Ring* bilden, denn das Matrizenprodukt ist distributiv in bezug auf die Addition, weil die linearen Transformationen die Addition der Vektoren nicht beeinflussen.

Matrizen und projektive Geometrie

In der projektiven Geometrie (vgl. Kapitel II) werden die Koordinaten der affinen Geometrie durch homogene Koordinaten ersetzt. Dies gestattet uns, die projektive Geometrie als eine lineare Geometrie mit einer zusätzlichen Dimension zu betrachten; das heißt, daß man Matrizen bei Problemen ersten und zweiten Grades dieser Geometrie verwenden kann (wie wir soeben auseinandergesetzt haben).

Matrizen in der metrischen Geometrie

Hier müssen wir spezielle Matrizen verwenden, wenn wir Basissysteme verwenden, die aus untereinander gleichen und orthogonalen Vektoren bestehen. Die Form des Pythagoreischen Satzes und des skalaren und vektoriellen Produktes zeigt, daß Matrizen auch hier mit Vorteil verwendet werden können.

Andere Fälle der Verwendung von Matrizen

Es gibt zahlreiche Probleme, die auf rechteckige Elementenschemata führen. Gestattet die zugehörige Theorie, für diese Elemente Operationen einzuführen, die den soeben besprochenen entsprechen, so kann man diese Schemata als Matrizen betrachten.

Beispiel:

Übermittlungsmatrix. Gemäß dem untenstehenden Schema werden Signale zwischen verschiedenen Punkten ausgetauscht. Kann der Punkt x_j durch ein von x_i ausgehendes Signal erreicht werden, so setzen wir in der Matrix am Schnittpunkt der i-ten Zeile und der j-ten Spalte eine 1; ist dies nicht der Fall, eine null. Auf diese Weise gelangen wir zu der Matrix m_1. In der Matrix m_2 geben wir an, auf wieviel verschiedene Weisen x_j ausgehend von x_i durch genau zwei sukzessive Signale erreicht werden kann. Dann kann man leicht zeigen, daß $m_2 = m_1 \circ m_1 = (m_1)^2$.

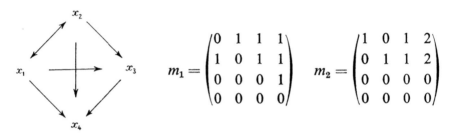

II. Grundbegriffe der projektiven Geometrie

Wir werden im folgenden eine Geometrie einführen, die weniger umfassend als die affine Geometrie ist, indem sie auf den Begriff der Parallelität und, aus tieferliegenden Gründen, auch auf den Begriff des freien Vektors, der Vektorsumme usw. verzichtet. Wir werden die *zweidimensionale* projektive Geometrie aus der *dreidimensionalen* affinen Geometrie herleiten. Nach ihren offensichtlichen Eigenschaften wird man die Möglichkeit einer direkten axiomatischen Einführung dieser Geometrie und ihre Erweiterung auf den dreidimensionalen Raum erkennen.

Wir werden dabei Begriffe einführen, die sich dadurch auszeichnen, daß sie bei den Transformationen von einer Ebene zur anderen erhalten bleiben, die man *Perspektivitäten* (oder *Zentralkollineationen*) nennt.

A. PERSPEKTIVITÄT ZWISCHEN ZWEI EBENEN*)

1. Definition

Im Raum der affinen Geometrie seien zwei Ebenen P und p sowie ein nicht auf ihnen liegender Punkt S gegeben. Jedem Punkt M von P ordnen wir den Punkt m zu, der dort liegt, wo die Gerade SM die Ebene p durchstößt. Wir sagen dann, daß m bei der *Perspektivität mit dem Augpunkt (Zentrum) S, die P auf p abbildet*, das Bild von M ist (die hier verwendete Terminologie stammt aus der Zeichenkunst, die, historisch gesehen, auf diese Geometrie geführt hat).

In dem speziellen Fall, wo P und p parallel sind, bedeutet eine solche Transformation einfach eine zentrische Streckung. Wir werden deswegen vorläufig nur den allgemeinen Fall betrachten. Dort ist beiden Ebenen eine Gerade X gemeinsam; diese Gerade ist der geometrische Ort jener Punkte, die mit ihrem Bild zusammenfallen.

Alle Punkte M von P haben ein Bild m, mit Ausnahme jener, für die SM zu p parallel ist. Diese Punkte liegen in P auf der Geraden U, in der P von der Ebene Π, die parallel zu p durch S gelegt wird, geschnitten wird. In gleicher Weise ist jeder Punkt m von p das Bild eines Punktes M von P, mit Ausnahme der Punkte der Geraden v, in der p von der Parallelebene durch S zu P geschnitten wird. Die Geraden X, U, v sind parallel.

---

*) Anm. d. Üb.: Auch perspektive Kollineation genannt.

2. Abbildung einer Geraden

Es sei D eine Gerade von P. Diese Gerade schneidet im allgemeinen X in einem Punkt N und U in einem Punkt K. Jeder Punkt M von D, mit Ausnahme von K, hat ein Bild m; die Menge dieser Punkte m bildet die Schnittgerade d der Ebene p mit der Ebene SD, mit Ausnahme des Punktes h, in dem d sich mit v schneidet, weil dieser Punkt keine Entsprechung in P hat. Trotz dieser Ausnahmen sagen wir, daß d das Bild von D ist. Die beiden Geraden schneiden sich im Punkt N der festen Achse X.

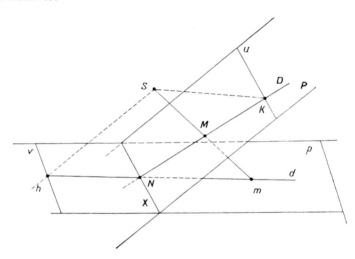

Liegt D parallel zu U, so liegt d zu ihr parallel; d existiert aber nicht, wenn D mit der Geraden U zusammenfällt.

Geraden, die sich in einem Punkt M_0 schneiden, werden in Geraden abgebildet, die sich in m_0 schneiden. Dies gilt mit Ausnahme des Falles, wo M_0 auf U liegt, in welchem Fall die Bildgeraden zu SM_0 parallel sind. In gleicher Weise werden Geraden, die zu einer Richtung Δ von P parallel sind, in Geraden abgebildet, die in dem Punkt h von v zusammenlaufen, für den die Richtung von Sh gleich der von Δ ist. Schließlich werden zu U parallele Geraden in Geraden abgebildet, die zu derselben Richtung parallel sind.

Erweiterung

Alle im vorherigen erwähnten Ausnahmefälle verschwinden, wenn wir die Punkt- und Geradenmengen mit Hilfe der folgenden Bezeichnungen ergänzen.

Ein bestimmter Punkt K von U wird in einen Punkt k abgebildet, einen *unendlichfernen* oder *uneigentlichen Punkt von p*.

Die Gerade U als geometrischer Ort der Punkte K wird in eine Gerade u abgebildet, die der geometrische Ort der unendlichfernen oder uneigentlichen Punkte von p ist und die man als *unendlichferne Gerade von p* bezeichnet.

Ein Punkt h von v ist das Bild eines unendlichfernen Punktes von P, und die Menge dieser Punkte bildet die unendlichferne Gerade V von P. Wir können somit die grundlegende Eigenschaft formulieren:

[P_1] *Bei einer Perspektivität zwischen zwei Ebenen wird jeder Punkt wiederum in einen Punkt und jede Gerade in eine Gerade abgebildet, so daß kollinearen Punkten wiederum kollineare Punkte und konzentrischen Geraden wiederum konzentrische Geraden entsprechen.* Das heißt mit anderen Worten, daß bei einer Perspektivität die Inzidenzen zwischen Punkten und Geraden erhalten bleiben.

3. Bemerkung zur Topologie

Es sei ein nicht auf U gelegener Punkt M sowie eine Umgebung $V(M)$ gegeben, die keinen Punkt mit U gemeinsam hat. Das Bild $v(m)$ dieser Umgebung ist auch eine Umgebung von m. Daraus schließt man: Beschreibt M eine Kurve, die durch den nicht auf U liegenden Punkt M_0 geht, und hat diese Kurve in diesem Punkt M_0 eine Tangente T_0, so liefert die Transformation eine durch m_0 gehende Kurve, die als Bild von T_0 eine Tangente t_0 besitzt.

Denken wir uns aber nun eine Umgebung eines Punktes K von U gegeben, etwa das Innere eines Parallelogramms, dessen Mittelpunkt in K liegt und dessen Seiten zu U und zu einer anderen Geraden D parallel sind. Das Innere dieses Parallelogramms wird auf zwei Winkelfelder mit abgeschnittener Ecke (Scheitel h) abgebildet. Wir müssen diese Punktmenge als eine *Umgebung des unendlichfernen Punktes k* ansehen. Eine Kurve C in der Ebene P, die durch K geht und dort eine von U verschiedene Tangente T_0 besitzt, wird in eine Kurve c abgebildet, die durch den unendlichfernen Punkt k hindurchgeht. t_0 als Bild von T_0 ist dann die „Tangente an c im unendlichfernen Punkt k". Diese Ausdrücke entsprechen den affinen Bezeichnungen „Asymptotenrichtung" und „Asymptote".

Eine Betrachtung der Bereiche, die in P durch die Geraden U und T_0 abgegrenzt werden, zeigt, wie c in bezug auf t_0 liegt. Die Figur für den allgemeinen Fall ist bereits in dem Kapitel über die Graphen der reellen Funktionen (Teil III, Kap. IV, D) gebracht worden: C liegt in der Nachbarschaft von K auf der einen Seite von T_0 und daher c auf der einen und der anderen Seite der Asymptote. Man wird die Fälle betrachten, in denen K ein besonderer Punkt von C ist, ein Wendepunkt oder eine Spitze (ein Umkehrpunkt).

Wird schließlich im Punkt K die Gerade U selbst zur Tangente an C, so müssen wir sagen, daß die Tangente an c im unendlichfernen Punkt zur unendlichfernen Geraden wird (vom affinen Standpunkt aus besitzt c dann einen parabolischen Ast).

Auf diese Weise gelangen wir zu dem allgemeinen Satz: Besitzt eine Kurve C an einer Stelle eine Tangente, so besitzt die Bildkurve im entsprechenden Bildpunkt eine Tangente, die das Bild der Tangente an C ist. Das heißt mit anderen Worten, daß bei einer Perspektivität die Berührpunkte von Kurven erhalten bleiben.

4. Anwendungen

a) Wir betrachten zunächst in der Ebene P die Desargues-Figur (vgl. Kap. I, 1 Ad), die aus zwei zueinander ähnlichen Dreiecken ABC, $A'B'C'$ besteht. Wir setzen voraus, daß $AB \| A'B'$, $BC \| B'C'$. Dann bedeutet die Aussage, daß AA', BB', CC' sich in einem Punkt O schneiden, das gleiche wie die Aussage, daß AC und $A'C'$ zueinander parallel sind. Unterwerfen wir diese Figur einer beliebigen Perspektivität: dann folgen aus den Inzidenzen OAA', OBB', OCC' die entsprechenden Inzidenzen oaa', obb', occ'. Die Parallelen AB, $A'B'$ werden in die Geraden ab, $a'b'$ abgebildet, die sich auf der Geraden v im Punkt γ schneiden; das gleiche gilt entsprechend für bc und $b'c'$, die sich im Punkt α von v, sowie für ac, $a'c'$, die sich im Punkt β von v schneiden. Ist umgekehrt eine aus zwei beliebigen Dreiecken abc, $a'b'c'$ bestehende Figur in der Ebene p gegeben, deren einander zugeordnete Seiten sich in den Punkten α, beziehungsweise β, γ schneiden, dann können wir immer eine Perspektivität ausführen, indem wir eine Ebene P wählen, die p in einer zu $\alpha\beta$ parallelen Geraden schneidet, sowie einen Punkt S bestimmen, der in der Ebene parallel zu P durch $\alpha\beta$ liegt. Dann liegen die Bilder von α und β im Unendlichfernen. Die Behauptung, daß γ kollinear mit α, β liegt, ist gleichbedeutend mit der Aussage, daß AB und $A'B'$ zueinander parallel sind. Ebenso ist die Aussage, daß aa', bb', cc' konzentrisch sind, der Feststellung gleichwertig, daß AA', BB', CC' ebenfalls konzentrisch sind. Wir erhalten so die projektive Figur des Desargues und gelangen zu dem Satz:

Liegen die einander zugeordneten Ecken zweier Dreiecke auf sich schneidenden Geraden, so ist dies gleichbedeutend damit, daß sich ihre einander zugeordneten Seiten in drei Punkten einer Geraden schneiden.
Zwei Dreiecke, die dieser Bedingung genügen, heißen *homolog*.

b) Mittels eines entsprechenden Verfahrens leiten wir aus der affinen Form des Pappus-Pascal-Satzes die *projektive* ab:
Liegen die Eckpunkte eines einfachen Sechseckes abwechselnd auf zwei Geraden, so liegen die Schnittpunkte der Gegenseiten auf einer Geraden.

B. INVARIANZEIGENSCHAFTEN KOLLINEARER PUNKTE

a) **Kollineare Punkte.** Transformieren wir kollineare Punkte, so beschränken wir die Perspektivität auf eine Ebene durch den Augpunkt *S*.
Wir treiben also mit Hilfe der zweidimensionalen affinen Geometrie eindimensionale projektive Geometrie.

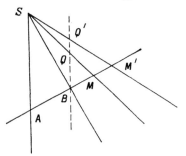

Sind nur *drei* kollineare Punkte gegeben, so können wir bei einer Perspektivität darüber keinerlei Aussage machen. Liegen nämlich drei Punkte *A, B, C* auf einer Geraden *D* und drei Punkte *a, b, c* auf einer Geraden *d*, so ist es immer möglich, diese Figuren einander zuzuordnen, etwa durch das Produkt einer Translation (die *A* in *a* überführt), und einer Perspektivität (wobei *S* der Schnittpunkt von *bB* und *cC* ist). Daher müssen wir immer *vier* Punkte betrachten, um etwas aussagen zu können.

Es sei eine durch die Punkte *A, B* definierte Gerade und auf dieser zwei weitere Punkte *M* und *M'* gegeben. Wir verbinden diese Punkte mit dem Augpunkt *S*. Man kann die Streckenverhältnisse $\dfrac{\overline{MA}}{\overline{MB}}$ und $\dfrac{\overline{M'A}}{\overline{M'B}}$ mit Hilfe der Vektoren ermitteln, die auf der Parallele zu *SA* durch *B* abgetragen werden; schneidet diese Gerade *SM* in *Q* und *SM'* in *Q'*, so gilt

$$\frac{\overline{MA}}{\overline{MB}} = \frac{\overline{SA}}{\overline{QB}}, \quad \frac{\overline{M'A}}{\overline{M'B}} = \frac{\overline{SA}}{\overline{Q'B}} \quad \text{und daher} \quad \frac{\overline{MA}}{\overline{MB}} : \frac{\overline{M'A}}{\overline{M'B}} = \frac{\overline{Q'B}}{\overline{QB}}.$$

Dieses Streckenverhältnis ist bei einer Perspektivität mit dem Zentrum *S* invariant, bei der die Schnittgerade *ABMM'* auf jede andere Schnittgerade abgebildet wird. Die Zahl

$$\frac{\overline{MA}}{\overline{MB}} : \frac{\overline{M'A}}{\overline{M'B}}$$

heißt *Doppelverhältnis der vier Punkte A, B; M, M'* (oder nach *Chasles anharmonisches Verhältnis* dieser vier Punkte). Somit *ist das Doppelverhältnis von vier kollinearen Punkten bei jeder Perspektivität invariant.* Dieser Satz ist ein grundlegender Baustein der projektiven Geometrie. Man schreibt für das Doppelverhältnis (DV) kurz (*A, B; M, M'*). Somit gilt

$$(A, B; M, M') = \frac{\overline{MA}}{\overline{MB}} : \frac{\overline{M'A}}{\overline{M'B}} = \frac{\overline{MA} \cdot \overline{M'B}}{\overline{MB} \cdot \overline{M'A}}.$$

In dem letzten Ausdruck erscheint jeder Punkt einmal im Zähler und einmal im Nenner und zweimal als Endpunkt und zweimal als Ursprung von Vektoren. Dadurch wird eines der durch vier kollineare Punkte definierten Doppelverhältnisse bestimmt, *das von der Reihenfolge, in welcher die Punkte genannt werden, abhängt.*
In der projektiven Geometrie ist eine Gerade durch zwei Punkte bestimmt, aber ein Punkt M der Geraden wird durch die Angabe von drei Punkten A, B, C mittels der Zahl

$$\lambda_M = (A, B; C, M) = \frac{\overline{CA}}{\overline{CB}} : \frac{\overline{MA}}{\overline{MB}}$$

bestimmt.
Die Zahl λ_M ist ein Element der projektiven Geometrie, wohingegen die Streckenverhältnisse, wie sie auf der rechten Seite der obigen Gleichung auftreten, Elemente der affinen Geometrie sind.

Theorem
Bestimmung des Doppelverhältnisses von vier Punkten M_1, M_2, M_3, M_4 als Funktion der vier Zahlen λ, durch die jeder Punkt M_i ausgehend von drei gegebenen Punkten A, B, C bestimmt ist.
Kehren wir zu den Abszissen der Punkte auf der affinen Geraden zurück. Sind der Ursprung und eine Längeneinheit gewählt, so nennen wir a, b, c, x die Abszissen der Punkte A, B, C, M. Dann folgt

$$\lambda_M = \frac{(a-c)}{(b-c)} : \frac{(a-x)}{(b-x)},$$

welche Zahl wir als *Doppelverhältnis der vier Zahlen* a, b; c, x bezeichnen und wofür wir schreiben: $(a, b; c, x)$. Dies ist eine „homographische" Funktion von x, die man

$$\lambda = k + \frac{h}{x-a}$$

schreiben kann. Die aufeinanderfolgenden Transformationen, durch welche x in $X = x-a$, dann in $Y = \frac{1}{x}$ und schließlich in $Z = hY$ übergeführt wird, lassen das Doppelverhältnis der vier Zahlen offensichtlich invariant, woraus wir den Satz gewinnen:

Das Doppelverhältnis von vier Punkten M_i der Geraden, bezogen auf drei Punkte A, B, C, das dem Verhältnis der vier Abszissenwerte x gleich ist, ist auch dem Doppelverhältnis der zugehörigen Zahlen λ gleich.

Spezielle Doppelverhältnisse

Sind A, B, C voneinander verschiedene Punkte und wird M durch einen Wert λ bestimmt, so bedeutet $\lambda = +1$, daß M mit C zusammenfällt, $\lambda = 0$, daß M in B liegt; um auszudrücken, daß M mit A zusammenfällt, muß man $\lambda = \infty$ wählen, ohne dabei zwischen $+\infty$ und $-\infty$ zu unterscheiden. In derselben Weise, wie wir vorhin die reelle Gerade durch den unendlichfernen Punkt ergänzt haben, so ergänzen wir nun die Zahlenmenge durch die Zahl unendlich.
Welcher Zahl aber entspricht nun der unendlichferne Punkt der Geraden? Lassen wir die Abszisse von x gegen unendlich gehen. Nach früherer Rechnung strebt λ dann gegen

$$\frac{b-c}{a-c} = \frac{\overline{CB}}{\overline{CA}}.$$

Mit anderen Worten heißt das, daß die Lage von M im Unendlichen dem Wert

$$\frac{\overline{MA}}{\overline{MB}} = +1$$

entspricht, daß

$$\frac{a-\infty}{b-\infty} = +1$$

und daß

$$(a, b; c, \infty) = \frac{a-c}{b-c}.$$

Bemerkung

Dieses Ergebnis kann man ohne Grenzübergang aus einer Perspektivität von vier kollinearen Punkten A', B', C', M' herleiten, bei der von S auf eine zu SM' parallele Gerade projiziert wird. Zieht man die von C' ausgehende Parallele zu SM', so finden wir wie oben

$$\lambda = \frac{\overline{C'A'}}{\overline{MA}} : \frac{\overline{C'B'}}{\overline{MB}} = \frac{\overline{CA}}{\overline{CB}}.$$

Zwischen der Menge der reellen Zahlen unter Einschluß von ∞ (Menge der Werte von λ) und der projektiven Geraden (die von M durchlaufen wird) besteht eine eineindeutige Zuordnung.

Beziehungen zwischen den DV vier kollinearer Punkte A, B, C, D

Legen wir jeden Punkt M der Geraden durch $\lambda_M = (A, B; C, M)$ fest und betrachten wir einen Punkt D mit $\lambda_D = \delta$. Dann ist bekanntlich $\lambda_A = \infty$, $\lambda_B = 0$, $\lambda_C = 1$. Ändert sich nun die Reihenfolge der Punkte A, B, C, D, so erhalten wir für das Doppelverhältnis nur sechs verschiedene Werte, je nach der Rolle, die 0, 1 und δ spielen, da ∞ für das DV nur den Wert 1 liefert. Auf diese Weise erhält man

$$\lambda_1 = \frac{\delta-0}{1-0} = \delta, \quad \lambda_2 = \frac{1-0}{\delta-0} = \frac{1}{\delta}, \quad \lambda_3 = \frac{\delta-1}{0-1} = 1-\delta,$$

$$\lambda_4 = \frac{1}{1-\delta}, \quad \lambda_5 = \frac{1-\delta}{0-\delta} = \frac{\delta-1}{\delta}, \quad \lambda_6 = \frac{\delta}{\delta-1},$$

Diese Zahlenwerte verringern sich dann auf drei, wenn sie genau -1, 2, $\frac{1}{2}$ betragen. Diesen Sonderfall werden wir später untersuchen; er wird als *harmonischer Fall* bezeichnet.

b) Doppelverhältnis eines Büschels von vier Geraden

Mit *Geradenbüschel* bezeichnet man eine Menge von Geraden einer Ebene, die durch einen Punkt, das *Zentrum*, gehen. Eine Menge von parallelen Geraden in der Ebene der projektiven Geometrie bildet vom projektivem Standpunkt aus gesehen ein Büschel, dessen Zentrum ein unendlichferner Punkt ist.

Durch die Invarianz des Doppelverhältnisses vier kollinearer Punkte gegenüber jeder Perspektivität wird ausgedrückt, daß *auf jeder Schnittgeraden eines Büschels von vier in bestimmter Ordnung gezählten Geraden das Doppelverhältnis der Schnittpunkte unabhängig von der Lage der Schnittgeraden ist.* Diese Zahl ist mithin dem Büschel fest zugeordnet. Man bezeichnet sie als *Doppelverhältnis des Büschels.* Ist diese Zahl insbesondere gleich -1, so heißt das Büschel harmonisch.

Umgekehrt gilt: *Liegen auf zwei sich in einem Punkt A schneidenden Geraden Punkte, durch die ein- und dasselbe Doppelverhältnis $(A, B; C, M) = (A, b; c, m)$ bestimmt wird, so schneiden sich die Verbindungsgeraden Bb, Cc, Mm homologer Punkte in einem Punkt.* In der Tat entspricht bei der Perspektivität, die B in b und C in c überführt, M dem Punkt m, da der vierte Punkt der Teilung durch das Doppelverhältnis bestimmt wird. Betrachten wir also M als erzeugenden Punkt der ersten Geraden, so beschribt m die andere und Mm geht durch einen Fixpunkt.

c) Doppelverhältnis eines Ebenenbüschels

In der dreidimensionalen Geometrie bezeichnet man eine Menge von Ebenen durch eine Gerade als Ebenenbüschel. *Ist ein Büschel von vier Ebenen in bestimmter Ordnung gegeben, so ist das Doppelverhältnis der Schnittpunkte mit einer zu der gemeinsamen Geraden windschiefen Schnittgeraden unabhängig von der Lage derselben.* Man vergleiche dazu die auf zwei zueinander windschiefen Schnittgeraden auftretende Teilung mittels einer Hilfsgeraden, die einen Punkt der einen mit einem Punkt der anderen Geraden verbindet, wobei man die Transitivität der Gleichheitsbeziehung verwendet. Dieses Doppelverhältnis ist mithin eine fest mit dem Ebenenbüschel verbundene Zahl. Man nennt sie *Doppelverhältnis des Büschels*.

Bemerkung

In der affinen Ebene ist das Doppelverhältnis eines Büschels von vier Geraden gleich dem Doppelverhältnis der vier Richtungskoeffizienten dieser Geraden (das erhellt aus dem Schnitt mit der Geraden $x = 1$).

C. PROJEKTIVE KOORDINATEN

Wir werden im folgenden ein Bezugssystem für einen in einer Ebene gelegenen Punkt M angeben, dessen Koordinaten gegenüber Perspektivitäten invariant sind. Dazu brauchen wir nur Doppelverhältnisse einzuführen.

Es seien in der Ebene vier Punkte A, B, C, D gegeben, von denen nicht drei auf einer Geraden liegen. Teilen wir nun dem Punkt D eine besondere Rolle zu: Wir bezeichnen mit D_a, D_b, D_c die Punkte, in denen AD, BD, CD die Seiten des Dreiecks ABC schneiden und entsprechend mit M_a, M_b, M_c die Punkte, in denen AM, BM, CM diese Seiten schneiden. Dann führen wir die Doppelverhältnisse

$$\alpha = (B, C; D_a, M_a), \beta = (C, A; D_b, M_b) \text{ und } \gamma = (A, B; D_c, M_c)$$

ein.

Der Punkt M wird durch zwei dieser Zahlen festgelegt, mithin besteht zwischen diesen drei Zahlen eine Beziehung. Um diese zu finden, verwenden wir eine Schnittgerade, etwa CM, die AD im Punkt A' und BD im Punkt B' schneidet. Es gilt also

$$\alpha = (B, C; D_a, M_a) = (M_c, C; A', M)$$

und ebenso

$$\beta = (C, M_c; B', M).$$

Es ist jedoch in der Perspektivität mit dem Augpunkt D

$$\gamma = (A, B; D_c, M_c) = (A', B'; C, M_c).$$

Rechnet man diese Doppelverhältnisse explizit aus, so erhält man $\alpha\beta\gamma = 1$.

Man sieht, daß D den Werten $\alpha = \beta = \gamma = 1$ entspricht und als *Einheitspunkt* betrachtet werden kann; α, β, γ bilden ein *System von projektiven Koordinaten*.

Im Raum führt man in entsprechender Weise vier Zahlen ein, deren Produkt gleich 1 ist; dabei bedient man sich jener vier Punkte, durch die ein echtes Tetraeder aufgespannt wird, sowie eines fünften Punktes, der als Einheitspunkt dient.

Zusammenhang mit der affinen Geometrie

Beabsichtigt man, in einer Ebene mit den affinen Koordinaten x, y projektive Geometrie zu betreiben, so wählt man als Bezugssystem $\{ABCD\}$: Den Punkt A legt man in den Koordinatenursprung, B in den unendlichfernen Punkt von Ox, C in den uneigentlichen Punkt von Oy, und den Einheitspunkt D in den Punkt mit den Koordinaten $x = 1$, $y = 1$. Ein beliebiger Punkt M mit den Koordinaten x, y ist mithin mit der Menge der drei Zahlen α, β, γ in der beschriebenen Weise verknüpft. Man findet hierfür

$$\alpha = \frac{x}{y}, \quad \beta = y, \quad \gamma = \frac{1}{x}.$$

Führt man also drei Zahlen X, Y, T ein, die bis auf einen multiplikativen Faktor bestimmt sind, indem man

$$\frac{X}{x} = \frac{Y}{y} = \frac{T}{1}$$

setzt, so erhält man

$$\alpha = \frac{X}{Y}, \quad \beta = \frac{Y}{T}, \quad \gamma = \frac{T}{X}.$$

X, Y, T, die proportional zu x, y, 1 sind und die durch ihre Verhältnisse die projektiven Koordinaten α, β, γ bestimmen, heißen *homogene Koordinaten* von M. Mit ihrer Hilfe kann man auch in der affinen Ebene projektive Geometrie betreiben.

Ein Punkt ist mithin durch $\dfrac{X}{a} = \dfrac{Y}{b} = \dfrac{T}{c}$ bestimmt.

Die Gleichung $ux + vy + w = 0$ einer Geraden wird dann zu $uX + vY + wT = 0$; die Gleichung der unendlichfernen Geraden lautet einfach $T = 0$. Der unendlichferne Punkt in Richtung $\dfrac{y}{x} = m$ wird dann etwa durch

$$X = 1, Y = m, T = 0$$

oder auch
$$X = k, Y = km, T = 0$$
gegeben, wobei die Zahl k willkürlich ist.
Zwei parallele Gerade $ax+by = c$, $ax+by = c'$ schneiden sich in einem Punkt, der durch
$$\begin{cases} aX+bY = cT \\ aX+bY = c'T \end{cases}$$
bestimmt ist. Dieses ist ein homogenes Gleichungssystem, das zu
$$X = bk, \quad Y = -ak, \quad T = 0$$
äquivalent ist. Im Raum setzt man entsprechend
$$\frac{X}{x} = \frac{Y}{y} = \frac{Z}{z} = \frac{T}{1}.$$

Deutung

Die projektive Geometrie der Ebene (g) kann als Bild einer Geometrie im Raum (G) aufgefaßt werden, deren Elemente die Geraden $D\left(\frac{X}{a} = \frac{Y}{b} = \frac{T}{c}\right)$, die von einem Ursprungspunkt ausgehen, und die Ebenen $P(uX+vY+wT = 0)$ sind, die durch denselben Punkt gehen. Jeder Geraden D ist ein Punkt von (g) und jeder Ebene P eine Gerade von (g) zugeordnet. In (G) bestimmen zwei getrennte Gerade ohne jede Ausnahme eine Ebene P, und zwei Ebenen P_i schneiden sich in einer Geraden D.

In gleicher Weise entspricht die projektive Geometrie in n Dimensionen (g) einer Geometrie (G) in einem $(n+1)$-dimensionalen Raum.

D. EBENE PROJEKTIVE TRANSFORMATIONEN

Man kann die allgemeinste projektive Transformation der Ebene auf sich selbst (*ebene „homographische" Transformation*) durch die Gleichheit der projektiven Koordinaten entsprechender (homologer) Punkte M und M' in bezug auf zwei willkürliche Bezugssysteme A, B, C, D und A', B', C', D' definieren. Eine solche Transformation ist ein Produkt von Perspektivitäten von Ebenen im dreidimensionalen Raum, welcher die gegebene Ebene enthält (dazu setzt man etwa $K = AB \cap CD$ und $K' = A'B' \cap C'D'$, führt dann zunächst A in A', D und K in D' und K' und schließlich B und C in B' und C' über).

Bei einer solchen Transformation bleibt also die Kollinearität und das Doppelverhältnis kollinearer Punkte erhalten.

Umgekehrt gilt, daß jede Transformation der Ebene auf sich selbst, bei der die Inzidenzen und die Doppelverhältnisse kollinearer Punkte erhalten bleiben, eine homographische Transformation ist, die durch vier Paare homologer Punkte, von denen je drei nicht kollinear liegen, definiert ist.

Beispiel: Homologie (*Ebene Zentralkollineation*)
Als solche bezeichnet man die Transmutierte einer zentrischen Streckung, die durch eine Perspektivität aus der affinen Ebene P' in eine andere Ebene übertragen wird.
In P' wird eine zentrische Streckung durch vier Punktepaare A', a' und B', b' definiert, wobei $A'B'$ und $a'b'$ parallel sind:

$$\forall m', \quad A'M' \parallel a'm' \quad \text{und} \quad B'M' \parallel b'm'.$$

Das heißt, daß alle Punkte der unendlichfernen Geraden invariant bleiben.
Nach Ausführung der Perspektivität sind A, a und B, b beliebige Punktepaare; *jeder Punkt einer Geraden Δ bleibt invariant.*
Wählen wir nun auf der Geraden Δ zwei Punkte C und D. Bezüglich der Basis A, B, C, D ist der erzeugende Punkt M der Ebene durch seine projektiven Koordinaten α, β, γ bestimmt, wogegen sein Bild m bezüglich a, b, C, D durch dieselben Zahlen definiert wird (weil man zur Bestimmung von α und β die Schnittgerade Δ verwenden kann). Die Transformation ist also homographisch.
Da bei einer zentrischen Streckung die Gerade, die einen Punkt mit seinem Bildpunkt verbindet, durch einen invarianten Punkt S' hindurchgeht, so gilt dasselbe auch für eine Homologie. Dieser Punkt heißt dann *Homologiezentrum* und Δ *Homologieachse*.
Daraus folgt, daß *eine Homologie durch ihr Zentrum S, die Achse Δ und ein Punktepaar A, a der Geraden Aa, die durch S hindurchgeht,* definiert ist. Das Bild m des erzeugenden Punktes M ist in der Tat durch folgende Bedingungen festgelegt: m liegt auf SM und die Geraden AM und am schneiden sich auf Δ.
Daraus ergibt sich die Umkehrung: *Eine Punkttransformation, bei der die Inzidenzen erhalten bleiben und eine Gerade Δ punktweise sowie ein Punkt S außerhalb Δ geradenweise invariant bleibt, ist eine Homologie.*

Singuläre Homologie
Transmutiert man mittels einer Perspektivität nicht eine echte zentrische Streckung, sondern eine Translation, so erhält man eine zu der ersten analoge Transformation: Jede Gerade Mm, die einen Punkt mit seinem Bild verbindet, geht durch einen Fixpunkt S, der auf Δ liegt. Diese

Transformation ist mithin durch die Angabe von Δ, S und eines Paares A, a bestimmt.

Reziproke Homologie

Man kann jede Homologie als mittels einer Perspektivität Transmutierte einer affinen Abbildung definieren, wobei das Zentrum S das Bild des unendlichfernen Punktes auf $A'a'$ ist. Es existieren jedoch auch reziproke Affinitäten: die Spiegelungen. Dann geht Δ' durch die Mitte α' von $A'a'$; das heißt,

$$(S, \alpha; A, a) = -1.$$

Darüber hinaus gilt, daß sich bei beliebigem M nicht nur AM und am auf Δ schneiden, sondern auch Am und aM. Wir sind damit auf eine besonders interessante Figur gestoßen, die wir im weiteren noch gesondert untersuchen werden.

E. HARMONISCHE TEILUNG. HARMONISCHE BÜSCHEL

a) Vier harmonische Punkte. *Vier kollineare Punkte A, B, C, D bilden eine harmonische Teilung, wenn das Doppelverhältnis $(A, B; C, D)$ gleich -1 ist.* Wir haben erkannt, daß dies der Fall ist, wenn die sechs Doppelverhältnisse sich auf drei reduzieren, deren Werte -1, 2 und $\frac{1}{2}$ sind. Definitionsgemäß kann man für $(A, B; C, D) = -1$ auch schreiben

$$\frac{\overline{CA}}{\overline{CB}} = -\frac{\overline{DA}}{\overline{DB}} \tag{1}$$

oder

$$\overline{CA} \cdot \overline{DB} + \overline{CB} \cdot \overline{DA} = 0. \tag{2}$$

Den in dieser Beziehung auftretenden Symmetrien zufolge spielen die beiden Punktepaare A, B und C, D dieselbe Rolle, ebenso wie die zwei Punkte jedes Paares. Die Punkte eines Paares heißen *konjugiert* bezüglich des anderen Paares. Diese Symmetrien werden deutlich, wenn man zu den Abszissen a, b, c, d der vier Punkte zurückkehrt; (2) liefert dann

$$(a+b)(c+d) = 2(ab+cd). \tag{3}$$

Bemerkung

Liegt der Ursprungspunkt der Abszissen in A, so ergibt die Formel

$$\frac{2}{\overline{AB}} = \frac{1}{\overline{AC}} + \frac{1}{\overline{AD}}. \tag{4}$$

Liegt der Ursprung in der Mitte M von AB, so liefert sie

$$MA^2 = MB^2 = \overline{MC} \cdot \overline{MD}. \qquad (5)$$

Diese Formeln sind bei praktischen Anwendungen wichtig.
Eine harmonische Teilung wird dadurch gekennzeichnet, daß das zugehörige Doppelverhältnis sein eigener Kehrwert ist, etwa

$$(A, B; C, D) = (A, B; D, C),$$

weil unter der Voraussetzung, daß die Punkte voneinander verschieden sind, das Doppelverhältnis nicht den Wert $+1$, sondern nur den Wert -1 annehmen kann.
Ein aus vier Geraden (oder *Strahlen*) *bestehendes Büschel heißt harmonisch, wenn sein Doppelverhältnis den Wert* -1 *hat*, das heißt, wenn es auf jeder Schnittgeraden eine harmonische Teilung herstellt. *Konjugierte Strahlen* sind die Träger der Punkte eines Paares, das heißt, die Träger von konjugierten Punkten.
Verwenden wir nun eine zu einem der Strahlen parallele Schnittgerade; dann können wir die Behauptung aufstellen: *In der affinen Ebene wird ein harmonisches Büschel dadurch gekennzeichnet, daß zwei konjugierte Strahlen bezüglich eines dritten Strahles affinsymmetrisch liegen, wobei die Affinrichtung parallel zum vierten ist.*
Dies gestattet die Konstruktion eines harmonischen Büschels, sofern man ein Strahlenpaar und einen der Strahlen des zweiten Paares kennt: Man zieht zu dem einen Strahl die Parallele; der zum unendlichfernen Punkt konjugierte ist die Mitte der Strecke zwischen den beiden anderen Punkten.
Wir werden dieser Konstruktion der affinen Geometrie jedoch eine solche der projektiven Geometrie vorziehen: Dann muß das Doppelverhältnis sein eigener Kehrwert sein. Schneiden sich also zwei Schnittgeraden auf einem der Strahlen im Punkt A, wobei

$$(A, M; B, C) = (A, M'; B', C')$$

ist, so ist für eine harmonische Teilung notwendig und hinreichend — vorausgesetzt, daß die voneinander verschiedenen Punkte ein Doppelverhältnis $+1$ ausschließen — daß

$$(A, M; B, C) = (A, M'; C', B').$$

Nach der Umkehrung in Bb) schneiden sich MM', BC' und CB' in einem Punkt T. Die Gerade MM' ist mithin jene Gerade, die das Zentrum des Büschels mit diesem Punkt T verbindet. Daraus ergibt sich die Konstruktion: *Ist ein Strahlenpaar Sb, Sc und der Strahl Sa gegeben, so ist der zu Sa konjugierte Strahl Sm mit Hilfe der beiden Schnittgeraden ABC, AB'C' zu bestimmen, die von einem Punkt A auf Sa ausgehen; dieser Strahl geht durch den Schnittpunkt von BC' und CB'.*

b) Definition

Ist ein Geradenpaar d_1, d_2 sowie ein Punkt A gegeben, so nennt man *Polare von A bezüglich des Strahlenpaares* den geometrischen Ort der zu A konjugierten Punkte M in bezug auf die Strecke N_1N_2, die auf jeder Geraden durch A ausgeschnitten wird. Der Punkt M ist auf jeder Schnittgeraden eindeutig bestimmt; er liegt auf dem Strahl δ, der bezüglich d_1, d_2 harmonisch konjugiert zu SA ist; dieser Strahl δ ist mithin der gesuchte geometrische Ort.

Diskussion

Liegt das Zentrum des Büschels im Punkte S (der nicht der unendlichferne Punkt ist), so kann man den Punkt S von δ nur dann als Teil des geometrischen Ortes ansehen, *wenn man übereinkommt, als harmonische Teilung auch eine Menge von vier Punkten zu betrachten, von denen drei zusammenfallen.* Diese Vereinfachung der Redeweise ist bei Stetigkeitsbetrachtungen oft von Vorteil. (Das Doppelverhältnis ist nicht mehr definiert, weswegen wir Unbestimmtheit haben und dem Doppelverhältnis den Wert -1 zuschreiben können).

Spezielle Lagen von A

Ausgezeichnete Lagen von A finden sich offensichtlich auf den Geraden d_1, d_2, sowie im Punkte S, sofern dieser existiert, und in den unendlichfernen Punkten der Ebene.

1. Wir erkennen zunächst, daß der letzte Fall in keiner Weise außergewöhnlich ist; liegt A in einer Richtung σ im Unendlichfernen, so sind die Schnittgeraden ebenso wie SA parallel zu σ, so daß das Ergebnis weiterhin richtig ist.

2. Liegt A auf d_1, nicht jedoch in S, so liegt der Punkt N_1 auf jeder von d_1 verschiedenen Schnittgeraden s; N_1 fällt mit A zusammen, wohingegen N_2 davon verschieden ist. Nach der vorhergehenden Übereinkunft fällt M mit A zusammen. Fällt jedoch s mit d_1 zusammen, so liegt der Punkt N_2 in S und der Punkt N_1 unbestimmt auf d_1. Wir haben also hier einen singulären Fall vor uns. In Erweiterung des vorherigen sagen wir, daß d_1 die Polare von A ist. Ein Büschel, bei dem drei Strahlen zusammenfallen, kann man immer als harmonisches Büschel ansehen, so daß der allgemeine Satz anwendbar ist.

3. Liegt schließlich A in S, so fallen auf allen Geraden s die Punkte N_1 und N_2 mit A zusammen und M ist folglich vollständig unbestimmt. Es gibt keine Polare mehr, wenn man nicht die gesamte Ebene als Polare annehmen will.

Ergebnis
In der Ebene ist die Polare δ eines Punktes A in bezug auf ein Geradenpaar mit dem Scheitel S ($A \neq S$) der vierte harmonische Strahl zu diesen beiden Geraden und SA.
Umgekehrt heißt A *Pol* von δ. Es versteht sich, daß jeder Punkt von SA mit Ausnahme von S selbst ein Pol von δ ist. Die Zuordnung zwischen Pol und Polare bezüglich eines Geradenpaares ist demnach weit davon entfernt, eineindeutig zu sein.
Zwei Punkte heißen *konjugiert in bezug auf ein Geradenpaar*, wenn der eine auf der Polaren der anderen liegt: *diese Beziehung ist umkehrbar*.
Diese Bezeichnungen entsprechen, obwohl sie gegenwärtig von geringem Nutzen sind, jedoch den grundlegenden Begriffen des Falles, wo das Geradenpaar durch eine Kurve ersetzt wird, die in zwei Punkten von den Geraden s geschnitten wird: Dieser Fall tritt bei den Kegelschnitten auf. Für den Kreis werden wir diese Frage in der metrischen Geometrie erledigen und die sich auf die Kegelschnitte beziehende Theorie daraus durch Perspektivitäten ableiten.

Anwendungsbeispiel
Satz über das *vollständige Vierseit*.
Als vollständiges Vierseit bezeichnet man eine Figur, die aus vier Geraden besteht, von denen sich keine drei in einem Punkt schneiden. Die Figur weist sechs Eckpunkte auf (von denen einer oder zwei im Unendlichfernen liegen können, unter Umständen sogar drei, wenn eine der Geraden die unendlichferne ist). Es gibt darin drei Diagonalen, also Geraden, die zwei Eckpunkte verbinden, die nicht auf derselben Seite liegen; diese Diagonalen bilden ein Dreieck, das Diagonalendreieck, dessen Seiten je zwei Ecken des Vierecks tragen. Nach der projektiven Konstruktion der Polaren in bezug auf zwei Diagonalen sind die beiden auf der dritten Diagonale gelegenen Eckpunkte zueinander konjugiert. Das heißt, daß auf jeder Diagonalen die zwei ihr angehörenden Eckpunkte und die Schnittpunkte mit den beiden anderen Diagonalen eine harmonische Teilung bestimmen. Gebraucht man das Wort „Diagonale" im Sinne einer „durch die Eckpunkte begrenzten Strecke", so kann man allgemein sagen: *In einem vollständigen Vierseit wird jede Diagonale von den beiden anderen harmonisch geteilt.*
Man kann diesen Satz auch aus dem Satz der affinen Geometrie herleiten: „Die Diagonalen eines Parallelogramms schneiden sich in ihren

Mittelpunkten", weil jedes vollständige Vierseit mittels einer Perspektivität aus einem Parallelogramm erhältlich ist. Man erkennt, daß der allgemeine Satz auch den Satz über die Mittenlinien eines Dreiecks enthält.

c) Zwei Sätze der metrischen Geometrie

Wir erwähnen hier zwei Sätze, die in der metrischen Geometrie das im Vorhergehenden Auseinandergesetzte vervollständigen, obwohl dies im Gegensatz zu unserem allgemeinen Plan steht.

1. Ein spezielles harmonisches Büschel

Wir haben die harmonische Teilung eines Büschels dahingehend charakterisiert, daß zwei konjugierte Strahlen bezüglich eines Strahls des anderen Paares affinsymmetrisch liegen, wobei die Symmetrie auch zum zweiten Strahl des zweiten Paares gilt. Die Aussage, daß eine solche Symmetrie orthogonal ist, bedeutet, daß die Strahlen des zweiten Paares aufeinander senkrecht stehen. Somit gilt folgendes: *Ein Paar Geraden und ihre Winkelhalbierenden bilden ein harmonisches Büschel.* Umgekehrt gilt: *Stehen in einem harmonischen Büschel zwei zueinander konjugierte Strahlen aufeinander senkrecht, so sind diese Strahlen die Winkelhalbierenden des anderen Paares.*

2. Das Doppelverhältnis eines Büschels, ausgedrückt durch die dabei gebildeten Winkel

In der metrischen Geometrie werden in der orientierten Ebene dann zwei Büschel als gleich angesehen, wenn die von den Strahlen eingeschlossenen Winkel bis auf $k\pi$ gleich sind. Das Doppelverhältnis

$$\lambda = (d_1, d_2; \delta_1, \delta_2)$$

kann man als Funktion der Sinuswerte der Winkel angeben. Der „Sinussatz" für Dreiecke liefert sofort, wenn man eine Schnittgerade durch das Büschel legt, in Absolutwerten die Beziehung

$$\lambda = \frac{\sin(d_1, \delta_1)}{\sin(d_2, \delta_1)} : \frac{\sin(d_1, \delta_2)}{\sin(d_2, \delta_2)} \ .$$

Es verbleibt noch die Aufgabe, die Vorzeichen in dieser Beziehung festzustellen: Da der in der Ebene und auf jeder Geraden gewählte Richtungssinn nicht in die Beziehung eingeht, so ist der Nachweis unmittelbar so zu führen, daß man etwa jede Gerade vom Zentrum zur Schnittgeraden hin orientiert. Man erkennt, daß sich die Formel offensichtlich nicht auf ein Parallelenbüschel anwenden läßt.

F. VERSUCH EINES DIREKTEN AXIOMATISCHEN AUFBAUES DER PROJEKTIVEN GEOMETRIE

Wir haben im bisherigen die projektive Geometrie aus der affinen Geometrie hergeleitet. Der umgekehrte Weg scheint befriedigender; dann erscheint die affine Geometrie als Spezialfall der projektiven, wie die metrische Geometrie wiederum als Spezialfall der affinen Geometrie.

Nach dem Vorhergehenden verstehen wir, daß man als Axiome die folgenden Sätze nimmt, die ohne jede Ausnahme gültig sind:

Inzidenzaxiome

Durch zwei verschiedene Punkte geht eine und nur eine Gerade.
Drei nicht kollineare Punkte bestimmen eine und nur eine Ebene.
Zwei nicht zusammenfallende Ebenen haben eine Gerade gemeinsam.
Zwei verschiedene Geraden einer Ebene haben einen Punkt gemeinsam.

Nach diesen Festlegungen gehen wir im dreidimensionalen Raum von einem Dreiflach mit der Spitze S aus, das von den Ebenen P und P' in den Punkten A, B, C; A', B', C' geschnitten wird. Die Punkte $\alpha = BC \cap B'C'$, $\beta = CA \cap C'A'$, $\gamma = AB \cap A'B'$ liegen kollinear auf der Schnittgeraden Δ der Ebenen P und P'.

Übt man auf diese Raumfigur eine Perspektive mit dem Augpunkt Σ auf eine Ebene p aus, so wird die Raumfigur auf eine ebene Figur abgebildet, die wir als *Figur der homologen Dreiecke* bezeichnen; sie besteht aus den Dreiecken abc, $a'b'c'$, bei denen die Verbindungen entsprechender Eckpunkte sich in einem Punkt schneiden und entsprechende Dreiecksseiten sich in drei Punkten einer Geraden (δ) schneiden.

Wir beweisen nun den Fundamentalsatz der projektiven Geometrie:

1. Satz von den homologen Dreiecken (projektiver Satz des Desargues)

Es seien in der Ebene drei Punktepaare a, a'; b, b'; c, c' gegeben. Es sei weiter

$$s = aa' \cap bb'$$
$$\alpha = bc \cap b'c', \quad \beta = ca \cap c'a', \quad \gamma = ab \cap a'b'.$$

Dann gilt

$$s \in cc' \quad \Leftrightarrow \quad \gamma \in \alpha\beta.$$

Um dies zu beweisen, zeigen wir, daß man die gesamte Figur als perspektive Abbildung der bereits beschriebenen räumlichen Figur ansehen kann. Wir betrachten dazu die Ebene P' als mit der Ebene p der Figur zusammenfallend, so daß A', B', C' mit a', b', c' zusammenfallen. Wir

wählen einen willkürlichen Punkt Σ außerhalb von p und einen Punkt S auf $s\Sigma$.
Dadurch wird $A = \Sigma a \cap Sa'$ und $B = \Sigma b \cap Sb'$ definiert, und weiter

$$AB = (\text{Ebene } \Sigma ab) \cap (\text{Ebene } Sa'b')$$

und somit $\gamma \in AB$.

Erste Voraussetzung: $s \in cc'$

Wir definieren C durch $C = \Sigma c \cap Sc'$. Dann liegen α, β, γ kollinear auf der Spur der Ebene ABC in der Ebene p.

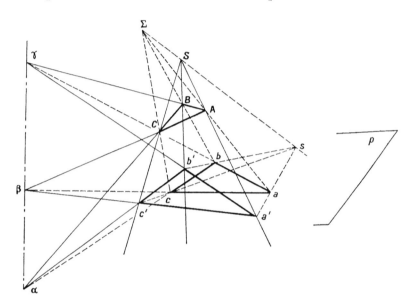

Zweite Voraussetzung: α, β, γ sind kollinear

Hier definieren wir C als Schnittpunkt von Sc' mit der Ebene $AB\alpha\beta\gamma$. Dann gilt

$$\alpha \in BC \text{ und } \beta \in AC$$

und gemäß der Perspektivität mit dem Augpunkt Σ liefert

$$C = \alpha B \cap \beta A$$

die Beziehung

$$\alpha b \cap \beta a = c.$$

Die kollinearen Punkte S, C', C ergeben also die kollinearen Punkte s, c, c'.

Homologie in der Ebene

Sind in der Ebene p zwei homologe Dreiecke gegeben, so setzen wir voraus, daß die entsprechende Raumfigur mit Hilfe der Augpunkte S und Σ konstruiert sei. Jedem Punkt m der Ebene p entspricht mittels der Perspektivität Σ ein Punkt M der Ebene P und außerdem mittels der Perspektivität S ein Punkt m' von p. Die Zuordnung zwischen m und m' kann in der Ebene p selbst dadurch definiert werden, daß smm' kollinear sind und durch den Umstand, daß mm' die Gerade aa' auf δ schneidet.

Eine solche Transformation nennen wir *Homologie*. Sie wird durch das Homologiezentrum s, die punktweise invariante Gerade δ und ein Punktepaar a, a' definiert, wobei die Gerade aa' durch s hindurchgeht. Dabei kann der Punkt s auf der Geraden δ liegen, wohingegen a und a' weder auf δ liegen noch mit s zusammenfallen dürfen.

2. Harmonische Eigenschaft

Es sei die aus vier Geraden aps, arq, bqs, brp bestehende Figur vorgelegt (vollständiges Vierseit). Die Diagonale ab wird im Punkt m von der Diagonale sr und im Punkt n von der Diagonale pq geschnitten. Wir werden beweisen, daß *bei gegebenen Punkten a, b, m der Punkt n unabhängig von der Lage der das Vierseit bildenden Geraden bestimmt ist.*

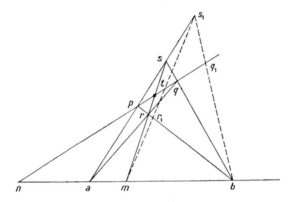

Es seien also die Punkte a, b, m gegeben. Wir wählen auf einer von a ausgehenden Geraden die Punkte p und s. Die dadurch festgelegten Inzidenzen bestimmen r und q und somit auch n. Es genügt zu zeigen, daß n fest bleibt, wenn man den Punkt s auf ap verschiebt. Man kann in der Tat s ebensogut auf sb, p auf as verschieben und auf diese Weise beliebige Lagen von s und p erzeugen.

Wir wählen mithin s_1 als auf as liegend, halten p fest und betrachten

$$r_1 = bp \cap ms_1 \,, \quad q_1 = bs_1 \cap pq.$$

Man muß somit beweisen, daß a, r_1, q_1 kollinear sind. Dies folgt jedoch unmittelbar aus der Anordnung der Dreiecke qrs und bms_1. Die Geraden bq, rm und ps_1 schneiden sich in der Tat in s; daher sind

$$a = qr \cap bm \, , \quad r_1 = rp \cap ms_1 \quad \text{und} \quad q_1 = qp \cap bs_1$$

kollinear.

Jeder Menge von drei kollinearen Punkten a, b, m entspricht ein vierter Punkt n, der zum dritten Punkt harmonisch konjugiert bezüglich der beiden ersten liegt. Man sagt dann, daß das Paar a, b und das Paar m, n zueinander in *harmonischer Beziehung stehen*.

Bezeichnen wir mit t den gemeinsamen Punkt von rs und pq (dritter Diagonalpunkt des vollständigen Vierseits), so liefert die Figur auch die anderen harmonischen Teilungen $(p, q; n, t)$ und $(r, s; t, m)$. Wir sehen, daß $(a, b; m, n)$ ebenso perspektiv zu $(p, q; t, n)$ (Augpunkt s) wie auch zu $(q, p; t, n)$ (Augpunkt r) liegt.

Folgesatz

Bei jeder ebenen Punkttransformation, die kollineare Punkte wiederum in solche überführt, liegen auf jeder Geraden unendlich viele invariante Punkte, wenn nur mindestens deren drei auf ihr liegen. Man kann in der Tat von drei solchen Punkten zu einem vierten harmonischen Punkt übergehen, indem man ein vollständiges Vierseit verwendet; bei dieser Transformation bleibt die harmonische Teilung nach dem vorangehenden Theorem erhalten.

Es seien also zwei Paare a, a' und b, b' homologer Punkte gegeben, so daß ab mit einem der invarianten Punkte von δ inzidiert und s der Schnittpunkt von aa' und bb' ist. Die durch s, δ und das Paar a, a' definierte Homologie hat mit der betrachteten Transformation jedes Punktepaar m, m' gemeinsam, so daß ma und mb die Gerade δ nur in invarianten Punkten schneiden. Diese Transformation hat also mit der Homologie unendlich viele Punktepaare gemeinsam, die offensichtlich eine abzählbare Menge bilden. Wir können jedoch noch nicht bestätigen, daß diese beiden Transformationen *alle* Punktepaare gemeinsam haben, ohne ein zusätzliches Axiom heranziehen zu müssen, das die beabsichtigten Transformationen einschränkt:

Eine Transformation heißt *stetig*, wenn jede Grenzlage der Punkte m auf die Grenzlage der Punkte m' abgebildet wird. Wir müssen also zusätzlich fordern, daß *die fragliche Transformation stetig ist*.

Wir gelangen so zu dem folgenden Satz:

Jede stetige ebene Punkttransformation, bei der kollineare Punkte wiederum in solche übergehen und bei der mindestens drei kollineare Punkte invariant sind, ist eine Homologie.

Insbesondere gilt, *daß eine aus zwei homologen Dreiecken bestehende Figur eine einzige stetige Transformation bestimmt, die kollineare Punkte wiederum in solche überführt, und diese Transformation ist eine Homologie.*

3. Ebene Perspektivität

Bei einer Homologie besteht die punktweise Zuordnung zwischen den Punkten einer Geraden x und denen ihres Bildes x' aus einer Perspektivität mit dem Augpunkt s. Umgekehrt gilt, daß jede Perspektivität s, x, x' als Ausführung einer Homologie auf die Gerade x betrachtet werden kann, deren Achse δ irgendeine der Geraden ist, die durch den Schnittpunkt von x und x' hindurchgehen.

Theorem

Sind vier kollineare Punkte a', b', c', m' und ebenso drei kollineare Punkte a, b, c gegeben, so ist das Bild m des Punktes m' bei einem Produkt von Perspektivitäten, wobei a', b', c' in a, b, c übergeführt werden, unabhängig von den betrachteten Perspektivitäten.

Betrachten wir dazu die fraglichen Perspektivitäten als Ausführungen von Homologien; seien (T_1) und (T_2) die Produkte von Homologien, die a', b', c', m' in die Bilder a, b, c, m_1 beziehungsweise a, b, c, m_2 überführen. Das Produkt der Inversen einer dieser Transformationen mit der anderen führt a, b, c, m_1 in die Bilder a, b, c, m_2 über. Bei dieser Produktbildung bleibt jedoch die Kollinearität und die Invarianz von a, b, c erhalten; somit gilt das gleiche für jeden Punkt der Geraden, weswegen m_1 und m_2 identisch sind.

Bei jedem Quadrupel kollinearer Punkte tritt also eine *perspektive Invariante* auf, die wir mit $(a, b; c, m)$ bezeichnen. Die Reihenfolge der Punkte geht selbstverständlich in diese Beziehung ein; für harmonische Punkte gilt jedoch

$$(a, b; c, d) = (a, b; d, c).$$

Sind auf zwei Geraden x und x' drei einander zugeordnete Punktepaare $a, a'; b, b'; c, c'$ gegeben, so heißt jene Zuordnung, bei der $(a, b; c, m)$ invariant bleibt, *homographisch*. Daraus folgt der spezielle Satz:

Liegen auf zwei Geraden x und x' Punkte in homographischer Zuordnung und ist der beiden Geraden gemeinsame Punkt zu sich selbst homolog, so stellt diese Zuordnung eine ebene Perspektivität dar.

4. Einführung der affinen Geometrie der Ebene

Teilen wir nun einer Geraden, die wir als unendlichferne Gerade bezeichnen wollen, eine besondere Rolle zu: ihre Punkte heißen *unendlichferne Punkte* und zwei Gerade, die durch einen solchen Punkt gehen, heißen

parallel. Zwei Paare paralleler Geraden bilden ein *Parallelogramm.* Die Figur, die aus homologen Dreiecken besteht, wobei das Zentrum *s* auf der Achse δ liegt, die identisch mit der unendlichfernen Geraden ist, führt zu dem Satz:
Sind die Figuren abb'a' und bcc'b' Parallelogramme, so ist acc'a' ebenfalls ein Parallelogramm.
Daraus können wir eine Äquivalenzrelation gewinnen: diese bezieht sich auf geometrisch gleiche (äquipollente) Vektoren. Weiter gelangen wir so zum Begriff des *freien Vektors* (als Äquivalenzklasse), der *Summe von freien Vektoren* und der *Translation.*
Betrachten wir nunmehr eine Homologie, deren Achse δ die unendlichferne Gerade ist, ohne daß jedoch das Zentrum *s* auf dieser Geraden liegt, so erhalten wir die *zentrische Streckung* und die *Multiplikation eines Vektors mit einer Zahl,* sofern wir eine Gerade mit Hilfe der Translation mit einem Maßstab ausgestattet haben.
Auf diese Weise entwickelt man die affine Geometrie der Ebene, und wir haben gesehen, daß man dabei darauf geführt wird, dem invarianten Element der Perspektivität eine Zahl zuzuordnen: das Doppelverhältnis vier kollinearer Punkte.

Übung zur projektiven Geometrie: Der Satz von (Pappus)-Pascal

Es seien auf zwei Geraden x und x' mit dem gemeinsamen Punkt a die Punkte 1, 3, 5 auf x und 2, 4, 6 auf x' gegeben. Es ist zu beweisen, daß die Punkte

$$u = 12 \cap 45 , \ v = 23 \cap 56 , \ w = 34 \cap 61$$

kollinear sind.

Setzen wir voraus, daß die Punkte 1, 2, 3, 4, 5 fest sind, der sechste Punkt *m* von *x'* hingegen beweglich sei.

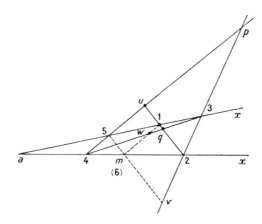

Auf der Geraden $\overline{23}$ ist v der zu m perspektive Punkt (Augpunkt 5), auf der Geraden $\overline{34}$ ist w der zu m perspektive Punkt (Augpunkt 1). Wir erkennen drei besondere Lagen von m:

Liegt m in a, so liegen v und w in 3;
liegt m in 4, so liegt v in p und w in 4, wobei $p \in 45$;
liegt m in 2, so liegt v in 2 und w in q, wobei $q \in 12$.

Somit liegen 3, p, 2, v sowie 3, 4, q, w perspektiv zu a, 4, 2, m; diese Punkte liegen mithin auch perspektiv zueinander. Der Augpunkt ist $\overline{p4} \cap \overline{2q}$, das heißt u. Daher sind u, v, w immer kollinear, wie der Punkt m auch immer auf x' liegt.

Bemerkung

Man findet noch einen anderen Beweis für diesen Satz, wenn man mittels einer Perspektivität auf die affine Pascal-Figur zurückgeht (Teil IV, Kap. I, 1 Ad). Ebenso kann man mittels einer Perspektivität die projektive Desargues-Figur in die zugehörige affine überführen. Dies entspricht einem Übergang von homologen zu ähnlich liegenden Dreiecken.

Zweiter Abschnitt

METRISCHE GEOMETRIEN

I. Euklidische Metrische Geometrie

In Teil I, Kap. V, haben wir die Euklidische metrische Geometrie entwickelt, wobei wir von der affinen Geometrie ausgingen. Wir werden nun diese Geometrie vom Gesichtspunkt der analytischen Geometrie und vom synthetischen Gesichtspunkt aus betrachten.

1. METRISCHE RELATIONEN

A. LÄNGENRELATIONEN

Das *Chasles-Theorem* gestattet uns, Strecken zu vergleichen, die auf derselben Geraden liegen; das *Thales-Theorem* ermöglicht dasselbe für parallele *Strecken*. Ist die Längeneinheit gewählt, so erlaubt die Einführung einer Metrik die Berechnung der Entfernung zweier Punkte mit Hilfe des Satzes des Pythagoras. Die Basis wird hier als orthonormal vorausgesetzt: die Einheitsvektoren also als rechtwinklig zueinander. Wir haben gesehen, daß diese Entfernung unabhängig von der Basis ist. Nach Wahl einer Längeneinheit sind so die grundlegenden Formeln für jede Rechnung von der Form

$$a = b+c \;,\; \frac{a}{b} = \frac{c}{d} \;,\; a^2 = b^2+c^2.$$

Diese Formeln bleiben bei einer Änderung der Längeneinheit erhalten, da ein solcher Wechsel nur die eine Wirkung hat, daß jede darin erscheinende Größe mit derselben Zahl multipliziert wird. Das Verschwinden dieses multiplikativen Faktors drückt man aus, indem man sagt, daß die Formeln *homogen* sind oder *daß beide Seiten jeder Gleichung homogene Ausdrücke mit demselben Homogenitätsgrad sind.*
Wir vereinbaren, daß im folgenden diese Eigenschaft bei allen Beziehungen erhalten bleiben soll, die wir aus den obigen herleiten; dazu darf

man keine besondere Längeneinheit wählen, wie etwa den Abstand zweier Punkte der Figur und keine Beziehungen der Form

$$a+b^2 = c+d+e^2+f^2$$

zulassen, wie man sie aus

$$a = c+d \quad \text{und} \quad b^2 = e^2+f^2$$

herleiten könnte, die jede für sich zugelassen sind.

1. Konstruktionen. Durch Abtragen von Längen, Ziehen von Parallelen und Zeichnen rechter Winkel kann man konstruieren:
Die Summe zweier Strecken:

$$x = a+b$$

Die vierte Proportionale zu drei gegebenen Strecken:

$$x = \frac{ac}{b}$$

Die Quadratwurzel aus der Summe der Quadrate zweier Strecken:

$$x = \sqrt{a^2+b^2}$$

oder *aus deren Differenz*:

$$x = \sqrt{a^2-b^2}.$$

2. Strecke. Es sei eine Strecke AB gegeben. Wir können auf der Geraden AB einen Einheitsvektor $\boldsymbol{u}$ wählen und $\boldsymbol{AB} = a\boldsymbol{u}$ setzen; daraufhin können wir jeden Punkt M mit Hilfe eines der Einheitsvektoren $\boldsymbol{v}$ bestimmen, die in der Ebene ABM auf $\boldsymbol{u}$ senkrecht stehen. Indem man

$$\boldsymbol{AM} = x\boldsymbol{u}+y\boldsymbol{v}$$

setzt, findet man

$$\boldsymbol{BM} = (x-a)\boldsymbol{u}+y\boldsymbol{v}$$

und weiter

$$\begin{cases} \overline{AM}^2 = x^2+y^2 \\ \overline{BM}^2 = (x-a)^2+y^2 \end{cases} \Rightarrow \overline{BM}^2 = \overline{AM}^2+a^2-2ax.$$

Ändern wir nun die Bezeichnungsweise: Es sei ein Dreieck ABC und der Fußpunkt H der von A ausgehenden Höhe gegeben. Dann kann man die obige Beziehung schreiben:

$$\overline{AC}^2 = \overline{AB}^2+\overline{BC}^2-2\,\overline{BC}\cdot\overline{BH} \qquad (I)$$

(*Fundamentalsatz für allgemeine Dreiecke.*)

Sonderfall: Dreieck mit rechtem Winkel in A

Der Satz des Pythagoras liefert dafür

$$\overline{BC}^2 = \overline{AB}^2 + \overline{AC}^2, \qquad (I')$$

woraus folgt

$$\overline{AB}^2 = \overline{BC} \cdot \overline{BH}. \qquad (II)$$

Diese Beziehung ist für das rechtwinklige Dreieck kennzeichnend, weil (I') aus (I) und (II) folgt.

Da wir vom Kreis wissen, wie man ein rechtwinkliges Dreieck aus bekannter Hypothenuse und dem Hypothenusenabschnitt konstruiert, der von der Höhe über der Hypothenuse gebildet wird, so zeigt diese Formel (II), *daß wir nunmehr imstande sind, das geometrische Mittel* x *zweier Strecken* $x = \sqrt{ab}$ *zu konstruieren.*

Bemerkung

Formel (I) gibt an, daß bei bekanntem $\overline{AB} = a$ und $\overline{AH} = x$ der geometrische Ort aller Punkte, für die

$$\overline{BM}^2 - \overline{AM}^2 = a^2 - 2ax$$

gilt, die zu AB im Punkte H senkrechte Ebene ist. Umgekehrt kann man aus der Differenz der Quadrate der Abstände zwischen M und zwei gegebenen Punkten A, B den Wert x bestimmen und daher ist der Punkt H die Orthogonalprojektion von M auf AB.

3. Es seien nunmehr drei kollineare Punkte A, B, C und ein beliebiger Punkt M gegeben, der sich in den Punkt H auf ABC projiziert. Wendet man die beiden Formeln (I) auf AB und AC an, so ergibt sich

$$\overline{BM}^2 = \overline{AM}^2 + \overline{AB}^2 - 2\,\overline{AB} \cdot \overline{AH}$$
$$\overline{CM}^2 = \overline{AM}^2 + \overline{AC}^2 - 2\,\overline{AC} \cdot \overline{AH}.$$

Eliminiert man AH, so findet man bei Verwendung des Chasles-Satzes eine in bezug auf die Punkte A, B, C symmetrische Beziehung:

$$\overline{AM}^2 \cdot \overline{BC} + \overline{BM}^2 \cdot \overline{CA} + \overline{CM}^2 \cdot \overline{AB} - \overline{BC} \cdot \overline{CA} \cdot \overline{AB} = 0 \qquad (S)$$

(*Stewart-Formel*).

Man erkennt wie bei (I), daß diese Formel die einzige ist, die sich lediglich auf die eingeführten Strecken bezieht, weswegen jede andere Formel ihr notwendigerweise äquivalent ist.

Transformieren wir diese Beziehung: oft bestimmt man nämlich C

auf AB vom affinen Standpunkt aus, indem man das Verhältnis

$$\frac{\overline{CB}}{\overline{CA}} = q$$

benützt, das heißt

$$\frac{\overline{CB}}{q} = \frac{\overline{CA}}{1} = \frac{\overline{AB}}{q-1}, \quad q \neq 1$$

oder auch, wenn man A und B dieselbe Rolle zuweisen will:

$$\frac{\overline{CB}}{\alpha} = \frac{\overline{CA}}{-\beta} = \frac{\overline{AB}}{\alpha+\beta}, \quad \alpha+\beta \neq 0. \tag{1}$$

Dann gewinnt die Stewart-Formel die Form

$$\alpha\overline{AM}^2 + \beta\overline{BM}^2 - (\alpha+\beta)\overline{CM}^2 - \frac{\alpha\beta}{\alpha+\beta}\overline{AB}^2 = 0. \tag{S'}$$

In gleicher Weise, wie man bei gegebenem Punktepaar A, B und gegebenen Zahlenwerten α, β, wobei $\alpha+\beta \neq 0$, daraus einen Punkt C bestimmen kann, der (1) genügt, so zeigt die Formel (S'), daß der geometrische Ort der Punkte M, für die

$$\alpha\overline{MA}^2 + \beta\overline{MB}^2 = p$$

gilt, bei gegebenem p entweder eine Kugel ist oder nicht existiert, je nachdem (S') einen Wert für CM liefert oder nicht.
Man untersuche insbesondere die beiden Sonderfälle:

$$1. \quad p = 0, \quad \frac{\alpha}{\beta} = -k^2 \qquad 2. \quad \alpha = \beta.$$

Verallgemeinerung

Sind n Punkte gegeben, die mit n Koeffizienten behaftet sind, so kann man einen Ausdruck der Form

$$\Sigma = \alpha_1 \overline{MA_1^2} + \alpha_2 \overline{MA_2^2} + \ldots + \alpha_n \overline{MA_n^2}$$

umformen in

$$(\alpha_1 + \alpha_2 + \ldots + \alpha_n)\overline{MK}^2 + \varepsilon d^2.$$

K ist dabei ein fester Punkt, vorausgesetzt, daß die Koeffizientensumme nicht null ist. d ist eine Strecke, die man schrittweise bestimmt; ε beträgt entweder $+1$ oder -1. Der geometrische Ort aller Punkte M, für die Σ gegeben ist, ist, sofern er existiert, eine Kugel oder ausnahmsweise eine Ebene.

Es sei hier noch ergänzend bemerkt, daß sich die obigen Formeln nur schlecht für praktische Rechnungen eignen und deswegen vorteilhaft durch Formeln der Trigonometrie oder der analytischen Geometrie zu ersetzen sind.

B. ANALYTISCHE METRISCHE GEOMETRIE DER EBENE

Betrachten wir in der Ebene einen Ursprung O und eine orthonormale Basis $\{i, j\}$; nach der Definition ist j der auf i direkt senkrecht stehende Vektor.
Eine Gerade wird durch einen Punkt A

$$OA = x_1 i + y_1 j$$

und einen Einheitsvektor u

$$u = i \cos \alpha + j \sin \alpha$$

als Ort der Punkte M definiert, für welche

$$AM = mu,$$

wobei m die Menge der reellen Zahlen durchläuft. Daraus folgt

$$OM = xi + yj = (x_0 + m \cos \alpha)i + (y_0 + m \sin \alpha)j.$$

Die Geradengleichung erhält man daraus, indem man m aus den beiden Gleichungen

$$\begin{cases} x = x_0 + m \cos \alpha \\ y = y_0 + m \sin \alpha \end{cases}$$

eliminiert; sie lautet dann

$$x \sin \alpha - y \cos \alpha = x_0 \sin \alpha - y_0 \sin \alpha.$$

Umgekehrt stellt diese Gleichung

$$x \cos \varphi + y \sin \varphi = p \tag{1}$$

bei gegebenem φ (mod 2π) und p eine Gerade dar, deren Richtung durch

$$\alpha = \varphi + \frac{\pi}{2}$$

definiert ist. Man kann zum Beispiel

$$x_0 = 0, \quad y_0 = \frac{p}{\sin \varphi} \quad \text{wählen.}$$

Die Gleichung (1) heißt *Normalform* der Geradengleichung. Sie ist eindeutig bis auf den Umstand, daß man darin φ durch $\varphi+(2k+1)\pi$ ersetzen kann, indem man das Vorzeichen von p ändert.

Geometrische Deutung von p

Einer der Einheitsvektoren, die auf der Geraden mit der Richtung
$$u = i\cos\alpha + j\sin\alpha = -i\sin\varphi + j\cos\varphi$$
senkrecht stehen, ist
$$w = i\cos\varphi + j\sin\varphi.$$
Daraus erhält man
$$\begin{cases} i = -u\sin\varphi + w\cos\varphi \\ j = u\cos\varphi + w\sin\varphi \end{cases}$$
und mithin
$$OM = xi + yj = (-x\sin\varphi + y\cos\varphi)u + (x\cos\varphi + y\sin\varphi)w.$$
Daher ist
$$p = x\cos\varphi + y\sin\varphi$$
die Maßzahl des (durch w orientierten) Abstandes $\overline{OH}$ von O zur Geraden.

Des weiteren ist
$$\overline{HM} = -x\sin\varphi + y\cos\varphi$$
der durch u orientierte Abstand.

Wir erkennen hier das skalare Produkt
$$\overline{OH} = x\cos\varphi + y\sin\varphi = OM \cdot W$$
und den Betrag des vektoriellen Produktes
$$\overline{HM} = -x\sin\varphi + y\cos\varphi = |W \times OM|.$$

Daher ist in der Normalform der Geradengleichung die rechte Seite p gleich der Maßzahl des Nullpunktsabstandes OH, der durch W orientiert wird.

Nach einer Achsentransformation erkennt man, *daß der Abstand eines Punktes* (x_1, y_1) *von einer Geraden, deren Gleichung die Normalform*
$$D(x, y) \equiv x\cos\varphi + y\sin\varphi - p = 0$$
hat,
$$D(x_1, y_1) = x_1\cos\varphi + y_1\sin\varphi - p$$
lautet. Dieser Abstand ist gleich der Maßzahl des Vektors M_1H_1, *der durch w orientiert wird.*

Diese Formel ergänzt die Formel, die die Entfernung zweier Punkte angibt:

$$\overline{M_1 M_2}^2 = (x_2-x_1)^2+(y_2-y_1)^2$$

(Satz des Pythagoras).

C. METRISCHE BEZIEHUNGEN ZUR EINFÜHRUNG DER TRIGONOMETRISCHEN FUNKTIONEN

Die grundlegenden Beziehungen legen die sechs Elemente eines Dreiecks, nämlich Seiten und Winkel, fest. Beliebige andere Figuren werden nach Zerlegung in Dreiecke untersucht.

Rechtwinkliges Dreieck

Wird der Winkel A als rechtwinklig vorausgesetzt und sind a, b, c die Längen der Seiten, B und C die Maßzahlen der spitzen Winkel, *so sind die notwendigen und hinreichenden Bedingungen für die Existenz eines rechtwinkligen Dreiecks mit diesen Elementen*

$$(\text{Tr}) \begin{cases} B+C = \dfrac{\pi}{2} \ , \ \ b = a \sin B \ , \ \ c = a \cos B \\ a > 0 \ , \ \ 0 < B < \dfrac{\pi}{2} \cdot \end{cases}$$

Diese Ungleichungen stellen in der Tat die Existenz eines Dreiecks sicher, das mit Hilfe von a und B konstruiert wird. Die anderen Elemente des Dreiecks haben dann genau die Werte C, b, c, die aus den angeschriebenen Beziehungen für jedes rechtwinklige Dreieck folgen.

Allgemeines Dreieck

Eine notwendige und hinreichende Bedingung dafür, daß a, b, c, A, B, C die Elemente eines Dreiecks bilden, wird ausgedrückt durch das System

$$(T) \begin{cases} A+B+C = \pi \ , \ \ \dfrac{a}{\sin A} = \dfrac{b}{\sin B} = \dfrac{c}{\sin C} \\ a > 0 \ , \ \ B > 0 \ , \ \ C > 0 \ , \ \ B+C < \pi. \end{cases}$$

Diese Ungleichungen erlauben in der Tat die Konstruktion eines Dreiecks aus den Elementen a, B, C. Die anderen Elemente dieses Dreiecks sind sicher A, b, c, weil die angeschriebenen Gleichungen in jedem Dreieck gelten. Die erste folgt aus dem Parallelensatz, die beiden anderen aus dem Satz über den einbeschriebenen Winkel in seiner elementaren

Form. (Ist A' die Mitte der Seite BC und O der Mittelpunkt des umschriebenen Kreises, so nimmt $BOA' = COA'$ den Wert A oder $\pi - A$ an, je nachdem, ob der Winkel bei A spitz oder stumpf ist, so daß $a = 2R \sin A$, wobei R der Radius des umschriebenen Kreises ist. Dasselbe gilt sinngemäß für die anderen Seiten.)

Bemerkung

Unter Berücksichtigung der ersten Gleichung und der Symmetrie des Systems werden durch die Ungleichungen die folgenden Bedingungen ausgedrückt:
Damit die obigen Elemente in der Tat ein Dreieck bilden, müssen eine (beliebige) Seite und alle drei Winkel positiv sein.

Ein anderes System als Bedingung für die Existenz eines Dreiecks

Aus dem Fundamentalsatz für Dreiecke

$$a^2 = b^2 + c^2 - 2\,\overline{BC} \cdot \overline{BH}$$

folgt unmittelbar die Beziehung („Kosinussatz")

$$a^2 = b^2 + c^2 - 2\,bc \cos A.$$

Zu den drei Gleichungen dieser Bauart muß man zur Bildung eines Systems (T') noch die folgenden Bedingungen hinzufügen, damit dieses System auch die Existenz eines mit b, c, A konstruierten Dreiecks sicherstellt:

$$b > 0, \quad c > 0, \quad 0 < A < \pi.$$

Weiter benötigen wir

$$a > 0, \quad 0 < B < \pi, \quad 0 < C < \pi,$$

um zu gewährleisten, daß die konstruierten Elemente auch genau a, B, C sind.

Schließlich umfaßt das System (T') die Ungleichungen, durch welche ausgedrückt wird, daß die Beträge der drei Seiten positiv sind und die Beträge der drei Winkel zwischen 0 und π liegen.

(Es soll bemerkt werden: Wird eine einzige Gleichung des betrachteten Systems angeschrieben, so stellt sie die Bedingung dafür dar, daß die Länge der einen Seite zwischen der Summe und dem Absolutwert der Differenz der beiden anderen Seiten liegt.)

Das soeben aufgestellte System ist jedoch für die Praxis wenig geeignet, ebensowenig wie die Beziehungen nur zwischen Strecken; es dient nur dazu, bei bekannten Seiten alle drei Winkel auszurechnen. Das im allgemeinen verwendete System ist (T).

Anwendungsbeispiel: Das Stewart-Problem

In einem Dreieck ABC ist die Länge m der Strecke zu bestimmen, die den Punkt A mit einem beliebigen gegebenen Punkt M auf der Seite BC verbindet.
Ist M durch einen der Winkel BAM oder BMA gegeben, so erwächst die Lösung unmittelbar aus der Formel

$$\frac{m}{\sin B} = \frac{c}{\sin \angle (BMA)}. \qquad (1)$$

Ist M durch die Strecke $BM = u$ gegeben, so berechnen wir den Hilfswinkel $\angle BMA = \Theta$, woraus wir dann m mittels der obigen Formel bestimmen können.
Haben BM und BC denselben Richtungssinn, so liefert das Dreieck BMA

$$\frac{c}{\sin \Theta} = \frac{u}{\sin(\Theta + B)}.$$

Diese in $\sin \Theta$ und $\cos \Theta$ homogene Formel würde dann $\tan \Theta$ ergeben; wir verfügen jedoch über eine bessere Methode, indem wir die Gleichung in der Form

$$\frac{c+u}{2\sin\left(\frac{B}{2}+\Theta\right)\cos\frac{B}{2}} = \frac{u-c}{2\cos\left(\frac{B}{2}+\Theta\right)\sin\frac{B}{2}}$$

schreiben, woraus sich Θ bestimmen läßt:

$$\tan\left(\Theta + \frac{B}{2}\right) = \frac{u+c}{u-c}\tan\frac{B}{2}. \qquad (2)$$

Haben BM und BC entgegengesetzten Richtungssinn, so finden wir

$$\frac{c}{\sin \Theta} = \frac{u}{\sin(B-\Theta)}. \qquad (2')$$

In diesem Fall genügt es, u das Vorzeichen Minus zuzuschreiben und das Vorzeichen von Θ zu wechseln. Das heißt, daß wir Formel (2) beibehalten. Ist u positiv, so nimmt man Θ zwischen 0 und π liegend an. Ist u negativ, so rechnet man mit Θ zwischen $-\pi$ und 0 und verwendet für die Bestimmung von m gemäß (1) den Wert $-\Theta$.
Die Formeln (1) und (2) gestatten eine bequeme Berechnung mittels Logarithmen; man kann sich dabei die bemerkenswerte Anpassungsfähigkeit der trigonometrischen Formeln zunutze machen.
Bei verwickelteren Figuren ist es durchaus nicht immer notwendig,

ausschließlich Beziehungen zwischen Strecken zu verwenden; je nach Lage des Problems kann man entweder zu Methoden der analytischen Geometrie greifen oder trigonometrische Rechnungen mit passend gewählten Hilfswinkeln durchführen.

2. KREIS UND KUGEL

A. KREIS UND WINKEL

1. Einbeschriebener Winkel

Wir erinnern uns eines früheren Satzes (vgl. Teil I, Kap. V):
Im Kreis haben alle zueinander parallelen Sehnen dieselbe Mittelsenkrechte, nämlich einen Kreisdurchmesser. Bei einer Umklappung um diesen Durchmesser ist jede Sehne als ganzes (geradenweise) invariant.

a) Lemma

Es sei ein Kreis mit dem Mittelpunkt O und dem Radius R gegeben. *Sind darin zwei Sehnen M_1M_2 und P_1P_2 parallel, so hat man:*

$$\measuredangle (OM_1, OP_1) = - \measuredangle (OM_2, OP_2) \pmod{2\pi}$$

Bei einer Umklappung um die Mittelsenkrechte der beiden Sehnen sind $\measuredangle (OM_1, OP_1)$ und $\measuredangle (OM_2, OP_2)$ homolog, d. h. entsprechen sich. Da sich weder die beiden Punkte M noch die beiden Punkte P irgendwie voneinander unterscheiden, erlaubt der Chasles-Satz, die angeschriebene Formel wie folgt umzuformen:

$$\measuredangle (OM_1, OP_2) = - \measuredangle (OM_2, OP_1) \pmod{2\pi}$$

b) Es seien zwei Geraden X, Y gegeben, die den Kreis in M', M'' beziehungsweise P', P'' scheiden. Wir wollen den orientierten Winkel $\measuredangle (X, Y)$, der bis auf π genau definiert ist, mit jenen Winkeln vergleichen, die von den Radien OM', OM'', OP', OP'' eingeschlossen werden. Dazu ziehen wir durch den Mittelpunkt die Geraden x und y, die zu X bzw. Y parallel sind; diese schneiden den Kreis in den Punkten m_1, m_2; p_1, p_2, wobei die Indizes den beiden mit demselben Buchstaben bezeichneten Punkten vollkommen willkürlich zugeteilt wurden. Dann haben wir

$$\measuredangle (X, Y) = \measuredangle (Om_1, Op_1) = \measuredangle (Om_2, Op_2) \pmod{\pi}.$$

Wir verwenden daraus die Folgerung

$$\measuredangle (X, Y) = \tfrac{1}{2}[\measuredangle (Om_1, Op_1) + \measuredangle (Om_2, Op_2)] \pmod{\pi}.$$

Wegen des Hilfssatzes (Lemmas) gilt

$$\sphericalangle (Om_1, OM') = - \sphericalangle (Om_2, OM'') \pmod{2\pi}$$
$$\sphericalangle (Op_1, OP') = - \sphericalangle (Op_2, OP'') \pmod{2\pi}.$$

Subtrahiert man diese zwei Gleichungen, so erhält man

$$\sphericalangle (Om_1, OM') - \sphericalangle (Op_1, OP')$$
$$= -[\sphericalangle (Om_2, OM'') - \sphericalangle (Op_2, OP'')] \pmod{2\pi}$$

oder

$$\sphericalangle (Om_1, Op_1) - \sphericalangle (OM', OP') =$$
$$= -[\sphericalangle (Om_2, Op_2) - \sphericalangle (OM'', OP'')] \pmod{2\pi}$$

und schließlich

$$2 \sphericalangle (X, Y) = \sphericalangle (OM', OP') + \sphericalangle (OM'', OP'') \pmod{2\pi}$$
$$= \sphericalangle (OM', OP'') + \sphericalangle (OM'', OP') \pmod{2\pi}. \qquad (I)$$

Diese Formel gilt unabhängig von der Lage des Schnittpunktes S der beiden Geraden X und Y bezüglich des Kreises. *Liegt insbesondere S auf dem Kreisumfang*, fallen so z.B. die Punkte M'' und P'' mit S zusammen, so lautet die Formel

$$2 \sphericalangle (X, Y) = \sphericalangle (OM', OP') \pmod{2\pi} \quad \text{(*Formel für den einbeschriebenen Winkel*, „Umfangswinkel")} \qquad (II)$$

Bekanntlich existiert nun in jedem Punkt S des Kreises eine Tangente T. Wenn sich die Gerade Y der Tangente T nähert, so streben P' und P'' gegen S; die Formel ist auch dann gültig und ergibt

$$2 \sphericalangle (X, T) = \sphericalangle (OM', OS) \pmod{2\pi}.$$

Bemerkung

Orientiert man X, so ergibt diese Formel

$$2 \sphericalangle (X, T) = \sphericalangle (OM', X) + \sphericalangle (X, OS) \pmod{2\pi}.$$

In dem gleichschenkligen Dreieck OSM' gilt wegen der Symmetrie bezüglich der Mittelsenkrechten SM', daß

$$\sphericalangle (OM', X) = - \sphericalangle (OS, SX) + \pi \pmod{2\pi}$$

und

$$\sphericalangle (X, T) = \pi + \sphericalangle (X, OS) \pmod{\pi},$$

weswegen
$$(OS, T) = \frac{\pi}{2} \pmod{\pi}.$$

Wir stoßen wiederum auf die Tatsache, daß die Tangente an einen Kreis auf dem Berührradius senkrecht steht.

2. Folgerung

Definition des Kreises ohne Heranziehung des Mittelpunktes:

a) *Es seien zwei Punkte A und B gegeben. Der geometrische Ort der Punkte M, für die $\measuredangle (MA, MB)$ einen gegebenen Wert Θ (mod 2π) annimmt, ist ein Kreis.*
Setzen wir zunächst $\Theta \neq 0$ (mod π) voraus. Dann bestimmen wir den Punkt O, der durch

$$\boldsymbol{OA = OB}, \quad \measuredangle (\boldsymbol{OA, OB}) = 2\Theta$$

definiert ist.
Dieser Punkt liegt auf der Mittelsenkrechten z von AB; OA, OB liegen symmetrisch zu z. Also ist $\measuredangle (z, OA) = -\Theta \pmod{\pi}$, wodurch die Gerade OA bestimmt wird.
Der Kreis mit dem Mittelpunkt O, der durch A und B geht, ist die Punktmenge, die den aufgestellten Bedingungen entspricht; gemäß der allgemeinen Formel (I), in welcher A und B den Platz von M' und P' einnehmen, genügen alle Punkte S, die nicht auf dem Kreis liegen, nicht diesen Bedingungen. Der Kreis ist also genau der gesuchte geometrische Ort.
Ist $\Theta = 0$ (mod π), so ist AB die Ortslinie. Eine Gerade erscheint von diesem Standpunkt aus als Kreis (mit dem Radius unendlich).

b) *Ortslinie der Punkte M, für die $\measuredangle (MA, MB) = \alpha$ (mod 2π).*
Nur ein Teil des Kreisbogens ist durch $\Theta = \alpha + k\pi$ bestimmt. Wir werden ihn mit Hilfe von Stetigkeitsbetrachtungen festlegen: $\measuredangle (MA, MB)$ beträgt α oder $\alpha + \pi$, wenn M auf dem Kreis liegt. Da es sich dabei um eine stetige Funktion des Zentriwinkels handelt, durch den M bestimmt wird, kann dieser Winkel seinen Hauptwert nur dann ändern, wenn er unbestimmt wird, das heißt, wenn M mit A oder B zusammenfällt. Auf der Tangente im Punkt B liegen die zueinander entgegengesetzten Vektoren $\boldsymbol{b}$ und $-\boldsymbol{b}$. Bezeichnen wir mit $\boldsymbol{b}$ den, der der Bedingung

$$(\boldsymbol{BA, b}) = \alpha \pmod{2\pi}$$

genügt. Durch Spiegelung an z bestimmt man auf der Tangente im Punkt A den Vektor a, für den

$$(a, AB) = \alpha \pmod{2\pi}.$$

Der gesuchte geometrische Ort ist somit der Bogen AB, für den die Halbgerade MB sich der Halbgeraden nähert, auf der b liegt, wenn M gegen B strebt; dies ist auch der, bei dem MA gegen die Halbgerade a geht, wenn M gegen A strebt.

Sonderfälle

$\measuredangle (MA, MB) = \pi \pmod{2\pi}$ $\Leftrightarrow$ M gehört der Strecke AB an.

$\measuredangle (MA, MB) = 0 \pmod{2\pi}$ $\Leftrightarrow$ M gehört einer der Halbgeraden

an, die die Strecke AB fortsetzen.

c) Der geometrische Ort der Punkte, für die

$$|\measuredangle (MA, MB)| = \Theta,$$

wenn Θ zwischen 0 und π liegt, ist die Vereinigung von zwei zu AB symmetrisch liegenden Kreisen.

d) Der geometrische Ort der Punkte, für die

$$|\measuredangle (MA, MB)| = \alpha$$

ist die Vereinigung von zwei zu AB symmetrisch liegenden Bögen.

3. Dem Kreis einbeschriebene Vierecke

Als *Viereck* bezeichnet man eine nicht geordnete Menge von vier Punkten. Diese Punkte seien A, B, C, D. Die sechs Geraden, die diese Punkte paarweise verbinden, heißen *Seiten* des Vierecks.

a) *Die Bedingung, daß ein Viereck einem Kreis einbeschrieben werden kann, läßt sich auf sechs verschiedene Arten schreiben, etwa* $\measuredangle (CA, CB) = \measuredangle (DA, DB)$ (Dabei bildet die Sehne AB die Basis). Schreibt man *zwei* dieser Gleichungen an, so benötigt man dazu alle sechs Seiten; die vier anderen Gleichungen leiten sich aus dem System der zwei gewählten her, indem man das Theorem von Chasles auf die Winkel anwendet.

Weiterer Satz

Sind zwei Geradenpaare D_1, D_2 und D', D'' gegeben, so lautet die Bedingung dafür, daß die vier Punkte

$$D_1 \cap D', \; D_1 \cap D'', \; D_2 \cap D', \; D_2 \cap D'',$$

in denen jede Gerade des ersten Paares jede Gerade des zweiten Paares schneidet, auf einem Kreis liegen (oder auch *konzyklisch* sind)

$$\sphericalangle (D_1, D') = - \sphericalangle (D_2, D'') \pmod{\pi}$$

oder ebenso wegen der Chasles-Formel

$$\sphericalangle (D_1, D'') = - \sphericalangle (D_2, D') \pmod{\pi},$$

da die Reihenfolge der Indizes ebensowenig wie jene der Striche in die Rechnung eingeht.

Jede dieser Beziehungen drückt aus, daß die Geradenpaare D_1, D_2 und D', D'' *dieselben Winkelhalbierenden haben,* da es möglich ist, durch Umformung von

$$\sphericalangle (u, D_1) = - \sphericalangle (u, D_2)$$

zu

$$\sphericalangle (u, D') = - \sphericalangle (u, D'') \pmod{\pi}$$

überzugehen, oder, wenn man es vorzieht, die Definition der beiden Winkelhalbierenden heranzuziehen, die mod π definiert sind, von

$$\sphericalangle (D_1, u) = \frac{1}{2} \sphericalangle (D_1, D_2) \left(\mathrm{mod}\, \frac{\pi}{2} \right)$$

zu

$$\sphericalangle (D', u) = \frac{1}{2} \sphericalangle (D', D'') \left(\mathrm{mod}\, \frac{\pi}{2} \right)$$

überzugehen.

Man sagt dann, daß die beiden Geradenpaare D_1, D_2 und D', D'' in *isogonalen Richtungen* liegen.

Die Beziehung

$$\sphericalangle (D_1, D') = - \sphericalangle (D_2, D'') \pmod{\pi}$$

zwischen den Geradenpaaren D_1, D_2 und D', D'' ist eine *Äquivalenzrelation,* da sie reflexiv, symmetrisch und transitiv ist. Diese Beziehung handelt von der *Antiparallelität von Geradenpaaren,* und man schreibt manchmal dafür

$$(D_1, D_2) \mathbin{+\!\!\!+} (D', D'').$$

Durch sie wird die Tatsache ausgedrückt, daß das Viereck $ABCD$ mit den Eckpunkten

$$D_1 \cap D'\,,\ D_2 \cap D'\,,\ D_1 \cap D''\,,\ D_2 \cap D''$$

einem Kreis einbeschrieben werden kann.

Wegen der Transitivität der obigen Beziehung ist auch das Viereck mit den Eckpunkten

$$D' \cap d', \ D'' \cap d', \ D' \cap d'', \ D'' \cap d''$$

einem Kreis einschreibbar, und daraus folgt auch, daß

$$D_1 \cap d', \ D_2 \cap d', \ D_1 \cap d'', \ D_2 \cap d''$$

einem Kreis einbeschrieben werden kann.

Sonderfall

Das Bestehen der Gleichung $\measuredangle (D_1, D') = - \measuredangle (D_2, D'') \pmod{\pi}$ setzt nicht voraus, daß die vier Schnittpunkte getrennt sein müssen. Setzt man etwa A und B als zusammenfallend voraus, so ist D' Tangente an den dem Dreieck $AA'B'$ umschriebenen Kreis.
Fallen zwei Gerade desselben Paares zusammen, etwa D' und D'', so bedeutet das, daß A und B' ebenso wie B und A' zusammenfallen; dann drückt die erwähnte Beziehung aus, daß D_1 und D_2 Tangenten an denselben Kreis sind, wobei D' die Berührsehne ist.
Wir können jedoch nicht voraussetzen, daß zwei Gerade zweier verschiedener Paare zusammenfallen, etwa D_1 und D', weil A dann auf dieser Geraden unbestimmt wäre. Dennoch drückt die Gleichung auch in diesem Falle aus, daß D_2 und D'' parallel liegen: es handelt sich hier um einen Fall von Entartung, wo A' ins Unendliche gerückt und der Kreis zur Geraden D_1 geworden ist. (Hier erscheint die Gerade als entarteter Kreis.)

4. Übungsbeispiel

Untersuchung der von sechs Geraden $a, b, c; a', b', c'$ gebildeten Konfiguration, für die

$$\measuredangle (a, a') = \measuredangle (b, b') = \measuredangle (c, c') = \alpha \pmod{\pi}.$$

Bezeichnen wir die neun Punkte, wie etwa

$$A = b \cap c, \quad A' = a \cap a', \quad A_1 = b' \cap c'$$

in dieser Weise weiter.
Dann finden wir drei Möglichkeiten der Einschreibbarkeit, wie etwa

$$A' = a \cap a', \quad B' = b \cap b', \quad C = a \cap b, \quad C_1 = a' \cap b'.$$

Erster einfacher Fall

Wir setzen voraus, daß A_1, B_1, C_1 in einem Punkt M zusammenfallen und betrachten das Dreieck $A'B'C'$.

Aus der Einschreibbarkeit von $A'B'CM$ folgt
$\sphericalangle (A'B', b) = \sphericalangle (MA', MC)\ (\mathrm{mod}\ \pi)$.
In gleicher Weise gilt

$$\sphericalangle (A'C', c) = \sphericalangle (MA', MB)\ (\mathrm{mod}\ \pi),$$

woraus folgt

$$\sphericalangle (A'B', A'C') = \sphericalangle (MB, MC) + \sphericalangle (b, c)\ (\mathrm{mod}\ \pi).$$

Daraus ergibt sich die notwendige und hinreichende Bedingung dafür, daß A', B', C' kollinear sind:

$$\sphericalangle (MB, MC) = \sphericalangle (c, b)\ (\mathrm{mod}\ \pi),$$

wodurch ausgedrückt wird, daß M auf dem Kreis (γ) liegt, der dem Dreieck ABC umschrieben ist.

Im Falle, wo $\alpha = \dfrac{\pi}{2}$, heißt die Gerade, mit der A', B', C' inzidieren, die *Simpson-Gerade* des auf dem Kreis um ABC liegenden Punktes M. Ist $\alpha \neq \dfrac{\pi}{2}$, so liegt M nicht auf (γ) und das Dreieck $A'B'C'$ heißt *Polardreieck* von M bezüglich des Dreiecks ABC.

Zweiter einfacher Fall

Die Geraden a', b', c' gehen durch die Punkte A, beziehungsweise B, C.
In diesem Fall betrachten wir A_1, B_1, C_1. Die Gleichung

$$\sphericalangle (a, a') = \sphericalangle (b, b')\ (\mathrm{mod}\ \pi)$$

ist äquivalent zu

$$\sphericalangle (a, b) = \sphericalangle (a', b')\ (\mathrm{mod}\ \pi),$$

das heißt

$$\sphericalangle (CB, CA) = -\sphericalangle (C_1B, C_1A)\ (\mathrm{mod}\ \pi),$$

wodurch ausgedrückt wird, daß C_1 auf dem Kreis (γ_0) ist, der bezüglich der Geraden AB symmetrisch zu (γ) liegt.
Durchläuft der Winkel α die Werte zwischen 0 und π, so sind die geometrischen Örter der Punkte A_1, B_1, C_1 die Kreise (γ_a), beziehungsweise (γ_b), (γ_c), die untereinander gleich sind und in demselben Sinn durchlaufen werden, wie es von den Sehnen a', b', c' angedeutet wird. Diese drei Kreise schneiden sich in einem Punkte H, weil

$$\left.\begin{aligned}\sphericalangle (HA, HB) &= \sphericalangle (a, b)\\ \sphericalangle (HA, HC) &= \sphericalangle (a, c)\end{aligned}\right\} \Rightarrow \sphericalangle (HB, HC) = \sphericalangle (b, c).$$

Die Punkte H_a, H_b, H_c, die auf jedem Kreis dem Punkt H diametral gegenüber liegen, sind die Punkte A_1, B_1, C_1, die dem Wert $\alpha = 0$ (mod π) entsprechen; dies gilt, weil $H_A H_B$ durch C geht und $H_a H_b = 2\gamma_a \gamma_b = -2BA$. Das gleiche gilt sinngemäß für $H_a H_c$ und $H_b H_c$.

Daraus ergibt sich, daß die Punkte A_1, B_1, C_1, die sämtlich dem Wert $\alpha = \dfrac{\pi}{2}$ entsprechen, mit H zusammenfallen. Somit ist H der Schnittpunkt der Höhen des Dreiecks ABC. Daraus folgt der Satz:
Die drei Höhen eines Dreiecks schneiden sich in einem Punkt.
Die vier Punkte A, B, C, H spielen jedoch, ebenso wie die vier Kreise $(\gamma), (\gamma_a), (\gamma_b), (\gamma_c)$ in den obigen Überlegungen dieselbe Rolle. Das Viereck A, B, C, H heißt *orthozentrisch*; jeder der vier Punkte heißt *Orthozentrum* des von den drei anderen Punkten gebildeten Dreiecks.

B. POTENZ EINES PUNKTES BEZÜGLICH EINES KREISES

1. Zum Begriff der Potenz. Es sei ein Kreis (γ) und ein Geradenpaar d_1, d_2 gegeben, das den Kreis in $A_1, B_1; A_2, B_2$ schneidet. Im allgemeinen Fall schneiden sich d_1 und d_2 in S.
Durch die vier auf (γ) gelegenen Punkte werden zwei Paare von zu d_1, d_2 isogonaler Geraden definiert. Wir verwenden etwa $A_1 A_2, B_1 B_2$ und die eine der beiden Paaren gemeinsame Winkelhalbierende von $\sphericalangle (d_1 d_2)$, etwa u.
Bei einer Umklappung um u werden d_1 und d_2 vertauscht, wobei A_1 in einen Punkt von d_1 abgebildet wird, so daß $SA'_1 = SA_1$, und A_2 auf d_1 einen Bildpunkt A'_2 hat, so daß $SA'_2 = SA_2$. Darüber hinaus ist $A_1 A_2$ parallel zu $B_1 B_2$.
Daraus folgt die Proportion

$$\frac{\overline{SA'_1}}{\overline{SB_2}} = \frac{\overline{SA'_2}}{\overline{SB_1}},$$

wobei dies ganz unabhängig davon gilt, welchen positiven Richtungssinn man auf d_1 und auf d_2 wählt. Um auf die Punkte A_1 und A_2 zurückzukommen, treffen wir etwa die Übereinkunft, d_1 und d_2 bezüglich der gewählten Winkelhalbierenden u symmetrisch zu orientieren, so daß $\overline{SA'_1} = \overline{SA_1}, \overline{SA'_2} = \overline{SA_2}$.
Dann erhält man

$$\frac{\overline{SA_1}}{\overline{SB_2}} = \frac{\overline{SA_2}}{\overline{SB_1}}$$

und daher gilt, wenn man alles, was sich auf eine Sekante bezieht, zusammenfaßt, $\overline{SA_1} \cdot \overline{SB_1} = \overline{SA_2} \cdot \overline{SB_2}$. Diese Formel ist unabhängig von den auf d_1 und d_2 gewählten positiven Orientierungen.

Satz

Ist ein Kreis und ein Punkt S gegeben, so betrachtet man die Menge jener Geraden, die durch S hindurchgehen und den Kreis in A und B schneiden. Dann ist das Produkt $\overline{SA} \cdot \overline{SB}$ unabhängig von der Lage der Sekanten. Man nennt es die *Potenz $\mathfrak{P}_\gamma(S)$ des Punktes S bezüglich des Kreises* (γ). Die Potenz eines Punktes ist bei gegebenem Kreis eine Funktion der Lage von S, oder genauer, der Entfernung d von S zum Kreismittelpunkt. Ist R der Radius, so liefert die durch den Mittelpunkt gehende Sekante sofort $\mathfrak{P}_\gamma(S) = d^2 - R^2$.

Die Potenz ist positiv, negativ oder gleich null, je nachdem, ob S außerhalb, innerhalb oder genau auf dem Kreis liegt. Ihr analytischer Ausdruck ist dem Quadrat einer Länge homogen.

Liegt S außerhalb des Kreises, so liegen die beiden Tangenten ST und ST' derart, daß $ST^2 = ST'^2 = d^2 - R^2 = \mathfrak{P}_\gamma(S)$.

Der Kreis mit dem Mittelpunkt S, der durch die Berührpunkte T und T' der Tangenten geht, ist orthogonal zu (γ), das heißt, daß die Tangenten beider Kreise in den beiden Schnittpunkten aufeinander senkrecht stehen. Diese besonders wichtige Anordnung zweier Kreise werden wir weiter unten genauer behandeln.

Liegt S im Innern von (γ), so wird die Potenz aus jener Sekante A_0B_0 abgeleitet, die in S auf dem Radius durch S senkrecht steht. Daraus finden wir

$$(SA_0)^2 = (SB_0)^2 = -\mathfrak{P}_\gamma(S).$$

Theorem

Eine notwendige und hinreichende Bedingung dafür, daß ein Viereck ABCD einem Kreis einbeschrieben werden kann, lautet, wenn AB und CD sich in S schneiden: $\overline{SA} \cdot \overline{SB} = \overline{SC} \cdot \overline{SD}$.

Sind AB und CD parallel, so lautet die Bedingung, daß diese Strecken dieselbe Mittelsenkrechte haben.

Diese Beziehung kennzeichnet den Punkt D in der Tat ganz eindeutig, sobald A, B, C bekannt sind; durch die Punkte A, B, C geht jedoch nur ein einziger Kreis, der nach dem vorhergehenden Theorem auch durch D hindurchgeht. Man setzt dabei selbstredend voraus, daß AB und CD nicht auf derselben Geraden liegen, in welchem Fall die Gerade an die Stelle des Kreises tritt.

Das Theorem kann in drei verschiedenen Weisen auf ein- und dasselbe

Viereck angewandt werden, je nachdem, auf welche Punkte man es bezieht.

Ebenso wie bei der Gleichung in den einbeschriebenen Winkeln geht auch hier der Kreismittelpunkt nicht in unsere Überlegungen ein.

2. Der Standpunkt der analytischen Geometrie

Wir wählen den Punkt S zum Koordinatenanfangspunkt und den durch S gehenden Durchmesser zur Abszissenachse, deren Richtungssinn von S zum Kreismittelpunkt positiv gezählt wird; es sei weiter eine dazu senkrechte Ordinatenachse und auf beiden Achsen dieselbe Längeneinheit gewählt (da wir metrische Geometrie betreiben). Die Kreisgleichung lautet dann

$$(x-d)^2 + y^2 = R^2. \tag{1}$$

Wir bestimmen einen Punkt der Ebene durch

$$\begin{cases} x = r \cos\Theta \\ y = r \sin\Theta. \end{cases}$$

Damit zwischen (x, y) und (r, Θ) eine eineindeutige Zuordnung bestehe, setzen wir

$$-\frac{\pi}{2} < \Theta \leq \frac{\pi}{2}, \qquad -\infty < r < +\infty.$$

Eine von S ausgehende Gerade ist mithin durch den Wert von Θ bestimmt und durch den Vektor u orientiert, so daß

$$\sphericalangle (Sx, u) = \Theta \pmod{2\pi}.$$

Die Punkte des Kreises sind durch die Beziehung

$$r^2 - 2dr \cos\Theta + (d^2 - R^2) = 0 \tag{2}$$

festgelegt.

Für einen gegebenen Wert von Θ genügt das Produkt der Zahlenwerte r der Wurzeln, sofern diese existieren, der Beziehung

$$r'r'' = d^2 - R^2, \qquad r' + r'' = 2d \cos\Theta.$$

Die erste Beziehung drückt aus, daß $r'r''$ nicht von Θ abhängt; dies ist gleichbedeutend mit dem Satz von der Potenz von S bezüglich des Kreises.

Die zweite Beziehung drückt in der Form

$$\frac{r' + r''}{2} = d \cos\Theta$$

aus, daß der Mittelpunkt der Sehne (als existierend vorausgesetzt) die Projektion des Kreismittelpunktes auf die Sekante ist; dies ist ein wohlbekanntes Ergebnis, das unmittelbar aus der Gleichheit der Radien folgt. Man kann jedoch daraus auch herleiten, daß

$$\frac{1}{r'} + \frac{1}{r''} = \frac{2d\cos\Theta}{d^2-R^2}.$$

Führt man also den zu S bezüglich der Sehne harmonisch konjugierten Punkt ein, indem man $q = \overline{SQ}$ setzt, so hat man $\frac{2}{q} = \frac{1}{r'} + \frac{1}{r''}$, und die Beziehung nimmt die Form

$$q\cos\Theta = d - \frac{R^2}{d}$$

an. Sie drückt aus, daß der Punkt Q sich in den Fixpunkt H mit der Abszisse $d - \frac{R^2}{d}$ auf den Durchmesser Sx projiziert.

Variiert man Θ, so beschreibt der Punkt Q die Gerade HY, die in H auf Ox senkrecht steht, oder lediglich die Strecke, die den Θ-Werten entspricht, für welche die Wurzeln r' und r'' existieren. (Im Fall, daß $d > R$, muß $|\sin\Theta| < \frac{R}{d}$ sein.)

Als *Polare des Punktes S bezüglich des Kreises* bezeichnet man nicht nur den geometrischen Ort der Punkte Q, sondern in allen Fällen die gesamte Gerade, deren Teil dieser Ort ist. Liegt S außerhalb des Kreises, und wählt man auf der Polaren einen Punkt Q' außerhalb der Berührsehne TT', dann schneidet die Gerade SQ' den Kreis nicht; wir können nicht mehr von einer harmonischen Teilung sprechen. Eine geometrische Deutung dieses Falles werden wir im Kap. III geben.

Allgemeinere Formeln

a) Hat der Kreis bezüglich der Koordinatenachsen eine ganz beliebige Lage, so lautet seine Gleichung

$$(x-a)^2 + (y-b)^2 = R^2.$$

Sie hat also die Form

$$P(x,y) \equiv x^2 + y^2 - 2ax - 2by + c = 0.$$

Eine von einem beliebigen Punkt $S(x_0, y_0)$ ausgehende Gerade sei definiert durch $\sphericalangle (Ox, u) = \Theta$,

so daß ihre Punkte der Bedingung

$$x = x_0 + r\cos\Theta, \quad y = y_0 + r\sin\Theta$$

genügen; jene Punkte der Geraden, die auf dem Kreis liegen, werden gekennzeichnet durch

$$(x_0 + r\cos\Theta)^2 + (y_0 + r\sin\Theta)^2 - 2a(x_0 + r\cos\Theta)$$
$$- 2b(y_0 + r\sin\Theta) + C = 0,$$

das heißt, durch

$$r^2 + 2[(x_0 - a)\cos\Theta + (y_0 - b)\sin\Theta]r + P(x_0, y_0) = 0.$$

Somit *ist die Potenz des Punktes* $S(x_0, y_0)$ *bezüglich des Kreises* $P(x, y) = 0$ gleich $P(x_0, y_0)$. (Man bemerke, daß in der Kreisgleichung x^2 und y^2 nur mit dem Faktor 1 behaftet sind.)

b) Der zu S konjugierte Punkt Q liegt auf der Sekante und ist durch

$$\frac{1}{r} = \frac{1}{2}\frac{r'+r''}{r'r''} = -\frac{(x_1 - a)\cos\Theta + (y_1 - b)\sin\Theta}{P(x_1, y_1)}$$

definiert.
Seine Koordinaten sind

$$X = x_0 + r\cos\Theta, \quad Y = y_0 + r\sin\Theta$$

und daher liegt Q auf der Geraden, deren Gleichung man erhält, indem man r und Θ eliminiert.:

$$(X - x_0)(x_0 - a) + (Y - y_0)(y_0 - b) + P(x_0, y_0) = 0.$$

Dies ist die Gleichung der Polaren von S bezüglich des Kreises. Sie läßt sich noch vereinfachen, da $P(x_0, y_0) = 0$:

$$(x_0 - a)(X - a) + (y_0 - b)(Y - b) - R^2 = 0.$$

C. KREISSCHAREN

Wir betrachten nun Kreisscharen, wie sie in der metrischen Geometrie häufig auftreten und dort bei wichtigen Beweisen verwendet werden.

1. Orthogonale Kreise

Besitzen zwei Kreise (C) und (C') in einem gemeinsamen Punkt aufeinander senkrecht stehende Tangenten, was bedeutet, daß die Tangente des einen Kreises den Radius des anderen darstellt, so gilt dasselbe für den zweiten gemeinsamen Punkt T' (was aus der Symmetrie bezüglich

der Zentralen folgt). Solche Kreise heißen *zueinander orthogonal*. Diese zwischen zwei Kreisen bestehende Beziehung kann durch die äquivalenten Bedingungen ausgedrückt werden:
Die Potenz des Mittelpunktes eines Kreises bezüglich des zweiten Kreises ist gleich dem Quadrat des Radius des ersten Kreises.
Die Endpunkte jedes Durchmessers eines Kreises, der den anderen Kreis schneidet, teilen *die Sehne harmonisch, die die Durchmesser-Gerade in diesem anderen Kreis ausschneidet.*
Es sei ein Kreis (C) und ein Punkt S gegeben. Jeder zu (C) orthogonale Kreis (C'), der durch S hindurchgeht, geht auch durch den zu S bezüglich des Durchmessers von (C) konjugierten Punkt H, wobei dieser Durchmesser durch S geht, und umgekehrt. Der geometrische Ort der Punkte Q, die S auf den Kreisen (C') diametral gegenüber liegen, ist also die Senkrechte HY in H auf dem Durchmesser durch S. Die Punkte Q, für die SQ den Kreis (C) schneidet, sind die zu S konjugierten Punkte bezüglich der in (C) gebildeten Sehne. Wir erkennen die *Polare* wieder, wie wir sie bereits eingeführt haben.

Bemerkung

Diese Kreise (C'), mit denen man alle Punkte der Polaren erreichen kann, sind bei Beweisen sehr nützlich, aber die Definition mittels der harmonischen Teilung ist die tiefergehende: Sie zeigt deutlich, daß es sich dabei um eine Frage der projektiven Geometrie handelt, wenn wir den Kreis als Mitglied der Schar der perspektiven Kurven dieses Kreises betrachten, das heißt, als Kegelschnitt. Die gesamte Gerade kann im übrigen erhalten werden, wenn man eine Gerade, die den Kreis nicht schneidet, als Gerade mit „imaginären" Schnittpunkten ansieht, die durch die Werte r' und r'' der imaginären Wurzeln der bereits betrachteten Gleichung definiert werden.

Polare Reziprozität

Zwei Punkte S und Q, die sich in einem Kreis (C') diametral gegenüber liegen, welcher orthogonal zu (C) liegt, haben die Eigenschaft, daß jeder auf der Polaren des anderen Punktes liegt. Man nennt sie *konjugiert bezüglich (C)*. Daraus leitet man sofort den *Satz von der polaren Reziprozität* her: *Durchläuft ein Punkt Q eine Gerade s, die zu S polar liegt, so geht die Polare q von Q durch S.*
Man erkennt, daß jede Gerade nicht durch den Kreismittelpunkt die Polare eines Punktes ist, der als *Pol* der Geraden bezeichnet wird. Es besteht also eine eineindeutige Abbildung der Punktmenge der Ebene (mit Ausnahme des Kreismittelpunktes) auf die Menge der Geraden der Ebene (mit Ausnahme der Geraden durch den Kreismittelpunkt). In der gleichen Weise wie bei der Behandlung der harmonischen

Teilung in der projektiven Geometrie sagen wir auch hier, daß eine durch den Kreismittelpunkt gehende Gerade dem unendlichfernen Punkt der dazu senkrechten Richtung zugeordnet ist und umgekehrt.

2. Kreisbüschel

Die Menge Γ' der Kreise (C'), die durch S und H gehen, heißt *Kreisbüschel mit den Grundpunkten S und H*. Diese Kreise sind sämtlich orthogonal, und zwar nicht nur zu (C), sondern auch zu jedem Kreis, der ebenso wie (C) einen Durchmesser hat, der SH harmonisch teilt. Diese Kreismenge Γ bildet ein *Büschel mit den Grenzpunkten S und H*. Insbesondere müssen S und H als *Kreise des Büschels Γ mit dem Radius null* angesehen werden; sie entsprechen jeweils einem der beiden Fälle, wo drei Punkte einer harmonischen Teilung zusammenfallen.

Die beiden Büschel Γ und Γ' heißen *zueinander orthogonal*. S und H sind ihre Büschelpunkte (*Poncelet-Punkte*).

Gemäß der obigen Definition erscheinen die Kreisbüschel mit Grundpunkten und jene mit Grenzpunkten als grundsätzlich sehr verschieden. Die Analogie zwischen diesen beiden Arten von Büscheln wird jedoch in der analytischen Geometrie deutlich: wählen wir nämlich die Mitte O von SH als Koordinatenursprung, die Gerade SH zur x-Achse und die darauf in O errichtete Senkrechte als y-Achse. Dann lautet die Gleichung der Kreise (C') durch S und H mit $\overline{OH} = a$

$$x^2 + y^2 - 2my - a^2 = 0$$

(wobei m ein Parameter ist, der alle Werte von $-\infty$ bis $+\infty$ annimmt). Die Kreise (C) haben als Durchmesser die Strecken auf der x-Achse mit den Abszissen x' und x'', für die

$$x' \cdot x'' = a^2$$

gilt. Die Gleichung eines Kreises (C) lautet also

$$x^2 + y^2 - 2px + a^2 = 0$$

(wobei der Parameter p der Beziehung $|p| \geq a$ genügt).

Man findet wiederum, daß der Mittelpunkt von (C) notwendigerweise außerhalb von SH liegt, wie dies aus der Orthogonalität der Kreise (C) und (C') folgt.

Gemeinsame Definition beider Arten von Kreisbüscheln

Jeder Punkt der Geraden Oy, die der geometrische Ort der Mittelpunkte der Kreise (C') ist, die das Büschel Γ' bilden, hat bezüglich aller Kreise (C) dieselbe Potenz; diese Potenz ist gleich dem Quadrat des Radius jenes Kreises (C'), welcher den fraglichen Punkt zum Mittelpunkt hat. In gleicher Weise hat jeder Punkt der Geraden SH offensichtlich dieselbe Potenz bezüglich aller Kreise (C'), selbst dann, wenn er zwischen S und H liegt. Liegt er außerhalb der Strecke SH, so ist die Potenz gleich dem Quadrat des Radius des Kreises (C), dessen Mittelpunkt der Punkt ist. Umgekehrt gilt:

Theorem 1

Der geometrische Ort der Punkte mit gleicher Potenz in bezug auf zwei nicht konzentrische Kreise ist eine Gerade, die als Potenzlinie dieser beiden Kreise bezeichnet wird.

Theorem 2

Eine Menge von Kreisen, die paarweise dieselbe Potenzlinie haben, bilden ein Kreisbüschel.

Stellen wir nunmehr die Bedingung dafür auf, daß ein Punkt M bezüglich zweier Kreise (C_1) und (C_2) mit den Mittelpunkten O_1, O_2 und den Radien R_1, R_2 dieselbe Potenz hat:

$$MO_1^2 - R_1^2 = MO_2^2 - R_2^2,$$

das heißt

$$MO_1^2 - MO_2^2 = R_1^2 - R_2^2.$$

Der geometrische Ort der Punkte M ist also eine Gerade, die auf der Zentralen $O_1 O_2$ senkrecht steht. In allen diesen Fällen liegt jeder Punkt des Ortes, der sich außerhalb des einen Kreises befindet, auch außerhalb des anderen, und ist gleichzeitig auch Mittelpunkt eines Kreises, der zu den beiden gegebenen orthogonal ist. (Sind die ursprünglichen Kreise konzentrisch, so werden die zu diesen orthogonalen Kreise zu Geraden durch den Mittelpunkt.)

Schneiden sich die beiden Kreise, so ist die Gerade durch die beiden Schnittpunkte ihre Potenzlinie, und die Menge der Kreise, die paarweise diese Potenzlinie besitzen, ist das Büschel mit diesen beiden Punkten als Grundpunkten.

Schneiden sich die gegebenen Kreise nicht, so liegt die Potenzlinie außerhalb dieser Kreise; insbesondere ist der Fußpunkt der Potenzlinie auf der Zentralen der Mittelpunkt eines zu den beiden gegebenen Kreisen orthogonalen Kreises. Sein Durchmesser wird auf der Zentralen durch die Punkte S und H abgesteckt; die Menge der Kreise, die untereinander paarweise und mit den gegebenen Kreisen dieselbe Potenzlinie haben, bildet das Kreisbüschel mit den Grenzpunkten S und H.

Berühren sich die Kreise in einem Punkt S, so ist die Potenzlinie die gemeinsame Tangente in S; das entsprechende Büschel wird von der Menge jener Kreise gebildet, die die gegebenen Kreise in S berühren.

In der analytischen Geometrie lautet die Gleichung eines beliebigen Kreises im kartesischen Koordinatensystem

$$P(x, y) \equiv (x-a)^2 + (y-b)^2 - R^2 = 0$$

und die Potenz eines Punktes $M(x_0, y_0)$ beträgt

$$P(x_0, y_0) = (x_0-a)^2 + (y_0-b)^2 - R^2.$$

Der geometrische Ort der Punkte M, die bezüglich zweier nicht konzentrischer Kreise

$$P_1(x, y) \equiv (x-a_1)^2 + (y-b_1)^2 - R_1^2 = 0$$
$$P_2(x, y) \equiv (x-a_2)^2 + (y-b_2)^2 - R_2^2 = 0$$

gleiche Potenz haben, ist mithin die Gerade mit der Gleichung

$$D(x, y) \equiv P_1(x, y) - P_2(x, y) = 0,$$

das heißt

$$D(x, y) \equiv 2(a_2-a_1)x + 2(b_2-b_1)y + P_1(0, 0) - P_2(0, 0) = 0.$$

Die allgemeine Gleichung eines Kreises, der mit jedem der Kreise diese Potenzlinie bildet, lautet also

$$P_3(x, y) \equiv P_1(x, y) + \lambda P_2(x, y) = 0$$

oder in symmetrischer Schreibweise

$$P_3(x, y) \equiv \alpha P_1(x, y) + \beta P_2(x, y) = 0,$$

wobei die Parameter λ oder α und β alle Werte annehmen, für die der Kreis existiert, das heißt solche Werte, für die das Quadrat des Radius, wie es von der Gleichung geliefert wird, positiv ist.

Mit einem Kreispaar verknüpfte geometrische Örter

Die Bedingung

$$\alpha \mathfrak{P}_{(C_1)}(M) + \beta \mathfrak{P}_{(C_2)}(M) = k$$

läßt sich sofort auf die dazu analoge Relation zurückführen, die sich der Kreismittelpunkte bedient:

$$\alpha MC_1^2 + \beta MC_2^2 = h.$$

Dabei gilt

$\alpha + \beta \neq 0$: Der fragliche geometrische Ort ist ein Kreis, dessen Mittelpunkt auf der Zentralen liegt.
$\alpha + \beta = 0$: Der geometrische Ort ist eine Parallele zur Potenzlinie. Bestimmen wir die gegenseitige Lage der beiden Geraden näher: Es

sei K der Fußpunkt der Ortsgeraden und H der Fußpunkt der Potenzlinie. Beide Punkte sind (wenn man $\alpha = -\beta = 1$ setzt) auf der Zentralen durch

$$KC_1^2 - KC_1^2 = R_2^2 - R_2^2 + k$$

$$HC_1^2 - HC_1^2 = R_2^2 - R_2^2$$

definiert, woraus sich durch Subtraktion ergibt

$$k = \mathfrak{P}_{(C_1)} - \mathfrak{P}_{(C_2)} = 2\overline{HK} \cdot \overline{C_1 C_2}.$$

Von diesem Standpunkt aus gesehen wird durch die Angabe von zwei Kreisen in der Ebene eine Einteilung in Äquivalenzklassen bestimmt, die von den zur Zentralen senkrechten Geraden gebildet werden.

Potenzpunkt dreier Kreise, deren Mittelpunkte nicht auf einer Geraden liegen

Bestimmt man die Potenzlinien von je zweien der Kreise, so schneiden sich die auf diese Weise erhaltenen drei Potenzlinien in einem Punkt, dessen Potenz bezüglich jedes Kreises gleich ist. Liegt dieser Punkt außerhalb eines Kreises, so liegt er auch außerhalb der anderen Kreise und ist gleichzeitig der Mittelpunkt eines Kreises, der zu den drei gegebenen orthogonal ist. Die Menge der Kreise mit demselben Potenzpunkt bildet ein *Kreisnetz*.

Anwendung

Man erhält Punkte der Potenzlinie zweier nichtschneidender Kreise, indem man Hilfskreise verwendet, die beide schneiden.

Kugeln

Die Raumfigur, die aus einer Kugel und einem Punkt oder von zwei Kugeln gebildet wird, kann als Drehkörper einer entsprechenden ebenen Figur aufgefaßt werden; daher die Bezeichnungen Potenzebene, Polarebene usw. Wir werden hierauf nicht näher eingehen. Wir bemerken nur, daß im allgemeinen ein Kugelpaar eine Potenzebene hat, drei Kugeln eine Potenzlinie, vier Kugeln ein *Potenzzentrum* haben. Ebenso besteht zu einem Punkt eine *Polarebene* bezüglich einer Kugel; entsprechend ist jeder Ebene ein *Pol* zugeordnet.

D. ÜBER DIE ZUORDNUNG MITTELS POLARITÄT

In der Ebene wird ein Punkt durch zwei Parameter definiert; das gleiche gilt für eine Gerade. (Ein Punkt ist etwa durch seine Koordinaten x_0, y_0 und eine Gerade durch ihre Gleichung $\dfrac{x}{u} + \dfrac{y}{v} = 1$ oder auch durch deren Normalform $x \cos \varphi + y \sin \varphi = p$ definiert.) Hat man einen Grundkreis gewählt, so wird durch die Beziehung Pol-Polare eine eineindeutige Zuordnung zwischen der Punktmenge und der Geradenmenge der Ebene hergestellt. Wegen der polaren Reziprozität gilt: Wird eine Gerade als geometrischer Ort von einzelnen Punkten betrachtet, so ist der zugeordnete Pol das Zentrum des zugeordneten Polarenbüschels. Allgemeiner kann eine Kurve entweder als geometrischer Ort einer Punktmenge (punktweise Betrachtung) oder als Enveloppe oder Einhüllende ihrer Tangenten angesehen werden (tangentiale Auffassung). Man kann nun zeigen, daß die Zuordnung zwischen Kurve und Bildkurve unabhängig davon ist, welchen der beiden Standpunkte man einnimmt. Dies läßt sich mit Hilfe der polaren Reziprozität beweisen und ist anschaulich einzusehen. Ein strenger Beweis würde jedoch die Heranziehung der Differentialgeometrie notwendig machen (Enveloppentheorie), worauf wir hier verzichten wollen. Deshalb müssen wir uns auf Figuren beschränken, die aus Punkten und Geraden bestehen. Aus diesem Grund wird aus dem Viereck ein vollständiges Vierseit, aus der Figur des *Menelaus* die des *Ceva* usw.

Theorem

Das Doppelverhältnis von vier kollinearen Punkten ist jenem ihrer Polaren gleich. (Das Polarenbüschel ist in der Tat dem Geradenbüschel kongruent, das vom Mittelpunkt des Kreises ausgeht und mit den gegebenen Punkten inzidiert.) Daraus geht hervor, daß man bei *jeder projektiven Eigenschaft* durch Vertauschung der Begriffe (Punkt _____/ Gerade), (kollineare Punkte _____/ konzentrische Geraden) von einer Figur zu der *zugeordneten* übergehen kann. Es besteht *Dualität* (die Bezeichnung geht auf *Chasles* zurück).

Im dreidimensionalen Raum hängt sowohl eine Gerade wie eine Ebene von drei Parametern ab; die polare Zuordnung (Pol _____/ Ebene) in bezug auf eine Grundkugel läßt die Dualität deutlich werden, durch die einer Geraden als dem Ort einer Punktmenge eine Gerade zugeordnet wird, die gleichsam als *Scharnier* eines Ebenenbüschels gelten kann.

Die Theorie der Zuordnung mittels polarer Reziprozität läßt ihre ganze Bedeutung erst vom Standpunkt der projektiven Geometrie erkennen, wobei Kreise durch Kegelschnitte, Kugeln durch Quadriken ersetzt werden und (zusätzlich zu den unendlichfernen) imaginäre Elemente eingeführt werden. Wie wir bereits festgestellt haben, ist dabei eine Betrachtung der Enveloppen nicht zu umgehen. Wir haben uns hier damit begnügt, auf diese Theorie hinzuweisen, indem wir den Begriff der Dualität erläutert haben.

3. PUNKTTRANSFORMATIONEN DER METRISCHEN GEOMETRIE

Eine Punkttransformation gehört zur metrischen Geometrie, wenn sie mit Hilfe der Elemente der affinen Geometrie (also der Parallelität und der Längenverhältnisse paralleler Vektoren) und Elementen der metrischen Geometrie (Abstände und Winkel, skalare und vektorielle Produkte) definiert werden kann.

Als *Eigenschaft einer Figur der Euklid-Geometrie* bezeichnen wir eine Beziehung zwischen den Elementen der Figur, die bei einer Gruppe von Transformationen invariant bleibt, die man *Ähnlichkeiten* nennt. Diese werden wir nun einführen. Wir müssen darauf hinweisen, daß man dabei unendlich viele Abbildungen der Ebene oder des Raumes auf sich selbst betrachten kann, wobei die Zuordnung nicht unbedingt eineindeutig sein muß. Wir werden einige derselben als Übung behandeln. Das folgende Kapitel soll einer besonderen dieser Transformationen vorbehalten bleiben, der Inversion, die besonders wichtig ist, weil durch sie eine neue Geometrie eingeführt wird, die wohl ein Teil der metrischen Geometrie ist, aber auch unabhängig gesehen werden kann.

A. AFFINE TRANSFORMATIONEN IN DER METRISCHEN GEOMETRIE

Zu den bereits untersuchten Eigenschaften der affinen Transformationen müssen wir Sätze hinzufügen, die sich auf metrische Elemente, Entfernungen und Winkel, beziehen.

1. Translation

Invarianz der Längen und Winkel (wobei Winkel als Absolutwerte oder bis auf 2π oder π genau bestimmt sein können).

Ein Kreis wird in einen Kreis gleichen Durchmessers abgebildet, der in einer parallelen Ebene liegt, ihre Mittelpunkte sind homologe Punkte. Umgekehrt existiert zu zwei gegebenen Kreisen mit gleichem Radius in parallelen Ebenen eine Translation, die den einen Kreis auf den anderen abbildet.

Entsprechende Sätze (einfacherer Form) gelten auch für Kugeln.

2. Zentrische Streckung

Dabei wird die Länge jeder Strecke mit dem Absolutwert des Streckungsfaktors multipliziert. Die Winkel bleiben sämtlich erhalten.

Ein Kreis wird auf einen in einer parallelen Ebene liegenden Kreis abgebildet, dessen Radius aus der Multiplikation des Radius des gegebenen Kreises mit dem Absolutwert des Streckungsfaktors folgt. Sind umgekehrt zwei Kreise gegeben, die in parallelen Ebenen liegen, so bestehen zwei Streckungen mit reziproken Faktoren, mittels derer die beiden Kreise ineinander übergeführt werden können. Sind die Kreise untereinander gleich, so ist die negative Streckung eine Punktspiegelung, während die positive Streckung in eine Translation entartet. Im allgemeinen Fall liegen die beiden Streckungszentren kollinear mit den Kreismittelpunkten und teilen die Zentrale im Verhältnis der Radien harmonisch.

Diese Figur kann auch noch auf andere Weise beschrieben werden: Jeder Schnitt eines geraden Kreiskegels mit einer zur Basis parallelen Ebene ist ein Kreis; umgekehrt gilt, daß zwei in parallelen Ebenen gelegene Kreise auf zwei Kegeln liegen, von denen einer ein Zylinder ist, wenn die Kreisradien gleich sind.

Liegen die Kreise in einer Ebene und sind sie konzentrisch, so existiert nur ein einziges Streckungszentrum; die beiden Streckungen, die die Kreise ineinander überführen, sind trotzdem voneinander verschieden, da ihre Streckungsfaktoren reziprok sind. Bemerken wir noch, daß jede zwei Kreisen derselben Ebene gemeinsame Tangente durch eines der Streckungszentren hindurchgeht und daß, wenn die Kreise sich berühren, ihr Berührpunkt auch eines der Streckungszentren ist.

Die gleichen Überlegungen gelten in vereinfachter Form auch für Kugeln.

3. Affinitäten

Vom Standpunkt der metrischen Geometrie aus verdienen es nur die orthogonalen Affinitäten, näher in Betracht gezogen zu werden. Wir beschränken uns auf die Behandlung von Affinitäten im zweidimensionalen Raum. Dabei wird jede Strecke in ihre Komponente parallel zur Affinachse, deren Länge erhalten bleibt, und in die dazu senkrechte Komponente zerlegt, deren Länge mit dem Absolutwert des Streckungsfaktors multipliziert wird. Die Länge der Strecke läßt sich dann nach dem Satz des Pythagoras bestimmen. In gleicher Weise bezieht man jede Geradenrichtung auf die Affinachse und benutzt trigonometrische Formeln, in die der Tangens der Winkel eingeht.

Bild eines Kreises

Von einer Translation abgesehen kann man als Affinachse (die zur Abszissenachse gemacht wird) eine durch das Zentrum gehende Gerade wählen. Bei der Affinität wird die Kreisgleichung

$$x^2+y^2 = a^2 \qquad (1)$$

zur Gleichung einer *Ellipse*

$$\frac{x^2}{a^2} + \frac{y^2}{b^2} = 1, \qquad (2)$$

wobei $b = |k|a$.

Somit ist jede Ellipse als orthogonal-affines Bild eines Kreises definiert; sie besitzt alle affinen Eigenschaften desselben: ein Symmetriezentrum, schiefe Symmetrieachsen durch dieses Zentrum, Pol-Polare-Beziehungen (ausgenommen die Rechtwinkligkeit der Polaren zu der Verbindungsgeraden des Poles mit dem Zentrum und die orthogonalen Hilfskreise.)

B. EIGENTLICHE UND UNEIGENTLICHE BEWEGUNGEN

1. Einführung

Erinnern wir uns der allgemeinen Definition einer *affinen* Punkttransformation eines Raumes E auf sich selbst: Sind ein Ursprung O, ein Bezugssystem $\mathfrak{B}$ und deren Bilder O' und $\mathfrak{B}'$ gegeben, so kann man jedem auf das System $\{O, \mathfrak{B}\}$ bezogenen Punkt M den Punkt M' zuordnen, der in dem System $\{O', \mathfrak{B}'\}$ dieselben Koordinaten hat. Eine solche Transformation ist mithin das Produkt einer Translation mit dem Vektor OO' und einer Punkttransformation, bei der O invariant bleibt, also einer linearen Transformation von $\mathfrak{B}$ in $\mathfrak{B}'$.

In der metrischen Geometrie heißt eine solche Transformation eine *Isometrie*, wenn die orthonormale Basis $\mathfrak{B}$ wieder in eine orthonormale Basis $\mathfrak{B}'$ übergeführt wird. Die Formeln, nach denen die Entfernung zweier Punkte mit Hilfe der Koordinaten berechnet werden kann, zeigen in der Tat, daß *dabei alle Entfernungen invariant bleiben*.

$$(\forall M \text{ und } P, \; M'P' = MP)$$

Ist darüber hinaus die Orientierung von $\mathfrak{B}$ und $\mathfrak{B}'$ gleich, so sind *homologe Winkel gleich*; es gilt also für alle Vektoren V_1 und V_2

$$\sphericalangle (V'_1, V'_2) = \sphericalangle (V_1, V_2) \pmod{2\pi}.$$

In diesem Fall bezeichnet man die Transformation als *(starre) Bewegung*; dabei sind entsprechende Figuren *gleich* oder *kongruent*.
Ist im Gegensatz hierzu die Orientierung von $\mathfrak{B}'$ jener von $\mathfrak{B}$ entgegengesetzt, *so ist auch jeder Winkel und sein Bild einander entgegengesetzt*:

$$\sphericalangle (V'_1, V'_2) = - \sphericalangle (V_1, V_2) \pmod{2\pi}.$$

Diese Transformation ist eine uneigentliche Bewegung; homologe Figuren heißen *gegensinnig* oder *uneigentlich kongruent* zueinander.

Grundlegendes Theorem

Die Beziehung der gleich- oder gegensinniger Kongruenz ist charakteristisch, das heißt unabhängig vom Bezugssystem $\{O, \mathfrak{B}\}$, das zu ihrer Definition dient; die Basis muß dabei natürlich orthonormal bleiben, obwohl sich die Längeneinheiten ändern können.

a) Eindimensionaler Raum

Die Bewegung $\{O, i\} \searrow \mathfrak{D} \nearrow \{O', i'\}$ wird durch $i' = i$, $OO' = ai$ und $\forall M$, $OM = xi \searrow \nearrow O'M_1 = xi$ definiert.
Die neue Basis $\{\omega, u\}$, die durch

$$\begin{cases} O\omega = di \\ u = ki \end{cases}$$

definiert ist, wird auf das System $\{\omega', u'\}$ abgebildet, wobei

$$\begin{cases} O'\omega' = O\omega = di \\ u' = u = ki. \end{cases}$$

Die Transformation kann also mit Hilfe der neuen Basis durch

$$\forall M, \omega M = Xu \searrow \nearrow \omega' M' = Xu$$

definiert werden, wobei $X = \dfrac{x-d}{k}$.
Dies ist die Translation $MM' = OO' = \omega\omega'$.

b) Zweidimensionaler Raum

Die Bewegung

$$\{O, i, j\} \searrow \mathfrak{D} \nearrow \{O', i', j'\}$$
$$OM = xi + yj \searrow \mathfrak{D} \nearrow O'M' = xi' + yj'$$

ist als Produkt einer Translation OO' und einer Bewegung $\mathfrak{R}$ definiert, bei der O invariant bleibt; der Vektorraum wird einer linearen Transformation unterworfen, bei der i' und j' orthogonale Einheitsvektoren sein müssen und $\measuredangle (i', j')$ dieselbe Orientierung wie $\measuredangle (i, j)$ haben muß. Wie wir von früher her (vgl. Teil I, Kap. V, 1 und 4) wissen, werden diese Bedingungen, sofern man

$$\begin{cases} i' = ai + bj \\ j' = ci + dj \end{cases}$$

setzt, wie folgt ausgedrückt:

$$\begin{cases} a^2+b^2 = 1 & c^2+d^2 = 1 \\ ac+bd = 0 & ad-bc = +1. \end{cases}$$

Das heißt, daß ein bis auf $2k\pi$ definierter Winkel α existiert, der die Bedingungen

$$a = \cos\alpha\,,\ b = \sin\alpha\,,\ c = -\sin\alpha\,,\ d = \cos\alpha$$

befriedigt, woraus folgt
$$\begin{cases} \boldsymbol{i}' = \cos\alpha\,\boldsymbol{i}+\sin\alpha\boldsymbol{j} \\ \boldsymbol{j}' = -\sin\alpha\boldsymbol{i}+\cos\alpha\boldsymbol{j} \end{cases}$$

oder entsprechend
$$\begin{cases} \boldsymbol{i} = \cos\alpha\boldsymbol{i}'-\sin\alpha\boldsymbol{j}' \\ \boldsymbol{j} = \sin\alpha\boldsymbol{i}'+\cos\alpha\boldsymbol{j}'. \end{cases}$$

Eine eigentliche Bewegung, bei der O invariant bleibt, wird mithin einfach durch den Winkel α gekennzeichnet.
Es sei **u** ein beliebiger Vektor und **u'** sein Bild, also

$$\boldsymbol{u} = \varrho(\cos\Theta\boldsymbol{i}+\sin\Theta\boldsymbol{j})\,,\ \boldsymbol{u}' = \varrho(\cos\Theta\boldsymbol{i}'+\sin\Theta\boldsymbol{j}').$$

Die Winkelgleichung

$$\sphericalangle\,(\boldsymbol{i},\boldsymbol{u}) = \sphericalangle\,(\boldsymbol{i}',\boldsymbol{u}')\ (\mathrm{mod}\ 2\pi)$$

ist äquivalent zu

$$\forall \boldsymbol{u},\ \sphericalangle\,(\boldsymbol{u},\boldsymbol{u}') = \sphericalangle\,(\boldsymbol{i},\boldsymbol{i}') = \alpha\ (\mathrm{mod}\ 2\pi).$$

Demzufolge ist das Bild M' von M nach der Bewegung $\mathfrak{R}$ definiert durch

$$(\mathfrak{R})\ \ OM = OM',\ \sphericalangle\,(\boldsymbol{OM},\boldsymbol{OM'}) = \alpha\ (\mathrm{mod}\ 2\pi).$$

Eine solche eigentliche Bewegung heißt *Drehung* mit dem Zentrum O und um den Winkel α. Eine solche Drehung ist somit in invarianter Form durch $\mathfrak{R}$ definiert, so daß bei Verwendung einer anderen orthonormalen Basis

$$\boldsymbol{u} = \varrho(\cos\Theta\boldsymbol{i}+\sin\Theta\boldsymbol{j})\,,\ \boldsymbol{v} = \varrho(-\sin\Theta\boldsymbol{i}+\cos\Theta\boldsymbol{j})$$

gilt, wobei die Definition

zu
$$\boldsymbol{OM} = x\boldsymbol{i}+y\boldsymbol{j} \diagdown\!\!\!\_\_\_\!\!\!\diagup \boldsymbol{OM'} = x\boldsymbol{i}'+y\boldsymbol{j}'$$
$$\boldsymbol{OM} = X\boldsymbol{u}+Y\boldsymbol{v} \diagdown\!\!\!\_\_\_\!\!\!\diagup \boldsymbol{OM'} = X\boldsymbol{u}'+Y\boldsymbol{v}'$$

wird. (Dies läßt sich in der Vektor- oder Matrizenrechnung leicht beweisen.)

Somit ist jede ebene Bewegung $\mathfrak{D}$ das Produkt einer Translation und einer Drehung oder Rotation. Der Winkel heißt *Drehwinkel*; er ist unabhängig von der Wahl des Punktepaares O, O', das die Bewegung bestimmt. Ist aber $\alpha \neq 0 \pmod{2\pi}$, so kann man durch eine einfache Rechnung zeigen, daß es einen Festpunkt $M_0(x_0|y_0)$ gibt. Also ist jede Bewegung eine Translation oder eine Drehung.

c) Dreidimensionaler Raum

Hier verläuft die Rechnung wie in dem zweidimensionalen Fall, die Einführung nur eines Winkels genügt jedoch nicht zur eindeutigen Festlegung einer Bewegung. Da jedoch ein beliebiger Punkt M in bezug auf gewählte Punkte durch Entfernungen und Winkel festgelegt werden kann, also durch invariante Elemente, so genügt zur Festlegung von M' die Angabe homologer Punktepaare. Diese Möglichkeit einer passenden invarianten Definition beweist, daß die Wahl der Basis $\{O, \mathfrak{B}\}$ keinen Einfluß auf das Ergebnis einer Bewegung hat.

Das gleiche gilt entsprechend für die uneigentlichen Bewegungen im zwei- oder dreidimensionalen Raum.

2. Eigenschaften der eigentlichen und uneigentlichen Bewegungen

A) Eindimensionaler Raum

Jede eigentliche Bewegung ist eine *Translation*:

$$\forall M, \quad O'M' = OM$$

oder entsprechend

$$\forall M, \quad MM' = OO'.$$

Jede uneigentliche Bewegung wird definiert durch

$$\forall M, \quad O'M' = -OM,$$

woraus folgt, daß es einen invarianten Punkt S in der Mitte der Strecke OO' gibt

$$O'S = -OS,$$

weswegen man die Transformation durch

$$\forall M, \quad SM' = -SM$$

definieren kann.

Die Transformation ist eine *Spiegelung* an dem Zentrum S.

B) Zweidimensionaler Raum

a) Eigentliche Bewegungen

Wir haben erkannt, daß eine eigentliche Bewegung in der Ebene das Produkt einer Drehung um das beliebige Zentrum O mit dem bekannten Winkel α und einer Translation OO' ist (nichtkommutatives Produkt).

I) Theorem

Eine eigentliche Bewegung in der Ebene wird durch die Angabe zweier Paare von homologen Punkten vollständig bestimmt:

$$\begin{cases} A \\ B \end{cases} \diagdown\!\!\!\diagup \begin{cases} A' \\ B' \end{cases}, \quad A'B' = AB.$$

Da wir das Bezugssystem frei wählen können, legen wir seinen Ursprung in A, einen der Einheitsvektoren, etwa i, in die Richtung AB, und den anderen, j, direkt senkrecht auf i; dann liegen ihre Bilder A', i' auf $A'B'$ und j' direkt senkrecht zu i'. Die Zuordnung wird somit definiert durch

$$\forall M, \quad AM = xi + yj \diagdown\!\underline{\mathfrak{D}}\!\diagup A'M' = xi' + yj'.$$

Diese Methode, die Kongruenz von Dreiecken zu kennzeichnen, führt auf einen *Fall der Kongruenz von Dreiecken*, der trotz der etwas ungewöhnlichen Form des zugehörigen Satzes von grundlegender Wichtigkeit ist:

Die Kongruenz zweier Dreiecke wird dadurch gekennzeichnet, daß je eine Seite und die zugehörige Höhe gleich sein müssen und der Fußpunkt der Höhen die betreffende Seite im gleichen Verhältnis teilt; schließlich müssen die rechten Winkel zwischen der Seite und der Höhe in demselben Richtungssinn gezählt werden.

II) Entfernen wir uns noch weiter von der analytischen Geometrie, indem wir die eineindeutige Zuordnung zwischen dem Paar x, y und dem Paar r, Θ (mod 2π) verwenden, die definiert ist durch

$$r > 0, \quad x = r \cos \Theta, \quad y = r \sin \Theta,$$

das heißt

$$\begin{cases} r = AM \\ \Theta = \measuredangle\,(AB, AM) \ (\mathrm{mod}\ 2\pi). \end{cases}$$

Wir erhalten den charakteristischen Satz:

Satz 1

Die eigentliche Bewegung, die bestimmt ist durch

$$\begin{cases} A \\ B \end{cases} \diagdown\!\!\!\diagup \begin{cases} A' \\ B' \end{cases}, \quad A'B' = AB,$$

wird definiert durch

$$\forall M, \begin{cases} A'M' = AM \\ \measuredangle\,(A'B', A'M') = \measuredangle\,(AB, AM)\ (\mathrm{mod}\ 2\pi), \end{cases} \tag{I}$$

was auf einen weiteren Kongruenzsatz (im allgemeinen als zweiter Kongruenzsatz bezeichnet) führt:
Zwei Dreiecke sind kongruent, wenn sie in zwei Seiten und dem von diesen eingeschlossenen Winkeln übereinstimmen, wobei diese Winkel orientiert und bis auf 2π definiert sind.
Der Drehwinkel beträgt

$$\alpha = \measuredangle (AB, A'B') = \measuredangle (AM, A'M') \quad \forall M,$$

und deswegen gilt wegen der Invarianz der Parallelität

$$\alpha = \measuredangle (V, V')$$

für jeden beliebigen Vektor V. Man nennt α auch *den Winkel der kongruenten Figuren.*

III) Da eine Bewegung durch AB; $A'B'$ bestimmt ist, ergibt jede von M und diesen Angaben ausgehende Konstruktion von M' eine darin enthaltene Definition der eigentlichen Bewegung. M' wird insbesondere durch das System

$$\measuredangle (A'B', A'M') = \measuredangle (AB, AM) \pmod{\pi}$$
$$\measuredangle (A'B', B'M') = \measuredangle (AB, BM) \pmod{\pi}$$

vollständig bestimmt. Somit gilt

Satz 2
Die durch die Transformation

$$\begin{cases} A \\ B \end{cases} \diagdown\diagup \begin{cases} A' \\ B' \end{cases}, \quad AB = A'B'$$

bestimmte eigentliche Bewegung ist definiert durch

$$\forall M, \begin{cases} \measuredangle (A'B', A'M') = \measuredangle (AB, AM) \pmod{\pi} \\ \measuredangle (A'B', B'M') = \measuredangle (AB, BM) \pmod{\pi}. \end{cases} \quad \text{(II)}$$

Daraus folgt ein weiterer Kongruenzsatz (Erster Kongruenzsatz):
Zwei Dreiecke sind kongruent, wenn sie in einer Seite und den beiden anliegenden homologen Winkeln übereinstimmen, wobei diese Winkel wohl orientiert sind, aber nur bis auf π definiert zu sein brauchen.

IV) Ein weiterer Kongruenzsatz wird deutlich, wenn man M' mit Hilfe der beiden Strecken $A'M' = AM$ und $B'M' = BM$ bestimmt. Um jedoch dabei die Eindeutigkeit zu gewährleisten, muß man darüber hinaus noch fordern, daß zwei homologe Winkel gleich orientiert sind. Dieser „dritte" Kongruenzsatz dient zur Untersuchung spezieller

Figuren, aber er läßt sich bei unseren allgemeinen Betrachtungen nicht bequem verwenden.

Wir gehen weiter, indem wir auf (I) zurückgreifen.

Theorem

In der Ebene können zwei kongruente Figuren immer durch eine Drehung, die in Sonderfällen in eine Translation entarten kann, ineinander übergeführt werden.

Ist dabei der Winkel α der kongruenten Figuren gleich 0 (mod 2π), so besteht die Bewegung aus einer Translation AA'.

Es sei mithin $\alpha \neq 0$ (mod 2π). Eine Bewegung mit einem Fixpunkt ist immer eine Drehung, deren Zentrum in diesem Punkt liegt. Ein solcher Punkt O ist jedoch in (I) definiert, wenn man M und M' durch O ersetzt:

$$\begin{cases} A'O = AO \\ \sphericalangle (A'B', A'O) = \sphericalangle (AB, AO) \quad (\text{mod } 2\pi) \end{cases} \Leftrightarrow$$

$$\Leftrightarrow \begin{cases} OA' = OA \\ \sphericalangle (OA, OA') = \sphericalangle (AB, A'B') = \alpha (\text{mod } 2\pi) \end{cases}$$

was bedeutet, daß O der Schnittpunkt der Mittelsenkrechten von AA' mit dem Bogen AA' ist, der als Ortslinie der Punkte P bestimmt wird, für die

$$\sphericalangle (PA, PA') = \alpha \quad (\text{mod } 2\pi).$$

Der Schnittpunkt existiert und ist eindeutig. Er ist das Zentrum O der angeführten Drehung; der Drehwinkel ist α.

Für $\alpha = \pi$ (mod 2π) wird der Bogen zur Strecke AA', der Punkt O liegt in der Mitte von AA' und die Drehung wird zu einer Punktspiegelung an O.

Produkt von Bewegungen

Kongruenzbeziehungen zweier Figuren sind transitiv, das Produkt von Bewegungen ist wiederum eine Bewegung. Betrachtet man auch die identische Transformation als Bewegung, so erkennt man, daß die Menge der Translationen und Drehungen in der Ebene eine Gruppe bilden, die *Bewegungsgruppe*.

b) Uneigentliche Bewegungen

In gleicher Weise wie oben kann man zeigen, daß eine uneigentliche Bewegung durch ein Punktepaar und dessen Bilder definiert ist:

$$\begin{cases} A \\ B \end{cases} \diagdown\diagup \begin{cases} A' \\ B' \end{cases}, \quad A'B' = AB$$

mit Hilfe jedes der Systeme

$$\forall M, \begin{cases} A'M' = AM \\ \measuredangle (A'B', A'M') = - \measuredangle (AB, AM) \pmod{2\pi} \end{cases} \quad (I')$$

und

$$\forall M, \begin{cases} \measuredangle (A'B', A'M') = - \measuredangle (AB, AM) \\ \measuredangle (A'B', B'M') = - \measuredangle (AB, BM) \pmod{\pi}. \end{cases} \quad (II')$$

Wir können insbesondere jene beiden Sätze für die Spiegelsymmetrie aufstellen, die den Kongruenzsätzen entsprechen:

I) Theoreme (Ebene Geometrie)

Jede uneigentliche Bewegung mit einem Fixpunkt (invarianten Punkt) ist eine Spiegelung an einer Geraden.
Es sei O der Fixpunkt und A, A' ein Paar homologer Punkte; fallen A und A' zusammen, so wird die Transformation von der Spiegelung an der Geraden OA gebildet; sind A und A' verschieden, so handelt es sich um die Spiegelung an der Winkelhalbierenden des Innenwinkels von $\measuredangle (OA, OA')$.

II) *Das Produkt zweier Spiegelungen an zwei sich schneidenden Achsen ist eine Drehung*: es ist in der Tat eine Bewegung mit einem Fixpunkt. Es sei O dieser Punkt als Schnittpunkt der beiden Achsen D_1 und D_2. Wenn man einen Punkt A von D_1 transformiert, so sieht man, daß der Drehwinkel bestimmt wird durch

$$\alpha = 2 \measuredangle (D_1, D_2) \pmod{2\pi}.$$

Dies ergänzt einen Satz der affinen Geometrie, *wonach* das Produkt zweier Spiegelungen an *parallelen Achsen* eine *Translation* mit dem Verschiebungsvektor

$$V = 2h_1h_2, \quad h_1 \in D_1, \quad h_2 \in D_2, \quad h_1h_2 \perp D_1.$$

ist.

Umgekehrt *ist jede eigentliche Bewegung als Produkt zweier Geraden- oder Achsenspiegelungen darstellbar.*

(1) Translation mit dem Verschiebungsvektor V': Die Achsen D_1 und D_2 müssen senkrecht zu V im Abstand $h_1h_2 = \dfrac{V}{2}$ liegen.

(2) Drehung mit dem Zentrum O und um den Winkel α: Beide Achsen müssen durch O gehen und den Winkel $(D_1, D_2) = \dfrac{\alpha}{2} \pmod{2\pi}$ einschließen.

Man erkennt, daß in jedem Fall eine Achse in einer gegebenen Richtung liegt oder mit einem gegebenen Punkt inzidieren kann. Die Lage der anderen Achse folgt daraus.

III) Ein Produkt von drei Geradenspiegelungen ist eine uneigentliche Bewegung und umgekehrt kann jede uneigentliche Bewegung auf unendlich viele verschiedene Weisen als Produkt von drei Geradenspiegelungen aufgefaßt werden. Eine Geradenspiegelung kann einen beliebig gewählten Punkt A in der Tat in sein gegebenes Bild A' überführen; es verbleibt noch eine Drehung um A' auszuführen, was dem Produkt zweier Geradenspiegelungen entspricht. Ebensogut kann man mit einer Geradenspiegelung beginnen, die einen Vektor AB in einen anderen Vektor AB'' überführt, der dem Vektor $A'B'$ geometrisch gleich, das heißt äquipollent ist; es verbleibt noch die Translation AA' auszuführen, das heißt ein Produkt zweier Spiegelungen mit parallelen Achsen.

Aus dieser zweiten Produktdarstellung folgt, daß *in zwei gegensinnig kongruenten Figuren alle Winkel (V, V') zweier homologer Vektoren, ebenso wie bei einer Geradenspiegelung, dieselbe Richtung der Winkelhalbierende haben, etwa δ.*

Benutzen wir dieses Ergebnis, um eine uneigentliche Bewegung in ein spezielles Produkt aufzuspalten: Als erste Achse D_1 der *Geradenspiegelung* nehmen wir dazu die Parallele zu δ durch die Mitte von AA'; dann verbleibt eine Translation $A''A'$ parallel zu δ auszuführen. Daraus folgt, daß die Gerade D_1 ebenfalls durch die Mitte jeder Strecke hindurchgeht, die zwei homologe Punkte verbindet (da $M''M'$ bei ganz beliebigem M immer parallel zu D_1 liegt). Diese Bedingung ist auch hinreichend, woraus der Satz folgt:

Jede uneigentliche Bewegung kann in einer einzigen Weise in ein Produkt einer Geradenspiegelung und einer Translation zerlegt werden, deren Verschiebungsvektor parallel zur Achse ist. Dieses Produkt ist übrigens kommutativ.

Somit finden wir, daß in der Ebene die Geradenspiegelung die grundlegende Isometrie bestimmt, die mittels ihrer Produkte jede eigentliche und uneigentliche Bewegung liefert. Der Umstand, daß es sich dabei um eine involutorische Transformation handelt, macht sie zu einem besonders einfach zu handhabenden Instrument, wie die folgende Anwendung zeigt:

Produkt zweier eigentlicher Bewegungen

Es seien zwei eigentliche Bewegungen $\mathfrak{D}_1$ und $\mathfrak{D}_2$ mit den Drehwinkeln α_1 und α_2 gegeben. Ihr Produkt stellt eine eigentliche Bewegung mit dem Winkel $\alpha = \alpha_1 + \alpha_2$ dar.

Ist $\alpha = 0 \pmod{2\pi}$, so erscheint das Produkt als Translation, deren Vektor wir bestimmen müssen. Ist $\alpha \ne 0 \pmod{2\pi}$, so ist das Produkt eine Drehung, deren Zentrum wir bestimmen müssen. Unabhängig davon, welcher Fall im einzelnen zutrifft, zerlegen wir jede eigentliche Bewegung in das Produkt zweier Symmetrien:

$$\mathfrak{D}_1 = S_1 \times S_1', \quad \mathfrak{D}_2 = S_2 \times S_2'.$$

Dabei kann man immer so vorgehen, daß die Achse von S_1' mit jener von S_2 zusammenfällt.
Mithin haben wir

$$\mathfrak{D}_1 \times \mathfrak{D}_2 = (S_1 \times S_1') \times (S_2 \times S_2') = S_1 \times (S_1' \times S_2) \times S_2' = S_1 \times S_2'.$$

Liegen also die Achsen von S_1 und S_2 zueinander parallel, so können wir daraus den Verschiebungsvektor der Produkttranslation herleiten; schneiden sich diese Achsen in einem Punkt O, so stellt dieser das gesuchte Zentrum der Produktdrehung dar.

Übungsbeispiel: Verschiedene Konstruktionsmethoden zur Bestimmung des Drehzentrums O

$$\begin{cases} A \diagdown \underline{} \diagup A' \\ B \diagdown \underline{} \diagup B' \end{cases}.$$

Sei J der Schnittpunkt der Geraden AB und $A'B'$, wodurch eine Punktspiegelung ausgeschlossen wird. Dann kann man zeigen, daß das Drehzentrum die folgenden Lagen einnehmen kann:
1. Auf den Mittelsenkrechten von AA' und BB'.
2. Auf den Kreisen AJA' und BJB'.
3. Auf der durch J gezogenen Geraden, die den Außenwinkel der homologen Achsen halbiert, auf denen AB und $A'B'$ liegen.
4. Das Drehzentrum ist der Mittelpunkt des dem Dreieck $J^{-1}JJ'$ umschriebenen Kreises, bei der Transformation ist J^{-1} das Urbild von J und J' sein Bild.

C) Dreidimensionaler Raum

Wie in der Ebene ist auch im Raum eine eigentliche Bewegung gleich dem Produkt aus einer Translation und einer Bewegung um einen invarianten Punkt, die eine lineare Transformation des Vektorraumes definiert. Dasselbe gilt für uneigentliche Bewegungen. Setzen wir voraus, daß die Basis passend gewählt wurde, damit die invarianten Elemente der linearen Transformationen klar hervortreten, so kann man sofort die einfachsten Operationen angeben, aus denen man die anderen durch Produktbildung zusammensetzen kann.

a) $\begin{cases} i' = i \\ j' = j \\ k' = k \end{cases}$ *Identische Transformation*

b) $\begin{cases} i' = i \\ j' = j \\ k' = -k \end{cases}$ *Uneigentliche Bewegung*: *Spiegelung an der Ebene* $P = Oij$.

Für einen Vektor V, der zu P parallel liegt, gilt $V' = V$.
Für einen auf P senkrecht stehenden Vektor V gilt $V' = -V$.

c) $\begin{cases} i' = i \\ j' = -j \\ k' = -k \end{cases}$ *eigentliche Bewegung*: *Spiegelung an der Geraden* $D = Oi$.

Eine derartige Bewegung nennt man *Halbdrehung*. Es ist eine Drehung um den Winkel π um D.
Liegt ein Vektor V parallel zu D, so ist $V' = V$.
Steht V senkrecht auf D, so ist $V' = -V$.

d) $\begin{cases} i' = -i \\ j' = -j \\ k' = -k \end{cases}$ *uneigentliche Bewegung*: *Spiegelung am Punkt* O.

Für jeden Vektor V gilt $V' = -V$.

a) Invarianten im allgemeinen Fall

Eine eigentliche Bewegung wird durch drei nicht kollineare Punkte und ihre homologen definiert, das heißt, daß die Punkte

$\begin{cases} A \\ B \\ C \end{cases}$ $\begin{cases} A' \\ B' \\ C' \end{cases}$ den Bedingungen $\begin{cases} A'B' = AB \\ A'C' = AC \\ B'C' = BC \end{cases}$ genügen.

Wir wählen als Bezugssystem den Punkt O in A und i auf AB liegend; j stehe auf i in der Ebene ABC auf jener Seite von AB senkrecht, wo auch C liegt; k vervollständige diese orthonormale Basis. Daraus leitet man die Bilder O', i', j', k' her.
Eine solche eigentliche Bewegung wird mithin durch die notwendigen und hinreichenden Bedingungen

$$\forall M, \begin{cases} A'M' = AM \\ B'M' = BM \\ (C', A'B', M') = (C, AB, M) \pmod{2\pi} \end{cases} \tag{I}$$

definiert oder ebenso durch

$$\forall M, \begin{cases} (C', A'B', M') = (C, AB, M) \pmod{\pi} \\ (A', B'C', M') = (A, BC, M) \pmod{\pi} \\ (B', C'A', M') = (B, CA, M) \pmod{\pi}. \end{cases} \quad \text{(II)}$$

Das gleiche gilt sinngemäß für die gegensinnige Kongruenz, indem man die Orientierung von k' im Bildsystem ebenso wie das Vorzeichen aller Dieder (Zweiflache) in den linken Seiten der obigen Systeme ändert. Man bemerke, daß die Dreiecke ABC, $A'B'C'$, die in allen drei Seiten übereinstimmen, im Raum ebensogut als gleichsinnig kongruent wie auch als ungleichsinnig kongruent betrachtet werden können.

b) Klassifizierung der eigentlichen Bewegungen im Raum

I) Bewegung mit zwei invarianten Punkten

Legen wir A und B in diese zwei Punkte, und wählen wir C außerhalb der Geraden AB, dann wird das System (1)

$$\forall M, \begin{cases} AM' = AM \\ BM' = BM \\ (C', AB, M') = (C, AB, M) \pmod{2\pi} \end{cases}$$

oder auch, gemäß dem Theorem von *Chasles* über Dieder (Zweiflache) mit derselben Kante

$$\forall M, \begin{cases} AM' = AM \\ BM' = BM \\ (M, AB, M') = (C, AB, C') = \alpha \pmod{2\pi}. \end{cases} \quad \text{(R)}$$

Bei Beschränkung dieser Transformation auf eine zu AB senkrechte Ebene p, die als ganzes (ebenenweise) invariant ist, erscheint diese als ebene Drehung, deren Zentrum auf AB liegt. Wir bezeichnen mit d die Gerade AB, die in Richtung AB orientiert ist, wodurch wir die Ebene p orientieren können; der Winkel dieser Drehung ist mithin $\alpha \pmod{2\pi}$.

Eine solche eigentliche Bewegung des Raumes heißt *Drehung* oder *Rotation*; d ist die zugehörige Drehachse und

$$\alpha \pmod{2\pi}$$

der Drehwinkel.

Jeder zu d parallele Vektor V ergibt dabei $V' = V$.

Jeder zu d senkrechte Vektor V wird in der zu d senkrechten Ebene, in der ein solcher Vektor enthalten ist, auf einen Vektor V' abgebildet,

so daß
$$\sphericalangle (V, V') = \alpha \quad (\text{mod } 2\pi).$$
Jeder andere, beliebig gerichtete Vektor kann in zwei Komponenten zerlegt werden, die parallel, beziehungsweise senkrecht zu d sind, so daß ein solcher Vektor mit seinem Bildvektor einen Winkel einschließt, der verschieden von null und α ist.

Ist $\alpha = \pi$, so erkennen wir, daß wir in diesem Fall eine Spiegelung bezüglich d vor uns haben, die hier auch Halbdrehung genannt wird.

II) Theorem

Jede eigentliche Bewegung mit einem Fixpunkt ist eine Drehung.

Sei A der bekannte invariante Punkt; dann handelt es sich darum, zu zeigen, daß es mindestens noch einen zweiten, O, gibt. Ein solcher Punkt wird wegen (I) charakterisiert durch
$$\begin{cases} B'O = BO \\ (C', AB', O) = (C, AB, O) \quad (\text{mod } 2\pi). \end{cases}$$
Wir sind jedoch nicht in der Lage, diese Diëdergleichung ebenso zu transformieren wie in der Ebene, weil sich der Satz von Chasles nicht auf Diëder mit verschiedenen Kanten anwenden läßt. (In anderer Betrachtungsweise handelt es sich bei diesem Problem darum, einen invarianten Punkt einer Kugel mit dem Mittelpunkt A zu finden, die bei einer solchen Bewegung offensichtlich als ganzes invariant ist.) Wir können unsere Betrachtungen auf ein Problem der ebenen Geometrie zurückführen, wenn wir zusammen mit dem gegebenen Punktepaar B, B' ein Paar D, D' betrachten, für das D' mit B zusammenfällt, d.h., daß D bei der gegebenen Transformation das Original des Bildes B ist, das durch (I) vollständig bestimmt ist.

Die drei Punkte D, B, B' liegen alle in gleicher Entfernung von A; dieser Punkt A wird mithin orthogonal auf die Ebene DBB' in den Mittelpunkt ω des diesem Dreieck umschriebenen Kreises projiziert. Diese Ebene liegt rechtwinklig zu den mit der Kante $A\omega$ gebildeten Diëdern, so daß gilt:
$$(D, A\omega, B) = (B, A\omega, B') = \alpha \quad (\text{mod } 2\pi).$$
ADB wird durch die Drehung um die Achse $A\omega$ und den Winkel α in ABB' abgebildet. Da diese drei Punkte eindeutig eine Bewegung bestimmen, so schließen wir, daß *die gegebene Bewegung eine Drehung ist.*

Wir haben erkannt, daß bei einer Drehung die Vektoren invariant bleiben, die parallel zur Drehachse liegen; außerdem ist jede eigentliche Bewegung das Produkt einer Translation und einer Bewegung mit einem Fixpunkt; daher gelangen wir zu dem Satz:

Jede eigentliche Bewegung läßt die Vektoren einer und nur einer Richtung δ invariant (sofern es sich dabei nicht um eine Translation handelt, wobei alle Vektoren erhalten bleiben). *Sie ist das Produkt einer Translation und einer Drehung um eine zur invarianten Richtung parallele Achse.* Der Winkel dieser Drehung bestimmt sich wie folgt: Ist V ein zu δ senkrechter Vektor, so ist dieser Winkel, der *Drehwinkel*, $\alpha = (V, V')$.

III) Schraubung

In der vorhergehenden Zerlegung wurde nur gefordert, daß die Translation einen beliebig gewählten Punkt in sein Bild transformiert. Schränken wir dies durch die Bedingung ein, daß *die Translation parallel zur invarianten Richtung δ der Drehung erfolgen soll*, so finden wir damit eine besonders interessante eindeutig bestimmte Zerlegung.

Um eine solche Bewegung zu bestimmen, betrachten wir einen zu δ parallelen Vektor AB, also $A'B' = AB$ und einen Vektor AC senkrecht auf δ; sein Bild $A'C'$ liefert den Drehwinkel $\measuredangle (AC, A'C') = \alpha$. Besser verfährt man, wenn man A' und C' orthogonal auf die zu δ senkrechte durch AC gelegte Ebene in die Punkte A'' und C'' projiziert. Dann findet man

$$\measuredangle (AC, A''C'') = \alpha.$$

In der Ebene p können die Vektoren gleicher Länge AC und $A''C''$ als kongruente Figuren durch eine Drehung um den Winkel α und um einen bestimmten Punkt O ineinander übergeführt werden, wobei wir diesen Punkt konstruktiv bestimmen können. Sei z die Parallele durch O zu δ. Die betrachtete ebene Drehung um O erscheint dann als ebene Beschränkung einer räumlichen Drehung um z, durch welche A in A'' und C in C'' übergeführt wird; der Punkt B wird in einen Punkt B'' übergeführt, so daß $A''B'' = AB = A'B'$. Das Produkt dieser Drehung und der Translation $A''A' = B''B' = C''C'$ stellt eine Bewegung dar, durch welche ABC in $A'B'C'$ übergeführt wird: es handelt sich also um die betrachtete Bewegung.

Wir müssen noch vermerken, daß das Produkt dieser Drehung mit einer Translation kommutativ ist. Diese Bewegung, also das Produkt einer Drehung und einer Translation, deren Verschiebungsvektor zur Drehachse parallel ist, heißt *Schraubung*. Der Verschiebungsvektor, die Achse und der Drehwinkel werden als *Schraubungsvektor, Schraubungsachse* und *-winkel* bezeichnet.

Ergebnis

Die allgemeinste Bewegung im Raum ist eine Schraubung, die sich unter Umständen auf eine Translation ($\alpha = 0$) oder eine Drehung ($V = 0$) oder auf die identische Transformation ($\alpha = 0$ und $V = 0$) reduziert.

IV) Zerlegung einer eigentlichen Bewegung in ein Produkt von Halbdrehungen
   (Drehungen um den Winkel π)

1. *Das Produkt zweier Halbdrehungen um parallele Achsen z_1, z_2 stellt eine Translation dar,* weil dabei die zu z_1 parallelen Vektoren ebenso wie die auf z_1 senkrecht stehenden Vektoren invariant sind. Der Vektor der Produkttransformation wird bestimmt, indem man einen Punkt H_1 auf z_1 annimmt; ist dann H_2 die Projektion dieses Punktes auf z_2, so ist der fragliche Vektor $V = H_1 H_1' = 2 H_1 H_2$.
Umgekehrt gilt, daß *jede Translation als Produkt zweier Halbdrehungen um parallele Achsen aufgefaßt werden kann,* von denen lediglich eine der Bedingung unterworfen ist, orthogonal zum Verschiebungsvektor V zu sein, womit die andere bestimmt ist.

2. *Das Produkt zweier Halbdrehungen mit sich schneidenden Achsen bildet eine Drehung,* da der Schnittpunkt O invariant ist. Die invariante orientierte Richtung δ ist senkrecht zur Ebene $z_1 z_2$, so daß die Drehachse z auf dieser Ebene in O senkrecht steht. Den Drehwinkel schließlich erhält man, indem man einen Punkt auf z_1 transformiert. Dann erhält man

$$\alpha = 2 \measuredangle (z_1, z_2) \pmod{2\pi},$$

was der orientierte Winkel der Drehung um z ist.
Umgekehrt *kann jede Drehung in ein Produkt von zwei Halbdrehungen zerlegt werden,* wobei nur eine dieser Achsen durch die Drehachse gehen und auf dieser senkrecht stehen muß; die andere Achse ist dann bestimmt.

3. *Das Produkt zweier Halbdrehungen um zueinander windschiefe Achsen erscheint als Schraubung, deren Achse die beiden gegebenen Achsen z_1, z_2 gemeinsame Senkrechte z ist.* Liegen $H_1 H_2$, $H_1 \in z_1$, $H_2 \in z_2$ auf dieser gemeinsamen Senkrechten, so ist der *Vektor* der Schraubung

$$V = 2 H_1 H_2,$$

der *Winkel* beträgt $\alpha = 2 \measuredangle (z_1, z_2) \pmod{2\pi}$ und wird um $H_1 H_2$ gezählt.
Dies ergibt sich unmittelbar aus dem Vorhergehenden, wenn man eine Halbdrehung um eine Hilfsachse z' einführt, die parallel zu z_2 liegt und durch H_1 geht. Bezeichnet man mit R und T eine Halbdrehung und eine Translation, so hat man in der Tat

$$R(z_1) \times R(z_2) = R(z_1) \times R(z') \times R(z') \times R(z_2)$$
$$= Rot(z, \alpha) \times T(V).$$

Umgekehrt gilt, daß *jede Schraubung in ein Produkt von zwei Halbdrehungen zerlegt werden kann,* wobei eine der Achsen durch die gegebene Schraubungsachse gehen und auf dieser senkrecht stehen muß; die andere Achse ist damit bestimmt.

4. *Anwendung*: *Bestimmung der Elemente der Produktbewegung zweier gegebener Bewegungen.* Dazu genügt es, jede gegebene Bewegung in das Produkt von zwei Halbdrehungen zu zerlegen, wobei die Achse der zweiten Halbdrehung, die aus der ersten Bewegung hervorgeht, mit der Achse der ersten Halbdrehung zusammenfällt, die aus der zweiten Bewegung hervorgeht: dies ist immer möglich, da zwei Geraden im Raum immer eine gemeinsame Senkrechte haben.
Hat man beliebig viele Bewegungen vorliegen, so operiert man schrittweise.

c) Uneigentliche Bewegungen

I) Reduzierung einer uneigentlichen Bewegung

Eine uneigentliche Bewegung, die durch

$$(O, i, j, k) \searrow \underline{\quad} \nearrow (O', i', j', k')$$

definiert ist, wobei die beiden orthormalen Basissysteme entgegengesetzt orientiert sind, ist offensichtlich das Produkt einer eigentlichen Bewegung

$$(O, i, j, k) \searrow \underline{\quad} \nearrow (O'', i'', j'', -k'')$$

und einer Ebenenspiegelung

$$(O'', i'', j'', -k'') \searrow \underline{\quad} \nearrow (O', i', j', k')$$

oder auch das Produkt einer eigentlichen Bewegung

$$(O, i, j, k) \searrow \underline{\quad} \nearrow (O'', -i'', -j'', -k'')$$

und einer Punktspiegelung

$$(O'', -i'', -j'', -k'') \searrow \underline{\quad} \nearrow (O', i', j', k').$$

Betrachten wir die letzte Zerlegung: Bei dieser Bewegung existiert eine invariante Richtung δ, so daß ein zu δ paralleler Vektor V in das ihm gleiche Bild V_1 übergeführt wird: $V_1 = V$. Bei einer Punktspiegelung ist das Bild von V_1 der dazu entgegengesetzte Vektor: $V' = -V_1$, und daher ist $V' = -V$. Somit *existiert bei jeder uneigentlichen Bewegung eine Richtung δ derart, daß für jeden zu δ parallelen Vektor V gilt $V' = -V$.*
Es sei nun p eine Ebene senkrecht zu dieser Richtung δ. Nach einer Spiegelung an p geht die Figur F in die dazu gegensinnig kongruente Figur F'' über; diese ist mithin kongruent zu F' und liefert F' mittels

einer Schraubung entlang der zu δ parallelen Achse z. Somit *ist jede uneigentliche Bewegung das Produkt einer Spiegelung an einer Ebene und einer Schraubung entlang einer Achse, die auf dieser Ebene senkrecht steht.* Der Schraubungsvektor kann jedoch durch geeignete Wahl der Ebene p zum Verschwinden gebracht werden: dazu genügt es, diese Ebene in gleichem Abstand von zwei homologen Punkten A, A' zu legen. Daraus folgt: *Jede uneigentliche Bewegung ist das Produkt einer Ebenenspiegelung und einer Drehung um eine Achse senkrecht zu dieser Ebene.* Dieses Produkt ist *kommutativ* und die Zerlegung eindeutig.

II) Produkt von Ebenenspiegelungen

Liegen beide Ebenen parallel zueinander, so bleiben bei der Produktbildung alle jene Vektoren erhalten, die entweder parallel zu diesen Ebenen liegen oder auf diesen senkrecht stehen: Die Produktbewegung ist mithin eine *Translation*. Wählt man H_1 in der ersten Ebene und projiziert sich dieser Punkt auf die zweite Ebene in H_2, so ist der Translationsvektor zu $2H_1H_2$ bestimmt.

Schneiden sich die beiden Ebenen in einer Geraden z, so ist diese die Ortslinie der invarianten Punkte; daher ist die Produktbewegung eine *Drehung*.

Der Drehwinkel beträgt $\alpha = 2 \sphericalangle (P_1, P_2)$ (mod 2π) und wird um die Achse z gezählt.

Umgekehrt können eine Translation oder eine Drehung in ein Produkt von zwei Ebenenspiegelungen zerlegt werden, wobei nur eine der Ebenen eine gegebene Stellung zu haben oder durch eine gegebene Gerade zu gehen braucht; die andere Ebene leitet sich dann daraus her.

Eine allgemeine Schraubung erscheint also als Produkt von vier Ebenenspiegelungen. Jede uneigentliche Bewegung erscheint als Produkt von drei Ebenenspiegelungen, wobei je zwei Ebenen auf der dritten senkrecht stehen.

III) Produkt von Punktspiegelungen

Bei der Multiplikation *zweier* Punktspiegelungen an den Zentren O_1, O_2 ist jeder Vektor seinem homologen gleich: $V' = V$. Die Produktbewegung ist mithin eine *Translation*, deren Verschiebungsvektor gleich $2O_1O_2$ ist. Da Punktspiegelungen involutorisch sind, gilt

$$[S_{O_1} \times S_{O_2} = T] \Rightarrow S_{O_1} = T \times S_{O_2} \quad \text{und} \quad S_{O_2} = S_{O_1} \times T.$$

IV) Produkt einer Ebenen- und einer Punktspiegelung

Es sei p die Symmetrieebene der ebenen Spiegelung und O das Zentrum der Punktspiegelung. Dann bleibt bei der Produktbewegung jeder zu

p senkrechte Vektor erhalten, die mithin eine Schraubung entlang der Achse z ist, die auf p senkrecht steht. Betrachtet man den zu O homologen Punkt, so sieht man, daß die Achse dieser Bewegung die auf p im Punkt O errichtete Senkrechte ist. Den Schraubungsvektor bestimmt man wie folgt: Es sei O_1 der Projektionspunkt von O auf die Ebene p. Bei der Multiplikation $S(p) \times S(O)$ ist der Translationsvektor gleich $2O_1O$; bei der Multiplikation $S(O) \times S(p)$ ist der Translationsvektor gleich $2OO_1$. Schließlich bestimmt man den Schraubungswinkel, indem man einen zur Ebene p parallelen Vektor transformiert: dieser Winkel ist gleich π. Die Drehung bei dieser Schraubung ist mithin eine Halbdrehung. Das Produkt reduziert sich auf diese Halbdrehung, wenn das Zentrum O in der Ebene p vorgegeben ist.

Ergebnis

Die Menge der Ebenenspiegelungen bildet die Gruppe der Isometrien. Die Menge der Punktspiegelungen bildet nur eine Untergruppe davon, die durch die Invarianz nichtorientierter Richtungen charakterisiert wird.

D) Bewegungen starrer Figuren

Wir betrachten eine Punktmenge, die stetig von einem Parameter abhängt. Außerdem soll gelten, daß die Mengen F_0 und F_1, die zwei beliebigen Werten des Parameters zugeordnet sind, sich durch eine Bewegung ineinander überführen lassen. Interpretiert man den Parameter t als Zeit, so kann man F als *fortschreitende Bewegung* ansehen. Die Ortslinie jedes Punktes M von F ist die Bahn oder *Trajektorie* von M; ist O ein Fixpunkt im Raum, etwa der Koordinatenursprung, so stellt die Ableitung des Vektors OM die *Geschwindigkeit* des Punktes M zu diesem Augenblick dar. Die Untersuchung der fortschreitenden Bewegungen einer starren Figur bildet mithin einen Teil der Kinematik der starren Körper. Wir beschränken uns hier auf einige für die Elementargeometrie nützliche Ergebnisse.

a) Translatorische Bewegung

In diesem Fall können zwei Lagen F_0 und F_1 einer Figur durch eine Translationsbewegung für ganz beliebiges t_0 und t_1 ineinander übergeführt werden. Dann sind die Trajektorien zweier Punkte M, P der Figur kongruent und können ebenfalls durch eine Translation ineinander übergeführt werden, weil für beliebiges t immer $MP = M_0P_0$. Darüber hinaus gilt

$$OP = OM + MP,$$

wo **MP** ein konstanter Vektor ist. Somit ist für jedes beliebige P die Geschwindigkeit von P gleich jener von M. Diese Geschwindigkeit heißt *Augenblicksgeschwindigkeit* der Bewegung.

b) Drehbewegung

Bei einer solchen Bewegung sind die Punkte einer Achse Fixpunkte, so daß sich zwei Lagen F_0 und F_1 einer Figur durch eine Drehung um die feste Achse z ineinander überführen lassen.

Daraus ergibt sich, daß die Trajektorie jedes Punktes ein Kreis um die Achse z ist. Die Geschwindigkeiten sind als Tangenten an die Trajektorien zu allen Zeiten dem Abstand des Punktes von der Achse proportional; man setzt $V = \omega d$ und kommt überein, auf der Achse z einen Vektor Ω mit dem Betrag ω abzutragen, dessen Richtungssinn so gewählt wird, daß das Dreibein OM, V, Ω rechtshändig ist. Dieser Vektor heißt *Drehvektor*, dessen Betrag ω die momentane *Winkelgeschwindigkeit* der Drehbewegung darstellt. Ist z orientiert, so kann man auch ω je nach der Drehrichtung der Bewegung ein Vorzeichen zuteilen. Die Bewegung ist durch die Angabe von z und der Funktion ω von t bestimmt. Nach der Definition des vektoriellen Produktes gilt $V = \Omega \times OM$ für jeden Punkt M.

c) Schraubenförmige Bewegung

Es ist eine Bewegung, bei der sich zwei Lagen F_0, F_1 durch eine Schraubung ineinander überführen lassen, so daß

1. die Schraubungsachse z festliegt;
2. der Translationsvektor dem Drehwinkel proportional ist.

Die Trajektorie jedes Punktes von z liegt mithin auf dieser Geraden z. Jeder nicht auf z gelegene Punkt beschreibt eine Trajektorie, die auf einem Drehzylinder mit der Achse z liegt, so daß der Weg, der entlang z zurückgelegt wird, dem Drehwinkel Θ der Halbebene z, M proportional ist, d.h. eine solche Kurve ist durch

$$z = h(\Theta - \Theta_0)$$

definiert. Man nennt sie *Kreisschraubung*. Als Gang der Schraube bezeichnet man die Länge $2\pi h$.

Alle Punkte M beschreiben mithin Schraubenbögen derselben Steigung. Alle Momentangeschwindigkeiten haben gleiche Projektionen V_z auf z und eine zu z senkrechte Komponente, die dem Abstand d des Punktes von der Achse z proportional ist. Diese Komponenten stellen die Geschwindigkeiten dar, die der Punkt bei der Translation, beziehungsweise Rotation allein innehätte. Alle Punkte derselben Schraubenlinie haben zu einem gegebenen Zeitpunkt Komponenten desselben Betrages, woraus folgt, daß die Tangenten an alle Punkte der Schraubenlinie mit der Achse z denselben Winkel bilden. Daher ist die Geschwindigkeit definiert durch

$$V = V_z + \mathbf{\Omega} \times \mathbf{OM},$$

wobei O ein Punkt von z ist.

d) Momentane Schraubung

Bei einer allgemeinen Schraubenbewegung betrachten wir zu einem gegebenen Zeitpunkt t_0 die Lage F_0 einer Figur; F_1 sei dann die Lage derselben zum Zeitpunkt $t_1 = t_0 + \Delta t$. Die beiden kongruenten Figuren F_0, F_1 lassen sich durch eine Schraubung ineinander überführen, die bei festem t_0 von t_1 abhängt. Unter den Schraubungen, die diese Überführung der Figur von F_0 nach F_1 in der Zeit von t_0 bis t_1 leisten, gibt es eine gleichförmige Schraubung, die als mittlere Schraubbewegung zwischen t_0 und t_1 bezeichnet wird. Das heißt, daß die Translationsgeschwindigkeit ebenso wie die Winkelgeschwindigkeit während dieses Zeitraumes konstant sind. Jede Sehne $M_0 M_1$ ist Sehne der wahren Trajektorie, aber auch Sehne der betrachteten mittleren Schraubung. Läßt man nun Δt gegen null gehen, so streben damit auch die Achse der gemittelten Bewegung, ihre Translations- und Winkelgeschwindigkeit im allgemeinen gewissen Grenzwerten zu; diese Grenzwerte sind die Achse, die Translations- und Winkelgeschwindigkeit einer Schraubung dar, die man als *momentane Schraubung* bezeichnet. Im betrachteten Augenblick bilden die Tangenten an die Trajektorien in allen Punkten $M, P, \ldots$ mit der Momentanachse der Schraubung gleiche Winkel.

Handelt es sich um die Bewegung einer ebenen Figur in ihrer Ebene, so ist die Momentanbewegung (im allgemeinen) eine Drehung; Stellt C_0 das Zentrum dieser Drehung im Zeitpunkt t_0 dar, so schneiden sich die Kurvennormalen in allen Punkten M der Trajektorien im Zentrum C_0. Diese Theoreme gestatten uns die Untersuchung der Tangenten an bestimmte Kurven, die auf kinematischem Wege als Trajektorien der Punkte einer Figur bei einer bestimmten Bewegung definiert sind.

Beispiel

Eine Strecke PQ konstanter Länge bewegt sich so, daß ihre beiden Endpunkte immer auf zwei Geraden $x'Ox$, $y'Oy$ liegen. Ein Punkt M bildet mit PQ eine Figur, die kongruent zu sich selbst bleibt. Es sind die Tangenten an die Ortslinie von M für alle Lagen dieses Punktes zu konstruieren.
Die Geschwindigkeitsrichtungen von P und Q bestimmen das Zentrum C_0 der Momentandrehung und damit die Normale $C_0 M_0$.

Sonderfall

$x'Ox$ und $y'Oy$ stehen aufeinander senkrecht und M liegt auf der Strecke PQ.
Die Ortslinie der Punkte M ist eine Ellipse (die weiter oben als orthogonal affines Bild des Kreises definiert wurde); setzt man nämlich

$$MP = au \, , \, MQ = bu \, , \, (Ox, u) = \Theta,$$

so lauten die Koordinaten des Punktes M

$$x = -b \cos \Theta \, , \, y = -a \sin \Theta$$

und die Gleichung der Ortslinie von M hat die Form

$$\frac{x^2}{b^2} + \frac{y^2}{a^2} = 1.$$

Man kann die Gerade durch einen Streifen Papier realisieren und so die Ellipse mittels der *Papierstreifenmethode* zeichnen.

Bemerkung

Die Notwendigkeit, in der Physik die Bewegungen starrer Körper und verschiedene Lagen derselben betrachten zu müssen, rechtfertigt die Einführung der Begriffe der Kongruenz und der Bewegung. Von diesem Standpunkt aus gesehen sind die uneigentlichen Bewegungen natürlich von geringerem Interesse. Aber den Gedanken, ähnliche Figuren als Bilder desselben starren Körpers in verschiedenen Maßstäben anzusehen, ist für unsere physikalische Vorstellung vom Raum grundlegend; die kongruenten Figuren bilden eine ausgezeichnete Teilmenge der Menge der ähnlichen Figuren. Wir wollen die Ähnlichkeit aus der Kongruenz herleiten.

C. DIE ÄHNLICHKEIT

1. Ähnliche Teilungen

In der eindimensionalen Geometrie nennt man die Zuordnung zwischen den Punkten M mit der Abszisse X und den Punkten m mit der Abszisse x dann eine Ähnlichkeit, wenn diese definiert ist durch

$$M_0 M = a \, m_0 m \, , \quad \text{woraus folgt} \quad X = ax + b \, , \, a \neq 0.$$

Ist $a = 1$, so ist es eine *Translation*. Ist $a \neq 1$, so existiert ein invarianter Punkt $X_0 = x_0 = \dfrac{b}{1-a}$; dann ist die Zuordnung definiert durch

$$X - X_0 = a(x - x_0),$$

das heißt, daß $m_0 M = a \, m_0 m$. Dies ist eine *Streckung*.

Man sagt dann, daß M und m auf der Geraden *zwei ähnliche Teilungen* bestimmen.

In mehrdimensionalen Geometrien können wir ebenfalls davon sprechen, daß zwei Geraden, deren Punkte M (mit der Abszisse X) und m (mit der Abszisse x) durch eine Zuordnung $X = ax+b$ verknüpft sind, *ähnliche Teilungen* tragen; insbesondere sind die Teilungen für $a=1$ oder $a=-1$ kongruente Teilungen. Wählt man auf den Abszissen in geeigneter Weise einen positiven Richtungssinn, so kann man *a als positiv* voraussetzen und für von 1 verschiedenes a die homologen Punkte m_0 und M_0 mit gleichen Abszissenwerten $X_0 = x_0$ betrachten. Es folgt daraus, daß die Zuordnung zwischen diesen beiden Geraden als Produkt einer Schraubung und einer zentrischen Streckung mit positivem Streckungsfaktor a angesehen werden kann.

2. Ähnlichkeitstransformationen

Als Ähnlichkeitstransformation bezeichnet man jedes Produkt aus einer Bewegung und einer positiven Streckung.

Daß man dabei den Streckungsfaktor als positiv voraussetzt, ist nur eine Vereinfachung von untergeordneter Bedeutung, da jede Streckung mit negativem Streckungsfaktor als Produkt einer Punktspiegelung (Halbdrehung) und einer positiven Streckung aufgefaßt werden kann. Im dreidimensionalen Raum ist dies jedoch wichtig, da eine Punktspiegelung eine uneigentliche Bewegung ist: Daher stellt das Produkt einer eigentlichen Bewegung und einer negativen Streckung mithin das Produkt einer uneigentlichen Bewegung und einer positiven Streckung dar.

In gleicher Weise bezeichnet man *das Produkt einer uneigentlichen Bewegung mit einer positiven Streckung als uneigentliche Ähnlichkeitstransformation.*

Kennzeichnende Merkmale ähnlicher Figuren, das heißt von Punktmengen M und M', die durch eine Ähnlichkeitstransformation einander zugeordnet sind.

a) In der Ebene

Es seien zwei Paare homologer Punkte A, A'; B, B' gegeben. Wir setzen $A'B' = kAB$. Dann ergeben die Systeme (1) und (2), die die Kongruenz charakterisieren, unter Berücksichtigung der Streckung die notwendigen Systeme

(S_1): $\forall M$, $\begin{cases} \measuredangle(A'B', A'M') = \measuredangle(AB, AM) \pmod{2\pi} \\ A'M' = kAM \end{cases}$

(S_2) $\forall M$, $\begin{cases} \measuredangle(A'B', A'M') = \measuredangle(AB, AM) \pmod{\pi} \\ \measuredangle(A'B', B'M') = \measuredangle(AB, BM) \pmod{\pi} \end{cases}$

Jedes dieser Systeme ist auch hinreichend, da die Figur (F_1) als Menge der Punkte M_1, die durch $A'M_1 = k^{-1} A'M'$ definiert ist, sich aus (F) als Menge der Punkte M mittels einer Bewegung und aus (F') als Menge der Punkte M' durch eine Streckung herleitet.

Die Menge der Ähnlichkeitstransformationen bildet eine Gruppe, weil die durch die obigen Systeme aufgezeigten Beziehungen offensichtlich transitiv sind: Das Produkt zweier Ähnlichkeitstransformationen ist wiederum eine solche; die identische Transformation gehört ebenfalls dieser Menge an und zu jeder Ähnlichkeitstransformation gibt es eine inverse.

Die Zuordnung ist durch zwei Paare A, A'; B, B' definiert; es ist jedoch klar, daß sie auf unendlich viele verschiedene Weisen als Produkt einer Bewegung und einer Streckung mit positivem Streckungsfaktor definiert werden kann. Eine kanonische Zerlegung, d.h. eine solche mit zusätzlichen Bedingungen, folgt aus dem untenstehenden Theorem:

Theorem

Bei jeder Ähnlichkeitstransformation in der Ebene gibt es einen invarianten Punkt.

Wie bei dem entsprechenden Satz über Bewegungen betrachten wir etwa das System (S_1). Darin wird ein invarianter Punkt O bestimmt durch

$$\begin{cases} A'O = k \cdot AO \\ \measuredangle (A'B', A'O) = \measuredangle (AB, AO) \pmod{2\pi} \end{cases} \Leftrightarrow$$

$$\Leftrightarrow \begin{cases} A'O = k\, AO \\ \measuredangle (OA, OA') = \measuredangle (AB, A'B') \pmod{2\pi}. \end{cases}$$

Somit ist O als Schnittpunkt zweier Kreise bestimmt, der erste ist der Apollonius-Kreis für AA' und das Verhältnis k, der zweite der betreffende Randwinkelkreis über AA'.

Das System (S_1) schreibt man mit Hilfe des Punktes O

$$\begin{cases} OM' = k\, OM \\ \measuredangle (OM, OM') = \alpha \pmod{2\pi}. \end{cases}$$

Die Transformation erscheint mithin als kommutatives Produkt einer Drehung um den Winkel α und um das Zentrum O und einer zentrischen Streckung mit demselben Zentrum O und dem Streckungsfaktor k.

Somit finden wir, daß *eine Ähnlichkeitstransformation in eindeutiger Weise in das Produkt einer Streckung und einer Drehung mit zusammenfallenden Zentren zerlegt werden kann.* Daraus ergibt sich die Definition des Zentrums O, des Streckungsfaktors k und des Winkels α (mod 2π) der ebenen Ähnlichkeitstransformation.

b) Dreidimensionaler Raum

Um in diesem Raum eine Zuordnung festzulegen, müssen wir drei Paare homologer Punkte A, A'; B, B'; C, C' betrachten, wobei ABC nicht kollinear sind. Der gemeinsamer Wert der Verhältnisse ist

$$k = \frac{A'B'}{AB} = \frac{B'C'}{BC} = \frac{C'A'}{CA}.$$

Das System, das an die Stelle von (I) tritt, lautet

$$(S_1) \quad \forall M, \quad \begin{cases} A'M' = kAM, \ B'M' = kBM \\ (C', A'B', M') = (C, AB, M) \pmod{2\pi}. \end{cases}$$

Dieses kennzeichnet die Kongruenz.
Eine kanonische Zerlegung einer Ähnlichkeitstransformation in das Produkt einer Bewegung und einer Streckung wird durch den folgenden Satz hergestellt:
Im dreidimensionalen Raum kann jede Ähnlichkeitstransformation als Produkt einer Drehung und einer Streckung dargestellt werden, deren Zentrum auf der Drehachse liegt; diese *eindeutige* Zerlegung in ein Produkt ist kommutativ.
Bildet man das Produkt aus einer Schraubung und einer zentrischen Streckung, so bleibt dabei in der Tat eine und nur eine Richtung z invariant. (Die Bewegung darf dabei keine Translation sein, in welchem Fall das Produkt eine Streckung darstellt.) Es sei nunmehr p eine zu z senkrechte Ebene. Der Schnitt (f) der Figur (F) mit dieser Ebene p wird auf den Schnitt (f') von (F') mit einer zu p parallelen Ebene p' abgebildet, da bei einer Ähnlichkeitstransformation die Winkel erhalten bleiben. Projizieren wir (f') orthogonal auf die Ebene p in die Figur (f_1), so sind die Figuren (f) und (f_1) in der Ebene p einander ähnlich; dabei sei α der Winkel und o das Ähnlichkeitszentrum. Weiter sei Z die durch o gelegte Parallele zu z. Dann ist Z bei der gegebenen Ähnlichkeitstransformation als ganzes invariant und die homologen Punkte M, M', die auf dieser Geraden liegen, erzeugen darauf ähnliche Teilungen, also Streckungen bezüglich eines Punktes O. Der Streckungsfaktor k dieser Streckung ist positiv und gleich jenem der Streckung, durch die (f) in (f_1) übergeführt wird; dieser Streckungsfaktor erscheint als Verhältnis zweier homologer Vektoren der gegebenen Figuren. Demzufolge erscheint die betrachtete Transformation als Produkt einer Drehung um die Achse Z und um den Winkel α sowie einer Streckung mit einem Zentrum O auf Z und dem Streckungsfaktor k.
Eine Ähnlichkeitstransformation, die sich nicht auf eine Drehung oder

eine Translation reduzieren läßt, besitzt daher einen *einzigen invarianten Punkt*, das Ähnlichkeitszentrum, eine Achse, einen Winkel und einen Streckungsfaktor.

3. Uneigentliche Ähnlichkeitstransformationen

Solche Transformationen können wir durch (S_1) bzw. (S_2) entsprechende Systeme kennzeichnen, indem wir in jeder Winkelgleichung das Vorzeichen auf einer Seite ändern. Dann kann man zeigen:
In der Ebene ist jede uneigentliche Ähnlichkeitstransformation das Produkt aus einer Halbdrehung um eine Gerade Z und einer Streckung, deren Zentrum auf Z liegt.
Jede uneigentliche Bewegung in der Ebene (vgl. S. 440) ist das Produkt aus einer *Halbdrehung* um eine Gerade z und einer zu z parallelen Translation. Bei der gegebenen Ähnlichkeitstransformation wird die Gerade z auf eine zu z parallele Gerade z' abgebildet; auf beiden Geraden bestehen ähnliche Teilungen, die hier durch Streckung mit dem Faktor k auseinander hervorgehen. Die durch das Zentrum O der Streckung gelegte Parallele zu z trägt ebenfalls ähnliche Teilungen, die durch Streckung mit dem Zentrum O auseinander hervorgehen; sie ist genau die Gerade, die in unserem Satz erwähnt wird.
Dies ist übrigens nur ein Sonderfall jenes Satzes, der sich auf räumliche Ähnlichkeitstransformationen bezieht, da eine uneigentliche Ähnlichkeitstransformation in der Ebene P als Beschränkung einer räumlichen Ähnlichkeitstransformation auf eine Ebene betrachtet werden kann, wobei die dem allgemeinen Theorem entsprechende Drehung um den Winkel $\alpha = \pi$ erfolgt.
Im Raum können wir eine uneigentliche Bewegung einführen, indem wir eine negative Streckung betrachten. Auf diese Weise gelangen wir zu dem Satz:
Jede uneigentliche Ähnlichkeitstransformation erscheint als Produkt einer Drehung und einer negativen Streckung, deren Zentrum auf der Drehachse liegt.
Man kann in der Tat eine uneigentliche Bewegung als Produkt einer Spiegelung an einer Ebene p und einer Drehung um den Winkel α und um die Gerade z senkrecht zu p ansehen; somit existieren auf der Geraden z und deren Bild z' bei der gegebenen Ähnlichkeitstransformation ähnliche Teilungen, die hier durch eine negative Streckung ineinander übergehen. Die durch das Streckungszentrum O gelegte Parallele Z zu z ist genau die im obigen Satz erwähnte Gerade, wobei der Drehwinkel α beträgt und das Streckungszentrum O ist.
Bei jeder uneigentlichen Ähnlichkeitstransformation gibt es daher einen und nur einen invarianten Punkt, eine Achse, einen Drehwinkel und ein Ähnlichkeitsverhältnis.

Die Gruppe der eigentlichen und uneigentlichen Ähnlichkeitstransformationen läßt jene Eigenschaften invariant, die uns die physikalische Erfahrung als „Eigenschaften der Figuren" ausweist. Bei allen anderen Abbildungen des Raumes auf sich werden die „Figuren deformiert". Betrachtet man solche Figuren als äquivalent, die bei anderen Transformationen einander entsprechen, so geht man dazu über, eine Geometrie zu betreiben, die nicht mehr euklidisch ist. Von solchen Geometrien werden wir, abgesehen von der affinen und projektiven Geometrie, nur ein Beispiel behandeln; dies ist Gegenstand des folgenden Kapitels.

II. Die Inversion

Elemente der kreistreuen Geometrie

A. DIE INVERSION ALS TRANSFORMATION DER METRISCHEN GEOMETRIE

1. Definition

Im metrischen Raum seien ein Punkt O, *Pol* genannt, und eine zum Quadrat einer Länge proportionale Größe p, *Potenz* der Inversion, gegeben; je nach Vorzeichen schreiben wir $p = \varrho^2$ oder $p = -\varrho^2$. Die Inversion $\mathfrak{J}_{O,p}$ ist jene Punkttransformation, die von jedem Punkt M ein Bild M' liefert, das auf der Geraden OM liegt und der Bedingung

$$\overline{OM'} \cdot \overline{OM} = p$$

genügt. In Vektorschreibweise bedeutet das

$$OM' = \frac{p}{OM^2} OM$$

oder auch

$$OM = \frac{p}{OM'^2} OM'.$$

Diese Transformation ist *involutorisch*. Der Punkt O und nur dieser besitzt kein Bild; er ist der singuläre Punkt der Transformation. Seine Lage ist daher von großer Wichtigkeit. Die invarianten Punkte werden definiert durch

$$OM^2 = p;$$

sie existieren mithin nur dann, wenn die Potenz p positiv ist. Diese Punkte liegen also auf der Kugel mit dem Zentrum O und dem Radius $\varrho = \sqrt{p}$, die auch *Inversionskugel* heißt. (In der zweidimensionalen Geometrie entspricht sie dem *Inversionskreis*, in der eindimensionalen dem *Inversionspunktepaar*.) Von diesem Standpunkt aus gesehen ist das Vorzeichen der Potenz durchaus wichtig. Bemerken wir schließlich, daß der Wert $p = 0$ ausgeschlossen werden muß (da sonst jeder Punkt auf O abgebildet werden würde). Die Transformation reduziert sich für keinen Wert von p auf die identische Transformation. Die Menge der Inversionen bildet daher keine Gruppe.

Vom Gesichtspunkt der Eigenschaften einer Figur in der Euklidischen Geometrie aus gesehen ist der Wert der Potenz gleichgültig, denn eine Änderung der Potenz läuft auf eine zentrische Streckung der inversen Figur hinaus, da

$$\forall M, \quad \left. \begin{array}{l} OM' = \dfrac{p}{OM^2} OM \\ OM'_1 = \dfrac{p_1}{p} OM' \end{array} \right\} \Rightarrow OM'_1 = \dfrac{p_1}{OM^2} OM.$$

Daher wird man bei der Untersuchung der zu einer bestimmten gegebenen Figur inversen die Potenz der Inversion möglichst günstig wählen.

Beispiel

Die Inverse einer Kugel, wenn der Inversionspol nicht auf dieser liegt

Es ergibt sich sofort, daß die Kugel als ganzes invariant bleibt, wenn man als Inversionspotenz die Potenz des Poles bezüglich der Kugel wählt; bei einer Inversion mit beliebiger Potenz ist das Bild eine strekkungsähnliche Kugel, wobei das Streckungszentrum im Inversionspol liegt.

Die Methode ist auch für einen Kreis brauchbar, wenn der Inversionspol in derselben Ebene wie der Kreis, aber nicht auf demselben liegt.

Positive Inversion, das heißt, eine Inversion mit positiver Potenz.

In diesem Fall kann man die Transformation durch Angabe der Inversionskugel ($\mathfrak{J}$) (oder des Inversionskreises in der ebenen Geometrie) festlegen. Bei zueinander inversen Punkten ist jeder der Fußpunkt des Lotes vom anderen auf seine polare Ebene (oder Polare). Wir sprechen von einer Inversion an der Kugel ($\mathfrak{J}$) oder von bezüglich der Kugel ($\mathfrak{J}$) inversen Punkten.

Oft betrachtet man bei diesen Abbildungen eine Inversion mit negativer Potenz p als das (kommutative) Produkt einer positiven Inversion mit der Potenz $|p|$ und einer Punktspiegelung am Inversionspol. Die Rolle dieser Spiegelung wird deutlich, wenn man hervorhebt, daß die Punktspiegelung im zweidimensionalen Raum eine eigentliche Bewegung, im dreidimensionalen Raum hingegen eine uneigentliche Bewegung ist.

Eindimensionale Geometrie

Wir definieren hier jeden Punkt M durch seine Abszisse x, indem wir als Ursprung den Inversionspol O wählen. Dann ist die Inversion

definiert durch
$$xx' = p.$$

Man bestätigt sofort die Erhaltung des Doppelverhältnisses von vier Punkten
$$(x_1, x_2; x_3, x_4) = (x'_1, x'_2; x'_3, x'_4).$$

(*Mithin ist die Inversion in einer Dimension eine sogenannte homographische Transformation.*)

Im Fall einer positiven Inversion mit A und B als zwei invarianten Punkten, die durch $|x| = \sqrt{p} = \varrho$ definiert sind, teilt jedes Paar M, M' von homologen Punkten die Strecke AB harmonisch.

In allen diesen Fällen geht $x \to 0$, $x' \to \infty$, wenn sich M dem Pol O nähert, und wir sehen uns veranlaßt, den Punkten der Geraden, die den Raum unserer Geometrie bildet, *einen unendlichfernen* oder *uneigentlichen Punkt* als Bild des Poles O hinzuzufügen. Das steht durchaus in Übereinstimmung mit den Anschauungen der projektiven Geometrie, der auch die homographische Transformation angehört.

Theorem

Auf einer Geraden definieren zwei beliebige Paare verschiedener Punkte immer eine Inversion oder eine Spiegelung.

Es seien A, A' und B, B' diese Punkte. Dann suchen wir den Pol so zu bestimmen, daß $\overline{OA} \cdot \overline{OA'} = \overline{OB} \cdot \overline{OB'}$.

Liegt der Ursprung ganz beliebig auf der Geraden und bezeichnen wir die Abszissen der fraglichen Punkte mit a, a', b, b' und x, so lautet die Bedingung
$$(a-x)(a'-x) = (b-x)(b'-x),$$
das heißt
$$[(a+a')-(b+b')]x = aa'-bb'.$$

Die Gleichung hat immer eine Lösung mit Ausnahme, wenn $a+a' = b+b'$. Sind in diesem Falle die Punkte verschieden, so folgt daraus $aa' \neq bb'$; die Strecken AA' und BB' haben denselben Mittelpunkt C. *Die Spiegelung erscheint also hier als ein Sonderfall der Inversion*, wobei der Pol ebenso wie einer der invarianten Punkte im Unendlichen liegen. Ein einziger Punkt bleibt invariant, der gleichzeitig das Spiegelzentrum darstellt. Die Potenz ist unendlich groß.

In einer mehrdimensionalen Geometrie stellt die soeben behandelte Inversion die Beschränkung der Transformation auf eine Gerade durch das Inversionszentrum dar.

2. Erhaltung der Winkel und Berührungen

a) Stetigkeit

Die Vektorbeziehung $OM' = \dfrac{p}{OM^2} \cdot OM$ zeigt, daß der Vektor OM' an allen Stellen mit Ausnahme des Poles eine stetige Funktion des Vektors OM ist. Schärfer: Es sei A ein gegebener Punkt, verschieden von O, also $OA = a \neq 0$, und M ein Punkt der Umgebung von A, die O nicht enthält; wir nehmen dafür einen Kreis um A mit dem Radius $\alpha < a$, so daß $AM < \alpha < 2$. Nach der Inversion erhält man

$$A'M' = OM' - OA' = p\left[\frac{1}{OM^2}OM - \frac{1}{OA^2}OA\right]$$

$$= p\left[\left(\frac{1}{OM^2} - \frac{1}{OA^2}\right)OA + \frac{1}{OM^2}AM\right]$$

oder in Beträgen gerechnet

$$A'M' < p\left[\left(\frac{1}{(a-\alpha)^2} - \frac{1}{a^2}\right)a + \frac{\alpha}{(a-\alpha)^2}\right] = p\frac{(3a+\alpha)\alpha}{a(a-\alpha)^2} < 14\frac{p}{a^2}\alpha.$$

Daher strebt $A'M'$ gegen null, wenn α gegen null geht. Strebt der Punkt M gegen den Pol O, also $OM \to O$, so geht $OM' \to \infty$; in der Umgebung $OM < \alpha$ von O entspricht diesem $OM' > \dfrac{|p|}{\alpha}$, das heißt, *das Äußere* einer Kugel um O, deren Radius gegen unendlich geht, wenn α gegen null strebt. Beabsichtigen wir, dem Raum ein Element hinzuzufügen, um die Zuordnung umkehrbar eindeutig und stetig zu machen, so müssen wir *den Raum mit einem unendlichfernen Punkt ausstatten*, wie alle vom Inversionspol ausgehenden Geraden, *das Äußere jeder Kugel ist eine Umgebung dieses Punktes*. Daraus folgt, daß vom Standpunkt der Euklidischen Geometrie aus eine solche Transformation Figuren, die sich dem Pol nähern, stark verzerrt. Davon kann man sich an Hand einiger Zeichnungen überzeugen.

b) Erhaltung der Winkel und Berührungen

Es sei M der erzeugende Punkt einer Kurve (C), die in Parameterform durch $OM = f(t)u$ definiert ist, wobei u ein Einheitsvektor als Funktion von t ist. Wir setzen voraus, daß die vorkommenden Funktionen im Punkt M_0 Ableitungen besitzen, etwa $OM_0 = f(t_0)u_0$. Der Vektor OM selbst hat eine Ableitung

$$(OM)'_0 = f'(t_0)u_0 + f(t_0)u'_0 = f'_0 u_0 + f_0 u'_0,$$

und es ist bekannt, daß der Vektor u_0' auf dem Vektor u_0 senkrecht steht, da dessen Länge konstant ist. Der Vektor $(OM)_0'$ gibt die Richtung der Tangente im Punkt M_0 an die Kurve (C) an.
Nach der Inversion haben wir, wenn M_0' das Bild von M_0 ist,

$$OM_0' = \frac{p}{f_0} u_0,$$

und nach Differentiation

$$(OM')_0' = p \left[\frac{-f_0'}{f_0^2} u + \frac{1}{f_0} u_0' \right] = \frac{p}{f^2} [-f_0' u_0 + f_0 u_0'],$$

welcher Vektor durch $-f_0' u_0 + f_0 u_0'$ gerichtet ist.
Die Kurve (C') als Bild von (C) besitzt nach der Inversion eine Tangente im Punkt M^0, die das Bild von M_0 ist; *dabei liegen beide Tangenten in derselben Ebene sowie bezüglich der Mittelebene von $M_0 M_0'$ symmetrisch.*

Folgerung

Der Winkel, den zwei Kurven in einem gemeinsamen Punkt miteinander einschließen, bleibt erhalten. Berühren sich diese Kurven, so *bleibt die Berührung erhalten.*
Erzeugt M eine Fläche, die in M_0 eine Tangentialebene besitzt, die als Menge sämtlicher Tangenten an alle in der Fläche liegenden und durch diesen Punkt gehenden Kurven angesehen werden kann, so besitzt die inverse Fläche in M_0' eine Tangentialebene, die zur ersten bezüglich der Mittelebene von $M_0 M_0'$ symmetrisch liegt.
Liegen zwei Kurven in einer Ebene durch den Pol, so ändert sich bei einer Spiegelung die Orientierung des von beiden Kurven, d.h. des von beiden Tangenten im Schnittpunkt *eingeschlossenen Winkels.* Eine solche Spiegelung wird in zwei Dimensionen zu einer Spiegelung an der Mittelsenkrechten von $M_0 M_0'$.
Welche Schlüsse kann man *im Raum* in bezug auf die Orientierung des Tangentendreikants ziehen? Da zwei mit der Spitze entgegengesetzte Dreikante entgegengesetzte Orientierung aufweisen, müssen wir die entsprechenden Halbtangenten betrachten, also die Richtung des abgeleiteten Vektors $(OM')_0'$ auf der Trägergeraden, das heißt das Vorzeichen von p. Wir erhalten: *Ist die Potenz positiv, so sind die in der Inversion zugeordneten Halbtangenten wie in der Spiegelung zugeordnet, die Orientierungen der Dreikante sind also entgegengesetzt. Ist die Potenz der Inversion negativ,* so sind die Dreikante, die in M_0 dem Dreikant der Halbtangenten durch die Inversion und die Ebenenspiegelung zugeordnet sind, entgegengesetzt, so daß *die Inversion in diesem Fall die Orientierung des Dreikants bewahrt.*

Diese Eigenschaft, daß nämlich die Winkel trotz der Deformationen der Figuren erhalten bleiben, bildet die Quelle zahlreicher Anwendungen der Inversion. Man nennt die Inversion *eine konforme Abbildung*; die Menge der konformen Abbildungen (das heißt jener, bei denen die Winkel erhalten bleiben), bildet offensichtlich eine Gruppe. Die Produkte von ähnlichen Abbildungen und Inversionen bildet einen Teil davon.

3. Grundlegende Eigenschaft

Betrachten wir nunmehr bei einer Inversion zwei Paare zueinander inverser Punkte A, A'; M, M'. Es seien weiter a, m, p, q die Geraden OAA', OMM', AM und $A'M'$. Gemäß der Definition haben wir auf den Geraden a und m

$$\overline{OA} \cdot \overline{OA'} = \overline{OM} \cdot \overline{OM'}.$$

Diese Gleichung drückt aus, daß die vier Punkte A, A', M, M' auf demselben Kreis (γ) liegen. Somit gilt, daß *zwei Punkte und ihre inversen Punkte konzyklisch sind*.
Daraus folgt, daß die Geraden p und q mit a und m gleiche Winkel bilden, d.h., daß sie isogonal sind. Die Winkelhalbierenden d_1, d_2 dieser beiden Geradenpaare haben außerdem dieselbe Richtung. Die sich daraus ergebende Ähnlichkeit der beiden Dreiecke OAM und $OM'A'$ gestattet es, die manchmal nützliche metrische Beziehung

$$A'M' = AM \cdot \frac{OA'}{OM} = AM \cdot \frac{|p|}{OA \cdot OM}$$

anzuschreiben. (Zur Übung kann man diese Formel aus dem weiter oben für $A'M'$ angegebenen Vektorausdruck herleiten.)

Weiterer Beweis für die Invarianz der Winkel

Wir verwenden die bisherige Bezeichnungsweise. Es sei (C) eine Kurve, A einer ihrer Punkte und M ihr erzeugender Punkt. Voraussetzungsgemäß strebt die Gerade p, die Träger von AM ist, gegen eine Gerade t, die Tangente im Punkt A an die Kurve (C), wenn sich M dem Punkt A nähert. Unter diesen Bedingungen strebt die Gerade m gegen a und die Ebene (a, m) gegen die Ebene (a, t) (die dann definiert ist, wenn t nicht mit a zusammenfällt). Von den Richtungen der Winkelhalbierenden d_1, d_2 strebt die eine gegen die Richtung von a, die andere gegen die zur Ebene (a, t) senkrechte Richtung. Daraus folgt, daß die Gerade q, Träger der Strecke $A'M'$, eine Grenzlage erreicht, die zur Tangente t spiegelbildlich bezüglich jener Winkelhalbierenden in der Ebene (a, t) liegt. Somit liegt t' symmetrisch zu t bezüglich der

Mittelebene von AA'. Dieses Ergebnis bleibt auch bestehen, wenn t mit a zusammenfällt, weil der Winkel (a, q) gegen null (mod π) strebt. Wir schließen die Betrachtung in derselben Weise wie oben.

a) Anwendungen der grundlegenden Eigenschaft

Eine Inversion kann durch ihren Pol O und ein Punktepaar AA' auf der Geraden a durch O definiert werden. Als homologe Punktepaare M, M' erscheinen dabei jene, in denen sich die von O ausgehenden Geraden m und die durch A und A' gehenden Kreise schneiden. Drei solche Paare A, A'; M, M'; P, P' liegen auf derselben Kugel ϱ. Daher sind die Kreise γ und die Kugeln σ bei einer Inversion offensichtlich als Ganzes invariant. Ist die Potenz der Inversion positiv, so liegen diese Kreise und Kugeln zur Inversionskugel $\Im$ orthogonal. Bemerken wir weiter, daß eine Inversion durch die Angabe des Poles O und *eines Kreises* γ oder *einer Kugel* σ offensichtlich vollständig bestimmt ist. Jede zu der Kugel $\Im$ orthogonale Kugel ist eine solche Kugel σ; jeder zu $\Im$ orthogonale Kreis, der in einer durch O gehenden Ebene liegt, ist ein solcher Kreis γ.

Die Ebenenspiegelung erscheint dann als Sonderfall; dabei sind die Geraden m parallel und $\Im$ wird zu einer auf m senkrecht stehenden Ebene.

b) Abbildungen von Kreisen und Kugeln, von Geraden und Ebenen

1. Kreise, deren Ebene durch den Pol verläuft

Definieren wir den Kreis (C) durch zwei seiner Punkte A, B und den Winkel φ (mod π), so daß der erzeugende Punkt M durch

$$\angle (AM, BM) = \varphi \pmod{\pi}$$

gekennzeichnet ist.

Nennen wir a, b, m die Geraden AA', BB', MM' und weiter $\alpha, \alpha', \beta, \beta'$ die Geraden $MA, M'A', MB, M'B'$. Dann können wir ausdrücken, daß sowohl das Viereck $AA'MM'$ als auch das Viereck $BB'MM'$ dem Kreis einschreibbar sind:

$$\angle (a, \alpha) = \angle (\alpha', m), \quad \angle (b, \beta) = \angle (\beta', m).$$

Daraus leitet man her

$$\angle (\alpha', \beta') = \angle (a, \alpha) - \angle (b, \beta)$$

oder auch

$$\angle (\alpha', \beta') = \angle (a, b) - \varphi \pmod{\pi}.$$

Erster Fall:

$$(a, b) \not\equiv \varphi \pmod{\pi},$$

das bedeutet, daß *O nicht auf (C) liegt*. Das Bild von (C) ist ein Kreis der Ebene, die nicht mehr durch den Pol O geht. Wir haben gesehen, daß O ein Ähnlichkeitszentrum von (C) und C') ist.

Zweiter Fall:
$$(a, b) = \varphi \pmod{\pi}.$$
Hier *liegt der Pol auf dem Kreis* (C):
Das Bild des Kreises (C) ist *die Gerade A'B'*.
Wie aus der Reziprozität hervorgeht, sieht man ebenso ein, indem man $\varphi = 0 \pmod{\pi}$ setzt, daß das inverse Element einer Geraden (C), die nicht mit O inzidiert, ein Kreis durch O ist.
Im Falle $\varphi = 0 \pmod{\pi}$ mit $(a, b) = 0 \pmod{\pi}$, wird (C) zu einer Geraden, die durch O geht. Sie ist als Ganzes invariant.
Da das Bild der Menge der Kreise durch O die Menge aller Geraden ist, sehen wir uns veranlaßt, der Ebene einen einzigen unendlichfernen Punkt, das Bild des Poles, hinzuzufügen und alle Geraden der Ebene durch diesen Punkt gehen zu lassen. Was bedeutet dies nun für zwei parallele Geraden? Der zu einer Geraden inverse Kreis besitzt in O eine zu dieser Geraden parallele Tangente. (Dies folgt aus dem allgemeinen Tangentensatz oder einfacher aus der Betrachtung der Symmetrieachse der Figur.) Zwei parallele Geraden entsprechen daher zwei sich in O berührenden Kreisen, weswegen wir sagen können, *daß zwei parallele Gerade zwei Kreise durch den unendlichfernen Punkt sind, die sich dort berühren*. Damit wird die Erhaltung des Berührpunktes auch auf das Unendlichferne ausgedehnt. Um die Erhaltung der Winkel ebenfalls auf das Unendlichferne zu erweitern, werden wir, da sich zwei Kreise in ihren beiden Schnittpunkten unter demselben Winkel schneiden, sagen, daß sich zwei Gerade im unendlichfernen Punkt unter einem Winkel schneiden, der gleich ihrem Schnittwinkel ist.

2. Kugel und Ebene

Die soeben dargelegte Methode (die der metrischen Geometrie zuzurechnen ist) kann nur dann angewendet werden, wenn dabei vom Chasles-Satz für Winkel Gebrauch gemacht wird. Wir gewinnen die gesuchten Ergebnisse aus den vorhergehenden Resultaten, indem wir die aus Pol und Kugel (oder Ebene) bestehende Figur durch Rotation einer aus Pol und Kreis (oder einer Geraden) bestehenden Figur erzeugen. Wir schließen, daß das Inverse einer nicht durch O gehenden Kugel eine ebenfalls nicht durch den Pol gehende Kugel ist, und daß das Inverse einer durch den Pol gehenden Kugel eine nicht mit dem Pol inzidierende Ebene ist, die parallel zur Tangentialebene an die Kugel im Pol liegt. Umgekehrt ist das Bild einer Ebene eine Kugel durch den Pol, mit Ausnahme des Falles, wo die Ebene durch den Pol geht; sie ist dann als Ganzes invariant.

Wir müssen daher den Raum als durch *einen unendlichfernen Punkt* vervollständigt ansehen, der allen Ebenen gemeinsam und das Bild des Poles ist.

3. Inverses eines Kreises im Raum

Ein Kreis (C) kann als Schnittbild von Kugeln (s) angesehen werden; die dazu inverse Figur ist mithin ein Kreis als Schnittbild der inversen Kugeln (s'). Unter den Kugeln s gibt es eine, die durch den Pol O hindurchgeht; ihr Bild ist die Ebene des Kreises (C'). Außerdem existiert eine Kugel, die bei der Inversion als ganzes invariant bleibt; diese Kugel σ erhält man mit Hilfe eines Punktes $A \in (C)$ und seines Bildes A': es ist die Kugel durch (C) und A'; *daher liegen zwei zueinander inverse Kreise auf ein- und derselben Kugel.*

Jede Figur aus einem Kreis (C) und einem außerhalb der Kreisebene gelegenen Punkt O besitzt eine Symmetrieebene π. Diese Symmetrie bleibt bei der Inversion derart erhalten, daß π mit dem Zentrum von (C') inzidiert und auf der Ebene dieses Kreises (C') senkrecht steht. In dieser Ebene π liegen zwei diametral entgegengesetzte Punkte A und B von (C) und ihre Bilder A', B', die auf (C') diametral entgegengesetzt sind, sowie die Mittelpunkte dieser Kreise; die Mittelpunkte stellen jedoch bei der Inversion keine homologen Punkte dar. Sie liegen im allgemeinen nicht einmal kollinear mit O; wohl aber liegen sie auf zwei von O ausgehenden Geraden, die bezüglich der Winkelhalbierenden von OAA', OBB' symmetrisch sind.

Zwei zueinander inverse Kreise liegen auf einem Kegel, dessen Spitze in den Inversionspol O fällt und der bei der Inversion als Ganzes invariant ist; daraus folgt, daß jeder Kegel, der einen Kreisschnitt aufweist, auch deren unendlich viele hat, außer den Parallelschnitten, die man aus dem ersten durch zentrische Streckung herleiten kann; das sind jene, die man aus diesen durch Inversion herleitet und die ebenfalls alle untereinander parallel sind. Die Stellungen dieser Kreisschnitte fallen nur bei Drehkegeln zusammen.

4. Umkehrungen

Man kann unmittelbar von den ursprünglichen Sätzen zu den Kehrsätzen übergehen:

a) *In der Ebene entsprechen sich zwei Kreise im allgemeinen bei zwei Inversionen*, deren Pole gleichzeitig Streckungszentren sind. Berühren sich die Kreise, so ist der Berührpunkt, obwohl er Streckungszentrum ist, nicht der Inversionspol; daher verbleibt nur eine Inversion. Sind die Kreise konzentrisch, so haben wir nur ein Zentrum für beide Streckungen und ebenfalls nur einen Pol für beide Inversionen.

Ein Kreis und eine Gerade entsprechen einander im allgemeinen bei zwei Inversionen, deren Pole die Kreispunkte sind, in denen die Tangente parallel zu der Geraden liegt. Berühren sich hingegen Kreis und Gerade, so scheidet der Berührpunkt aus, und es verbleibt nur eine einzige Inversion.

Zwei Geraden können sich bei Inversionen nicht entsprechen, sondern nur bei zwei Geradenspiegelungen, bei einer Geradenspiegelung, wenn die Geraden parallel liegen.

b) *Zwei Kugeln entsprechen sich im allgemeinen bei zwei Inversionen,* deren Pole mit den Streckungszentren zusammenfallen. Dieser Fall wird in derselben Weise abgehandelt wie jener der Kreise in einer Ebene. Entsprechendes gilt für eine Kugel und eine Ebene oder für zwei Ebenen.

c) *Zwei auf ein- und derselben Kugel σ liegende Kreise sind im allgemeinen auf zwei Weisen zueinander invers.* Liegen die Ebenen der beiden Kreise nicht parallel zueinander, so existiert in der Tat eine eindeutige, gemeinsame Symmetrieebene π. In dieser Ebene π liegen zwei Paare diametral entgegengesetzter Punkte A, B von (C) und P, Q von (C'). Je nachdem, ob A' mit P, B' mit Q oder auch A' mit Q und B' mit P zusammenfällt, treten zwei verschiedene Inversionen auf. Ist die Wahl getroffen, so schneiden sich die Geraden AA' und BB' in einem Punkt O; dann genügt gerade die Inversion mit dem Pol O und der Potenz von O bezüglich der Kugel σ unseren Forderungen, weil sie den Kreis (C) in einen Kreis mit dem Durchmesser $A'B'$ überführt, der in einer zu π senkrecht stehenden Ebene liegt: dieser Kreis ist (C').

Liegen beide Kreise von σ in parallelen Ebenen, so treten unendlich viele Symmetrieebenen auf, da es in diesem Fall eine Drehachse gibt; die beiden Inversionspole erscheinen dann als Symmetriezentren und die beiden Kegel, die durch die Kreise hindurchgehen, sind Drehkegel.

d) *Zwei auf ein- und demselben Kegel liegende Kreise, deren Ebenen nicht parallel sind, sind zueinander invers.* (Liegen sie in parallelen Ebenen, so gehen sie durch zentrische Streckung ineinander über.) Um diesen Kehrsatz zu beweisen, genügt es zu zeigen, daß die Kreise auf ein- und derselben Kugel liegen. Schneidet jedoch die Schnittgerade der Ebenen von (C) und (C') den Kreis (C) in A und B, so liegen diese Punkte auf dem Kegel und mithin ebenfalls auf (C'), welcher Kreis ja die vollständige Schnittlinie des Kegels mit der Ebene von (C') darstellt. In diesem Fall liegen beide Kreise, die sich in zwei gemeinsamen Punkten treffen, auf ein- und derselben Kugel σ. Sie sind mithin zueinander invers, wobei der Pol die Spitze des Kegels bildet und die Potenz so ist, daß σ als Ganzes invariant bleibt.

Schneidet die Schnittgerade der Ebenen von (C) und (C') den Kreis (C) nicht, so unterwirft man etwa (C') zunächst einer Streckung, durch die einer seiner Punkte, A', in den Punkt A von (C) übergeführt wird, der auf derselben Erzeugenden liegt; der Kreis (C''), der aus (C) durch zentrische Streckung hervorgeht, liegt in der Ebene durch A, die daher den Kreis (C) in einem anderen, (C) und (C') gemeinsamen Punkt B schneidet: damit werden wir auf den vorherigen Fall zurückgeführt. Bei einer Inversion mit der Kegelspitze als Pol O entsprechen sich die Kreise (C) und (C''), also entsprechen sie sich auch bei der Produkttransformation aus dieser Inversion und der zentrischen Streckung, die (C'') in (C') überführt. Der Beweis geht auch, wenn B und A zusammenfallen, zwei Kreise in getrennten Ebenen sich berühren und auf einer Kugel liegen.

Somit gilt, *daß ein Kegel, der einen Kreisschnitt zuläßt, auch zwei Stellungen von Kreisschnitten zuläßt, die als zyklische Stellungen bezeichnet werden,* deren eine zur Ebene des gegebenen Schnittes und deren andere zu der Ebene parallel ist, in welcher der zu dem gegebenen Kreis inverse liegt. Bei einem Kreiskegel fallen beide Stellungen in eine zusammen.

Bemerkung

Alle Ausnahmen, denen wir bei der Diskussion der obigen Sätze begegnet sind, verschwinden, wenn wir Ebenenspiegelungen (oder Geradenspiegelungen in der Ebene) als Inversionen betrachten, deren Pol in den unendlichfernen Punkt gerückt sind.

B. GRUNDBEGRIFFE DER GEOMETRIE DER KREISE UND KUGELN

Die Perspektive, die uns unendlichferne Punkte und das Doppelverhältnis von vier Punkten als besondere Invariante einführen ließ, stellt eine Einführung in die projektive Geometrie dar, die man zwar auch mit Hilfe der affinen Geometrie studieren kann, die aber davon völlig unabhängig ist und die ihre eigenen Axiome und Methoden besitzt. Entsprechend führt die Inversion eine neue Geometrie ein, die man nun auch entweder direkt oder auf dem Umweg über die metrische Geometrie untersuchen kann: *das ist die kreistreue Geometrie.* Ihre wesentlichen Elemente sind außer dem *Punkt* der *Kreis*: durch drei Punkte ist immer ein und nur ein Kreis bestimmt. Ein weiteres Element ist die *Kugel*: durch vier nicht konzyklische Punkte ist immer eine und nur eine Kugel bestimmt. Die kreistreuen Eigenschaften einer Figur sind jene Beziehungen, die bei einer Inversion invariant bleiben.

Wir wollen keine unabhängige axiomatische Einführung in die kreistreue Geometrie entwickeln, aber wir werden die grundlegenden Eigenschaften angeben, aus denen wir die Axiome auswählen, die wir zu den *Inzidenzaxiomen* (die sich auf den Schnitt von Kreisen und Kugeln beziehen) hinzunehmen. Wir werden also auch weiterhin bei Beweisen die metrische Geometrie gebrauchen.

1. Definition der Inversion als kreistreue Abbildung

Dazu werden wir ausschließlich Kreise heranziehen.

a) *Es seien zwei Punktepaare A, A'; B, B' auf ein- und demselben Kreis γ oder ein- und derselben Geraden gegeben. Dann existiert eine Inversion oder eine Ebenenspiegelung, so daß A und B in A' und B' abgebildet werden.*

Der Beweis wurde für den Fall kollinearer Punkte bereits erledigt; eine solche Inversion bestimmt sich aus der Kenntnis der Beschränkung der Inversion auf die Inzidenzgerade. Fallen die Geraden AA' und BB' nicht zusammen, so schneiden sie sich in der von γ bestimmten Ebene oder sie sind parallel. Im ersten Fall liegt der gesuchte Inversionspol im Schnittpunkt der Geraden, und die Potenz ist gleich der Potenz dieses Punktes bezüglich γ. Im zweiten Fall ist die Inversion die Spiegelung an der Mittelebene senkrecht zu den parallelen Sehnen AA', BB'.

In der derart bestimmten Inversion wird ein Punkt M in den Punkt M' abgebildet, in dem sich die beiden Kreise $AA'M$ und $BB'M$ schneiden, die beide auf der durch γ und M bestimmten Kugel liegen. Liegen die Punkte kollinear, so verwendet man einen Hilfspunkt P, der nicht mit den anderen Punkten kollinear liegt.

Vom Standpunkt der kreistreuen Geometrie aus gesehen, (wo man weder Geraden von Kreisen noch eine Ebenenspiegelung von einer Inversion unterscheidet), kann man den folgenden Satz aussprechen:

Die Inversion ist eine Punkttransformation, die durch zwei Paare konzyklischer Punkte A, A'; B, B' definiert ist. Jeder Punkt M wird dabei auf den zweiten, den Kreisen $AA'M$ und $BB'M$ gemeinsamen Punkt abgebildet.

Man erhält eine metrische Darstellung der Inversion, wenn man einen Punkt I als unendlichfern ansieht; die Kreise durch I heißen Geraden und die durch I gehenden Kugeln heißen Ebenen. Das Bild von I wird als Inversionspol bezeichnet.

Anwendungen

Transmutierte einer Inversion durch eine andere Inversion

Eine Inversion $\mathfrak{I}$ sei durch die Punktepaare $A, B \in (F)$ und deren Bilder $A', B' \in (F')$ gegeben, wobei diese Punkte sämtlich auf einem Kreis γ liegen. Die Inversion $\mathfrak{I}_1$ liefert daraus $A_1, B_1 \in (F_1)$ und $A_1', B_1' \in (F_1')$,

welche Punkte sämtlich auf einem Kreis γ_1 als Bild von γ liegen. Die durch die Punktepaare A_1, A_1'; B_1, B_1' definierte Inversion $\mathfrak{J}'$ ist also genau die gesuchte Transmutierte, da die Kreise, die die Punkte von (F) in ihr Bild in (F_1) überführen, durch $\mathfrak{J}_1$ in jene Kreise übergeführt werden, durch die $\mathfrak{J}'$ definiert wird. Damit erkennen wir, daß die *durch eine Inversion transmutierte Inversion wiederum eine Inversion ist.*
Diesen Sachverhalt können wir, da die Inversion involutorisch ist, in der Form von Äquivalenzen ausdrücken:

$$\mathfrak{J}_1 \mathfrak{J} \mathfrak{J}_1 = \mathfrak{J}' \quad \text{oder} \quad \mathfrak{J}_1 \mathfrak{J} = \mathfrak{J}' \mathfrak{J}_1$$

oder

$$\mathfrak{J} = \mathfrak{J}_1 \mathfrak{J}' \mathfrak{J}_1.$$

Ist $\mathfrak{J}_1$ gegeben, so ist die Beziehung zwischen $\mathfrak{J}$ und $\mathfrak{J}'$ involutorisch.

2. Invarianten

a) Doppelverhältnis von vier konzyklischen Punkten

Es seien auf einem Kreis γ vier Punkte A, B, C, D in vorbestimmter Ordnung gegeben. Dann ist für jeden beliebigen Punkt M von γ das Doppelverhältnis des Büschels $M(A, B, C, D)$ eine bestimmte Zahl, *die als Doppelverhältnis der vier Punkte des Kreises bezeichnet wird.* Bei einer Inversion mit einem auf dem Kreis gelegenen Pol O bleibt dieses Doppelverhältnis erhalten, da der Kreis γ in eine Gerade γ' übergeführt wird, die das Büschel $M(A, B, C, D)$ in den Punkten A', B', C', D' schneidet. Betrachten wir den Fall, wo der Inversionspol O von $\mathfrak{J}$ nicht auf dem Kreis γ liegt.
Da der Wert der Inversionspotenz gleichgültig ist, können wir voraussetzen, daß der Kreis γ', der zu dem Kreis γ invers ist, diesen in zwei Punkten K und L schneidet; transmutieren wir dann $\mathfrak{J}$ durch eine weitere Inversion $\mathfrak{J}_1$ mit dem Pol L. Wegen $\mathfrak{J}_1$ werden sowohl γ wie γ' auf Geraden γ_1 und γ_1' abgebildet, die sich im Punkt K_1 schneiden
Daher gilt, daß wegen

$$\mathfrak{J}' = \mathfrak{J}_1 \mathfrak{J} \mathfrak{J}_1$$

die beiden Geraden γ_1 und γ_1' einander entsprechen und daß ihr gemeinsamer Punkt K invariant ist. $\mathfrak{J}'$ ist jedoch eine Inversion; diese kann somit nichts anderes als eine Ebenenspiegelung sein. Daraus folgt, daß bei $\mathfrak{J}'$ ebenso wie bei $\mathfrak{J}_1$ das Doppelverhältnis der betrachteten Punkte erhalten bleibt; dasselbe gilt auch für

$$\mathfrak{J} = \mathfrak{J}_1 \mathfrak{J}' \mathfrak{J}_1.$$

D. h. *das Doppelverhältnis von vier konzyklischen Punkten bleibt bei jeder Inversion invariant.*

b) Invariante eines komplanaren Kreispaares

Die zu einem Büschel, das durch Grundpunkte bestimmt ist, inverse Figur ist offensichtlich ein Büschel derselben Art. Das Gleiche gilt für ein durch Grenzpunkte bestimmtes Büschel (da dieses als das zu einem Büschel, das durch Grundpunkte bestimmt ist, orthogonale Büschel definiert werden kann), und ebenso für ein Büschel sich berührender Kreise. Bei einer Inversion $\Im_0$, deren Pol ein Büschelpunkt (Grundpunkt oder Grenzpunkt) ist, wird ein Kreisbüschel in ein Geradenbüschel, dessen Geraden entweder parallel sind oder sich schneiden, oder in ein Büschel konzentrischer Kreise transformiert.
(C_1), (C_2) sei ein Kreispaar in ein- und derselben Ebene; schneiden wir dies durch einen beliebigen Kreis Γ des dazu orthogonalen Büschels. Bei der Inversion $\Im_0$ bleibt das Doppelverhältnis der vier konzyklischen Schnittpunkte erhalten, und das einfache Bild, das man erhält, zeigt, daß dieses Doppelverhältnis nicht von dem aus dem orthogonalen Büschel gewählten Kreis abhängt. Der Wert von λ bleibt aber bei jeder Inversion $\Im$ erhalten. Daher ist λ auch eine anallagmatische Invariante, die für das Kreispaar (C_1), (C_2) charakteristisch ist.
In der Euklidischen metrischen Geometrie drücken wir λ aus, indem wir als Kreis Γ den gemeinsamen Durchmesser verwenden. Es seien A_1, B_1 und A_2, B_2 die Schnittpunkte dieses Durchmessers mit den Kreisen (C_1) und (C_2) und weiter C_1 und C_2 die Mittelpunkte dieser Kreise. Dann hat man in der üblichen Schreibweise

$$\overline{C_1 C_2} = d, \quad \overline{C_1 A_1} = -\overline{C_1 B_1} = R_1, \quad \overline{C_2 A_2} = -\overline{C_2 B_2} = R_2,$$

$$\lambda = \frac{\overline{A_2 A_1}}{\overline{A_2 B_1}} : \frac{\overline{B_2 A_1}}{\overline{B_2 B_1}} = \frac{d^2 - (R_2 - R_1)^2}{d^2 - (R_2 + R_1)^2}.$$

Ein Kreispaar kann jedoch bei einer Inversion nicht mehr als eine Invariante haben, da offensichtlich der Pol und die Potenz willkürlich angenommen werden können und die Wahl von R_1' nicht d' und R_2' festlegt. In jenem Fall, wo (C_1) und (C_2) sich schneiden, kennen wir jedoch bereits eine Invariante: den Schnittwinkel V der beiden Kreise. Wir müssen demnach beweisen, daß zwischen λ und V eine Beziehung besteht, die unabhängig von der Wahl des Kreispaares ist. Man findet in der Tat für sich schneidende Kreise

$$|R_2 - R_1| < d < R_2 + R_1, \quad \cos V = \frac{R_2^2 + R_1^2 - d^2}{2 R_1 R_2},$$

woraus folgt

$$\tan^2 \frac{V}{2} = \frac{1 - \cos V}{1 + \cos V} = -\lambda.$$

Man erkennt, daß sich die Kreise unter der Bedingung $\lambda < 0$ schneiden, was auch aus der Ordnung der Punkte auf dem Orthogonalkreis hervorgeht. Orthogonale Kreise entsprechen dem Wert $\lambda = -1$.

c) Im dreidimensionalen Raum bezeichnen wir einen Kreis als zu einer Kugel orthogonal, der auf ihr in den beiden gemeinsamen Punkten senkrecht steht; die Kreisebene ist mithin orthogonal zu der Kugel (d.h., sie geht durch deren Mittelpunkt), und jede durch den Kreis gelegte Kugel steht auf der gegebenen senkrecht.

Als *orthogonalen Ring* bezeichnen wir ein Kreispaar, bei dem jede Kugel, die durch einen Kreis gelegt wird, auf dem anderen senkrecht steht. Ihre Ebenen stehen folglich aufeinander senkrecht und schneiden sich in ihrer *Zentralen,* die wiederum von den Kreisen harmonisch geschnitten wird.

Alle diese Anordnungen bleiben bei einer Inversion erhalten.

Andererseits gelten die kreistreuen Eigenschaften einer Figur auch für *sphärische Figuren*; eine solche liefert nämlich bei einer Inversion ein ebenes Bild, wenn der Inversionspol auf der Kugel liegt. Eine derartige Inversion definiert eine *Abbildung der Kugel auf eine Ebene* (die mit einem unendlichfernen Punkt ausgestattet ist); diese Abbildung ist außerdem durch eine Perspektive bestimmt. Sie heißt *stereographische Projektion* der Kugel auf eine Ebene. (Dieses Verfahren wird bei der Herstellung geographischer oder astronomischer Karten verwendet.)

Insbesondere *besitzen zwei Kreise, die auf ein- und derselben Kugel liegen, eine kreistreue Invariante* λ, die gleich dem Doppelverhältnis der vier Punkte ist, in denen diese Kreise jeden Kreis der Kugel schneiden, der zu ihnen orthogonal ist. Schneiden sich die beiden Kreise, so ist λ eine Funktion ihres Schnittwinkels.

In entsprechender Weise gilt, daß *zwei Kugeln eine kreistreue Invariante bestimmen*; man findet sie mit Hilfe eines zu beiden Kugeln orthogonalen Kreises, wobei die in der Ebene ausgeführte Rechnung gültig bleibt.

d) Allgemeine kreistreue Transformation

Definition: Eine eineindeutige Punkttransformation heißt dann *kreistreue Transformation*, wenn dabei jeder Kreis wiederum in einen Kreis übergeht und die Schnittwinkel sich schneidender Kreise erhalten bleiben, die dabei gebildeten Dreibeine entweder dieselbe Orientierung oder entgegengesetzte Orientierung zu ihren Bildern haben. Es sei (T) eine solche Transformation.

1. Wir zeigen zunächst, daß *eine solche Transformation, sofern sie existiert, durch drei Paare A, A'; B, B'; C, C' von homologen Punkten definiert ist.*

Es sei M ein Punkt einer Figur (F); bei einer Inversion mit dem Pol A wird die Kugel $ABCM$ in eine Ebene und die Kreise (ABM), (ACM), (ABC) in Geraden übergeführt. Unterwerfen wir nun die Figur (F') einer Inversion mit dem Pol A': dann werden die Kreise $(A'B'M')$ und $(A'C'M')$ in Geraden der Ebene $A'B'C'$ übergeführt, und der Punkt M' ist in dieser Ebene durch die Kenntnis der Winkel zwischen den Geraden festgelegt, die die Bilder von ABC, ABM und ACM sind.

2. *Jedes Produkt von Inversionen ist eine gemäß dem obigen definierte Transformation* (T); dabei bleibt die Orientierung der Winkel erhalten, wenn die Anzahl der Inversionen gerade ist, und sie wechselt, wenn die Anzahl ungerade ist. Zu diesem Satz werden wir die Umkehrung beweisen.

3. a) Da eine Ebenenspiegelung (von unserem Standpunkt aus) einer Inversion entspricht, kann eine Translation oder eine Drehung als Produkt zweier Inversionen angesehen werden. Entsprechend kann eine Schraubung als Produkt von vier Inversionen aufgefaßt werden. Darüber hinaus wissen wir, daß eine zentrische Streckung das Produkt zweier Inversionen mit demselben Pol ist.

b) Es verbleibt noch zu zeigen, daß *ein Produkt* (T) *von Inversionen drei beliebige Punkte A, B, C in drei andere Punkte A', B', C' überführen kann*.

Die zwei Ebenen ABC und $A'B'C'$ seien beliebig orientiert. Sofern die Transformation (T) existiert, erscheinen die Geraden $A'B'$, $B'KC'$, $C'A'$ als Bilder der Kreise (ABK), (BCK), (CAK), die sich in K schneiden, welcher Punkt in den unendlichfernen Punkt abgebildet wird. Diese Kreise schneiden sich paarweise unter Winkeln, die jenen des Dreiecks $A'B'C'$ gleich sind (die modulo π bestimmt sind), so daß K in der Ebene ABC liegt.

Sind nun die beiden Dreiecke ABC und $A'B'C'$ nicht ähnlich, so existiert in der Ebene ABC ein Punkt K, der den obigen Bedingungen entspricht: Bei einer Inversion mit dem Pol A zeigt sich in der Tat, daß sich die Kreise (ABK) und (ACK) unter dem gewünschten Winkel schneiden, wenn K einem bekannten Kreis angehört, der durch B und C geht; entsprechendes gilt für die zweite Bedingung, und die dritte folgt daraus. Eine Inversion mit dem Pol K liefert also von A, B, C die Bilder A_1, B_1, C_1, die ein zu dem Dreieck $A'B'C'$ ähnliches Dreieck bilden. Es ist jedoch eine Ähnlichkeitstransformation das Produkt aus einer Drehung und einer Streckung (vgl. das vorhergehende Kapitel). Wir erkennen so schließlich, daß (T) existiert und das Produkt von vier oder fünf Inversionen ist.

Als Ergebnis können wir festhalten, daß *jede kreistreue Transformation das Produkt von vier oder fünf Inversionen ist*. Insbesondere kann das

Produkt von *n* Inversionen auf das Produkt von vier oder fünf Inversionen zurückgeführt werden. In speziellen Fällen kann diese Zahl natürlich auch geringer sein; man kann daher auch den Fall betrachten, wo zwei Inversionen einander gleich sind und sich gegenseitig aufheben. Bemerken wir außerdem, daß bei diesen Zerlegungen keine Eindeutigkeit besteht, ebensowenig wie etwa bei der Zerlegung einer Translation oder einer Drehung in zwei Ebenenspiegelungen.
Die Gruppe der kreistreuen Transformationen wird daher von der Menge der Inversionen erzeugt, die selbst keine Gruppe bildet.

III. Grundbegriffe der nichteuklidischen metrischen Geometrien

Wir haben den Punktraum als Modell eines Vektorraumes konstruiert: Demzufolge steht jeder Vektor nach Wahl einer Basis und eines Ursprunges O in eineindeutiger Zuordnung zu einem Punkt M des Raumes. In einem solchen Raum ist der Begriff der Äquipollenz (oder geometrischen Gleichheit) von Vektoren von grundlegender Bedeutung. Dies führt zum Studium solcher Räume, denen der Begriff der Parallelität (projektive und kreistreue Geometrie) ebenso wie der Begriff des Abstandes ermangelt.

Der Euklidische metrische Raum kann axiomatisch in der Weise konstruiert werden, daß der Begriff der Parallelität erst allmählich erscheint; man kann dann den Charakter des Euklid-Postulats als keineswegs künstlich, sondern als vereinfachend erkennen.

Im folgenden werden wir uns auf zwei Dimensionen beschränken.

A. VORBEMERKUNGEN

I. Grundlegende Eigenschaften [A]

Durch eine Anzahl geeigneter Axiome wird die Struktur der Punkt- und Geradenmenge eingeführt, ebenso wie eine Äquivalenzrelation zwischen Punktpaaren, durch welche die Gleichheit von Entfernungen bestimmt wird; daraus ergibt sich der Begriff der Gleichheit oder *Kongruenz* von Figuren. Ein geeignetes axiomatisches Grundsystem führt die Axiome als sämtlich unabhängig voneinander und in geringstmöglicher Anzahl an, wie sie für den Aufbau ausreichend ist. Nach diesem Prinzip ist insbesondere das Axiomensystem von *David Hilbert* aufgebaut (das später von *J. Favard* vereinfacht wurde), ebenso wie jenes von *G. Choquet*, das auf dem Begriff der Isometrie aufbaut. Ausgehend von einem solchen System gelangt man mittels sorgfältiger Konstruktionen, die übrigens umso länger sind, je stärker die Basis reduziert ist, zu jenen grundlegenden Ergebnissen, deren für uns nützlichste wir im folgenden anführen:

a) 1. Zu je zwei Punkten gibt es eine und nur eine Gerade, die mit diesen inzidiert.

2. Jede Gerade ist eine solche Punktmenge, wie wir sie mit dem Namen „reelle Gerade" bezeichnet haben: Nachdem auf ihr ein Ursprung

O sowie ein positiver Richtungssinn festgelegt ist, stellt die Beziehung $\overline{OM} = x$ eine eineindeutige Zuordnung zwischen den Punkten M und den reellen Zahlen x her.

b) 1. Jede Gerade teilt die Ebene in zwei nichtleere Gebiete. Zwei Gerade, die einen Punkt gemeinsam haben, teilen die Ebene in vier Gebiete.

Axiom von Pasch

Jede Gerade, die eine Seite eines Dreiecks (d. h., eine zwei Eckpunkte verbindende Strecke) *schneidet, schneidet auch eine zweite Seite, jedoch nicht die dritte, sofern sie nicht durch einen Eckpunkt geht.*

2. Zwischen den Punktepaaren einer Ebene existiert eine Äquivalenzrelation „Gleichheit der Entfernungen" $AB = CD$. Gilt auf den Geraden AB und CD, daß $AM = x \cdot AB$ und $CP = x \cdot CD$, so folgt daraus $AM = CP$.
Die Dreiecksungleichung $AB + BC \geqq AC$ gilt für ganz beliebige Punkte A, B, C.

3. Durch die Beziehung „Gleichheit der Winkel" wird eine Äquivalenzrelation derart definiert, daß die drei Fälle der Kongruenz von Dreiecken gewährleistet sind.
Eine Punkt- und eine Geradenspiegelung führt jedes Dreieck in ein kongruentes Dreieck über. Jeder Winkel und jedes gleichschenklige Dreieck haben eine Symmetrieachse. (Die Existenz einer Winkelhalbierenden jedes Winkels gestattet die Messung eines Winkels, zum Beispiel im Zahlensystem zur Basis 2, ausgehend von der Gleichheit aller gestreckten Winkel.)

c) Als Folgerung aus **a)** und **b)** ergibt sich, daß durch jeden Punkt A und den bezüglich einer Geraden d symmetrisch liegenden A' eine und nur eine Gerade verläuft, wenn A nicht auf d liegt; diese erscheint als das (einzige) von A auf d gefällte Lot. Folgerung: Jede Schrägverbindung zur Geraden ist länger als das Lot.

II. Die Euklidische metrische Geometrie und die Geometrie von Lobatschewskij

Indem wir von den vorhergehenden Sätzen ausgehen, wenden wir uns der Frage nach der Winkelsumme im Dreieck zu, wodurch wir auf das Problem der Parallelität geführt werden. Wir bezeichnen die Winkel des Dreiecks ABC mit A, B, C.

1. Der Winkeldefekt im Dreieck

Betrachten wir dazu die grundlegende Figur (Bild 1), die man erhält, wenn man die Seitenhalbierende AM eines Dreiecks ABC um die Strecke $MD = AM$ verlängert.

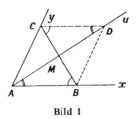

Bild 1

Wir bezeichnen die Halbgeraden, die die Seiten AB, AC und die Seitenhalbierende AD verlängern, mit Bx, Cy und Du. Da M zwischen B und C liegt, liegt die Halbgerade Mu in dem Gebiet $yCBx$, und daher gilt das gleiche für D und die Strecke CD; daraus folgt $\angle (BCD) < \angle (BCy)$. Wegen der Symmetrie zu M gilt $\angle (BCD) = \angle B$.
Wir finden daher, daß *in jedem Dreieck ein Außenwinkel kleiner als jeder nicht anliegende Innenwinkel ist.*

Andere Formulierung des Satzes:
Die Summe zweier Winkel eines Dreieckes ist kleiner als ein gestreckter.

Folgerungen

a) Es sei eine Gerade $x'x$, ein Punkt O dieser Geraden und ein nicht auf xx' liegender Punkt A gegeben. Wir legen dann durch den Punkt A eine Gerade, indem wir an die Gerade OA gleiche Wechselwinkel antragen (Bild 2); die Strecke AX soll dabei auf derselben Seite von AO wie Ox liegen. Dann kann AX keinen gemeinsamen Punkt mit Ox, und ebensowenig AX' einen gemeinsamen Punkt mit Ox' haben.

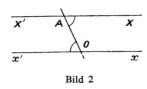

Bild 2

Somit finden wir, daß *jedem Punkt O von $x'x$ eine durch den Punkt A gehende Gerade $X'X$ zugeordnet ist, die mit $x'x$ keinen Punkt gemeinsam hat.*

b) Bild 1 zeigt, daß man jedem Dreieck ABC ein anderes Dreieck CAD zuordnen kann, dessen Winkel $B + C$, D und $A - D$ sind. Die Summe der drei Winkel ist die gleiche; da jedoch zwei Winkel des konstruierten Dreiecks die Summe A ergeben, so sind diese Winkel einzeln kleiner als A, und der kleinere von beiden ist sogar kleiner oder gleich $\dfrac{A}{2}$.

Wiederholen wir diese Operation schrittweise: Wir bilden Dreiecke mit den Winkeln
A_1, B_1, C_1 und
$$A_1 \leq \tfrac{1}{2} A, \quad B_1 < A, \quad A_1 + B_1 + C_1 = A + B + C;$$

A_2, B_2, C_2 und

$$A_2 \leq \frac{1}{2^2} A, \quad B_2 < \tfrac{1}{2} A, \quad A_2+B_2+C_2 = A+B+C, \text{ usw.}$$

A_n, B_n, C_n und

$$A_n \leq \frac{1}{2^n} A, \quad B_n < \frac{1}{2^{n-1}} A, \quad A_n+B_n+C_n = A+B+C.$$

Zu jedem beliebigem Winkel ε kann man jedoch eine ganze Zahl N angeben, so daß für $n > N$

$$\frac{1}{2^{n-2}} A < \varepsilon,$$

woraus folgt

$$A_n < \frac{\varepsilon}{2}, \quad B_n < \frac{\varepsilon}{2}$$

und daher

$$A+B+C < \varepsilon+C_n < \varepsilon + \text{ gestreckter Winkel}, \forall \varepsilon.$$

Somit kann $A+B+C$ niemals den Wert des gestreckten Winkels übersteigen. Daraus ergibt sich der Satz:
Die Winkelsumme im Dreieck ist kleiner oder gleich dem gestreckten Winkel.
Bezeichnen wir die Winkelsumme im Dreieck ABC mit $S(ABC)$, so nennen wir die Differenz $d(ABC) = (1 \text{ gestreckter Winkel}) - S(ABC)$, die der Ungleichung

$$0 \leq d(ABC) < (1 \text{ gestreckter Winkel})$$

genügt, den *Defekt des Dreiecks*.

Bemerkung

In jedem Dreieck gibt es wenigstens zwei spitze Winkel, etwa B und C; der Punkt A liegt dann in jenem Streifen, der von den in B und C auf der Geraden BC errichteten Senkrechten begrenzt wird. Das will sagen, daß die Höhe AH eine im Innern des Dreiecks liegende Strecke ist. Daraus werden wir späterhin die Folgerung verwenden: *Jedes Dreieck kann* (auf mindestens eine Weise) *als Vereinigung zweier aneinanderstoßender rechtwinkliger Dreiecke dargestellt werden*; das heißt, zwei Seiten liegen in ihren Verlängerungen und eine Seite haben sie gemeinsam.

c) Bestimmung des Defekts

Es seien zwei aneinanderstoßende Dreiecke KMP, KMQ gegeben. Dann folgt aus der Gleichung

$$S(KMP)+S(KMQ) = S(KPQ)+(1 \text{ gestreckter Winkel}),$$

daß

$$d(KMP)+d(KMQ) = d(KPQ).$$

Daraus kann man herleiten, daß *der Defekt des Vereinigungsdreieckes zweier aneinanderstoßender Dreiecke gleich der Summe der Defekte der einzelnen Dreiecke ist*. Das will sagen, daß diese Zahlenwerte, wenn sie nicht null sind, ein Maß darstellen; sie sind *den Flächen der Dreiecke proportional*.
Überdeckt insbesondere ein Dreieck PQR ein anderes Dreieck ABC, so gilt $d(PQR) > d(ABC)$. *Überdeckt eine Vereinigung von aneinanderstoßenden Dreiecken ein Dreieck ABC, so übertrifft die Summe der Defekte dieser Dreiecke jenen des Dreiecks ABC*. Die Gleichheit ist nur dann möglich, wenn die Defekte sämtlich null sind.
Dies sieht nach einem Widerspruch aus; wenn wir die Ebene mit kongruenten Dreiecken bepflastern würden, dann würde der Defekt eines sehr großen Dreiecks sehr groß werden, während er andererseits nicht einen gestreckten Winkel übersteigen kann.

2. Überdeckung durch kongruente Dreiecke

Wir ergänzen in Bild 1 die kongruenten Dreiecke ABC und DCB, indem wir an der Mitte von BD spiegeln. Dann verlängert die zu CD symmetrische Strecke BB_1 nur dann die Seite AB, wenn $d(ABC) = 0$. Dies ist der einzige allgemeine Fall, wo wir auf diesem Wege eine Überdeckung der gesamten Ebene etwa in der Umgebung von B erreichen können. Daher wenden wir diesem Fall auch zuerst unsere Aufmerksamkeit zu.

1. Fall

Es existiert ein Dreieck ABC mit dem Defekt null

Wir erhalten die in Bild 3 gezeigte Überdeckung. Wie kann man eine Überdeckung sämtlicher Punkte erreichen, ohne die Parallelentheorie heranzuziehen? Diese Schwierigkeit läßt sich umgehen, wenn man das bekannte Resultat verwendet, daß man von einem Punkt eine und nur eine Senkrechte zu einer gegebenen Geraden ziehen kann.
Daher verschwindet auch der Defekt eines jeden rechtwinkligen Dreieckes, das wir in dem Dreieck ABC mit Hilfe einer der Höhen unter-

zubringen vermögen, so daß wir es zur Überdeckung heranziehen können (Bild 3').

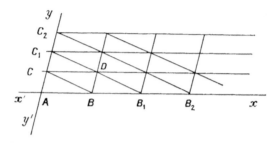

Bild 3

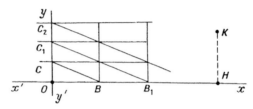

Bild 3'

Durch jeden Punkt K der Ebene kann man die Senkrechten KH, KH' auf $x'x$, beziehungsweise $y'y$ ziehen. Der Archimedischen Eigenschaft der reellen Geraden zufolge existieren zwei ganze Zahlen n und p, so daß

$$nOB \leqq OH < (n+1)OB, \quad pOC \leqq OH' < (p+1)OC.$$

Folglich werden H und H' ebenso wie die Lotgeraden HK und $H'K$ auf $x'x$ und $y'y$ überschritten.

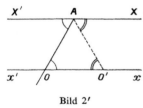

Bild 2'

Da sämtliche Dreiecke der Überdeckung wegen ihrer Kongruenz zu OBC den Defekt null aufweisen, und da endlich viele solche Dreiecke ausreichen, um jedes beliebige Dreieck der Ebene zu überdecken, so schließen wir, daß auch jedes Dreieck einen verschwindenden Defekt hat. Daraus ergibt sich der fundamentale Satz:

Verschwindet in der Ebene der Defekt eines Dreiecks, so gilt dasselbe auch für alle anderen Dreiecke.

Folgerung

In Bild 2 hängt die Lage der Geraden $X'X$ nicht von der Wahl des Punktes O auf $x'x$ ab (Bild 2').

2. Fall
Alle Dreiecke haben einen Defekt

Unter dieser Voraussetzung ist es unmöglich, die ganze Ebene lükkenlos mit kongruenten Dreiecken zu überdecken, da der Defekt eines Dreiecks, das von einer großen Anzahl von Dreiecken überdeckt wird, den Wert des gestreckten Winkels überschreiten müßte.

3. Der Begriff der Parallelität

Das Bild 2′ läßt noch eine andere Möglichkeit erkennen, um dieses Problem zu bewältigen. Untersuchen wir in beiden vorangehenden Fällen, was sich ergibt, wenn der Punkt O' auf $x'x$ ins Unendliche rückt, etwa in Richtung Ox.

Wir wählen eine Punktfolge $P, P_1, P_2 ..., P_n, ...$, so daß alle Dreiecke $AP_{n-1}P_n$ gleichschenklig sind, d.h. $P_{n-1}P_n = P_{n-1}A$.

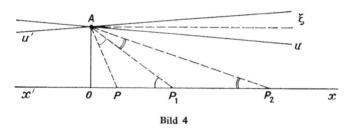

Bild 4

Die vom Lot abweichenden geneigten Linien werden länger und länger; $OP_n < nOP$ strebt daher sicher gegen unendlich. Dann wird jeder Punkt Q von Ox sicher überschritten. Liegt Q zwischen P_{n-1} und P_n, so hat man $\angle OP_{n-1}A > \angle OQA > \angle OP_nA$ (Satz vom Außenwinkel). Derselbe Satz liefert aber auch

$$\angle OPA \geq \tfrac{1}{2} \angle OP_1A \geq \frac{1}{2^2} \angle OP_2A \geq ... \geq \frac{1}{2^n} \angle OP_nA.$$

Somit kann man zu jedem beliebigen Winkel ε eine ganze Zahl N angeben, so daß

$$n > N \;\Rightarrow\; \angle OP_nA < \varepsilon.$$

Andererseits nimmt das Winkelmaß des spitzen Winkels $\angle OAP_n$ mit n zu, bleibt aber unterhalb eines rechten; folglich existiert ein Grenzwinkelmaß $\varphi \leq 1R$ (*Rechter*); man sagt von der Halbgeraden AU, für die $\angle OAU = \varphi$ gilt, „daß sie durch den unendlichfernen Punkt von Ox geht" oder auch, daß „*sie zu Ox parallel ist*".

Es sei $A\xi$ die im Punkt A auf OA errichtete senkrechte Halbgerade auf der betrachteten Seite; dann fällt die Halbgerade Au mit $A\xi$ zusammen oder liegt innerhalb des Winkels $\measuredangle P_i A\xi$, wobei i eine beliebige ganze Zahl ist.

1. Fall

Der Defekt der Dreiecke ist null

Unter dieser Voraussetzung wissen wir, daß die Halbgerade $A\xi$ mit AX zusammenfällt und daß $\measuredangle P_i AX = \measuredangle OP_i A \to 0$; daher fällt Au mit AX des Bildes 2 zusammen. Entsprechendes gilt für Ox'. Folglich stellt jede zu $x'x$ parallele Halbgerade eine Verlängerung der anderen dar; beide ergänzen sich zu einer Geraden, *die von den durch den Punkt A gehenden Geraden als einzige im Endlichen keinen Punkt mit $x'x$ gemeinsam hat.*
Dieses Ergebnis stellt das *Euklidische Parallelenpostulat* dar. Daraus kann man die Strahlensätze, die Sätze über ähnliche Dreiecke und aus diesen für das rechtwinklige Dreieck mit einer eingetragenen Höhe den Satz des *Pythagoras* herleiten. Die gesamte Euklidische Geometrie basiert auf diesen Grundlagen.

2. Fall

Die Defekte sind verschieden von null

Die Geraden AX_i (Bild 2), die den Punkten P_i entsprechen, werden niemals erreicht, und daher liegt die Halbgerade Au außerhalb der Winkel ξAX_i. Der Winkel OAu ist also kleiner als ein Rechter. Die Halbgeraden Au und Au', die zu Ox beziehungsweise Ox' parallel sind, lassen sich nicht zu einer Geraden ergänzen. Die Geraden, die die Halbgeraden tragen, bilden im Schnittpunkt zwei Scheitelwinkel mit der Winkelhalbierenden $\xi'A\xi$. Alle Geraden durch A, die im Innern dieser Winkel liegen, haben mit $x'x$ keinen Punkt gemeinsam; jene, die innerhalb der zugehörigen Nebenwinkel liegen, schneiden die Gerade $x'x$.

B. DIE GEOMETRIE VON LOBATSCHEWSKIJ

Diese Geometrie baut auf den Voraussetzungen dieses zweiten Falles auf. Wir werden die ersten Sätze davon beweisen.

1. Weiterer Fall der Kongruenz von Dreiecken

Wir verweisen zunächst darauf, daß aus dem Satz über den Defekt im Dreieck ein *weiterer Fall der Kongruenz von Dreiecken* folgt: *Stimmen zwei Dreiecke in allen drei Winkeln überein, so sind sie kongruent.*
Wir werden diesen Satz indirekt beweisen: Für zwei Dreiecke ABC,

$A'B'C'$ gilt
$$[A = A', \quad B = B', \quad AB \neq A'B'] \quad \Rightarrow \quad [C \neq C'].$$
Es liege
die Seite $AB_1 = A'B'$ auf AB mit B und B_1 auf derselben Seite von A, die Seite $AC_1 = A'C'$ auf AC mit C und C_1 auf derselben Seite von A. Die Dreiecke AB_1C_1 und $AB'C'$ sind kongruent und daher ist $B = B_1$; auch schneiden sich die Geraden BC und B_1C_1 nicht (Satz von den Außenwinkeln im Dreieck). Somit ist BCC_1B_1 konvex und die Summe der Winkel darin kleiner als zwei gestreckte. Daraus folgt $C \neq C_1 = C'$. Man kann sogar schließen, daß
$$[A = A', \quad B = B', \quad AB > A'B'] \quad \Rightarrow \quad C < C'.$$

2. Parallele Geraden

Es sei eine Gerade $x'x$ und die Halbgerade Au gegeben, die von einem beliebigen Punkt A ausgeht und parallel zu der Halbgeraden Ox ist, wie in Bild 4 gezeigt wird. Nach den Isotropieeigenschaften der Ebene kann der Winkel OAu nur vom Abstand $OA = d$ abhängen. Wir setzen $\sphericalangle OAu = \varphi(d)$ und untersuchen diese Funktion später genauer.

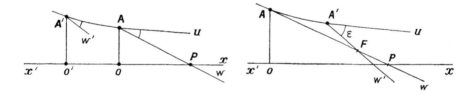

Es sei A' ein beliebiger Punkt der *Geraden*, auf der Au liegt. Dann können wir zeigen, daß auch die Halbgerade $A'u$ zu der Halbgeraden $O'x$ parallel ist. (Dabei bezeichnen wir die Projektion von A' auf $x'x$ mit O').

1. Liegt A' auf der Verlängerung von Au, so kann man zu jedem noch so kleinen Winkel ε die Geraden Aw und $A'w'$ so ziehen, daß $\sphericalangle uAw = \sphericalangle u'A'w' = \varepsilon$ auf derselben Seite wie $x'x$ liegt. Die Gerade Aw schneidet $x'x$, nicht aber $A'w'$. Wird ε genügend klein gewählt, etwa kleiner als $\sphericalangle AA'O$, so dringt $A'w'$ in das Dreieck AOP ein, ohne AP zu schneiden; es schneidet also OP. $A'u$ ist somit die Grenzlage der von A' ausgehenden Halbgeraden.

2. Liegt A' hingegen auf Au selbst, so kann man zu jedem noch so kleinen Winkel ε auf $A'w'$ einen Punkt F zwischen Au und $x'x$ angeben; dann schneidet AF die Gerade $x'x$ in einem Punkt P und $A'F$ dringt

im Punkte F in das Dreieck OAP ein und schneidet somit OP. Auch hier stellt $A'u$ die Grenzgerade zu A' dar.
Wir können sagen, daß *die Trägergerade von Au und $x'x$ in der Richtung $x'x$ parallel sind.*

Bemerkung

Man erkennt die Bedeutung topologischer Hypothesen und Eigenschaften bezüglich der Einteilung in Gebiete. Wir haben das Axiom von *Pasch* bereits zweimal verwendet und werden es auch im weiteren benötigen. Es muß bemerkt werden, daß dieses Axiom auch für den axiomatischen Aufbau der unter AI (S. 475) angegebenen grundlegenden Eigenschaften überaus wichtig ist, die der Euklidischen Geometrie und der von *Lobatschewskij* gemeinsam sind.

Theorem 1

Die Beziehung der Parallelität ist eine Äquivalenzrelation, vorausgesetzt, daß man eine Halbgerade als zu sich selbst parallel betrachtet.

1. *Diese Beziehung ist symmetrisch*: Es sei die Halbgerade Au parallel zu Ox, wobei O die Projektion von A auf $x'x$ ist. Dann muß man zeigen, daß Ox parallel zu Au ist, das heißt, daß jede in AOx enthaltene Halbgerade Oz die Halbgerade Au schneidet, wie klein auch immer der Winkel $xOz = \varepsilon$ wird. Es sei weiter AF eine Senkrechte auf Oz; diese Strecke ist dann in $uAOz$ enthalten und kürzer als die geneigte Linie AO.

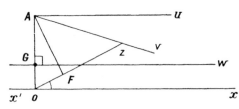

Trägt man auf AO die Strecke $AG = AF$ ab, so liegt G zwischen O und A. Wir errichten auf OA die Senkrechte Gw und ziehen eine Gerade Av derart, daß die Figur $wGAv$ der Figur $zFAu$ kongruent ist. Dann schneidet Av die Gerade Ox und daher auch Gw; daraus folgt, daß Fz auch Au schneidet (w.z.b.w.).

2. *Die Beziehung ist auch transitiv*: $AA'O$ sei die Senkrechte auf $x'x$, und Au und $A'u'$ seien parallel zu Ox. Wir setzen zunächst voraus, daß A' zwischen A und O liegt. Es ist offensichtlich, daß wegen der Ein-

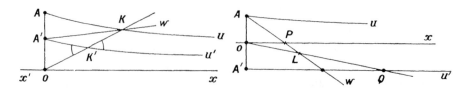

deutigkeit der von einem Punkt zu der Halbgeraden Ox gezogenen Parallelen die Geraden Au und $A'u'$ keine gemeinsamen Punkte haben. Es genügt daher zu zeigen, daß jede Gerade $A'w$, die durch den Winkel $u'A'A$ verläuft, immer auf Au trifft, wie klein auch immer der Winkel $u'A'w = \varepsilon$ wird. Es sei nun K' ein Punkt auf $A'u'$; dann ist bekannt, daß der Winkel $OK'A'$ gegen null strebt, wenn K' ins Unendliche wandert; weiter schneidet die Halbgerade, die als Verlängerung von OK' erscheint, Au in einem Punkt K; also strebt der Winkel $K'AK$, der kleiner als $OK'A'$ ist, gegen null und wird kleiner als ε. Der Satz ist mithin für den Fall bewiesen, wo O nicht auf der Strecke AA' liegt. Setzen wir nunmehr voraus, daß O zwischen A und A' liegt, so können wir zeigen, daß jede Halbgerade Aw, die innerhalb des Winkels $A'Au$ verläuft, die Halbgerade $A'u'$ trifft. Sie schneidet Ox in einem Punkte P; somit kann man einen Punkt L der Halbgeraden Pw betrachten, der zwischen Ox und $A'u'$ liegt. Die Halbgerade, die OL verlängert, schneidet daher $A'u'$ in einem Punkt Q; mithin schneidet Aw, die bei L in das Dreieck $OA'Q$ eindringt, auch die Strecke $A'Q$. Folglich schneidet Aw die Halbgerade $A'u'$ (w.z.b.w.).

Theorem 2

Zu jedem gegebenen spitzen Winkel läßt sich eine Halbgerade angeben, die auf einem Schenkel senkrecht steht und zum anderen parallel ist.

Es sei $yAu = \alpha$ der spitze Winkel. Von einem beliebigen Punkt P_0 von Au fällen wir das Lot P_0H_0 auf Ay und konstruieren das Dreieck $H_0P_0H_1$, das bezüglich H_0P_0 spiegelbildlich zu H_0P_0A liegt. Dann errichten wir auf Ay die Senkrechte H_1x_1. Schneidet diese Gerade die Halbgerade Au in einem Punkt P_1, so konstruieren wir wiederum das zu dem Dreieck H_1AP_1 bezüglich dieser Senkrechten symmetrisch liegende rechtwinklige Dreieck und verfahren in dieser Weise weiter. Dann haben wir

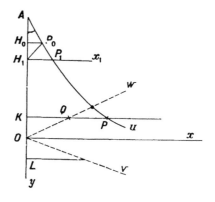

$$d(AH_0P_0) < \tfrac{1}{2} d(AH_1P_1) < \frac{1}{2^2} d(AH_2P_2) < \ldots < \frac{1}{2^n} d(AH_nP_n)$$

und daher

$$d(AH_nP_n) > 2^n d(AH_0P_0).$$

Wir schließen, daß die Operation abbricht, und daß zu Ay eine Senkrechte $H_n x_n$ existiert, die Au nicht trifft.
Schneidet die in einem Punkt K von Ay errichtete Senkrechte die Halbgerade Au, so gilt dasselbe für jede Senkrechte in irgendeinen Punkt der Strecke AK. Trifft hingegen die in einem Punkt L von Ay errichtete Senkrechte Au nicht, so gilt dasselbe für jede auf der Halbgeraden Ly errichtete Senkrechte. Es existiert mithin ein Punkt O, der als gemeinsamer Grenzpunkt der Menge der Punkte K und jener der Menge L erscheint. Es sei Ox die in diesem Punkt O auf Ay errichtete Senkrechte. Betrachten wir diese Halbgerade näher.

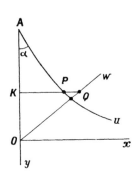

Es sei Ov eine Halbgerade im Winkelbereich yOx. Sie trifft nicht Au, da sich ein gemeinsamer Punkt auf Oy in einen Punkt L projizieren würde, was einen Widerspruch bedeutet.
Es sei weiter Ow eine Halbgerade im Winkelbereich AOx; wir zeigen, daß sie Au schneidet.
Es sei Q ein Punkt von Ow und K seine Projektion auf Ay. Dann trifft die Halbgerade KQ in der Tat Au in P. Der Punkt P liegt jedoch auf der Strecke KQ. Daher trifft Pu die Halbgerade OQ; Q jedoch liegt auf KP. Daher schneidet auch Qw die Halbgerade AP. In jedem Fall trifft Ow die Halbgerade Au.
Somit ist Ox die von O ausgehende Parallele zu Au, wodurch der Satz bewiesen ist.
Nach der bereits früher eingeführten Schreibweise gelangen wir zu der Beziehung $\alpha = \varphi(d)$, wenn wir $OA = d$ setzen. Dann haben wir soeben nichts anderes bewiesen, als daß zwischen d und α eine eineindeutige Zuordnung besteht und daß diese Funktion monoton ist (das heißt, daß sie sich immer im selben Sinne ändert). Die Figur zeigt, daß α zunimmt, wenn sich d verringert. Man erhält die **Tabelle**

d	$0 \nearrow +\infty$
α	$\dfrac{\pi}{2} \searrow 0$

Theorem 3

Entfernt sich auf einer zu Ox parallelen Halbgeraden Au ein Punkt P in Richtung der Parallelität, so nimmt sein Abstand zu Ox ab.
Da die Winkelsumme in dem Viereck $OAPQ$ kleiner als zwei Rechte ist, so haben wir in der Tat

und daher
$$QPu > OAP,$$
$$QP < OA.$$

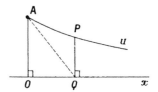

3. Grenzkurve (Horizykel)

Auch in dieser Geometrie zeigt ein Kreis, ebenso wie in der Euklidischen Geometrie, die üblichen Symmetrieeigenschaften und daher auch ein Bogenmaß, entsprechend dem Zentriwinkel. (Was fehlt, ist der Satz vom einbeschriebenen Winkel.) Die Mittelsenkrechten aller Sehnen schneiden sich im Kreismittelpunkt.

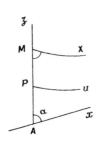

Wir werden nun eine Kurve konstruieren, für die die Mittelsenkrechten aller Sehnen parallel sind; dies ist eine Grenzkurve, in die ein Kreis übergeführt wird, wenn dessen Mittelpunkt auf einer Halbgeraden ins Unendliche rückt; eine solche Kurve nennt man Horizykel (oder Grenzkurve, — von Kreisen —, wie stillschweigend vorausgesetzt wird).

Es seien Ax und Az zwei Halbgeraden, die miteinander einen beliebigen *spitzen* Winkel α einschließen. Wir tragen auf Az die Strecke $AM = 2d$ ab, so daß $\varphi(d) = \alpha$. Dann liegt die Mittelsenkrechte Pu von Am parallel zu Ax und zu deren Parallelen MX.

Läßt man α alle spitzen Winkeln entsprechende Werte durchlaufen, so können wir zeigen, daß M die Ortslinie der gesuchten Kurve beschreibt, wenn wir folgenden Satz beweisen:

Theorem 4

Liegen in einem Dreieck zwei Mittelsenkrechte parallel, so ist auch die dritte zu diesen parallel.

Wie in der Euklidischen Geometrie gilt: Haben zwei Mittelsenkrechte einen Punkt gemeinsam, so geht auch die dritte Mittelsenkrechte durch diesen Punkt; sind mithin zwei Mittelsenkrechte $B'v$, $C'u$ eines Dreiecks ABC parallel, so werden diese von der dritten $A'X$ nicht getroffen. Ist sie auch zu diesen parallel?

$$\beta = \sphericalangle BAx = \sphericalangle ABX_1 = \varphi\left(\frac{AB}{2}\right), \quad \gamma = \sphericalangle CAx = \sphericalangle ACX_2 = \varphi\left(\frac{AC}{2}\right).$$

Figur erster Art

Ax liegt zwischen BX_1 und CX_2.
Diese Annahme kann man ausdrücken durch

$$A = \beta + \gamma = \varphi\left(\frac{AB}{2}\right) + \varphi\left(\frac{AC}{2}\right).$$

Es sei C jener der beiden Punkte B, C, der bezüglich Ax auf der Seite von A' liegt.
Dann schneidet $C'u$ die Strecke BC im Punkt K zwischen B und A'; jede von K innerhalb CKu ausgehende Halbgerade Kw schneidet $B'v$ in einem Punkt L. Die Gerade $A'X$, die $B'v$ nicht schneidet, kann jedoch die Seite CL des Dreiecks KCL und somit auch KL treffen. Daher trifft jede betrachtete Halbgerade Kw die Gerade $A'X$, also ist $A'X$ zu $C'u$ parallel.
Man hat mithin in diesem Fall

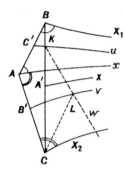

$$\alpha = \sphericalangle X_2CB = \sphericalangle X_1BC = \varphi\left(\frac{BC}{2}\right)$$

und

$$B = \beta - \alpha = \varphi\left(\frac{BA}{2}\right) - \varphi\left(\frac{BC}{2}\right), \quad C = \gamma - \alpha = \varphi\left(\frac{CA}{2}\right) - \varphi\left(\frac{BC}{2}\right).$$

Figur zweiter Art

Wir setzen nunmehr BX_1 zwischen Ax und CX_2 voraus.
Es sei weiter $\beta > \gamma$; dann haben wir

$$A = \beta - \gamma = \varphi\left(\frac{AB}{2}\right) - \varphi\left(\frac{AC}{2}\right).$$

Ist die Gerade $A'X$ nicht zu den Halbgeraden BX_1 und CX_2 parallel, so muß sie auf der Seite der von A' ausgehenden Parallelen liegen, wo sie weder $B'v$ noch $C'u$ trifft; dann trifft sie aber CX_2 in einem Punkt K, weswegen

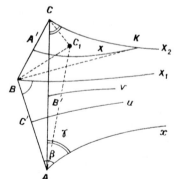

$$\sphericalangle BCX_2 > \varphi\left(\frac{BC}{2}\right) > \sphericalangle X_1BC,$$

und daher

$$B > \beta + \varphi\left(\frac{BC}{2}\right),$$

das heißt
$$B > \varphi\left(\frac{BA}{2}\right) + \varphi\left(\frac{BC}{2}\right).$$
Setzt man also
$$BC_1 = BC,$$
so daß
$$\angle ABC_1 = \varphi\left(\frac{BA}{2}\right) + \varphi\left(\frac{BC}{2}\right),$$
so ist das Dreieck ABC_1 eine Figur erster Art, weswegen
$$\angle BAC_1 = \varphi\left(\frac{AB}{2}\right) - \varphi\left(\frac{AC_1}{2}\right) > \beta - \gamma.$$
Es gilt jedoch
$$\varphi\left(\frac{AB}{2}\right) = \beta$$
und daher
$$\varphi\left(\frac{AC_1}{2}\right) < \gamma = \varphi\left(\frac{AC}{2}\right),$$
woraus folgt
$$AC_1 > AC.$$
Es ist jedoch $\angle BCC_1 = \angle BC_1C$ und daher $\angle AC_1C > \angle ACC_1$, woraus $AC_1 < AC$ folgt.
Dies ist ein Widerspruch. Daher muß $A'X$ den anderen Halbgeraden parallel sein, wodurch der Satz bewiesen ist.

Folgerung

Die Kurve besitzt in jedem Punkt eine auf MX senkrecht stehende Tangente.

Bogenmaß auf Grenzkurven (Horizyklen)

Wie in der Euklidischen Geometrie kann man Kreisbögen durch Gleiten zur Deckung bringen; man kann gleiche Bögen abtragen und ihr Bogenmaß bestimmen, das dem Zentriwinkel proportional ist. In der Euklidischen Geometrie gilt wegen der Ähnlichkeit sämtlicher Kreise, daß die Bogenlänge auf einem Kreisumfang dem Radius proportional ist; dies gilt jedoch in der Geometrie von *Lobatschewskij* nicht mehr. In dieser Geometrie ist die Betrachtung der Horizyklen einfacher, weil sie sich decken lassen und man 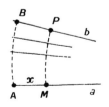 auf einem Horizykel einen Bogen abtragen kann, der einem Bogen auf einem anderen Horizykel gleich ist.

Betrachten wir zwei Bögen AB und MP solcher Grenzkurven (Horizykeln), die von denselben Normalen umschlossen werden. Ein Parallelensystem, das auf AB gleiche Bögen ausschneidet, schneidet auch auf MP gleiche Bögen aus, so daß das Verhältnis der Bögen MP und AB nur von der Länge der Strecke $AM = BP = x$ abhängen kann (diese Strecken sind aus Symmetriegründen gleich).

Da Aa gegeben ist, setzen wir $MP = s(x)$ und daher auch $AB = s(0)$. Tragen wir auf Aa im Sinne der Parallelenrichtung die gleichen Strecken

$$AM_1 = M_1 M_2 = \ldots = M_{n-1} M_n = a$$

ab, so haben wir

$$\frac{s(a)}{s(0)} = \frac{s(2a)}{s(a)} = \ldots = \frac{s(na)}{s[(n-1)a]},$$

woraus durch Multiplikation folgt

$$\frac{s(na)}{s(0)} = \left[\frac{s(a)}{s(0)}\right]^n.$$

Daher gilt für jedes ganzzahliges n

$$s(na) = s(0) \left[\frac{s(a)}{s(0)}\right]^n.$$

Setzen wir nun jedoch $pa = b$, wo p eine beliebige ganze Zahl ist, dann haben wir in entsprechender Weise

$$s(b) = s(0) \left[\frac{s\left(\frac{b}{p}\right)}{s(0)}\right]^p,$$

das heißt

$$s\left(\frac{b}{p}\right) = s(0) \left[\frac{s(b)}{s(0)}\right]^{\frac{1}{p}}.$$

Daraus erhält man bei beliebigem b und beliebigen ganzen Zahlen n und p für jeden rationalen Wert von $x = \frac{n}{p}$

$$s(bx) = s(0) \left[\frac{s(b)}{s(0)}\right]^x.$$

Aus Stetigkeitsgründen bleibt die Gültigkeit dieser Formel für jede beliebige reelle Zahl x erhalten. Wir wählen schließlich als willkürliche

Längeneinheit b und setzen
$$\frac{s(b)}{s(0)} = \frac{1}{k},$$
welche Zahl von der Längeneinheit b abhängt, von der bekannt ist, daß sie positiv und kleiner als 1 ist. Dann lautet die Formel
$$k > 1, \quad s(x) = s(0)k^{-x}.$$
Wir haben den Gedankengang bis hierher verfolgt, um zu zeigen, wie in die Geometrie von *Lobatschewskij* Potenzfunktionen eingeführt werden. Das bedeutet, daß Formeln auftreten, in denen das Maß einer Strecke als Exponent einer Potenz aufscheint, deren Basis eine Zahl ist, die von der gewählten Längeneinheit abhängt. Ändert man also diese, so ändert sich die Beziehung im entgegengesetzten Sinne, wie dies in der Euklidischen Geometrie stattfindet. (Wie wir bereits gezeigt haben, folgt die Homogenität der Formeln in dieser aus der Existenz ähnlicher Figuren.)

Bemerken wir, daß die soeben besprochene Figur $ABPM$ vier rechte Winkel aufweist; sie ersetzt das Rechteck der Euklidischen Geometrie. Räumliche geometrische Betrachtungen gestatten die Einführung trigonometrischer Funktionen (siehe etwa die „Pangeometrie" von *Lobatschewskij*). Man kann zeigen, daß die Fundamentalfunktion $\alpha = \varphi(d)$, durch die die Theorie der Parallelen eingeführt wird, der Bedingung
$$\cot \varphi(x) = \tfrac{1}{2}(k^x - k^{-x})$$
genügt, wobei k immer von der Wahl der Längeneinheit abhängt.

Strebt x gegen 0, so nähert sich $\varphi(x)$ dem Wert $\frac{\pi}{2}$: das bedeutet, daß sich die Geometrie von *Lobatschewskij im Kleinen* unbegrenzt der Euklidischen Geometrie annähert.

C. DAS POINCARÉ-MODELL FÜR DIE GEOMETRIE VON LOBATSCHEWSKIJ (in der Ebene)

Die eben unter B geführten Beweise sind mühsam und erscheinen künstlich. Dennoch lassen sie sich gut mit jenen der Euklidischen Geometrie vergleichen, die auf den Hilbert-Axiomen aufbauen, falls man anschauliche Tatsachen auf Grund der Figuren nicht zuläßt. Hier aber treten weiterhin Schwierigkeiten auf, und es fehlen uns die passenden Entsprechungen. Wir sind im bisherigen der Darstellung von *Lobatschewskij* (1793/1856) gefolgt, dem damals der Begriff der Transformationsgruppe noch fehlte. Erst die Verwendung des Gruppenbegriffes macht das von *Henri Poincaré* angegebene Modell für diese Geometrie so einfach und leicht durchschaubar.

Ein *Modell* ist ein System von Bildern der Elemente der betreffenden Theorie, in dem auch jede Beziehung der Theorie ein Bild findet. Das Modell kann darüber hinaus noch Strukturen aufweisen, die für eine nur der Theorie eigentümliche Untersuchung nicht zu betrachten sind. Wir werden im folgenden ein Modell angeben, das in die Euklidische metrische Geometrie eingebettet ist; wir werden auch diese Geometrie zur Führung von (nicht eigentümlichen) Beweisen verwenden, ähnlich wie wir auch affine Beziehungen dazu verwendet haben, Sätze der projektiven Geometrie zu beweisen. Wir werden durch eine unterschiedliche Schreibweise ausdrücken, ob wir eine Figur als der Euklidischen Geometrie angehörig betrachten oder *nicht*.

a) In einer Ebene bestimmt eine Gerade (X) zwei Gebiete (e) und (e'). Eines derselben, etwa (e), stelle den Raum (E) unserer Geometrie dar. Die Fundamentalgruppe sei die der Gruppe der Produkte solcher Inversionen, deren Pol auf X liegt und deren Potenz positiv ist. Der Bogen des Inversionskreises, der in (e) enthalten ist, sei *Gerade* genannt, und die Inversion soll *Spiegelung* an dieser *Geraden* heißen. Um den Satz: „Zwei Punkte bestimmen eine und nur eine *Gerade*", aussprechen zu können, müssen wir als spezielle *Geraden* die Geraden (D_0) zulassen, die auf X, Achse einer *Spiegelung*, die eine übliche Spiegelung ist, senkrecht stehen.

In Übereinstimmung mit diesem Standpunkt der kreistreuen Abbildungen behalten wir den Begriff des Winkels aus der Euklidischen Geometrie bei.

Man sieht sofort, daß zwei *Geraden* sich entweder in einem Punkt schneiden, keinen gemeinsamen Punkt haben oder einen solchen J auf (X) haben, wo sie den Winkel null einschließen: zwei derartige *Geraden* heißen dann *parallel* in Richtung J. Dies ist eine Äquivalenzrelation. Das Theorem 2 der Geometrie von Lobatschewskij wird genau erfüllt.

Durch jeden Punkt A gehen zwei *Parallelen* zu einer gegebenen *Geraden* (D); sie schließen einen bestimmten Winkel ein und trennen die Mengen jener *Geraden* durch A, die (D) schneiden, von denen, die (D) nicht schneiden.

Die Punkte, wo (D) die Gerade (X) schneidet, heißen *unendlichferne Punkte* von (D). Um sagen zu können, daß jede *Gerade* zwei *unendlichferne* Punkte hat, muß man wegen der speziellen *Geraden* (D_0) der Geraden (X) einen unendlichfernen Punkt hinzufügen, der außerdem auch *unendlichfern* ist.

Daraus folgt sofort, daß in dieser Geometrie die Winkelsumme im *Dreieck* kleiner als zwei Rechte ist.

Die *Mittelsenkrechte* einer *Strecke* bildet die Achse einer *Spiegelung*, die die Endpunkte der Strecke vertauscht.

Prüfen wir nun das Theorem 4: Ein *Dreieck ABC*, dessen *Mittelsenkrechten* D_{AB} und D_{AC} in Richtung *J* parallel sind, ist in der Euklidischen Ebene ein Dreieck, das einem Kreis eingeschrieben ist, der (*X*) in *J* berührt und daher ist auch die dritte *Mittelsenkrechte* den beiden anderen in Richtung von *J* parallel.
Wir erkennen, daß die *Grenzkreise* die (*X*) berührenden Kreise sind; sie haben mithin einen *unendlichfernen* Punkt.

b) Für die Gültigkeit des Modells ist noch der Begriff der Entfernung zweier Punkte einzuführen.
Sind zwei Punktepaare *A*, *B*, und *A'*, *B'* bei einer *Spiegelung* homolog, so müssen wir sie offensichtlich als *äquidistant* bezeichnen; dafür schreiben wir $AB \stackrel{*}{=} A'B'$. Da aber die *Spiegelungen* keine Gruppe bilden, müssen wir zeigen, daß unsere Beziehung auch sicher eine Äquivalenzrelation darstellt, da dies keineswegs evident ist.
Führen wir die *Kreise* ein. Die Ortslinie aller Punkte *M* mit $AM \stackrel{*}{=} AB$ ist der Kreis durch *B*, der dem Büschel angehört, dessen Grenzpunkte *A* und der bezüglich *X* zu *A* symmetrisch liegende Punkt α sind. Dieser liegt also in (*e'*), weil die durch *A* verlaufenden *Geraden* die durch *A* und α gehenden Kreise sind. Wir nennen ihn den *Kreis* mit dem *Zentrum* *A*, der durch *B* geht.
Wir bemerken weiter, daß zwei homologe *Kreise* bei einer *Spiegelung* bezüglich einer Geraden (*D*) in der Euklidischen Ebene zwei Kreisen entsprechen, die durch zentrische Streckung mit dem Mittelpunkt des Kreises (*D*) als Zentrum ineinander übergehen, und daß die *Mittelpunkte* dieser *Kreise* bei dieser Streckung homolog sind. Umgekehrt wird durch diese zentrische Streckung dieser *Kreise* und ihrer *Mittelpunkte* die *Spiegelung* gewährleistet, und daher gilt die *Gleichheit* der *Radien*. Andererseits bilden jedoch alle zentrischen Streckungen, deren Zentrum auf (*X*) liegt und deren Faktor positiv ist, eine Gruppe. Dadurch ist die *Transitivität* der Beziehung $\stackrel{*}{=}$ sichergestellt.
Da die *Reziprozität*

$$[AB \stackrel{*}{=} A'B'] \quad \Rightarrow \quad [A'B' \stackrel{*}{=} AB]$$

evident ist, ist noch die *Symmetrie*

$$AB \stackrel{*}{=} BA$$

zu zeigen. Betrachten wir also zwei *Kreise*, etwa (*a*) mit dem Zentrum *A*, der durch *B* verläuft, und (*b*) durch *A* mit dem *Zentrum B*. In der Euklidischen Ebene schneidet die Gerade *AB* dann *X* in *S* und die Kreise in *B'* bzw. *A'*. Die Beziehungen

$$SA^2 = SB \cdot SB' \quad \text{und} \quad SB^2 = SA \cdot SA'$$

liefern
$$\frac{SA}{SB'} = \frac{SB}{SA} = \frac{SA'}{SB},$$
wodurch bewiesen wird, daß die zentrische Streckung mit dem Zentrum S und dem Streckungsfaktor $\frac{SB}{SA}$, die das Kreisbüschel mit den Grenzpunkten A und α in das Büschel mit Grenzpunkten B und β überführt, auch (a) in (b) überführt. Mithin haben beide *Kreise gleiche* Radien.

c) Nun können wir auf einer *Halbgeraden AJ*, ausgehend von einer *Strecke AB*, immer in derselben Richtung *gleiche Strecken* abtragen:
$$AB \stackrel{*}{=} BM_1 \stackrel{*}{=} M_1M_2 \stackrel{*}{=} \ldots$$
Dann erhält man zwischen A und J unendlich viele Punkte M. Der Punkt M strebt in dem Sinne gegen J, daß er schließlich bezüglich jeder *Geraden* auf derselben Seite wie J liegt. Eine solche *Gerade* ist mithin archimedisch. Zwischen ihren Punkten existiert eine Ordnungsrelation, und wenn B zwischen A und C liegt, so hat man $AC \stackrel{*}{=} AB + BC$; dies ergibt sich aus der einleuchtenden Definition der mit $\stackrel{*}{+}$ bezeichneten Addition.

Es ist noch die *Dreiecksungleichung* zu beweisen. (Man bemerke, daß das Pasch-Axiom befriedigt wird.)

Es sei ein *Kreis* (a) mit dem *Zentrum A* und ein Punkt B gegeben. Die *Kreise* mit dem Zentrum B sind ebenso wie (a) jeder als Ganzes bei der *Spiegelung* in bezug auf die *Gerade* invariant, die durch A und B verläuft. Diese *Gerade* (D) schneidet (a) in den Punkten P und Q, die gleichzeitig die Berührpunkte der *Kreise mit dem Zentrum B* sind, die (a) berühren. Wir setzen B außerhalb (a) voraus, das heißt $AB \succ AP \stackrel{*}{=} AQ$. Der *Radius* der *Kreise* mit dem Mittelpunkt B, die (a) in einem Punkt M schneiden, liegt zwischen BQ und BP. Liegt P zwischen A und B, so haben wir
$$BP \prec BM \prec BQ;$$
andererseits gilt jedoch
$$BP \stackrel{*}{=} AB \stackrel{*}{-} AP \quad \text{und} \quad BQ \stackrel{*}{=} BA \stackrel{*}{+} AQ$$
und daher
$$BA \stackrel{*}{-} AM \prec BM \prec BA \stackrel{*}{+} AM,$$
was genau die gesuchte Dreiecksungleichung darstellt.

d) Eine *eigentliche* oder *uneigentliche Bewegung* ist ein Produkt von *Spiegelungen*. Man kann ohne Schwierigkeiten die *Kongruenz* von *Dreiecken* beweisen. Damit haben wir nun alle notwendigen Elemente,

um die Lobatschewskij-Geometrie auf unser Modell zu übertragen; damit können wir insbesondere jene Aussagen verfolgen, die sich auf das Bogenmaß im Horizykel bezieht.
Am Beispiel des Theorems 4 kann man deutlich zeigen, wie dieses neue Modell viel handlicher für die Beweisführung als das alte ist. Für unsere Auffassung vom Raum als Modell der physikalischen Welt ist allerdings jenes von *Lobatschewskij* das einzig interessierende.
Rufen wir uns zum Vergleich mit der Geometrie, die wir im folgenden behandeln werden, ins Gedächtnis zurück, daß eine fundamentale Länge eingeht: jene, die wir als Längeneinheit gewählt haben.

D. DIE SPHÄRISCHE GEOMETRIE ALS MODELL EINER RIEMANN-GEOMETRIE

Wir werden nun eine zweidimensionale Geometrie studieren, von der die sphärische Geometrie des dreidimensionalen Euklidischen Raumes ein Modell darstellt, in der die Großkreise die Rolle der Geraden übernehmen. Von dieser Geometrie können auch ebene Modelle angegeben werden, etwa mittels einer stereographischen Projektion (einer Inversion, deren Pol auf der Kugel liegt). Wir werden die wichtigsten Eigenschaften angeben, unter denen wir ein System von charakteristischen Axiomen auswählen müssen, wenn wir diese Geometrie in einer unabhängigen Weise konstruieren wollen.
Wir bezeichnen unseren zweidimensionalen Raum mit (E) und das sphärische Modell im dreidimensionalen Euklidischen Raum $\mathfrak{R}^3$ mit (S). Es ist (S) dann die Menge aller Punkte, die bezüglich eines Zentrums O durch $OM = R$ definiert sind, wobei diese Strecke R als absolute Länge von (E) in unsere Betrachtungen eingeht. Darüber hinaus führen wir noch die Strecke $L = \pi R$ ein. Ebenso wie (S) ist auch (E) orientierbar.

I. GERADEN

Als *Geraden* in (E) bezeichnen wir jene Punktmengen, die auf die Großkreise von (S) abgebildet werden; diese sind mithin die Spuren auf (S) der Ebenen durch den Kugelmittelpunkt O, wobei auf ihnen die Metrik von (S) erhalten bleibt, ebenso wie der Begriff der Kongruenz von Figuren.
Alle diese Geraden sind untereinander kongruent und lassen sich durch Bewegen ineinander überführen; sie teilen den Raum E in zwei konvexe Gebiete; die Eigenschaften, die zu Beginn dieses Kapitels [S. 475] angegeben wurden, treffen jedoch nicht mehr zu:

1. *Zwei Geraden schneiden sich immer in zwei Punkten*, die wir als einander „zugeordnet" bezeichnen; ihre Bilder liegen auf (S) diametral

gegenüber. Es sei A, A' ein solches Punktepaar; dann gehen durch dieses Punktepaar unendlich viele Geraden, da jede Gerade durch A auch durch A' geht. Man muß also genauer sagen: Durch zwei *nicht einander zugeordnete* Punkte verläuft eine und nur eine Gerade.

2. Eine Gerade ist nicht mehr die „reelle Gerade", die durch $AM = x\,AB$ definiert ist, wobei x die Menge der reellen Zahlen durchläuft; die nunmehr eingeführte Metrik bringt es mit sich, daß eine Gerade durch eine geschlossene Kurve der Länge $2L$ dargestellt wird; ein Punkt der Geraden wird daher auf dieser, sofern darauf eine Orientierung und ein Ursprung A angegeben sind, in eineindeutiger Zuordnung mit einer Restklasse der Kongruenz modulo $2L$ stehen. Will man die Vorstellung der unbegrenzten Geraden aufrechterhalten, so muß man sich mit der Annahme helfen, daß sich die Gerade unendlich oft in beiden Richtungen überdeckt. Das Modell von E wäre dann eine Kugel, die von unendlich vielen Blättern überdeckt ist, deren Zusammenhangsverhältnisse man angeben muß. Derartige Räume sind von *Riemann* eingeführt worden, wir gehen aber hier nicht näher darauf ein.

Da die Geraden nicht unbegrenzt sind und sich immer schneiden, entfällt die Frage nach den Parallelen. Deswegen bestehen keine Schwierigkeiten, eine *Geometrie im Kleinen* aufzustellen, indem man vermeidet, in einer Figur gleichzeitig einen Punkt und den diesem zugeordneten zu verwenden; solche Punktepaare treten erst dann auf, wenn man mehrere Figuren von (E) vereinigt, oder wenn man seine Überlegungen im Raum $\mathfrak{R}^3$ anstellt. Wegen dieser Beschränkung bleiben die Eigenschaften [$A(b$ und $c)$, S. 476] erhalten, insbesondere die Existenz und Eindeutigkeit des von einem Punkt auf eine Gerade gefällten Lotes; aus diesem grundlegenden Satz folgt die Notwendigkeit, jeder Geraden das Paar ihrer Pole zuzuordnen: Sind A, A' die Punkte des Polpaares einer Geraden a, so steht jede mit A und A' inzidierende Gerade auf a senkrecht; ihre Pole liegen auf a.

Die Gerade erscheint mithin als Grenzfall des Kreises, wenn dessen Radius, der immer kleiner als $\dfrac{L}{2}$ vorausgesetzt wird, gegen $\dfrac{L}{2}$ strebt.

II. Dreiecke

a) Definition

Zwei Geraden unterteilen (E) in vier Gebiete, die man als *Zweiseite* bezeichnet und die zwei gleiche Seiten L und zwei gleiche Winkel haben. Drei Geraden unterteilen (E) in acht Gebiete (und nicht in sieben wie in der Euklidischen Geometrie). Jedes Gebiet heißt *Dreieck* von E. In S handelt es sich dabei um die Spurfigur eines Dreiflachs im $\mathfrak{R}^3$.

Die Seiten eines solchen Dreiecks sind Strecken, deren Länge kleiner als L ist (das sind die Bögen, die von den Flächen des Dreiflachs ausgeschnitten werden). Die Winkel in diesem Dreieck liegen zwischen 0 und π (gemessen als Flächenwinkel des Dreiflachs). Auch hier gelten die üblichen Fälle der Kongruenz von Dreiecken.
Sind a, b, c, und A, B, C die Stücke eines Dreiecks ABC, so haben die von denselben Ebenen ausgeschnittenen Dreiecke, die einander paarweise kongruent sind, die Stücke

$$\begin{bmatrix} a, b, c \\ A, B, C \end{bmatrix} \quad \begin{bmatrix} a, L-b, L-c \\ A, \pi-B, \pi-C \end{bmatrix} \quad \begin{bmatrix} L-a, b, L-c \\ \pi-A, \pi-B, C \end{bmatrix} \quad \begin{bmatrix} L-a, L-b, c \\ \pi-A, \pi-B, C \end{bmatrix}.$$

Die Symmetrie zwischen den Längen der Dreiecksseiten und den Winkeln läßt sich erklären, wenn wir diesen acht Dreiecken acht neue Dreiecke zuordnen, die durch die Polpaare jener Geraden gebildet werden, aus denen die gegebenen Dreiecke bestehen. Es sei $A_1 A_1'$ das Polpaar von BC. Heben wir A_1 heraus, der in demselben Halbraum wie A liegt: dann gilt, daß $AA_1 < \dfrac{L}{2}$ ist. In entsprechender Weise definieren wir B_1 (als unterschieden von B_1') und C_1. Die Ungleichungen $BB_1 < \dfrac{L}{2}$ und $CC_1 < \dfrac{L}{2}$ bedingen, daß A auf derselben Seite von $B_1 C_1$ wie A_1 liegt; entsprechendes gilt für B und C; da nun A, B, C sicher die Pole der Seiten von $A_1 B_1 C_1$ sind, so kann man schließen, daß die Beziehung zwischen den Dreiecken ABC und $A_1 B_1 C_1$ reziprok ist. Diese Dreiecke bilden ein *Paar von Polar-Dreiecken*. In der Geometrie im $\Re^3$ finden wir die Stücke des Polar-Dreiecks $A_1 B_1 C_1$ von ABC zu

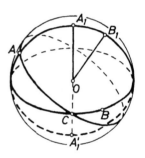

$$a_1 = L\left(1 - \frac{A}{\pi}\right), \quad b_1 = L\left(1 - \frac{B}{\pi}\right), \quad c_1 = L\left(1 - \frac{C}{\pi}\right),$$

und daher gilt auch

$$A_1 = \pi\left(1 - \frac{a}{L}\right), \quad B_1 = \pi\left(1 - \frac{b}{L}\right), \quad C_1 = \pi\left(1 - \frac{c}{L}\right).$$

Da die Kongruenz zweier Dreiecke äquivalent mit der Kongruenz ihrer Polar-Dreiecke ist, so folgt aus dem dritten Kongruenzfall (Gleichheit der Seiten) für die Polar-Dreiecke in (E) ein *weiterer Kongruenzfall*:

zwei Dreiecke sind dann kongruent, wenn sie in allen drei Winkeln übereinstimmen.

b) Ungleichungen zwischen den Elementen eines Dreiecks

Die notwendigen und hinreichenden Bedingungen dafür, daß drei Strecken a, b, c sämtlich kleiner als L die Seiten eines Dreiecks bilden, erhält man, indem man die Schnittbeziehungen zweier Kreise diskutiert. Es sei $BC = a$ die längste Seite. Dann schneiden sich die Kreise mit den Zentren B und C und den Radien c und b unter den gegebenen Bedingungen der Gebietseinteilung auf E und wegen der Konvexität der Kreise, wenn
$$a < b+c < 2L-a$$
(Gleichheitszeichen würden die Kollinearität der Punkte bedeuten). Daraus folgen dieselben Ungleichungen, wenn a nicht die längste Seite ist.

Die erste dieser Ungleichungen ist die *Dreiecksungleichung*; aus ihr folgt die Berechtigung des gewählten *Entfernungsbegriffes* zweier Punkte. Wendet man diese Ungleichungen auf das Polar-Dreieck an, so kann man die Winkelbeziehungen herleiten: $\pi - A < B + C < \pi + A$, insbesondere $A + B + C > \pi$.

c) Flächeninhalt des Dreiecks

Wir haben im vorhergehenden erkannt, daß die Winkelsumme im Dreieck größer als zwei Rechte ist, im Gegensatz zu dem, was in der Geometrie von *Lobatschewskij* gilt. Greifen wir auf den damals geführten Beweis zurück, so stellen wir fest, daß der Beweis für den Satz über den von der Seitenhalbierenden gebildeten Außenwinkel bestehen bleibt, allerdings nur unter der Bedingung, daß der Punkt D in dem passenden Gebiet verbleibt, wozu die Seitenhalbierende AM kleiner als $\frac{L}{2}$ sein muß. Diese Beschränkung macht es unmöglich, daraus eine Folgerung bezüglich der Existenz von Geraden ohne gemeinsamen Punkt zu ziehen (von deren Unmöglichkeit wir überzeugt sind). Dabei wurde bei der unter **b)** geführten Untersuchung verlangt, daß die Gerade unbegrenzt ist.

Die Differenz $\delta = A + B + C - \pi$ nennt man den *Exzess des Dreiecks*. Genau so wie für den Defekt in der Lobatschewskij-Geometrie gilt auch hier, daß der Exzess der Vereinigung von zwei aneinanderstoßenden Dreiecken gleich der Summe der Exzesse der einzelnen Dreiecke ist, so daß *der Flächeninhalt dem Exzess proportional ist*. Nun wissen wir aber aus der sphärischen Geometrie im $\mathfrak{R}^3$, daß *die Gesamtfläche des Raumes* (E) *endlich ist* und $4\pi R^2 = \dfrac{4L^2}{\pi}$ beträgt. (E)

wird jedoch von acht Dreiecken überdeckt, deren Eckpunkte A, B, C und die diesen zugeordneten Punkte sind; die totale Winkelsumme in diesen Dreiecken ist gleich 12π, und daher ist die Summe sämtlicher Exzesse gleich

$$12\pi - 8\pi = 4\pi.$$

Damit ist der Proportionalitätsfaktor bestimmt; die Fläche des Dreiecks ABC beträgt

$$\frac{L^2}{\pi^2}(A+B+C-\pi) \quad \text{(\textit{Formel von d'Albert Girard}, um 1620).}$$

Folgerung:

Satz von Lexell (gegen 1770). Sind zwei Eckpunkte B, C eines Dreiecks gegeben, so kann man die Ortslinie des dritten Eckpunktes A angeben, für den die Fläche des Dreiecks konstant bleibt.
Beweisen wir zunächst den folgenden Hilfssatz:
Der Bogen BAC des einem Dreieck ABC umschriebenen Dreiecks ist zusammen mit dem bezüglich BC symmetrisch liegenden Bogen der geometrische Ort der Punkte M, so daß

$$B+C-M = B+C-A = 2\alpha \quad (\alpha > 0 \quad \text{oder} \quad \alpha < 0).$$

Diesen Satz beweist man wie in der Euklidischen Geometrie mit Hilfe der Basiswinkel von gleichschenkligen Dreiecken. Durch den Winkel α wird der Mittelpunkt ω des umschriebenen Kreises bestimmt (dessen Radius in (E) kleiner als L ist).
Es seien mithin die Punkte A, B, C gegeben; dann ist der Exzess bestimmt durch

$$\delta = A+B+C-\pi.$$

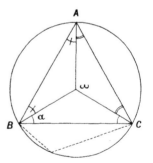

Daraus leitet man für das Dreieck $AB'C'$ (wobei B' und C' den Punkten B und C zugeordnet sind) ab, daß

$$B'+C'-A = \pi - \delta.$$

Die Ortslinie von A besteht mithin aus *zwei Kreisbögen*, die durch B' und C' gehen. (Man bemerke, daß der Flächeninhalt unbestimmt ist, wenn A in B' oder C' liegt.)

d) Trigonometrische Formeln

Wir haben früher die Fundamentalformel der Trigonometrie aus der Anwendung des skalaren Produktes zweier Vektoren (Teil I, Kap. V) hergeleitet. Jetzt müssen wir dafür

$$\cos \frac{\pi a}{L} = \cos \frac{\pi b}{L} \cos \frac{\pi c}{L} + \sin \frac{\pi b}{L} \sin \frac{\pi c}{L} \cos A \qquad (1)$$

schreiben, und, wenn wir zum polaren Gebilde übergehen,

$$\cos A = -\cos B \cos C + \sin B \sin C \cos \frac{\pi a}{L}. \qquad (2)$$

Durch Rechnung kann man daraus gewinnen

$$\frac{\sin \frac{\pi a}{L}}{\sin A} = \frac{\sin \frac{\pi b}{L}}{\sin B} = \frac{\sin \frac{\pi c}{L}}{\sin C}. \qquad (3)$$

Für Dreiecke im Kleinen gilt

$$\cos \frac{\pi a}{L} \approx 1 - \frac{\pi^2 a^2}{L^2}, \quad \sin \frac{\pi a}{L} \approx \frac{\pi a}{L}, \quad \frac{\pi^2 b^2}{L^2} \cdot \frac{\pi^2 c^2}{L^2} \approx 0.$$

(1) und (3) liefern mithin

$$a^2 \approx b^2 + c^2 - 2bc \cos A$$

$$\frac{a}{\sin A} \approx \frac{b}{\sin B} \approx \frac{c}{\sin C}.$$

Für (2) erhalten wir

$$-\cos A = \cos(B+C) + \sin B \sin C \left[1 - \cos \frac{\pi a}{L}\right] \approx \cos(B+C),$$

woraus für zwischen 0 und π liegende Winkel

$$A + B + C \approx \pi.$$

folgt. *Die betrachtete Geometrie ist im Kleinen der Euklidischen Geometrie äquivalent.*
Wir haben nun verschiedene Geometrien behandelt, die sich ähneln. Dabei sind wir stets von solchen Fundamentalfiguren ausgegangen, die als Ganzes definiert sind, wie etwa Geraden. Bestimmte Geometrien, die metrisch sind, sind im Kleinen auch der Euklidischen Geometrie äquivalent. Insbesondere gilt für zwei eng benachbarte Punkte A und B, daß $(\overline{AB})^2$ durch den Satz des *Pythagoras* ausgedrückt werden kann, wenn man ein geeignetes Koordinatensystem einführt.
Im Gegensatz dazu ging *Riemann* beim Aufbau seiner Geometrie von diesem Schluß aus.

Er konstruierte Geometrien, indem er von einer lokal definierten Metrik ausging und diese mit Hilfe der Integralrechnung auf sehr unterschiedliche Räume ausdehnte. Einige dieser Geometrien haben in der mathematischen Darstellung der Allgemeinen Relativitätstheorie und in den Theorien der modernen Physik Anwendung gefunden. Ihre Betrachtung interessiert uns hier jedoch nur insofern, um die Besonderheiten der Euklidischen Geometrie zu verstehen.

Dritter Abschnitt

DIE KEGELSCHNITTE

Nach den Geraden und Kreisen sind die bemerkenswertesten Kurven in der ebenen Geometrie die Kegelschnitte. Ihre Untersuchung bietet die verschiedensten Gesichtspunkte und verwendet sämtliche im vorhergehenden behandelten Theorien. Für uns ist sie ein Anwendungsgebiet.

A. DEFINITION AM DREHKEGEL

In geschichtlicher Sicht bezeichnen wir als *Kegelschnitte jeden ebenen Schnitt eines Drehkegels.* Verläuft die Ebene durch die Spitze des Kegels, so entartet der Kegelschnitt in einen Punkt, in zwei Geraden oder in eine Doppelgerade (im Fall, daß die Ebene den Drehkegel berührt). Ein Drehkegel (S) wird durch seine Spitze S, die Achse z und den spitzen Winkel α definiert, der von der Achse z und den Erzeugenden G eingeschlossen wird. Oft betrachten wir den Kegel auch als einer Kugel umschrieben.
Die Schnittebene Π wird durch eine frei wählbare Gerade und durch den spitzen Winkel β definiert, den sie mit einer zur Achse Sz senkrecht stehenden Ebene einschließt. (Dieser Winkel wird als Absolutwert angegeben, seine Orientierung wird jedoch als ein- für allemal festgelegt angesehen.)
Die Schnittkurve (C) ist als Ortslinie der Punkte M definiert, in denen eine Erzeugende G die Ebene Π schneidet. Unser Ziel ist hier, diese Kurve durch metrische Relationen zu definieren.

1. Die Ebene Π ist durch die Schnittgerade δ_0 mit der Ebene p_0 bestimmt, die senkrecht zur Achse z durch S gelegt wird.
Projiziert man M in n_0 auf p_0 und in h_0 auf δ_0, dann erscheinen dadurch zwei Ebenen zMn_0 und Mh_0n_0. Schreiben wir die zugehörigen Definitionen nieder:

$$\left. \begin{array}{lcl} M \in (S) & \Leftrightarrow & \dfrac{Mn_0}{MS} = \cos\alpha \\[4pt] M \in (\Pi) & \Leftrightarrow & \dfrac{Mn_0}{Mh_0} = \sin\beta \end{array} \right\} \, ; \quad M \in (C) \Leftrightarrow \begin{cases} M \in \Pi \\ \dfrac{MS}{Mh_0} = \dfrac{\sin\beta}{\cos\alpha} \end{cases}.$$

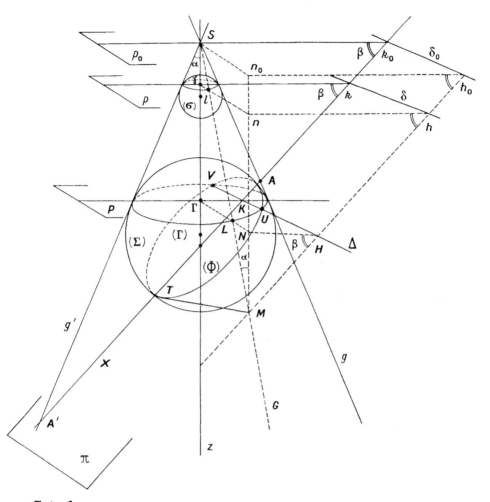

Satz 1

Der Kegelschnitt (C) ist die Ortslinie aller Punkte der Ebene Π, deren Abstände von der Spitze und der Geraden δ_0 ein konstantes Verhältnis haben, das gleich $\dfrac{\sin \beta}{\cos \alpha} = e$ ist (Exzentrizität des Kegelschnittes).

2. Eine Kugel (σ), die dem Kegel einbeschrieben wird, berührt den Kegel entlang eines Kreises (γ) in der Ebene p. Diese schneidet Π in δ. Die Erzeugende G ist dann eine Tangente an die Kugel in l (auf γn).

$$M \in (S) \Leftrightarrow \frac{Mn}{Ml} = \cos \alpha$$
$$M \in (\Pi) \Leftrightarrow \frac{Mn}{Mh} = \sin \beta$$
$; M \in (C) \Leftrightarrow \begin{cases} M \in \Pi \\ \dfrac{Ml}{Mh} = \dfrac{\sin \beta}{\cos \alpha} = e \end{cases}$

Satz 2

Der Kegelschnitt (C) ist die Ortslinie der Punkte der Ebene Π, für die das Verhältnis ihrer Entfernung von den Berührpunkten der von ihnen an die Kugel σ gelegten Tangenten zum Abstand von der Geraden δ konstant und gleich e ist.

3. Unter den dem Kegel einbeschriebenen Kugeln gibt es solche, die die Ebene Π schneiden. Eine dieser Kugeln, (Σ), schneide Π entlang eines Kreises (Φ). Dann existieren zwei durch M gelegte Tangenten an die Kugel, die in der Ebene Π liegen.

Satz 3

In der Schnittebene ist der Kegelschnitt die Ortslinie der Punkte, für die das Verhältnis ihrer Entfernung von den Berührpunkten der von ihnen an den Kreis (Φ) gelegten Tangenten zum Abstand von der Geraden Δ konstant und gleich e ist.

Die Gerade wird zur Geraden UV, wenn sich die Kreise (Γ) und (Φ) der Kugel in zwei Punkten U und V schneiden; dann geht auch der Kegelschnitt durch diese Punkte und berührt den Kreis (Φ) in diesen Punkten.

In allen diesen Fällen heißt der Kreis (Φ) ein *Brennpunktkreis* des Kegelschnitts, und Δ ist die *zugeordnete Leitlinie*.

4. Die Menge der dem Kegel einbeschriebenen Kugeln erhält man, indem man eine derselben einer zentrischen Streckung mit dem Zentrum S und variablem Streckungsfaktor unterwirft. Um die Existenz des

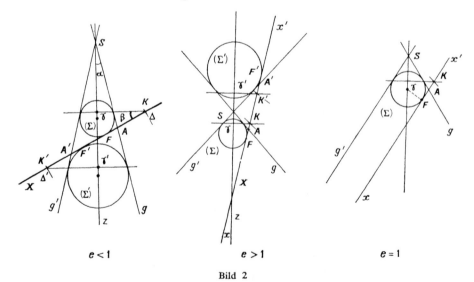

Bild 2

Schnittkreises (Φ) diskutieren zu können, betrachten wir den Schnitt der Figur mit deren Symmetrieebene, die durch Sz und ihre Projektion X auf die Ebene Π bestimmt ist. Dann wird der Kegel entlang zweier Erzeugender g und g' und die Ebene Π entlang der Geraden X geschnitten. Diese schneidet g und g' in zwei Punkten A, A' des Kegelschnittes. Diese Punkte, die als Schnittpunkte der Kurve mit einer Symmetrieachse erscheinen, heißen *Scheitel*.

Eine einbeschriebene Kugel schneidet die Ebene Π oder nicht, je nachdem der Großkreis der Kugel in der Figurenebene X schneidet oder nicht. Im allgemeinen Fall treten zwei ausgezeichnete Kugeln auf, die die Ebene Π berühren: Ihr betrachteter Großkreis berührt die Seiten des Dreiecks SAA'.

$$\begin{array}{l} 1)\ \beta < \dfrac{\pi}{2} - \alpha,\ \text{das heißt}\ e < 1 \quad \left[\begin{array}{l}\text{Ein einbeschriebener Kreis}\\ \text{Ein Ankreis in } \measuredangle\ S\end{array}\right.\\[2ex] 2)\ \beta > \dfrac{\pi}{2} - \alpha,\ \text{das heißt}\ e > 1 \quad [\text{Zwei Ankreise in } \measuredangle\ A \text{ und } \measuredangle\ A'\\[2ex] 3)\ \beta = \dfrac{\pi}{2} - \alpha,\ \text{das heißt}\ e = 1 \quad \left[\begin{array}{l}\text{Die Gerade } X \text{ ist (zum Beispiel)}\\ \text{parallel zu } g'; \text{ein einziger Kreis.}\end{array}\right.\end{array}$$

Es existiert mindestens eine Kugel, die die Ebene π berührt. Der Berührpunkt F heißt *Brennpunkt* des Kegelschnittes; er ist einer Leitlinie Δ zugeordnet. Nun berührt MF die Kugel; die Länge dieser Strecke ist der im allgemeinen Satz erwähnte Abstand vom Berührpunkt, woraus sich der spezielle Satz ergibt:

Satz 4

In der Schnittebene ist der Kegelschnitt die Ortslinie der Punkte, deren Abstandsverhältnis von dem Punkt F und der Geraden Δ konstant und gleich e ist.

5. Im Fall $e = 1$ tritt nur ein Paar (F, Δ) zur Bestimmung des Kegelschnitts auf; dieser heißt *Parabel*. Ihre Projektion auf die Symmetrieebene

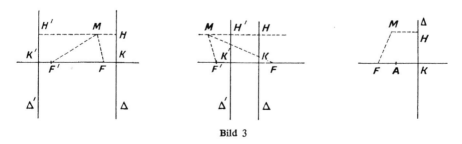

Bild 3

ist die Halbgerade Ax, die F enthält, und daher wird die Kurve von einem Zweig gebildet, der sich ins Unendliche erstreckt.
Im Fall $e < 1$ projiziert sich die Kurve auf die Strecke AA'; dann ist die Kurve ein Oval, das vollständig zwischen den parallelen Leitlinien Δ und Δ' eingeschlossen ist. Man nennt sie *Ellipse*.
Im Fall $e > 1$ projiziert sich die Kurve entlang der beiden Halbgeraden Ax, $A'x'$; sie besteht aus zwei Ästen, die sich beide ins Unendliche erstrecken; sie heißt *Hyperbel*.
Im Fall $e \neq 1$ betrachten wir gleichzeitig die beiden charakteristischen Beziehungen

$$\frac{MF}{MH} = e, \qquad (4)$$

$$\frac{MF'}{MH'} = e. \qquad (4')$$

Der Abstand zwischen den Parellelen Δ und Δ' ist bei den Kegelschnitten eine Konstante:

$$\begin{array}{l} HH' = MH + MH' \text{ für die Ellipse und daher } MF + MF' = e \cdot HH' \quad (5) \\ HH' = |MH - MH'| \text{ für die Hyperbel und daher} \\ \qquad\qquad\qquad\qquad\qquad |MF - MF'| = e \cdot HH' \quad (5') \end{array}$$

Die Konstante in diesen Beziehungen schreibt man $2a = e \cdot HH'$. Daraus folgt der

Satz 5

In ihrer Ebene ist die Ellipse jene Punktmenge, deren Entfernungssumme von F und F' gleich $2a$ ist.
In ihrer Ebene ist die Hyperbel jene Punktmenge, deren Entfernungsdifferenz von F und F' gleich $2a$ ist. Jeder Ast entspricht einem der beiden Vorzeichen von $MF - MF'$.
Wir benötigen hier eine Umkehrung, um schließen zu können, daß diese Kurve die Ortslinie ist, wie sie durch (5) oder (5') definiert wird, da es nicht sicher ist, ob (4) oder (4') eine Folgerung aus (5) oder (5') ist.
Eine bejahende Antwort leitet sich aus der Form der durch 4) und 5) definierten Kurven ab; es folgt unmittelbar daraus, daß die erste nicht einfach ein Teil der zweiten sein kann. Vollständige Sicherheit, daß die Bedingungen 4) und 5) untereinander äquivalent sind, erhalten wir jedoch erst, wenn wir die Gleichungen dieser Kurven aufstellen.
Bemerken wir überdies, daß man zu einem noch allgemeineren Satz gelangt, wenn man zwei Brennpunktkreise (φ) und (φ') betrachtet. Da der

Verlauf der Kurve in bezug auf die beiden Leitlinien nicht mehr offensichtlich ist, begnügen wir uns mit der nicht ganz strengen Fassung eines Satzes: *Die Kurve ist die Menge der Punkte, deren Summe oder Differenz der von ihnen an die Kreise φ und φ' gelegten Tangentenstrecken konstant ist.*
Die Wichtigkeit des Satzes 5) liegt darin, daß dadurch die Existenz einer *zweiten* Symmetrieachse der Ellipse und Hyperbel deutlich wird: die Mittelsenkrechte von FF'. Daher existiert auch ein *Symmetriezentrum*: der Mittelpunkt von FF'. Dieses unerwartete Ergebnis kann durch projektive Untersuchung der Kurve erklärt werden.

Bemerkung

Alle im vorangehenden gemachten Feststellungen ab Satz 2) sind auch dann gültig, wenn man den Kegel durch einen *Drehzylinder* ersetzt; dazu genügt es, α gleich null zu machen. Dann ist $e = \sin \beta$. Der Schnitt ist im allgemeinen elliptisch. Die zu den Erzeugenden parallelen Schnitte erscheinen als entartete Parabeln: *als Paare paralleler Geraden.*

6. Umkehrungen

a) Die wichtigste Umkehrung bezieht sich auf die Sätze 3) oder 4), durch welche die Kurven innerhalb ihrer Ebenen definiert werden (Bild 1).
Ist in einer Ebene ein Kreis (Φ) (oder ein Punkt F) und eine Gerade Δ, ebenso wie eine positive Zahl e gegeben, so existiert ein Drehkegel, der durch die Kurve geht, die durch

$$\frac{\text{Abst. Tang. } M, (\Phi)}{\text{Abst. } M, \Delta} = e \quad \left(\text{oder ebenso } \frac{MF}{\text{Abst. } M, \Delta} = e\right).$$

definiert ist.
Es gibt unendlich viele spitze Winkel α und β, die der Bedingung $e = \dfrac{\sin \beta}{\cos \alpha}$ genügen. (Für $e < 1$ erst β wählen, für gegebenes $e > 1$ erst α wählen.)
Die Angabe von β bestimmt die Ebene P. Unter den Kugeln des Büschels, deren Basiskreis (Φ) ist (oder die die Ebene P im Punkt F berühren), existiert immer mindestens eine, die P unter dem Winkel $\dfrac{\pi}{2} - \alpha$ schneidet; der gesuchte Kegel ist dann dieser Kugel entlang des Kreises Γ umschrieben, in dem die Kugel von P geschnitten wird.
[Man kann diese Kugel konstruieren, indem man den Schnitt mit der Symmetrieebene und eine Inversion verwendet, deren Pol auf (Φ) liegt.]

Somit finden wir, daß *jede durch* 3) *oder* 4) *definierte Kurve ein Kegelschnitt ist.*
Dieser Kegelschnitt zerfällt, wenn man F und die Gerade Δ so angibt, daß sie durch F geht.

b) *Bestimmung eines Drehkegels, der durch den Kegelschnitt geht, der definiert ist als*

$$MF + MF' = 2a, \quad \text{oder} \quad |MF - MF'| = 2a.$$

Der Schnitt mit der Symmetrieebene (Bild 2) läßt zwei Kurvenpunkte A und A' (Scheitel der Brennpunktsachse) und ein Dreieck SAA' entstehen, das mit Hilfe der Berührpunkte F und F' der Berührkreise konstruiert werden kann. Im Falle der Ellipse liegt S beliebig auf der Hyperbel mit den Brennpunkten A und A', den Scheitelpunkten F und F' und $|SA - SA'| = FF'$. Im Fall der Hyperbel liegt S willkürlich auf der Ellipse, die durch $SA + SA' = FF'$ definiert ist und deren Brennpunkte A, A' und deren Scheitel F und F' sind. Das Problem ist daher immer lösbar.

Damit sind wir auf eine interessante Konfiguration von zwei Kegelschnitten gestoßen, nämlich einer Ellipse und einer Hyperbel; die Beziehung zwischen diesen beiden Kegelschnitten ist wechselseitig. Man nennt sie *konfokale Kegelschnitte*.

Die Untersuchung der Parabel ist notwendigerweise etwas anders. Aus der Figur ergibt sich, daß S von A und von der zu $x'x$ senkrechten Geraden gleichen Abstand hat, die durch den zu A bezüglich F symmetrisch liegenden Punkt gezogen wird. Die Ortslinie von S ist dann in der Symmetrieebene der gegebenen Parabel eine kongruente Parabel, deren Brennpunkt im Scheitel der gegebenen Parabel liegt und deren Scheitel im alten Brennpunkt liegt. Diese beiden Parabeln heißen *konfokale Parabeln*.

B. DIE KEGELSCHNITTE IN ANALYTISCHER BEHANDLUNG. DER GRAD

1. Analytische Darstellung der Definitionen 3 und 4

Das Bezugssystem sei orthonormal, die Koordinaten von F seien x_0, y_0, und die Gleichung der Geraden Δ laute

$$x \cos \alpha + y \sin \alpha - \delta = 0.$$

Dann hat die Ortslinie der Punkte, die der Bedingung

$$\frac{MF}{\text{Abst. } M, \Delta} = e$$

genügt, die Gleichung
$$(x-x_0)^2+(y-y_0)^2 = e^2(x\cos\alpha+y\sin\alpha-\delta)^2.$$
Entsprechendes gilt, wenn man einen Kreis (Φ) mit der Gleichung $P(x, y) = 0$ angibt (wobei die Koeffizienten von x^2 und y^2 in P gleich 1 sind). Dann lautet die Gleichung
$$[P(x, y)]^2 = e^2(x\cos\alpha+y\sin\alpha-\delta)^2.$$
Wählen wir nun unser Bezugssystem so, daß sich die Gleichungen vereinfachen. In der Definition durch den Brennpunkt F und die Leitlinie Δ nehmen wir F als Koordinatenursprung und die auf Δ senkrechte Gerade als x-Achse; die Gleichung dieser Geraden Δ lautet dann $x = d$. Die Gleichung des Kegelschnittes ist

$$x^2+y^2 = e^2(x-d)^2. \qquad (\text{I})$$

Bemerken wir, daß sich im parabolischen Fall ($e = 1$) die Gleichung auf
$$y^2 = -2d\left(x-\frac{d}{2}\right)$$
reduziert. Wählt man weiter den Scheitel als Ursprung, indem man dem allgemeinen Gebrauch folgend $|d| = p$ setzt, so nimmt die Gleichung nach Festlegung eines geeigneten positiven Sinnes auf der x-Achse die Form

$$y^2 = 2px \qquad (\text{I}')$$

an. Dies ist *die reduzierte Parabelgleichung*. p ist der *Parameter*; er entspricht dem Abstand vom Brennpunkt zur Leitlinie. Da sämtliche Parabeln nur von dieser einen Strecke abhängen, sind sie alle untereinander ähnlich.

2. Analytische Darstellung der Beziehung 5 oder 5'

Führt man die beiden Brennpunkte ein, so dient dies dazu, die Symmetrie der Ellipse und der Hyperbel deutlich werden zu lassen. Wir wählen also als Koordinatenursprung das Zentrum und als x-Achse die Brennpunktsachse. Die Brennpunkte lauten dann $F(x = c > 0; y = 0)$ und $F'(x = -c; y = 0)$.
Wir setzen
$$FM = r, \quad FM' = r',$$
woraus folgt
$$r^2 = (x-c)^2+y^2, \quad r'^2 = (x+c)^2+y^2$$

und daher
$$r^2 - r'^2 = -4cx.$$

In bipolaren Koordinaten lauten die Definitionsgleichungen
$$r+r' = 2a \quad \text{(Ellipse)} \quad \text{und} \quad |r-r'| = 2a \quad \text{(Hyperbel)}.$$
Wir betrachten daher die Systeme
$$r > 0, \quad r' > 0, \quad r^2 = (x-c)^2 + y^2 \tag{1}$$
mit

$$\begin{cases} r+r' = 2a \\ r-r' = -\dfrac{2cx}{a} \end{cases} \text{oder} \quad \begin{cases} r-r' = 2a \\ r+r' = -\dfrac{2cx}{a} \end{cases} \text{oder} \quad \begin{cases} r'-r = 2a \\ r'+r = +\dfrac{2cx}{a} \end{cases}$$

das heißt, mit

$$\begin{cases} r = a - \dfrac{cx}{a} \\ r' = a + \dfrac{cx}{a} \\ -\dfrac{a}{c} < \dfrac{x}{a} < \dfrac{a}{c} \end{cases} (i) \quad \begin{cases} r = a - \dfrac{cx}{a} \\ r' = -\left(a + \dfrac{cx}{a}\right) \\ \dfrac{x}{a} < -\dfrac{a}{c} \end{cases} (i') \quad \begin{cases} r = -\left(a - \dfrac{cx}{a}\right) \\ r' = a + \dfrac{cx}{a} \\ \dfrac{x}{a} > \dfrac{a}{c} \end{cases} (i'').$$

Gleichung (1) ergibt mithin in allen Fällen
$$y^2 = a^2\left(1 - \frac{x^2}{a^2}\right)\left(1 - \frac{c^2}{a^2}\right). \tag{II}$$

Gleichung (II) gilt mithin für Ellipse und Hyperbel, man muß jedoch die Existenz von Punkten sicherstellen, die den nachstehend angeschriebenen Bedingungen genügen:

Erster Fall: Ellipse
$$\text{Aus } \frac{c}{a} < 1 \quad \text{folgt} \quad \left|\frac{x}{a}\right| < 1.$$

Dies ist mit (i), nicht jedoch mit (i') oder (i'') verträglich.

Zweiter Fall: Hyperbel
$$\text{Aus } \frac{c}{a} > 1 \quad \text{folgt} \quad \left|\frac{x}{a}\right| > 1.$$

Dies ist mit (i') und (i''), nicht jedoch mit (i) verträglich.

Sonderfall: $c = a$. In diesem Fall reduziert sich bei (*i*) die Ortslinie auf die Strecke FF' und bei (*i'*) und (*i''*) auf die Halbgeraden Fx und $F'x'$. Somit ist die Gleichung (II) ein der Definition $MF+MF' = 2a$ entsprechender analytischer Ausdruck für den Fall $a > c$; im Fall $a < c$ entspricht sie $|MF-MF'| = 2a$.
Diese Bedingungen sind offensichtlich notwendig, da sie in MFF' die Dreiecksungleichung ausdrücken.

3. Äquivalenz der beiden Gleichungen (I) und (II)

Gehen wir etwa von (II) aus; durch eine Translation des Bezugssystems legen wir den Ursprung in den Brennpunkt F:

$$x = X+c \; , \; y^2 = [a^2-(X+c)^2]\left(1-\frac{c^2}{a^2}\right),$$

das heißt

$$y^2+X^2 = \frac{c^2}{a^2}\left(X-\frac{a^2-c^2}{c}\right)^2.$$

Wir gelangen zu (I) zurück, wenn wir setzen

$$\frac{c}{a} = e \quad \text{und} \quad \frac{a^2-c^2}{c} = d \; .$$

Damit ist die Äquivalenz zwischen den beiden Definitionen bewiesen.

4. Folgerungen

a) Wir sind im Verlauf der Rechnungen dem Ausdruck für *die Entfernung des erzeugenden Punktes M zum Brennpunkt F* (*oder F'*) *als rationaler Funktion ersten Grades der Abszisse* begegnet. Dies ist bemerkenswert, weil der Pythagoreische Satz im allgemeinen einen irrationalen Ausdruck liefert. Es ist die Eigenschaft, die bei der Brennpunkt-Leitlinien-Definition durch

$$r = e(x-d)$$

oder auch

$$r = e(d-x),$$

das heißt eigentlich durch

$$r = e|x-d|$$

ausgedrückt ist.

b) Die „bipolare" Definition ist in ihrer Form für die analytische Geometrie weniger günstig, sie gestattet es jedoch, bei Problemen wie dem folgenden unmittelbar zu einem Ergebnis zu gelangen: *Es ist die Ortslinie der Mittelpunkte der Kreise* (γ) *anzugeben, die zwei gegebene*

Kreise der Ebene berühren, oder, was auf dasselbe hinausläuft, *die einen Kreis berühren und durch einen Punkt gehen.* In der zweiten Formulierung ist das Problem viel leichter zu lösen, weil die Anordnung der Elemente der Figur nur zwei Fälle zuläßt, nämlich, daß der gegebene Punkt innerhalb oder außerhalb des Kreises liegt. Je nachdem erlaubt dies einfache Konstruktionen der Ellipse oder der Hyperbel. Ersetzt man den Kreis durch eine Gerade, so gelangt man zur Parabel. Ein Brennpunkt F des Kegelschnittes liegt genau in dem gegebenen Punkt, der andere F' im Mittelpunkt des gegebenen Kreises; die Länge der Brennpunktsachse $2a$ ist gleich dem Kreisradius. Dieser Kreis heißt *Leitkreis* bezüglich F'; die Kreise (γ) definieren eine eineindeutige Zuordnung zwischen den Punkten des Kegelschnittes und denen des betrachteten Leitkreises.

c) Um aus der Gleichung (II) die Art des Kegelschnittes erkennen zu können, führt man eine Strecke b, ein, die definiert ist durch

$b^2 = a^2 - c^2$ für die Ellipse und durch $b^2 = c^2 - a^2$ für die Hyperbel.

Dann gewinnt die Ellipsengleichung ihre *reduzierte Form*:

$$\frac{x^2}{a^2} + \frac{y^2}{b^2} = 1 \qquad (II')$$

Man erkennt, daß b den Abstand zwischen dem Mittelpunkt der Ellipse und den Ellipsenpunkten angibt, die auf der Achse liegen, die nicht die Brennpunktsachse ist (Scheitel B und B').
$2a$ nennt man die *große Achse*, $2b$ die *kleine Achse* und $2c$ den *Brennpunktsabstand*.
Die reduzierte Hyperbelgleichung lautet

$$\frac{x^2}{a^2} - \frac{y^2}{b^2} = 1. \qquad (II'')$$

Die Strecke b erscheint hier nicht auf jener Symmetrieachse, die nicht durch die Brennpunkte geht, sondern in der durch die Geraden mit den Gleichungen

$$Y = \frac{b}{a}x \quad \text{und} \quad Y = -\frac{b}{a}x$$

vervollständigten Figur.
Wir erkennen die Wichtigkeit dieser Geraden, wenn wir die erste derselben mit dem Kurvenast der Gleichung

$$x > 0, \quad y = +b\sqrt{\frac{x^2}{a^2} - 1}.$$

vergleichen. Die Differenz der Ordinatenwerte beträgt

$$y - Y = b\left[\frac{x}{a} - \sqrt{\frac{x^2}{a^2} - 1}\right] = b \cdot \frac{1}{\frac{x}{a} + \sqrt{\frac{x^2}{a^2} - 1}}$$

und strebt gegen null, wenn x gegen unendlich geht. Für die zweite Gerade verfährt man entsprechend, indem man nacheinander die Vorzeichen von x und y vertauscht. Somit finden wir, daß *die zwei Geraden, die der Gleichung*

$$\frac{x^2}{a^2} - \frac{y^2}{b^2} = 0$$

gehorchen, die Asymptoten der Hyperbel sind. Sie stehen aufeinander senkrecht, wenn $a = b$ (gleichseitige Hyperbel). Dann ist $c = a\sqrt{2}$. Die Asymptoten sind die Diagonalen jenes Rechteckes, dessen Symmetrien denen des Kegelschnittes entsprechen, dessen Scheitel A, A' in der Mitte der zu $y'y$ parallelen Seiten der Länge $2b$ liegen. Die Länge der Diagonalen ist der Brennpunktsabstand $FF' = 2c$. Für die gleichseitige Hyperbel wird dieses Rechteck zu einem Quadrat.

5. Fundamentalsatz

Jede ebene Kurve, deren Gleichung vom zweiten Grad ist, stellt einen Kegelschnitt dar.

In einem orthonormalen Bezugssystem lautet die allgemeine Gleichung eines Kegelschnitts

$$Ax^2 + 2Bxy + Cy^2 + 2Dx + 2Ey + F = 0.$$

Sie kann durch eine Koordinatentransformation noch vereinfacht werden: man kann zunächst das Glied in xy durch eine Drehung der Koordinatenachsen zum Verschwinden bringen. Eine derartige Drehung wird in der Tat bestimmt durch

$$x = X\cos\Theta - Y\sin\Theta; \quad y = X\sin\Theta + Y\cos\Theta.$$

Wenn wir den Koeffizienten des Gliedes in XY annullieren

$$(C - A)\sin 2\Theta + 2B\cos 2\Theta = 0,$$

so finden wir immer einen $\left(\text{bis auf } \frac{\pi}{2} \text{ bestimmten}\right)$ Wert von Θ, der unsere Bedingungen befriedigt.
Die Gleichung wird mithin zu

$$A_1 x^2 + C_1 y^2 + 2D_1 x + 2E_1 y + F = 0.$$

A_1 und C_1 dürfen nicht beide gleichzeitig verschwinden, wenn die Gleichung genau von zweitem Grad sein soll. Setzen wir voraus, daß $C_1 \neq 1$. Dann kann eine Verschiebung des Ursprungs auf der Y-Achse den Koeffizienten des Gliedes in y zum Verschwinden zu bringen; die Gleichung reduziert sich auf

$$y^2 = nx^2 + px + q$$

$n \neq 0$: Eine Verschiebung des Ursprungs auf der x-Achse führt auf $y^2 = nx^2 + s$.

$\left[\begin{array}{l} s \neq 0\text{: Je nach Vorzeichen von } n \text{ eine Ellipse oder Hyperbel.} \\ \qquad \text{Kein Punkt für } n < 0,\ s < 0. \\ s = 0\text{: Zwei sich schneidende Gerade, wenn } n > 0.\ \text{Für} \\ \qquad n < 0\text{: Ein Punkt.} \end{array}\right.$

$n = 0$: $\left[\begin{array}{l} p \neq 0\text{: Eine Verschiebung des Ursprungs auf der } x\text{-Achse} \\ \qquad \text{führt auf } y^2 = 2px\text{: Parabel.} \\ p = 0\text{: } y^2 = q\text{, zwei parallele oder zusammenfallende Geraden oder Unlösbarkeit.} \end{array}\right.$

Wir finden also immer einen eigentlichen oder entarteten Kegelschnitt, wenn es Punkte gibt, die der fraglichen Gleichung genügen; es kann jedoch der Fall eintreten, wo es keine solchen gibt. Die Einführung imaginärer Punkte in der Ebene erlaubt nur sehr allgemeine Interpretationen, indem man jeder Gleichung zweiten Grades einen Kegelschnitt zuordnet und umgekehrt.

Auch in einem nicht orthonormalen Koordinatensystem wird durch eine Gleichung zweiten Grades immer ein Kegelschnitt dargestellt, da bei einer beliebigen Koordinatentransformation der Grad einer Gleichung erhalten bleibt.

Anwendungsbeispiele

a) Der Kegelschnitt als unikursale Kurve

Ist irgendein Punkt $A(x_0, y_0)$ eines Kegelschnittes gegeben, so schneidet jede Gerade δ, wenn sie um A gedreht wird, die Kurve in *einem* Punkt, der die Kurve durchläuft. Wählen wir deshalb den Richtungsfaktor m dieser Geraden δ als *Parameter*. Dann *zerfällt* die Gleichung zweiten Grades für (zum Beispiel) die Abszissen der Schnittpunkte der Geraden und der Kurve in

$$x - x_0 = 0$$

und eine Gleichung ersten Grades, die die Abszisse des erzeugenden Punktes M und daraus auch seine Ordinate als *rationale Funktionen des Parameters* liefert. Dies charakterisiert eine unikursale Kurve. Diese eindeutige Zuordnung zwischen der reellen Zahl m und dem Punkt M ist offensichtlich oft praktischer als jene zwischen M und seinen Koordinaten. Sie ersetzt die räumliche Entsprechung zwischen M und der Erzeugenden G des Kegels.

b) Es seien zwei Punkte A und B der Ebene gegeben; *Dann durchläuft der Schnittpunkt einer Geraden Au und einer Geraden Bv, deren Richtungskoeffizienten durch eine* gebrochen-lineare *Beziehung verknüpft sind, einen Kegelschnitt.*

Eliminiert man m und m' aus

$$y - y_0 = m(x - x_0), \quad y - y_1 = m'(x - x_1) \quad \text{und} \quad m' = \frac{am + b}{a'm + b'},$$

so gewinnt man eine Gleichung zweiten Grades

$$(y - y_1)[a'(y - y_0) + b'(x - x_0)] = (x - x_1)[a(y - y_0) + b(x - x_0)].$$

Der Kegelschnitt verläuft durch die Punkte A und B. (Zur Übung untersuche man Entartungen in Geraden.)

Die m und m' auferlegte Bedingung entspricht der Gleichheit des Doppelverhältnisses von vier Geraden Au und der ihnen zugeordneten Geraden Bv. Trotz des hier gewählten Koordinatensystems gehört der Satz mithin zur projektiven Geometrie (vgl. später in D).

C. AFFINE EIGENSCHAFTEN DER MITTELPUNKTSKEGELSCHNITTE

Man erkennt aus den reduzierten Gleichungen (II') und (II'') der Mittelpunktskegelschnitte, daß eine orthogonale Affinität, deren Achse zur Brennpunktsachse parallel liegt und deren Maßstab $\dfrac{a}{b}$ ist, die Ellipse in einen *Kreis* und die Hyperbel in eine *gleichseitige Hyperbel* überführt. Das Gleiche gilt für eine orthogonale Affinität, deren Achse zu der nicht mit den Brennpunkten inzidierenden Kegelschnittachse parallel und deren Maßstab $\dfrac{b}{a}$ ist.

Die Ellipse läßt sich mithin aus einem Kreis mit dem Durchmesser AA' herleiten, der die Endpunkte der Brennpunktsachse verbindet; dieser Kreis heißt *Hauptkreis*. Projiziert man diesen orthogonal auf eine Ebene, die mit der Kreisebene den Winkel Θ einschließt, der durch $\cos \Theta = \dfrac{b}{a}$ definiert ist, so ergibt sich die Ellipse. Bei einer solchen Projektion liefert die Ellipse selbst einen Kreis, der gleich dem Kreis

mit dem Durchmesser BB' ist, der gleichzeitig der kleinen Achse der Ellipse entspricht. (Dieser Kreis wird als *Nebenkreis* bezeichnet).
Die gleichseitige Hyperbel mit der Gleichung $x^2-y^2 = a^2$ verdient noch eine nähere Untersuchung, da, ebenso wie jede affine Untersuchung der Ellipse auch am Kreis ausgeführt, jede affine Untersuchung der Hyperbel an der gleichseitigen Hyperbel erledigt werden kann. (Wir verwenden hier die Einzahl, weil alle *gleichseitigen Hyperbeln* ebenso wie alle Kreise *untereinander ähnlich sind,* da sie nur von einer einzigen Strecke abhängen.)

Gleichseitige Hyperbel

Dreht man die Achsen um den Winkel $\frac{\pi}{2}$, so wird die Gleichung $x^2-y^2 = a^2$ zu

$$XY = k^2 \quad \text{oder} \quad Y = \frac{k^2}{X}.$$

Darin erkennen wir die Bildkurve einer gebrochen-linearen Funktion. Wir gelangen sofort zu den folgenden Sätzen:

1. *Die gleichseitige Hyperbel ist die Ortslinie jener Punkte, deren Abstandsprodukt von zwei aufeinander senkrecht stehenden Geraden innerhalb zweier Scheitelwinkel konstant ist.* Die Geraden sind die Asymptoten der Kurve. Bezieht man alle vier von den Asymptoten gebildeten Winkel in die Betrachtung ein, so erkennt man, daß dann zwei einander zugeordnete Hyperbeln auftreten. In affiner Form gilt für alle Hyperbeln: *Zwei einander zugeordnete Hyperbeln bilden die Ortslinie der Punkte M, für die das Parallelogramm mit der Diagonale OM, von dessen Seiten zwei auf den Asymptoten liegen, einen konstanten Flächeninhalt hat.*

2. Eine Sekante $M_1 M_2$ schneidet die Asymptoten in U und V, so daß

$$x_1 y_1 = x_2 y_2.$$

Hieraus folgt

$$\left[\frac{x_1}{x_2} = \frac{y_2}{y_1}\right] \Leftrightarrow \left[\frac{\overline{UM_1}}{\overline{UM_2}} = \frac{\overline{VM_2}}{\overline{VM_1}}\right],$$

wodurch ausgedrückt wird, daß die Strecken $M_1 M_2$ und UV denselben Mittelpunkt haben. Daraus folgt der Satz der affinen Geometrie: *Jede Sekante einer Hyperbel wird von der Kurve und ihren Asymptoten in Strecken mit demselben Mittelpunkt geschnitten.* Dieser Satz ist für eine punktweise Konstruktion der Hyperbel sehr nützlich, wenn ein Punkt der Kurve und die Asymptoten bekannt sind.

3. Die Symmetrien zu zwei Geraden spielen für die gleichseitige Hyperbel dieselbe Rolle wie die orthogonalen Symmetrien des Kreises: *Jede mit dem Zentrum inzidierende Gerade ist* im allgemeinen Achse einer Schrägspiegelung. Dieser Satz gilt mithin für Ellipsen und Hyperbeln.

4. Ordnet man zwei Hyperbeln in der oben besprochenen Weise einander zu, so erhält man den gleichseitigen Hyperbeln umschriebene Rhomben wie umschriebene Quadrate beim Kreis. Daraus ergibt sich die Existenz *umschriebener Parallelogramme konstanten Flächeninhaltes* für beliebige Ellipsen und entsprechend für Paare zugeordneter Hyperbeln (*Apollonische Parallelogramme*). Die vom Mittelpunkt ausgehenden Geraden heißen *Durchmesser*.

Bemerkung

Die griechischen Geometer untersuchten die Kegelschnitte in ähnlicher Weise mit Hilfe von (II) unmittelbar am Kegel. Schreibt man diese in der Form

$$y^2 = \frac{b^2}{a^2} |(x-a)(x+a)| ,$$

so ergibt sich

$$y^2 = \frac{b^2}{a^2} \overline{mA} \cdot \overline{mA'},$$

wenn m die Projektion von M auf die Brennpunktsachse ist.
Diese Beziehung liefert beim Kreis

$$y^2 = -\overline{mA} \cdot \overline{mA'}$$

und bei der gleichseitigen Hyperbel

$$y^2 = +\overline{mA} \cdot \overline{mA'}.$$

D. DIE KEGELSCHNITTE IN DER PROJEKTIVEN GEOMETRIE

Nach der Definiton der Kegelschnitte im Drehkegel und der Umkehrung gilt, daß jeder Kegelschnitt durch Perspektivität aus einem Kreis hervorgeht. *Alle projektiven Eigenschaften des Kreises treten demnach auch bei den Kegelschnitten auf.* Die grundlegende Eigenschaft wird von den Sätzen über *Pol und Polare* ausgedrückt: Jedem Punkt ist eine Gerade zugeordnet, die als seine Polare bezeichnet wird; sie enthält die zu diesem Punkt harmonisch konjugierten Punkte bezüglich der Sehnen, die von der Kurve auf den von diesem Punkt ausgehenden

Geraden abgeschnitten werden. Der polare Kehrsatz erstreckt sich auch auf die Punkte der Polaren, denen keine reelle Sehne entspricht; dies haben wir für den Kreis unter Zuhilfenahme orthogonaler Hilfskreise bewiesen, was allerdings keine projektive Schlußweise darstellt, von der wir hier nur die Ergebnisse festhalten. Nur die Theorie der imaginären Punkte liefert hier eine zufriedenstellende Erklärung.

Insbesondere wird eine spezielle Gerade q der Kreisebene auf die unendlichferne Gerade q' der Ebene des Kegelschnittes abgebildet; der dieser zugeordnete Pol Q' ist mithin *ein Symmetriezentrum des Kegelschnittes*; er ist gleichzeitig das Bild des Poles Q von q bezüglich des Kreises. Berührt daher q den Kreis, so liegt Q auf dieser Geraden q, so daß das Zentrum ins Unendliche gerückt wird; dies ist der Fall der *Parabel*, die als die unendlichferne Gerade berührend betrachtet werden muß, wobei das Zentrum der Berührpunkt ist.

Vom Standpunkt der metrischen Geometrie gilt, daß die Existenz einer Symmetrieachse und eines Symmetriezentrums die Existenz einer zweiten vom Zentrum ausgehenden und auf der ersten senkrecht stehenden Symmetrieachse nach sich zieht; damit wird die Existenz dieser zweiten Achse erklärt.

Die Polare eines beliebigen Punktes der unendlichfernen Geraden verläuft durch das Symmetriezentrum; sie stellt eine Achse einer Schrägspiegelung dar. Die Existenz solcher *Durchmesser* (Achsen von schräger oder orthogonaler Symmetrie einer Kurve) ist in der affinen Geometrie bemerkt worden.

Wie kann man nun den Satz vom Zentriwinkel im Kreis in projektiver Form aussprechen? Nehmen wir vier Punkte auf einem Kreis, so bleibt das Büschel der vier Geraden durch diese Punkte, die vom erzeugenden Punkt des Kreises ausgehen, kongruent; insbesondere ist sein Doppelverhältnis konstant. Wir können mithin den Satz aussprechen:

Theorem von Chasles

Das Doppelverhältnis von vier Geraden, durch die der erzeugende Punkt der Kurve mit vier festen Punkten des Kegelschnittes verbunden wird, ist konstant.

Dieses Doppelverhältnis nimmt weder die Werte 0, 1 noch unendlich an.

Kehrsatz

Sind in einer Ebene vier Punkte A, B, C, D gegeben, so ist die Ortslinie der Punkte M der Ebene, für die das Büschel $M(A, B, C, D)$ ein gegebenes Doppelverhältnis λ besitzt ($\lambda \neq 0$ und $\neq 1$), ein Kegelschnitt durch die vier Punkte.

Da wir hier projektive Geometrie betreiben, ist es nutzlos, bei analytischer Behandlung ein orthonormales Bezugssystem zu verwenden.

Andererseits können wir voraussetzen, daß zwei dieser Punkte im Unendlichen liegen (was sich mit Hilfe einer Perspektivität bewerkstelligen läßt). Wir setzen mithin voraus, daß C in einer Richtung x und D in einer Richtung y im Unendlichen liegen und O ein Punkt ist, so daß OA die Richtung x und OB die Richtung y hat. Wir wählen O als Ursprung und $OA = i$ und $OB = j$ als Basis. Mit x, y bezeichnen wir die Koordinaten von M.

Die Geraden MA, MB, MC, MD schneiden Ox in Punkten mit den Abszissen 1, m, x, ∞, wobei die Abszisse m durch die Kollinearitätsbedingung

$$\frac{m-0}{x-0} = \frac{0-1}{y-1}$$

gegeben ist, das heißt durch

$$m = \frac{-x}{y-1}.$$

Eines der Doppelverhältnisse des Büschels ist mithin

$$\lambda = \frac{x-1}{x-b} = \frac{(x-1)(y-1)}{xy}.$$

Ist λ gegeben, so ist die Gleichung der Ortskurve vom zweiten Grad:

$$(\lambda-1)xy + x + y - 1 = 0$$

Die Ortslinie ist also ein Kegelschnitt. Er geht durch $A(x = 1; y = 0)$, $B(x = 0; y = 1)$, C und D.

Ein Kegelschnitt ist mithin durch vier Punkte und den Wert des Doppelverhältnisses λ genau definiert.

Grundlegende Folgerung

Das ebene perspektive Bild jedes Kegelschnitts ist wieder ein Kegelschnitt.

Es genügt in der Tat, den Kegelschnitt durch vier Punkte A, B, C, D und das entsprechende Doppelverhältnis λ zu bestimmen, um eine projektive Festlegung der Kurve zu erhalten.

Das Studium der Kegelschnitte ist also unlösbar mit der projektiven Geometrie verbunden.

E. TANGENTEN AN DIE KEGELSCHNITTE

Eine Kurve wird vom Standpunkt der Geradengeometrie aus betrachtet, wenn man sie als *Enveloppe ihrer Tangenten* definiert.

Ganz gleich, welche Definition wir für die Kegelschnitte heranziehen, immer können wir die Existenz einer Tangente in allen Punkten der Kurve beweisen und diese Tangenten untersuchen. Dabei treten verschiedene Eigenschaften zutage.

1. Im Drehkegel erscheint die Tangente als Schnitt der Kurvenebene mit der Tangentialebene an den Kegel entlang der Erzeugenden, die durch den Punkt des Kegelschnittes geht. Insbesondere im Fall eines hyperbolischen Kegelschnittes sind die Tangenten in den unendlichfernen Punkten, das heißt die *Asymptoten,* die Schnittlinien der Kurvenebene Π und der Tangentialebenen entlang der Erzeugenden, die parallel zu Π liegen. Die Tangenten liegen also parallel zu diesen Erzeugenden. Insbesondere ist der Öffnungswinkel der Asymptoten, innerhalb dessen die Kurve liegt, notwendigerweise kleiner als der Öffnungswinkel 2α des Kegels (wobei α der Winkel ist, den die Erzeugenden mit der Kegelachse einschließen).

2. Untersucht man einen Kegelschnitt innerhalb seiner Ebene, so verfährt man gemäß der Definition der Tangente so, daß man eine Gerade um einen Punkt M_0 der Kurve drehen läßt. Wir betrachten also den Kegelschnitt als unikursale Kurve.

Ist die Kurve durch einen Brennpunkt F, die zugehörige Leitlinie Δ und die Exzentrizität e definiert, so zeigt die Definition selbst unmittelbar, daß eine Sekante $M_0 M$ die Leitlinie Δ auf einer Winkelhalbierenden von $\measuredangle M_0 F M$ schneidet; es ist die äußere Halbierende, wenn M zu M_0 benachbart liegt. Läßt man M gegen M_0 streben, so kann man daraus herleiten, daß die Tangente in M_0 existiert und daß *der Tangentenabschnitt, der zwischen dem Berührpunkt und der Leitlinie liegt, vom Brennpunkt aus unter einem rechten Winkel erscheint.*

Von einem mehr geometrischen Standpunkt aus erscheint es praktisch, Kegelschnitte durch einen ihrer Brennpunkte F und den Leitkreis um den anderen Brennpunkt F' zu definieren. (Das ist der Kreis mit dem Radius $2a$, den wir in B, 4, b eingeführt haben.) Die Kreise γ_0 und γ, deren Mittelpunkte in M_0 und M liegen und die den Leitkreis in U_0 und U berühren, bilden eine Potenzlinie, die gegen FU_0 strebt, wenn sich M dem Punkt M_0 nähert; die Tangente erscheint dann als Mittelsenkrechte von FU_0. Somit gelangt man zu dem Satz: *Die Tangenten an einen Kegelschnitt sind die Mittelsenkrechten der Strecken, die einen Brennpunkt mit den Punkten des Leitkreises verbinden, dessen Mittelpunkt im anderen Brennpunkt liegt.*

Bei der Hyperbel ist die Tangente dann die Asymptote, wenn FU_0 auch Tangente an den Leitkreis ist. Bei der Parabel wird der Leitkreis durch die Leitlinie ersetzt.

Da zwischen den Punkten U_0 des Leitkreises und den Punkten M_0 des Kegelschnittes, und daher ebenso der Tangente in M_0, eine eineindeutige Zuordnung besteht, *so erscheint der Kegelschnitt als Enveloppe der Mittelsenkrechten von FU_0.*

3. Aus der Affinität kann man ebenso die Existenz der Tangente an einen Kegelschnitt und ihre Eigenschaften aus jenen der Tangenten an den Kreis (für die Ellipse) oder an die gleichseitige Hyperbel (für alle Hyperbeln) herleiten. Für diese folgt aus der Eigenschaft der Sehnen (die in C, 2 bewiesen wurde), die auf der Sekante von der Kurve und dem Asymptotenpaar abgeschnitten werden, daß *der Berührpunkt einer Tangente der Mittelpunkt der von den Asymptoten auf der Tangente abgeschnittenen Strecke ist.*

4. Gemäß Definition als Schnitt eines Kegels gehen durch einen nicht auf dem Kegelschnitt gelegenen Punkt der Ebene entweder zwei Tangenten oder keine Tangente. Diese Eigenschaft ist dual zu der folgenden Eigenschaft: Eine Gerade, die die Kurve nicht berührt, schneidet diese in zwei Punkten oder in keinem Punkt. In punktweiser Betrachtung sprechen wir davon, daß der Kegelschnitt von zweiter Ordnung ist. *Der Kegelschnitt als Hüllkurve seiner Tangenten wird als Kegelschnitt zweiter Klasse bezeichnet.* Ebenso entspricht der Entartung eines Kegelschnittes bei punktweiser Betrachtung in zwei sich schneidende oder parallele Gerade oder auch in eine Doppelgerade die tangentielle Entartung in zwei Punkte oder einen Doppelpunkt. Man kann weiterhin zeigen, daß jede Kurve zweiter Klasse ein Kegelschnitt ist. Wir streifen diesen Standpunkt nur, zu dessen ausführlicher Behandlung die Theorie der Einhüllenden (Differentialgeometrie) notwendig ist.

5. Schlußbemerkung

Wir haben die Kegelschnitte auf verschiedenen Wegen untersucht. Man begegnet ihnen noch in anderen Gebieten, insbesondere in der *Kinematik* (wir haben die Papierstreifenmethode zur Konstruktion der Ellipse angegeben. Unter bestimmten Bedingungen erscheint sie auch als Hypozykloide, wenn man einen Kreis auf dem anderen abrollen läßt.) Die Kegelschnitte sind auch in der *Dynamik* von besonderer Bedeutung (Umlaufbahnen der Planeten nach den Kepler-Gesetzen als Folge der gegenseitigen Anziehung des Planeten und der Sonne nach dem Newtonschen Gravitationsgesetz). Ebenso begegnen wir ihnen in der *Optik* (Brennpunkte sind solche Punkte, in denen die Lichtstrahlen unter bestimmten Bedingungen konvergieren).

Alle diese Anwendungen rechtfertigen die Behandlung dieser Kurven im mathematischen Unterricht und in mathematischen Vorlesungen (dasselbe gilt für die Flächen, die als *Quadriken* bezeichnet werden).

Sie bieten eine Gelegenheit, verschiedene Untersuchungsmethoden anzuwenden und eine Unzahl von Übungsbeispielen zu behandeln. Es gibt jedoch auch noch andere Kurven, deren Untersuchung mit Hilfsmitteln der (im allgemeinen metrischen) synthetischen oder analytischen Geometrie wegen der technischen Anwendungen oder nur der Art der Übungsaufgaben von Interesse ist. Nachdem man festgestellt hat, zu welcher Geometrie die gestellte Aufgabe gehört, wird man die von uns eingeführten Hilfsmittel verwenden: Relationen und Transformationen dieser Geometrie.

Anhang

In diesem Anhang vereinigen wir einige ergänzende Bemerkungen und Übungen. Die Bemerkungen erläutern die hier als „modern" bezeichneten Gesichtspunkte: sie bereiten auf das Studium der Strukturen auf höherem Niveau vor. Die Übungen sind als Beispiele gedacht. Sie liefern für die wichtigsten klassischen Aufgabentypen, wie man sie seit Jahren in den Lehrbüchern der Abschlußklasse der französischen Gymnasien findet, Vorschläge für eine Methode der Lösung und Darstellung.

Syntax: Über die Ordnung der Quantoren

Übung

Im folgenden wird die Ordnungsrelation $\prec$ durch einen geschwungenen Pfeil gekennzeichnet. Man untersuche die in den graphischen Modellen dargelegten vier Situationen:

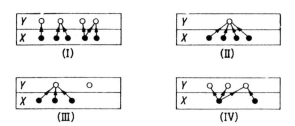

Treffen die folgenden Behauptungen für gewisse dieser Situationen zu oder nicht?

a) $\quad \forall x , (\exists y : x \prec y)$ \qquad b) $\quad \exists y : (\forall x , x \prec y)$

c) $\quad \exists x : (\forall y , x \prec y)$ \qquad d) $\quad \forall y , (\exists x : x \prec y)$

Bemerkung

Die Klammern könnte man weglassen, sie erleichtern aber das Verständnis.

Ergänzung

Man gebe zu den betrachteten Situationen weitere Beispiele an, etwa in der Menge der ganzen Zahlen mit der Ordnungsrelation „teilt".

Allgemeines über Mengen

A. Anmerkung über das Symbol zur Kennzeichnung einer Menge

Oft verwendet man dafür eine geschweifte Klammer:
Vollständige Aufzählung der Elemente: $\{a, b, c, d\}$
Folge von p Elementen: $\{a_1, a_2, ..., a_p\}$.
Unendliche Folge von Elementen: $\{a_1, a_2, ..., a_n, ...\}$
Beschreibende Form" durch Angabe des erzeugenden Elementes: $\{x | x \leqq 3\}$

Übung 1
Man zeichne in der Ebene die Punktmenge
$$\{u = (x, y) | 0 < x < 1, \quad x < y\}.$$

Übung 2
Man bestimme die folgenden in Z enthaltenen Mengen

a) $\{3\}$ b) $\{x | x \neq x\}$ c) $\{x | x \geq 3, \quad x \leq 3\}$

d) $\{x | x > 0\}$ e) $\{x | x = 2q, \quad q \in N\}$ usw.

B. Zugehörigkeitstabellen

In jeder Zeile der Tabelle wird angegeben, ob die Zugehörigkeit oder Nichtzugehörigkeit eines Elementes zu einer Teilmenge mit den angegebenen Verknüpfungen verträglich ist.

A	B	$A \cap B$	$A \cup B$	$A \cap \complement B$
$\in$	$\in$	$\in$	$\in$	
$\in$	$\notin$	$\notin$		
$\notin$	$\in$	$\notin$		
$\notin$	$\notin$	$\notin$		

Die obige Tabelle ist zu ergänzen. Man führe weitere Teilmengen ein. Man beweise die folgenden Behauptungen mit Hilfe solcher Tabellen:

$$[A = B] \Leftrightarrow [(A \cap \complement B) \cup (\complement A \cap B) = \emptyset]$$
$$[B = \emptyset] \Leftrightarrow [(A \cap \complement B) \cup (\complement A \cap B) = A]$$
$$\begin{cases} X = (A \cap \complement B \cap D) \cup (\complement A \cap B \cap D) \\ Y = (A \cup B) \cap D \cap \complement(A \cap B) \end{cases} \Rightarrow [X = Y]$$

Diese Ergebnisse sind außerdem im Euler-Diagramm zu bestätigen. Schließlich sind sie mit Hilfe der Axiome der Boole-Algebra zu beweisen (Teil I, Kap. VI).

Übung

In $P(E)$ werden die beiden folgenden Operationen definiert:
Die Differenz
$$A \setminus B = A \cap \complement B$$

und die symmetrische Differenz
$$A \triangle B = (A \cap \complement B) \cup (B \cap \complement A).$$
Es sind die Eigenschaften jeder dieser Operationen (Kommutativität, Assoziativität) und ihre Wirkungen auf die bekannten Operationen $\cap$, $\cup$, $\complement$ zu untersuchen (graphisch und algebraisch).

C. Äquivalenz- und Ordnungsrelationen

Übung 1

Welche unter den folgenden Relationen zwischen Elementen der Menge der ganzen Zahlen sind Äquivalenzrelationen?

1. $a-b$ ist gerade, 2. $a-b$ ist ungerade
3. ab ist gerade, 4. $|a-b| < 1$ usw.

Übung 2 (*theoretisch*)

Es ist zu beweisen, daß eine symmetrische und transitive Relation immer eine Äquivalenzrelation ist.

Übung 3

Man betrachte die Menge der Gebiete, die in einem Dreieck ABC durch die Strecken BB' und CC' bestimmt werden, wobei B' der Seite AC und C' der Seite AB angehört. Diese Menge ist durch Inklusion zu ordnen. Man fertige ein Diagramm an.

Übung 4

In einer Menge E von n Zahlen bezeichnet man mit Sup E das größte und mit Inf E das kleinste Element.
1. Man betrachte die beiden Operationen
$$a \mathfrak{S} b = \text{Sup } (a, b) \quad \text{und} \quad a \mathfrak{I} b = \text{Inf } (a, b).$$
Es ist die doppelte Distributivität zu beweisen.

2. Ein rechteckiges Zahlenschema umfaßt p Zeilen $L_1, L_2, ..., L_p$ und q Spalten $C_1, C_2, ..., C_q$. Man vergleiche
$$x = \text{Sup } (\text{Inf } L_1, \text{Inf } L_2, ..., \text{Inf } L_p)$$
und
$$y = \text{Inf } (\text{Sup } C_1, \text{Sup } C_2, ..., \text{Sup } C_i).$$

Übung 5

In einer Menge E sind zwei Äquivalenzrelationen $\mathfrak{R}$ und $\mathfrak{R}'$ erklärt.

Die zugehörigen Äquivalenzklassen seien $C_1, C_2 \ldots$ und $C'_1, C'_2, \ldots$
Man sagt, daß $\mathfrak{R}'$ eine *feinere* Relation als $\mathfrak{R}$ bestimmt, wenn

$$\forall i, \exists j : C'_i \subseteq C_j.$$

a) Man zeichne in einem Diagramm zwei in dieser Relation vergleichbare Einteilungen. Handelt es sich dabei um eine vollständige oder teilweise Ordnung in der Menge dieser Äquivalenzrelationen, die über E definiert werden können?

b) Man gebe unter den Restklassen, die in der Menge der ganzen Zahlen definiert sind, einige Beispiele an (Teil I, Kap. A, 2).

Übung 6

Sind die folgenden Relationen Ordnungsrelationen? Trifft dies zu, bestimmen sie eine vollständige oder teilweise Ordnung?

a) Menge der Punkte $M(x, y)$ der Ebene für die Relation

$$M_1 \prec M_2 \quad \Leftrightarrow \quad \begin{cases} x_1 < x_2 \\ y_1 < y_2. \end{cases}$$

b) Menge der stetigen Funktionen, die über (a, b) definiert sind, für die Relation

$$f(x) \prec g(x) \quad \Leftrightarrow \quad \forall x_0 \in (a, b), f(x_0) < g(x_0).$$

c) Dieselbe Menge und die Relation

$$f(x) \prec g(x) \quad \Leftrightarrow \quad \exists x_0 \in (a, b) : f(x_0) < g(x_0).$$

d) Dieselbe Menge und die Relation

$$f(x) \prec g(x) \quad \Leftrightarrow \quad \exists x_0 : [\forall x, f(x_0) < g(x_0)].$$

e) Dieselbe Menge und die Relation

$$f(x) \prec g(x),$$

wenn der Flächeninhalt des Gebietes zwischen der x-Achse, der Bildkurve und den Geraden $x = a$ und $x = b$ für f kleiner als für g ist.

Übung 7

Es handelt sich um eine Teilmenge A einer Menge E, in der eine Ordnungsrelation erklärt ist. Man vergleiche die folgenden verwandten Begriffe:

1. m ist eine *obere Schranke* von A, wenn $m \in E$, $\forall a \in A$, $a \leq m$.
Man nennt $\mathfrak{M}$ die Menge der oberen Schranken von A.

2. α ist das *größte Element* von A, wenn
$$\alpha \in A, \forall a \in A, a \leq \alpha.$$

3. μ ist ein *maximales Element* von A, wenn
$$\mu \in A, \nexists\ a \in A : a > \mu,$$
oder mit anderen Worten:
$$\mu \in A, a \in A, [a \geq \mu \Rightarrow a = \mu],$$
oder auch: „Jedes Element von A, das μ vergleichbar ist, ist kleiner oder gleich μ".

4. *Obere Grenze b von A.* Diese ist die kleinste obere Schranke
$$\mathfrak{M} \neq \emptyset, b \in \mathfrak{M}, \forall m \in \mathfrak{M}, m \geq b.$$

Man forme diese Definitionen in Hinblick auf eine inverse Ordnungsrelation um.

a) Man vergleiche, ob E vollständig geordnet ist, etwa in R, indem man vergleicht:
$$A = \{a | 0 < a < 1\} \quad \text{und} \quad A = \{a | 0 \leq a \leq 1\}.$$

b) Man stelle durch Vergleich mit Beispiel a) der Übung 6 fest, ob es sich bei A um die Menge der Punkte handelt, deren Koordinaten den Bedingungen
$$\begin{cases} x+y > 1 \\ x+y < 2 \end{cases}$$
genügen.

Man verwende eine graphische Darstellung als Hilfsmittel.

Über die Menge der natürlichen Zahlen

A. Anmerkung zur Definition der Menge der natürlichen Zahlen

Wir haben dazu ein Axiomensystem gewählt, das umfassend genug ist, um von Anfang an sämtliche notwendigen Eigenschaften zu liefern, indem man der Menge nach und nach Beschränkungen auferlegt. Es ist deswegen von Interesse, ein Axiomensystem kennenzulernen, durch das N knapper definiert wird:

Das Peanosche Axiomensystem

Die Menge N ist definiert durch
1. Jedem Element $x \in N$ ist ein weiteres, x', eindeutig zugeordnet, das sein *Nachfolger* heißt.

2. Ein mit 1 bezeichnete· Element hat keinen Vorgänger (also ein Element, dessen Nachfolger es wäre).
3. Jede Teilmenge $A \subseteq N$, die den Bedingungen

$$\forall x, \ x \in A \ \Rightarrow \ x' \in A$$

genügt, ist N selbst.

Dieses letzte Axiom rechtfertigt die Methode der vollständigen Induktion, die ein wichtiges Hilfsmittel bei der Untersuchung von N darstellt.

Ein anderes Axiomensystem

1. In N existiert eine totale Ordnungsrelation, die das Wohlordnungsaxiom befriedigt.
2. Jedes Element mit Ausnahme eines derselben, das mit 1 bezeichnet wird, hat einen Vorgänger. Durch diese Axiome werden Überlegungen mit Hilfe der Fermatschen Abstiegsmethode möglich gemacht.

Von diesen Axiomen ausgehend definiert man die Addition von 1. Es bleibt noch zu zeigen, daß die Eigenschaften, die wir in diesem Werk als Axiome verwendet haben, gültig sind.

B. Einführung von Z

Wir haben, von N ausgehend, Z durch Symmetrisierung eingeführt. Es ist zu zeigen, daß Z der Menge Σ (Quotient der Menge N^2 der Paare (a, b) von Elementen von N), durch die Äquivalenzrelation

$$\mathfrak{R} : [(a, b) \equiv (a', b')] \ \Leftrightarrow \ [a+b' = b+a'],$$

isomorph ist, wenn Σ mit einer Struktur versehen ist, die durch

$$(a, b)+(a', b') \equiv (a+a', \ b+b')$$
$$(a, b) \cdot (a', b') \equiv (aa'+bb', \ ab'+ba')$$

definiert ist.

Die Gültigkeit der Axiome und der Eigenschaften, mit denen wir Z ausgestattet haben, ist zu beweisen.

Fügt man zu N die Zahl 0 hinzu, so ist die Bedeutung der Paare $(a, 0)$ und $(0, b)$ zu zeigen.

Man vergleiche diese Einführung mit der von N ausgehenden Einführung der Brüche.

Man vergleiche wie oben diese Einführung mit der von R ausgehenden Einführung der komplexen Zahlen (vgl. Teil III, Kap. VI).

C. Ganze Gauß-Zahlen
Übung 1
Wir definieren eine Menge E von Elementen $\mu = (a, b)$, a und $b \in Z$, in der zwei Operationen erklärt sind. Die Axiome lauten:

$$\begin{array}{ll} \text{I} & (a, b) \equiv (a', b') \Leftrightarrow [a = a', b = b'] \\ \text{II} & (a, b) + (a', b') \equiv (a+a', b+b') \\ \text{III} & (a, b) \cdot (a', b') \equiv (aa' + 3bb', ab' + ba') \end{array}$$

1. Es sind die Eigenschaften [A] (Teil I, Kap. I, 4) für die beiden Operationen und deren Distributivität zu beweisen. Man bestimme die neutralen Elemente ω und η.
2. Es ist zu zeigen, daß E ein Ring ist, so daß

$$\mu_1 \mu_2 \equiv \omega \Leftrightarrow \mu_1 \equiv \omega \quad \text{oder} \quad \mu_2 \equiv \omega \quad \text{(nichtausschließendes \textit{oder})}.$$

(Integritätsbereich). (In Z ist bekanntlich $3b^2 - a^2 \neq 0$).

3. Es ist das zu $\mu = (2, 1)$ inverse Element anzugeben. Man beweise damit, daß E kein Körper ist.

Bemerkung

Um die Rechnungen unter Verwendung der bei den reellen Zahlen üblichen Methoden durchführen zu können, kann man $\mu = a + b\sqrt{3}$ setzen.

Übung 2
Es ist dieselbe Untersuchung für die Menge F und dieselben Axiome durchzuführen, wobei aber in III die Zahl 3 durch 2 zu ersetzen ist. Ist es möglich, zwischen E und F eine eineindeutige Zuordnung herzustellen, bei der beide Operationen einander entsprechen (Ring-Isomorphismus)?
(Die Antwort ist negativ.)

Ergänzungen

Die obige Situation ist zu variieren (durch Ersetzen von 3 durch 4, von Z durch Q).

Über Quadratwurzeln

Fundamentale Übung
Es seien Q die Menge der rationalen Zahlen mit den Elementen $a, a', b, b', \ldots$ sowie r und r' zwei Elemente von Q^+, die nicht Quadrate von

Elementen in Q sind. Man schreibt dafür $\varrho = \sqrt{r}$, $\varrho' = \sqrt{r'}$, $\varrho \notin Q$, $\varrho' \notin Q$.
Es ist die Eindeutigkeit des zusammengesetzten Ausdruckes $a+\varrho$ zu zeigen:
$$[a+\varrho = a'+\varrho'] \Leftrightarrow [a = a', r = r']$$
(Methode: ϱ isolieren und ins Quadrat erheben).
Unter welcher Bedingung gilt $a+b\varrho = a'+b'\varrho'$?

Anwendung

1. Man beweise
$$\sqrt{5+\sqrt{21}} = \sqrt{\frac{7}{2}} + \sqrt{\frac{3}{2}}.$$

2. Es seien u und $v \in Q$ vorgegeben, $\sqrt{v} \notin Q$. Dann ist x und $y \in Q$ so zu bestimmen, daß
$$\sqrt{u+\sqrt{v}} = \sqrt{x}+\sqrt{y}.$$

Es sind die Lösbarkeitsbedingungen anzugeben. Es ist zu zeigen, daß die gleichen Zahlen den Bedingungen
$$x > y, \sqrt{u-\sqrt{v}} = \sqrt{x}-\sqrt{y}$$
genügen.

Man verwende das Ergebnis, um die Ausdrücke
$$\sqrt{a \pm b\sqrt{r}} = \sqrt{x} \pm \sqrt{y}$$
zu untersuchen.

Übung. Man zeige, daß die Berechnung der Seitenlänge c_n von regulären konvexen Polygonen mit n Seiten, die einem Kreis mit dem Radius R einbeschrieben sind,

$$c_5 = \frac{R}{2}\sqrt{10-2\sqrt{5}}, \quad c_{10} = \frac{R}{2}\sqrt{6-2\sqrt{5}},$$

$$c_{15} = \frac{R}{4}[\sqrt{10+2\sqrt{5}} - \sqrt{6(3-\sqrt{5})}]$$

ergibt. Ist es dabei möglich, geschachtelte Wurzeln zu vermeiden?

Übung zur kubischen Wurzel

Man bestimme eine Lösung (x, y) von
$$\sqrt[3]{20+14\sqrt{2}} = x+y\sqrt{2}, \quad x \in Q, \quad y \in Q.$$

Was ist der Betrag von
$$z = \sqrt[3]{20+14\sqrt{2}} + \sqrt[3]{20-14\sqrt{2}}?$$

Beispiel einer endlichen Gruppe

(Gruppe der Permutationen von drei Objekten)

Übung 1

Man kann drei Objektive a, b, c in drei numerierte Lagen 1, 2, 3 bringen. Eine Permutation ist eine Abbildung der Menge auf sich selbst, darstellbar durch ein Schema wie

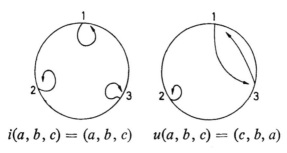

$i(a, b, c) = (a, b, c)$ $\quad u(a, b, c) = (c, b, a)$

1. Man zeichne die Schemata aller Permutationen. Man bezeichne mit i die *identische Permutation*, mit u, v, w jene Permutationen, bei denen zwei Elemente vertauscht werden (*Transpositionen*), mit r und r' jene Permutationen, bei denen jedes Element mit der Nummer n den Platz des Elementes mit der Nummer $n+1$ oder $n-1$ einnimmt (modulo 3) (*zyklische Permutationen*).
2. Man definiert in der Menge der Permutationen die Operation der *Multiplikation* als eine Permutation, die aus zwei aufeinanderfolgenden Permutationen zusammengesetzt ist.
   Man bilde eine Multiplikationstabelle in der Form einer Tabelle mit doppeltem Eingang. Dann kann man zeigen, daß
   $$u^2 = v^2 = w^2 = i,$$
   $$rr' = r'r = i, \quad r^3 = i, \quad r'^3 = i.$$
   Ist das Produkt kommutativ?
   Man zeige, daß die Menge der Permutationen die Struktur einer Gruppe aufweist. Gibt es zu jedem Element eine Quadratwurzel? Man löse
   $$x^2 = i \quad \text{und} \quad x^3 = i.$$
3. *Geometrisches Modell.* Ein gleichseitiges Dreieck und seine Deckabbildungen (r und r' sind dabei Drehungen, u, v, w achsiale Symmetrien).

4. *Axiomatische Konstruktion.* Man zeige, daß die Multiplikationstabelle durch die folgenden Axiome bestimmt ist:
Es gibt sechs Elemente, i, r, r', u, v, w. Die Operation ist assoziativ. i ist das neutrale Element. Sowohl die links- wie die rechtsseitige Kürzung ist erlaubt. Es bestehen die fünf Gleichungen

$$u^2 = i, \quad v^2 = i, \quad uv = r, \quad vu = r', \quad vr = w.$$

5. Man zeige an dem geometrischen Modell, daß die beiden Bedingungen

$$rr' = i, \quad r'r = i$$

nicht hinreichen, um zu beweisen, daß $r^2 = r'$.

Weitere Übung

Man führe dieselbe Betrachtung für vier Elemente durch und gebe zwei- und dreidimensionale geometrische Modelle dafür an.

Beispiele von Ringen

Übung 1

Es sei A die Menge der Vielfachen m einer ganzen Zahl a:

$$a \in N, \quad m = qa, \quad q \in Z.$$

Die innerhalb Z definierte Addition und Multiplikation verleihen der Teilmenge A die Struktur eines Ringes. Gibt es bei der Addition, beziehungsweise bei der Multiplikation ein neutrales Element?

Übung 2

Es ist zu beweisen, daß ein Ring den Bedingungen

$$ab = 0 \quad \Rightarrow \quad [a = 0 \quad \text{oder} \quad b = 0]$$

genügt, wenn er ein Körper ist. (Man multipliziere linksseitig mit a^{-1} oder rechtsseitig mit b^{-1}.)
Umgekehrt gilt, daß ein Ring dann ein Körper ist, wenn er der obigen Bedingung genügt (*Integritätsbereich*) und nur endlich viele Elemente besitzt. (Dazu bilde man, von $a \neq 0$ ausgehend, die Produkte $ax, x \in A$.)

Übung 3

Beispiel eines Ringes in der Menge $\mathfrak{F}$ der reellen Funktionen, die über $[0, 1]$ definiert sind. Es sei

$$x \searrow \underline{\quad f \quad} \nearrow f(x) \quad \text{und} \quad x \searrow \underline{\quad g \quad} \nearrow g(x).$$

Man definiert die beiden Operationen

$s = f+g$, definiert durch $x \searrow\underline{\quad s \quad}\nearrow f(x)+g(x)$

$p = fg$, definiert durch $x \searrow\underline{\quad p \quad}\nearrow f(x)g(x)$.

Es sind die neutralen Elemente dieser Operation anzugeben. Es ist zu zeigen, daß das neutrale Element der Addition in ein Produkt von von null verschiedene Faktoren zerlegt werden kann.
(Man denke dabei an Funktionen, die über einem in [0,1] eingeschlossenen Intervall null und über dem Komplement verschieden von null sind.)
$\mathfrak{F}$ ist kein Integritätsring.

Übungen zu den Kongruenzen

Bezeichnen wir mit A ein Polynom in x, dessen Koeffizienten Z angehören und mit $A(x)$ seine numerischen Werte für $x \in Z$. Man betrachte Kongruenzen zum Modul m, wobei m eine ganze Zahl größer als 1 ist.

1. Man beweise, daß $x_1 \equiv x_2 \Rightarrow A(x_1) \equiv A(x_2)$.
2. Wieviele Werte von x müssen ausprobiert werden, um die Gleichung $A(x) \equiv 0 \pmod{m}$ lösen zu können?
   Es ist zu zeigen, daß man A soweit reduzieren kann, daß seine Koeffizienten gleich $0, 1, 2, \ldots, m-1$ sind. Man bezeichnet den Grad des so reduzierten Polynoms mit d.
3. Man kann sich darauf beschränken, m als Primzahl vorauszusetzen. In der Tat,
   a) ist $m = m_1 m_2$ und sind m_1 und m_2 zueinander teilerfremd, so wird man u und dann v durch
   $A(u) \equiv 0 \pmod{m_1}$ und $A(u+m_1 v) \equiv 0 \pmod{m_2}$ bestimmen.
   Die Lösungen von $A(x) \equiv 0 \pmod{m}$ sind $x = u+m_1 v$.
   b) ist $m = p^k$, so bilden die Lösungen von $A(x) \equiv 0 \pmod{m}$ eine Teilmenge der Lösungen von $A(x) \equiv 0 \pmod{p}$.
4. Ist m eine Primzahl, so hat $A(x) \equiv 0 \pmod{m}$ höchstens d Lösungen.

Beispiel 1

Man löse $x^2 \equiv a \pmod{5}$ für verschiedene Werte von a.

Beispiel 2

Man löse
$$x(x+1)(x+2)(x+3)(x+4)(x+5)(x+6) \equiv 0 \pmod{81}.$$
(Es gibt 39 Lösungen.)

Polynome und Polynomfunktionen

Im folgenden bezeichne der Buchstabe **S** die Summe dreier Terme, die sich aus dem angeschriebenen Term durch Permutation von a, b, c herleiten.

Übung 1

Man vereinfache das Polynom

$$P(x) = \mathbf{S}\, a\, \frac{(x-b)(x-c)}{(a-b)(a-c)}.$$

1. Wirklicher Grad des Polynoms.
2. Man berechne $P(a)$, $P(b)$, $P(c)$.
3. Man vergleiche P mit dem Polynom $Q(x) \equiv x$.
4. Bestätige den gegebenen Ausdruck durch Entwicklung.

Analoge Übungen

Beispiel 1

$$P(x) \equiv \mathbf{S}\, \frac{(b+c)(x-b)(x-c)}{(a-b)(a-c)}.$$

Beispiel 2

$$P(x) \equiv \mathbf{S}\, \frac{(b^2+c^2)(x-b)(x-c)}{(a-b)(a-c)}.$$

Theoretische Übung

Man beweise, daß ein Polynom keine periodische Funktion ist (vgl. die Definition, Teil III, Kap. III).

Entfernungen in einem Punktraum

Eine Funktion $(M_1, M_2) \searrow d \nearrow d(M_1, M_2)$ ist eine Länge, wenn für alle Punktepaare M_1, M_2 die Zahl d positiv (null nur, wenn die Punkte nicht verschieden sind) ist, unabhängig von der Reihenfolge der Punkte, und der Dreiecksungleichung genügt:

$$\forall M_1, M_2, M_3, \quad d(M_1, M_2) \leq d(M_1, M_2) + d(M_2, M_3).$$

1. Es ist nachzuweisen, daß $d' = \dfrac{d}{1+d}$ eine Länge ist, wenn d eine Länge ist. Daraus sind noch andere Längen herzuleiten.

2. Ist der Punktraum dem zweidimensionalen Vektorraum zugeordnet, so zeige man, daß
$$\delta(M_1, M_2) = |x_1 - x_2| + |y_1 - y_2|$$
eine Länge ist.
3. Die größte der beiden Zahlen $|x_1 - x_2|$ und $|y_1 - y_2|$, die man in der Form
$$d(M_1, M_2) = \text{Sup}(|x_1 - x_2|, |y_1 - y_2|)$$
schreibt, ist eine Länge.

(Man wird dabei Strecken vom Typ I mit $\left|\dfrac{y_2 - y_1}{x_2 - x_1}\right| < 1$ und vom Typ II mit $\left|\dfrac{y_2 - y_1}{x_2 - x_1}\right| > 1$ unterscheiden. Dann wird man die Dreiecke betrachten, deren drei Seiten vom gleichen Typ sind, schließlich die Dreiecke, die dieser Bedingung nicht genügen.)

4. Wir verwenden die eben definierte Länge in einem ebenen rechtwinkligen Koordinatensystem und legen den Flächeninhalt in der üblichen Weise zugrunde. Es sei A der Flächeninhalt eines Polygons P ohne Doppelpunkt, das ganz im Rechteck R mit den Seiten $x = \pm a$, $y = \pm b$ liegt. Mit L bezeichnen wir die Länge des Durchmessers des Rechtecks. Dann ist zu zeigen: Für das Verhältnis der Fläche zu diesem Durchmesser gilt

(I) $$\frac{A}{L} < a + b - \sqrt{a^2 + b^2}.$$

Anleitung:

a) Man transformiere P durch die Operation f in P_1; diese besteht darin, daß man das kleinste Rechteck R_1' konstruiert, das P enthält und dessen Seiten die Richtungsfaktoren $+1$ und -1 haben; unter Umständen kürzt man R_1', um $P_1 = R_1' \cap P$ zu behalten.

b) Man spiegele P_1 an der x-Achse, indem man die Punkte (x_1, y_1) und (x_1, y_1') durch die Punkte
$$\left(x_1, +\frac{1}{2}|y_1' - y_1|\right) \quad \text{und} \quad \left(x_1, -\frac{1}{2}|y_1' - y_1|\right)$$
ersetzt. Das ergibt P_2.

c) Die Operation f wird wiederholt, um P_2 in P_3 zu überführen. Dabei bleibt die Symmetrie in bezug auf die x-Achse erhalten.

d) Man spiegele schließlich an der y-Achse.
Nun zeigt man, daß diese Transformationen $\dfrac{A}{L}$ nicht erhöhen, und bestätigt (I) am letzterhaltenen Polygon.

Bemerkung. Die vorstehende Eigenschaft hat zur Vereinfachung des Beweises des Satzes von *Selberg* über die Folge der Primzahlen gedient.

Der Begriff der Konvexität einer Teilmenge

A. Definition

In einem Punktraum, der einem Vektorraum zugeordnet ist, ist die *Strecke* M_1M_2 als Menge jener Punkte definiert, für die
$$M_1M = kM_1M_2, \quad 0 \leq k \leq 1$$
oder auch
$$OM = \lambda OM_1 + (1-\lambda)OM_2, \quad 0 \leq \lambda \leq 1.$$
Eine Teilmenge $\mathfrak{E}$ heißt *konvex*, wenn
$$\forall M_1, \forall M_2 \in \mathfrak{E}, \quad M \in M_1M_2 \Rightarrow M \in \mathfrak{E}.$$
Es gelte, daß $\emptyset$ und $\{M\}$ konvex sind.
a) Man gebe in der affinen oder metrischen Geometrie Beispiele dafür an.
b) Man zeige, daß ein von der Leermenge verschiedener Durchschnitt von konvexen Teilmengen selbst wieder konvex ist.
c) Man gebe n Punkte vor, die $\mathfrak{E}$ angehören und statte sie mit Koeffizienten desselben Vorzeichens aus. Man beweise, daß ihr „Massenmittelpunkt" $\mathfrak{E}$ angehört. Wie kann man die kleinste konvexe Menge definieren, die n gegebene Punkte enthält?

B. Abstand eines Punktes $K \notin \mathfrak{E}$ von der konvexen Menge $\mathfrak{E}$

(*Metrische Geometrie*)

Wiederholung

Der Abstand des Punktes K von $\mathfrak{E}$ beträgt, wenn man die Entfernung oder Distanz zweier Punkte A, B mit $d(A, B)$ bezeichnet,
$$h = \text{Inf } d(KM), \quad M \in \mathfrak{E}.$$
a) Wenn ein Punkt $H \in \mathfrak{E}$, $d(KH) = h$ existiert, so ist er eindeutig.
b) Wird vorausgesetzt, daß H existiert, so sei δ die in H auf KH errichtete Senkrechte.
   1. $\delta \cap \mathfrak{E}$ ist der Punkt H, eine Strecke von δ oder δ selbst.
   2. Kein Punkt von $\mathfrak{E}$ liegt auf derselben Seite von δ wie K.
c) H liegt auf der Begrenzung von $\mathfrak{E}$. Ist diese Grenzlinie eine Kurve mit einer Tangente in H, so ist diese Tangente zugleich δ.

C. Anwendungen in der Analysis

Es sei der Bogen AB der Graph einer Funktion $x \searrow f \nearrow y$, die in $[a, b]$ stetig ist. Dann bezeichnet man einen Punkt $K(x_0, y_0)$ als *oberhalb* des Graphen liegend, wenn $y_0 > f(x_0)$.

1. Es seien drei Punkte U, V, W mit den Abszissen $u < v < w$ gegeben. Dann folgt
   [V oberhalb von UW] $\Leftrightarrow$ [Steigung von $UV >$ Steigung von UW]
2. Man setze
$$p_{1,2} = \frac{f(x_2) - f(x_1)}{x_2 - x_1}.$$
Man spreche die Eigenschaft, für die man
$$\forall x_1, \forall x_2 \in [a, b]\,, \forall x \in [x_1, x_2],$$
$$f(x) > f(x_1) + p_{1,2}(x - x_1),$$
schreiben kann, in einem Satz aus.

a) Man beweise, daß diese Bedingung nach Festlegung eines positiven Richtungssinnes auf der y-Achse die Konvexität der Punktmenge zwischen dem Bogen AB und der Sehne AB ausdrückt.

b) Es seien n Werte von x
$$a \leqq x_1 < x_2 < \ldots < x_n \leqq b,$$
und n Zahlen
$$\alpha_1, \alpha_2, \ldots, \alpha_n.$$
desselben Vorzeichens gegeben. Es ist zu beweisen, daß der Punkt
$$G\left(x_G = \frac{\alpha_1 x_1 + \alpha_2 x_2 + \ldots + \alpha_n x_n}{\alpha_1 + \alpha_2 + \ldots + \alpha_n},\right.$$
$$\left. y_G = \frac{\alpha_1 f(x_1) + \alpha_2 f(x_2) + \ldots + \alpha_n f(x_n)}{\alpha_1 + \alpha_2 + \ldots + \alpha_n}\right)$$
im Innern von $\mathfrak{E}$ liegt.

c) Die Funktion wird als differenzierbar vorausgesetzt. Zeige
$$[x_1 < x_2] \Rightarrow [f'(x_1) > p_{1,2} > f'(x_2)].$$
Daraus ist das Vorzeichen der zweiten Ableitung zu bestimmen, die als existierend vorausgesetzt wird.

d) Eine Funktion mit der fraglichen Eigenschaft heißt *konvex* in $[a, b]$. Man definiere in entsprechender Weise eine *konkave* Funktion und auch eine in weiterem Sinne konvexe oder konkave Funktion, indem man $<$ durch $\leqq$ oder $>$ durch $\geqq$ ersetzt.
Man betrachte von diesem Standpunkt aus die linearen Funktionen, Trinome zweiten Grades, und Funktionen der Art
$$y = |ax + b| + |a'x + b'| + |a''x + b''| \quad \text{usw.}$$

Es sei bemerkt, daß der Begriff der konvexen Funktion für die Integralrechnung und die Statistik große Bedeutung hat. Der Punkt G von b) stellt einen „mittleren" Zustand dar, wenn jeder Punkt des Graphen einen Zustand des untersuchten Phänomens darstellt.

Systeme numerischer Ungleichungen: Lineare Programmierung

Systeme von Ungleichungen

Im Raum R^n der Punkte $M(x_1, x_2, ..., x_n)$.
1. Es ist zu zeigen, daß die Punktmenge, die eine lineare Ungleichung

$$a_1 x_1 + a_2 x_2 + ... + a_n x_n < k$$

   befriedigt, konvex ist.
2. Daraus ist herzuleiten, daß die Menge, die durch Konjunktion von linearen Ungleichungen definiert ist, ebenfalls konvex (oder leer) ist.
3. Dieselbe Frage ist für die Konjunktion von linearen Ungleichungen und linearen Gleichungen zu beantworten.
   Es sind numerische Beispiele und geometrische Modelle für $n = 1, 2$ oder 3 anzugeben.

Linearplanung

Bei der Messung von Größen stoßen wir auf den Begriff des Vektorraumes; zwischen den Maßen treten lineare Ausdrücke auf. Wir geben hier ein sehr einfaches Beispiel an, das einer graphischen Darstellung in der Ebene zugänglich ist.

Satz

In einer Schneiderei ist beabsichtigt, sowohl Kostüme und Kleider aus demselben Material herzustellen. Die Länge (in Metern), die für jedes Stück benötigt wird, ist bekannt, ebenso die Arbeitszeit (in Stunden) und der Erlös (in DM):

	Länge	Arbeitszeit	Erlös
Für ein Kostüm	$l = 5$	$d = 4$	$b = 10$
Für ein Kleid	$l' = 3$	$d' = 5$	$b' = 9$

Es stehen 60 Meter Stoff und 80 Arbeitsstunden zur Verfügung. Wie kann man den höchsten Erlös erzielen?
Hinweise auf den Lösungsweg
Man trage die Zahl x der Kostüme und als Ordinate die Zahl y der Kleider auf; man markiere die Gebiete, die durch

$$R_1 : (x \geqq 0), \quad R_2 : (y \geqq 0)$$
$$R_3 : (5x+3y \leqq 60), \quad R_4 : (4x+5y \leqq 80)$$

gekennzeichnet werden. Dann betrachtet man die Geradenmenge

$$\Delta(10x+9y = \lambda),$$

so daß

$$E = \Delta \cap (R_1 \cap R_2 \cap R_3 \cap R_4).$$

Es sei Δ_m jene darunter, deren Abstand $\delta = \dfrac{\lambda}{\sqrt{181}}$ vom Ursprung ein Maximum ist. Man zeige, daß sie durch eine Ecke A geht.
Der gesuchte Punkt mit ganzzahligen Koordinaten ist nicht jener, der in E dem Punkt A am nächsten liegt, sondern jener, durch den die Gerade Δ geht, die Δ_m am nächsten liegt.

Ergänzungen

Man ändere den Satz dahingehend ab, daß Δ_m ein Stück der Begrenzungslinie von E enthält.

Mengen, die von einem Parameter abhängen

Eine Menge $\mathfrak{A}$ hängt von einem Parameter λ ab, wenn sie in eineindeutiger Zuordnung mit der Menge R oder einer ihrer Teilmengen steht:

$$\lambda \in R \diagdown \underline{\qquad} \diagup a \in \mathfrak{A}$$

Eine Menge $\mathfrak{A}$ hängt von n Parametern ab, wenn sie in eineindeutiger Zuordnung zu R^n steht:

$$(\lambda_1, \lambda_2, \ldots, \lambda_n) \in R^n \diagdown \underline{\qquad} \diagup a \in \mathfrak{A}.$$

Eine Teilmenge von $\mathfrak{A}$ ist durch p Bedingungen definiert, wenn die Parameter p unabhängigen Gleichungen gehorchen. Dies ist nur dann einfach, wenn man aus diesen Gleichungen p Parameter in eindeutiger Form mit Hilfe der $n-p$ Parameter bestimmen kann, die selbst unabhängig bleiben.

A. Einparametrige Kurvenscharen

Übung 1

Eine Schar $\mathfrak{P}$ von *Parabeln* P_m wird von den Graphen der trinomischen Funktionen dargestellt, die im zweiten Grad von einem Parameter abhängen:

$$m \in R \diagdown\_\_\_\diagup T_m \equiv (m^2+1)x^2+2(m^2+2m+2)x+m(m+4) \diagdown\_\_\_\diagup P_m$$

1. Es sind die Kurven P_m zu bestimmen, die durch einen Punkt $A(x_0, y_0)$ gehen. Bei der Diskussion der Zahl von Lösungen tritt ein Punkt K und eine Parabel Q besonders in Erscheinung.
2. Man beweise, daß Q die Enveloppe der Schar $\mathfrak{P}$ ist (Das heißt, daß $\forall m$, P_m Berührende von Q und $\forall K \in Q$, $\exists m$, so daß K der Berührpunkt von Q und P_m ist.)

Übung 2

Ein Analogon zum Vorhergehenden lautet

$$T_\Theta \equiv 2x^2 - 4x\cos\Theta + \cos 2\Theta - \cos\Theta.$$

1. Man führt den Parameter $u = \cos\Theta$ ein. Man gebe die Teilmengen an, die von Θ und u durchlaufen werden, damit die verlangten eineindeutigen Zuordnungen bestehen.
2. Man bestimme die Kurven C_Θ, die durch einen Punkt $A(x_0, y_0)$ hindurchgehen und diskutiere diese.
3. Man bestimme die Kurven, die durch den Punkt

$$B(x_1 = \lambda \sin\Theta \; , \; y_1 = 2 - \cos\Theta)$$

gehen, wobei λ gegeben ist. (Man setze $\lambda = \tan\alpha$). Die Kurven sind zu diskutieren.

Man erkennt, daß die Resultate von 2 und 3 sich nicht widersprechen!

B. Geometrisches Beispiel

Übung: Die Familie der ebenen Ähnlichkeitsabbildungen

Man gebe zwei senkrechte Geraden d und d' vor, die sich in O schneiden. Dann setze man

$$(d, d') = +\frac{\pi}{2} \pmod{\pi}$$

und betrachte die Mengen

$\varGamma$: Menge der Kreise γ (Mittelpunkt C, Radius R), die d' im Punkt O berühren.
$\varGamma'$: Menge der Kreise γ' (Mittelpunkt C', Radius R'), die d in O berühren.
$\mathfrak{C}$: Die Menge $\varGamma \times \varGamma'$ der Paare (γ, γ').
$\varDelta$: Menge der Zentralen δ (Geraden CC')
$\mathfrak{S}$: Menge der Ähnlichkeitsabbildungen S (mit dem Zentrum M, dem Winkel α, und dem Maßstab k), die γ in γ' überführen.
$\mathfrak{M}$: Menge der Punkte M, Zentren der Ähnlichkeitsabbildungen S, mit Ausnahme von O.
$\varLambda$: Menge der Ortslinien λ der Punkte M, die einem Paar (γ, γ') entsprechen.
$\mathfrak{M}_0; \mathfrak{M}_1; \mathfrak{M}_2; \mathfrak{M}'_2; \mathfrak{M}_3$: Mengen von Punkten M, die $\alpha = 0$, $\alpha = \pi$, $\alpha = +\dfrac{\pi}{2}$, $\alpha = -\dfrac{\pi}{2}$, einem beliebigen α entsprechen.
$\mathfrak{M}_4$ und $\mathfrak{M}_5$: Mengen der Punkte M, die $k = 1$, bzw. einem beliebig gegebenen k entsprechen.

Von wieviel Parametern hängt jede dieser Mengen ab? Man gebe die Abbildungen an, die die vorliegenden Gegebenheiten zwischen jeder dieser Mengen und $\mathfrak{C}$ definieren, indem man die geometrischen Konstruktionen eines Elementes angibt, wenn (γ, γ') bekannt ist, und umgekehrt.
Die Winkelhalbierenden von (d, d') bezeichne man mit b' und b'', und die durch $(T', T'') = \lambda \cap (b' \cup b'')$ definierten Punkte mit T', T''.
Es kann bei der Betrachtung von $\mathfrak{M}_3$ von Nutzen sein, bei jeder Ähnlichkeitstransformation das Bild und Urbild (Original) von O zu betrachten.

Übungen zur affinen und projektiven Geometrie
(*Einfache Beispiele*)
Übung 1
Gegeben: Zwei Geraden d, d' und zwei Punkte A, B. Man betrachte
1. Die Gerade $\delta \ni A$, $P = d \cap \delta$, $Q = d' \cap \delta$.
2. Die Gerade $\delta' \ni Q$, $\delta' \parallel AB$.
Man untersuche die Punktmenge $M = PB \cap \delta'$.
Zwei Lösungen (M hängt von einem Parameter ab).
Erste Untersuchung: *Affine Geometrie*
Streckung $\mathfrak{X}$ mit dem Zentrum P $\qquad A \xrightarrow{\mathfrak{X}} Q$
Grundgedanke: Man betrachte das Urbild $\qquad B \longrightarrow M$
O' von O und beobachte, was fest bleibt. $\qquad O \longrightarrow O$
Man gelangt zu einem Ergebnis, indem man eine Perspektivität mit dem Zentrum B ausführt.
Zweite Untersuchung: *Projektive, dann affine Geometrie.*

Man verallgemeinere, indem man $\delta' \parallel AB$ durch $\delta' \ni C$ ersetzt, wobei C ein auf AB liegender Fixpunkt ist. Man rücke die Gerade ABC ins Unendliche und endige in der affinen Geometrie (Streckung mit dem Zentrum C).

Übung 2

In einem Dreieck ABC sei M der Mittelpunkt der Seitenhalbierenden BK und D der Punkt $AM \cap BC$. In welchem Verhältnis teilt D die Seite BC?

Erste Aufgabe: Projiziere parallel zu AM auf BC
Zweite Aufgabe: Projiziere parallel zu AC auf BC
Dritte Aufgabe: Projiziere parallel zu AC auf BK
Vierte Aufgabe: Projiziere parallel zu AB auf BC
Fünfte Aufgabe: Betrachte M als Massenmittelpunkt von A, B, C, die mit geeigneten Koeffizienten behaftet sind.
Sechste Aufgabe: Betrachte die unendlichfernen Punkte der Geraden der Figur und rücke die Gerade AMD oder auch die Gerade AB ins Unendliche.
Siebente Aufgabe: Rechne vektoriell (analytische Geometrie), wobei

$$AB = i, \ AC = j, \text{ oder auch } BA = u, \ BC = v.$$

Man verallgemeinere die einzelnen Aufgaben.

Bemerkungen über den Begriff der Umkehrung (des Kehrsatzes)

Ein mathematischer Satz besteht aus den folgenden Teilen:
1. Beschreibung einer Situation, eines Sachverhalts S; dabei handelt es sich um Elemente definierter Mengen.
2. Hypothesen (Voraussetzungen) $H_1, H_2, ..., H_n$.
3. Schlußfolgerungen (Behauptungen) $C_1, C_2, ..., C_p$.

Innerer Kehrsatz

Bei einem für die Situation inneren Kehrsatz bleibt S erhalten. Bestimmte der Schlußfolgerungen C werden zu Hypothesen anstelle von einigen Hypothesen H. Es erhebt sich die Frage, ob die verschwundenen Hypothesen zu Schlußfolgerungen werden.

Äußerer Kehrsatz

Dabei wird eine neue Situation S' mit Hilfe gewisser alter Hypothesen H und gewisser Schlußfolgerungen C definiert. Man fragt, ob diese neue Situation mit der ursprünglichen übereinstimmt: Ist das Axiomensystem von S' jenem von S mit den Hypothesen H äquivalent?

Elementares Beispiel (eine einzige Voraussetzung, eine einzige Schlußfolgerung)

Satz
1. *S*: Es handelt sich um einen Kreis Γ mit dem Zentrum O, um zwei Punkte A, B dieses Kreises und einen Punkt M. Man setze

$$\sphericalangle(OA, OB) = 2\alpha \pmod{2\pi}.$$

2. Voraussetzungen: $M \in \Gamma$.
3. Schluß: $\sphericalangle(MA, MB) = \alpha \pmod{\pi}$.

Innerer Kehrsatz
S bleibt erhalten; man vertausche Voraussetzung und Schlußfolgerung.
Aus beiden Sätzen folgt:
Für die Situation S gilt $\sphericalangle(MA, MB) = \alpha \pmod{\pi}$ $\Leftrightarrow$ $M \in \Gamma$.

Äußerer Kehrsatz
1. Es liegen zwei Punkte A, B und ein Winkel $\alpha \pmod{\pi}$ vor.
2. Man schließe, daß ein Kreis Γ existiert, so daß

$$\sphericalangle(MA, MB) = \alpha \pmod{\pi} \Leftrightarrow M \in \Gamma.$$

Übung

Direkte Untersuchung
Es seien zwei parallele Gerade D, Δ und ein Punkt F gegeben, und es liege die Transformation $M \diagdown \underline{\mathfrak{T}} \diagup M'$ vor, so daß M' bei einer zentrischen Streckung mit dem Zentrum M, bei der D in Δ übergeführt wird, das Bild von F wird. Man bezeichne das Bild einer Kurve C mit C'. Man untersuche C', wenn C a) eine Gerade, b) ein Kreis mit dem Zentrum F ist. (Diese Probleme enthalten einen inneren Kehrsatz, da es sich darum handelt, C' so zu bestimmen, daß $M \in C$ $\Leftrightarrow$ $\Leftrightarrow$ $M' \in C'$).

Äußerer Kehrsatz
Jeder Kegelschnitt kann mit Hilfe einer solchen Transformation als Bild eines Kreises definiert werden.

Ergänzung
Man verwende diese Transformation bei einer Untersuchung der Kegelschnitte (Schnitt mit einer Geraden, Tangenten, Asymptoten usw.). Man bestimme den Ursprung dieses Satzes, indem man von der Definition der Kegelschnitte im Drehkegel ausgeht (einbeschriebene Kugel, die die Schnittebene berührt.)

Anmerkung über die Lösung von Problemen

Die Betrachtung der allgemeinen Strukturen (wie etwa der Gruppe, des Ringes, Körpers, Vektorraumes, der affinen, projektiven oder Euklidischen metrischen Geometrie) liefert einen Leitfaden zur Behandlung spezieller Probleme, sobald deren Struktur erkannt ist.

Es gibt ein klassisches Problem, das eine spezielle Situation darstellt und dessen Behandlung zwei grundlegende Formen annehmen kann. Diese sind unter der Bezeichnung „Berechnung von Figuren" und „Konstruktion von Figuren" bekannt. Wir wollen nun die Einheit der Methode, wie sie bei den Bearbeitungen dieser Fragen möglich ist, augenfällig darstellen.

A. Axiomatische Untersuchung einer Situation

In unserer Darstellung haben wir die wichtigsten elementaren Sachverhalte (Situationen) mit Hilfe der *axiomatischen Methode* untersucht. Wir wollen uns nun über die Natur dieser Methode klar werden.

1. *Analyse*

Eine Situation ist rein intuitiv durch die physikalische oder mathematische Erfahrung in unvollständiger und wenig geordneter Form bekannt. Eine Analyse der Situation läßt die Eigenschaften der darin auftretenden Mengen deutlich erscheinen (Beziehungen, Abbildungen). Es sei bemerkt, daß wir uns bei der Einführung der Zahlen oder des Euklidischen Raumes darauf beschränken können, die Erfahrung des modernen Lesers heranzuziehen.

2. *Konstruktion der Struktur der Situation*

Man trifft unter der Menge eine Auswahl der als wesentlich erachteten Eigenschaften, explizit in Sätzen ausgesprochen, was das *Axiomensystem* ergibt; dann untersucht man die Schlußfolgerungen, um die anderen bekannten Eigenschaften wiederzufinden und neue zu entdecken.

3. *Diskussion*

a) *Verträglichkeit*. Man vergewissere sich der *Existenz* der Elemente der konstruierten Menge, indem man sich von ihrer Widerspruchsfreiheit überzeugt.

b) Man diskutiere die *Eindeutigkeit* der Menge, die bis auf einen Isomorphismus konstruiert wurde (*kategorisches Axiomensystem*): Dabei haben wir in einer Übung die Existenz von nicht isomorphen Ringen erkannt; mithin bilden die Ring-Axiome kein kategorisches System. Um ein solches festzulegen, bedarf es noch zusätzlicher Bedingungen.

Ganz ähnlich verfährt man auch bei der Behandlung von einfacheren Problemen.

B. Berechnung einer Figur

Ein Sachverhalt wird durch einen *Satz* ausgedrückt. Dabei werden Mengen eingeführt, die von *numerischen Parametern* abhängen, so daß jedes Element durch eine Zahl oder eine Zahlenmenge definiert ist. Setzt man eine solche Zahlenmenge als bekannt voraus (als *Angaben* $a, b, ..., l$), so besteht die Aufgabe darin, die anderen Zahlen (die *Unbekannten* $x_1, x_2, ..., x_n$) explizite auszurechnen.

1. Analyse

Man stelle die Parameter fest und benenne sie. Man trenne jene ab, die unabhängig sind; die vorliegenden Beziehungen sind durch Ungleichungen und Gleichungen anzugeben. Das ergibt das System der Bedingungen $\mathfrak{S}$.

2. Auflösung

Indem man die gegebenen von den unbekannten Größen unterscheidet, verschafft man sich ein System von Gleichungen und Ungleichungen, das *aufzulösen* ist. Das erhaltene System erlaubt eine aufeinanderfolgende Berechnung der Unbekannten

$$\begin{cases} x_1 = f_1(a, b, c, ..., l) \\ x_2 = f_2(a, b, ..., l, x_1) \\ \cdots\cdots\cdots\cdots\cdots\cdots\cdots \\ x_n = f_n(a, b, ..., l, x_1, ..., x_{n-1}). \end{cases} \qquad \begin{cases} g_1(a, ..., l) < x_1 < h_1(a, ..., l) \\ g_2(a, ..., l, x_1) < x_2 < h_2(a, ..., l, x_1) \\ \cdots\cdots\cdots\cdots\cdots\cdots\cdots \end{cases}$$

3. Diskussion

Man vergewissert sich, daß die Lösungen *existieren* (Widerspruchsfreiheit) und auch allen jenen Bedingungen genügen, die im Ansatz nicht verwendet wurden (Verträglichkeit).

Im weiteren diskutiert man die *Eindeutigkeit* der Lösung.

Die Ergebnisse stellen Beziehungen zwischen den Angaben her, um die verschiedenen Möglichkeiten, die die Situation bietet, zu unterscheiden.

C. Konstruktion einer Figur

Die durch die Bedingungen eingeführten Mengen sind nicht immer alle durch numerische Parameter bestimmt. Setzt man voraus, daß ein System von (gegebenen) Elementen bekannt ist, so verlangt man die *Konstruktion* der anderen (unbekannten) Elemente.

1. Diese Beziehungen drückt man durch Gleichungen und Ungleichungen sowie durch Zuordnungen bekannter Art zwischen den Mengen aus.
2. Indem man die gegebenen von den unbekannten Größen unterscheidet, wählt man eine Anzahl dieser Bedingungen aus, so daß man die Unbekannten aus den gegebenen Größen „konstruieren" kann; dabei verwendet man die logische Regel: „der Konjunktion der Bedingungen entspricht der Durchschnitt der Mengen, der nichtausschließenden Disjunktion hingegen die Vereinigung der Mengen."

Die Bedeutung des Wortes „konstruieren" in der klassischen Geometrie ist folgende: Die Konstruktionsregeln werden auf eine Aufeinanderfolge von Operationen zurückgeführt, wie etwa: Gerade, Kreise, Ebenen, Kugeln, die durch zwei, drei, vier Punkte bestimmt sind, zum Schnitt zu bringen. (Auf diese Weise gelangt man nie über die analytische Geometrie ersten und zweiten Grades hinaus.) (Vgl. „Leçons sur les constructions géométriques", Henri Lebesgue, Gauthier-Villars, 1950.) Dabei wird die Existenz der Elemente im Platonischen Sinne sichergestellt.

3. *Diskussion.* (Wie unter Punkt B).

Beispiele

B′. Berechnung von Figuren

In der Praxis kann man im allgemeinen mit der Triangulierung operieren und das Problem schrittweise „lösen". Um die Geschmeidigkeit trigonometrischer Verfahren auszunutzen, ist es im allgemeinen bequem, als Unbekannte einen oder mehrere Winkel zu wählen.

Von diesem Standpunkt aus ist die Bedeutung jener Probleme zu verstehen, die man als „Dreiecksaufgaben" bezeichnet. Wählen wir ein ganz zufälliges Beispiel ohne Besonderheiten, um daran die Methode zu demonstrieren.

Aufgabe

Man bestimme die Stücke eines Dreiecks ABC, das der Bedingung $B = 2C$ genügt, wobei die Länge l der Seite BC und k der Wert des Verhältnisses der Höhe durch A zum Radius des im Winkelfeld von C liegenden Ankreises ist.

Lösung

1. Der Sachverhalt ist bekannt. Die vorkommenden Elemente sind $a, b, c, A, B, C, h_a, r_c$.

Die Angaben werden in das folgende System übertragen:

Existenz eines Dreiecks	Bestimmung der vorkommenden Elemente
(1) $\quad \begin{cases} A+B+C = \pi \\ \dfrac{a}{\sin A} = \dfrac{b}{\sin B} = \dfrac{c}{\sin C} \\ a > 0, A > 0, B > 0, C > 0 \end{cases}$ (2) (3)	(4) $\quad \begin{cases} a = h_a(\cot C + \cot B) \\ a = r_c\left(\cot \dfrac{C}{2} - \tan \dfrac{B}{2}\right) \\ \text{Bedingung} \\ B = 2C \end{cases}$ (5) (6)

Gegeben:
$$a = l \tag{7}$$
und k, das definiert ist durch
$$h_a = kr_c. \tag{8}$$

2. *Lösung:*
Es besteht keinerlei Symmetrie. Die Strecken werden eliminiert. Die Hauptunbekannte ist
$$u = \cos C. \tag{10}$$

Das gelöste System lautet (9 Gleichungen nach Einführung von u):

$$\begin{array}{ll}
(9) & \begin{cases} 2(k-1)u - (2-k) = 0 \\ \cos C = u \\ B = 2C \\ A = 3C \end{cases} \quad \begin{cases} \dfrac{1}{2} < u < 1 \\ 0 < C < \dfrac{\pi}{3} \\ (7), (2), (3), (4), (8). \end{cases} \\
(10) & \\
(11) & \\
(12) &
\end{array}$$

3. *Diskussion:*
$$\frac{4}{3} < k < \frac{3}{2}; \quad \text{eine Lösung}$$

Bemerkung

Man kann auch eine Lösung suchen, wenn man die Seiten als Hauptunbekannte nimmt oder auch eine geometrische Konstruktion heranzieht.

C'. Beispiel eines durch Konstruktion zu lösenden Problems

(Dabei wäre es interessant, das ausgezeichnete Buch von Petersen (1866) zu modernisieren; französische Übersetzung von O. Chemin „Méthode pour les problèmes de construction géométrique", Gauthier-Villars.)

Ansatz

Man konstruiere ein gleichseitiges Dreieck ABC, bei dem die Entfernungen α, β, γ der Eckpunkte von einem gegebenen Punkt O bekannt sind.

1. *Analyse des Sachverhalts*

Angaben. Der Punkt O und drei Strecken. Grundgedanke: man führe drei Kreise ein:
$$\begin{cases} OA = \alpha & \Leftrightarrow \quad A \in \Gamma_a \\ OB = \beta & \Leftrightarrow \quad B \in \Gamma_b \\ OC = \gamma & \Leftrightarrow \quad C \in \Gamma_c \end{cases}$$

Weiterer Gedanke: gleichseitiges Dreieck $\Leftrightarrow$ Drehung $\mathfrak{R}\left(A, \pm \dfrac{\pi}{3}\right)$

Vereinfachung: Man gewinnt einen Lösungstyp, wenn man einen Eckpunkt, etwa A, und die Orientierung des Winkels (AB, AC) festlegt.

2. *Beschreibung der vorgeschlagenen Lösung*:

Man ziehe die Kreise Γ_a, Γ_b, Γ_c und wähle $A \in \Gamma_a$.
Man konstruiere Γ_c' als das durch $\mathfrak{R}$ von Γ_c erscheinende Bild.
$B \in \Gamma_c' \cap \Gamma_b$ und C ist bei $\mathfrak{R}$ das Urbild von B.
Existenz: alleinige Bedingung $\Gamma_c' \cap \Gamma_b \neq \emptyset$.
Verträglichkeit: Die konstruierten Punkte sind genau die gesuchten.

3. *Diskussion*

Man diskutiere die Lösungstypen und die Mengen der Lösungen.

Ergänzung

Äußerer Kehrsatz: Man gibt ein gleichseitiges Dreieck ABC vor und untersucht die Menge der Punkte O, die $OA = OB + OC$ genügen.

Wiederholung der Kinematik und Übungen dazu

(Teil III, Kap. III, D)

1. *Wiederholung*

Die Kinematik des Massenpunktes besteht in ihrer mathematischen Form in der differentiellen Behandlung eines Punktes des R^3, dessen Länge von einem Parameter abhängt, den man als die *Zeit* bezeichnet.
Die *Bewegung* von M wird durch die Funktion $t \searrow f \nearrow OM$ definiert.
Die *Bahnkurve* ist die Kurve, die alle Lagepunkte von M in einer Menge vereinigt.
Die *Geschwindigkeit* ist die Ableitung $V = (OM)'$.
Die *Beschleunigung* ist $\mathbf{\Gamma} = (V)' = (OM)''$.

In bezug auf das Koordinatensystem gilt dafür

$$OM = xi+yj+zk,$$
$$V = x'i+y'j+z'k,$$
$$\Gamma = x''i+y''j+z''k.$$

In einer hierhergehörigen Untersuchung orientiert man im allgemeinen die Bahnkurve und wählt einen ihrer Punkte als Ursprung. Dann wird M durch die Bogenlänge s als Abszisse bestimmt, die eine Funktion der Zeit t ist.

Nachdem die Tangenten nach dem auf der Bahnkurve gewählten Durchlaufsinn orientiert sind, tragen sie einen Einheitstangentenvektor T, der eine Funktion von s ist und bestimmt ist durch

$$V = vT.$$

In der Ebene bestimmt T einen Normalenvektor N (wobei wir darauf verzichten, im dreidimensionalen Raum seine Bestimmung unter allen Normalenvektoren anzugeben), und es gilt

$$\sphericalangle(T, N) = +\frac{\pi}{2}, \quad \Gamma = v'T + \frac{v^2}{R}N.$$

Bemerkung über die Einheiten

Es gibt hier zwei voneinander unabhängige Einheiten der Länge und der Zeit und zwei abgeleitete Einheiten der Geschwindigkeit und Beschleunigung. In der graphischen Darstellung wählt man für sämtliche Einheiten Strecken.

Die Ableitungen höherer als zweiter Ordnung werden in der klassischen Mechanik nicht verwendet, die vom Newton-Gesetz $F = m\Gamma$ mit der Kraft F und der Masse m ausgeht.

Bemerkung

Auf der orientierten Bahnkurve heißt die Bewegung *vorwärtsschreitend*, wenn sie in positivem Sinne abläuft ($v > 0$), anderenfalls *rückläufig*. Wir bemerken, daß man oft *Diagramme* zeichnet, graphische Darstellungen der Zahlenwerte von s, v, γ als Funktionen der Zeit.

Theoretische Betrachtung

1. Von zwei Vektoren V_1 und V_2, die Funktionen der Zeit sind, ist die Ableitung ihres skalaren Produktes zu berechnen. Sonderfall: $V_1 = V_2$.

2. Ist V die Geschwindigkeit eines bewegten Punktes, so ist zu zeigen, daß

$$|v|\nearrow \quad \Leftrightarrow \quad |\not\pitchfork(V, \Gamma)| < \frac{\pi}{2}.$$

Die Bewegung heißt in diesem Fall *beschleunigt*. Im gegenteiligen Fall heißt sie *verzögert*.

Grundlegende Aufgabe der klassischen Mechanik

Der Wurf im leeren Raum.
Als orthonormales Bezugssystem verwenden wir O; i, j, k, wobei der letzte Vektor mit der Vertikalen der Physik zusammenfällt. Einheiten: Meter, Sekunden.
Beschleunigungsgesetz: $\Gamma = -gk$, wobei $g \approx 9{,}8$.
Anfangswerte zum Zeitpunkt $t = 0$, $V = V_0 = (v_0 \cos \alpha)i + (v_0 \sin \alpha)j$.
1. Man zeige, daß die Bewegung in einer Ebene und parabolisch verläuft.
2. Ist v_0 gegeben, so bestimme man α, so daß die Bahnkurve durch einen gegebenen Punkt $K(x_1, y_1)$ geht.

Beispiel einer einfachen Aufgabe

Gegeben

Eine Strecke a und eine Winkelgeschwindigkeit ω in Radiant pro Zeiteinheit. Die Bewegung des Punktes M wird definiert durch

$$OM = xi + yj, \quad x = a \cos \omega t, \quad y = a(\sin \omega t - \cos \omega t).$$

1. Man bestimme Geschwindigkeit und Beschleunigung nach Betrag und Richtung. Ist die Bewegung beschleunigt oder verzögert?
2. Gleichung der Bahnkurve in kartesischen Koordinaten, Art derselben. (Kegelschnitte, II, 5).

2. *Bewegung einer starren Figur* (Teil IV, Zweiter Abschnitt, 3, B)
Wir hatten dort den Begriff der Tangentialbewegung zu einem gegebenen Zeitpunkt eingeführt und als Anwendungsbeispiel auf die Betrachtung der Bewegung des „Papierstreifens" hingewiesen, bei der die Ellipse erscheint. Nun ein anderes Beispiel:

Übung

Eine Figur bleibe starr; zwei ihrer Geraden gehen immer durch zwei Fixpunkte. Man beweise, daß jede Gerade der Figur entweder durch einen Fixpunkt geht, ebenso wie die beiden erwähnten Geraden, oder einen Kreis umhüllt. Man definiere die Bahnkurve eines Punktes der

Figur (die als Pascal-Schnecke bezeichnet wird) und bestimme unter Heranziehung der Tangentialbewegung die Tangente an die Bahnkurve in dem gegebenen Punkt.

Mathematische Prinzipien der Zweitafelprojektion

In der Zweitafelprojektion werden räumliche Figuren mit Hilfe zweier orthogonaler Projektionen dargestellt. Es wird auf zwei aufeinander senkrecht stehende Ebenen projiziert, von denen eine in die andere umgeklappt ist, um den *Grundriß* und den *Aufriß* der betrachteten Figur in einer Ebene zu erhalten.
Wir werden hier weder auf die Terminologie noch die technischen Verfahren eingehen, sondern uns darauf beschränken, ihre geometrischen Prinzipien anzudeuten:
Jeder Punkt im Raum wird durch das Paar seiner Projektionen dargestellt, die beide auf einer Geraden fixer Richtung (Ordner) liegen. Die beiden Projektionskurven einer Raumkurve werden punktweise bestimmt, wobei man die einzelnen Punkte auf Grund theoretischer Überlegungen einwandfrei miteinander verbinden kann. Die allgemeine Methode, diese Punkte zu bestimmen, besteht darin, daß man die Figur mit einer einfachen Flächenschar schneidet, die den ganzen Raum durchkämmt: Ebenen gegebener Stellung oder manchmal Kugeln, die von einem Parameter abhängen. Um eine Gerade zu bestimmen, genügen natürlich zwei Punkte.

Theoretischer Standpunkt:
1. Bei beiden Projektionen bleibt jede *projektive* oder *affine* Eigenschaft erhalten.
2. Eine Eigenschaft der *ebenen metrischen Geometrie* bleibt bei Projektion auf eine parallele Ebene erhalten; eine derartige Anordnung kann man realisieren, indem man Projektionsebenen ändert, oder, was auf dasselbe herauskommt, indem man die Figur bezüglich der Ebenen bewegt.
Ändert man jeweils nur eine Projektionsebene, so bleiben die Konstruktionsregeln einfach (wobei die Orthogonalität erhalten bleibt); das gleiche gilt, wenn man Drehungen nur um solche Achsen ausführt, die auf einer der Projektionsebenen senkrecht stehen.
3. Ein metrisches Problem, das sich auf eine *ebene* Figur bezieht, behandelt man vorzüglich durch *Umklappung* in eine der Projektionsebenen, indem man die Ebene der Figur um ihre Spur in der betreffenden Projektionsebene dreht. Die umgeklappte Figur entsteht bei der Projektion durch Affinität, weswegen man nach Umklappung eines Punktes mit Inzidenzen arbeiten kann.

4. Es besteht eine bemerkenswerte Eigenschaft der orthogonalen Projektion eines *rechten Winkels*, mit Hilfe derer man Probleme behandeln kann, die sich auf Geraden beziehen, die auf einer Ebene senkrecht stehen. Zwei Gerade D_1 und D_2 werden orthogonal auf eine Ebene P in die Geraden d_1 und d_2 projiziert. Hat man den Sonderfall, daß eine der Geraden, etwa D_1, zur Projektionsebene parallel ist, so hat man

$$D_1 \perp D_2 \Leftrightarrow d_1 \perp d_2.$$

Weniger häufig verwendet man in der Zweitafelprojektion den äußeren Kehrsatz: Es liegen zwei Geraden D_1 und D_2 vor, die sich orthogonal in d_1 und d_2 projizieren. Dann gilt

$$\left. \begin{array}{c} D_1 \perp D_2 \\ d_1 \perp d_2 \end{array} \right\} \Rightarrow D_1 \text{ oder } D_2 \text{ parallel zur Projektionsebene}$$
(nichtausschließendes *oder*)

Nur eine ausreichende Praxis bringt die notwendige Vertiefung in die Methoden der Zweitafelprojektion mit sich. Dazu gehört es, Gerade und Ebenen zum Schnitt zu bringen, sowie Winkel und Abstände zu bestimmen.

Kugeln oder Kreise führen zur Konstruktion von Ellipsen; auch die „Papierstreifenmethode" ist nützlich, um rasch zahlreiche Punkte der Ellipse zu erhalten.

Sachregister

Abbildung 62 f.
Abel 258
Ableitung 82, 89, 124, 270, 274, 281
absoluter Betrag, Wert 32, 265, 347
abzählbar 208
Addition 14, 15, 21, 28, 35, 181, 191, 269, 273, 345
- von Vektoren 50, 111, 114
- von Winkeln 119
affine Geometrie 365 f, 412, 454, 567
- Transformation 375
Affinität 288, 325, 416, 539
Ähnlichkeit 352, 385, 454, 476 f, 566
Ähnlichkeitssatz 52
Anfangsbedingungen 335
antisymmetrisch 113
Arcuskosinus, -sinus, -tangens 73
Äquipollenz 50, 377, 499
Äquivalenz 5 f., 12, 35, 49, 56, 61, 95, 160, 166, 191, 228, 250, 306, 345, 440, 508, 551
- klasse 7, 198, 425
Archimedische Eigenschaft 25, 40, 46, 192, 193, 216
Argand 345
Argument 347
Assoziativität 12, 13, 15, 50, 130, 374
Asymptote 294 f., 328, 332, 537, 540, 544
Axiome 28, 44, 53, 420, 499, 570

Baryzentrische Theorie 371 f.
Basis 53, 96, 224, 346, 365, 375
Bernstein, Satz von B., 214
Berührung 290, 303, 485
Beschleunigung 302, 576
Bewegung 94, 456, 518
bijektiv 71, 214, 260
Bilinearform 400
Binomial-Koeffizienten 162, 226
Bogenlänge 145
Bombelli 343
Boole-Algebra 131
Briggs 219
Brouncker 197

Bruch 34 f., 198 f.
Brun 179
Buffonsches Nadelproblem 155
Büschel 410, 416
- punkt 449

Cantor 212
Cardano 257, 341, 344
Cauchy 344
Ceva, Satz von C., 374, 384
Chasles, Satz von C., 59, 61, 120 f., 360, 372, 427, 467, 542
Choquet 499

D'Alembert 344, 345
Desargues, Satz von D., 368, 376, 420, 426
Determinante 255, 311
Dezimalbruch 199
Dezimalsymbol 205
Dezimalzahl 201
dicht 48
Differential 336
Differentialgleichungen 330 f.
Differenz 16, 21, 28, 51
Differenzierbarkeit 285
Dimension 53
Diophant-Gleichung 190
Dirichlet 178
disjunkt, siehe elementefremd
Distributivität 23, 29, 30, 51, 111, 130
Division 39, 163 f., 182, 232
Doppelverhältnis 360, 407, 419, 453, 494, 542, 543
Drehung 347, 458, 463, 469, 474
Dreieck 433 f., 460, 520
Dreiecksungleichung 100, 353, 500, 518, 522
Dualität 453
Durchschnitt, Durchschnittsmenge 5, 21, 76, 129, 130, 152, 175

e 220
Einheitsvektor 96, 97, 119
Einschließung 4, 129, 137, 216

579

Einselement, Einheitselement, siehe neutrales Element
Einteilung 6
elementefremd 5, 131
Ellipse 300, 335, 456, 476, 530, 534
Entfernung 99, 108, 500, 522, 560
entgegengesetztes Element 28, 34, 120
Ergänzung, Ergänzungsmenge 6, 129, 131
Erweiterung 27
Euklid-Division 163, 187, 191, 236
Euklid-Geometrie 454 f.
Euler-Diagramm 130
Exponentfunktion 219, 326 f.
Exzeß 522

Favard 499
Fehler, absoluter F., relativer F. 76
Fermatsche Abstiegsmethode 174
Ferrari 344
Fläche(ninhalt) 145, 320, 522
Folge 208
Fresnel 359
Fundamentalsatz der Algebra 243, 345, 355/357
Fundamentalsatz der Zahlentheorie 173, 189
Funktion 62
–, algebraische 72
–, gebrochene rationale 221, 241, 266
–, identische 72, 263, 276
–, implizite 308
–, inverse 71
–, lineare 266, 310
–, quadratische 267
–, reelle 70, 260 f., 271
–, trigonometrische 72, 278, 317

Galois 258
Gauß 345
Gauß-Zahlen 555
Geometrie 363 f.
Generalisator 4
Gerade 366, 404, 410, 416, 431, 452, 519
Geradenspiegelung 101, 463
Geschwindigkeit 299, 576
ggT 188, 228

Girard, Formel von G., 523
Gleichung 17, 249, 311
globales Verhalten 285
Graph 71, 140, 288
Grenze, obere G., untere G., 44, 46, 87, 88, 138, 553
Grenzkurve 511, 513
Grenzlage 106
Grenzpunkt 449
Grenzwert 78, 83, 125, 147, 270 f., 281, 305
Gruppe 29, 37, 65, 215, 378, 380, 462, 557

Halbdrehung 470
Halbumgebung 92
harmonische Teilung 415, 422, 448
Hermite 45, 326
Hilbert 499
homographische Transformation 366, 413, 424, 484
Homologie 414, 425
Hyperbel 301, 324, 530, 534
–, gleichseitige 540

Ideal 170, 174
Idempotenz 130
Identität 231, 249
Induktion, vollständige I. 19
Injektion 62
–, injektiv 214, 260
Inklusion, siehe Einschließung
Integral, singuläres I., 333
Invervall 46, 48, 86, 260, 285
– schachtelung 46
invariant 66, 376, 456, 467, 494
invers 34, 72
Inversion 288, 352, 366, 482 f.
Isometrie 101, 106, 456
Isomorphismus 27, 169, 217
Isotropie 96
Iteration 314

Kanonische Form 133
Kardinalzahl 20, 213
Kegelschnitte 526 f.
Kettenbruch 196
kollinear, Kollinearität 55, 407, 423, 429, 543

Kombination 160
Kombinatorik 159
kommensurabel 194
Kommutativität 12, 13, 15, 50, 110, 130, 348, 374
Komplement, siehe Ergänzung
Komponente 53
Komposition 260, 271
Kongruenz, geometrische K. 119, 460, 500, 506
—, zahlentheoretische 166 f., 185, 559
Konstante 263, 276
Kontinuum 210
Konvexität 367
Körper 37, 38, 52, 191, 222, 238, 250, 268, 337, 348, 357
Kosinus 100, 116, 117
— satz 116, 428, 434, 524
Kreis, Kreislinie 101, 300, 359, 436, 455, 488
Kreisbereich, offener K., geschlossener K. 77, 105
Kreisbüschel 449
Kreisinhalt 141
Kreisschar 447
kreistreue Geometrie 492
Krümmung 291, 292
Kugel 323, 454, 483, 488
Kugelbereich, offener K. 77
Kurve 94, 566
Kürzung 12, 65

Lambert 45, 128, 197
Länge 96
Lebensque 127, 137, 197
Leermenge 4, 5
Lexell, Satz von L., 523
Linearplanung 564
Lindemann 45, 128
Linienelement 325
Lobatschewskij 95, 500, 506, 515, 522
Logarithmus 215 f., 324 f.
— funktion 219
lokales Verhalten 80, 271, 285

Mächtigkeit 41, 208
Maß 135

Matrix 392
Maximum 92
Menelaus, Satz von M., 383
Menge 3, 129, 549
Metrik 95
metrische Geometrie 427 f.
Minimum 92
Mittelsenkrechte 100, 444, 511, 516, 545
Mittelwertsatz der Differentialrechnung 90, 285
Modul 52, 166, 192, 223, 347
Moivre-Formel 350
Momentenvektor 115
Monom 222
monoton 73, 92
Multiplikation 14, 22, 24, 29, 36, 51, 60, 181, 191, 345

Neper 219, 326
neutrales Element 12, 31, 32, 50, 52, 120
Newton 219, 334
nichteuklidische Geometrie 499 f.
null 31, 37, 191
Nullrestklasse 169
Nullstelle 228
Nullwinkel 119

Operation 9, 11
Ordnung, vollständige O. 39, 191
Ordnungsrelation 8, 16, 24, 31, 40, 137, 169, 191, 215, 549, 551
Orientierung 56, 58, 108, 114, 366, 370, 384, 390, 486
Orthogonalität 95, 99, 107, 108, 111
Ortskurve, Ortslinie 438, 451, 523, 527, 543

Papierstreifenmethode 476
Pappus-Pascal, Satz von P., 369, 376, 406, 425
Parabel 142, 300, 321, 529, 533
parallel 55, 376, 499, 505, 507
Parallelogramm 59, 138, 368, 385, 386, 425, 540
Parallelprojektion 386, 390
Parameter 94, 366, 533
Partikularisator 6

Pascal-Dreieck 161, 225
Pasch, Axiom von P., 500, 518
Peanosches Axiomensystem 553
Permutation 66, 159, 557
Perspektivität 403, 424, 543
π 126
Poincare-Modell 515
Pol 482, 541
Polare 446, 448, 453, 483, 541
Polarkoordinaten 299
Polynom 221 f., 277, 304 f., 358, 559, 560
Poncelet 361
Potenz beim Kreis 443
— bei der Inversion 482
Potenzfunktion 265, 267, 277
Primzahl 170, 177
Produkt 10, 24, 73, 153, 268, 272, 275
— von Abbildungen 64
— von Vektoren 110, 113
projektive Geometrie 403 f., 567
Proportionalität 263
Ptolemäische Formel 361
Punktraum 58, 346, 560
Punkttransformation 67
Pyramide 323
Pythagoras, Satz des P., 41, 94, 100, 110, 429, 506, 524

Quadrat 41
Quadratwurzel 42, 70, 183, 349, 428, 555
Quantifikator, Quantor 4, 549
Quotient 236, 273, 348
Quotientenkörper 38
— menge 7

Reflexivität 7, 8, 166, 306
Resolvente 342
reziprok 72, 260
Reziprozität 7, 68, 448, 517
Richtungsfaktor 74, 294
— feld 330
Riemann-Geometrie 519, 524
Ring 37, 38, 52, 167, 170, 191, 200, 224, 232, 558
Rolle, Satz von R., 90, 312
Rotationsvolumen 323

Schranke, obere S., untere S. 44, 552
Schraubung 469, 474
Schwankung 89
Schwerpunkt 373
Sehne 122
Seitenhalbierende 372
senkrecht, siehe Orthogonalität
Siebmethode des Eratosthenes 181
Simpson-Gerade 442
Sinus 100, 116, 117, 265, 419
sphärische Geometrie 519
Spitze 93
Stetigkeit 78, 80, 140, 270, 423, 485
—, gleichmäßige 85, 86
Stevin 219
Stewart-Formel 429, 435
Strecke 428
Streckung 366, 379, 454, 476
Struktur 27, 29, 37, 172, 221
Subtraktion 28, 120, 181
Summe 21, 36, 269, 272, 428, Vektorsumme 59
surjektiv 260
Symmetrie 6, 247, 289, 306, 387, 517
symmetrisch 68, 166, 508
symmetrische Funktion 96
symmetrisches Element 28, 34
symmetrisches Gleichungssystem 255
Symmetrisierung 26, 27

Tangens 245, 247
Tangente 79, 105, 289, 299, 336, 543
Tartaglia 257
Teilbarkeit 184, 227, 237
Teiler 171
Teilmenge 3, 4, 20, 208
Tetraeder 144
Thales-Formel, bzw. Satz (2. Ähnlichkeitssatz) 60, 61, 368, 369, 371, 376, 427
Topologie 77, 94, 352, 363, 405
Torsion 303
Transformation 62, 392
Transitivität 5, 7, 8, 57, 166, 169, 306, 508
Translation 64, 138, 288, 352, 366, 377, 4, 454, 457, 459, 463, 473, 476

Transmutation 69, 396, 493
Trichotomie 9, 16, 31
trigonometrische Funktionen und Methoden 245, 257, 278, 309, 317, 343, 431, 433, 445, 523

Umgebung 75 f., 270, 405
umgekehrt 72
Umkehrfunktion 71, 260, 274, 280
Unbekannte 228, 250
Unbestimmte 221, 250
Ungleichung 17
Unterschied, siehe Differenz

Variable 70, 221
Variation 159
Vektor 49 f., 95, 298, 346, 377, 431, 482
– raum 52, 99, 195, 365, 392
Verband 172, 174
Vereinigung, Vereinigungsmenge 5, 21, 76, 104, 129, 130
Verknüpfung 11
Verschiebung 263, siehe auch Translation
Verschmelzungsgesetz 132
Vielfaches 170
Viereck, Vierseit 360, 418, 422, 439, 444
Vieta 127
Vollständigkeitsaxiom 44, 46
Volumenberechnung 322

wachsend 73, 261, 286
Wahrscheinlichkeit 150 f.
Wallis 128
Wendepunkt 290
Wessel 345
Windung, siehe Torsion
Winkel 119, 245, 436, 456, 458, 485, 500
Winkeldefekt 501
Winkelhalbierende 121, 419, 440
Winkeltreue 355
Wohlordnung 18
Wurzel 350

Zahl, algebraische Z. 45
–, ganze 159 f., 554
–, imaginäre 349
–, komplexe 238, 250, 340, 345
–, natürliche 15, 553
–, negative 31, 39
–, positive 31, 39
–, rationale 34, 37, 39, 48, 198 f.
–, reelle 41, 48, 75, 208 f.
–, relative 26, 33
–, transzendente 45, 128, 220, 326
Zahlensysteme 179 f.
Zahlentheorie 159 f.
Zählverfahren 159
Zugehörigkeit 3, 550
Zuordnung 10, 63
Zusammensetzung 260
Zweitafelprojektion 577
Zwischenwertsatz 90

583

VIEWEG PAPERBACKS

Sachgruppe Mathematik

Gute wissenschaftliche Literatur muß nicht teuer sein! Diese Paperbacks hat jede wissenschaftliche Buchhandlung vorrätig. Sehen Sie sich in Ruhe an, was Sie interessiert. Jeden Monat erscheinen neue Titel! Fragen Sie Ihren Buchhändler! Er zeigt sie Ihnen gern! Sie können bei ihm auch einfach eine Reihe zur Fortsetzung vormerken lassen.

WTB – Wissenschaftliche Taschenbücher

Elementare Methoden zur Lösung von Differentialgleichungen
von H. Goering   DM 4,80

Mathematische Hilfsmittel in der Physik I
von G. Heber   DM 6,80

Mathematische Hilfsmittel in der Physik II
von G. Heber   DM 6,80

Ostwalds Klassiker der exakten Wissenschaften

De Theiende (Dezimalbruchrechnung)
von S. Stevin   DM 7,80

Neun Bücher arithmetischer Technik   DM 16,80

uni-texte

Einführung in die höhere Mathematik
von H. Dallmann / K.H. Elster   DM 36,–

Grundlagen der Funktionentheorie
von G. Tutschke   ca. DM 13,80

Gruppentheorie
von K. Mathiak / P. Stingl   DM 9,80

Methoden der Fehler- und Ausgleichsrechnung
von R. Ludwig   ca. DM 12,80

Studienausgaben

Abriß der Geschichte der Mathematik
von J. Struik   DM 10,80

Aufgabensammlung zur Vektorrechnung
von A. Wittig   DM 6,40

Boolesche Algebra und ihre Anwendung
von J.E. Whitesitt   DM 10,80

Denkweisen großer Mathematiker
von H. Meschkowski   DM 6,80

Differentialgeometrie in Vektorräumen
von D. Laugwitz   DM 13,80

Einführung in die Vektorrechnung
von A. Wittig   DM 6,40

Erscheinungsformen und Gesetze des Zufalls
von W. Böhme   DM 9,80

Kombinatorik
von K. Wellnitz   DM 3,90

Klassische Wahrscheinlichkeitsrechnung
von K. Wellnitz   DM 6,80

Mathematische Rätsel und Probleme
von M. Gardner   DM 10,80

Moderne Wahrscheinlichkeitsrechnung
von K. Wellnitz   DM 6,80

Nichteuklidische Geometrie
von H. Meschkowski   DM 4,80

Unterhaltsame Mathematik
von R. Sprague   DM 6,80

Vektoren in der analytischen Geometrie
von A. Wittig   DM 6,80

Was sind und was sollen die Zahlen?
von R. Dedekind   DM 5,80

Friedr. Vieweg & Sohn   33 Braunschweig

Printed by Printforce, the Netherlands